会声会影11中文版完全自学手册

◎ 编著 | 架构科技 PAVING YOUR WAY

電子工業出版社
PUBLISHING HOUSE OF ELECTRONICS INDUSTRY
北京 · BEIJING

内容简介

本书对会声会影11进行了全面细致的讲解，具有完整的知识结构、信息量大。全书共分15章，分别详细讲解了初识会声会影、使用影片向导快速制作视频、了解会声会影编辑器、视频捕获、编辑和修整视频素材、视频特效的应用、添加转场效果、应用画面覆叠功能、添加标题文字和字幕、声音的输入和编辑、保存与输出影片、儿童电子相册、新春电子贺卡、旅游记录片、婚庆纪念片等内容。

本书在介绍基本知识点和基础操作后，设计了应用所学知识的“综合实例”，做到学完即可练习软件操作，达到精通软件的目的。最后，本书的实例精通篇从影片创意和剪辑的实际应用角度出发，为读者精心设计安排了若干综合的应用型案例，引导读者灵活快捷地应用软件进行创作，更好地为实际工作服务。本书是一本图文并茂、通俗易懂、细致全面的完全自学手册。

本书可供会声会影初学者及有一定影片剪辑经验的读者阅读，同时适合选作会声会影影片剪辑培训教材。

图书在版编目（CIP）数据

会声会影11中文版完全自学手册／架构科技编著. —北京：电子工业出版社，2008.11
ISBN 978-7-121-07375-5

I. 会… II.架… III.图形软件，会声会影 11 IV.TP391.41

中国版本图书馆CIP数据核字（2008）第140004号

责任编辑：杨昕宇
印　　刷：北京智力达印刷有限公司
装　　订：北京中新伟业印刷有限公司
出版发行：电子工业出版社
　　　　　北京市海淀区万寿路173信箱　　邮编 100036
开　　本：787×1092 1/16　　印张：36.5　　字数：1093千字
印　　次：2008年11月第1次印刷
印　　数：1～5000册　　定价：65.00 元（含光盘1张）

凡所购买电子工业出版社图书有缺损问题，请向购买书店调换。若书店售缺，请与本社发行部联系，联系及邮购电话：（010）88254888。

质量投诉请发邮件至zlts@phei.com.cn，盗版侵权举报请发邮件至dbqq@phei.com.cn。

服务热线：（010）88258888。

PREFACE 前言

Ulead（友立）公司推出的影片剪辑软件会声会影11以强大的功能和易学易用的特点，赢得了广大视频和DV爱好者的喜爱。会声会影软件已经成为个人及家庭影片制作软件中的核心力量，在影片剪辑和特效合成领域占据着重要的位置。

本书共分15章，分别详细讲解了初识会声会影、使用影片向导快速制作视频、了解会声会影编辑器、视频捕获、编辑和修整视频素材、视频特效的应用、添加转场效果、应用画面覆叠功能、添加标题文字和字幕、声音的输入和编辑、保存与输出影片、儿童电子相册、新春电子贺卡、旅游记录片、婚庆纪念片等内容。

本书既突出基础性学习，又重视实践性应用。具有完整的知识结构，信息量大，实例丰富。每章首先通过小案例来讲解基本知识和基本操作，然后通过精心编写的“综合实例”使读者及时复习知识点，保证读者学完知识点后即可进行软件操作。在本书的最后几章为读者精心设计了多个具有代表性的综合应用案例。这些案例从实际应用的角度出发，帮助读者加深对软件功能及操作方法的认识和理解，引领读者灵活快捷地应用软件进行影片的创意和剪辑。

本书附有一张素材光盘，包含了书中案例的素材和效果，可以帮助读者轻松掌握会声会影11的软件功能和案例制作技巧。

对于影片剪辑的初学者来说，本书是一本图文并茂、通俗易懂、细致全面的学习手册；而对于从事影片创意的专业人士来说，本书则可以成为更上一层楼的阶梯。

本书可供会声会影的初学者及有一定影片剪辑经验的读者阅读，同时适合选作会声会影影片剪辑培训教材。

本书是集体智慧的结晶。尽管我们竭尽全力想编写好本书，但因能力与经验所限，书中可能有一些疏漏和不当之处，恳请专家和读者不吝指正。

架构科技

本书学习说明

通过阅读本书的使用说明，可以快速地了解本书的结构和写作特点。

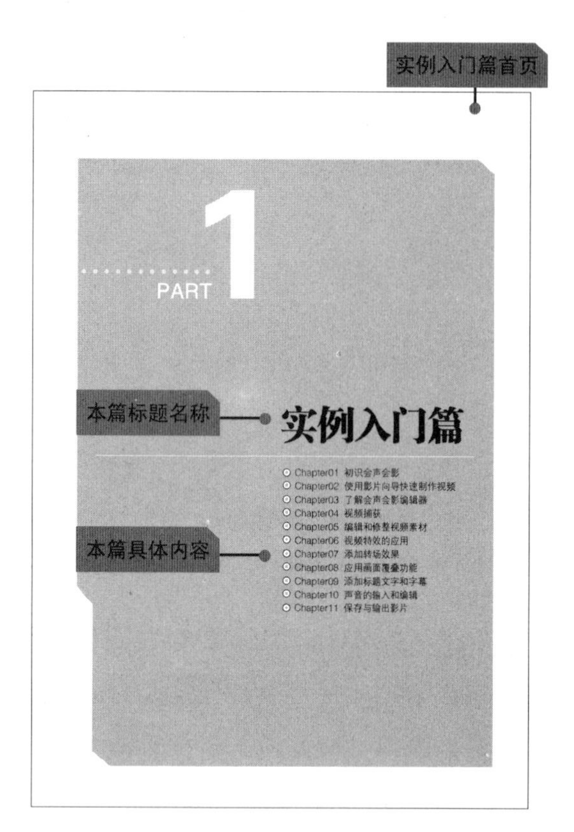

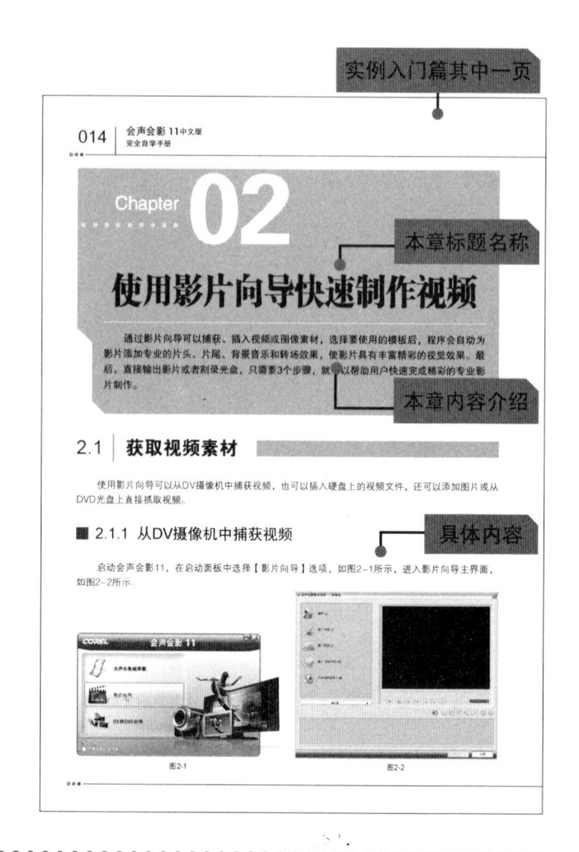

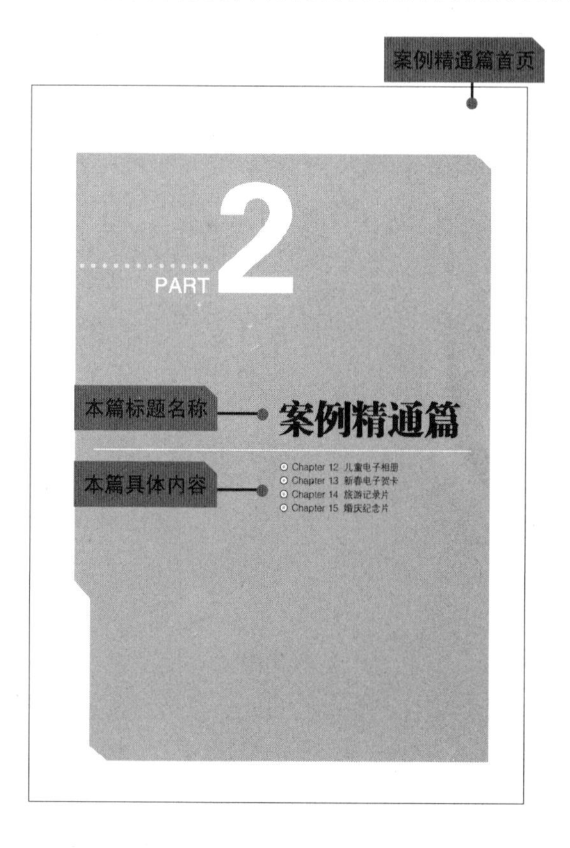

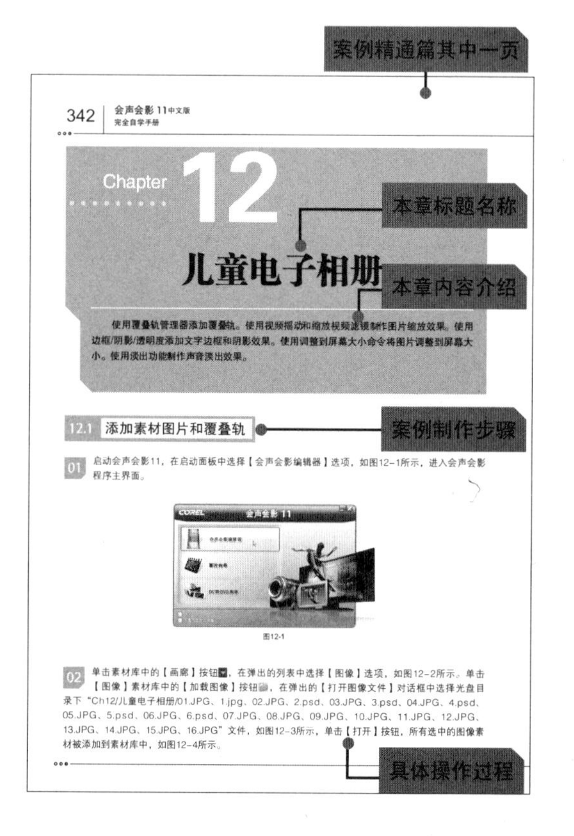

PART 1 实例入门篇

Chapter 01 初识会声会影

Chapter 02 使用影片向导快速制作视频

Chapter 03

了解会声会影编辑器

Chapter 04

视频捕获

Chapter 05

编辑和修整视频素材

Chapter 06

视频特效的应用

Chapter 07

添加转场效果

Chapter 08

应用画面覆叠功能

Chapter 09

添加标题文字和字幕

Chapter 10

声音的输入和编辑

Chapter 11

保存与输出影片

PART 2 案例精通篇

Chapter 12

儿童电子相册

Chapter 13

新春电子贺卡

Chapter 14

旅游记录片

Chapter 15

婚庆纪念片

PART 1

实例入门篇

Chapter 01 初识会声会影

本章主要介绍了制作数码影片所需的平台要求、配制过程、安装和运行会声会影的方法、会声会影的操作模式、新增功能及主要特点。通过本章的学习，用户将对会声会影有初步的了解，为下一步继续学习打下坚实的基础。

1.1 制作数码影片的软硬件配置

在学习制作数码影片之前，要对相关的软件和硬件的配置有所了解，这样才能快速地完成数码影片的制作。

1.1.1 制作数码影片的软件配置

制作数码影片需要多种软件的配合，以共同完成视频的编辑与制作。

◎ 照片输入工具：数码相机拍摄的照片通过USB连线直接输入电脑。传统的相纸照片通过扫描仪输入电脑，可以应用扫描仪自带的软件进行输入。

◎ 照片修饰工具：用于修饰照片的软件有很多，其中最为出名的是Photoshop，应用Photoshop可以快速地修饰、美化照片。

◎ 视频输入、编辑工具：最常用的是友立公司的会声会影和Adobe公司的Premiere，相比较而言，会声会影功能精简、界面简单、操作方便，应用内置的模板可以快速完成影片的编辑工作，节省大量剪辑时间。

◎ 刻录软件：虽然编辑软件内置有光盘输出功能，但专业的刻录软件能提供更多的刻录选项。目前比较常用的是Nero。

1.1.2 制作数码影片的硬件配置

编辑视频需要较多的系统资源，在配置系统时，要考虑的因素主要有硬盘的大小和速度、内存的大小和CPU的频率，这些决定了保存视频的容量，处理和渲染文件的速度。

◎ CPU：Intel Pentium 4或以上处理器。
◎ 操作系统： Windows ME、Windows 2000或Windows XP。
◎ 内存：512MB以上内存（建议使用1GB以上内存）。
◎ 硬盘：1GB可用硬盘空间用于安装程序，至少4GB硬盘空间用于视频捕获和编辑。
◎ 驱动器：CD-ROM或DVD-ROM驱动器。
◎ 光盘刻录机：DVD-R/RW、DVD+R/RW、DVD-RAM和CD-R/RW刻录机。
◎ 显示卡：128MB以上显存。
◎ 声卡：Windows兼容的声卡。
◎ 显示器：至少支持1024×768像素的显示分辨率，24位真彩显示的显示器。

1.2 选购和安装1394卡

DV录像带上的数字视频信号需要通过专门接口采集到计算机中。目前最常用的接口是IEEE1394，如图1-1所示。如果计算机没有此接口，需要另外购买接口卡。

图1-1

1.2.1 选购IEEE 1394卡

因为视频编辑对CPU、硬盘、内存等硬件的要求较高，在没有进行压缩的情况下，一分钟捕获的数据就可能达到几百兆字节，而如果计算机的CPU和硬盘不能满足要求，则无法进行视频捕获操作或捕获效果较差，所以首先要考虑自己的计算机是否能够胜任视频捕获、压缩及保存工作。

在选购视频捕获卡时要考虑以下因素。

◎ 硬件处理：是否支持视频数据的硬件处理，具有硬件压缩功能的捕获卡可以提高视频捕获质量和工作效率。
◎ 帧速率：帧速率的高低直接影响捕获的视频文件是否流畅，帧速率比较低的产品CPU的占用率高。
◎ 分辨率：分辨率是视频文件质量好坏的最重要的参数，VCD的分辨率是352×288（PAL制式）或320×240（NTSC制式），而DVD的分辨率最好为740×480（PAL制式）或704×576（NTSC制式）。

1.2.2 安装IEEE 1394卡

在安装之前首先去除身上的静电，关闭计算机电源，打开机箱，找到主板上空余的PCI插槽，并将机箱上对应的挡板拆除，如图1-2所示。

图1-2

将IEEE1394卡按照其金手指的缺口和PCI插槽相对应的位置垂直插入，如图1-3所示。插好1394卡后，用螺丝将其固定在机箱上。1394卡安装完成，如图1-4所示。

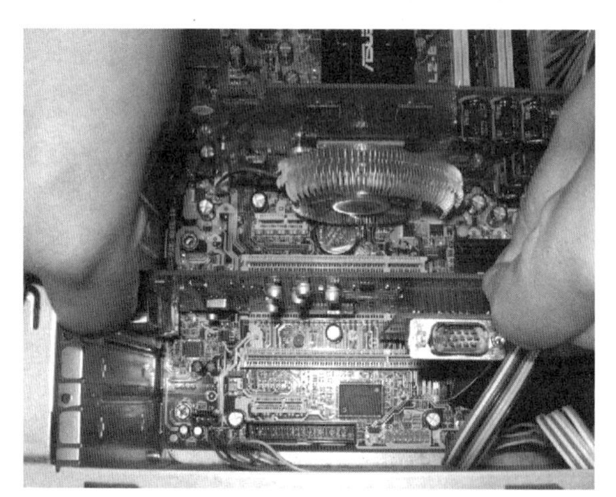

图1-3

图1-4

1.2.3 设置IEEE 1394卡

IEEE1394卡安装完成后，启动计算机，系统会自动查找、安装1394卡的驱动程序。如果想要确认安装情况，可以在桌面上用鼠标右键单击【我的电脑】图标，在弹出的菜单中选择【属性】选项，弹出【系统属性】对话框，如图1-5所示。单击【硬件】选项卡，进入到相应的对话框中，如图1-6所示。

单击【设备管理器】按钮，如图1-7所示，在弹出的【设备管理器】面板中单击【IEEE 1394总线主控制器】选项，展开此选项，如图1-8所示，在此处可以确认1394卡的安装情况。

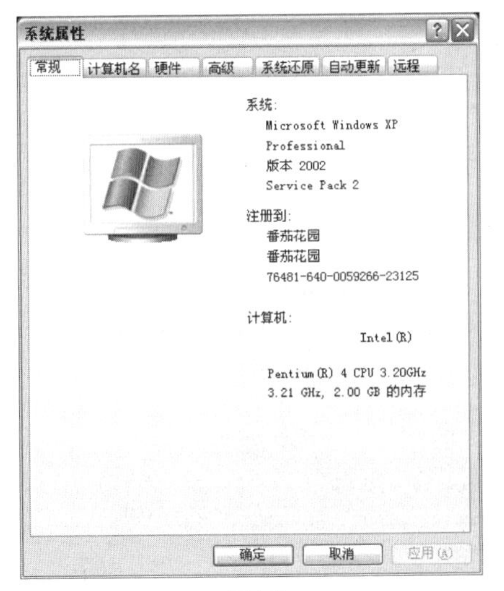

图1-5

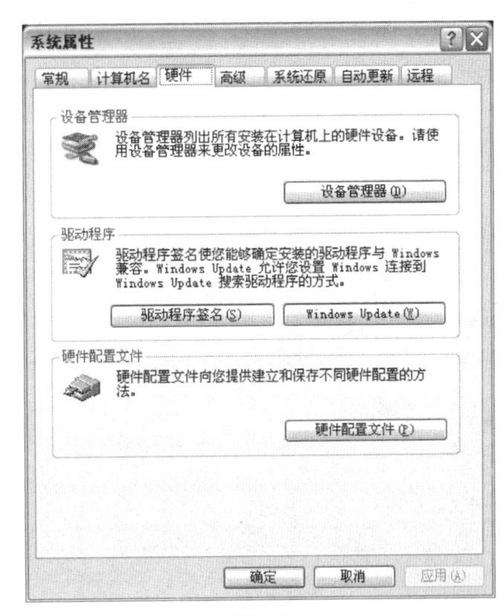

图1-6

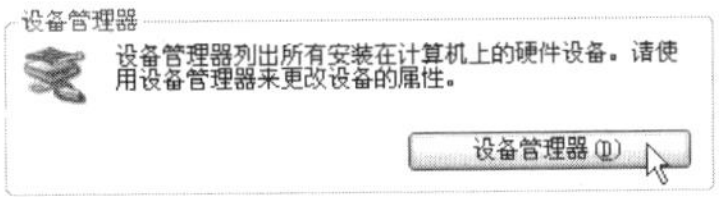

设备管理器
设备管理器列出所有安装在计算机上的硬件设备。请使用设备管理器来更改设备的属性。
设备管理器(D)

图1-7

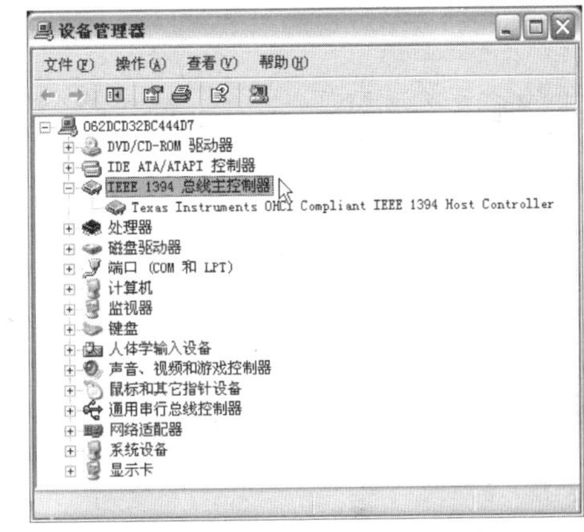

图1-8

1.3 连接数码摄像机

用1394连接线连接数码摄像机到计算机的1394接口，如图1-9所示。将摄像机打开到播放的位置，绿灯亮起，如图1-10所示。

图1-9

图1-10

如果是第一次连接，系统会自动检测到摄像机并自动安装驱动；如果不是第一次连接，会弹出【数字视频设备】对话框，表示可以使用此设备，如图1-11所示。选择【使用Ulead VideoStudio 11】选项，直接打开会声会影软件，单击【捕获】选项卡，在选项面板中单击【捕获视频】按钮，如图1-12所示，弹出相应的面板，在【来源】选项中自动显示出设备型号，如图1-13所示。

图1-11

图1-12

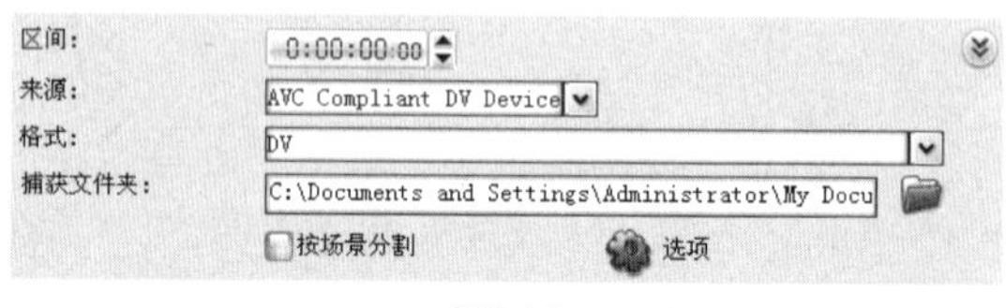

图1-13

1.4 安装和运行会声会影

如果需要应用会声会影软件对视频进行编辑操作，首先要了解会声会影的一些基础知识和软件安装、运行的方法。

1.4.1 会声会影基本介绍

随着数码照相机、数码摄像机的广泛应用，人们喜欢把生活中的一些片段拍摄下来，输入计算机中进行编辑、配音等处理，然后刻录成光盘与人分享或作为永久的回忆。

友立公司推出的影片剪辑软件会声会影是一款非线性视频编缉软件，是面向非专业用户的视频编缉软件，此款软件以强大的功能和易学易用的特点，赢得了广大视频爱好者和DV爱好者的喜爱。会声会影软件已经成为个人及家庭影片制作软件中的核心力量，在影片剪辑和特效合成领域占据着重要的位置。

应用会声会影，用户可以快速地将摄制的视频刻录到光盘上，还可选择视频编缉程序，运用滤镜、转场、覆叠、音频等强大的功能，制作成精彩的影片。

1.4.2 会声会影的系统配置

会声会影软件需要占用较多的系统资源。为了保证视频质量和特效渲染速度，有能力的话，应尽量选择较高的配置。

要使会声会影软件能够正常启动和运行，系统需要达到以下常规要求。

◎ CPU：Intel Pentium 4或以上处理器。

◎ 操作系统：Windows 2000、Windows ME或Windows XP。

◎ 内存：512MB以上内存（建议使用1GB以上内存）。

◎ 硬盘：1GB硬盘空间用于安装程序，4GB硬盘空间用于视频捕捉和编辑。需用7200转速的高速硬盘。
◎ 驱动器：CD-ROM或DVD-ROM驱动器。
◎ 光盘刻录机：DVD-R/RW、DVD+R/RW、DVD-RAM和CD-R/RW刻录机。
◎ 显示卡：至少需要64MB以上的显存。
◎ 声卡：Windows兼容的声卡。
◎ 显示器：至少支持1024×768像素的显示分辨率，24位真彩显示的显示器。
◎ 其他：Windows兼容的点击设备。

1.4.3 会声会影的文件格式

会声会影是一款兼容性较强的软件，支持的文件格式非常多。

◎ 输入文件格式：

视频文件：AVI、COOL 3D、DVR-MS、AutoDesk、GIF、QuickTime、MPEG-4、MPEG、RealVideo、SWF、UIS、VSP、Windows Media Video。

图像文件：BMP、CLP、CUR、EPS、FPX、GIF、ICO、IFF、IMG、JP2、JPC、JPG、PCD、PCT、PCX、PIC、PNG、PSD、PXR、RAS、SCT、SHG、TGA、TIF、UFO、UFP、WMF。

音频文件：AVI、AIFF、AIFC、CD、DVR-MS、QuickTime、MP3、MPEG-4、MPEG、RealVideo、WAV、WMA、WMV。

光盘：DVD、VCD、SVCD。

◎ 输出文件格式：

视频文件：AVI、MPEG-1、MPEG-2、MPEG-4、QuickTime、WMV、H.264。

图像文件：BMP、JPG。

音频文件：WAV、MPA、WMA、RM。

光盘：DVD、VCD、SVCD。

1.4.4 安装会声会影

双击会声会影11的安装程序，弹出如图1-14和图1-15所示的安装界面，单击【下一步】按钮。

图1-14

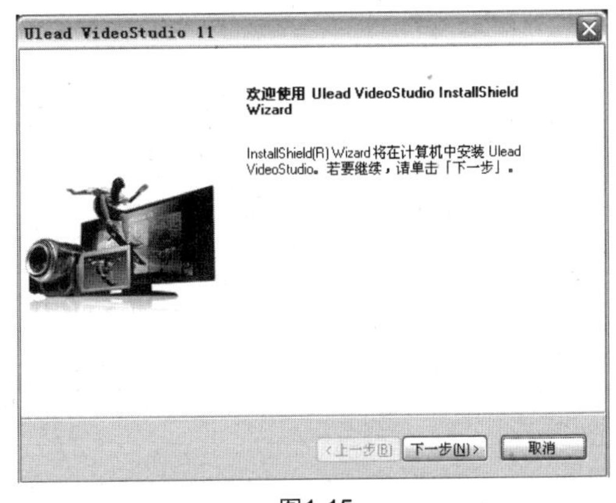

图1-15

进入许可证协议界面，阅读协议后选中【我接受许可证协议中的条款】单选项，如图1-16所示。单击【下一步】按钮，进入客户信息界面，输入用户名、公司名称及序列号，如图1-17所示，单击【下一步】按钮。

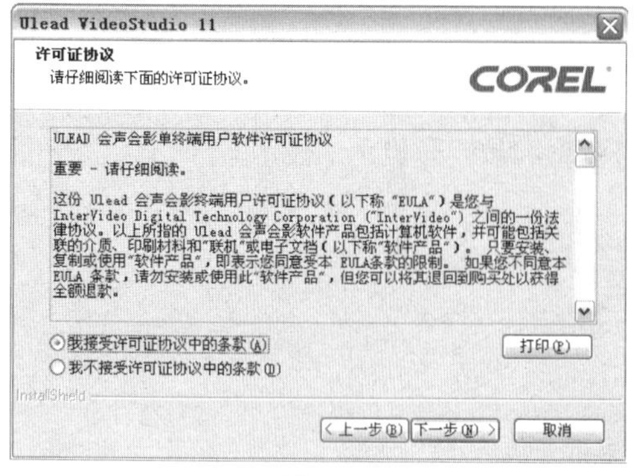

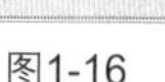

图1-16

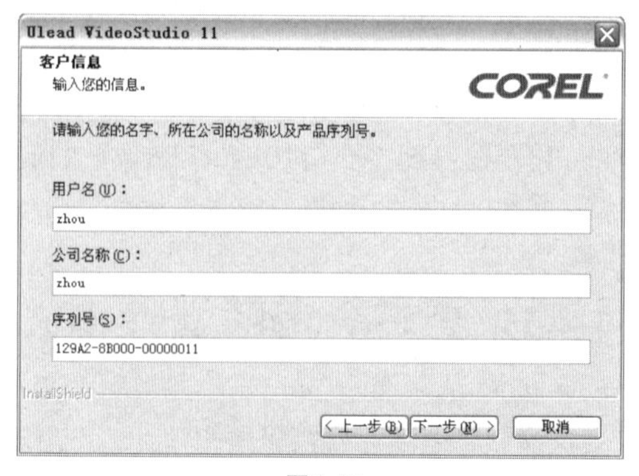

图1-17

进入安装位置界面，单击【浏览】按钮，在弹出的对话框中选择会声会影要安装的路径，单击【确定】按钮，回到安装位置界面，如图1-18所示。再次单击【下一步】按钮，进入视频模板界面，选择【中华人民共和国】选项，如图1-19所示，单击【下一步】按钮。

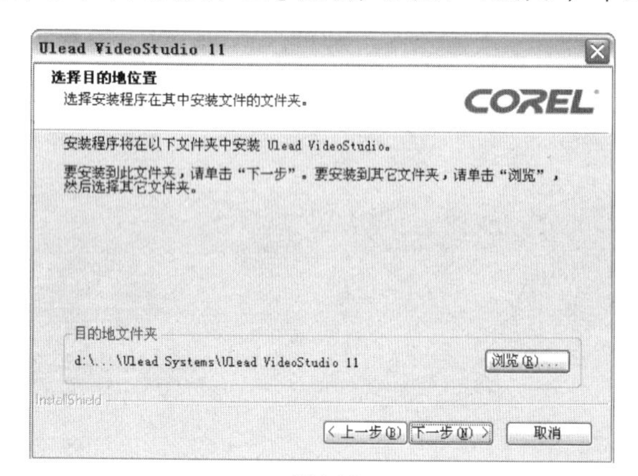

图1-18

图1-19

进入查看设置界面，查看设置是否正确，如图1-20所示，确认无误后单击【下一步】按钮，进入安装界面，开始安装软件，如图1-21所示。

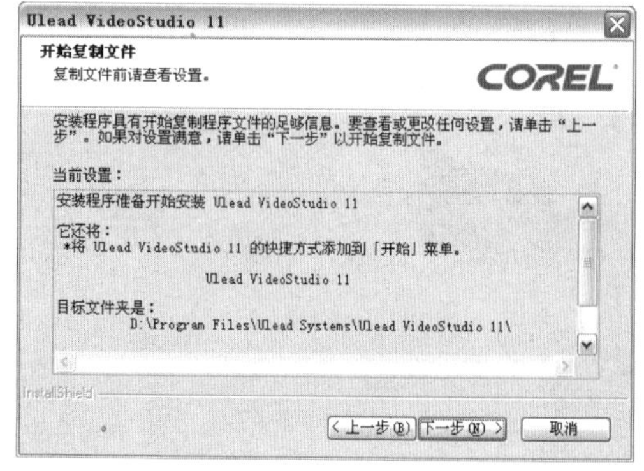

图1-20

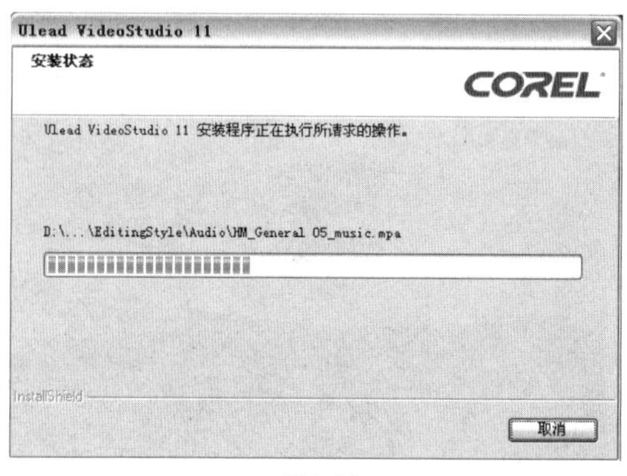

图1-21

安装完成后，进入提示界面，提示将光盘插入，安装其他工具软件，如图1-22所示，单击【下一步】按钮，进入完成界面，如图1-23所示，单击【完成】按钮，即可完成会声会影的安装。

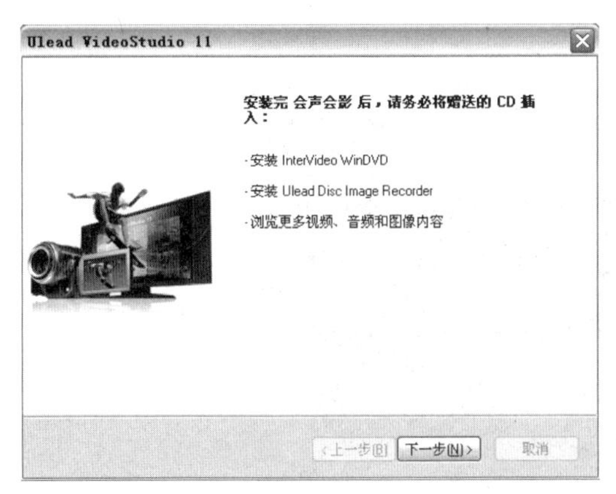

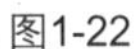
图1-22

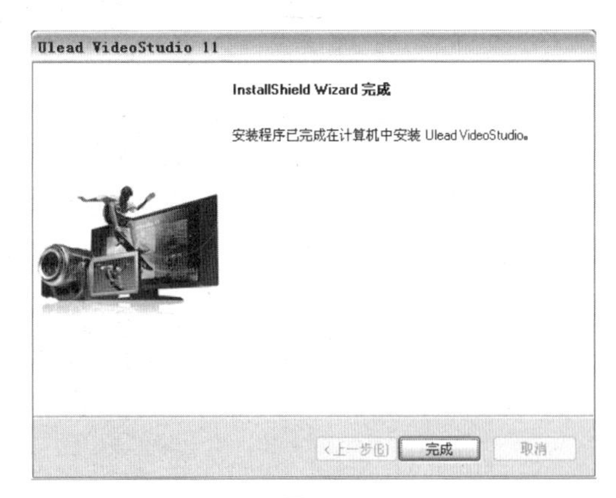

图1-23

1.5 初识会声会影的工作方式

了解会声会影的工作流程和两种操作模式，有助于整体把握和应用软件。

1.5.1 制作影片的基本流程

在制作自己的DV影片时，要经过【捕获】→【编辑】→【刻录】这3个基本流程，如图1-24所示。会声会影中的3种操作模式【会声会影编辑器】、【影片向导】和【DV转DVD向导】就是依据此流程设计的。

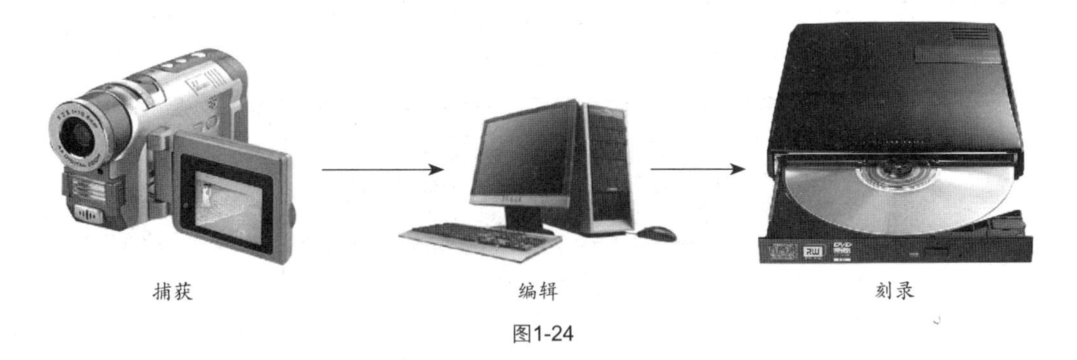

图1-24

1.5.2 会声会影的3种操作模式

启动会声会影，出现如图1-25所示的提示框，可以根据需要选择任意一种操作模式。

图1-25

应用【会声会影编辑器】模式可以通过捕获、编辑、效果、覆叠、标题、音频、分享7个步骤完成影片制作，如图1-26所示。

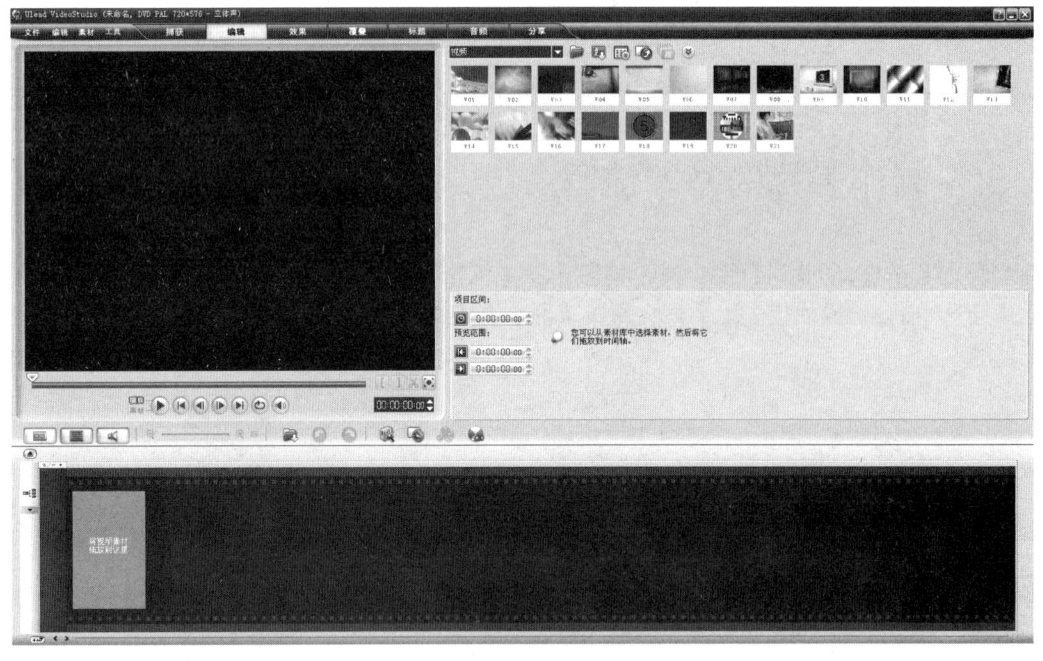

图1-26

应用【影片向导】模式可以在向导的帮助下，轻松捕获图像和插入视频素材，并选择样式模板、添加标题和背景音乐，如图1-27所示。

应用【DV转DVD向导】模式可以在不占用硬盘空间的情况下，通过简单的步骤就可以从DV带捕获视频并直接刻录成DVD光盘，如图1-28所示。

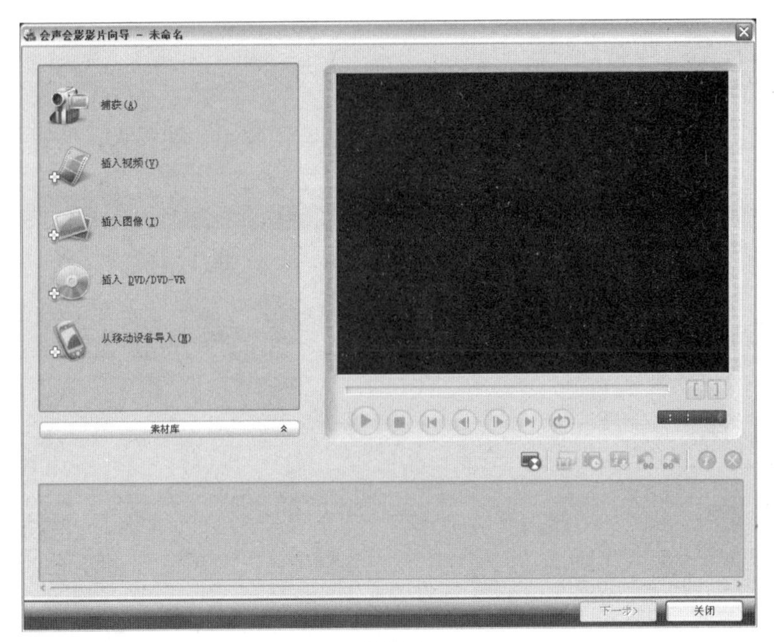

图1-27

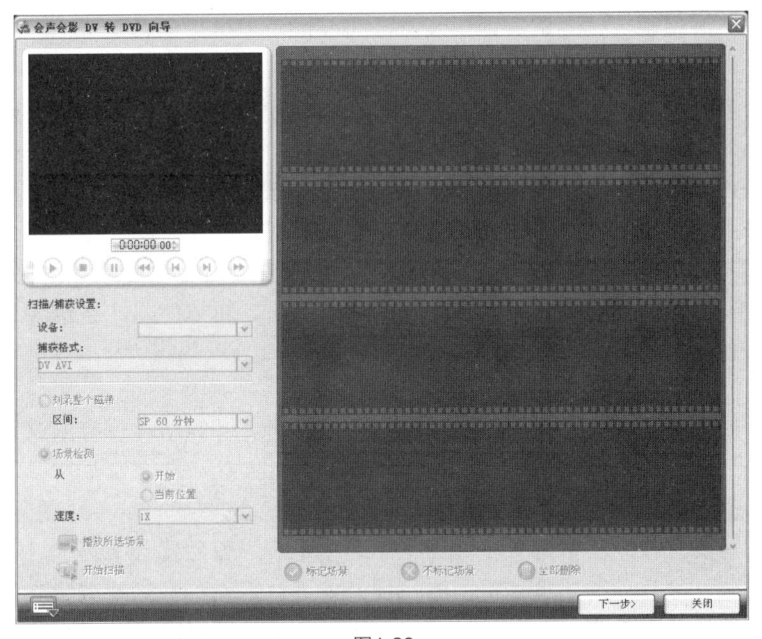

图1-28

1.6 会声会影11的主要特点及新增功能

掌握会声会影11的主要特点和新增功能，有助于提高软件操作的速度。

1.6.1 主要特点

◎ 简洁的工作流程：提供了捕获-编辑-分享的视频处理流程，功能强大，使视频编辑过程简洁方便。
◎ 操作简单的界面：提供了简单易懂的工作界面，可以轻松、快速地掌握操作技巧。
◎ 快速的格式转换：可以将DV或摄像机上的视频直接捕获成MPEG格式，并可以将处理过的视频直接输出到电视或摄像机上。
◎ 快速添加效果：可以快速地为视频添加转场、特效、文字、声音或Flash动画。

1.6.2 新增功能

◎ 支持多种格式的摄像机：支持HDV高清摄像机、HDD硬盘摄像机和AVCHD高清硬盘摄像机。
◎ 支持杜比5.1声道：如果拍摄时录制了5.1声道的音频文件，会声会影能够完全还原现场音效，并通过环绕音效混音器、变调滤镜做最完美的混音调整。
◎ 可定制界面布局：界面布局更人性化，可以根据操作习惯选择界面布局。
◎ 7轨影片覆叠：提供了1个视频轨和6个覆叠轨，极大地增强了画面叠加与运动的方便性。
◎ 完全展开的覆叠轨：可以展开所有覆叠轨，方便查看素材的分布情况。
◎ 覆叠轨预览：在使用遮罩帧和色度键功能时，选项窗口提供了预览功能，在调整的同时查看素材调整之前的原貌，方便比较调整前后的效果。
◎ 为选单定义动画效果：为DVD选单提供了更加完美的动画功能，可以为选单添加摇动、缩放和动态滤镜效果，也可以定义菜单进入和离开的方式。
◎ 改进的DV转DVD向导：将DV与计算机连接后，选择【刻录整个磁带】选项，程序就会自动捕获DV中的视频并将其刻录制作成DVD光盘。
◎ 全新的影片向导：只需简单的步骤，就可以自动为影片添加配乐、覆叠、平移缩放和转场特效。
◎ 支持MPEG-4格式的影片剪辑：内置MPEG-4编码核心，可以导入、剪辑MPEG-4格式的视频文件，并能够将MPEG-4影片输出。
◎ 新增白平衡修正：在色彩校正中，新增了白平衡功能。
◎ 自由添加影片遮罩：在覆叠步骤可以自由增加遮罩，可将计算机中保存的遮罩图案添加到预设库中。
◎ 新增文字旋转功能：提供了文字旋转功能，并支持日文、韩文显示。
◎ 独家智能代理功能：在【参数选择】对话框中选中【启用智能代理】选项，在捕获和编辑高质量视频文件时，将自动产生低分辨率的代理文件进行编辑。在完成编辑后，再将所有剪辑效果应用到原始的高画质影片上，这样可以大幅度降低编辑过程中计算机的资源占用率，提高剪辑效率。
◎ 自动检测和删除广告：在【多重修整视频】对话框中提供了自动监测和删除广告的功能，可以自动扫描电视广告片段，并且在检测完毕后，选择删除广告。
◎ 智能防手震功能：【抵消摇动】滤镜是一个智能防手震滤镜，可以弥补因手的抖动而产生的画面晃动的不良效果。
◎ 去除马赛克滤镜：【去除马赛克】滤镜可以通过调整压缩比例，让画面呈现较柔和的状态。
◎ 去除雪花滤镜：【去除雪花】滤镜可以改善并减少在光线较暗环境下拍摄的影片中的杂点，去除锯齿噪声，使画面呈现细腻的影像。

◎ 智能平移缩放与相片调整：在制作电子相册时，可以将照片旋转至正确的方向。选择一个相册模板，程序会自动添加智能平移、缩放效果，让照片运动。

◎ 新增收藏夹功能：可以应用收藏夹功能选择转场并进行添加，这样方便在素材库列表中查看转场效果。

◎ 智能包功能：可以将项目中的所有视频和图片素材整合到指定的文件夹中，这样即使转移到任意一台计算机编辑项目，只要打开这个文件夹中的项目文件，素材就会自动对应，不需要重新链接。

◎ MPEG优化器：使创建和渲染MPEG格式的影片更加快速。

1.6.3 会声会影11视频编辑的基本流程

会声会影11主要通过捕获、编辑、效果、覆叠、标题、音频、分享7个步骤来完成影片的编辑工作，如图1–29所示。

图1-29

在制作影片时首先要捕获视频素材，然后修整素材，排列各素材的顺序，应用转场并添加覆叠、标题、背景音乐等。这些元素被安排在不同的轨上，对某一轨进行修改或编辑时不会影响到其他轨，如图1–30所示。

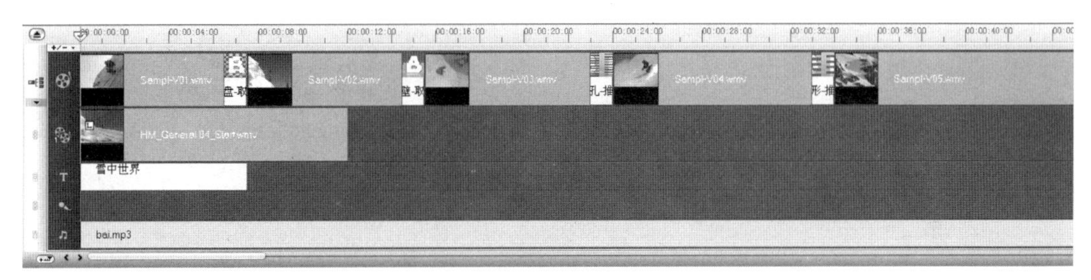

图1-30

在编辑过程中，视频文件以后缀为.VSP的项目文件的形式存在，它包含了所有素材的路径及对视频的处理方法等信息。编辑完成后，将素材中的所有元素合并渲染成一个视频文件，再将视频刻录成DVD、VCD或SVCD光盘，或者回录到摄像机，也可以将影片输出为视频文件，在计算机上回放。

小结

本章主要介绍了制作数码影片对软件和硬件的配置要求，还讲解了选购、安装、设置IEEE 1394卡的方法，以及会声会影的系统配置、文件格式、安装方法、制作影片的基本流程等。通过本章的学习，为快速掌握和应用会声会影做好了基础准备。

Chapter 02

使用影片向导快速制作视频

通过影片向导可以捕获、插入视频或图像素材，选择要使用的模板后，程序会自动为影片添加专业的片头、片尾、背景音乐和转场效果，使影片具有丰富精彩的视觉效果。最后，直接输出影片或者刻录光盘，只需要3个步骤，就可以帮助用户快速完成精彩的专业影片制作。

2.1 获取视频素材

使用影片向导可以从DV摄像机中捕获视频，也可以插入硬盘上的视频文件，还可以添加图片或从DVD光盘上直接抓取视频。

2.1.1 从DV摄像机中捕获视频

启动会声会影11，在启动面板中选择【影片向导】选项，如图2-1所示，进入影片向导主界面，如图2-2所示。

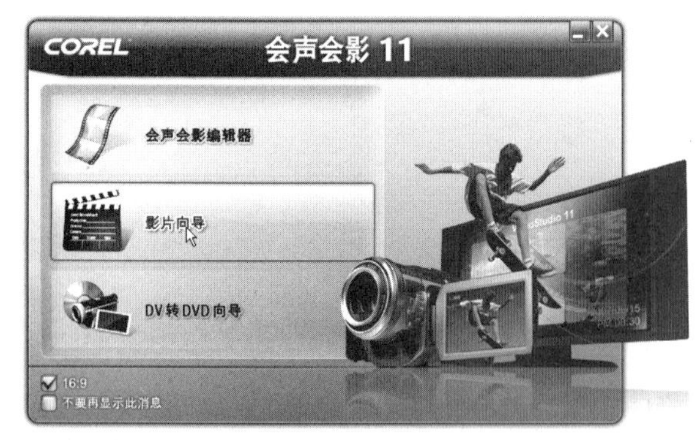

图2-1

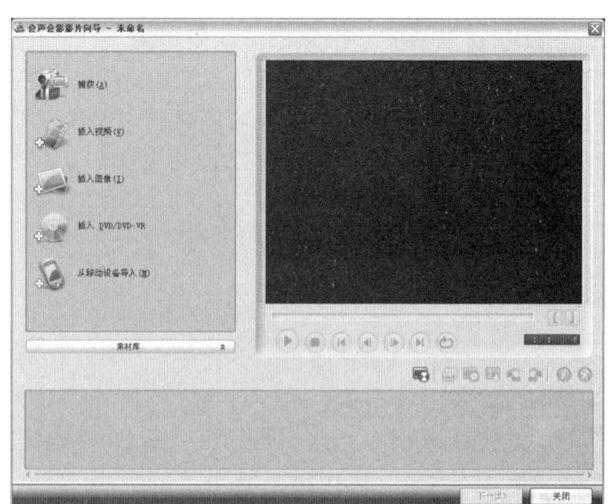
图2-2

【捕获】按钮：用于捕获摄像机中的视频或截取影片中的单帧画面。

【插入视频】按钮：用于添加不同格式的视频文件。

【插入图像】按钮：用于添加静态图像。

【插入DVD/DVD-VR】按钮：用于从DVD光盘中插入视频，或者直接导入硬盘上DVD文件夹中的视频。

【从移动设备导入】按钮：添加来自MS Windows支持设备的视频。

将DV与计算机正确连接后，在会声会影向导操作界面中单击【捕获】按钮，显示【捕获设置】面板，如图2-3所示。

提示

如果DV没有与计算机连接，在会声会影向导的操作界面中单击【捕获】按扭，将弹出提示对话框，如图2-4所示。

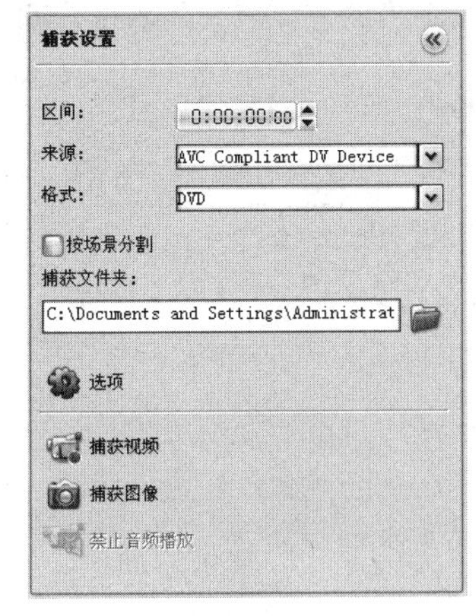

图2-3

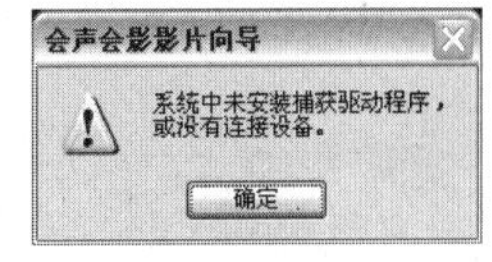

图2-4

单击【格式】选项右侧的下拉按钮，在弹出的列表中选择需要捕获的视频文件格式，如图2-5所示。单击【捕获文件夹】选项右侧的【打开捕获文件夹】按钮，在弹出的对话框中指定捕获的视频文件在硬盘上的保存路径，如图2-6所示。

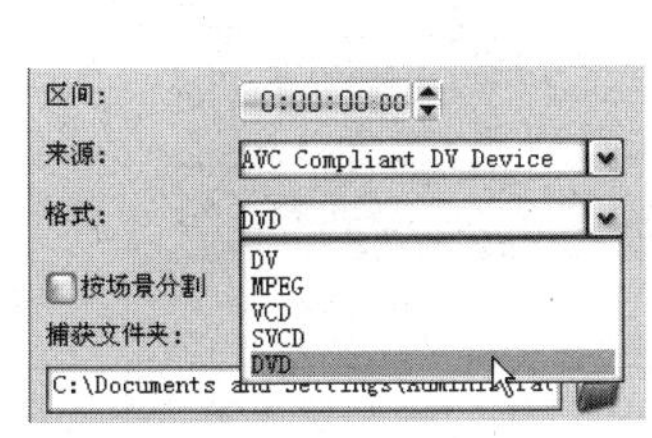

图2-5

图2-6

单击预览窗口下方的播放按钮，找到需要捕获的视频的开始位置，如图2-7所示。单击【捕获视频】按钮，开始从当前位置捕获视频，这时【捕获视频】按钮变为【停止捕获】按钮，如图2-8和图2-9所示。

图2-7

图2-8

图2-9

在预览窗口中查看当前捕获的视频内容，捕获到所需的视频后，按【Esc】键或单击【停止捕获】按钮，完成DV视频捕获，捕获到的视频片段显示在下方的媒体素材列表中，如图2-10所示。

图2-10

2.1.2 剪切多余的视频内容

在捕获视频时，只有看到素材片段的结束画面后，才会结束一段视频的捕获，如果发现捕获了一些多余的内容，使用会声会影影片向导的编辑功能，可以剪切掉多余的视频内容。

在媒体素材列表中选择要查看的视频文件略图，此时影片向导自动切换到影片编辑状态。在预览窗口下方拖动滑块定位需要剪切的位置，如图2-11所示。

图2-11

单击【开始标记】按钮[，影片向导自动将视频片段的开始标记设置为当前滑块的位置，如图2-12所示。

图2-12

设置完成后，开始标记之外的区域就被剪切掉了，单击【播放】按钮，即可查看剪切之后的视频素材的效果，制作完成后的影片将不包括被剪切掉的内容。

■ 2.1.3 添加硬盘上保存的视频素材

在【捕获设置】选项面板中单击【显示/隐藏】按钮，返回到捕获步骤选项面板，如图2-13所示。单击【插入视频】按钮，弹出【打开视频文件】对话框，如图2-14所示。

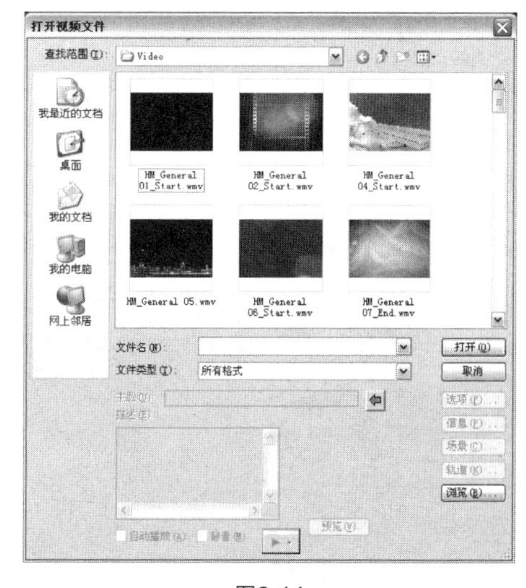

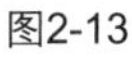

图2-13　　图2-14

在【打开视频文件】对话框中选择需要插入到影片中的视频素材，单击【打开】按钮，将视频文件添加到媒体素材库列表上，如图2-15所示。

图2-15

2.2 应用预设的主题模板

会声会影影片向导最方便之处就是为影片提供了各种预设的模板，每个模板提供了不同的主题，并且带有片头和片尾视频素材，甚至还包括标题和背景音乐。

2.2.1 使用预设主题模板

影片中需要的所有视频和图像添加完成后，单击【下一步】按钮，进入主题模板选择步骤，如图2-16所示。单击【主题模板】选项右侧的下拉按钮，在弹出的列表中选择要使用的模板主题，如图2-17所示。

图2-16

图2-17

提 示

【家庭影片】模板可以创建同时包含视频和图像的影片，而【相册】模板用于创建仅包含图像的相册影片。如果媒体素材列表中没有图像素材，而选择【相册】选项，将弹出如图2-18所示的提示对话框。如果媒体素材列表中包含图像和视频素材，而选择【相册】选项，将弹出如图2-19所示的提示对话框。

图2-18

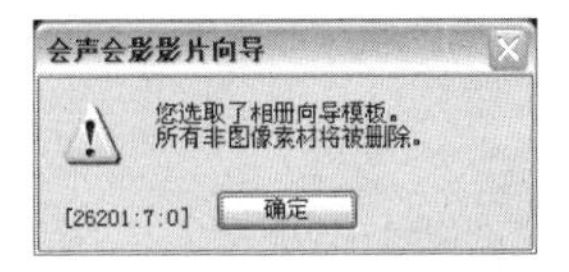

图2-19

在左侧的略图窗口中选择一个模板，单击预览窗口下方的【播放】按钮，查看应用主题模板后的影片效果，此时，可以看到程序为影片添加的片头、片尾、背景音乐及转场效果，如图2-20和图2-21所示。

图2-20

图2-21

选择合适的主题后，在对话框下方可以更换新的背景音乐、调整背景音乐与素材中声音文件的音量混合或更改标题文字。

2.2.2 更换背景音乐

在主题模板中，程序自动为影片添加了背景音乐，并且自动适应影片的长度。

单击预览窗口下方的【加载背景音乐】按钮，如图2-22所示，弹出【音频选项】对话框，如图2-23所示。

图2-22

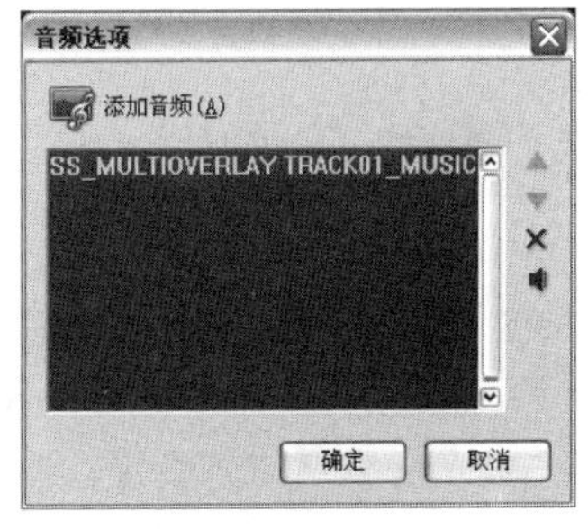

图2-23

在对话框中单击【添加音频】按钮，在弹出的【打开音频文件】对话框中选择需要添加的背景音乐，如图2–24所示。

单击【打开】按钮，在弹出的提示对话框中以拖曳的方式改变音频素材的顺序，如图2–25所示，单击【确定】按钮，回到【音频选项】对话框中，如图2–26所示。

图2-24

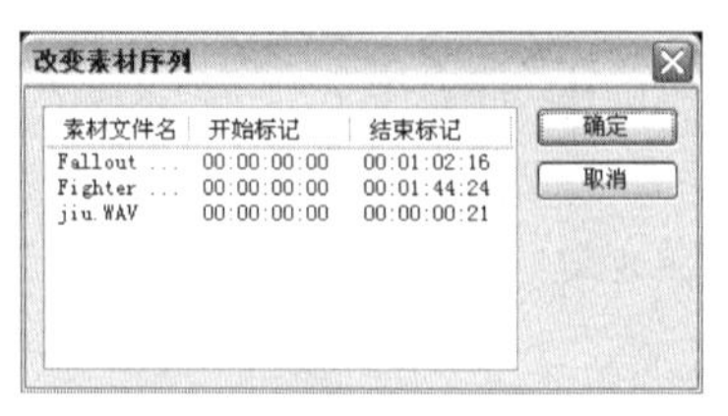

图2-25

图2-26

添加完成后，使用右侧的编辑按钮可以控制音乐的播放顺序，也可以对音乐进行剪辑。

【上移】按钮：向上移动。将选择的音乐文件向上移动，调整音乐素材的播放顺序。

【下移】按钮：向下移动。将选择的音乐文件向下移动，调整音乐素材的播放顺序。

【删除】按钮：删除选择的音乐素材。

【预览并修整音频】按钮：预览并修整音频。单击此按钮，将弹出【预览并修整音频】对话框，如图2–27所示，在对话框中可以播放音频素材或设置开始标记和结束标记，修整音频素材。

图2-27

2.2.3 调整音量混合

在影片中应用主题模板后，程序会自动为影片添加背景音乐，并调整背景音乐与原始视频片段的音量，使它们合理混合。

如果需要增大视频素材的音量，减小背景音乐的音量，可以将【音量】中的滑块向右侧拖曳，如图2–28所示。

图2-28

2.2.4 改变主题模板的标题

在使用主题模板时，程序会自动为影片添加标题。对于用户制作的影片，可以根据需要更改主题模板的标题。

单击【标题】选项右侧的下拉按钮，在弹出的列表中选择要修改的标题名称，如图2-29所示。在预览窗口双击鼠标，使文字处于编辑状态，在预览窗口输入新名称，如图2-30所示。

图2-29

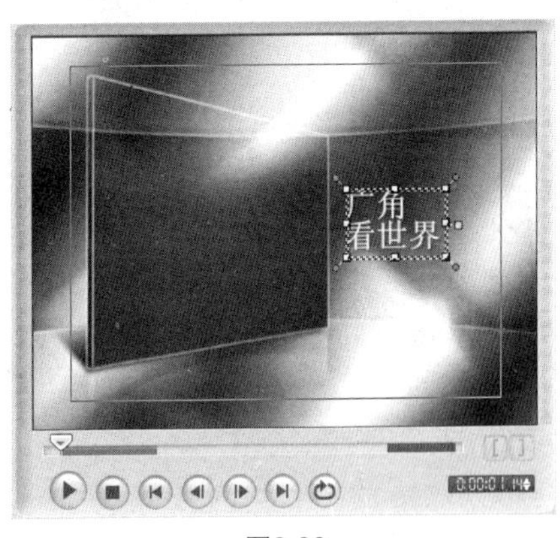

图2-30

单击【标题】选项右侧的【文字属性】按钮，弹出【文字属性】对话框，在对话框中设置文字的字体、大小、颜色及阴影效果等属性，如图2-31所示，单击【确定】按钮，标题效果如图2-32所示。

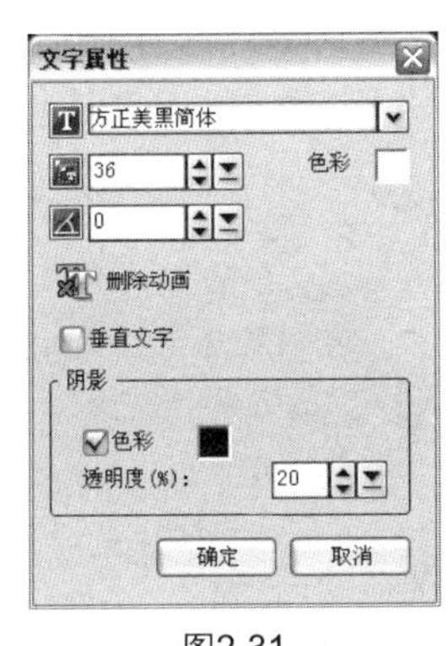

图2-31

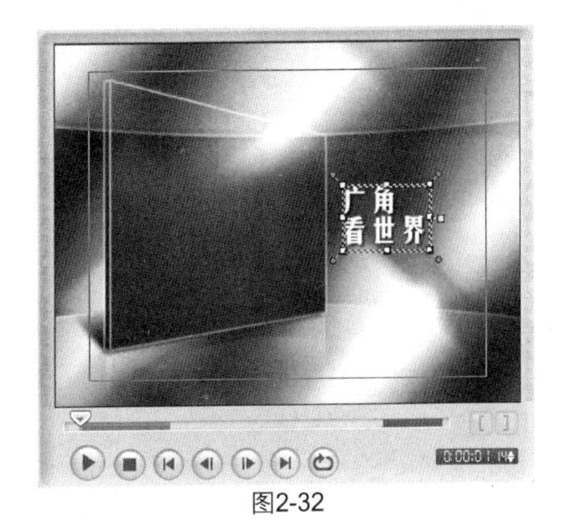

图2-32

【字体】选项：单击文本框右侧的下拉按钮，在弹出的下拉列表中可以为标题设置新的字体。

【大小】选项：单击右侧的三角形按钮，拖曳滑块调整标题的大小，也可以在数值框中直接输入数值，改变标题的大小。

【色彩】颜色块：单击右侧的颜色块，在弹出的调色板中可以指定新的色彩，也可以选择【友立色彩选取器】或【Windows色彩选取器】选项，在弹出的对话框中自定义色彩。

【按角度旋转】选项：在文本框中输入数值，可以调整旋转的角度。

【删除动画】按钮：主题模板为标题指定了预设的动画效果，单击此按钮可以删除标题动画，使标题保持静止状态。

【垂直文字】复选框：勾选此复选框，可以将水平排列的标题变为垂直排列。

【阴影】选项：为标题添加或删除阴影并设置阴影属性。

【色彩】复选框：勾选此复选框，单击右侧的颜色块，在弹出的调色板中可以指定阴影的色彩。

【透明度】选项：调整阴影的透明度，单击右侧的三角形按钮，拖曳滑块调整透明度，也可以在数值框中直接输入数值，改变标题的透明度。

设置完成后，单击【确定】按钮。在预览窗口中选中标题，拖曳标题到适当的位置，如图2-33所示。将鼠标指针放置在右下方的黄色控制点上，拖曳鼠标，可改变标题的大小，效果如图2-34所示。

图2-33

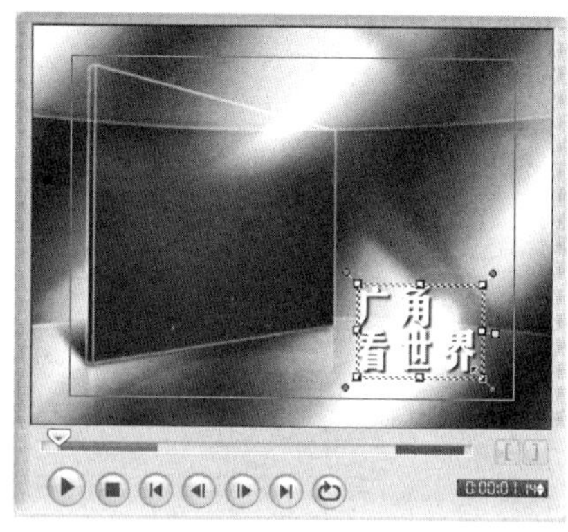

图2-34

■ 2.2.5 调整影片的区间

在标题模板中，程序会自动为整部影片添加背景音乐，并且自动适应影片的长度，但有时需要保持声音的完整性，为了满足用户的要求，会声会影允许用户调整影片的整体长度，使影片与音乐更好地配合。

单击【区间】选项右侧的【设置影片的区间】按钮，如图2-35所示，弹出【区间】对话框，如图2-36所示。

图2-35

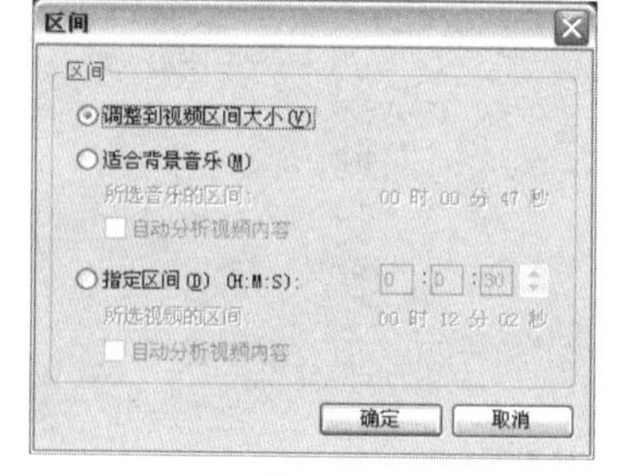

图2-36

在对话框中选择【适合背景音乐】单选项，对话框右侧将显示当前音乐的区间，如图2-37所示。这样，程序将自动调整影片的长度，以适合背景音乐的长度。

如果选择【指定区间】单选项，则可以输入数值自定义整个影片的区间，如图2-38所示。

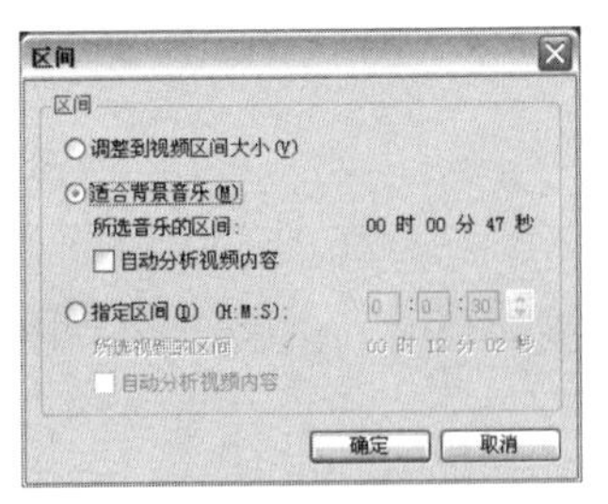

图2-37

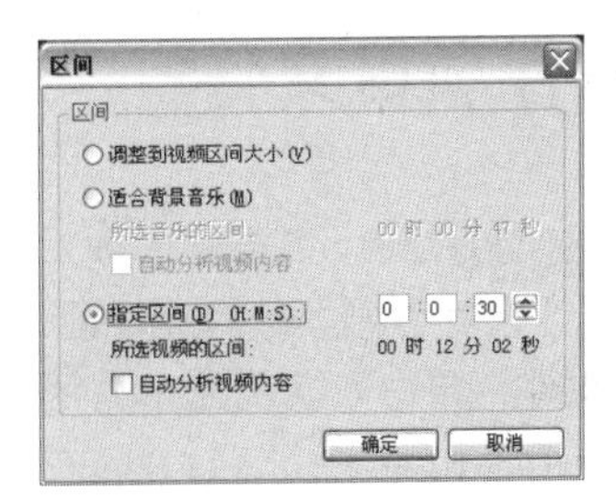

图2-38

2.2.6 标记素材

在前面的步骤中，选择【适合背景音乐】或【指定区间】单选项，都会使视频长度发生改变，在这种情况下，用户可以指定哪些素材是必须保留的，哪些素材是可以修改的。

单击【区间】选项右侧的【标记素材】按钮，如图2-39所示，弹出【标记素材】对话框，如图2-40所示。

图2-39

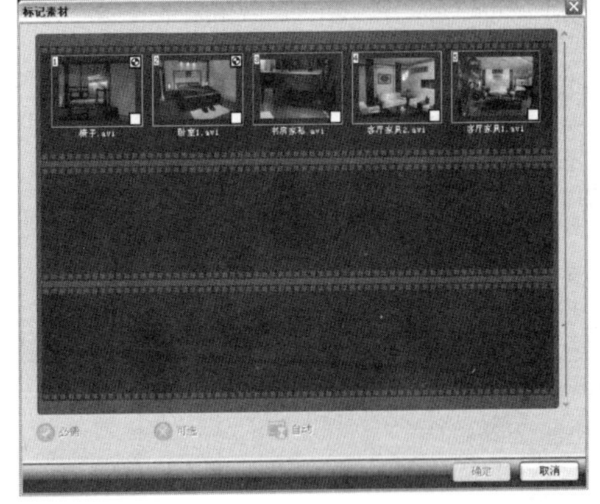

图2-40

选中影片中一定要保留的素材略图，单击【必须】按钮，将其选中，如图2-41所示。选中可以进行调整的素材略图，单击【可选】按钮，将这些素材标记为可以调整的内容，如图2-42所示。

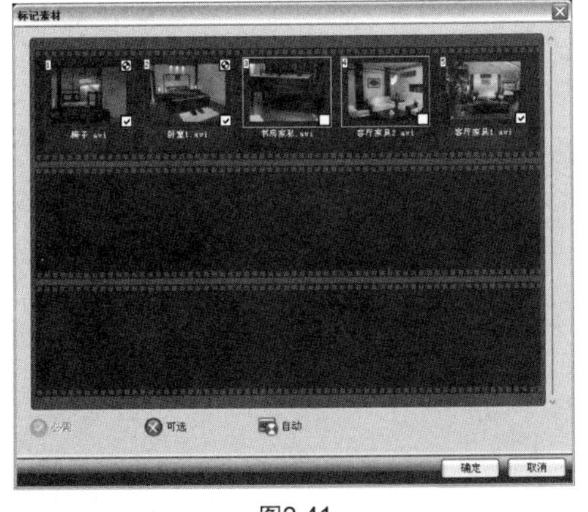

图2-41

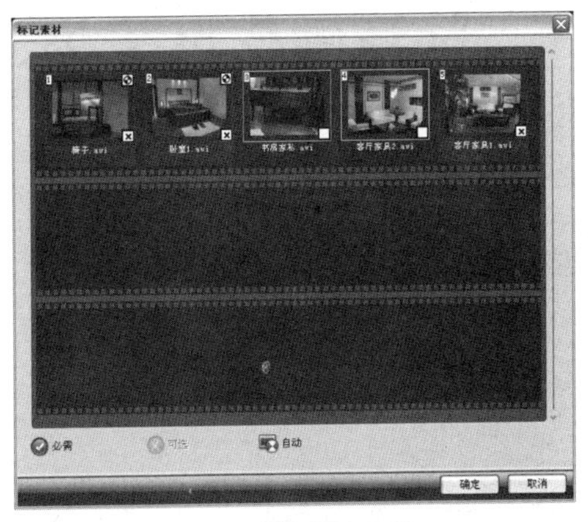

图2-42

标记完成后，单击【确定】按钮，程序会在必要时根据指定的方式调整素材。

2.2.7 保存项目文件

在编辑过程中，影片会以会声会影项目文件（.VSP）的形式存在，它包含所有素材的路径位置及对影片的编辑处理方法等信息。编辑完成后，再将影片中的所有元素合并成一个视频文件。

要保存项目文件，单击对话框左下方的【保存选项】按钮，在弹出的菜单中执行【保存】命令（或按快捷键【Ctrl+S】保存，也可以执行【另存为】命令），如图2-43所示，在弹出的【另存为】对话框中指定项目文件的名称和保存路径，如图2-44所示，单击【保存】按钮，即可将项目文件保存。

保存完成后，在会声会影编辑器中可以执行菜单【文件】→【打开项目】命令，或按快捷键【Ctrl+O】，打开项目文件，并对项目文件进行编辑。

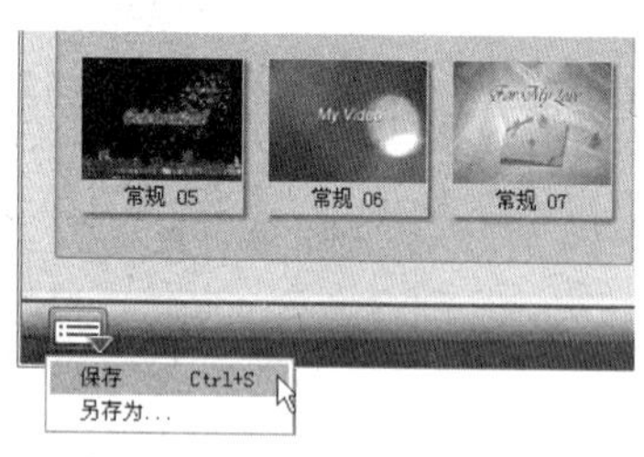

图2-43

图2-44

2.3 快速制作电子相册

电子相册是集图像、音乐、文字于一体的多媒体视频文件，效果可与电影相媲美，并且容量很大，可以在VCD机、DVD机、电脑上播放，便于共同观赏。电子相册的出现大大丰富了人们对日常生活的表现。

2.3.1 添加相片

启动会声会影11，在启动面板中选择【影片向导】选项，如图2-45所示，进入影片向导界面。单击【插入图像】按钮，如图2-46所示。

图2-45

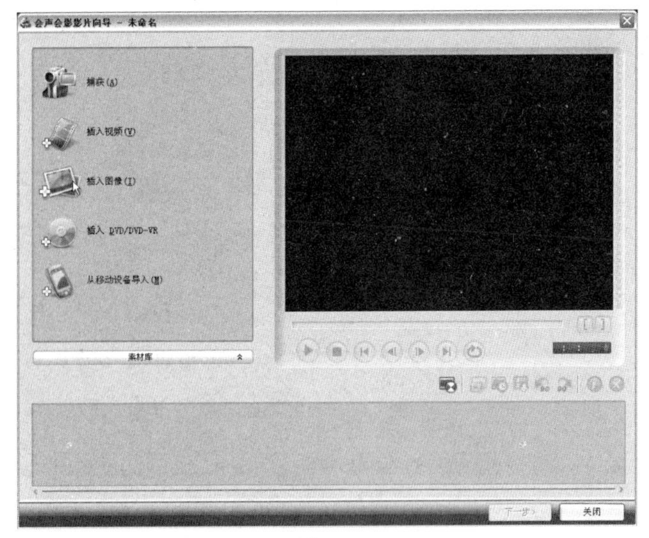

图2-46

在弹出的【添加图像素材】对话框中选择要添加到影片中的相片素材，如图2-47所示，单击【打开】按钮插入素材，如图2-48所示（此处选择的素材仅为示范，读者可以自行选择任意图片素材）。

图2-47

图2-48

2.3.2 调整相片角度

在媒体素材列表中选择需要旋转角度的相片，如图2-49所示，单击两次【逆时针旋转90度】按钮，使相片逆时针旋转180度以正常显示，如图2-50所示。

【逆时针旋转90度】按钮：用于将媒体素材列表中的素材逆时针旋转90度。

【顺时针旋转90度】按钮：用于将媒体素材列表中的素材顺时针旋转90度。

图2-49

图2-50

2.3.3 调整排列顺序

单击【对素材库中的素材排序】按钮，在弹出的下拉列表中可以选择【按名称排序】或【按日期排序】选项，如图2-51所示。

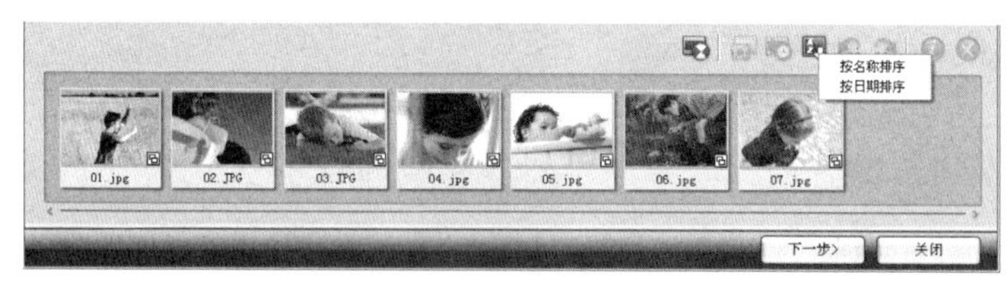

图2-51

【按名称排序】选项：选择此选项，媒体素材列表中的所有素材按照文件名称进行排序。

【按日期排序】选项：选择此选项，媒体素材列表中的所有素材按照保存的日期进行排序。

2.3.4 设置相片播放时间

单击【下一步】按钮，单击窗口下方的【区间】按钮，弹出【设置】对话框，单击【更改图像素材区间】选项右侧的下拉按钮，在弹出的列表中选择【4】，如图2-52所示，该参数表示图像素材在播放时的持续时间。

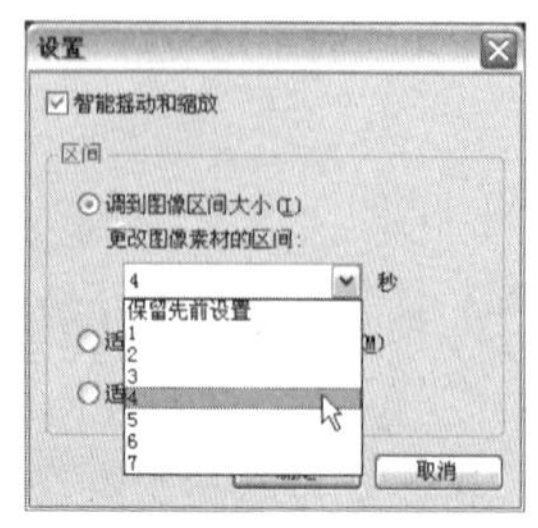

图2-52

设置完成后，单击【确定】按钮，返回对话框。

2.3.5 选择模板

单击【主题模板】选项右侧的下拉按钮，在弹出的列表中，用户可以进行样式模板的选择。在下拉列表中选择【家庭影片】选项，如图2-53所示，并在下方选择所需的模板。

图2-53

完成套用模板后在预览窗口中拖动飞梭栏滑块，在预览窗口中观看效果，如图2-54和图2-55所示。

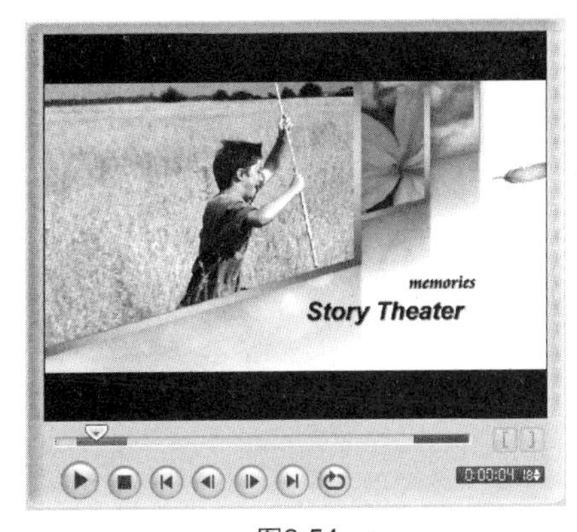

图2-54

图2-55

2.4 输出编辑完成的影片

为影片套用模板以后，单击【下一步】按钮，即可进入影片的编辑输出步骤。在这一步骤中，操作界面提供了3种输出方式，【创建视频文件】、【创建光盘】和【在「会声会影编辑器」中编辑】，如图2-56所示。

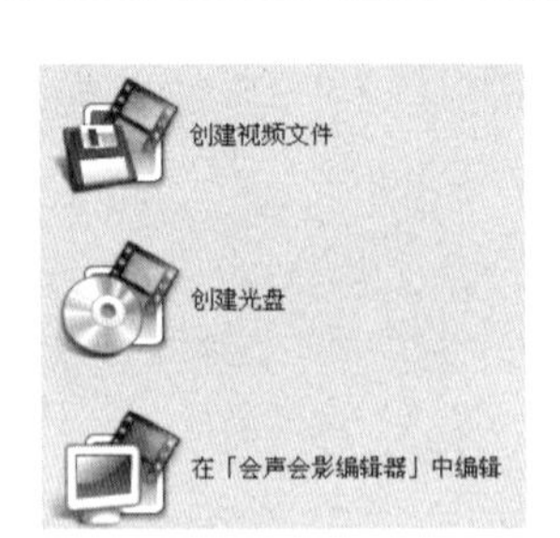

图2-56

2.4.1 把影片输出为视频文件

单击【创建视频文件】按钮，在弹出的下拉列表中选择要创建的视频文件类型，如图2–57所示。在弹出的对话框中指定视频文件的名称和路径，如图2–58所示。

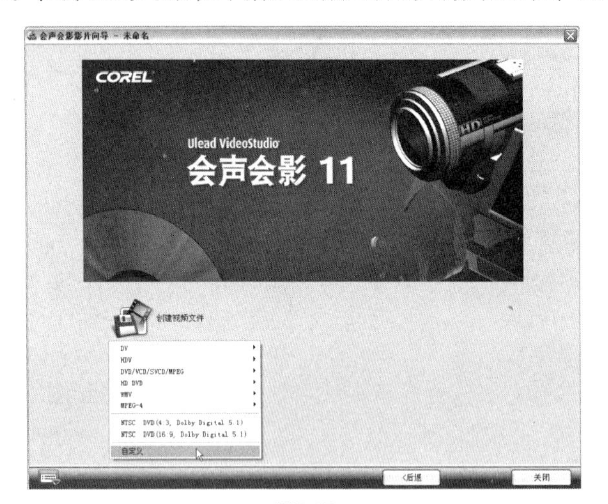

图2-57

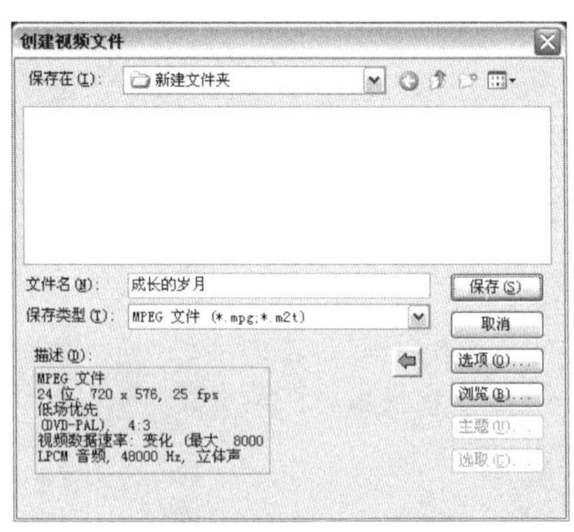

图2-58

单击【保存】按钮，程序开始渲染影片，并将其保存到指定的路径中，如图2–59所示。影片按照指定的视频格式保存至硬盘上以后，会弹出提示对话框，提示完成视频文件的创建，如图2–60所示，单击【确定】按钮，即可完成创建视频文件的操作。

图2-59

图2-60

2.4.2 直接刻录光盘

单击对话框中的【创建光盘】按钮，进入刻录光盘的操作步骤，如图2-61所示。单击底部的【设置和选项】按钮，在弹出的列表中选择【光盘模板管理器】选项，弹出【光盘模板管理器】对话框，单击【光盘类型】选项的下拉按钮，在弹出的列表中选择需要的光盘类型，如图2-62所示。

图2-61

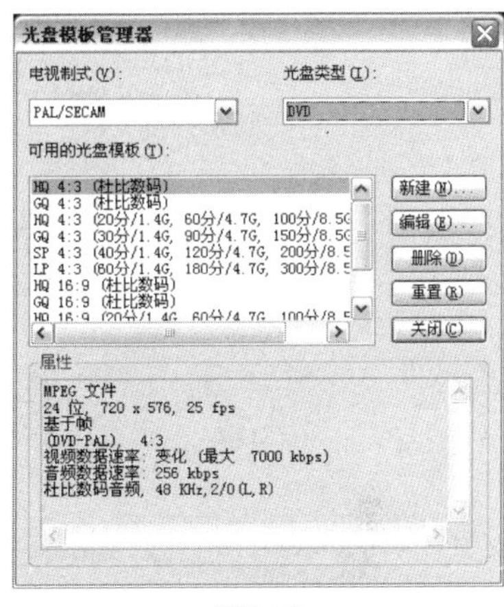

图2-62

设置完成后，单击【关闭】按钮，返回到对话框中，单击【添加/编辑章节】按钮，弹出【添加/编辑章节】对话框，如图2-63所示。在对话框中单击【自动添加章节】按钮，弹出【自动添加章节】对话框，如图2-64所示。单击【确定】按钮，程序将自动按照所添加的视频和图像素材分割影片，并将每一个片段的起始位置作为章节的索引，如图2-65所示。

图2-63

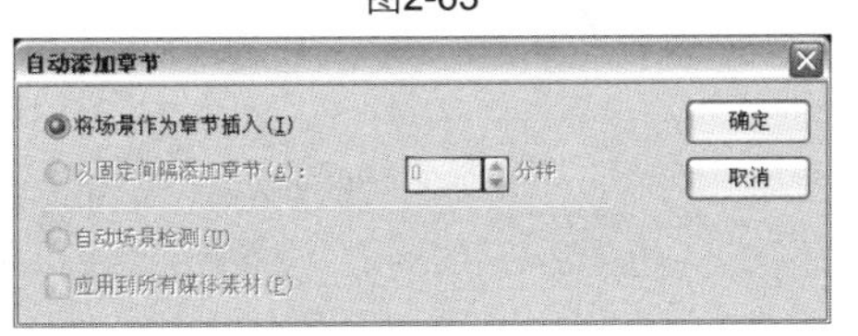

图2-64

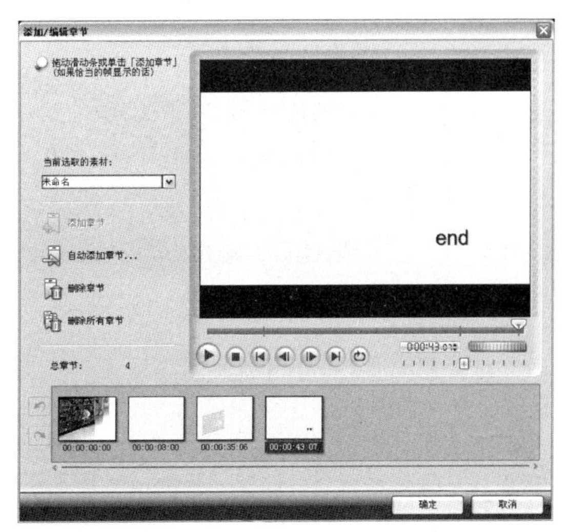

图2-65

章节添加完成后，单击【确定】按钮，再单击【下一步】按钮，分别为主菜单及第二级菜单选择背景模板，如图2-66和图2-67所示。

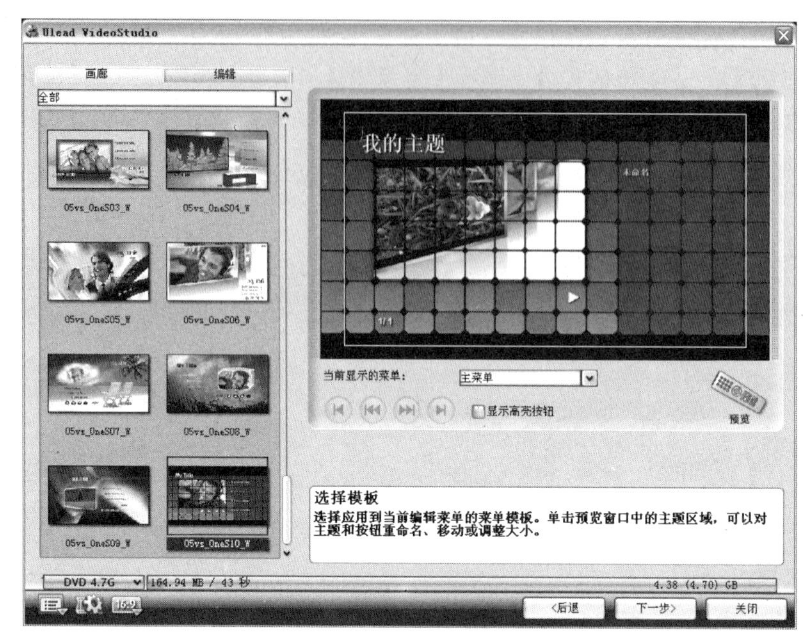

图2-66

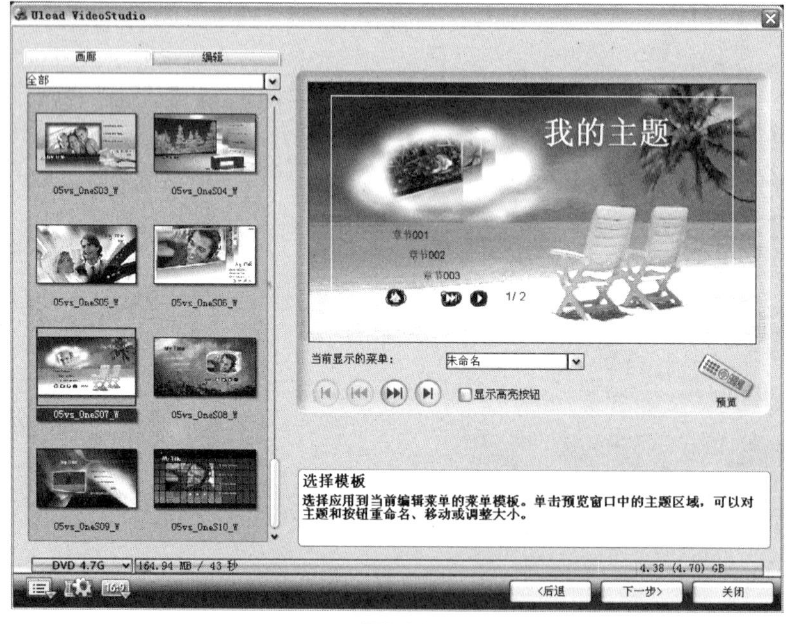

图2-67

设置完成后，单击【确定】按钮，再单击【预览】按钮，通过虚拟遥控器控制播放按钮，可预览整个影片效果，如图2-68所示。

预览影片播放效果后，单击【下一步】按钮，进入刻录输出步骤，如图2-69所示。单击【刻录格式】选项右侧的下拉按钮，在弹出的列表中选择一种输出格式，如图2-70所示。设置完成后，单击【刻录】按钮，程序开始渲染并输出影片。

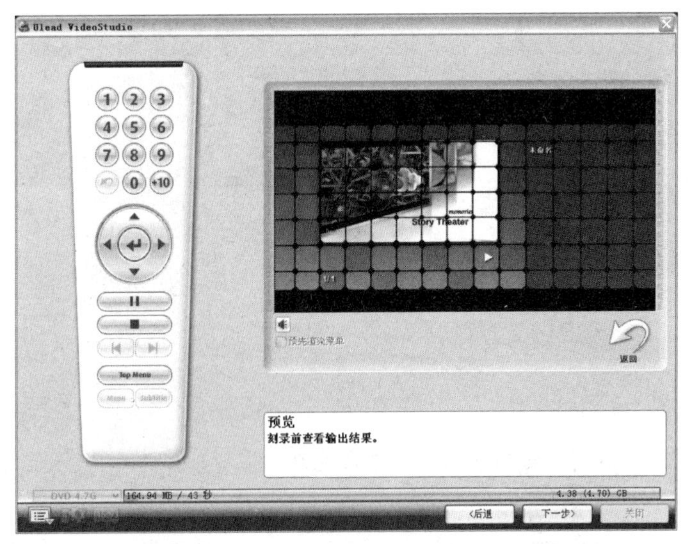

图2-68

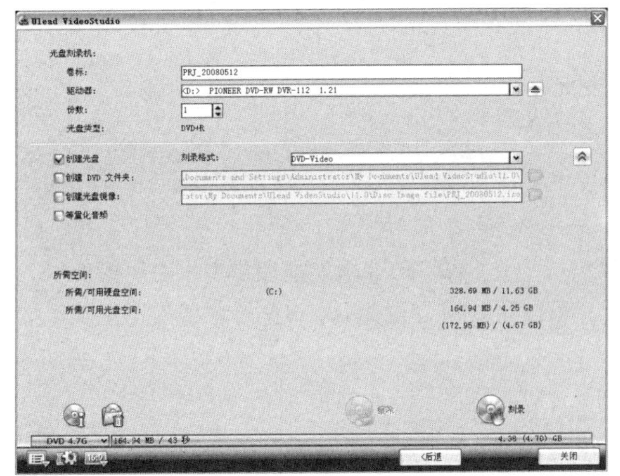

图2-69

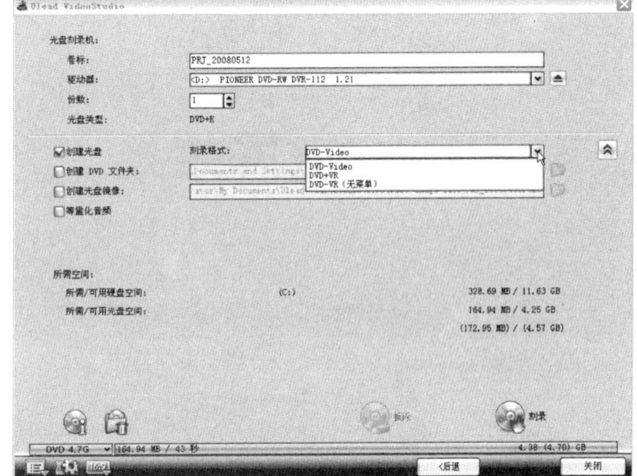

图2-70

■2.4.3 进入会声会影编辑器继续编辑

通过会声会影影片向导捕获视频素材并为影片添加片头、片尾及背景音乐后，用户可以使用会声会影编辑器进一步精确地调整影片。

单击【在「会声会影编辑器」中编辑】按钮，弹出提示对话框，如图2-71所示。单击【是】按钮后将启动会声会影编辑器，并将所有视频素材、背景、转场以及片头、片尾转移至程序中，如图2-72所示。在会声会影编辑器中，用户可以根据需要对所有元素进一步编辑。

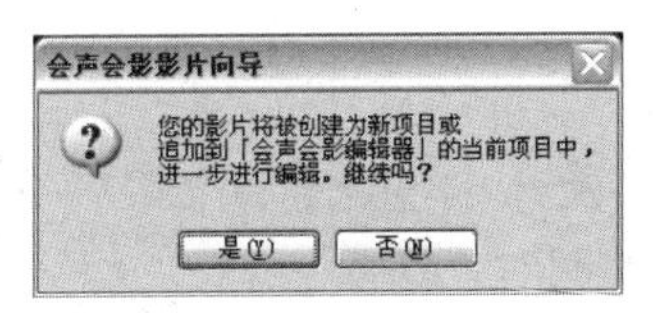

图2-71

图2-72

2.5 16：9宽屏效果

会声会影11可以捕获和编辑标准的4：3视频素材，也可以捕获和编辑宽屏幕的16：9视频素材。在启动界面上勾选【16：9】复选框，如图2-73所示，可以将项目设置为16：9宽屏幕模式，正确地捕获、编辑和输出以16：9模式拍摄的DV影片。

图2-73

小结

本章主要介绍了如何使用【DV转DVD向导】和【影片向导】快速制作简单的影片。通过本章的学习，相信用户已能够制作一些简单的影片，并在制作的过程中掌握一些使用方法和技巧。

Chapter 03

了解会声会影编辑器

本章主要介绍会声会影最主要的操作方式——编辑器。和影片向导相比，编辑器中提供了更多的功能和素材，用户自由发挥的余地更大。通过本章的学习，将对编辑器的功能模块、工作方式有一个细致的了解，还可学会应用编辑器进行项目操作。

3.1 会声会影编辑器的操作界面

启动会声会影后，首先进入功能选择界面，选择【会声会影编辑器】选项，如图3-1所示，进入操作界面。操作界面中包含菜单栏、步骤选项卡、预览窗口、导览面板、功能按钮、时间轴、素材库和选项面板，如图3-2所示。

◎ 菜单栏：包含了文件、编辑、素材及工具的命令集合。
◎ 步骤选项卡：将视频编辑中的各个步骤按选项卡的形式进行排列。
◎ 预览窗口：用于显示当前编辑的素材并对编辑过程中的效果进行显示。
◎ 导览面板：用于浏览预览窗口中的素材，并可以对素材进行精确的修整。
◎ 功能按钮：用于设置不同的视图模式。
◎ 时间轴：显示当前项目中包含的所有素材、背景音乐、标题和各种转场效果的时间序列。

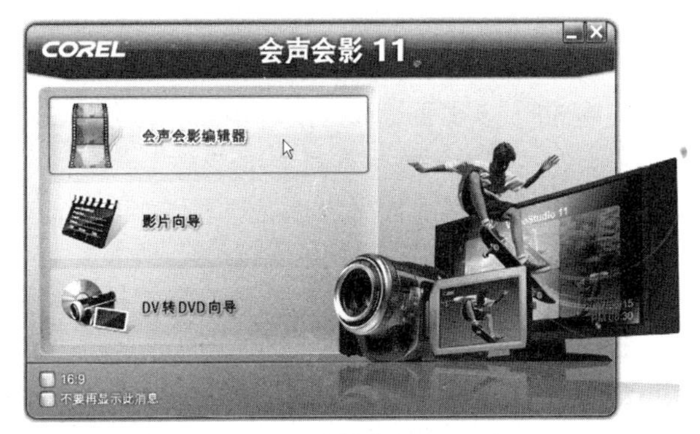

图3-1

图3-2

◎ 素材库：用于保存和管理素材。

◎ 选项面板：包含用于对素材进行定义、设置的按钮和命令选项。其内容会根据操作步骤的不同而变化。

3.2 步骤面板

会声会影编辑器将影片创建的过程简化为7个简单的步骤。单击步骤面板上相应的按钮，可以在不同的步骤之间进行切换。

【捕获】按钮 捕获 ：在【捕获】步骤面板中可以直接将视频设备中的素材捕获到计算机中。录像带中的素材可以被捕获成单独的文件或自动分割成多个文件。

【编辑】按钮 编辑 ：【编辑】步骤面板和时间轴是会声会影的核心。在面板中可以整理、编辑和修整视频素材，还可以将视频滤镜应用到视频素材上。

【效果】按钮 效果 ：【效果】步骤面板可以在视频素材之间添加转场，使素材之间能够平滑过渡。

【覆叠】按钮 覆叠 ：应用【覆叠】步骤面板可以在一个素材上叠加另一个素材，从而创建多个视频合成的效果。

【标题】按钮 标题 ：在【标题】步骤面板中可以创建动态的文字标题或从素材库中直接选择系统预设的标题。

【音频】按钮 音频 ：【音频】步骤面板可以从光盘驱动器中选择和录制CD中的音乐文件，也可以通过麦克风为影片配音或添加旁白，还可以对各个来源中的音频进行调整和混合。

【分享】按钮 分享 ：影片编辑完成后，可以在【分享】步骤面板中创建视频文件或将影片输出到磁带、DVD光盘、CD光盘上。

3.3 导览面板

导览面板用于预览和编辑项目中使用的素材，如图3-3所示。通过选择导览面板中不同的播放模式，播放所选的素材。使用飞梭栏和飞梭栏滑块可以对素材进行编辑。

图3-3

【播放】按钮：单击此按钮，可以播放视频或音频素材。

提示

按住【Shift】键的同时单击此按钮，仅播放在修整栏上选取的视频。

【起始】按钮：单击此按钮，预览窗口显示起始帧，飞梭栏滑块回到飞梭栏的起始位置。

【上一个】按钮：移动到视频素材的上一帧。

【下一个】按钮：移动到视频素材的下一帧。

【终止】按钮：单击此按钮，预览窗口显示结束帧，飞梭栏滑块停在飞梭栏的终止位置。

【重复】按钮：单击此按钮，可循环播放素材。

【系统音量】按钮：单击此按钮并拖动弹出的滑动条，可以调整素材的音频输入或音乐的音量。

【设置开始标记】按钮[：用于标记素材的起始点。

【设置结束标记】按钮]：用于标记素材的结束点。

【剪辑】按钮：将所选的素材剪切为两段。将飞梭栏滑块定位到需要分割的位置。

【扩大】按钮：单击此按钮，可以在较大的预览窗口中预览素材。

【时间码】图标 00:00:00:00 ：通过指定确切的时间，可以直接调到项目或所选素材的指定位置。

【修整拖柄】图标：用于修整、编辑和剪辑视频素材。

3.4 功能按钮

功能按钮用于控制时间轴上素材的显示比例、添加素材、撤销或重复操作，以及进行一些相关的属性设置，如图3-4所示。

图3-4

【故事板视图】按钮：单击此按钮，可以将视图模式切换到故事板视图。

【时间轴视图】按钮：单击此按钮，可以将视图模式切换到时间轴视图。

【音频视图】按钮：单击此按钮，可以将视图模式切换到音频视图。

【缩小】按钮：单击此按钮，可以缩小时间轴上素材的显示比例。

【放大】按钮：单击此按钮，可以放大时间轴上素材的显示比例。

【适合时间轴窗口】按钮：单击此按钮，在时间轴上显示全部项目素材。

【插入媒体素材】按钮：单击此按钮，在弹出的菜单中选择相应的命令，将要使用的素材插入到相应的轨上。

【撤销】按钮：单击此按钮，可以撤销已经执行的操作。

【重复】按钮：单击此按钮，可以重复被撤销的操作。

【启用/禁用智能代理】按钮：单击此按钮，可以启用或禁用智能代理功能。

【成批转换】按钮：单击此按钮，可以在弹出的对话框中将多个视频文件成批转换为指定的视频格式。

【覆叠轨管理器】按钮：单击此按钮，可以在弹出的对话框中创建和管理多个覆叠轨。

【启用/禁用5.1环绕声】按钮：单击此按钮，可以在影片中启用或禁用5.1声道环绕立体声。

3.5 编辑视频的3种视图模式

为了方便用户查看和编辑影片，会声会影提供了3种视图模式，分别单击时间轴面板左上方的3个按钮，可以在这3种视图模式之间切换。下面介绍3种视图模式的特点和使用方法，用户可以在影片编辑过程中根据需要进行选择。

3.5.1 故事板视图

单击【故事板视图】按钮切换到故事板视图。故事板视图是将素材添加到影片中最快捷的方式。故事板中的略图代表影片中的一个事件，该事件可以是视频素材，也可以是转场或静态图像。略图按项目中事件发生的时间顺序依次排列，但对素材本身并不详细说明，只是在略图下方显示当前素材的区间，如图3-5所示。

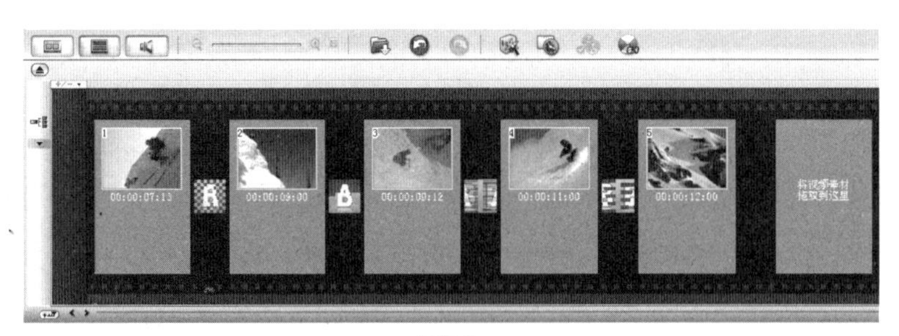

图3-5

用户可以在故事板上插入新的素材，以拖放的方式调整素材的排列顺序或在素材间插入转场效果。选中故事板中的一个素材，可以在预览窗口中进行修整。在标准模式下，单击故事板左上方的

【扩大】按钮，即可切换到大窗口模式，如图3-6所示。单击故事板左上方的【最小化】按钮，即可返回标准模式。

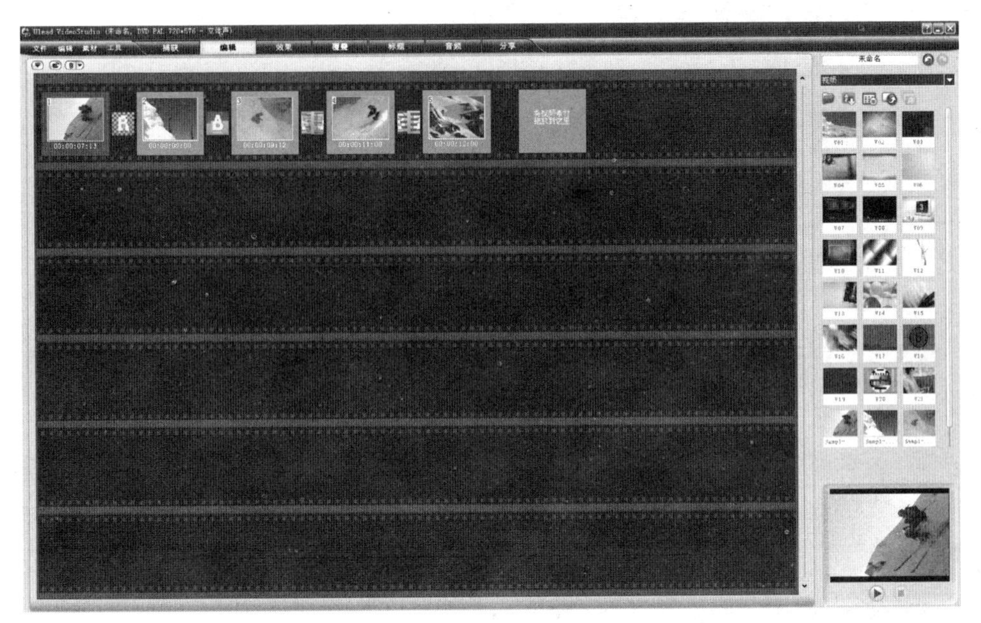

图3-6

3.5.2 时间轴视图

单击【时间轴视图】按钮切换到时间轴视图。时间轴视图可以准确地显示出事件发生的时间和位置，还可以粗略浏览不同媒体素材的内容。时间轴视图的素材可以是视频文件、静态图像、声音文件、音乐文件或者转场效果，也可以是彩色背景或标题。

在时间轴视图中，故事板被水平分割成视频轨、覆叠轨、标题轨、声音轨以及音乐轨5个不同的轨，如图3-7所示。单击相应的按钮，可以切换到它们所代表的轨，以便于选择和编辑相应的素材。

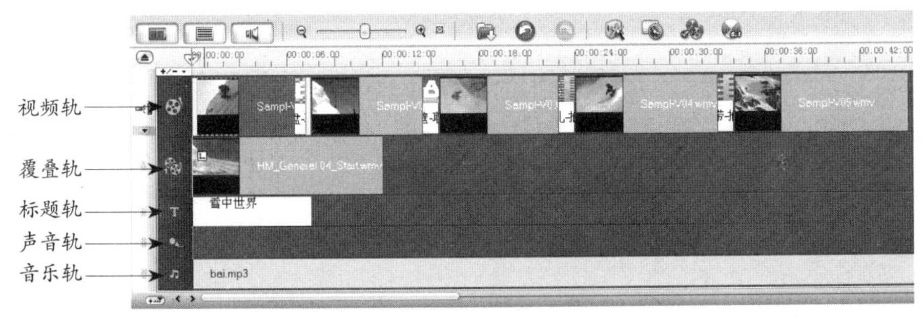

图3-7

3.5.3 音频视图

单击【音频视图】按钮切换到音频视图。音频视图通过混音面板可以实时地调整项目中音频轨的音量，也可以调整音频轨中特定点的音量，如图3-8所示。

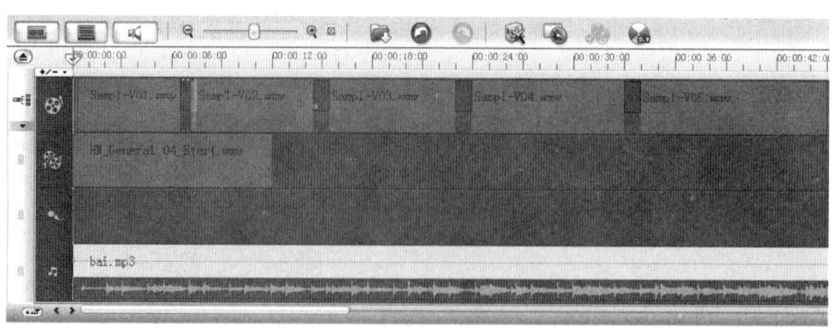

图3-8

3.6 素材库

素材库用于保存影片制作过程中的所有素材文件，可以从素材库中直接拖曳所需的素材添加到视频轨中，这种方式与【插入视频文件】命令等其他添加素材的方式相比更简单、迅速。素材库选项栏中默认的素材种类为视频，如图3-9所示。

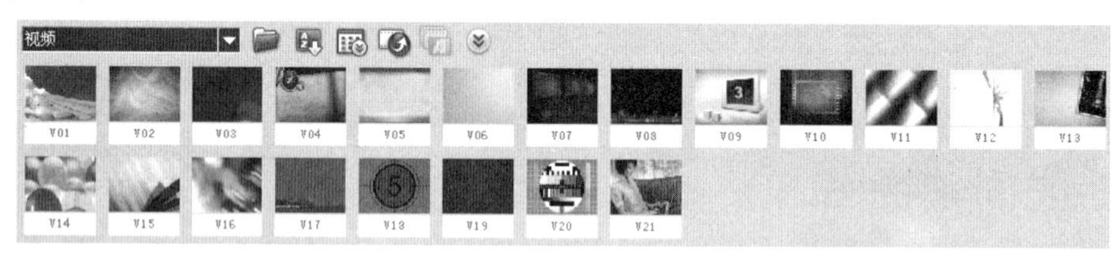

图3-9

单击【画廊】按钮，在弹出的列表中可以选择视频、图像、色彩、转场、视频滤镜、标题、装饰和Flash动画等9种类型的素材，如图3-10所示。

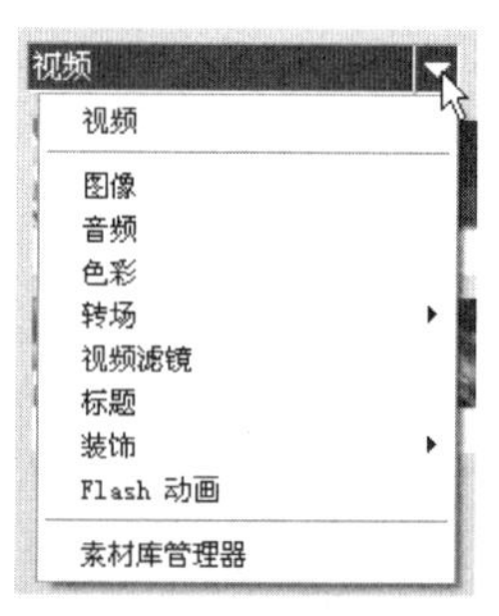

图3-10

3.6.1 素材库中的功能按钮

在素材库的上方有一排功能按钮，如图3-11所示。

【加载素材】按钮：单击此按钮，可以将视频、图像、音频、色彩素材添加到素材库中。

【对素材库中的素材排序】按钮：单击此按钮，可以按名称或日期为素材进行排序。

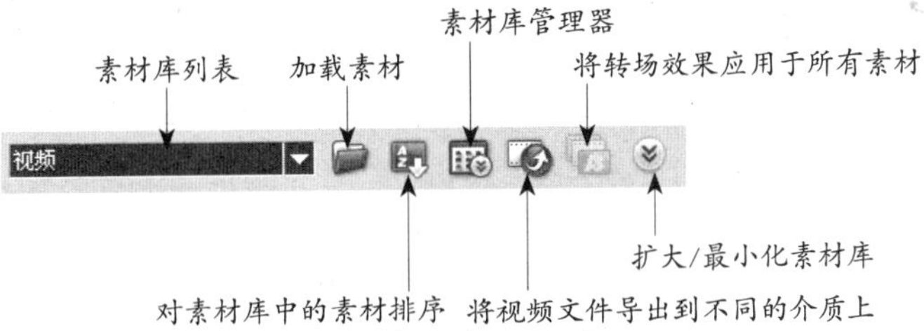

素材库管理器
素材库列表　加载素材　将转场效果应用于所有素材
视频
扩大/最小化素材库
对素材库中的素材排序　将视频文件导出到不同的介质上

图3-11

【素材库管理器】按钮：单击此按钮，弹出【素材库管理器】对话框，可用于整理自定义的素材库文件夹，以便保存和管理各种类型的素材文件。

【将视频文件导出到不同的介质上】按钮：单击此按钮，可以选择将视频文件导出到网页、电子邮件、贺卡或计算机屏幕保护中。

【将转场效果应用于所有素材】按钮：单击此按钮，可以将转场效果一次性应用到整个项目中的所有素材上。

【扩大/最小化素材库】按钮、：单击此按钮，可以根据需要隐藏或显示素材库中的选项面板。

3.6.2 素材排序

在素材库中可以为素材排列顺序。单击素材库上方的【对素材库中的素材排序】按钮，在弹出的菜单中可以选择【按名称排序】和【按日期排序】两种排序方式，如图3-12所示。还可以用鼠标右键单击素材库中的任意素材缩览图，在弹出的菜单中选择【排序方式】选项中的任意一种排序方式，如图3-13所示。

图3-12

图3-13

提示

按名称排序，是以数字或字母的顺序为基准来进行排序；按日期排序，是以时间作为排序的基准，但取决于文件的格式，对从摄像机中捕获的AVI文件，按照视频拍摄的日期和时间进行排序。其他视频文件格式将按照文件建立或最后修改的日期进行排序。

3.6.3 素材库管理器

应用素材管理器可以在影片的制作过程中为不同的素材建立单独的素材文件夹，这些文件夹可以帮助保存和管理各种类型的文件。

单击素材库面板中的【画廊】按钮，在弹出的列表中选择【素材库管理器】选项，如图3-14所示，弹出【素材库管理器】对话框，在【可用的自定义文件夹】选项列表中选择需要管理的文件类型，如图3-15所示。

图3-14

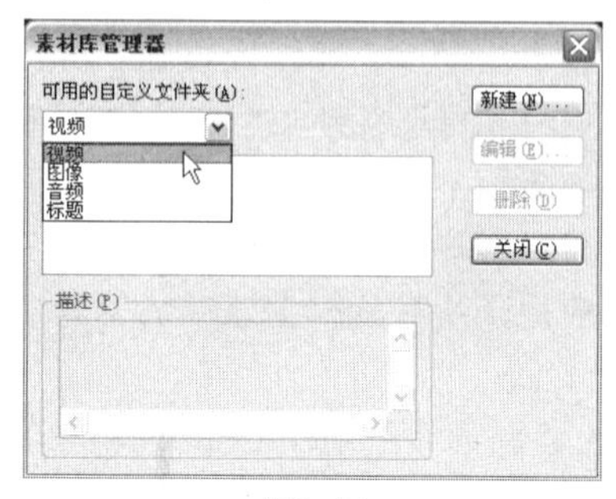

图3-15

单击【新建】按钮，弹出【新建自定义文件夹】对话框，在【文件夹名称】选项的文本框中输入文件夹的名称，在【描述】选项的文本框中输入描述文字，如图3-16所示，单击【确定】按钮，将创建的文件夹添加到列表中，如图3-17所示。

单击对话框右侧的【编辑】按钮，可以修改文件夹名称和描述文字。单击【删除】按钮，可以将自定义的文件夹删除。单击【关闭】按钮，完成设置。

再次单击素材库面板中的【画廊】按钮，弹出的列表中已经添加进了新创建的文件夹，如图3-18所示，可以将相应的素材导入到此文件夹中。

图3-16

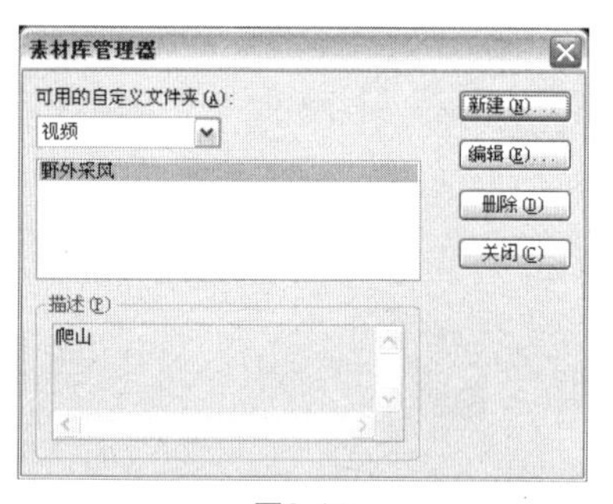

图3-17

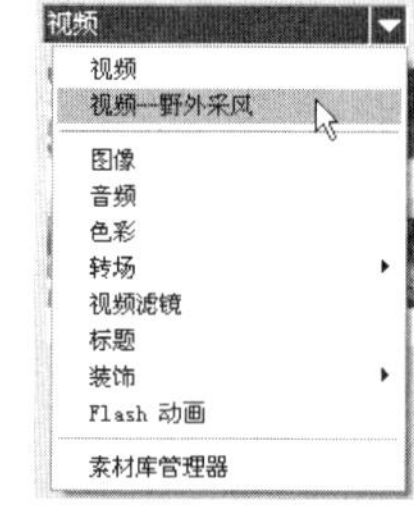

图3-18

3.7 创建和管理项目文件

会声会影的项目文件是.VSP格式文件，用于存放制作影片的必要信息，包括视频素材、图像素材、声音文件、背景音乐，以及字幕、特效等。

3.7.1 新建项目

在运行会声会影编辑器时，程序会自动建立一个新的项目文件，如果是第一次使用会声会影编辑器，新项目将使用会声会影的初始默认设置。否则，新项目将使用上次使用的项目设置。

还可以在编辑当前项目的同时新建项目文件。执行菜单【文件】→【新建项目】命令，即可新建一个项目。

提示

项目文件本身并不是影片，只有在最后的【分享】步骤中，经过渲染输出，将项目文件中的所有素材连接在一起，生成的文件才是影片。

3.7.2 保存项目

在影片编辑过程中，保存项目非常重要。执行菜单【文件】→【保存】命令，弹出【另存为】对话框，在【保存在】选项中设置项目所要保存的路径，在【文件名】选项的文本框中输入文件的名称，如图3-19所示，单击【保存】按钮，即可保存项目。

图3-19

3.7.3 另存项目

另存项目和保存项目的目的相似，都是为了保存项目中的视频素材、声音文件、背景音乐、特效及字幕等所有信息，但与保存项目有所不同的是，另存项目可以将项目文件保存为其他的文件名，或保存到其他路径。

执行菜单【文件】→【另存为】命令，在弹出的【另存为】对话框中设置文件名称和要保存的路径，单击【保存】按钮，即可将项目另存。

3.7.4 打开项目

如果要打开保存好的项目，执行菜单【文件】→【打开项目】命令，弹出【打开】对话框，在对话框中选择需要打开的文件，如图3-20所示，单击【打开】按钮，即可打开项目。

图3-20

提 示

在打开项目时，如果没有对正在编辑的项目文件进行保存，系统将弹出提示对话框，询问是否保存当前编辑的项目。如果单击【是】按钮，将保存当前项目并打开其他项目；如果单击【否】按钮，将不保存当前项目而直接打开其他项目；如果单击【取消】按钮，则取消打开项目的操作，可以继续编辑当前项目。

3.7.5 项目属性设置

项目属性就是影片的输出参数。执行菜单【文件】→【项目属性】命令，弹出【项目属性】对话框，如图3-21所示。

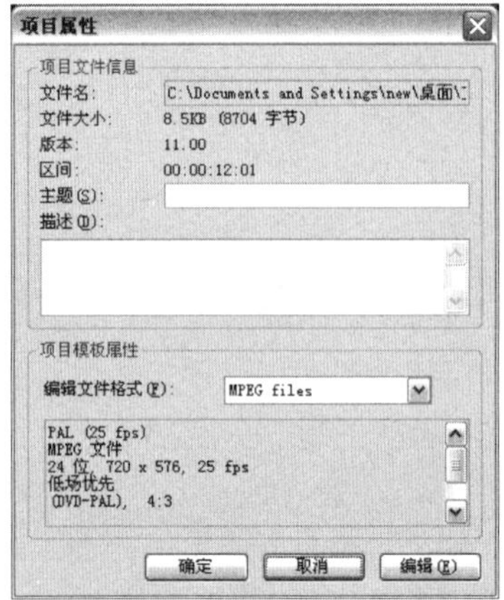

图3-21

【项目文件信息】选项组：显示与项目相关的各种信息，例如文件大小、名称和软件版本等。

【项目模板属性】选项组：显示项目使用的视频文件格式和其他属性。

【编辑】按钮 编辑 ：单击此按钮，弹出【项目选项】对话框，在对话框中可以设置视频和音频，并对所选文件格式进行压缩。

3.7.6 参数选择

设置适当的参数可以在输入素材和编辑时节省大量时间，提高工作效率。执行菜单【文件】→【参数选择】命令，弹出【参数选择】对话框，如图3-22所示。

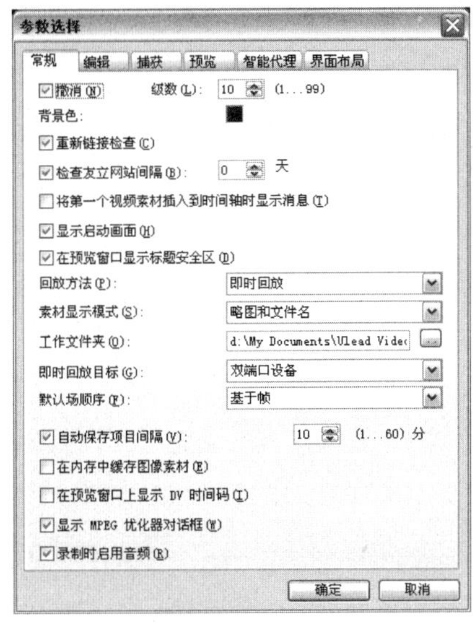

图3-22

【常规】选项卡：可以在相应的选项面板中设置一些基本的文件操作属性。

【编辑】选项卡：可以在相应的选项面板中设置所有效果和素材的质量，还可以调整插入的图像/色彩素材的默认区间，以及转场、淡入/淡出效果的默认区间。

【捕获】选项卡：可以在相应的选项面板中设置与视频捕获相关的参数。

【预览】选项卡：可以在相应的选项面板中设置与视频预览相关的参数。

【智能代理】选项卡：可以在相应的选项面板中设置是否启用智能代理功能。

【界面布局】选项卡：可以在相应的选项面板中设置软件界面的布局。

小结 ...

本章主要介绍了会声会影编辑器的工作界面和3种视图模式，同时对使用会声会影编辑器编辑影片的7大步骤、项目文件的基础操作、素材库等作了详尽的说明。通过本章的学习，可以对会声会影有一个基本的认识。

Chapter 04

视频捕获

视频捕获就是将来源设备的视频资料传输到计算机的硬盘中，保存为某种格式的文件。视频捕获是整个视频编辑中十分重要的一个步骤，因为这一步为编辑提供视频素材，而视频素材质量的好坏直接关系到影片制作的质量。要捕获高质量的视频文件，高质量的硬件固然重要，但是正确使用软件、采取正确的捕获方法和使用一些捕获技巧，同样也是获得高质量视频文件的有效途径。

4.1 捕获视频前的准备事项

只有捕获前做好必要的准备，才能确保捕获的成功和视频编辑的稳定。

4.1.1 准备足够的磁盘空间

捕获的视频文件都很大，在捕获前应先准备足够的空间，并确定分区格式，这样才能保证顺利存储捕获的视频。

在Windows XP的“我的电脑”里单击每个硬盘，左侧的“详细信息”中就会显示该硬盘的文件系统类型（也就是分区格式），以及硬盘可用空间的情况，如图4-1所示。

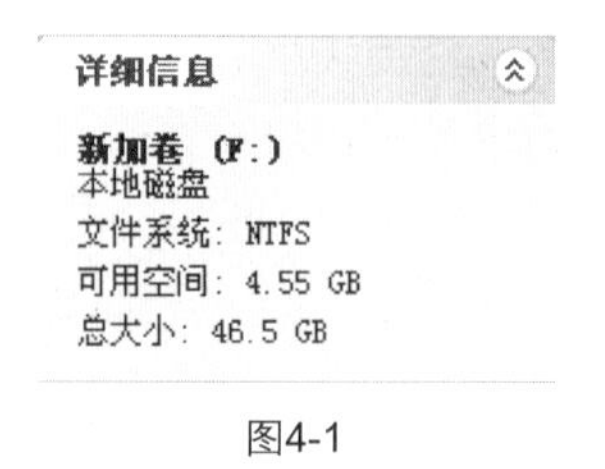

图4-1

4.1.2 关闭不需要的程序

如果捕获视频的时间较长，耗费系统资源较大，捕获前一定要关闭除会声会影以外的其他应用程序，以提高捕获质量。对于低配置的电脑，这一点非常重要。另外，一些隐藏在后台的程序也要关闭，如屏幕保护程序，定时杀毒程序，定时备份程序等，以免在捕获视频时发生中断。在捕获视频时最好断开网络，以防电脑遭到病毒或黑客攻击。

4.1.3 设置相关参数

运行会声会影编辑器，执行菜单【文件】→【参数选择】命令，或按快捷键【F6】，弹出【参数选择】对话框，在默认的情况下，会声会影会把捕获的视频文件保存到“C:\Documents and Settings\Administrator\My Documents\Ulead VideoStudio\11.0\”中，如图4-2所示。

单击【捕获】选项卡，切换到捕获对话框。在默认设置下，当用户停止捕获视频后，DV带仍然会继续往下播放，如果希望停止捕获时，DV带也同时停止，在对话框中勾选【捕获结束后停止DV磁带】复选框，如图4-3所示。

图4-2

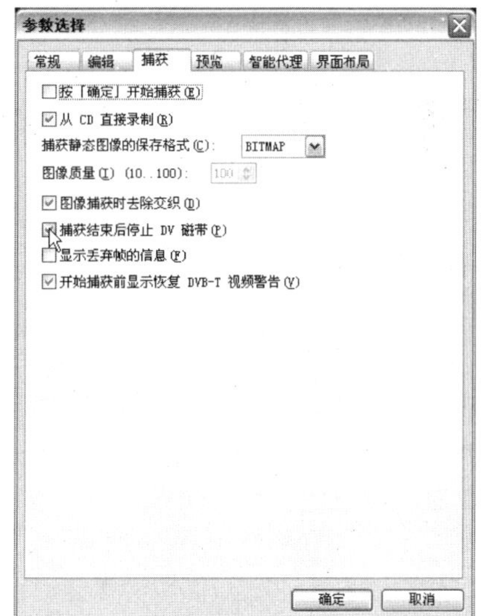

图4-3

4.2 捕获视频

会声会影使用了智能渲染技术，为了充分发挥它的强大功能，并节省编辑视频所需的时间，在捕获视频之前需要根据素材的来源和用途正确选择视频格式。将DV录像带中的素材捕获为DV AVI格式视频文件，可以得到最佳的影片质量。

4.2.1 捕获参数设置

将DV与计算机连接后，单击选项面板中的【捕获视频】按钮，进入捕获面板，如图4-4所示。

图4-4

【区间】选项：形式为“小时:分钟:秒:帧”，设置捕获的时间长度。

【来源】选项：显示检测到的捕获设备驱动程序。

【格式】选项：在此选择文件格式，用于保存捕获的视频。

【捕获文件夹】选项：设置保存捕获文件的位置。

【按场景分割】复选框：按照录制的日期和时间，自动将捕获的视频分割成多个文件（此功能仅在从DV摄像机中捕获视频时使用）。

【选项】按钮：单击此按钮，在弹出的列表中可以打开与捕获驱动程序相关的对话框，如图4-5和图4-6所示。此时，显示出一个菜单，允许用户修改捕获设置。

图4-5

图4-6

【捕获视频】按钮：单击此按钮，开始从已安装的视频输入设备中捕获视频。

【捕获图像】按钮：单击此按钮，可以将视频输入设备中的当前帧作为静态图像捕获到会声会影中。

【禁止音频播放】按钮：使用会声会影捕获DV视频时，可以通过与计算机相连的音响监听影片中录制的声音，此时【禁止音频播放】按钮处于可用状态。如果声音不连贯，可能是在DV捕获期间计算机的预览声音出现了问题，但这不会影响捕获的质量。如果出现这种情况，可单击【禁止音频播放】按钮停止在捕获期间使用音频。

4.2.2 按照指定的时间长度捕获视频

使用会声会影可以指定捕获的时间长度。例如，将捕获时间设置为5分30秒，捕获到5分30秒的内容后，程序自动停止捕获。

启动会声会影编辑器，单击步骤选项卡中的【捕获】按钮 捕获 ，单击选项面板中的【捕获视频】按钮，显示捕获选项面板。

单击导览面板中的【播放】按钮，使预览窗口中显示需要捕获的起始帧位置。

在选项面板的区间中输入数值，指定需要捕获的视频长度。在需要调整的数字上单击鼠标，当其处于闪烁状态时，输入新的数字或者单击右侧的微调按钮，可以增加或减少设定的时间。例如，可以将捕获时间设置为2分30秒，如图4-7所示。

图4-7

设置完成后，单击选项面板中的【捕获视频】按钮，开始捕获视频。在捕获过程中，捕获区间的时间框中显示已经捕获的视频区间。当捕获到指定的时间长度后，程序将自动停止，捕获的视频将显示在素材库中，如图4-8所示。

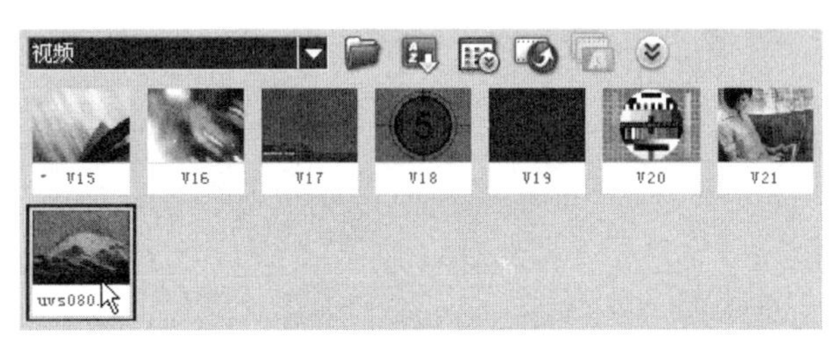

图4-8

4.2.3 从DV摄像机中捕获视频

将DV摄像机与计算机通过IEEE 1394接口连接，打开摄像机的电源，将摄像机的工作模式设为PLAY/EDIT模式，这时系统检测到摄像机并弹出【数字视频设备】对话框，在对话框中选择【使用Ulead VideoStudio 11】选项，如图4-9所示。单击【确定】按钮，即可启动会声会影11，进入功能选择界面，选择【会声会影编辑器】选项，如图4-10所示。

图4-9

图4-10

进入会声会影11的操作界面，单击步骤选项卡中的【捕获】按钮，切换至捕获面板。单击选项面板中的【捕获视频】按钮，如图4-11所示，如果此时系统没有连接摄像机，将弹出提示对话框，如图4-12所示。

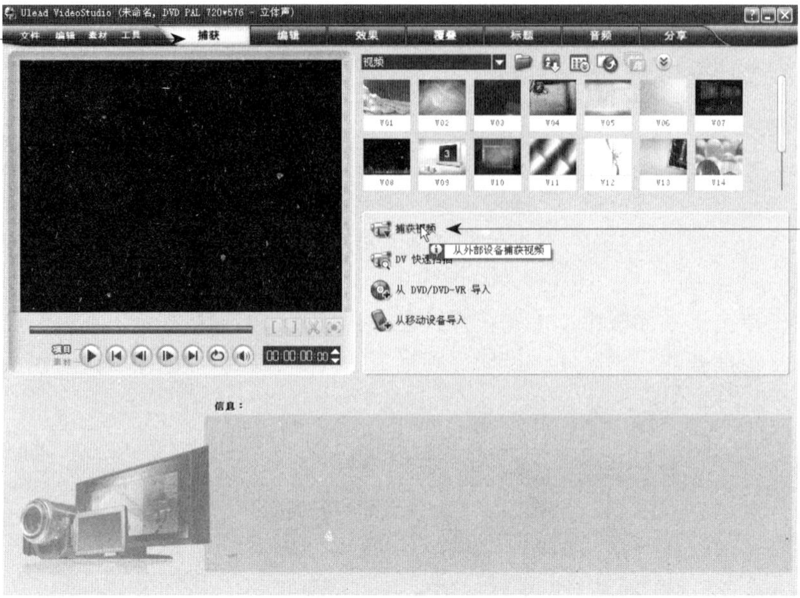

单击【捕获】按钮

单击【捕获视频】按钮

图4-11

图4-12

如果已连接摄像机，将弹出【捕获】选项面板，在【来源】选项的下拉列表中选择当前连接的摄像机【Sony DV Device】，如图4-13所示。在【格式】选项的下拉列表中选择【MPEG】，如图4-14所示。

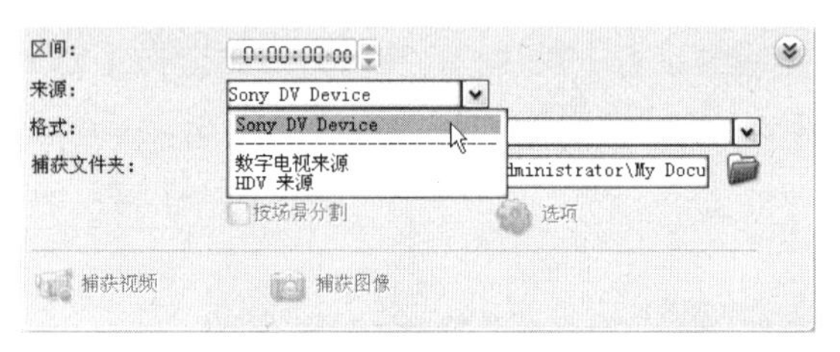

图4-13

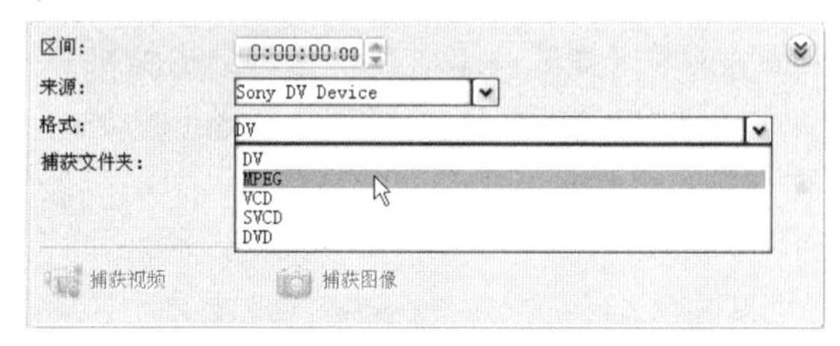

图4-14

单击【捕获文件夹】选项右侧的【捕获文件夹】按钮，如图4-15所示，在弹出的【浏览文件夹】对话框中选择捕获的视频文件要保存的路径，如图4-16所示，单击【确定】按钮。

图4-15

图4-16

在【捕获】选项面板中单击【选项】按钮，在弹出的菜单中选择【捕获选项】选项，如图4-17所示，在弹出的【捕获选项】对话框中进行设置，如图4-18所示，单击【确定】按钮。

图4-17

图4-18

在【捕获】选项面板中单击【选项】按钮，在弹出的菜单中选择【视频属性】选项，如图4-19所示，在弹出的【视频属性】对话框中单击【高级】按钮，如图4-20所示。

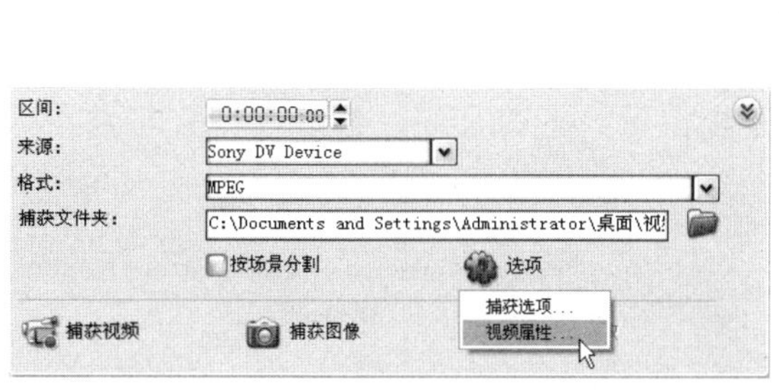

图4-19

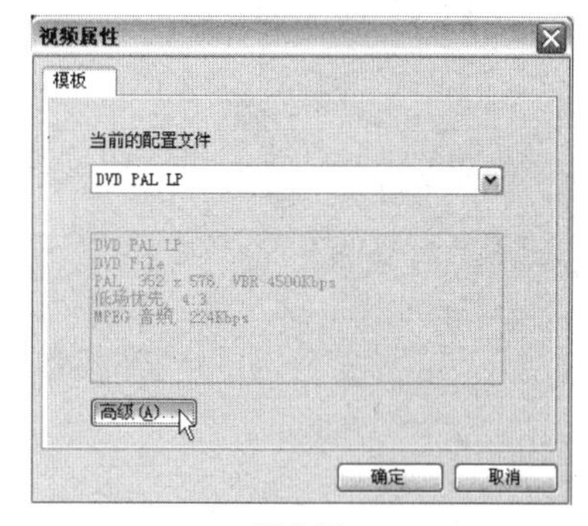

图4-20

弹出【MPEG设置】对话框，在【模板】选项下拉列表中选择【DVD PAL SP】选项，如图4-21所示，单击【确定】按钮，在预览窗口中可以看到要捕获的视频，如图4-22所示。

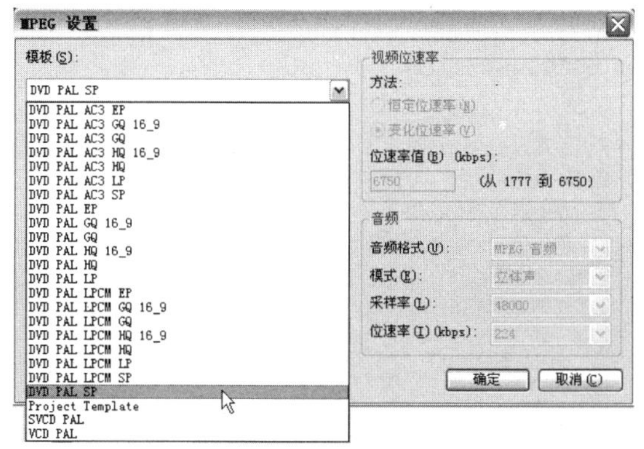

图4-21

图4-22

在【捕获】选项面板中单击【捕获视频】按钮，如图4-23所示，即可开始捕获视频。当要停止捕获视频时，单击【停止捕获】按钮，如图4-24所示。

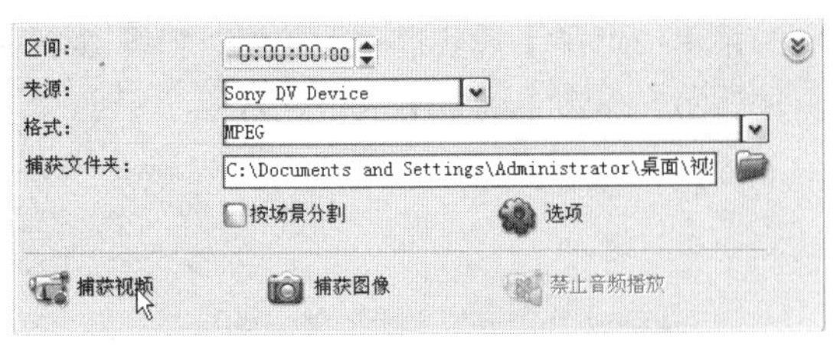

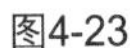
图4-23

图4-24

停止捕获后，刚才捕获的视频将显示在预览窗口中，单击导览面板的【播放】按钮，可以预览视频，如图4-25所示。在素材库中用鼠标右键单击刚捕获的视频文件，在弹出的菜单中选择【属性】选项，如图4-26所示。

图4-25

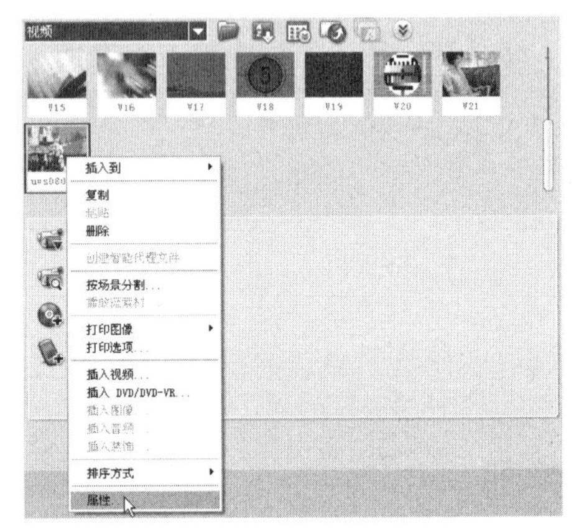

图4-26

弹出【属性】对话框，在对话框中可以查看与视频相关的各种信息，如图4-27所示，单击【确定】按钮。在计算机中打开刚才存储捕获视频的文件夹，将视频的名称重新设置为【游乐园】，如图4-28所示。

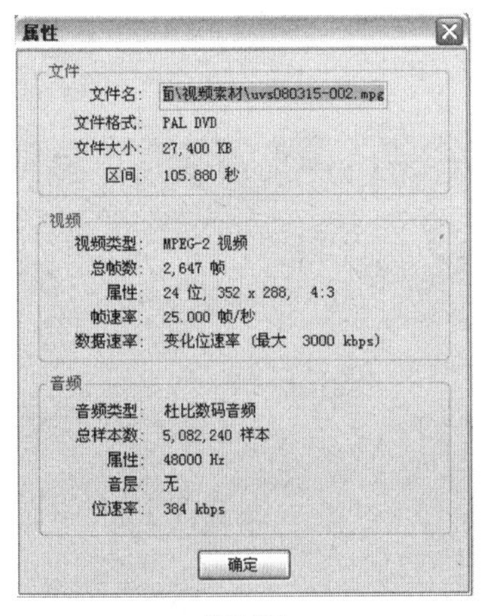

图4-27

图4-28

此时会声会影软件中将自动弹出【重新链接】对话框，提示文件不存在，这是因为刚才视频文件被重新命名，系统不能找到文件所引起的。单击【重新链接】按钮，如图4-29所示，弹出【重新链接文件】对话框，在对话框中选择更改过名称的视频文件【游乐园】，如图4-30所示，单击【打开】按钮。

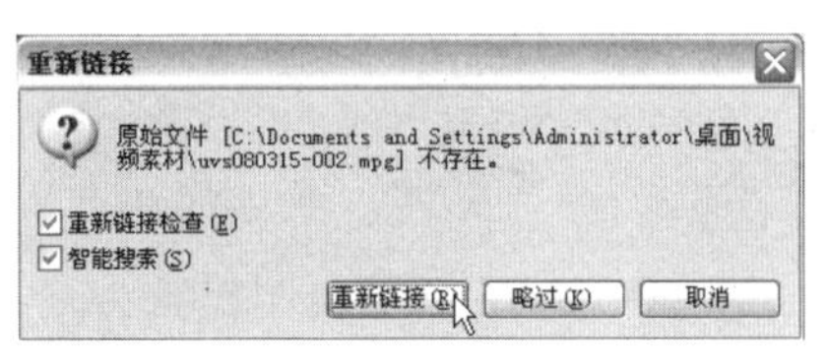

图4-29

图4-30

弹出提示对话框，提示所有素材已经被重新链接，如图4-31所示，单击【确定】按钮。在步骤选项卡中单击【编辑】按钮，切换至编辑面板，刚才捕获的视频已经自动显示在素材库和时间轴中，如图4-32所示。

图4-31

图4-32

执行菜单【文件】→【保存】命令，如图4-33所示，在弹出的【另存为】对话框中设置项目文件的名称和保存路径，单击【保存】按钮，如图4-34所示。

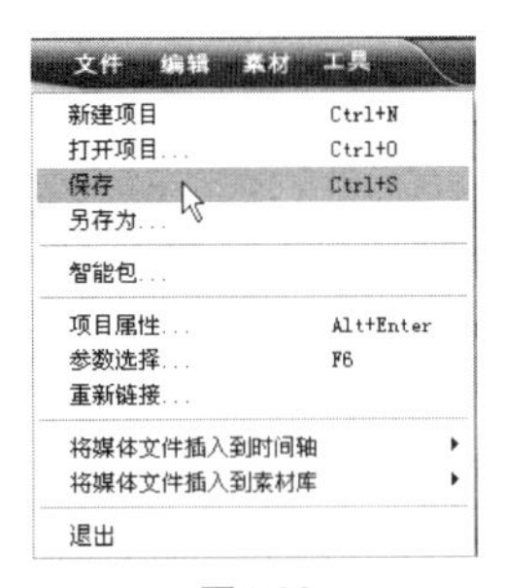

图4-33

图4-34

提示

保存项目文件后，如想继续编辑此视频，即可打开项目文件继续编辑，无需再次捕获视频。

4.3 特殊的捕获技巧

使用会声会影编辑器捕获视频时，掌握不同的捕获技巧，可提高捕获效率。

4.3.1 捕获成其他视频格式

如果需要将视频捕获成不同格式，可单击选项面板中【格式】选项右侧的下拉按钮，在弹出的下拉列表中选择需要的格式，如图4–35所示。

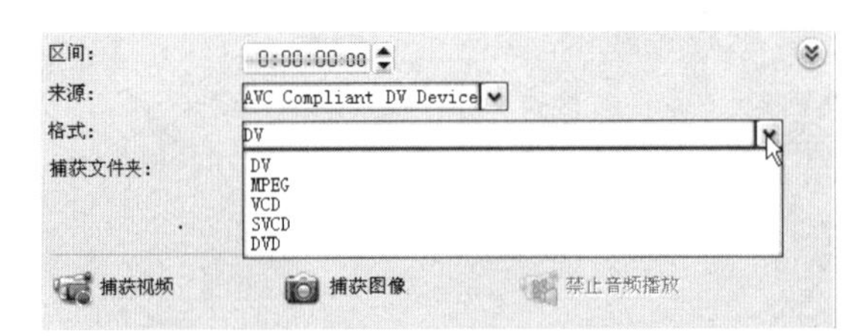

图4-35

4.3.2 成批转换视频素材

成批转换是先标记出DV带中要转换的多个视频片段，然后再批量转换。

单击时间轴上方的【成批转换】按钮，弹出【成批转换】对话框，如图4–36所示。单击【添加】按钮，在弹出的【打开视频文件】对话框中选择需要转换格式的视频文件，如图4–37所示。

图4-36

图4-37

单击【打开】按钮，在弹出的【改变素材序列】对话框中以拖曳的方式改变素材的顺序，如图4-38所示。

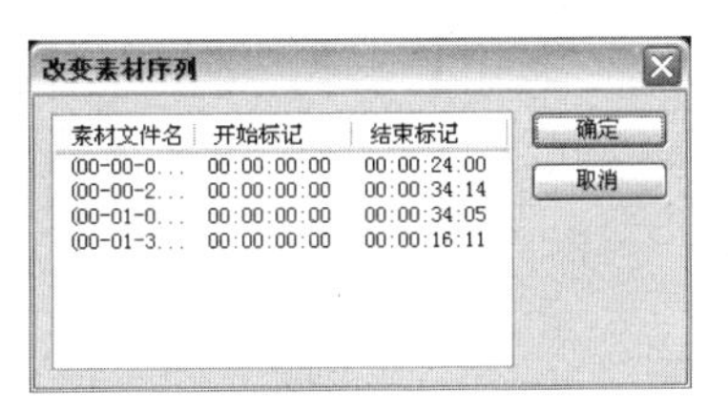

图4-38

单击【确定】按钮，将所有选中的素材添加到转换列表中，如图4-39所示。在对话框中单击【保存至文件夹】选项右侧的按钮...，在弹出的【浏览文件夹】对话框中指定转换后文件的保存路径，如图4-40所示。

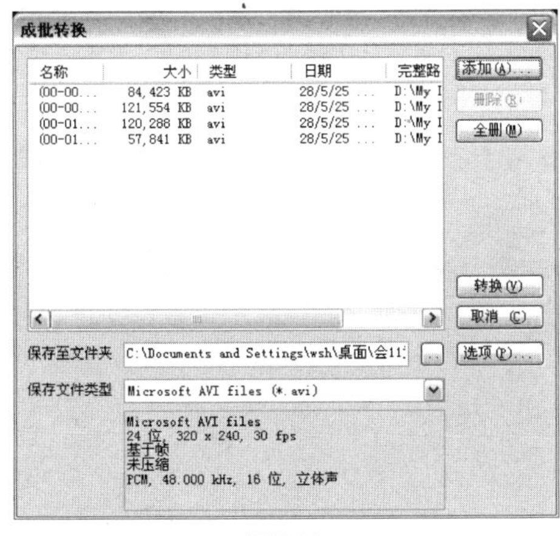

图4-39

图4-40

单击【保存文件类型】选项右侧的下拉按钮，在弹出的列表中选择要转换的视频格式，如图4-41所示。

图4-41

单击【选项】按钮，在弹出的【视频保存选项】对话框中单击【常规】选项卡，切换至【常规】对话框，在对话框中进行设置，如图4-42所示。选择【压缩】选项卡，在对话框中进行设置，如图4-43所示。

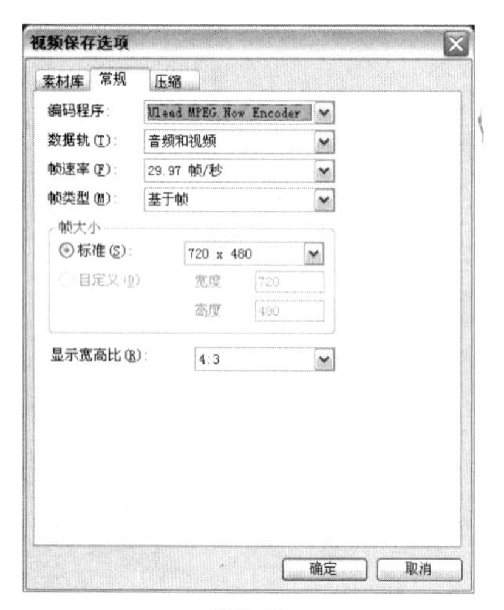

图4-42

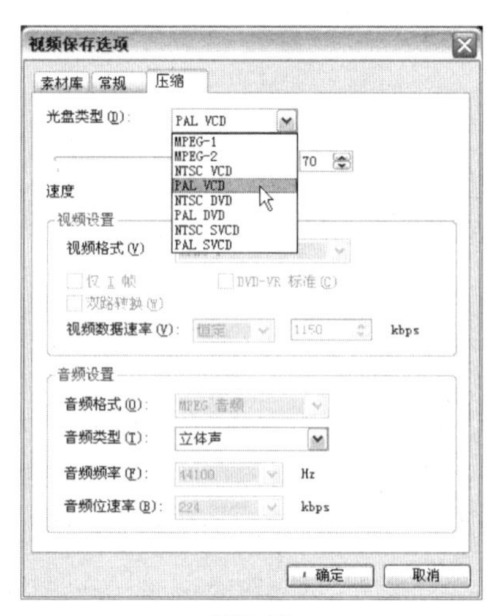

图4-43

设置完成后，单击【确定】按钮，再单击【转换】按钮，程序将按照指定的文件格式转换视频，如图4-44所示。

转换完成后，程序将自动弹出如图4-45所示的对话框，显示任务报告，单击【确定】按钮，所有视频文件将转换为新的文件格式，并保存到指定的文件夹中。

图4-44

图4-45

4.4 捕获静态图像

在会声会影中，用户可以从DV视频文件中捕获静态图像。

4.4.1 设置捕获图像参数

执行菜单【文件】→【参数选择】命令或按快捷键【F6】，弹出【参数选择】对话框，如图4-46所示。在弹出的对话框中单击【捕获】选项卡，切换至【捕获】对话框，在【捕获静态图像的保存格式】选项下拉列表中选择【JPEG】，如图4-47所示，设置完成后，单击【确定】按钮。

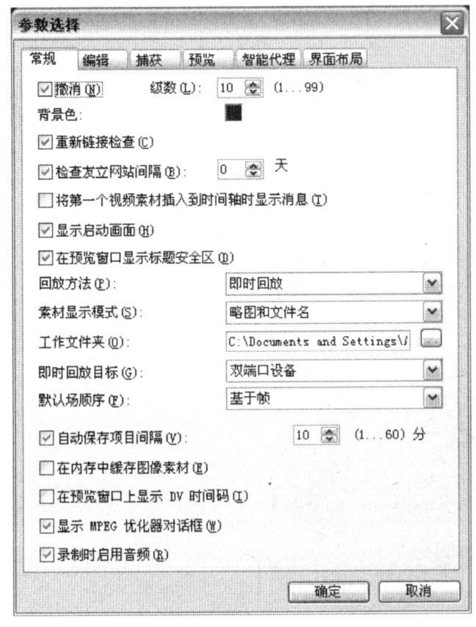

图4-46

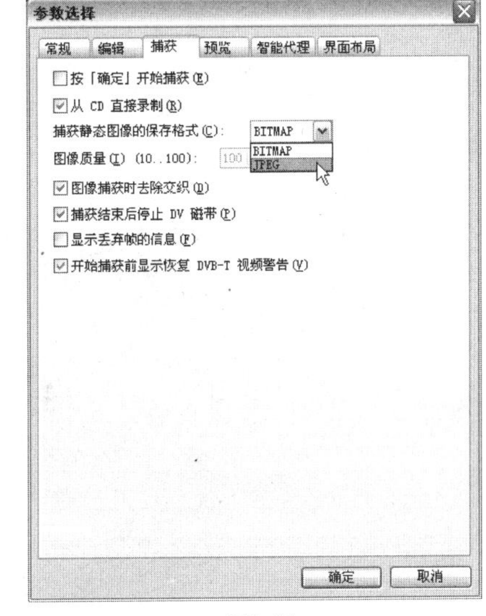

图4-47

4.4.2 找到画面位置

连接并将摄像机打开到播放模式，单击步骤选项卡中的【捕获】按钮 捕获 ，切换至捕获面板，如图4-48所示。

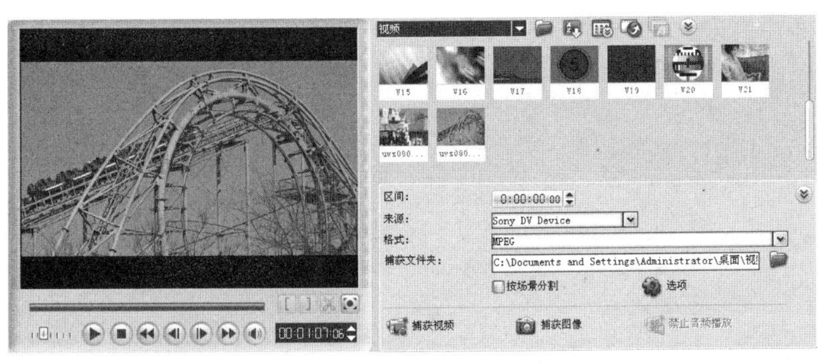

图4-48

单击【捕获文件夹】选项右侧的【捕获文件夹】按钮，如图4-49所示，在弹出的【浏览文件夹】对话框中选择捕获的图像文件要保存的路径，如图4-50所示，单击【确定】按钮。

图4-49

图4-50

单击导览面板中的播放控制按钮，使预览窗口中出现需要捕获图像的大致位置，单击【暂停】按钮，结束画面，如图4-51所示。

图4-51

■ 4.4.3 找到清晰的一帧捕获图像

单击导览面板中的【上一个】按钮或【下一个】按钮找到清晰的一帧画面，单击选项面板中的【捕获图像】按钮，如图4-52所示。

图4-52

当前的画面就被保存在指定的文件夹中，并显示在素材库中，如图4-53所示。单击步骤选项卡中的【编辑】按钮，切换至编辑面板，可以在时间轴中看到该画面的图像略图。将其选中，在【图像】面板的【重新采样选项】选项中选择【调到项目大小】选项，图像会正确显示。

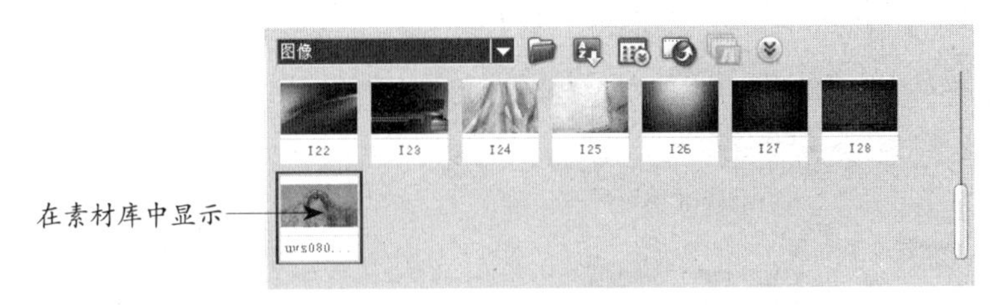

图4-53

4.5 场景分割捕获

在DV摄像机捕获视频时，会声会影11可自动根据录制的日期与时间来辩识每个视频片段，并将此信息包含到捕获的视频文件中，然后可将视频文件分割成素材，并插入到项目中。

如果将捕获的视频保存为DV格式，就可以使用【按场景分割】功能。【按场景分割】功能可根据录制的日期和时间自动将文件分割为多个视频文件。如果捕获的视频要立即剪辑，可在【捕获】选项面板中勾选【按场景分割】复选框，如图4-54所示。

图4-54

在【捕获】选项面板中单击【捕获视频】按钮，如图4-55所示，即可开始捕获视频。当要停止捕获视频时，单击【停止捕获】按钮即可。

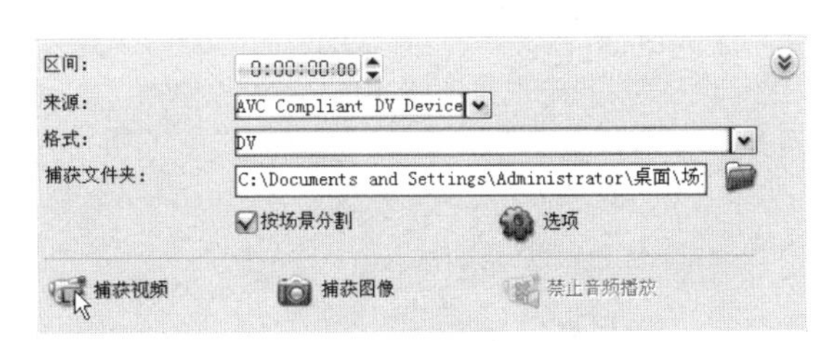

图4-55

单击步骤选项卡中的【编辑】按钮，切换至编辑面板，程序已将分割出的视频文件排列在故事板中，效果如图4-56所示。

图4-56

小结

本章主要介绍了会声会影11视频素材的捕获，对具体的操作技巧、方法作了细致的讲解。通过本章的学习，用户可以熟练地通过不同的素材来源，捕获所需的视频素材，为接下来将要进行的视频编辑打下坚实的基础。

Chapter 05

编辑和修整视频素材

从视频来源直接捕获得来的影片有很多地方不符合用户的要求，因此必须对它们进行编辑和修整，这样才能将它们组合成情节效果符合要求的影片。在本章中将详细介绍怎样处理各种视频素材，以及如何对它们进行编辑和修饰。

5.1 添加素材

在【标题】步骤选项面板中，最基本的操作方法是添加新的素材。除了从摄像机直接捕获视频，在会声会影11中还可以将保存到硬盘上的视频素材、图像素材、色彩素材或者Flash动画添加到项目文件中。

5.1.1 添加视频素材的两种方法

1. 从素材库中添加视频素材

进入会声会影编辑器，单击步骤选项卡中的【编辑】按钮 编辑 ，切换至编辑面板。单击素材库面板中的【画廊】按钮，在弹出的下拉列表中选择【视频】选项，单击素材库右上角的【加载视频】按钮，如图5-1所示，弹出【打开视频文件】对话框，如图5-2所示。

图5-1

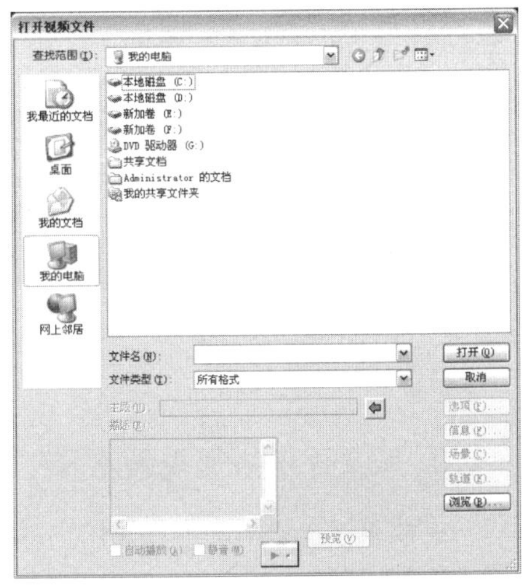

图5-2

在对话框中选择视频所在的路径，并选择需要的视频，单击对话框底部的【预览】按钮，查看选中文件的第一帧画面，如图5-3所示。单击【打开】按钮，选中的文件被添加到【视频】素材库中，效果如图5-4所示。

图5-3

图5-4

单击导览面板中的【播放】按钮，在预览窗口观看效果。在素材库中选择添加的视频素材，单击鼠标将其拖曳到故事板中，如图5-5所示，释放鼠标，即可将添加的视频素材添加到视频轨中，如图5-6所示。

图5-5

图5-6

2. 从文件中添加视频素材

在故事板上方单击【将媒体文件插入到时间轴】按钮，在弹出的列表中选择【插入视频】选项，如图5-7所示。

提 示

也可以执行菜单【文件】→【将媒体文件插入到时间轴】→【插入视频】命令，或在故事板的视频轨中单击鼠标右键，在弹出的菜单中执行【插入视频】命令。

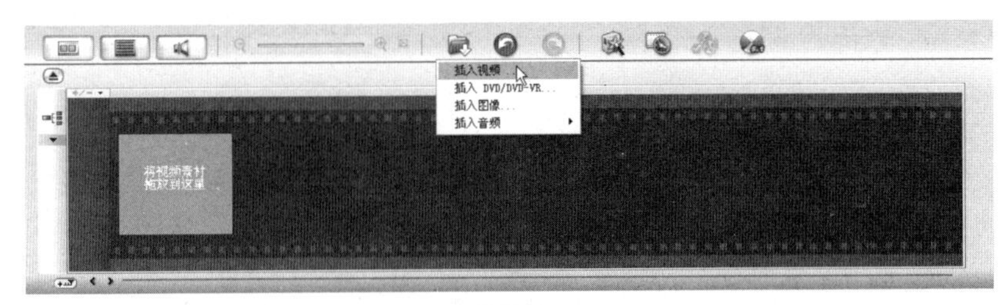

图5-7

在弹出的【打开视频文件】对话框中选择多个视频文件，如图5-8所示。单击【打开】按钮，弹出【改变素材序列】对话框，如图5-9所示。

图5-8

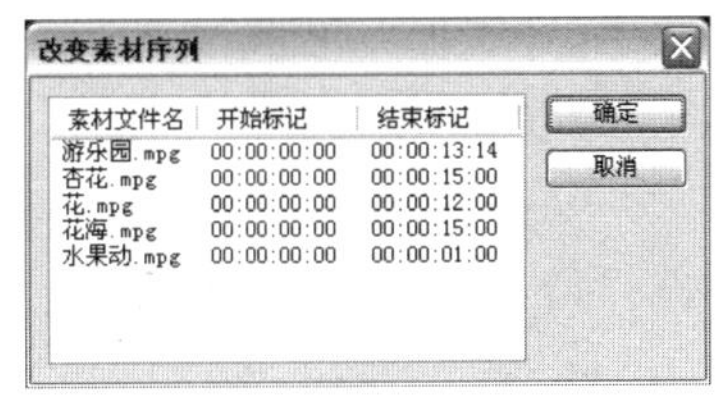

图5-9

选择对话框中的视频素材“杏花.mpg”，当鼠标指针变为双向箭头↕时，向上或向下拖曳鼠标，即可改变素材的排列顺序，如图5-10所示。

图5-10

调整完成后，单击【确定】按钮，所有选中的视频素材被插入到故事板中，如图5-11所示。

图5-11

■ 5.1.2 添加图像素材

●● 1. 从素材库中添加图像素材

单击素材库面板中的【画廊】按钮▼，在弹出的下拉列表中选择【图像】选项，在素材库中显示【图像】素材库，如图5-12所示。

图5-12

在素材库的空白区域单击鼠标右键，在弹出的菜单中选择【插入图像】命令，弹出【打开图像文件】对话框，在对话框中选择文件“食物1.jpg”，如图5-13所示。单击【打开】按钮，选择的图像被添加到【图像】素材库中，效果如图5-14所示。

图5-13

图5-14

2. 从文件中添加图像素材

在故事板上方单击【将媒体文件插入到时间轴】按钮，在弹出的列表中选择【插入图像】选项，如图5-15所示。

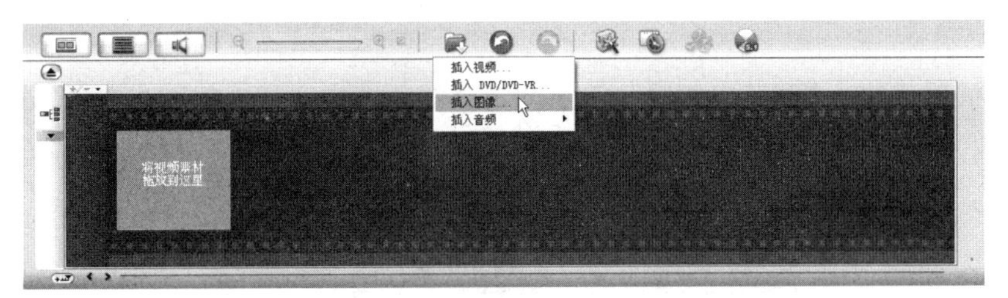

图5-15

提示

除上述方法外，也可以执行菜单【文件】→【将媒体文件插入到时间轴】→【插入图像】命令，或在故事板的视频轨中单击鼠标右键，在弹出的菜单中执行【插入图像】命令。

在弹出的【打开图像文件】对话框中选择文件“食物4.jpg”，如图5-16所示。单击【打开】按钮，选中的图像素材被插入到故事板中，如图5-17所示。

图5-16

图5-17

选中插入到故事板中的图像素材，在图像选项面板中，将【区间】选项设为6，如图5-18所示。

图5-18

5.1.3 添加色彩素材

单击素材库面板中的【画廊】按钮，在弹出的下拉列表中选择【色彩】选项，在素材库中显示【色彩】素材库，单击【加载色彩】按钮，如图5-19所示。

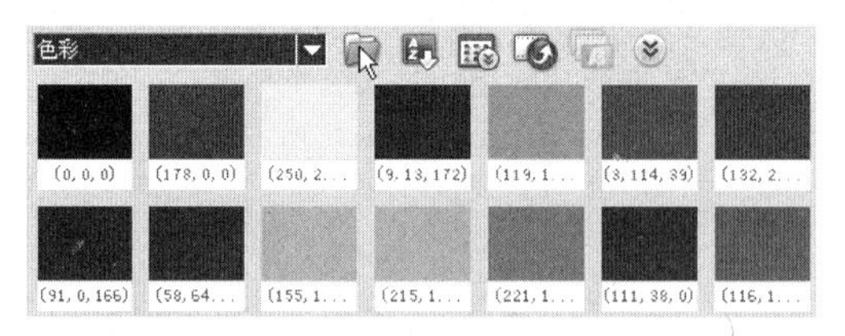

图5-19

在弹出的【新建色彩素材】对话框中单击【色彩】颜色块，如图5-20所示。在弹出的面板中选择【友立色彩选取器】或【Windows色彩选取器】选项。

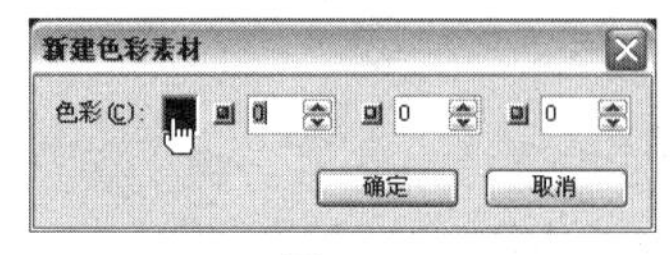

图5-20

选择【友立色彩选取器】选项，如图5-21所示。弹出【友立色彩选取器】对话框，对话框中列出了多种基本颜色，选择需要的颜色，其RGB值会出现在右侧文本框中，如图5-22所示。

图5-21

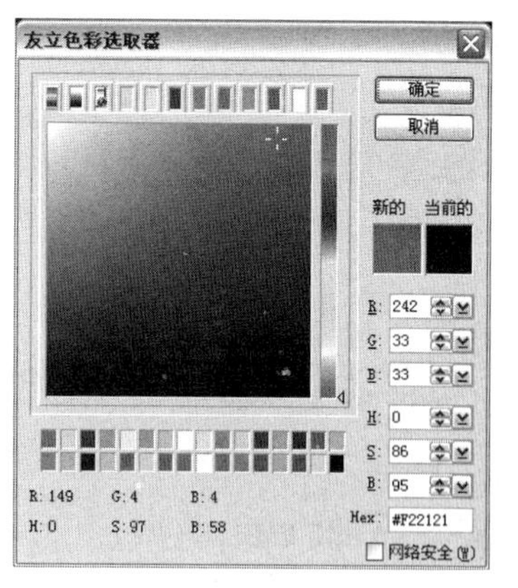

图5-22

选择【Windows色彩选取器】选项，如图5-23所示。弹出【颜色】对话框，在对话框中可以选择各种各样的基本颜色，如图5-24所示。

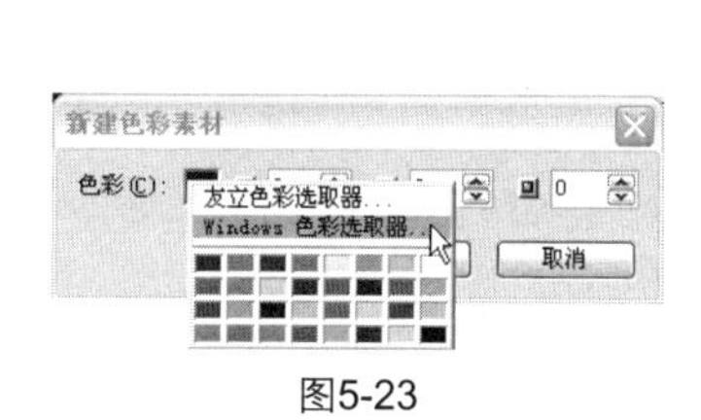

图5-23

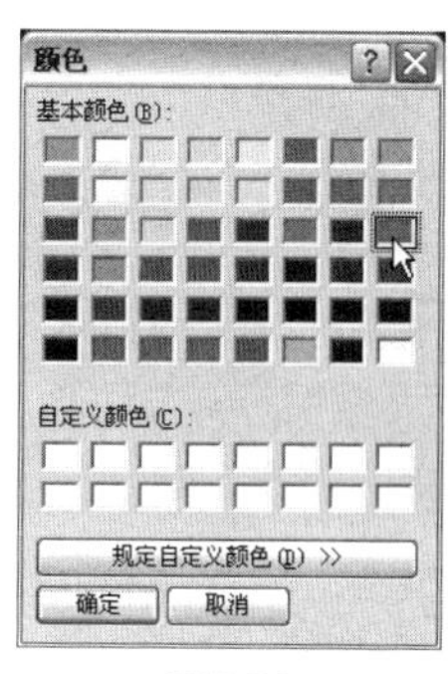

图5-24

单击【规定自定义颜色】按钮，在出现的自定义栏中定义一种颜色，其RGB值也在对话框中显示出来，如图5-25所示。单击【确定】按钮，返回到【新建色彩素材】对话框，如图5-26所示。

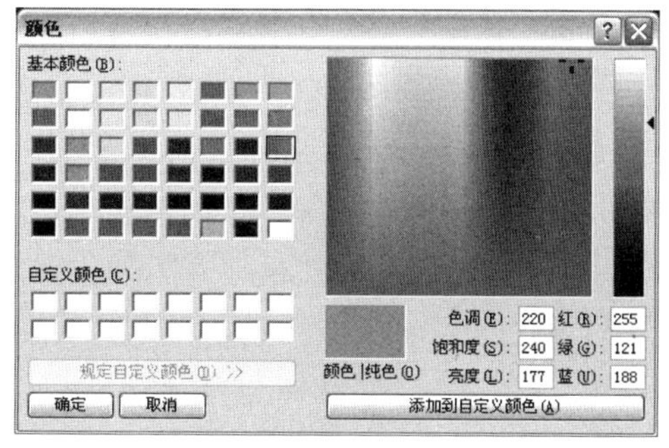

图5-25

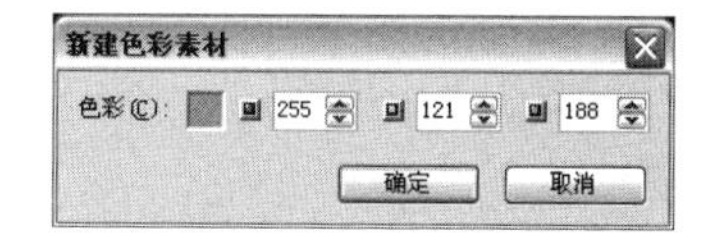

图5-26

在对话框中设置数值改变颜色，红色值为150，绿色值为30，蓝色值为150，如图5-27所示。单击【确定】按钮，新建的色彩被添加到色彩库中，如图5-28所示。

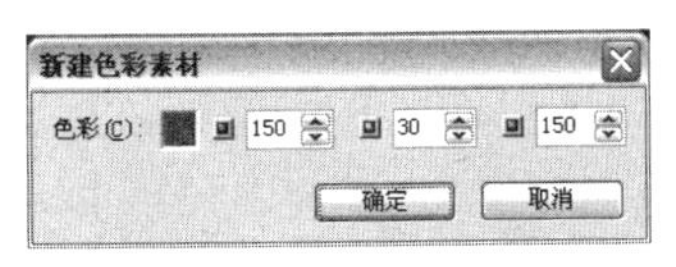

图5-27

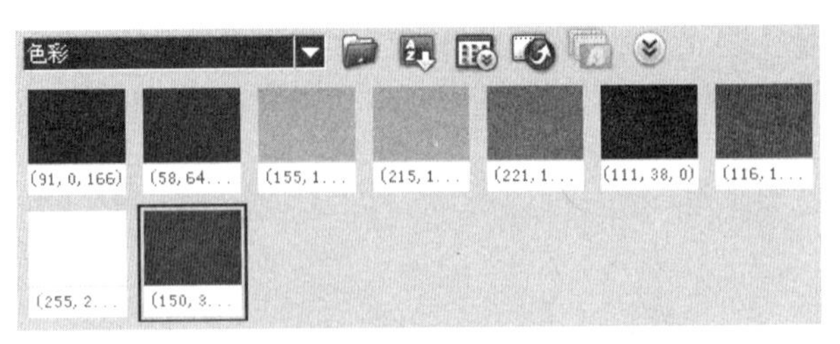

图5-28

5.1.4 添加Flash动画素材

1. 从文件添加Flash动画

在故事板上方单击【将媒体文件插入到时间轴】按钮，在弹出的列表中选择【插入视频】选项，如图5-29所示。在弹出的【打开视频文件】对话框中选择要添加的Flash动画文件，如图5-30所示。

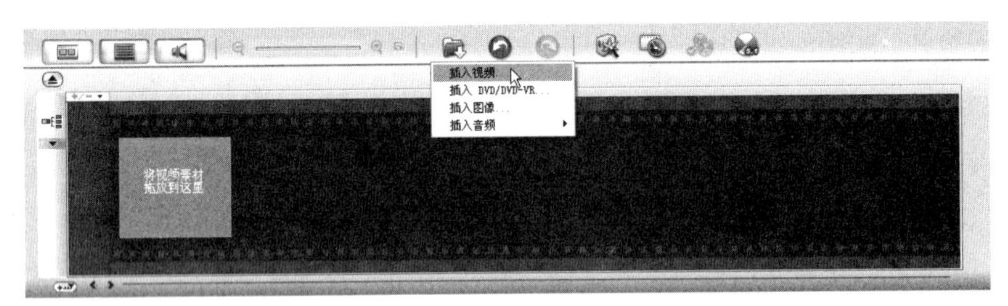

图5-29

图5-30

单击【打开】按钮，将选择的Flash动画添加到故事板中，如图5-31所示。

图5-31

2. 从素材库中添加

单击素材库面板中的【画廊】按钮，在弹出的下拉列表中选择【Flash动画】选项，在素材库中显示【Flash动画】素材库，单击【加载Flash】按钮，如图5-32所示。弹出【打开Flash文件】对话框，在对话框中选择需要添加的Flash文件，如图5-33所示。

图5-32

图5-33

单击【打开】按钮，将选择的Flash动画添加到素材库中，同时在预览窗口中显示素材内容，如图5-34所示。单击【播放】按钮，在预览窗口中观看Flash动画内容，如图5-35所示。

图5-34

图5-35

如果需要将素材添加到项目中，可直接拖曳素材到故事板中，或在该素材上单击鼠标右键，在弹出的菜单中执行【插入到】→【视频轨】或【覆叠轨】命令，如图5-36所示。

图5-36

■ 5.1.5 设置图像素材的属性

在故事板中选择需要调整的图像素材缩略图，在选项面板中显示图像属性，并且在预览窗口中显示图像预览效果，如图5-37所示。

图5-37

在会声会影11中插入的图片默认的播放时间为3秒，要更改图像的播放时间为4秒，则在选项面板的“秒”所在的时间格中设置数值为4，如图5-38所示。

提 示

如果需要修改故事板上所有图像素材的播放时间，在插入素材图像之前按快捷键【F6】，在弹出的【参数选择】对话框中选择【编辑】选项卡，将【插入图像/色彩素材的默认区间】选项设为8，如图5-39所示，这样所有新插入的图像素材持续播放时间都变为8秒。

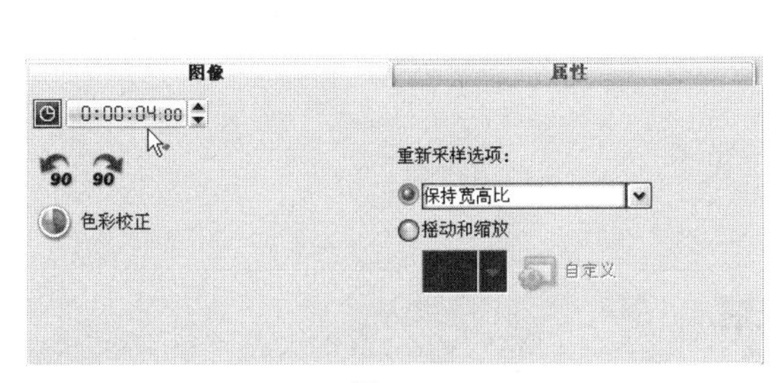

图5-38

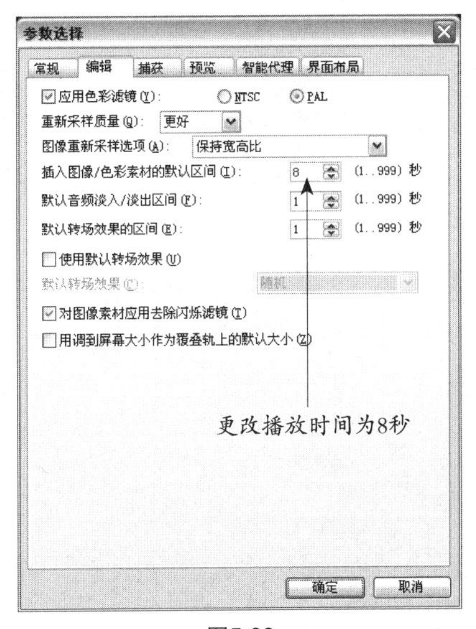

图5-39

在选项面板中的【重新采样选项】下拉列表中可以设置图像重新采样的方法。单击下拉按钮，弹出下拉列表，如图5-40所示。

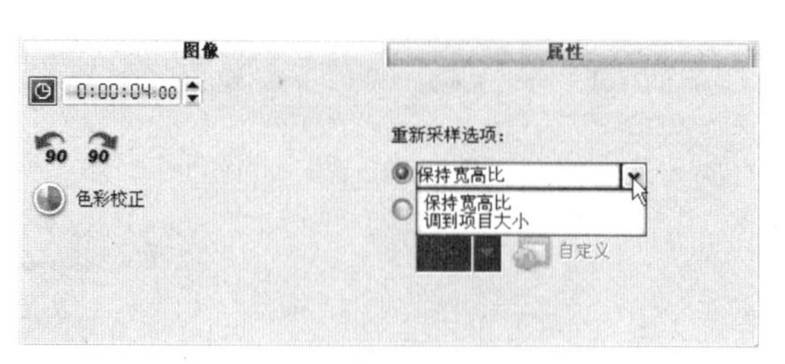

图5-40

【保持宽高比】选项：调整图像的大小，以适合项目的帧大小。

【调到项目大小】选项：基于项目帧大小，保持图像宽度和高度的相对比例。

单击【色彩校正】按钮，在弹出面板中可调整图像素材的色调、饱和度、亮度和对比度等，如图5-41所示。在预览窗口中可以看到图像的色彩发生变化，效果如图5-42所示。

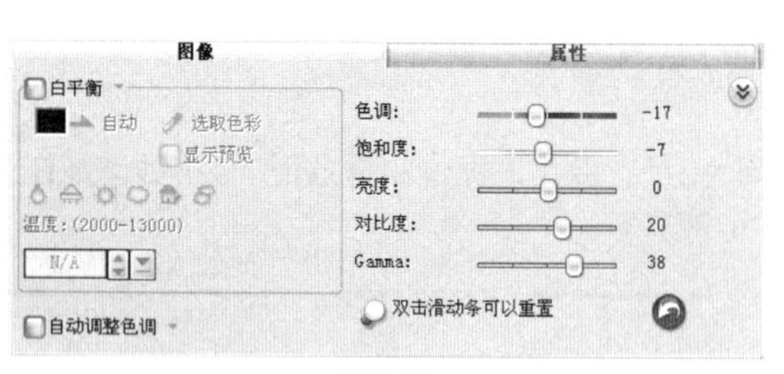

图5-41

图5-42

在选项面板中单击【将图像逆时针旋转90度】按钮或【将图像顺时针旋转90度】按钮，可逆时针或顺时针调整图像的角度，效果如图5-43和图5-44所示。

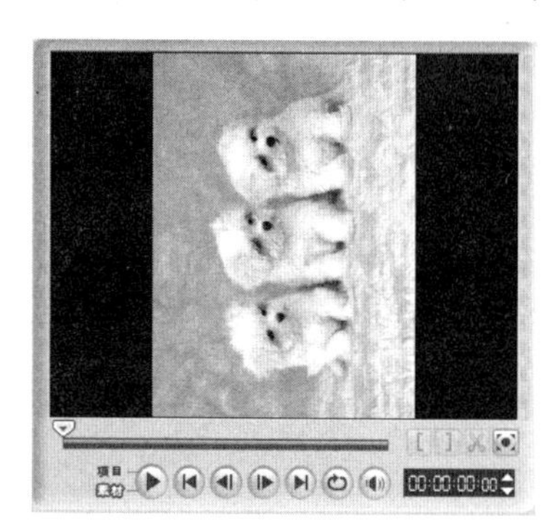

图5-43

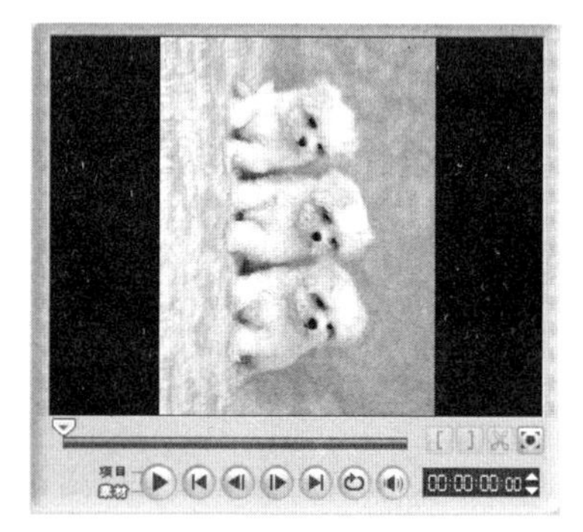

图5-44

5.2 编辑步骤的选项面板

将要使用的素材添加到视频轨上以后，通过【编辑】选项面板可以对视频、图像和色彩素材进行编辑，也可以在【属性】选项面板中，对应用到素材上的视频滤镜进行微调。

5.2.1 视频素材的选项面板

单击时间轴上任意一个视频素材，选项面板转换为【视频】面板，如图5-45所示。

图5-45

【视频区间】选项：显示所选素材的区间，形式为“小时:分钟:秒:帧”。通过更改素材区间，可以修整所选素材的长度。

【素材音量】选项：允许用户调整视频的音频部分的音量。

【静音】按钮：使视频中的音频片段不发出声音，但不将其删除。

【淡入】按钮/【淡出】按钮：逐渐增大/减小素材音量，以实现平滑转场。

【将图像逆时针旋转90度】按钮/【将图像顺时针旋转90度】按钮：对素材进行逆时针或顺时针旋转，每次旋转90度。

【色彩校正】按钮：调整视频素材的色调、饱和度、亮度、对比度和Gamma。还可以调整视频或图像素材的白平衡，或者进行自动色调调整。

【回放速度】按钮：启动【回放速度】对话框，在该对话框中，可以调整素材的回放速度。

【反转视频】复选框：勾选此复选框，视频从后向前播放。

【保存为静态图像】按钮：将当前帧保存为新的图像文件，并将其放置在【图像库】中。

【分割音频】按钮：可用于分割视频文件中的音频，并将其放置在【声音轨】上。

【按场景分割】按钮：根据拍摄日期和时间，或者视频内容的变化（即画面变化、镜头转换、亮度变化，等等），对捕获的 DV AVI 文件进行分割。

【多重修整视频】按钮：将一个视频分割成多个片段的另一种方法。“按场景分割”由程序自动完成，而使用“多重修整视频”则可以完全控制要提取的素材，使项目管理更为方便。

5.2.2 图像素材的选项面板

单击时间轴上任意一个图像素材，选项面板转换为【图像】面板，如图5-46所示。

图5-46

【图像区间】选项：设置所选图像素材的区间。

【将图像逆时针旋转90度】按钮/【将图像顺时针旋转90度】按钮：对素材进行逆时针或顺时针旋转，每次旋转90度。

【色彩校正】按钮：调整图像的色调、饱和度、亮度、对比度和Gamma，还可以调整视频或图像素材的白平衡，或者进行自动色调调整。

【重新采样选项】：设置图像大小的调整方式。

【摇动和缩放】选项：对当前图像应用摇动和缩放效果。

【预设值】选项：提供各种【摇动和缩放】预设值，可在下拉列表中选择一个预设值。

【自定义】按钮：自定义摇动和缩放当前图像的方式。

5.2.3 色彩素材的选项面板

单击时间轴上任意一个色彩文件，选项面板转换为【色彩】面板，如图5-47所示。

图5-47

【色彩区间】选项：设置所选色彩素材的区间。

【色彩选取器】颜色块：单击色块可调整色彩。

5.2.4 属性选项面板

单击【属性】选项卡，转换到【属性】面板显示界面，如图5-48所示。

图5-48

【替换上一个滤镜】复选框：勾选此复选框，当拖曳新滤镜到素材上时，将替换该素材所用的上一个滤镜。如果要向素材添加多个滤镜，请清除此选项。

【已用滤镜】列表框，列出素材所用的视频滤镜。单击【上移滤镜】按钮▲或【下移滤镜】按钮▼可排列滤镜的顺序，单击【删除滤镜】按钮✕可删除滤镜。

【预设值】选项：提供各种滤镜预设值，可在下拉列表中选择一个预设值。

【自定义滤镜】按钮：定义滤镜在素材中的转场方式。

【变形素材】复选框：修改素材的大小和比例。

【显示网格线】复选框：勾选此复选框可显示网格线。单击【网格线选项】按钮可打开一个对话框，在该对话框中，可以进行网格线的设置。

5.3 调整素材

在故事板中添加视频素材之后，有时需要对素材进行调整，以满足影片的需要。例如，调整视频素材的播放时间、播放速度、声音，将视频与音频进行分离等。

5.3.1 调整视频素材的播放时间

在故事板上选中需要调整的视频素材，选项面板中【视频区间】选项显示视频素材的播放时间，如图5-49所示。

图5-49

在要修改的时间上单击鼠标，使它处于闪烁状态，单击右侧的微调按钮或直接输入数值6，则可以使区间的时间码更改为6秒，如图5-50所示。

图5-50

5.3.2 调整视频素材的播放速度

将视频设置为慢动作，可以强调动作；设置为快动作，可以为影片制造幽默的效果。单击步骤选项卡中的【编辑】按钮，切换至编辑面板，在故事板上选中需要调整播放速度的视频素材，如图5-51所示。单击选项面板中的【回放速度】按钮，弹出【回放速度】对话框，如图5-52所示。

图5-51

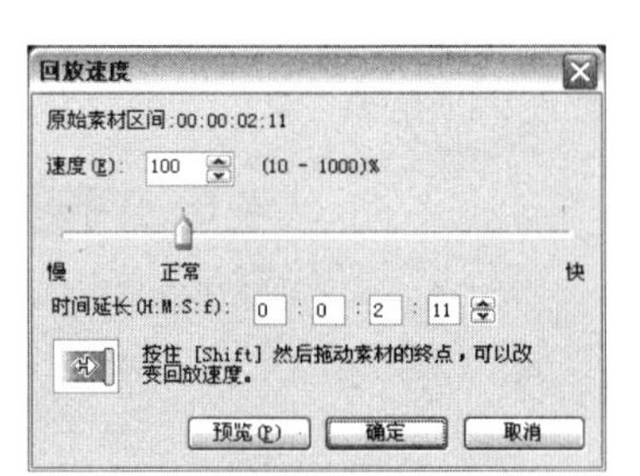

图5-52

在【速度】文本框中输入小于100%的数值（范围为10 %～1000%）或者将滑块向【慢】拖动，即可将播放速度变慢；在【速度】文本框中输入大于100%的值或将滑块向【快】拖动，即可将播放速度变快。

单击【预览】查看设置的效果，如图5-53所示，完成时单击【确定】按钮。

图5-53

提 示

在时间轴视图上，按住【Shift】键，当光标变为白色，拖动素材的终止处，可以改变视频素材的播放速度。

5.3.3 调整视频素材的音量

在会声会影11中编辑视频时，为了使视频与背景音乐相配合，需要对视频素材的音量进行调整。在故事板中选择需要调整声音的视频素材，在【素材音量】文本框中直接输入数值（范围为 0~500），调整音量的大小；或者单击【素材音量】选项右侧的按钮，在弹出的调节框中拖动滑块进行调整。此时，文本框中的数值也会随之发生改变，如图5-54所示。

图5-54

如果需要消除声音，则单击选项面板中的【静音】按钮，可以完全消除素材里的声音，如图5-55所示。

图5-55

单击选项面板中的【淡入】按钮，素材起始部分的音量从零开始逐渐增加到正常水平。单击选项面板中的【淡出】按钮，素材结束部分的音量从正常水平开始逐渐减小到零，如图5-56所示。

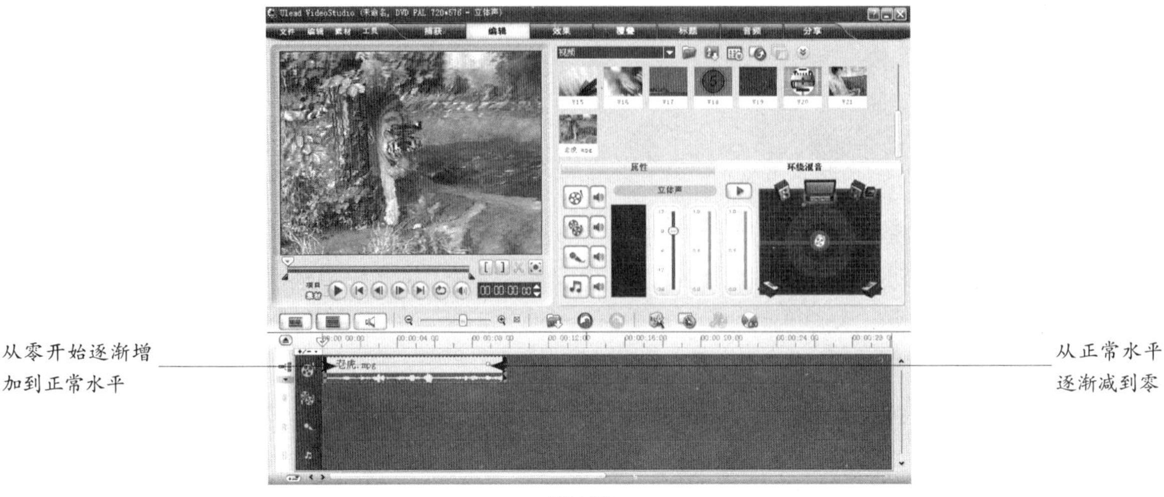

图5-56

5.4 修整素材

对视频素材进行编辑是会声会影11制作影片时的一个重要步骤。视频的来源有很多种，把各种来源的视频素材经过修整剪辑变为在制作影片中可用的片段，是这一节将要完成的任务。

5.4.1 使用飞梭栏修整视频素材

在故事板中选中需要修整的素材，预览窗口中将显示素材的内容，同时在选项面板上显示素材的播放时间，如图5-57所示。

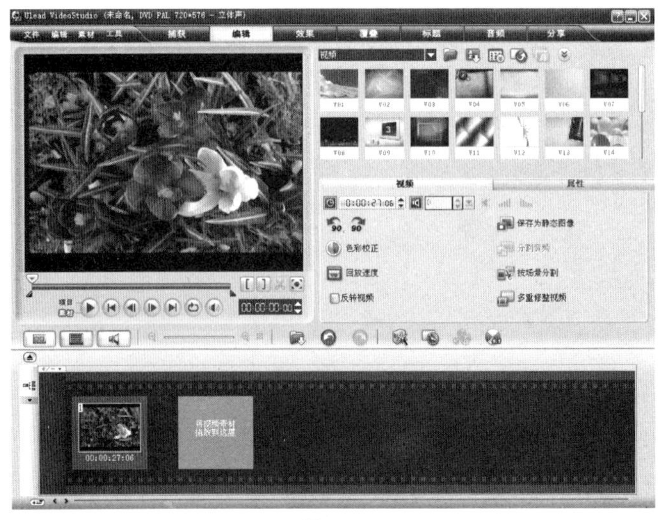

图5-57

拖动飞梭栏上的滑块或者单击导览面板中的【播放】按钮播放所选的视频素材，在预览窗口中显示需要修剪的起始帧的大致位置，然后单击【上一个】按钮或【下一个】按钮，进行精确定位，如图5-58所示。

图5-58

确定起始帧的位置后，单击【开始标记】按钮或按【F3】键，将当前位置设置为开始标记点，如图5-59所示。

图5-59

单击导览面板中的【播放】按钮或拖动飞梭栏上的滑块，在预览窗口中显示要修剪的结束帧的大致位置，然后单击【上一个】按钮或【下一个】按钮，进行精确定位，如图5-60所示。

确定结束帧的位置后，单击【结束标记】按钮或按快捷键【F4】，将当前位置设置为结束标记点，如图5-61所示。

图5-60

图5-61

提 示

修整完成后，飞梭栏上以蓝色显示保留的视频区域。

5.4.2 使用缩略图修整素材

单击【时间轴】面板左上方的【时间轴视图】按钮，切换到时间轴视图，如图5-62所示。

图5-62

按快捷键【F6】，在弹出的【参数选项】对话框中选择【常规】选项卡，在【素材显示模式】选项的下拉列表中选择【仅略图】选项，如图5-63所示。单击【确定】按钮，在视频轨上以缩略图方式显示素材，效果如图5-64所示。

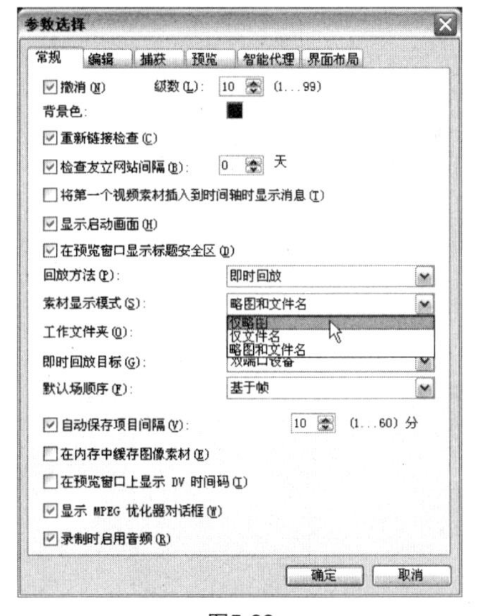

图5-63

图5-64

选中视频轨上的素材，选中的素材两端以黄色标记表示，在这段视频中，需要删除头部和尾部的一些内容，如图5-65所示。

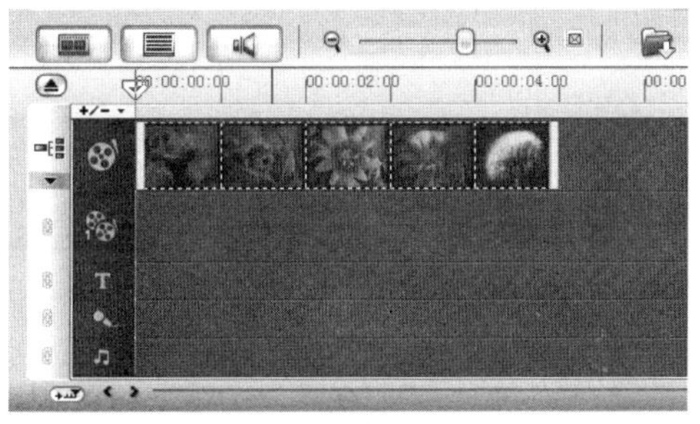

图5-65

在左侧的黄色标记上，按住鼠标向右拖曳到需要修整的位置，如图5-66所示，释放鼠标，黄色标记被移动到了新的位置，如图5-67所示。

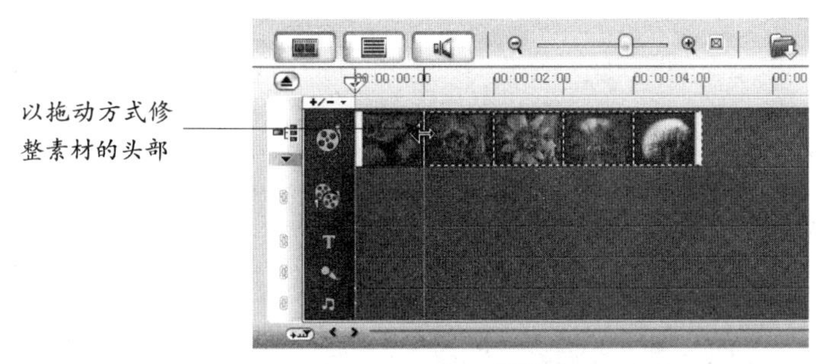

图5-66

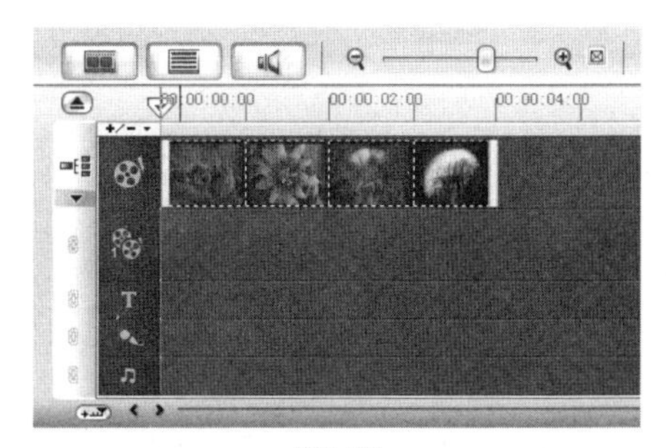

图5-67

单击【时间轴】面板上方的【放大】按钮，将时间轴上的缩略图放大，在左侧的黄色标记上按住鼠标并拖曳，将其拖曳到需要精确修整的位置，释放鼠标完成开始部分的修整，效果如图5-68所示。

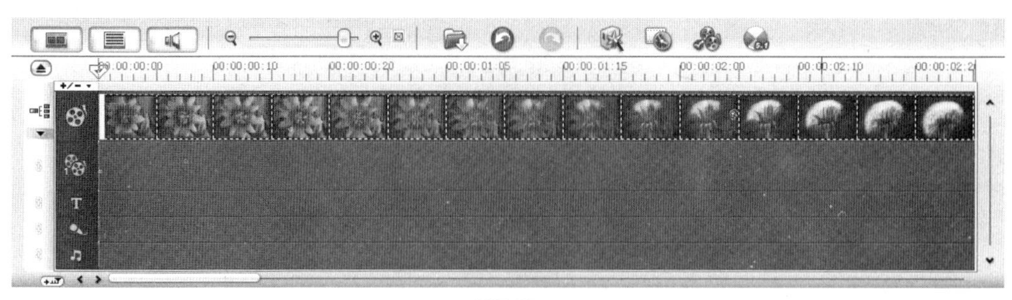

图5-68

单击视频轨上方的【将项目调整到时间轴窗口大小】按钮，将视频轨上需要调整的素材在窗口中完全显示出来，从视频的尾部向左拖曳，用上面的修整方法修整视频素材尾部，效果如图5-69所示。

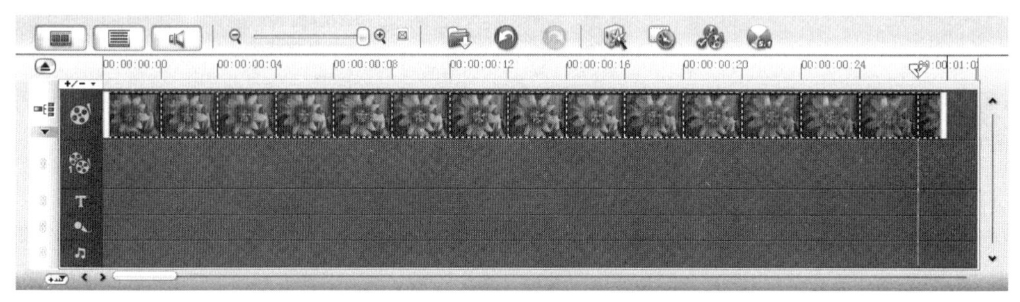

图5-69

5.4.3 按场景进行分割

视频文件通常会包含多个不同场景的片段，编辑时需要把它们分割出来，会声会影11中的【按场景分割】功能可以根据录制的时间、内容的变化，自动将视频文件分割成不同的场景片段。在视频轨中选中需要分割场景的视频素材，如图5-70所示。

图5-70

单击选项面板中的【按场景分割】按钮，如图5-71所示，弹出【场景】对话框，单击【扫描方法】选项后面的下拉列表，在下拉列表中选择照场景的方式，有两种方式可供选择，【DV录制时间扫描】选项和【帧内容】选项。

【DV录制时间扫描】选项：指按照拍摄日期和时间检测场景。

【帧内容】选项：指按照场景的变化（如动画改变、镜头切换、亮度变化等）检测场景。

在选项的下拉列表中选择【帧内容】选项，如图5-72所示。

图5-71

图5-72

在【场景】对话框中单击【选项】按钮，弹出【场景扫描敏感度】对话框，在对话框中拖动滑块设置【敏感度】值，如图5-73所示，此值越高，场景检测越精确。设置完成后，单击【确定】按钮，再单击【扫描】按钮，会声会影开始扫描并分割视频场景，效果如图5-74所示。

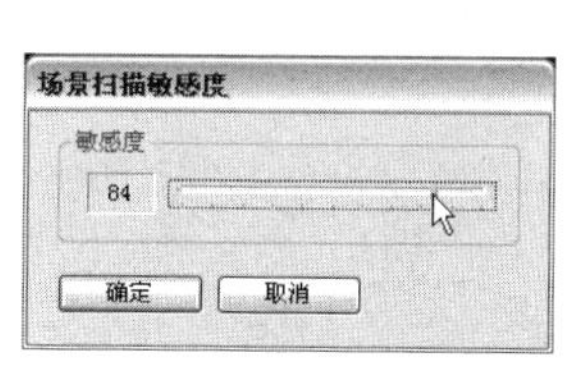

图5-73

图5-74

分割后的场景通常会比较细碎，需要再进行合并工作。选择3号场景，单击【连接】按钮，如图5-75所示，将3号场景和2号场景连接到一起。

如果想撤消该操作，则单击【分割】按钮，如图5-76所示，便撤消了连接的操作，而不需要再次扫描，设置完成后，单击【确定】按钮，分割的场景素材出现在时间轴中，如图5-77所示。

图5-75

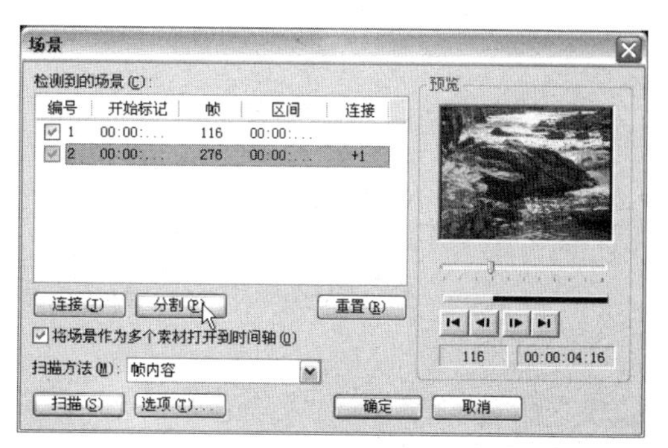

图5-76

图5-77

5.4.4 多重修整素材

会声会影11提供了多重修整视频的功能，可以一次将视频分割成多个片段，让用户完整地控制要提取的素材，更方便地管理项目。

在视频轨上选择要修整的素材，单击【多重修整视频】按钮，弹出【多重修整视频】对话框，拖动飞梭栏上的滑块到第一个视频片段的起始位置，单击【设置开始标记】按钮[，如图5-78所示。

图5-78

再次拖动飞梭栏上的滑块到第一个视频片段的终止位置，单击【设置结束标记】按钮]，剪出的视频自动添加到【修整的视频区间】面板中，如图5-79所示。

图5-79

提 示

在选择终止位置的时候，可以利用导览面板上的【转到上一帧】按钮或【转到下一帧】按钮来精确定位帧的位置。

可以单击【向前搜索】按钮或【向后搜索】按钮快速向前进或向后退一段时间，具体的时间可以单击【快速搜索间隔】中的按钮进行调整，如图5-80所示。

图5-80

拖动飞梭栏上的滑块到视频片段的起始位置，单击【设置开始标记】按钮，然后单击【向前搜索】按钮，可以看到预览窗口的飞梭栏自动移动位置，如图5-81所示，再次单击【设置结束标记】按钮，剪出的视频自动添加到【修剪的视频区间】面板中，如图5-82所示。

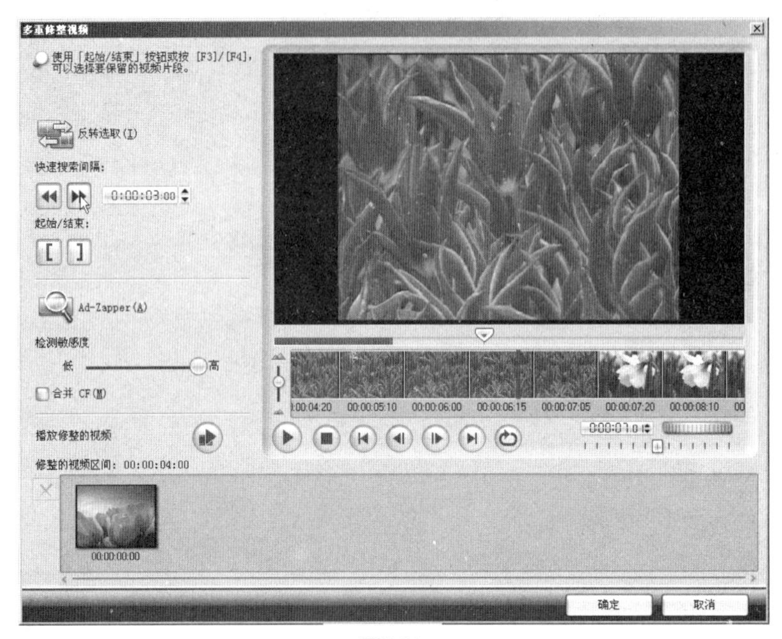

图5-81

图5-82

重复上面的操作步骤，修剪出素材中需要的视频片段。若要删除其中的某一段，则选取该片段，单击【删除所选素材】按钮即可，如图5-83所示。

图5-83

单击【确定】按钮，剪辑的所有视频片段显示在时间轴面板中，原来视频中不需要的画面都被删除了，效果如图5-84所示。

图5-84

5.4.5 保存修整后的素材

使用前面介绍的方法修整视频片段后，为了避免误操作改变精心修剪的影片，需要将修整的结果保存起来。

在时间轴中选取修整后想要保存的视频素材，使其处于选中状态，执行菜单【素材】→【保存修整后的视频】命令，如图5-85所示，出现一个窗口【正在渲染……按ESC中止】，表示正在保存修整后的视频素材，如图5-86所示。

图5-85

图5-86

保存完成后，修整后的视频出现在素材库的视频库中，如图5-87所示。

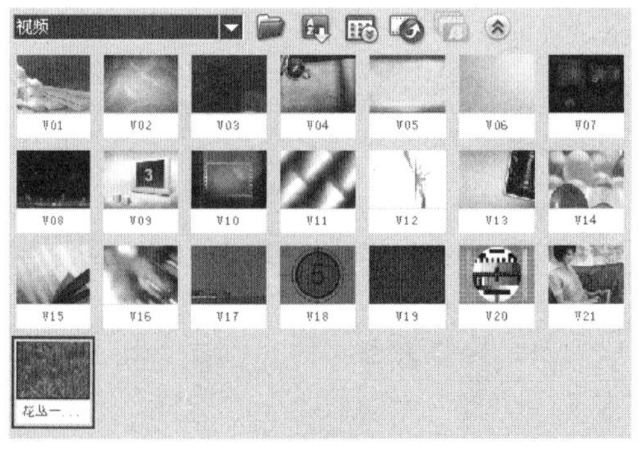

图5-87

5.5 编辑素材

会声会影11提供了专业的色彩校正功能，可以很轻松地针对过暗或偏色的影片进行校正，也能够将影片调整成具有艺术效果的色彩。将视频素材和图像添加到时间轴面板中，所有的素材都会按照在影片中的播放秩序排列，如果觉得一些素材的顺序不符合要求，可以随意改变素材的前后顺序。会声会影11支持对视频或图像进行变形处理，通过这些功能可以制作画面的透视和立体效果。

5.5.1 校正视频素材的色彩

1. 视频色彩校正

在时间轴中选取需要调整的视频素材，单击选项面板中的【色彩校正】按钮，在弹出的如图5-88所示的选项面板中可以校正图像和视频的色彩和对比度。

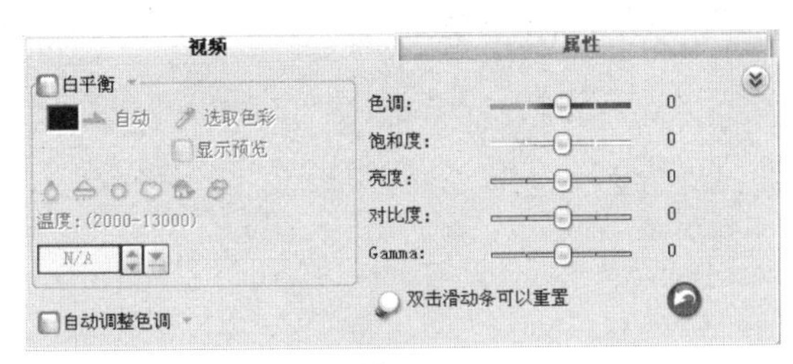

图5-88

【色调】选项：调整画面的颜色，拖动滑块，色彩会按着色相环改变，效果如图5-89所示。

图5-89

【饱和度】选项：调整视频的色彩浓度。向左拖动滑块色彩浓度降低，向右拖动滑块色彩变得鲜艳，如图5-90所示。

图5-90

【亮度】选项：调整视频的明暗度。向左拖动滑块画面变暗，向右拖动滑块画面变亮，如图5-91所示。

图5-91

【对比度】选项：调整视频的明暗对比度。向左拖动滑块对比度减小，向右拖动滑块对比度增强，如图5-92所示。

图5-92

【Gamma】选项：调整视频的明暗平衡，如图5-93所示。

图5-93

2. 调整白平衡

在时间轴面板中选取需要调整的视频素材，单击选项面板中的【色彩校正】按钮，如图5-94所示。

图5-94

在弹出的选项面板中勾选【白平衡】复选框，由程序自动校正白平衡，如图5-95所示。

图5-95

单击【选取色彩】按钮，在视频素材上单击鼠标，使程序以此为标准进行色彩校正，勾选【显示预览】复选框，以便于比较校正前后的效果，如图5-96所示。

图5-96

【场景模式】：选项面板中有钨光、荧光、日光、云彩、阴影和阴暗场景，单击相应的按钮，将以此为依据进行智能白平衡校正，如图5-97所示。

图5-97

【温度】：这里的温度是指色温。色温用来表示颜色的视觉印象。将色温调整到环境光源数值时，程序也会根据此值校正画面色彩，如图5-98所示。

图5-98

【自动调整色调】复选框：勾选此复选框，调整画面的明暗，单击右侧的三角形按钮，在弹出的下拉列表中可以选择【最亮】、【较亮】、【一般】、【较暗】、【最暗】选项，如图5-99所示。

图5-99

5.5.2 调整素材的顺序

在需要调整顺序的素材上按住并拖曳鼠标到希望的位置，此时拖动的位置处显示一条竖线，表示素材将要放置的位置，如图5-100所示。

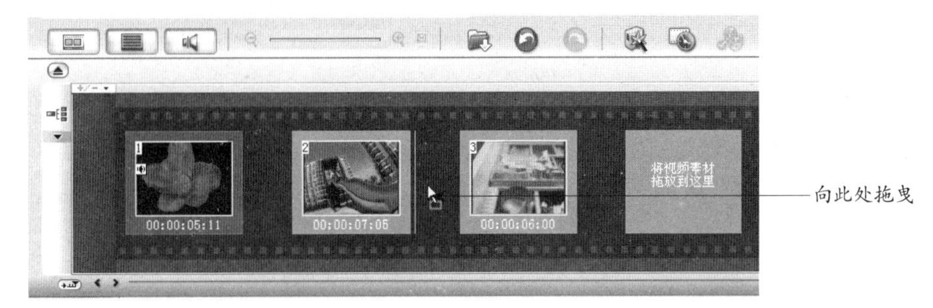

图5-100

释放鼠标，选中的素材将会放置在鼠标释放的位置，效果如图5-101所示。

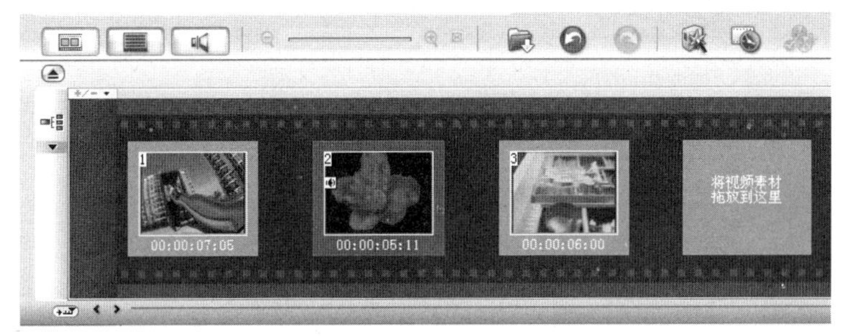

图5-101

5.5.3 反转视频素材

在时间轴面板中选择视频素材，勾选【反转视频】复选框，如图5-102所示，视频将反向播放，产生有趣的视觉效果，如图5-103所示。

图5-102

图5-103

5.5.4 剪切多余的视频内容

在会声会影11中，可对视频素材进行相应的剪辑，例如，去除头尾多余部分、去除中间多余部分等。

1. 去除头尾多余部分

从DV摄像机中捕获视频后，经常需要去除头部和尾部多余的内容。

单击故事板上方的【时间轴视图】按钮，切换到时间轴视图，如图5-104所示。选择需要剪辑的视频素材，选中的视频素材两端以黄色显示，如图5-105所示。

图5-104

选中的视频两端以黄色显示

图5-105

将鼠标指针置于选择的视频素材的左侧标记处，当鼠标指针变为双向箭头⟺时，单击鼠标并向右拖曳，如图5-106所示。移到需要的位置后释放鼠标，此时时间轴上将保留一些需要去除的内容，如图5-107所示。

图5-106

图5-107

在左侧的黄色标记上再次单击鼠标并向右拖曳，将其调整到需要精确剪辑的位置，如图5-108所示，然后释放鼠标，此时即可完成开始部分的剪辑操作，如图5-109所示。

图5-108

图5-109

2. 去除中间多余部分

如果捕获的DV带中间某个部分的效果很差，例如画面模糊不清，或者有不需要的内容，在会声会影11中可去除这些多余的部分。

在故事板视图中选择需要剪辑的视频素材，如图5-110所示。在预览窗口中拖动飞梭栏滑块，找到需要剪辑的位置，单击【上一个】按钮和【下一个】按钮精确定位，如图5-111所示。

图5-110

图5-111

单击预览窗口下方的【剪辑】按钮，将该视频素材分割成两段素材，如图5-112所示。

图5-112

在故事板中单击【时间轴视图】按钮，切换到时间轴视图。此时，在视频轨中可清晰看到素材剪辑后的效果，如图5-113所示。

图5-113

选择剪辑后的一段视频素材，按照前面介绍的方法再次定位剪辑其他视频内容，如图5-114所示。

图5-114

在故事板中选择不需要的视频片段，按【Delete】键即可将其删除，如图5-115所示。

图5-115

5.5.5 调整素材的大小和形状

在时间轴面板中选择视频素材，选择【属性】面板，勾选【变形素材】复选框，在预览窗口中显示可以调整的控制点，如图5-116所示。

图5-116

将光标移至边框内部，当光标呈四方箭头状时按住鼠标向左下方拖曳，可以改变视频在屏幕中的位置，如图5-117所示。拖曳右上角黄色控制点可以按比例调整素材的大小，如图5-118所示。

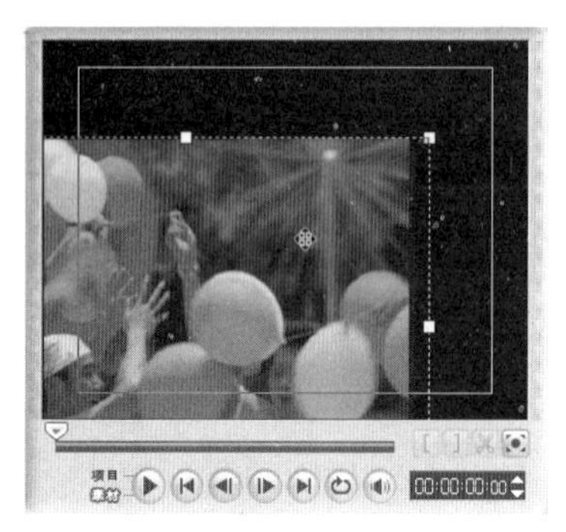

图5-117

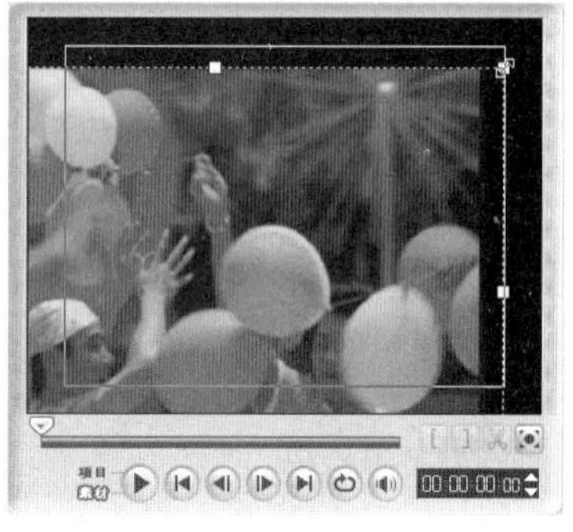

图5-118

向上拖曳边上的黄色控制点可以不按比例调整大小，效果如图5-119所示。向左下方拖曳右上角的绿色控制点可以使素材倾斜，如图5-120所示。

图5-119

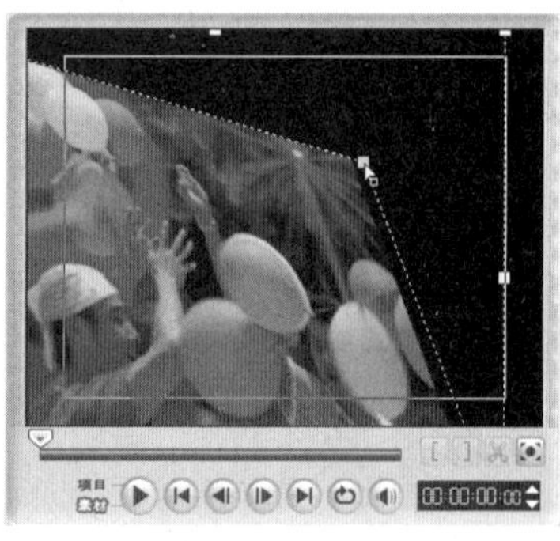

图5-120

5.5.6 摇动和缩放图像素材

会声会影11的摇动和缩放功能可以让静态图像具有动感效果。

在故事板上选择图像素材，在选项面板中选择【摇动和缩放】单选项，如图5-121所示。

图5-121

单击【预设】右侧的三角形按钮，在弹出的下拉列表中选择摇动和缩放的类型，如图5-122所示。

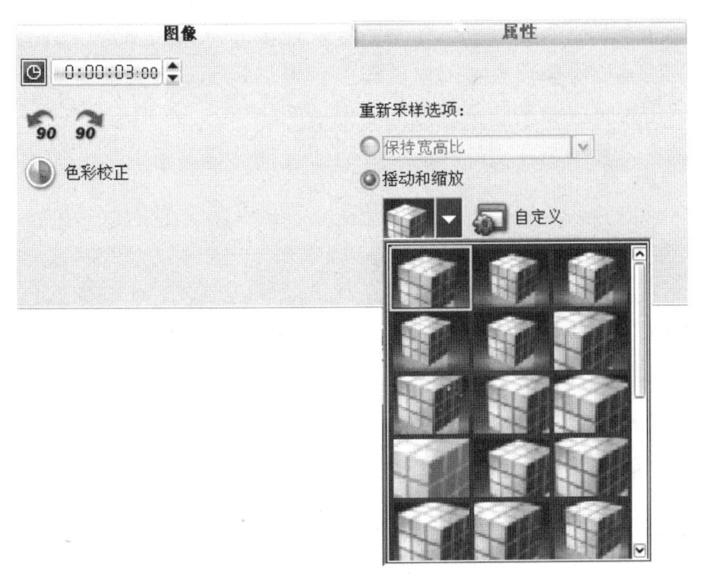

图5-122

单击【自定义】按钮，弹出【摇动和缩放】对话框，预览窗口中的矩形框表示画面的大小，而十字标记则表明镜头聚焦的中心点，如图5-123所示。

图5-123

【图像】：拖曳选取框上面的黄色控制点，可以控制画面的缩放率，放大主题。拖动十字标记可以改变聚焦的中心点。

【网格线】复选框：勾选此复选框，在原图画面显示网格线，以便于精确定位。

【网格大小】选项：拖动滑块可以调整显示网格的尺寸。

【靠近网格】复选框：勾选此复选框，使选取框贴齐网格。

【停靠】选项：单击相应的按钮，可以以固定的位置移动图像窗口中的选取框。

【缩放率】选项：调整画面的缩放比率，与拖动选取框控制点的作用相同。

【透明度】选项：如果要应用淡入或淡出效果，则增加对话框中的数值，图像将淡化到背景色。

【无摇动】复选框：放大或缩小固定区域而不摇动图像。

【背景色】：单击【背景色】右侧的颜色块，可以选择背景颜色。

5.5.7 制作画面定格效果

在影片编辑中往往会用到一些静态图像素材，用于制作诸如视觉暂停等效果。如果需要影片中的某一个画面，可以将这一帧画面保存为静态图像。

1. 在定格处分割视频

将视频插入视频轨后，参照5.4.4节的方法，将视频分割，如图5-124所示，单击【确定】按钮，时间轴面板如图5-125所示。

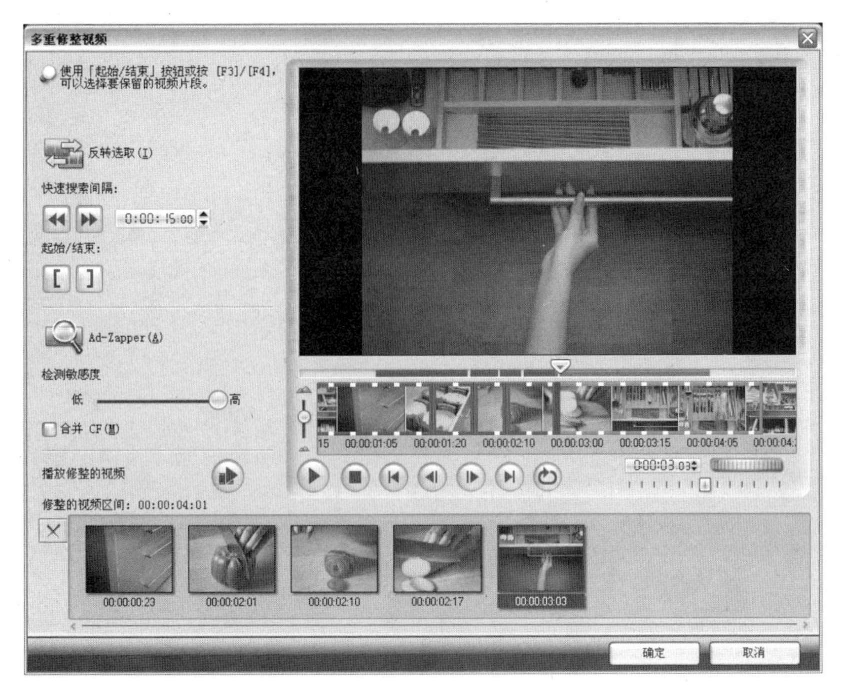

图5-124

图5-125

2. 截取静态图像

执行菜单【文件】→【参数选择】命令，弹出【参数选择】对话框，单击【工作文件夹】选项右侧的按钮，如图5-126所示，在弹出的【浏览文件夹】对话框中选择保存图像的路径，如图5-127所示。

图5-126

图5-127

单击【确定】按钮，返回到【参数选择】对话框中，选择【捕获】选项卡，切换至相应的面板，在【捕获静态图像的保存格式】选项下拉列表中选择【JPEG】选项，如图5-128所示，将【图像质量】选项设为99，如图5-129所示，单击【确定】按钮。

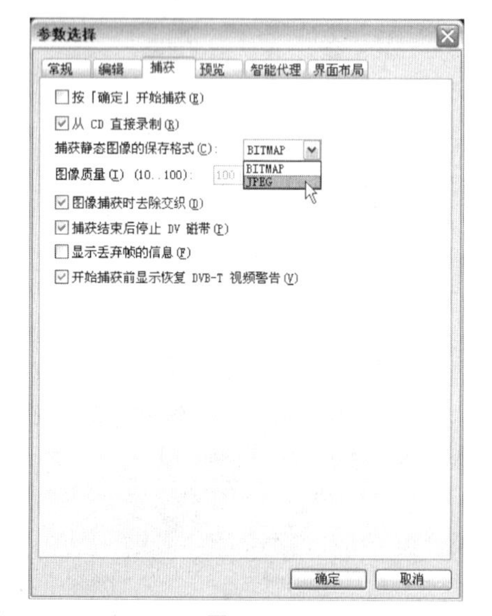

图5-128

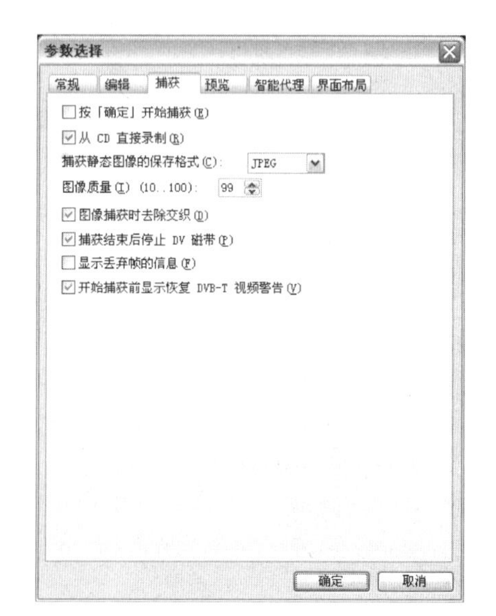

图5-129

在故事板中选择第一段视频素材，在预览窗口中出现该视频片段的画面，在故事板中的空白处单击鼠标，取消对素材的选取，执行菜单【工具】→【将当前帧保存为图像】命令，程序将自动切换到素材库中的【图像】素材库，并显示保存为静态的图像，如图5-130所示。

图5-130

3. 将静态图像插入视频

执行菜单【文件】→【参数选择】命令，弹出【参数选择】对话框，选择【编辑】选项卡，在【图像重新采样选项】下拉列表中选择【调到项目大小】，将【插入图像/色彩素材的默认区间】选项设为1，取消勾选【使用默认转场效果】复选框，如图5-131所示，单击【确定】按钮。

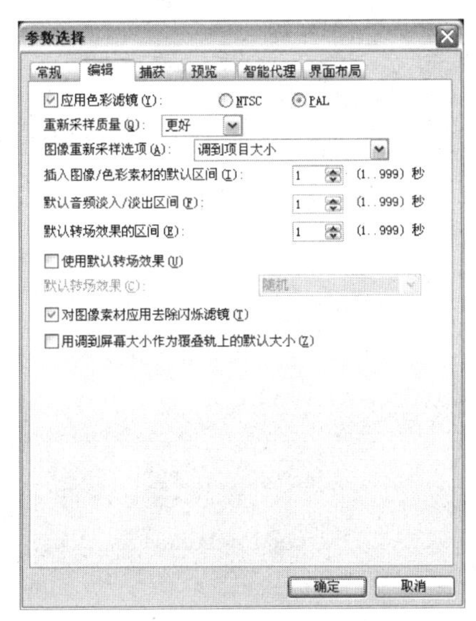

图5-131

在【图像】素材库中选择刚才保存的定格图像，将其拖曳到相应的视频素材之前，如图5-132所示。重复上述操作，将其他定格帧画面保存为静态图像并插入到相应的位置，效果如图5-133所示。

图5-132

图5-133

5.6 调整影片的明暗

源程序：Ch05/调整影片的明暗/调整影片的明暗.VSP

知识要点：使用色彩校正面板调整视频素材的色彩和亮度。

5.6.1 添加视频素材

01 启动会声会影11，在启动面板中选择【会声会影编辑器】选项，如图5-134所示，进入会声会影程序主界面。

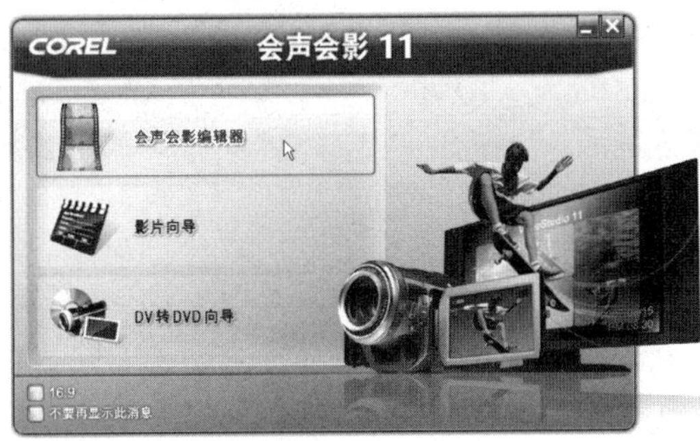

图5-134

02 单击【视频】素材库中的【加载视频】按钮，在弹出的【打开视频文件】对话框中选择光盘目录下“Ch05/调整影片的明暗/节日舞狮.mpg”文件，如图5-135所示，单击【打开】按钮，选中的视频素材被添加到素材库中，效果如图5-136所示。

图5-135

图5-136

5.6.2 调整影片的亮度

01 在【视频】素材库中选择添加的视频素材“节日舞狮.mpg”，将其拖曳到故事板中，如图5-137所示。单击选项面板中的【色彩校正】按钮，如图5-138所示。

图5-137

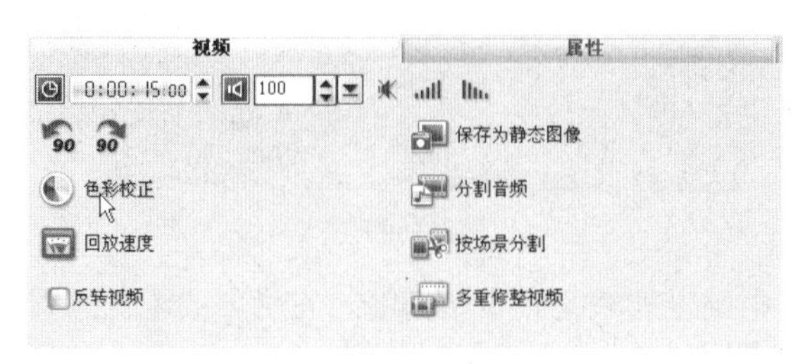

图5-138

02 在弹出的【色彩校正】面板中，将【色调】选项设为4，【饱和度】选项设为-9，【亮度】选项设为20，【对比度】选项设为42，【Gamma】选项设为50，如图5-139所示，在预览窗口中，效果如图5-140所示。

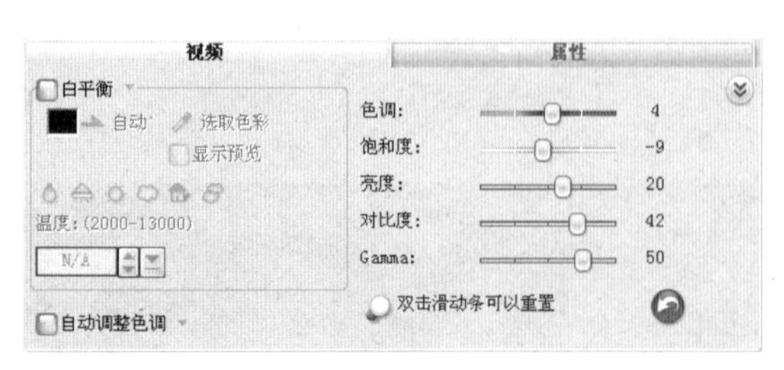

图5-139

图5-140

5.7 删除视频多余的部分

源程序：Ch05/删除视频多余的部分/删除视频多余的部分.VSP

知识要点：使用剪辑按钮分割素材。使用删除命令删除多余的片段。

5.7.1 添加视频素材

01 启动会声会影11，在启动面板中选择【会声会影编辑器】选项，如图5-141所示，进入会声会影程序主界面。

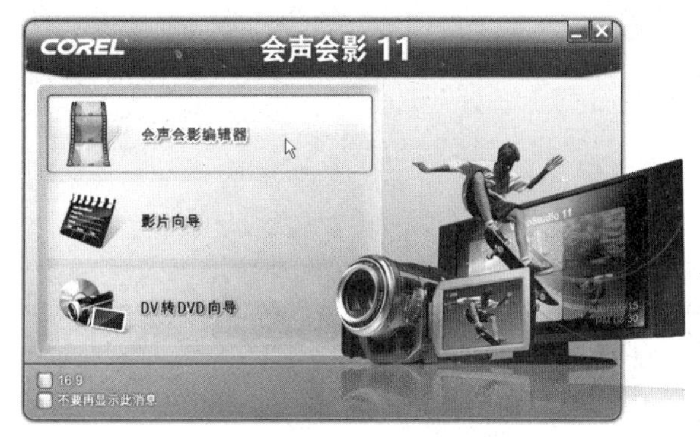

图5-141

02 单击【视频】素材库中的【加载视频】按钮，如图5-142所示，在弹出的【打开视频文件】对话框中选择光盘目录下“Ch05/删除视频多余的部分/飞机在空中.mpg”文件，如图5-143所示，单击【打开】按钮。

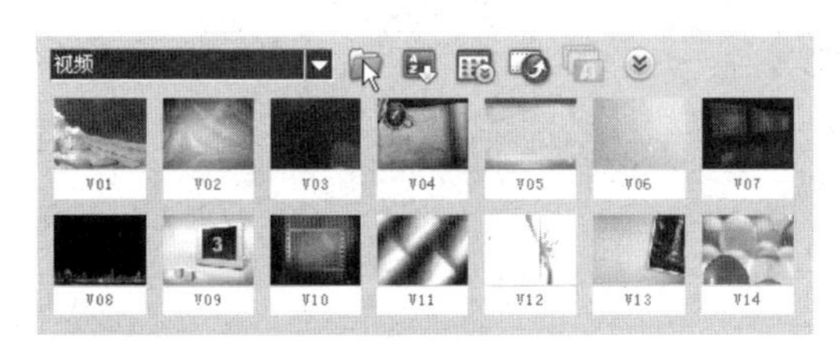

图5-142

图5-143

03 在【视频】素材库中选择添加的视频素材“飞机在空中.mpg”，将其拖曳到故事板中，如图5-144所示。单击【时间轴视图】按钮，切换到时间轴视图，如图5-145所示。

图5-144

图5-145

5.7.2 删除视频

01 在预览窗口中拖动飞梭栏滑块，使预览窗口中显示需要修剪的起始帧位置，并单击【上一个】按钮和【下一个】按钮进行精确定位，如图5-146所示。

图5-146

02 单击导览面板中的【剪辑】按钮，如图5-147所示，将视频素材从当前位置分割为两个素材，如图5-148所示。

图5-147

图5-148

03 在【时间轴】面板中选择分割的第一段视频，单击鼠标右键，在弹出菜单中执行【删除】命令，如图5-149所示。在【时间轴】面板中只剩下一段视频，效果如图5-150所示。

图5-149

图5-150

5.8 视频的淡入淡出效果

源程序：Ch05/视频的淡入淡出效果/视频的淡入淡出效果.VSP

知识要点：使用调整到屏幕大小命令将覆叠素材全屏显示。使用淡入按钮制作素材淡入效果。

5.8.1 添加视频素材

01 启动会声会影11，在启动面板中选择【会声会影编辑器】选项，如图5-151所示，进入会声会影程序主界面。

图5-151

02 执行菜单【文件】→【将媒体文件插入到时间轴】→【插入视频】命令，在弹出的“打开视频文件夹”对话框中选择光盘目录下“Ch05/视频的淡入淡出效果/五彩生活1.mpg、五彩生活2.mpg”文件，如图5-152所示，单击【打开】按钮，弹出【改变素材序列】对话框，单击【确定】按钮，所有选中的视频素材被插入到故事板中，效果如图5-153所示。

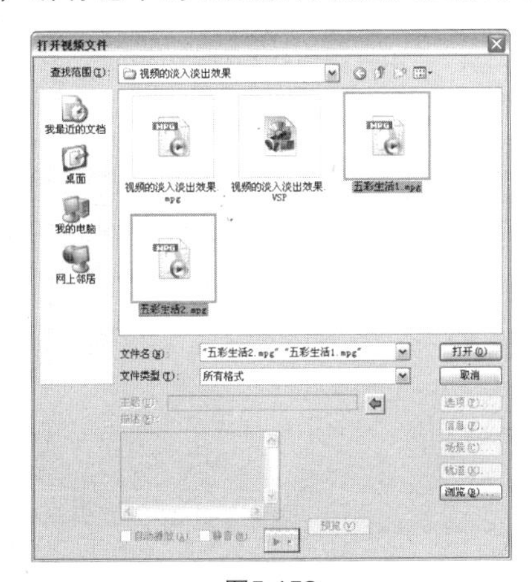

图5-152

图5-153

5.8.2 制作淡入淡出效果

01 单击【时间轴】面板中的【时间轴视图】按钮，切换到时间轴视图，在【视频轨】中将第二段视频素材拖曳至【覆叠轨】上面，使两段视频素材之间有一段重叠，如图5-154所示。

图5-154

02 在预览窗口的第二段视频上单击鼠标右键，在弹出的菜单中执行【调整到屏幕大小】命令，如图5-155所示，将覆叠素材全屏显示，效果如图5-156所示。

图5-155

图5-156

03 使覆叠素材处于选中状态，单击【属性】面板中的【淡入】按钮，如图5-157所示，为素材添加淡入效果。

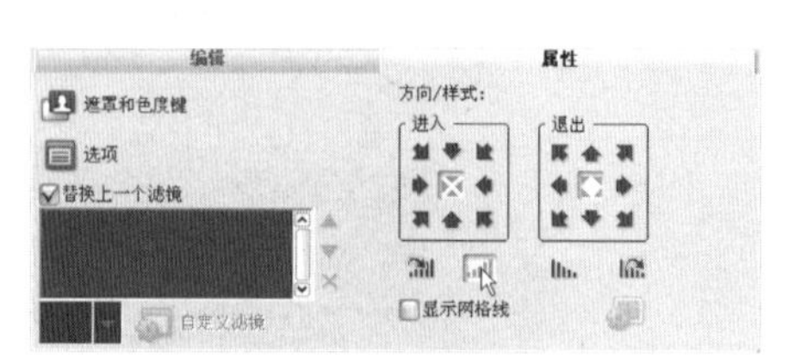

图5-157

5.9 覆叠素材变形

源程序：Ch05/覆叠素材变形/覆叠素材变形.VSP

知识要点：使用参数选择命令设置图像素材播放时间。使用网格线将素材变形。

5.9.1 添加视频素材

01 启动会声会影11，在启动面板中选择【会声会影编辑器】选项，如图5-158所示，进入会声会影程序主界面。按快捷键【F6】，在弹出的【参数选择】对话框中选择【编辑】选项卡，在【图像重新采样选项】下拉列表中选择【调到项目大小】选项，将【插入图像/色彩素材的默认区间】选项设为5，如图5-159所示，所有新插入的图像素材持续播放时间都变为5秒，单击【确定】按钮。

图5-158

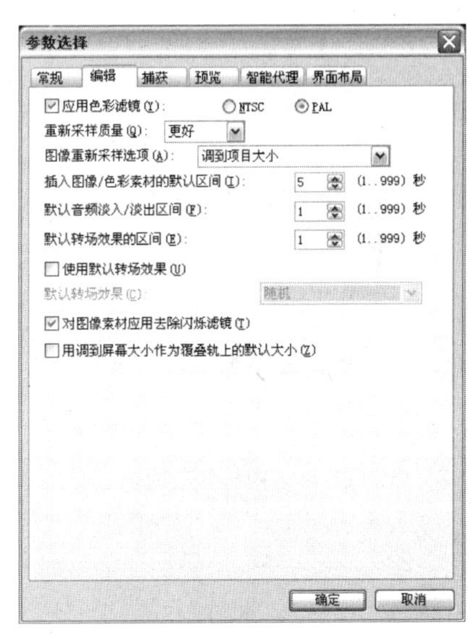

图5-159

02 在故事板上方单击【将媒体文件插入到时间轴】按钮，在弹出的列表中选择【插入图像】选项，如图5-160所示，在弹出的【打开图像文件】对话框中选择光盘目录下“Ch05/覆叠素材变形/背景图.BMP”文件，如图5-161所示，单击【打开】按钮，选中的图像素材被插入到故事板中，效果如图5-162所示。

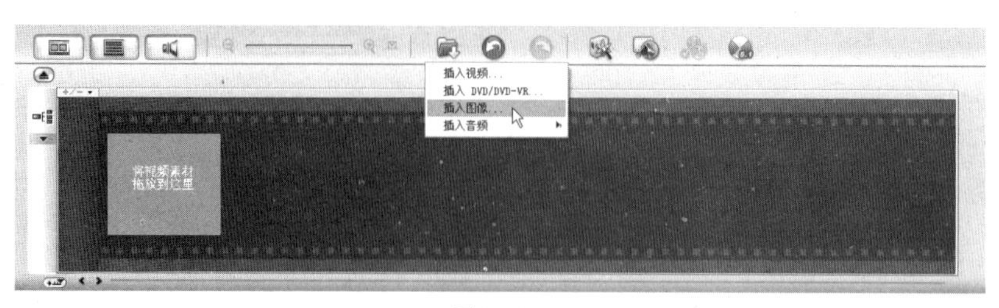

图5-160

图5-161

图5-162

03 单击素材库中的【画廊】按钮，在弹出的列表中选择【视频】选项，单击素材库右上角的【加载视频】按钮，在弹出的【打开视频文件】对话框中选择光盘目录下“Ch05/覆叠素材变形/航拍.mpg”文件，如图5-163所示，单击【打开】按钮，选中的视频素材被添加到【视频】素材库中，如图5-164所示。

图5-163

图5-164

04 单击【时间轴】面板中的【时间轴视图】按钮，切换到时间轴视图，将添加到【视频】素材库中的素材拖曳到【覆叠轨】上面，如图5-165所示，释放鼠标，效果如图5-166所示。

图5-165

图5-166

5.9.2 变形素材

01 在预览窗口中，在视频画面四周出现黄色和绿色控制点，如图5-167所示。在【属性】面板中勾选【显示网格线】复选框，在预览窗口中显示网格线，效果如图5-168所示。

图5-167

图5-168

02 单击【属性】面板中的【网格线选项】按钮，弹出【网格线选项】对话框，将【网格大小】选项设为12，单击【线条色彩】颜色块，在弹出的调色板中选择黑色，如图5-169所示，单击【确定】按钮，效果如图5-170所示。

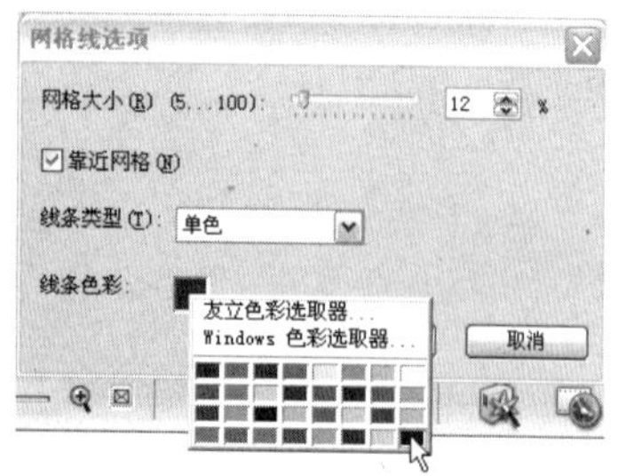

图5-169

图5-170

03 向右上方拖曳右上角的绿色控制点，如图5-171所示，释放鼠标，使素材倾斜，效果如图5-172所示。

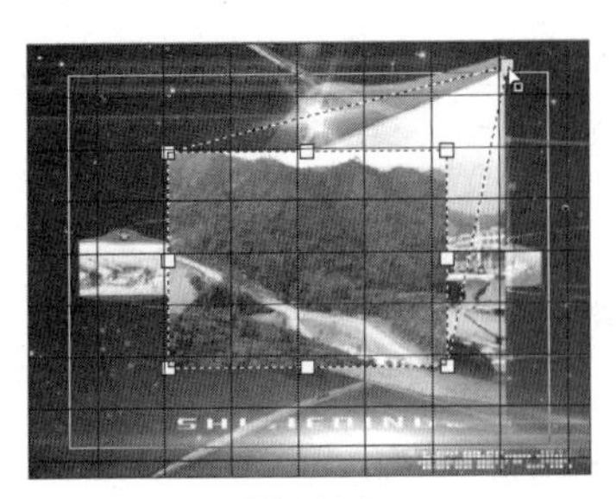
图5-171

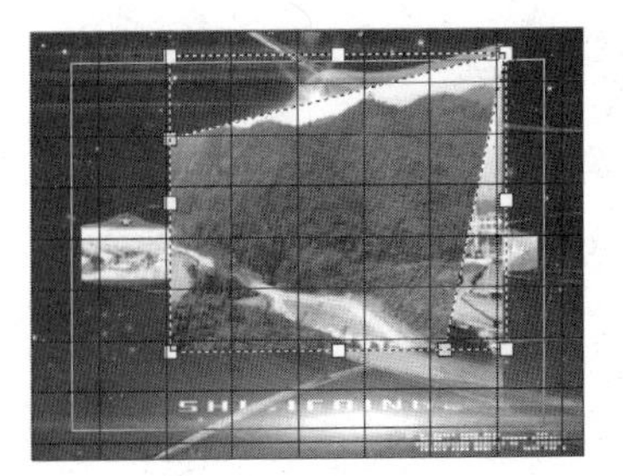
图5-172

04 用相同的方法，拖曳其他绿色控制点到适当的位置，使其变形，如图5-173所示。在【属性】面板中取消勾选【显示网格线】复选框，单击导览面板中的【播放】按钮，预览效果如图5-174所示。

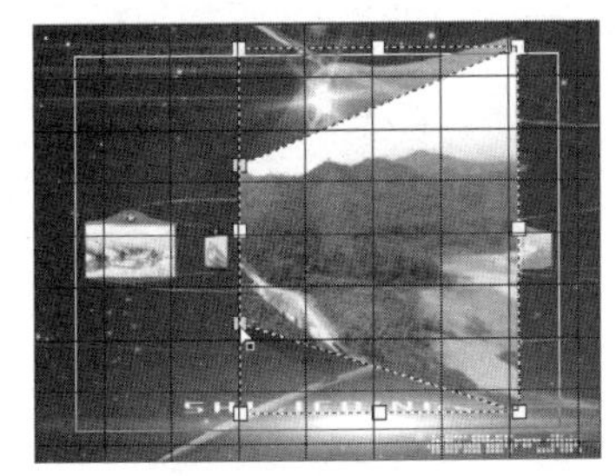
图5-173

图5-174

小结

使用会声会影11进行影片编辑时，素材是很重要的元素。本章对添加与编辑素材的每一种方法都进行了详细的介绍。通过本章的学习，用户可对影片制作中素材的添加及如何剪辑素材有一个全面的了解，并能熟练使用各种视频剪辑工具对素材进行剪辑。

Chapter 06

视频特效的应用

视频滤镜可以将特殊的效果添加到视频和图像中，改变素材文件的外观和样式。滤镜可套用于素材的每一个画面上，并设定开始和结束值，而且还可以控制起始帧和结束帧之间的滤镜强弱与速度。

6.1 添加与删除视频滤镜

在会声会影11中，为素材添加和删除滤镜特效的方法比较简单，并且在为视频素材添加视频滤镜后，若发现产生的效果不理想时，可以选择其他视频滤镜替换现有的视频滤镜。

6.1.1 添加视频滤镜

将素材添加到时间轴中，单击素材库中的【画廊】按钮，在弹出的列表中选择【视频滤镜】选项，如图6-1所示。素材库自动转换成【视频滤镜】素材库，在该素材库中列出了所有可以使用的视频滤镜，如图6-2所示。

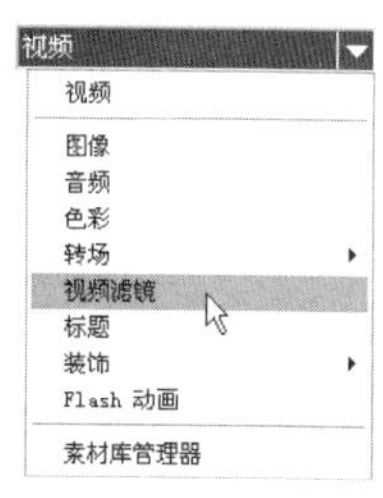

图6-1

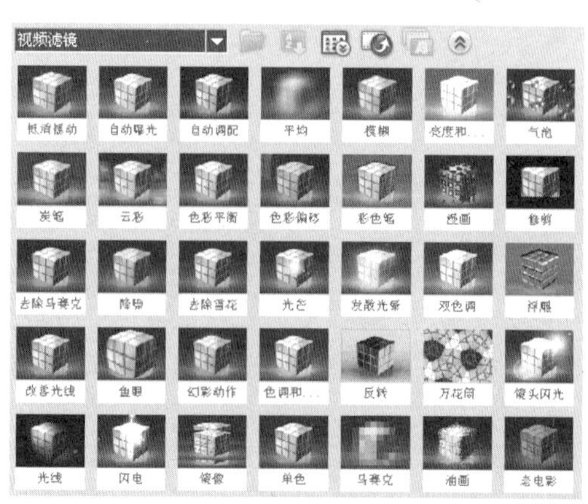

图6-2

在【视频滤镜】素材库中选择【肖像画】滤镜，将其拖曳到故事板中要应用滤镜的素材上，此时鼠标指针呈状，故事板中的素材将以反色状态显示，如图6-3所示。释放鼠标，视频素材的缩略图上出现一个标记，表示已经对素材应用了视频滤镜，如图6-4所示。

图6-3

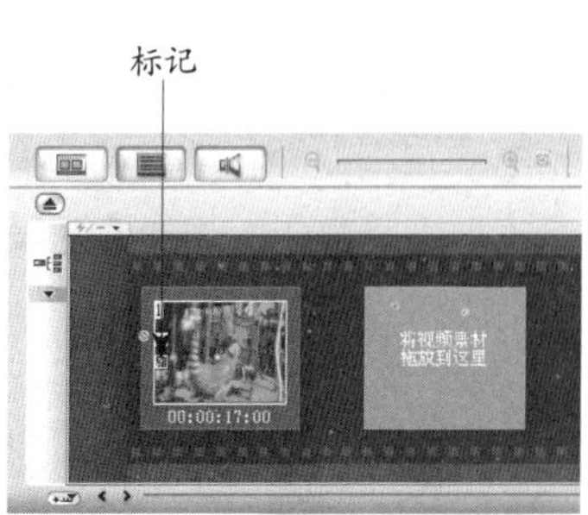

图6-4

为视频添加滤镜效果后，单击导览面板中的【播放】按钮，预览效果如图6-5所示。

图6-5

■ 6.1.2 删除视频滤镜

在【属性】面板中，选择滤镜列表框中要删除的视频滤镜，如图6-6所示。单击列表框右侧的【删除滤镜】按钮，即可将所选择的滤镜删除，效果如图6-7所示。

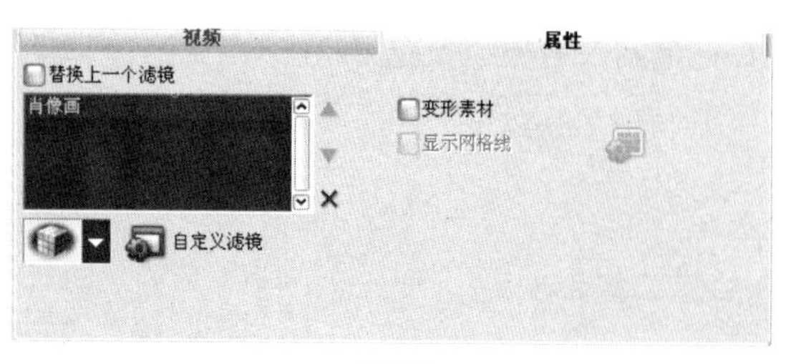

图6-6

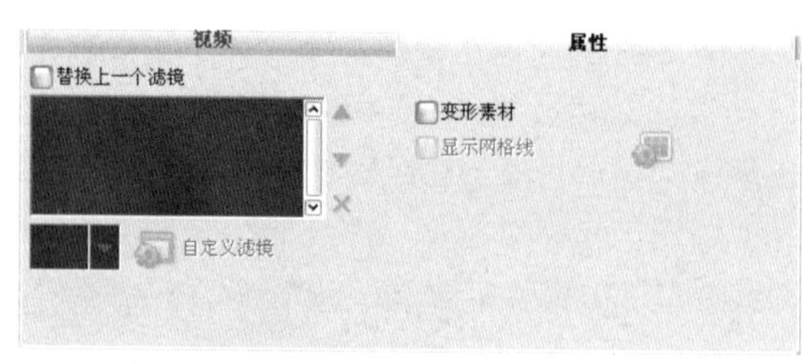

图6-7

6.1.3 替换和添加视频滤镜

1. 替换视频滤镜

在视频轨中选择已经添加视频滤镜的素材，在【属性】面板中勾选【替换上一个滤镜】复选框，如图6–8所示，在【视频滤镜】素材库中选择【万花筒】滤镜，将其拖曳到视频轨中的视频素材上，在滤镜列表框中，新添加的滤镜效果替换了之前的视频滤镜效果，如图6–9所示。

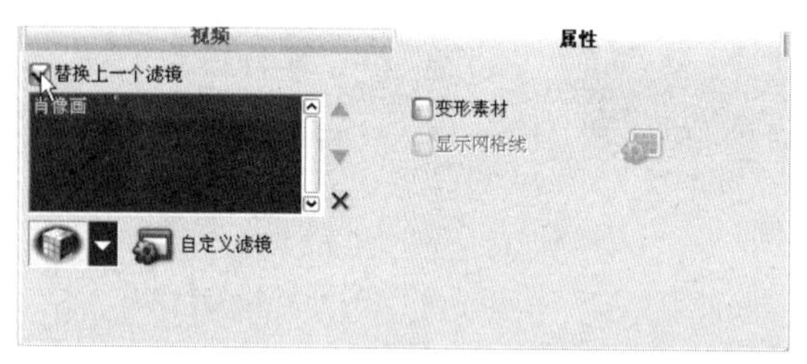

图6-8

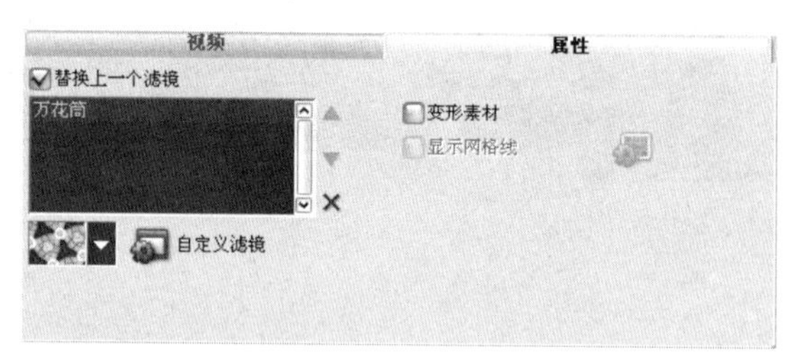

图6-9

单击导览面板中的【播放】按钮，在预览窗口中观看新添加的视频滤镜效果，如图6–10所示。

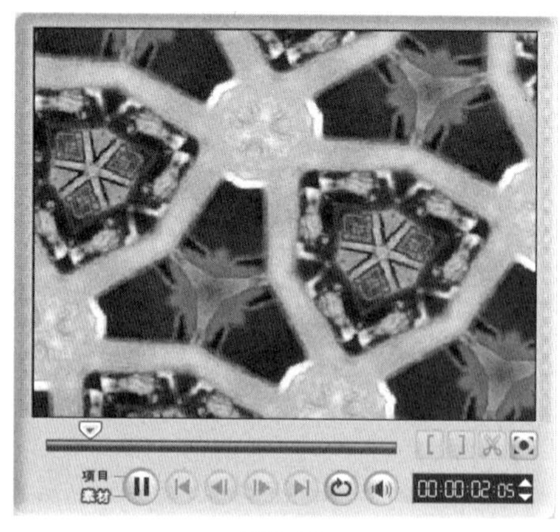

图6-10

2. 添加视频滤镜

取消勾选【替换上一个滤镜】复选框，可以在素材上应用多个滤镜。会声会影11最多允许一个素材上应用5个视频滤镜，如图6–11所示。

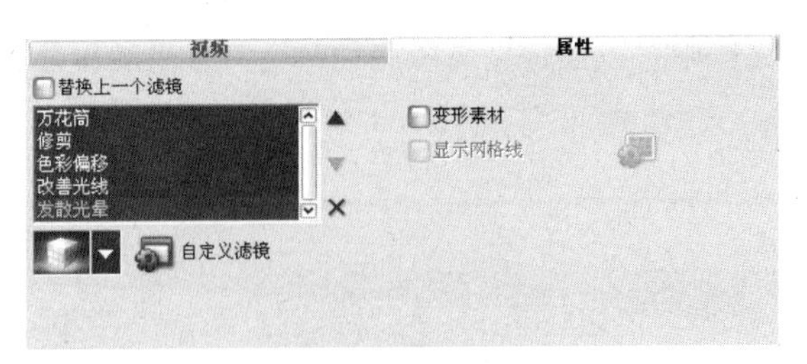

图6-11

6.2 设置视频滤镜

为视频素材添加视频滤镜后，系统会自动为所添加的视频滤镜效果指定一种预设模式。当系统所指定的滤镜预设模式制作的画面不能达到预期效果时，可以重新为所使用的滤镜效果指定预设模式或自定义滤镜效果，从而制作出更加精彩的画面效果。

6.2.1 选择预设的视频滤镜

为视频素材添加视频滤镜后，系统会自动为所添加的视频滤镜效果提供多个预设的滤镜模式。当系统指定的滤镜预设模式制作的画面不能达到预期效果时，可以重新为滤镜效果指定预设模式。

在【属性】面板的滤镜列表框中，单击选取一个滤镜，单击【预设】右侧的三角形按钮，在弹出的下拉列表中选择预设类型，它们都以动画的形式表示在列表框中，可以清楚地看到不同的预设效果，如图6-12所示。

在预览窗口中可以看到为滤镜效果所选择的预设模式画面效果，如图6-13所示。

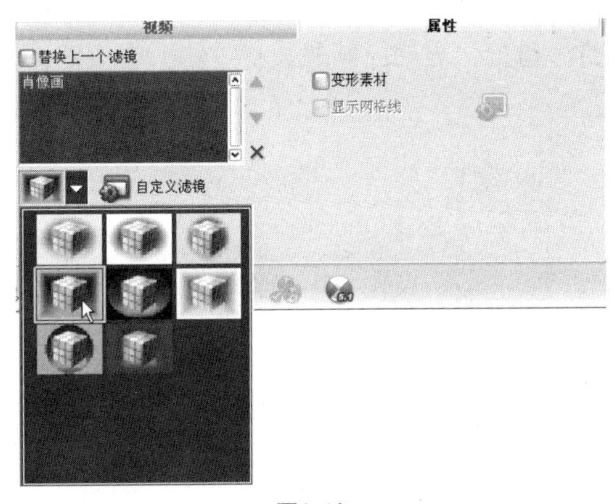

图6-12

图6-13

6.2.2 自定义视频滤镜

为了使制作的视频滤镜效果更加丰富，用户还可以自定义视频滤镜，通过设置视频滤镜效果的某些参数，从而制作出更精美的画面效果。会声会影11允许用多种方式自定义视频滤镜，单击【自定义滤镜】按钮，在弹出的对话框中可以自定义滤镜属性，会声会影编辑器允许在素材上添加关键帧，以便更加灵活地调整滤镜效果。

提 示

关键帧是素材上的某些帧，在这些帧上，可以为视频滤镜指定不同的属性或行为。这样就可以灵活地决定视频滤镜在素材任何位置上的外观。

为素材设置关键帧：

将视频滤镜从素材库拖放到【时间轴】中的素材上。单击选项面板中的【自定义滤镜】按钮，打开当前应用的滤镜设置对话框，单击【显示/隐藏设置】按钮，展开参数设置，如图6-14所示。

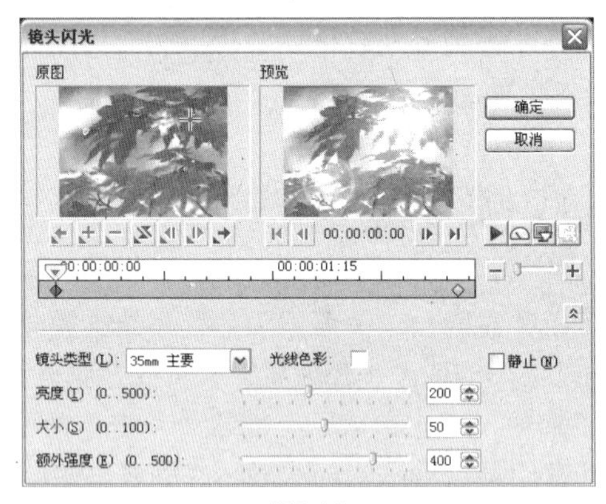

图6-14

拖动飞梭栏滑块或单击两端的箭头按钮到需要调整关键帧的位置，如图6-15所示。单击【添加关键帧】按钮，时间轴控制栏上显示一个红色的菱形标记，表明此帧是素材中的一个关键帧，如图6-16所示。

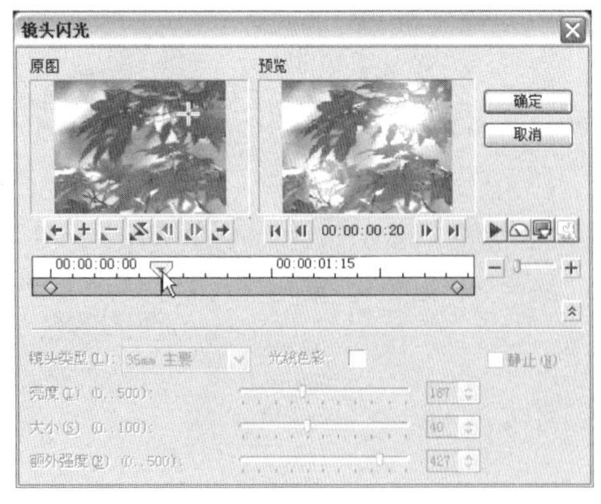

图6-15

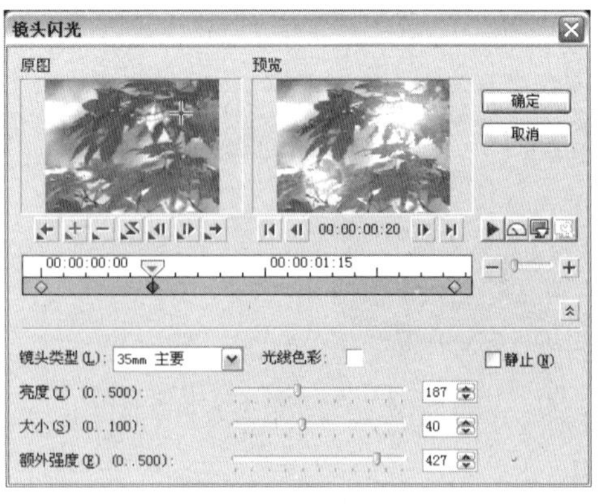

图6-16

【原图】：该区域显示的是图像在未应用视频滤镜之前的效果。

【预览】：该区域显示的是图像应用视频滤镜之后的效果。

【添加关键帧】按钮：单击该按钮，可以将当前帧设置为关键帧。

【删除关键帧】按钮：单击该按钮，可以删除已经存在的关键帧。

【翻转关键帧】按钮：单击该按钮，可以翻转时间轴中关键帧的顺序。视频序列将从终止关键帧开始，到起始关键帧结束。

【转到下一个关键帧】按钮：移动到下一个关键帧。

【转到上一个关键帧】按钮：移动到所选关键帧的上一个关键帧。

【播放】按钮：单击该按钮，播放视频素材。

【播放速度】按钮：单击该按钮，从弹出的菜单中可以执行【正常】、【快】、【更快】、【最快】命令，如图6-17所示，以控制预览画面的播放速度。

【启用设备】按钮：单击该按钮，将启用指定的预览设备。

【更换设备】按钮：单击该按钮，在弹出的如图6-18所示的对话框中可以指定其他的回放设备，用以查看添加滤镜后的效果。

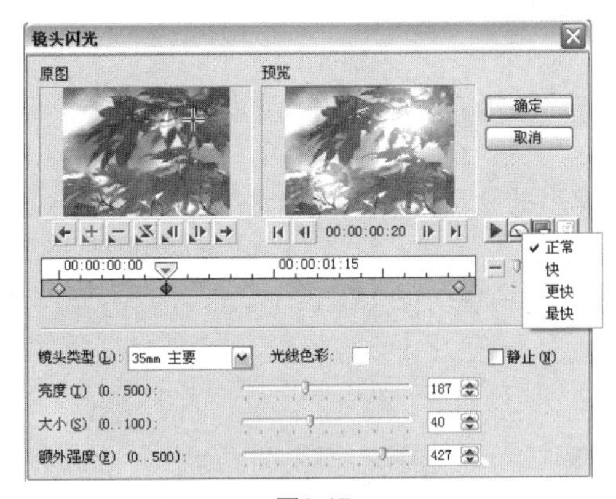

图6-17

图6-18

6.3 调整影片的亮度和对比度

用户在摄影时一般会使用DV的自动曝光模式，拍摄的视频常有曝光不足或者曝光过度的情况，非常影响影片的观感。会声会影11中的【亮度和对比度】滤镜可以改善这种曝光不正确的问题。

6.3.1 自动曝光调整

将视频素材插入到时间轴中并选中，单击素材库中的【画廊】按钮，在弹出的列表中选择【视频滤镜】选项，在素材库中选择【自动曝光】滤镜，将其拖曳到时间轴中的视频素材上。【自动曝光】滤镜可以自动分析并调整画面的亮度和对比度，改善视频的明暗对比。【自动曝光】滤镜没有调整的参数，应用前后的效果对比如图6-19和图6-20所示。

图6-19

图6-20

6.3.2 亮度和对比度调整

勾选【替换上一个滤镜】复选框，在素材库中选择【亮度和对比度】滤镜，将其拖曳到时间轴的视频素材上。单击选项面板中的【自定义滤镜】按钮，在弹出的【亮度和对比度】对话框中可以调整视频亮度和对比度，如图6-21所示。

【通道】选项：单击右侧的下拉按钮，在弹出的下拉列表中可以选择【主要】、【红色】、【绿色】、【蓝色】通道，如图6-22所示。选择【主要】通道，可以对全图进行调整，选择【红色】、【绿色】或【蓝色】通道，则对单独的【红色】、【绿色】或【蓝色】通道进行调整。

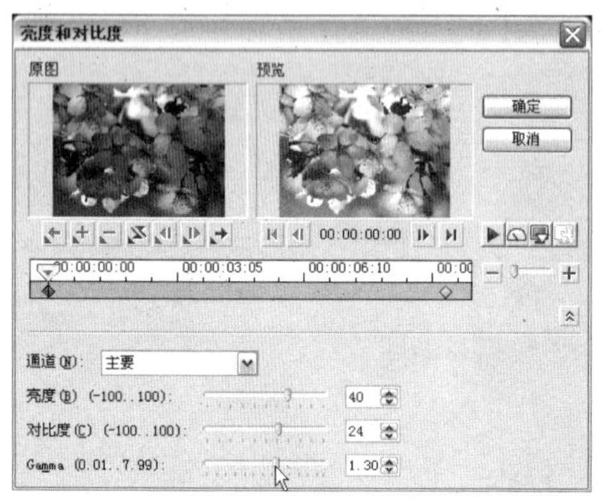

图6-21

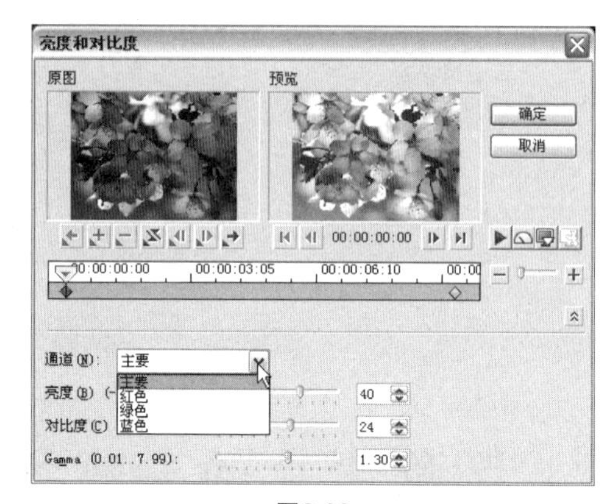

图6-22

【亮度】选项：调整图像的明暗度。向左拖动滑块画面变暗，向右拖动滑块画面变亮。

【对比度】选项：调整图像的明暗对比。向左拖动滑块对比度减小，向右拖动滑块对比度增强。

【Gamma】选项：调整图像的明暗平衡。

6.4 还原视频色彩

如果平衡设置不当，或者现场情况比较复杂，DV拍摄的片子会出现整段或局部偏色现象。会声会影11中的【色彩平衡】滤镜可以有效地解决这种偏色问题，使其还原正确的色彩。

6.4.1 【色彩平衡】滤镜

将视频素材插入到时间轴中并选中，单击素材库中的【画廊】按钮，在弹出的列表中选择【视频滤镜】选项，在素材库中选择【色彩平衡】滤镜，将其拖曳到时间轴的视频素材上。单击选项面板中的【自定义滤镜】按钮，在弹出的【色彩平衡】对话框中设置参数可以改变图像颜色混合情况，如图6-23所示。

图6-23

在对话框中向右拖动红、绿、蓝右侧的滑块可以分别增强图像中的红色、绿色和蓝色，向左拖动滑块，则可以分别增强图像中的青色、洋红色和黄色。

6.4.2 添加关键帧消除偏色

拖动飞梭栏滑块或单击两端的箭头按钮到需要调整关键帧的位置，如图6-24所示，单击【添加关键帧】按钮，添加关键帧，拖动红、绿、蓝滑块或直接输入数值消除该帧的偏色，如图6-25所示。

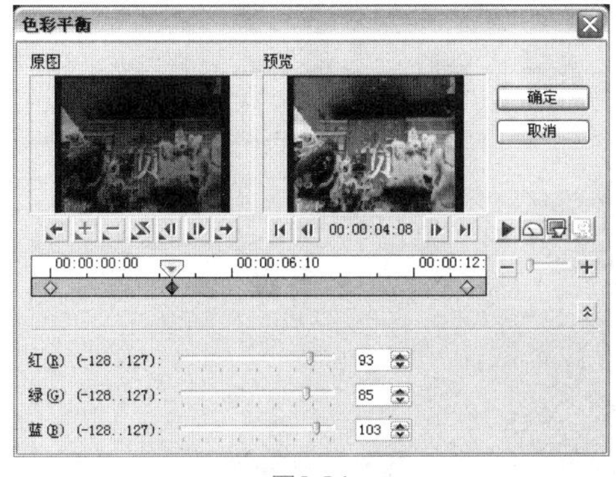

图6-24

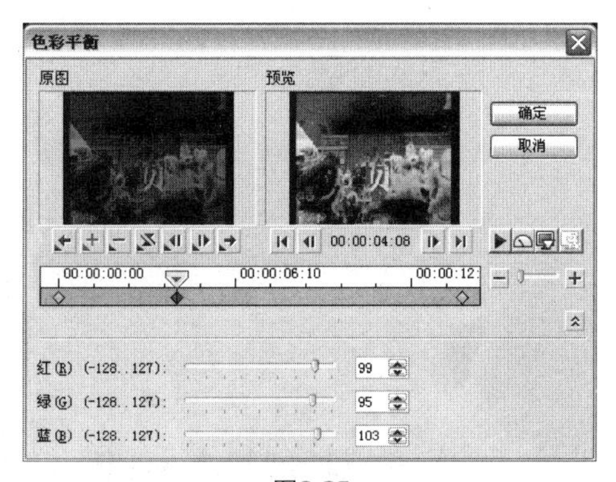

图6-25

单击【播放】按钮或拖动飞梭栏滑块，在对话框中预览效果，如图6-26所示，单击【确定】按钮。

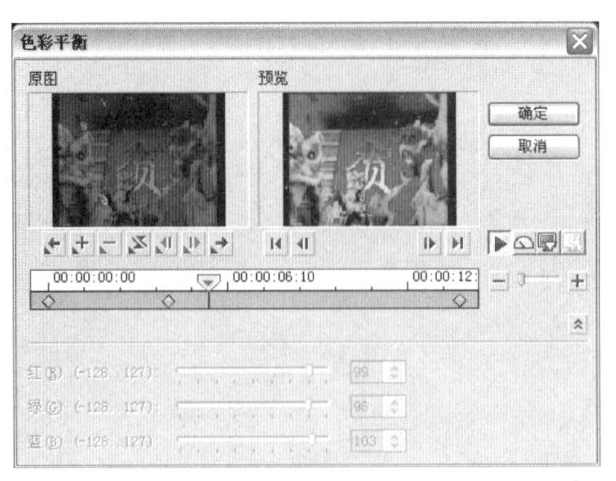

图6-26

6.5 视频滤镜

将会声会影11的视频滤镜效果融合到实际应用中，可以加深对软件滤镜效果的了解与认识，使用户能够熟练地应用这些滤镜效果。

6.5.1 模糊滤镜

【模糊】滤镜是对画面边缘的相邻像素进行平面化，而产生平滑的过渡效果，从而使图像更加柔和。

将视频素材插入到时间轴中并选中，单击素材库中的【画廊】按钮▼，在弹出的列表中选择【视频滤镜】选项，在素材库中选择【模糊】滤镜，将其拖曳到时间轴的视频素材上。单击【预设】右侧的三角按钮▼，在弹出的下拉列表中选择预设类型，如图6-27所示。

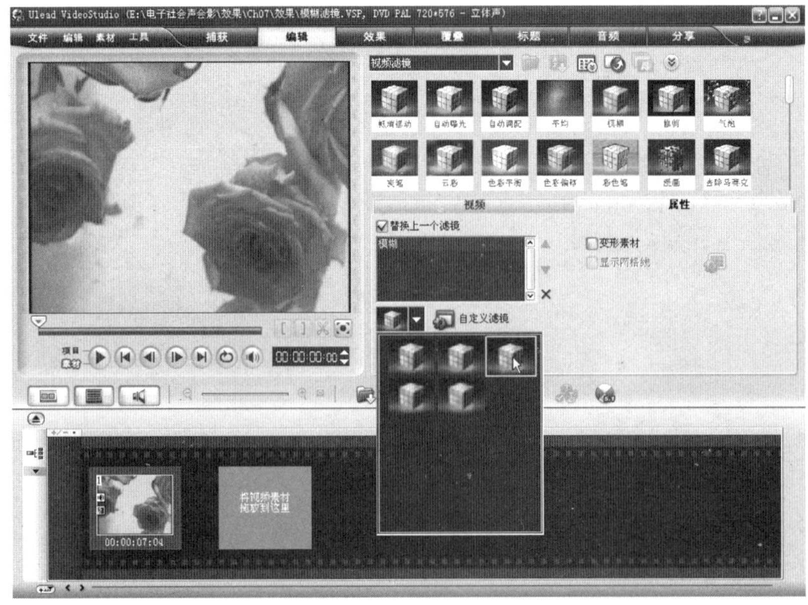

图6-27

单击选项面板中的【自定义滤镜】按钮，弹出【模糊】对话框，单击【显示/隐藏设置】按钮，展开参数设置，如图6-28所示。

拖动【程度】滑块来设置视频的模糊程度，数值越大，模糊效果越明显，如图6-29所示。

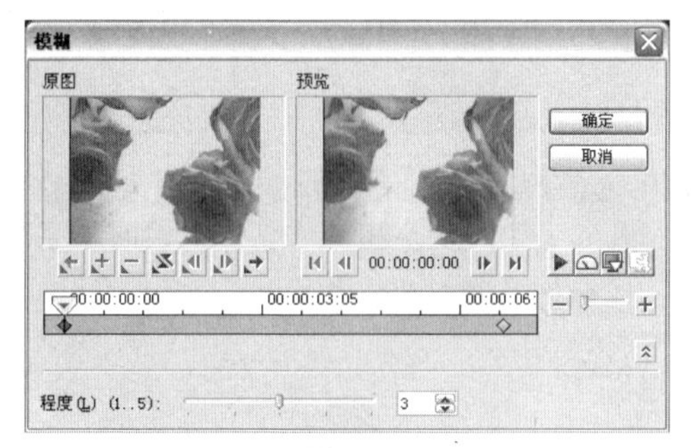

图6-28

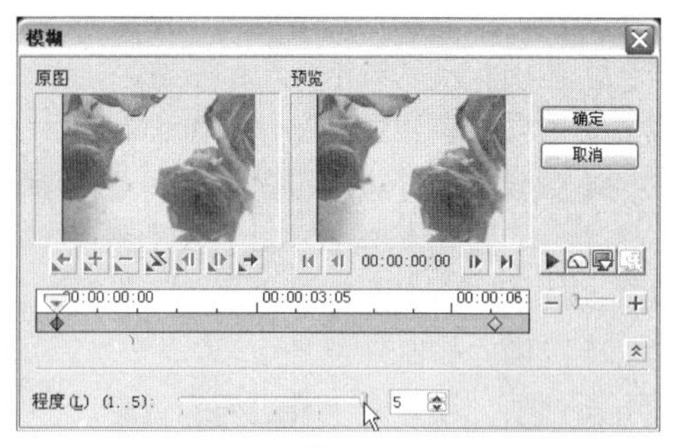

图6-29

6.5.2 气泡滤镜

【气泡】滤镜用于在视频画面上添加流动的气泡效果。

将视频素材插入到时间轴中并选中，在【视频滤镜】素材库中选择【气泡】滤镜，将其拖曳到时间轴的视频素材上。单击【预设】右侧的三角按钮，在弹出的下拉列表中选择预设类型，如图6-30所示。

图6-30

单击选项面板中的【自定义滤镜】按钮，弹出【气泡】对话框，在对话框中有两个选项——【基本】和【高级】选项。

单击【基本】选项卡，切换至基本面板，如图6-31所示。

◎ 在【效果控制】区中有4个可以拖动调节的状态条，分别是【密度】、【大小】、【变化】和【反射】。

【密度】选项：控制气泡的数量。

【大小】选项：设置最大的气泡尺寸。

【变化】选项：控制气泡大小的变化。

【反射】选项：调整强光在气泡表面的反射方式。

◎ 在【颗粒属性】控制区有3个颜色选择框和6个状态条，分别是【外部】、【边界】、【主体】、【聚光】、【方向】和【高度】。

【颜色方块】：左侧的颜色方块用于设置气泡高光、主体以及暗部的颜色。

【外部】选项：控制外部光线。

【边界】选项：设置边缘或边框的色彩。

【主体】选项：设置内部或主体的色彩。

【聚光】选项：设置聚光的强度。

【方向】选项：设置光线照射的角度。

【高度】选项：调整光源相对于斜轴的高度。

单击【高级】选项卡，切换至高级面板，如图6-32所示。

◎ 在【高级】面板中可以设置气泡的一些属性，动作类型包括【方向】和【发散】两种。选择【方向】选项，气泡按指定的方向运动；选择【发散】选项，气泡从中央区域向外发散运动。

【速度】选项：控制气泡的移动速度。

【移动方向】选项：指定气泡的移动角度。

【湍流】选项：制作气泡从移动方向上偏离的变化程度。

【变化】选项：控制气泡摇摆运动的强度。

【区间】选项：为每个气泡指定运动周期。

【发散宽度】选项：控制气泡发散的区域宽度。

【发散高度】选项：控制气泡发散的区域高度。

【调整大小的类型】选项：用于指定发散时，气泡大小的变化。

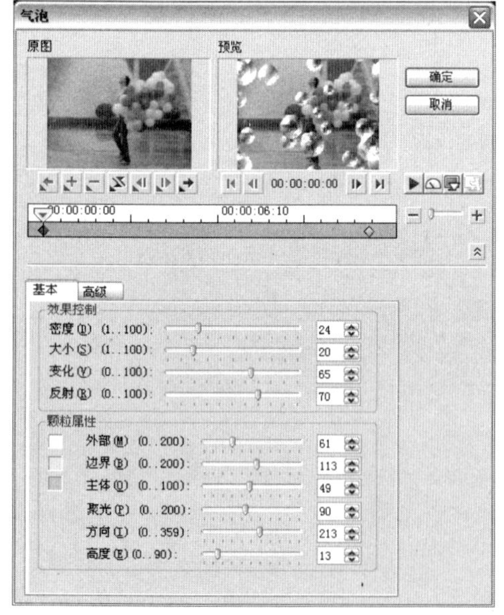

图6-31

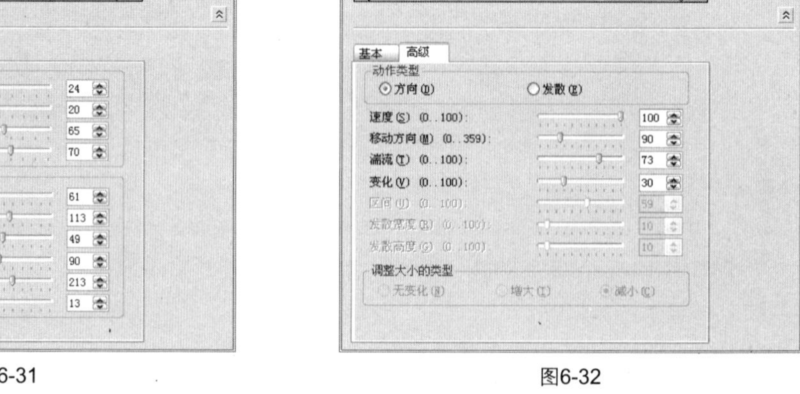

图6-32

■ 6.5.3 云彩滤镜

【云彩】滤镜用于在视频画面上添加流动的云彩效果。

将视频素材插入到时间轴中并选中，在【视频滤镜】素材库中选择【云彩】滤镜，将其拖曳到时间轴的视频素材上。单击选项面板中的【自定义滤镜】按钮，弹出【云彩】对话框，在对话框中有两个选项——【基本】和【高级】选项，如图6-33所示。

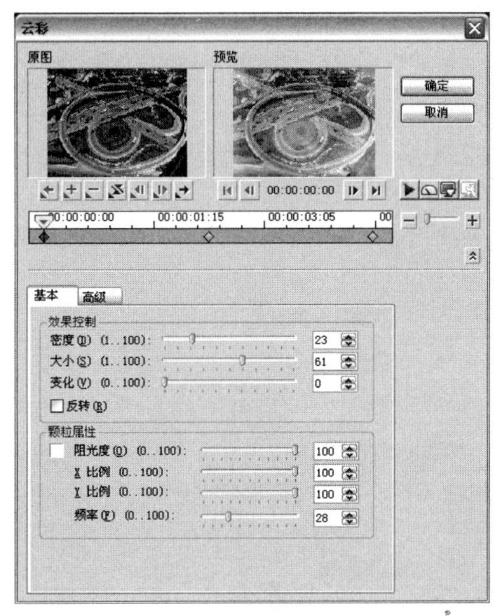

图6-33

单击【基本】选项卡，切换至基本面板。

◎ 在【效果控制】区中有3个可以拖动调节的状态条和1个选项，分别是【密度】、【大小】、【变化】和【反转】。

【密度】选项：确定云彩的数目。

【大小】选项：设置单个云彩大小的上限。

【变化】选项：控制云彩大小的变化。

【反转】复选框：勾选该复选框，可以使云彩的透明和非透明区域翻转。

◎ 在【颗粒属性】控制区有1个颜色选择框和4个状态条，分别是【阻光度】、【X比例】、【Y比例】和【频率】。

【颜色方块】：左侧的颜色方块用于设置云彩的颜色。

【阻光度】选项：控制云彩的透明度。

【X比例】选项：控制水平方向的平滑度。设置的值越低，图像显得越破碎。

【Y比例】选项：控制垂直方向的平滑度。设置的值越低，图像显得越破碎。

【频率】选项：设置破碎云彩颗粒的数目。设置的值越高，破碎云彩的数量就越多；设置的值越低，云彩就越大越平滑。

【高级】面板中的参数设置参考6.5.2节中的相关参数。

6.5.4 漫画滤镜

【漫画】滤镜用于使画面呈现出漫画风格的效果。

将视频素材插入到时间轴中并选中，在【视频滤镜】素材库中选择【漫画】滤镜，将其拖曳到时间轴的视频素材上。单击【预设】右侧的三角按钮，在弹出的下拉列表中选择预设类型，如图6-34所示。

图6-34

单击选项面板中的【自定义滤镜】按钮，弹出【漫画】对话框，单击【显示/隐藏设置】按钮，展开参数设置面板，如图6-35所示。

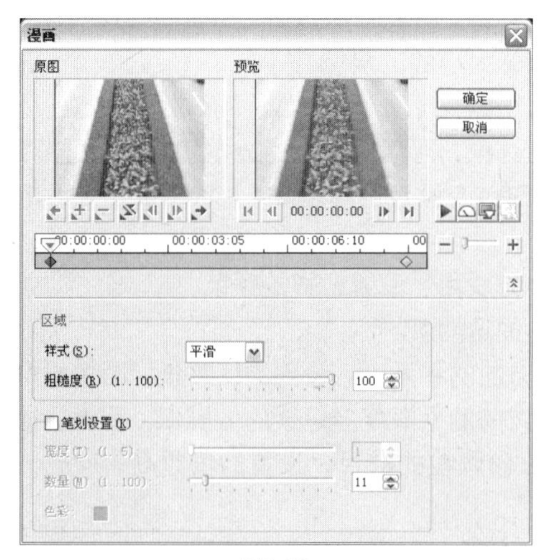

图6-35

【样式】选项：选择重绘画面的样式。在【样式】选项下拉列表中可以选择【平滑】或【平坦】选项。【平滑】可以使画面中色彩平滑过渡；【平坦】能够在画面上看见明显的色块分布。

【粗糙度】选项：调整画面的简化程度，数值越大，简化效果越明显。

【笔划设置】复选框：勾选该复选框，将进一步设置和应用绘制边缘的笔划属性。

【宽度】选项：设置笔划绘制的宽度。

【数量】选项：设置绘制的笔触数量。

【色彩】：设置绘制边缘的画笔颜色。

6.5.5 双色调滤镜

【双色调】滤镜相当于用两种不同的颜色来表示画面的灰度级别，其深浅由颜色的浓淡来确定，运用这种方式，可以得到一些特别的效果。

将视频素材插入到时间轴中并选中，在【视频滤镜】素材库中选择【双色调】滤镜，将其拖曳到时间轴的视频素材上。单击【预设】右侧的三角按钮，在弹出的下拉列表中选择预设类型，如图6-36所示。

图6-36

单击选项面板中的【自定义滤镜】按钮，弹出【双色调】对话框，单击【显示/隐藏设置】按钮，展开参数设置面板，如图6-37所示。

【启用双色调色彩范围】复选框：勾选此复选框，将所选双色调应用到画面中；取消勾选此复选框，则将画面去色，应用黑白效果。

【色彩方块】：单击颜色方块，可以在【友立色彩选取器】对话框中选取双色调中的两种颜色，通过拖动滑块，可以设置两种颜色的深浅。

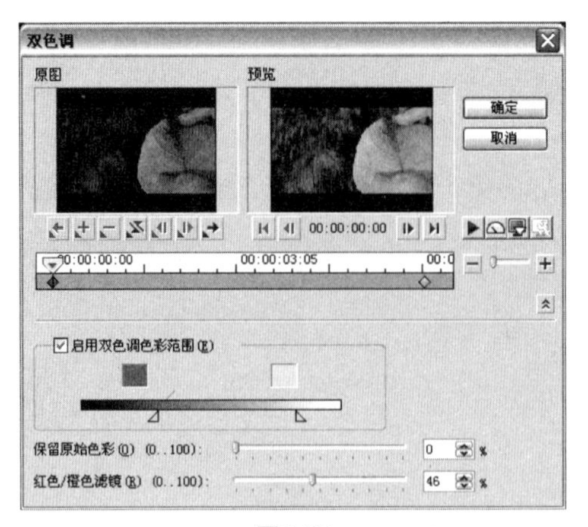

图6-37

【保留原始色彩】选项：向右拖动滑块，在画面中应用双色调时，能够更多地保留原始画面中的色彩，形成原始色彩与双色调混合的效果。

【红色/橙色滤镜】选项：模拟红色/橙色滤光镜加装在镜头前的效果。向右拖动滑块，滤镜效果更加明显。

■ 6.5.6 浮雕滤镜

【浮雕】滤镜将画面的颜色转换为覆盖色，并用原填充色勾画边缘，使选区产生空出或下限的浮雕效果。

将视频素材插入到时间轴中并选中，在【视频滤镜】素材库中选择【浮雕】滤镜，将其拖曳到时间轴的视频素材上。单击选项面板中的【自定义滤镜】按钮，弹出【浮雕】对话框，单击【显示/隐藏设置】按钮，展开参数设置面板，如图6-38所示。

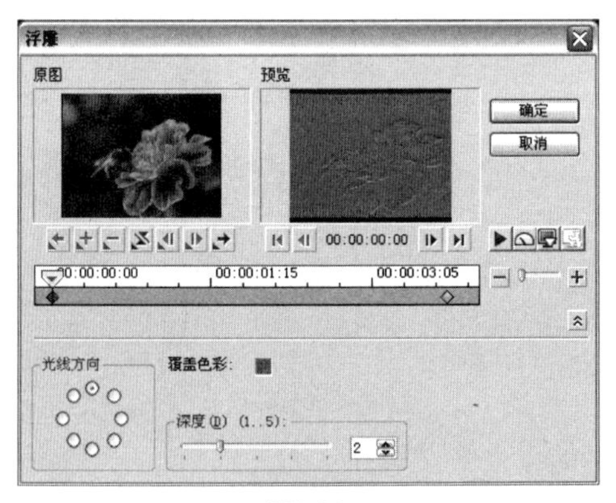

图6-38

【光线方向】选项：选择画面上阴影的方向，以及图像的突起和下凹部分。光线来源于图像上方，较暗的区域显示为突起效果；光线来源于下方，则较暗的区域显示为下凹效果。

【覆盖色彩】颜色块：在色彩方块上单击鼠标，在弹出的对话框中可以为画面选择一种新的色彩。

【深度】选项：设置浮雕效果的强烈程度。设置的值越高，浮雕效果越强烈。

6.5.7 色调和饱和度滤镜

【色调和饱和度】滤镜用于调整画面的颜色和色彩饱和度。

将视频素材插入到时间轴中并选中，在【视频滤镜】素材库中选择【色调和饱和度】滤镜，将其拖曳到时间轴的视频素材上。单击选项面板中的【自定义滤镜】按钮，弹出【色调和饱和度】对话框，单击【显示/隐藏设置】按钮，展开参数设置面板，如图6-39所示。

【色调】选项：设置该参数，将改变画面中每个像素的色调值，如图6-40所示。

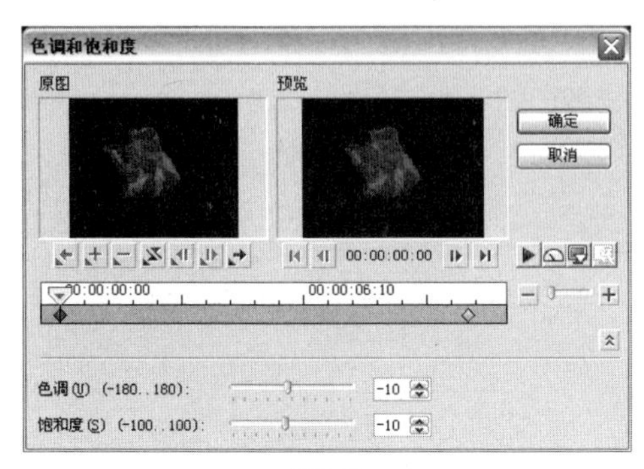

图6-39

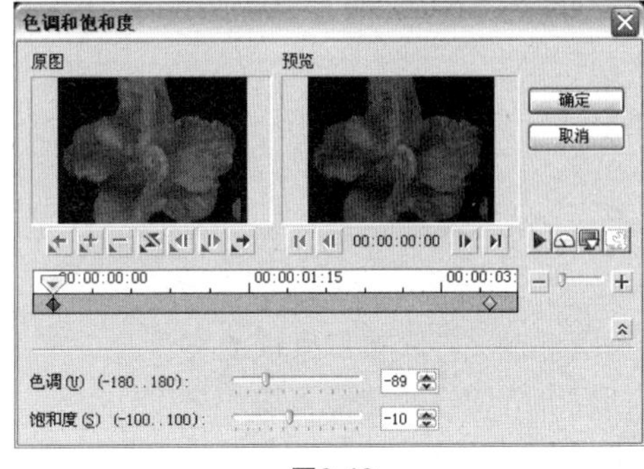

图6-40

【饱和度】选项：将色彩添加到图像域或从图像中删除色彩。向左拖动滑块可以将图像变为灰度图，向右拖动滑块图像的色彩将更加丰富。

6.5.8 马赛克滤镜

【马赛克】滤镜可以将图像分裂为多个像素块，并将每个像素块中像素色彩的平均值用作该像素块中所有像素的色彩，制作出马赛克效果。

将视频素材插入到时间轴中并选中，在【视频滤镜】素材库中选择【马赛克】滤镜，将其拖曳到时间轴的视频素材上。单击【预设】右侧的三角按钮，在弹出的下拉列表中选择预设类型，如图6-41所示。

图6-41

单击选项面板中的【自定义滤镜】按钮，弹出【马赛克】对话框，单击【显示/隐藏设置】按钮，展开参数设置面板，如图6-42所示。

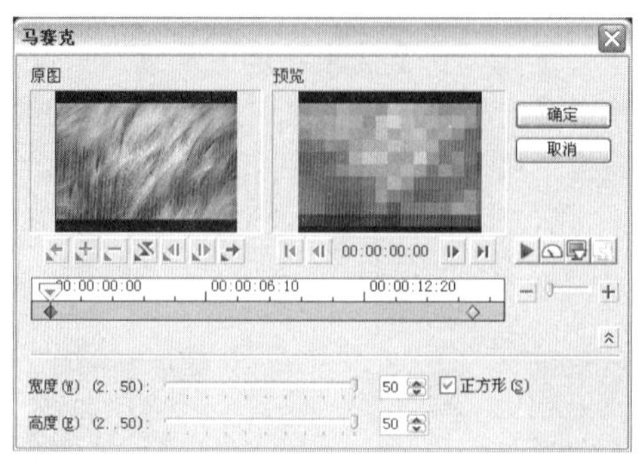

图6-42

【宽度】选项：设置像素块的宽度。
【高度】选项：设置像素块的高度。
【正方形】复选框：勾选此复选框，像素块形状呈正方形。

6.5.9 油画滤镜

【油画】滤镜通过丰富图像的色彩来模拟油画的外观效果。

将视频素材插入到时间轴中并选中，在【视频滤镜】素材库中选择【油画】滤镜，将其拖曳到时间轴的视频素材上。将视频素材插入到时间轴中并选中，单击【预设】右侧的三角按钮，在弹出的下拉列表中选择预设类型，如图6-43所示。

图6-43

单击选项面板中的【自定义滤镜】按钮，弹出【油画】对话框，单击【显示/隐藏设置】按钮，展开参数设置面板，如图6-44所示。

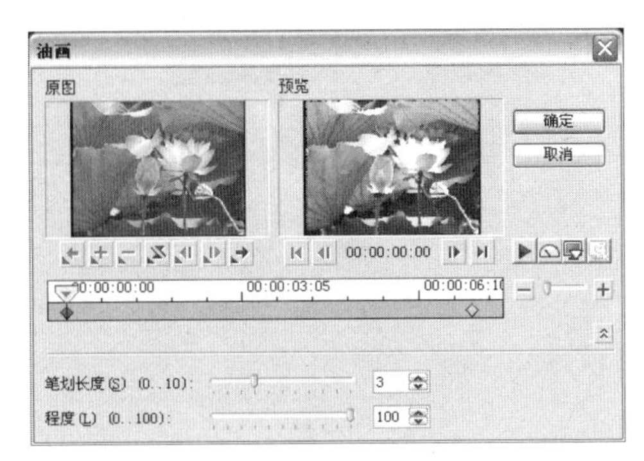

图6-44

【笔划长度】选项：设置笔划的细节，数值越高，笔划就越大。
【程度】选项：控制效果的阻光度，设置的程度越高，产生的效果就越明显。

6.5.10 老电影滤镜

【老电影】滤镜的特点是色彩单一，播放时会出现抖动，刮痕，光线变化也忽明忽暗。
将视频素材插入到时间轴中并选中，选择【视频滤镜】素材库中的【老电影】滤镜，将其拖曳到时间轴的视频素材上。将视频素材插入到时间轴中并选中，单击【预设】右侧的三角按钮，在弹出的下拉列表中选择预设类型，如图6-45所示。

图6-45

单击选项面板中的【自定义滤镜】按钮，弹出【老电影】对话框，单击【显示/隐藏设置】按钮，展开参数设置面板，如图6-46所示。

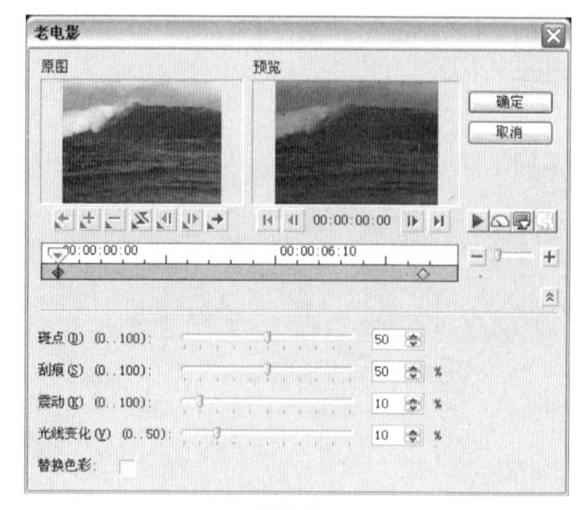

图6-46

【斑点】选项：设置在画面上出现的斑点的明显程度，数值越大斑点越多越明显。

【刮痕】选项：设置画面上出现的刮痕的数量，数值越大刮痕越多。

【震动】选项：设置画面的晃动程度。由于老电影在拍摄的时候技术不够成熟，所以镜头往往会有震动。数值越大画面抖动越厉害。

【光线变化】选项：设置画面上光线的明暗变化程度，数值越大明暗越明显。

【替换色彩】颜色块：单击此颜色块，在弹出的【友立色彩选取器】对话框中选择底色，这种颜色将成为影片的主色调，如图6-47所示，单击【确定】按钮，回到【老电影】对话框中，如图6-48所示。

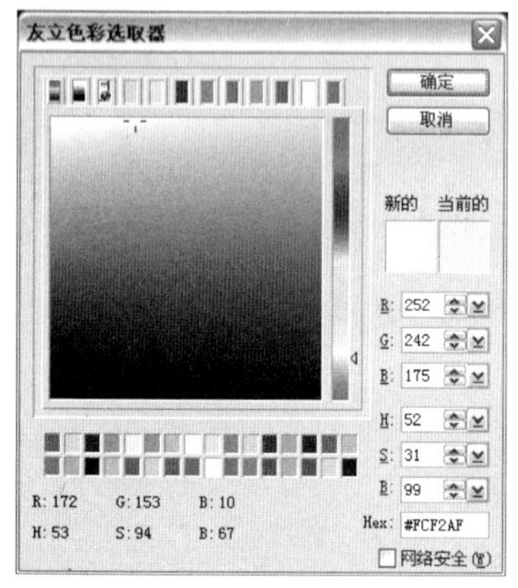

图6-47

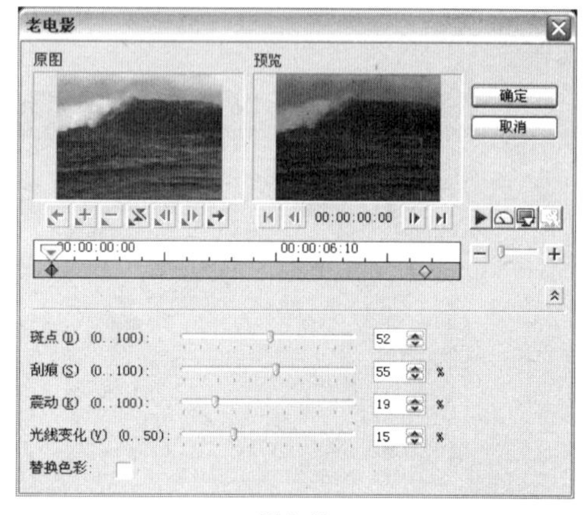

图6-48

6.6 制作下雨效果

源程序：Ch06/制作下雨效果/制作下雨效果.VSP

知识要点：使用视频滤镜中的雨点滤镜制作下雨效果。

6.6.1 添加视频素材

01 启动会声会影11，在启动面板中选择【会声会影编辑器】选项，如图6-49所示，进入会声会影程序主界面。

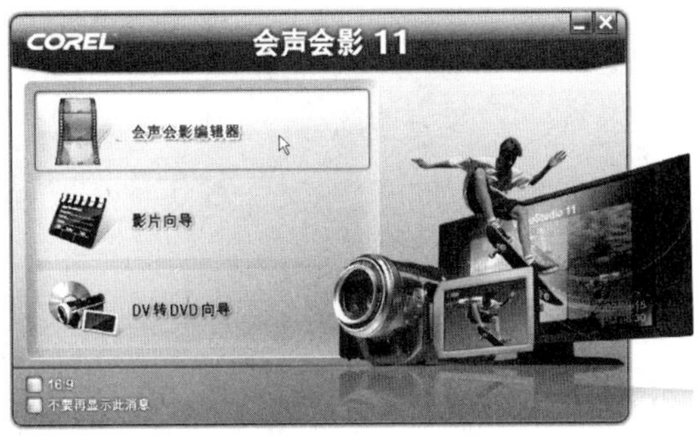

图6-49

02 执行菜单【文件】→【将媒体文件插入到时间轴】→【插入视频】命令，在弹出的【打开视频文件】对话框中选择光盘目录下“Ch06/制作下雨效果/稻田.mpg”文件，如图6-50所示，单击【打开】按钮，选中的视频素材被插入到故事板中，如图6-51所示。

图6-50

图6-51

6.6.2 添加雨点滤镜

01 将插入到时间轴中的素材选中，单击素材库中的【画廊】按钮，在弹出的列表中选择【视频滤镜】选项，在素材库中选择【雨点】滤镜，将其拖曳到故事板中的素材上，此时鼠标指针呈状，故事板中的素材将以反色状态显示，如图6-52所示。释放鼠标，视频滤镜被应用到素材上，效果如图6-53所示。

图6-52

图6-53

02 单击选项面板中的【自定义滤镜】按钮，弹出【雨点】对话框，将【长度】选项设为15，如图6-54所示。单击【高级】选项卡，切换至【高级】面板，将【风向】选项设为260，【湍流】选项设为2，【变化】选项设为5，如图6-55所示。

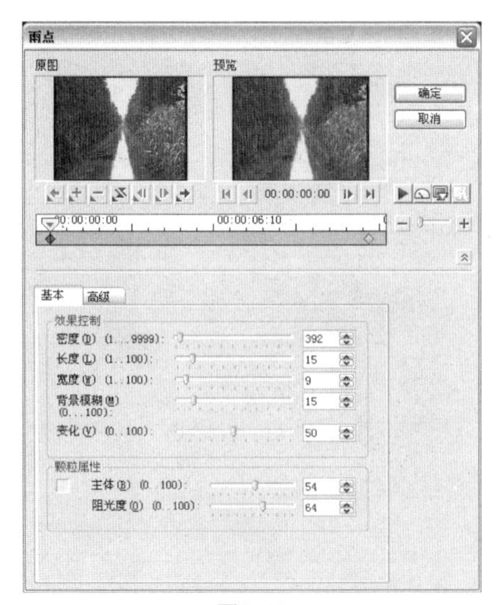

图6-54

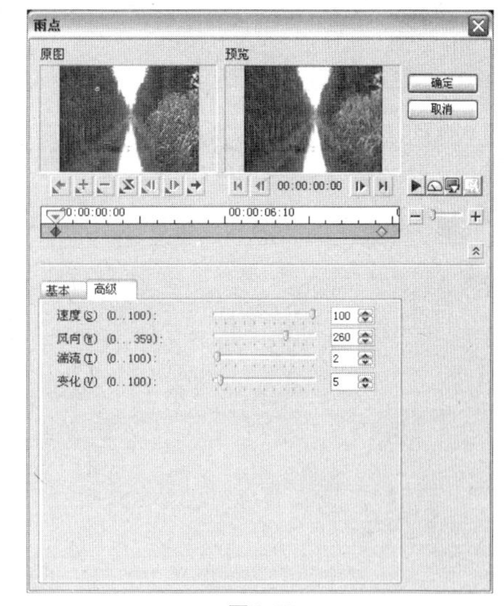

图6-55

03 单击【转到下一个关键帧】按钮，飞梭栏滑块移到下一个关键帧处，在【高级】面板中，将【风向】选项设为260，【湍流】选项设为2，【变化】选项设为5，如图6-56所示。单击【基本】选项卡，切换至基本面板，将【长度】选项设为15，如图6-57所示。

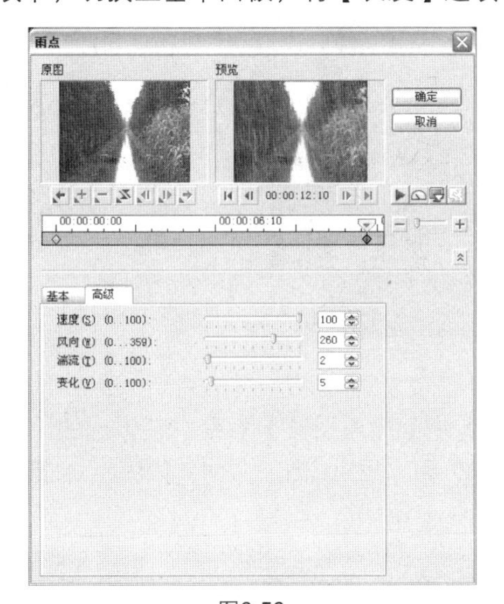

图6-56

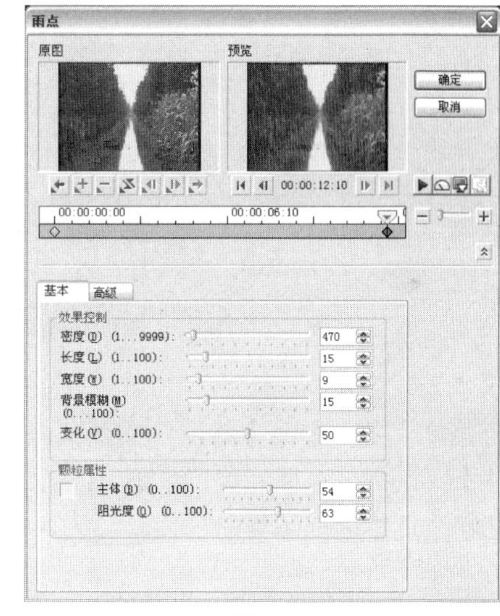

图6-57

04 单击【确定】按钮，在预览窗口中拖动飞梭栏滑块，查看雨点下落的效果，如图6-58所示。

图6-58

6.7 缩放动画效果

源程序：Ch06/制作缩放效果/制作缩放效果.VSP

知识要点：使用视频滤镜中的视频摇动和缩放滤镜制作缩放动画效果。

6.7.1 添加视频素材

01 启动会声会影11，在启动面板中选择【会声会影编辑器】选项，如图6-59所示，进入会声会影程序主界面。

图6-59

02 执行菜单【文件】→【将媒体文件插入到时间轴】→【插入视频】命令，在弹出的【打开视频文件】对话框中选择光盘目录下“Ch06/制作缩放效果/家居.mpg”文件，如图6-60所示，单击【打开】按钮，选中的视频素材被插入到故事板中，如图6-61所示。

图6-60

图6-61

6.7.2 制作视频缩放效果

01 将插入到时间轴中的素材选中，单击素材库中的【画廊】按钮，在弹出的列表中选择【视频滤镜】选项，在素材库中选择【视频摇动和缩放】滤镜，将其拖曳到故事板中的素材上，此时鼠标指针呈状，故事板中的素材将以反色状态显示，如图6-62所示。释放鼠标，视频滤镜被应用到素材上，效果如图6-63所示。

图6-62

图6-63

02 单击选项面板中的【自定义滤镜】按钮，弹出【视频摇动和缩放】对话框，将【缩放率】选项设为100，如图6-64所示。单击【转到下一个关键帧】按钮，移动到下一个关键帧，将【缩放率】选项设为180，拖动十字标记，改变聚焦的中心点，如图6-65所示。

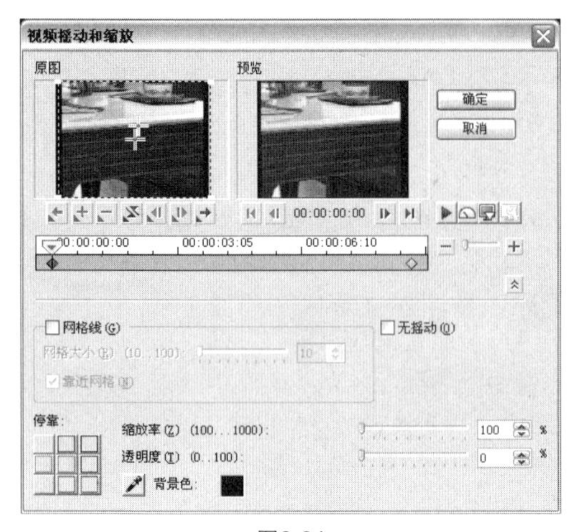

图6-64

图6-65

03 单击【确定】按钮，在预览窗口中拖动飞梭栏滑块，查看视频缩放效果，如图6-66所示。

图6-66

小结

本章全面介绍了会声会影11视频滤镜的添加、设置、删除等具体的操作方法。通过本章的学习，用户可以熟练掌握会声会影11视频滤镜的各种使用方法和技巧，并能够将视频滤镜效果合理地运用到制作的视频作品中。

Chapter 07

添加转场效果

一部影片是由众多不同场景构成的，如果直接衔接两个不同的场景，由于拍摄条件不同，常会给人十分生硬的感觉。在不同场景之间加入视频特效可以使它们之间的过渡变得自然而且生动有趣，这些视频特效便是转场效果。

7.1 转场的操作技巧

图像与视频片段之间如果直接切换，有的时候会显得生硬，插入转场过渡效果就会自然一些，会声会影11的转场效果非常丰富，完全可以满足用户的各种需求。有关添加转场效果的诸多技巧包括：添加转场的方式、自定义转场、替换转场、删除转场、修改转场效果属性等。

7.1.1 自定义转场

会声会影11提供了默认转场功能，当用户将素材添加到时间轴面板中时，会声会影将会自动在两段素材之间添加转场效果。使用预设的转场效果虽然方便，但约束太多，且不能很好地控制效果。在会声会影中可以快速地按照自已的意愿添加或删除预设的转场效果，从而优化影片的艺术效果。

执行菜单【文件】→【参数选择】命令或按快捷键【F6】，在弹出的【参数选择】对话框中选择【编辑】选项卡，勾选【使用默认转场效果】复选框，在【默认转场效果】选项的下拉列表中选择【随机】选项或其他选项，如图7-1所示。

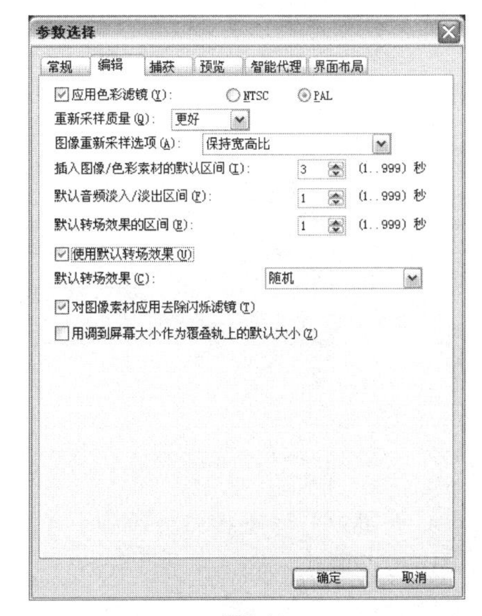

图7-1

完成设置后，单击【确定】按钮。这样在时间轴面板中添加素材时，程序就会自动在素材之间添加转场效果，如图7-2所示。

图7-2

7.1.2 选择和添加转场

在项目中添加转场效果与添加视频素材很相似，也可以将转场当作一种特殊的视频素材。

在时间轴上添加影片中需要的素材，这里的素材可以是图像，也可以是视频素材。单击步骤选项卡中的【效果】按钮，切换至效果面板。单击素材库中的【画廊】按钮，在弹出的列表中选择【三维】选项，此时可在【三维】转场素材库中查看转场效果，如图7-3所示。

图7-3

在素材库中单击鼠标选中一个转场略图，选中的转场将在预览窗口中显示出来，如图7-4所示。单击导览面板中的【播放】按钮，观看转场效果，预览窗口中的A和B分别代表转场效果所连接的两个素材，如图7-5所示。

图7-4

图7-5

将需要添加的转场效果拖曳到故事板上两个素材之间，即可完成添加转场工作，如图7-6所示。

图7-6

提 示

在插入转场效果时还可以双击要插入的转场效果，此效果即会插入到素材中一个没有转场的位置。

7.1.3 应用转场效果

将转场效果应用到整个项目是会声会影11新增的功能，包括【将随机效果应用于整个项目】和【将当前效果应用于整个项目】两种方式。

单击步骤选项卡中的【效果】按钮，切换至效果面板。在素材库中选择一种转场效果，单击【将转场效果应用于所有素材】按钮，弹出下拉列表，如图7-7所示。

图7-7

【将随机效果应用于整个项目】选项：执行该命令，程序将随机挑选转场效果，并应用到当前项目的素材之间，如图7-8所示。

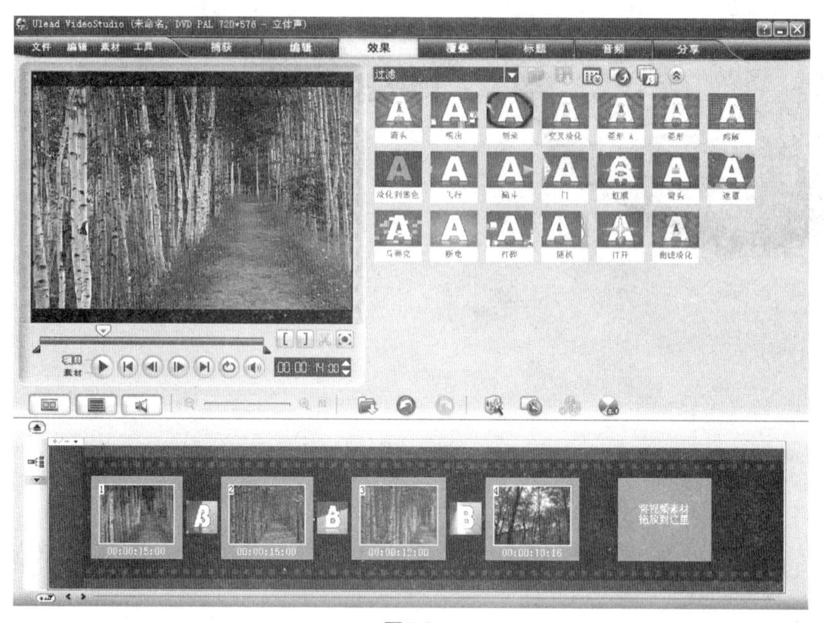

图7-8

【将当前效果应用于整个项目】选项：执行该命令，将把当前选中的转场效果应用到当前项目的素材之间，如图7-9所示。

提示

如果当前项目已经应用了转场效果，会弹出如图7-10所示的提示对话框。单击【是】按钮，将用随机转场或者指定的转场替换原先的转场效果；单击【否】按钮，则保留原先的转场效果，并在其他素材之间添加转场；单击【取消】按钮，则取消本次操作。

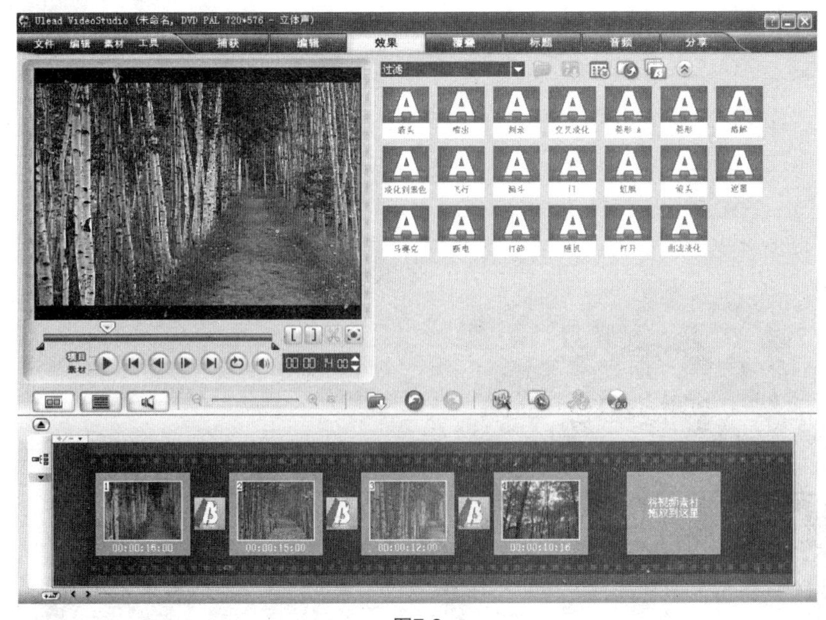

图7-9

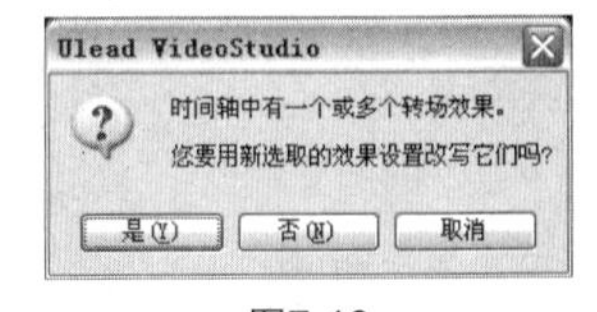

图7-10

7.1.4 修改转场效果的属性

如果在视频素材中添加了多个转扬效果，要修改其中一个转场效果，首先需要在视频轨上单击鼠标选择这个转场略图，同时在选项面板中将显示当前转场效果可以调整的参数，如图7-11所示。

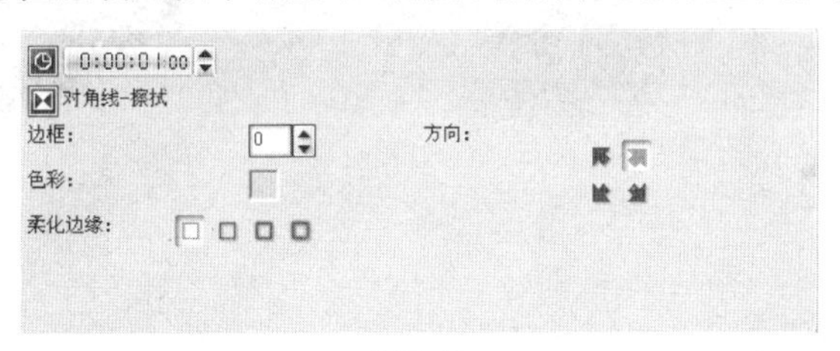

图7-11

【区间】选项：从左到右依次为“时:分:秒:帧”，用来设置选定转场的持续时间。

【边框】选项：设置转场效果的边框宽度，范围是0～10。

【色彩】选项：设置转场效果边框或两侧的色彩，单击右侧的颜色方块，在弹出的菜单中选择颜色。

【柔化边缘】按钮组：按下相应的按钮，可以指定转场效果和素材的融合程度。柔化边缘使转场效果不明显，从而在素材之间创建平滑的过渡，效果如图7-12所示。

图7-12

【方向】按钮组：按下相应的按钮，可以指定转场的方向，不同转场的方向选项不同，如图7-13所示。

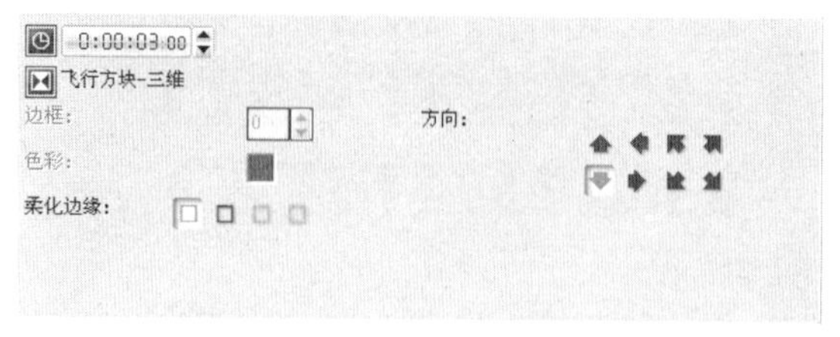

图7-13

【自定义】按钮：可以自定义转场效果。此选项仅出现在某些转场的选项面板中。

7.1.5 替换和删除转场

1. 替换转场

在素材库中选择需要的转场效果，如图7-14所示，将其拖曳到故事板中要更换的转场上，如图7-15所示。释放鼠标，指定的转场替换原先的转场效果，如图7-16所示。

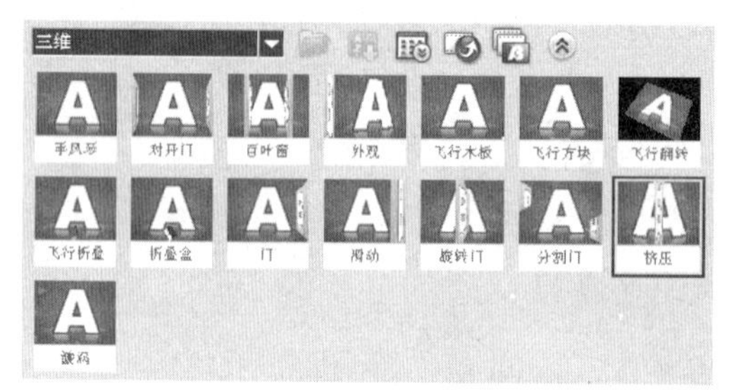

图7-14

图7-15

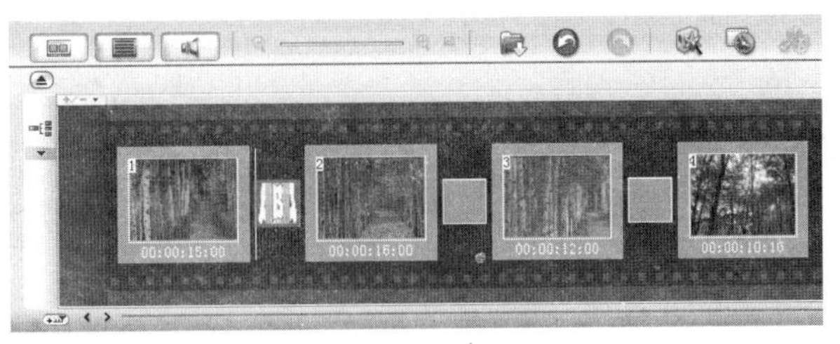

图7-16

●● 2. 删除转场

选中故事板中的转场略图，单击鼠标右键，在弹出的菜单中执行【删除】命令或按【Delete】键，如图7-17所示，删除选中的转场略图，效果如图7-18所示。

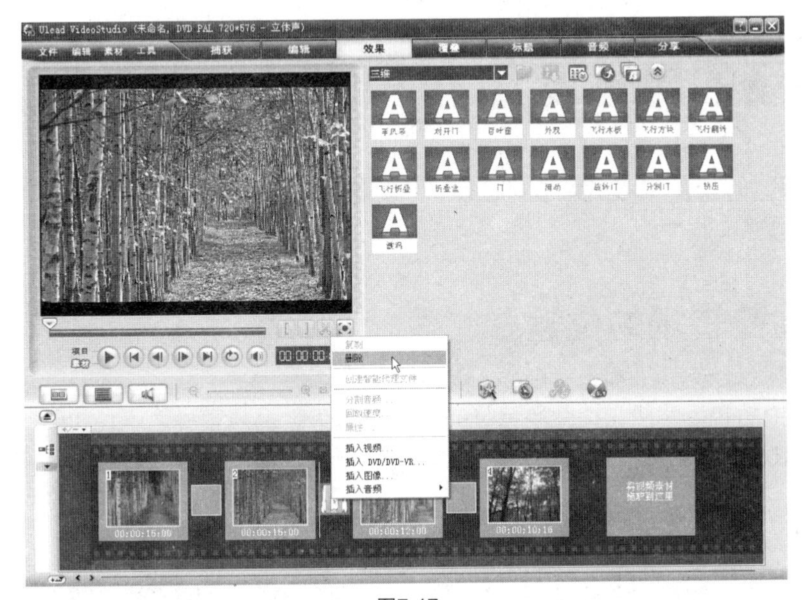

图7-17

图7-18

提 示

如果移动或删除某个视频素材，将弹出如图7-19所示的提示对话框，单击【是】按钮，选中的素材和与之相邻的转场将同时被删除。

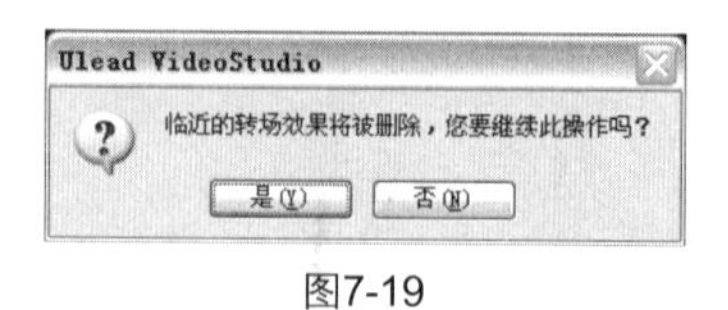

图7-19

7.2 转场的属性设置

为素材之间添加转场并调整转场效果之后，还可以对转场效果的部分属性进行进一步的设置，从而制作出丰富的视觉效果。

7.2.1 调整转场的位置

选中故事板中的转场略图，按住鼠标将其拖曳到另两段视频素材之间，如图7-20所示。释放鼠标，选中的转场效果被移动到指定的位置，效果如图7-21所示。

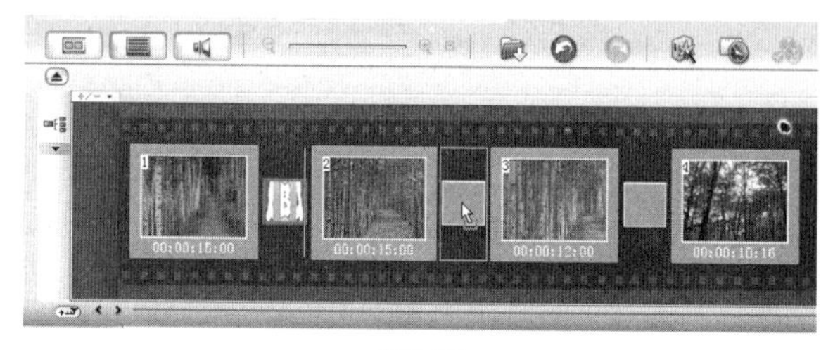

图7-20

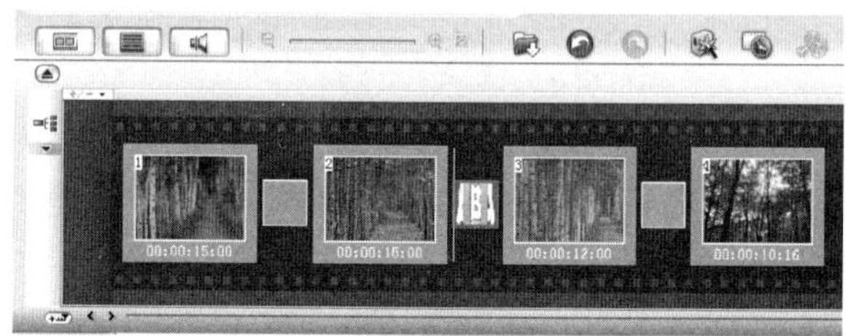

图7-21

7.2.2 设置转场效果持续时间

转场默认时间的长度为1秒，可以根据需要改变转场的播放时间。调整转场效果播放时间的操作方法有3种，分别为【调整时间码】、【拖动黄色标记】和【设置转场效果的默认时间】。

1. 调整时间码

在故事板中选择需要调整时间的转场效果，在选项面板的【区间】中调整时间码，如图7-22所示。

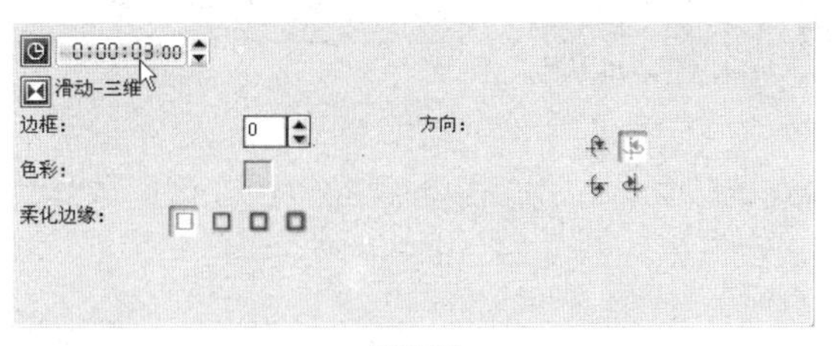

图7-22

2. 拖动黄色标记

单击【时间轴】面板中的【时间轴视图】按钮，切换到时间轴视图。选中转场，将鼠标指针置于转场的左或右边缘，当鼠标指针变为双向箭头或时，单击鼠标向左或向右拖曳，改变转场的播放时间，如图7-23所示。释放鼠标，效果如图7-24所示。

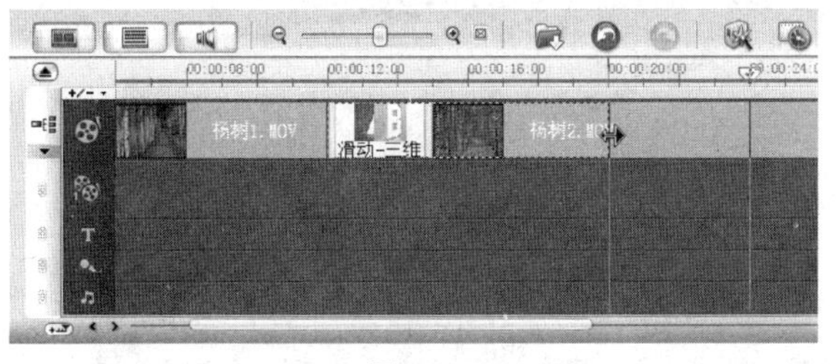

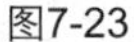
图7-23

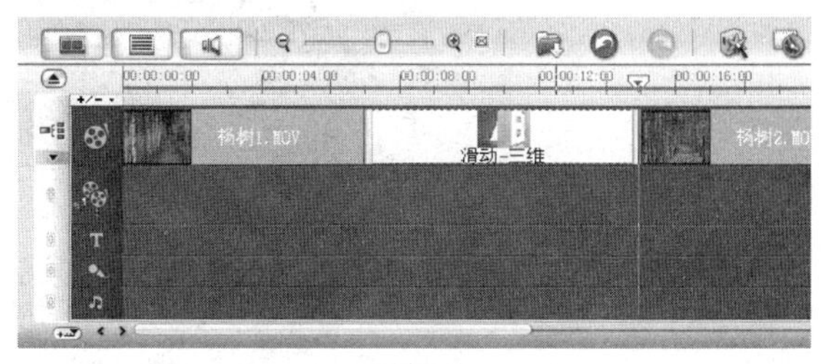

图7-24

3. 设置转场效果的默认时间

执行菜单【文件】→【参数选择】命令或按快捷键【F6】，在弹出的【参数选择】对话框中选择【编辑】选项卡，在【默认转场效果的区间】选项右侧自定义转场时间，如图7-25所示，单击【确定】按钮，即可更改默认转场效果的播放时间。

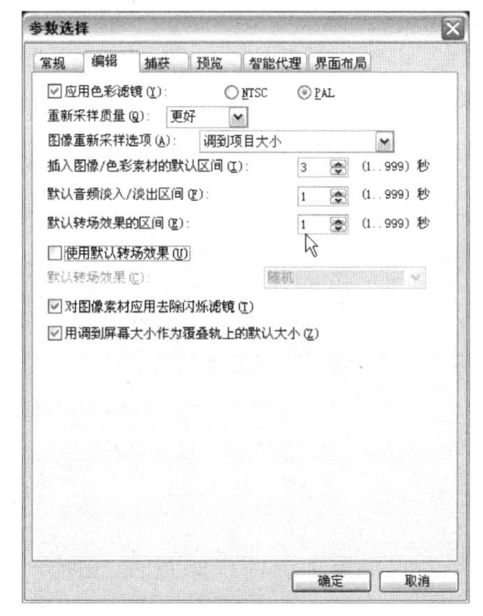

图7-25

■ 7.2.3 添加单色画面过渡

单色屏幕过渡是一种特殊的转场，常用来划分视频片段，起间歇作用，让观众有想象的空间，这些单色画面常常伴随着文字出现在影片的开头、中间和结尾。

1. 自定义单色素材

将视频素材添加到时间轴面板中，单击素材库中的【画廊】按钮▼，在弹出的列表中选择【色彩】选项，如图7-26所示。

图7-26

单击【色彩】素材库中的【加载色彩】按钮，如图7-27所示，在弹出的【新建色彩素材】对话框中单击【色彩】右侧的颜色方块，如图7-28所示。

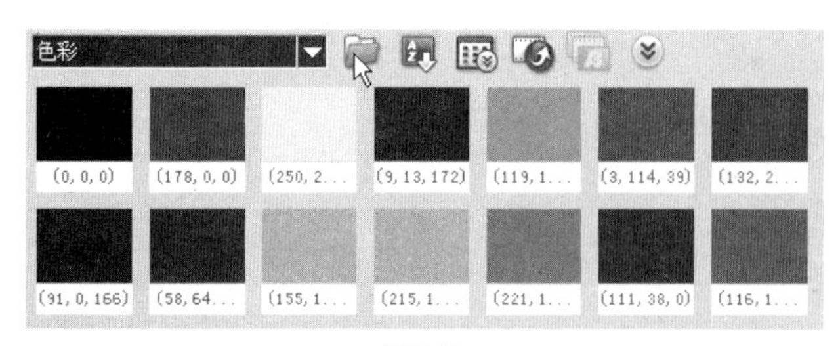

图7-27

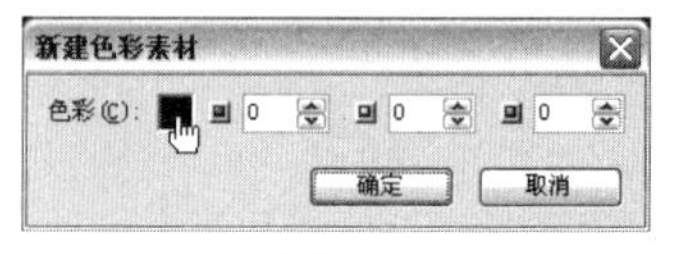

图7-28

在弹出的面板中选择【友立色彩选取器】选项，如图7-29所示，在弹出的【友立色彩选取器】对话框中进行设置，如图7-30所示。

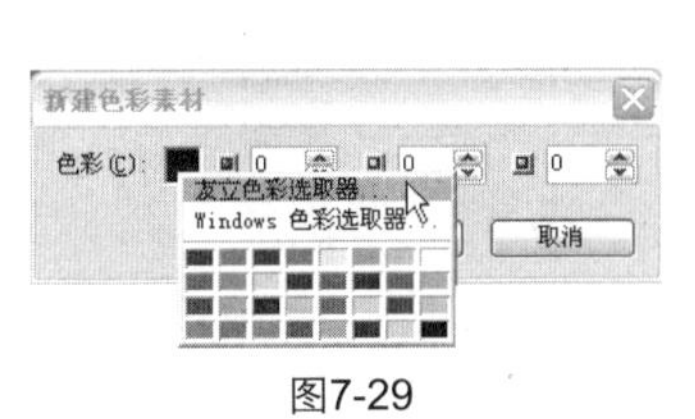

图7-29

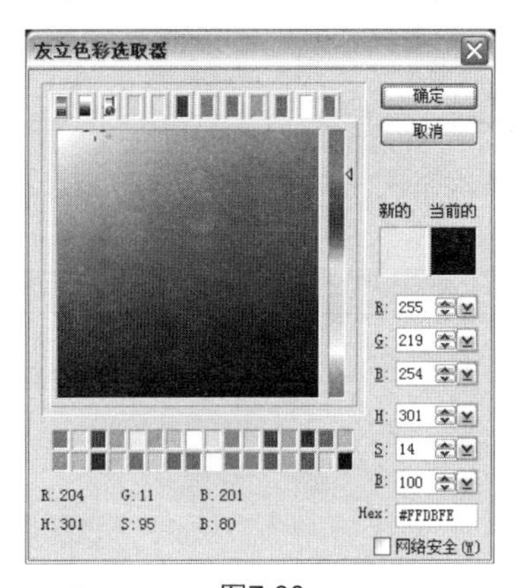

图7-30

单击【确定】按钮，回到【新建色彩素材】对话框中，如图7-31所示，单击【确定】按钮，定义的颜色被添加到素材库中，效果如图7-32所示。

图7-31

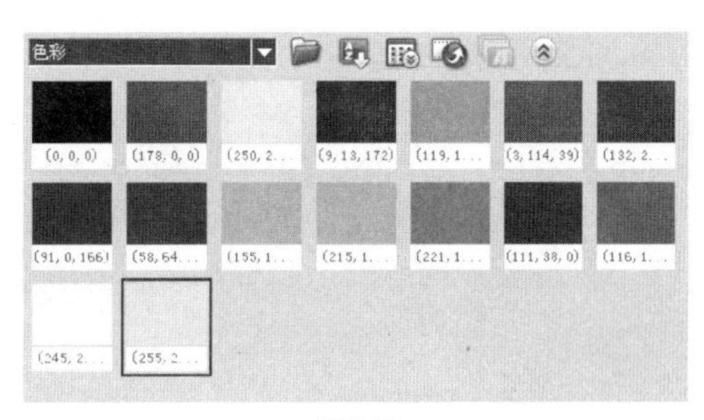

图7-32

拖曳素材库中新添加的色彩到故事板中，如图7-33所示。释放鼠标，单色素材被添加到故事板中，效果如图7-34所示。

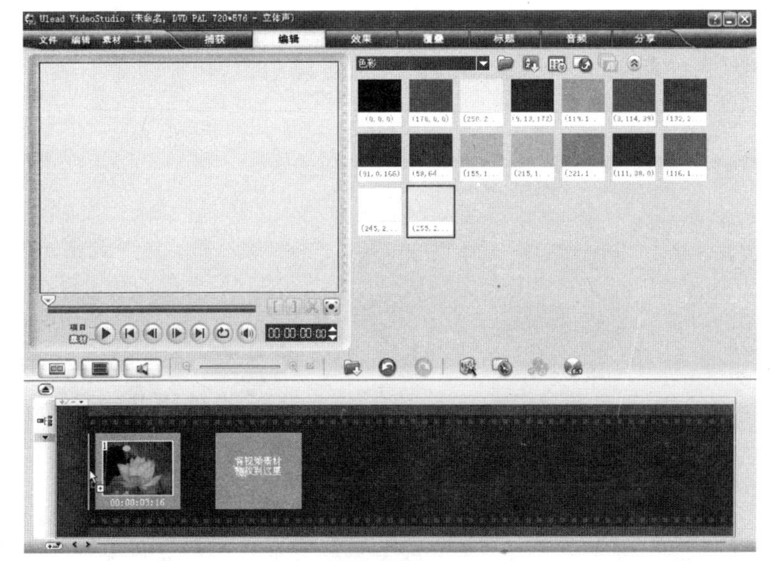

图7-33

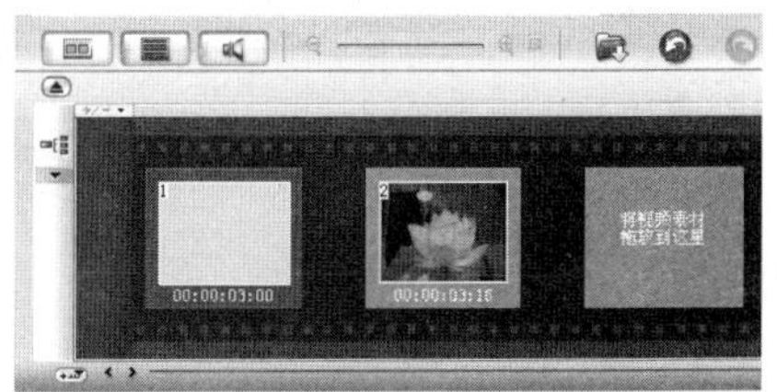

图7-34

2. 添加黑屏过渡效果

单击步骤选项卡中的【效果】按钮 效果 ，切换至效果面板，单击素材库中的【画廊】按钮▼，在弹出的列表中选择【过滤】选项，如图7-35所示。

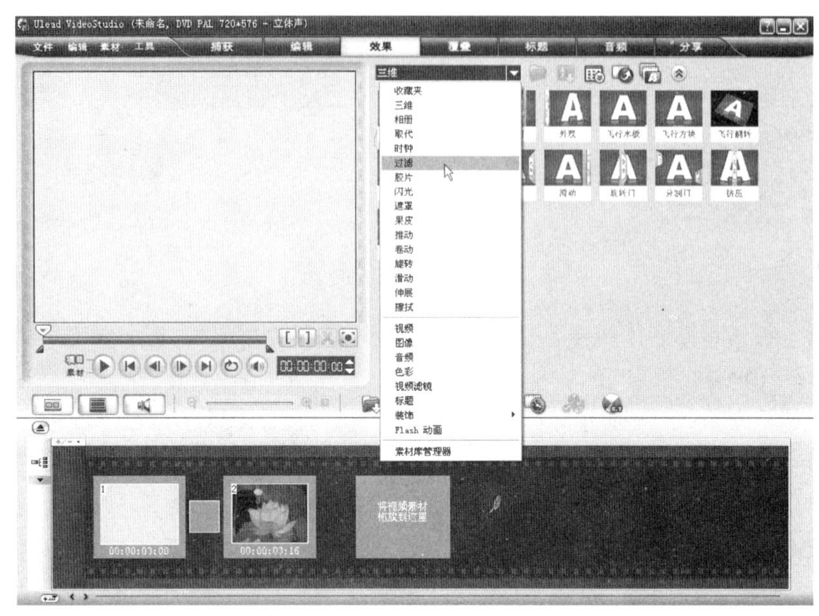

图7-35

选择素材库中的【交叉淡化】转场，将其拖曳到粉色素材和视频素材之间，如图7-36所示。释放鼠标，效果如图7-37所示。

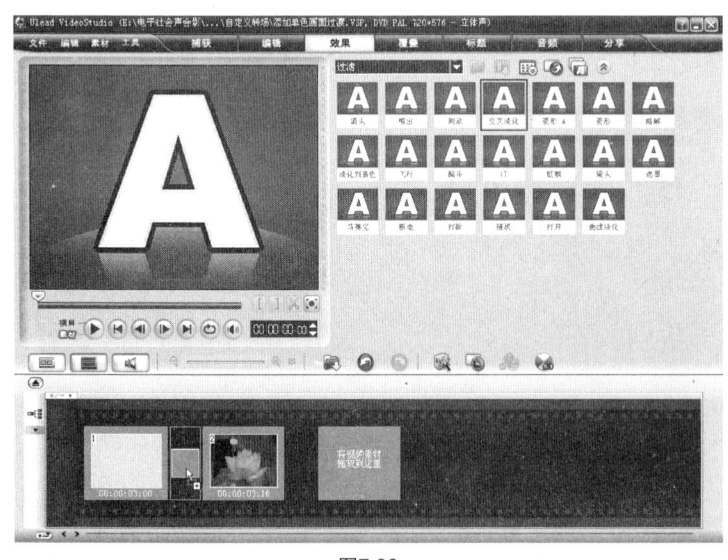

图7-36

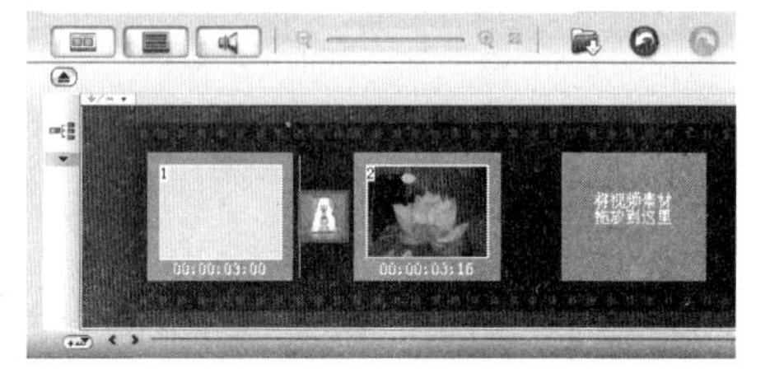

图7-37

添加完成后，单击导览面板中的【播放】按钮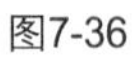，可以看到粉色素材和视频的过渡效果，如图7-38所示。

图7-38

7.3 常用的转场特效

在会声会影11中，转场效果的种类繁多，某些转场效果独具特色，可以为影片添加非凡的视觉效果。

7.3.1 收藏夹转场

收藏夹转场是会声会影11新增的一个非常方便的功能，由于会声会影提供了上百种转场效果，而每个人出于习惯，常用的转场效果的数量是有限的。使用收藏夹转场，可将常用转场置于收藏夹转场中，方便频繁使用。收藏转场很简单，在常用转场效果的略图上单击鼠标右键，在弹出的菜单中执行【添加到收藏夹】命令，就可以将选择的转场添加到收藏夹中，如图7–39所示。

在收藏夹中选择一种要使用的转场效果，单击鼠标右键，在弹出的菜单中执行【将当前效果应用于整个项目】命令，如图7–40所示，就可以将选中的转场效果应用到当前项目的素材之间。

图7-39

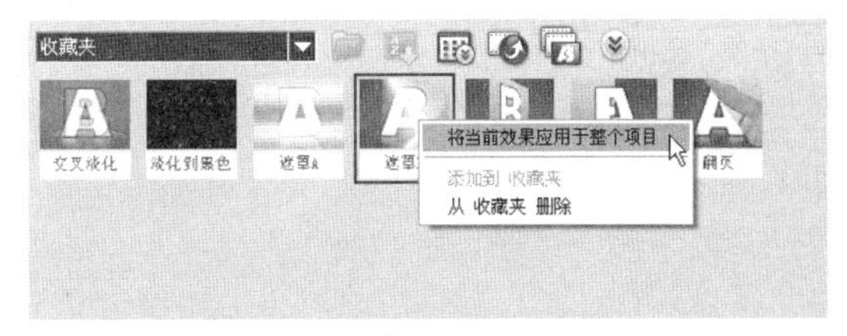

图7-40

7.3.2 三维转场

【三维】转场包括手风琴、对开门、百叶窗和外观等15种转场类型，如图7–41所示。这类转场的特征是将素材A转换为一个三维对象，然后融合到素材B中。

在素材之间添加【三维】转场效果后，单击视频轨上的转场，通过选项面板可以进一步修改转场属性。【三维】转场的典型设置如图7-42所示。在选项面板中参数的设置方法参照7.1.4节中的相关内容。

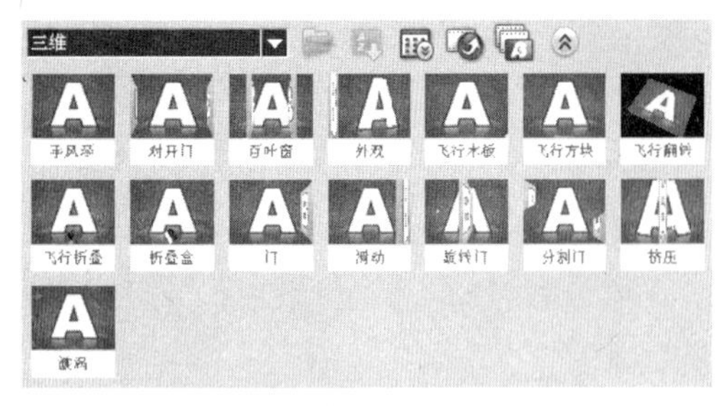

图7-41

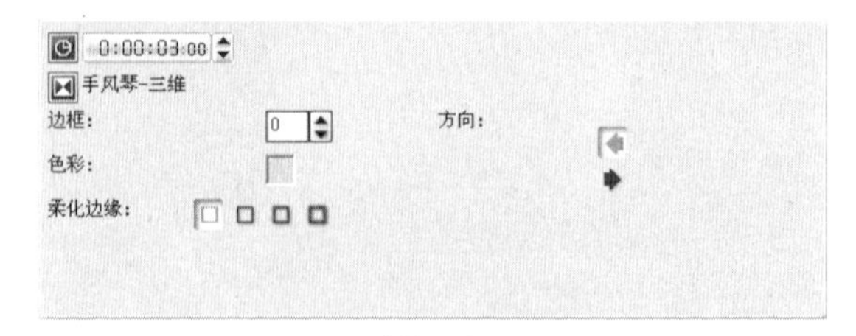

图7-42

在【三维】转场中，【旋涡】转场具有特别的参数设置，在素材之间应用【旋涡】转场后，素材A将爆炸碎裂，然后融合到素材B中，如图7-43所示。

图7-43

【旋涡】转场的选项面板如图7-44所示，单击选项面板中的【自定义】按钮，弹出【旋涡-三维】对话框，如图7-45所示。

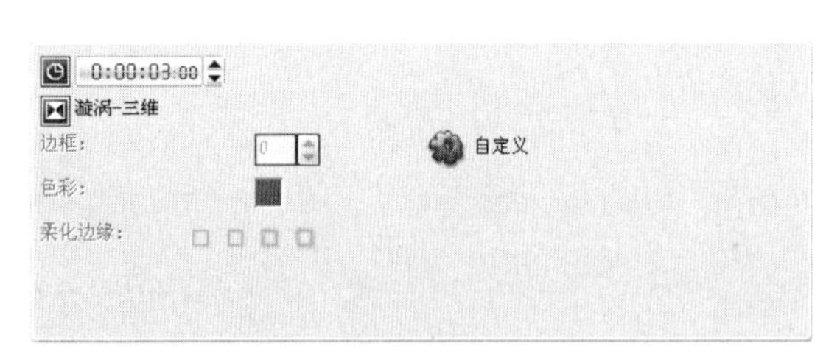

图7-44

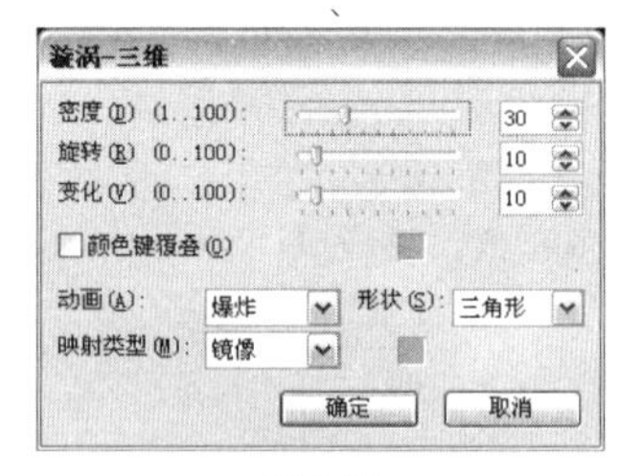

图7-45

【密度】选项：设置碎裂板块的数量，数值越大，碎裂板块越多。

【旋转】选项：设置碎裂板块的旋转次数，数值越大，板块旋转的次数越多。

【变化】选项：设置碎裂板块的变化程度，数值越大，变化越大。

【颜色键覆叠】复选框：勾选此复选框，然后单击右侧的颜色方块，将弹出如图7-46所示的对话框。在略图上单击鼠标，可以汲取需要透空的区域色彩；也可以单击【选取图像色彩】右侧的颜色方块，指定透空色彩。【遮罩色彩】用于在略图上显示透空区域的颜色；【色彩相似度】用于控制指定的透空色彩的范围。设置完成后，单击【确定】按钮，可以使指定的透空色彩区域透出素材B相应区域的颜色。

图7-46

【动画】选项：设置碎裂板块的动画方式，包含【爆炸】、【扭曲】和【上升】3个选项。

【形状】选项：设置碎裂板块的形状，提供了【三角形】、【矩形】、【球形】和【点】4种不同的类型。

【映射类型】选项：设置板块的映射为一定颜色，包含【镜像】和【自定义】两个选项。选择【镜像】选项，映射颜色为首段视频的主色调；选择【自定义】选项，在右侧颜色方块中选择颜色进行映射。

7.3.3 相册转场

【相册】转场提供了类似相册翻动的场景切换效果，不仅可以应用在视频场景中，在创建静态图片组成的电子相册时更可显示相册转场的独到之处。

在【翻转–相册】对话框中允许用户设置页面的布局、封面和背景，甚至自定义效果，如图7–47所示。

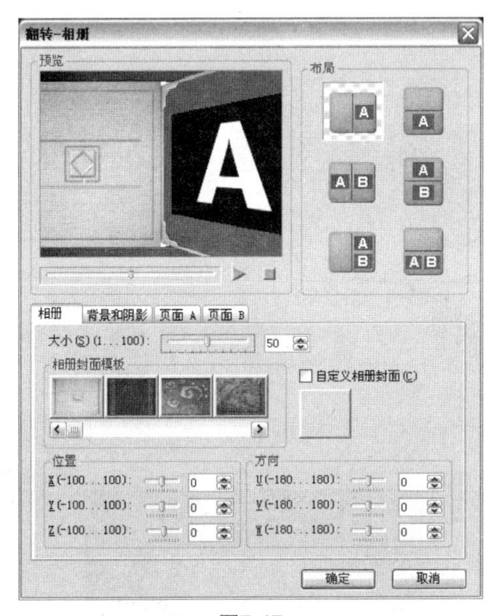

图7-47

【预览】窗口：随时对转场效果进行预览。

【布局】选项：设置切换的两个场景在相册转场中的位置，进而形成不同的转场画面。

【相册】选项卡：设置相册的大小，位置和方向等参数。如果要改变相册封面，可以从【相册封面模板】选项区域中选取一个预设的略图，或者勾选【自定义相册封面】复选框，然后导入需要的封面图像。

【背景阴影】选项卡：可以定义相册背景或给相册添加阴影效果，如图7-48所示。如果要修改相册的背景，可以在【背景模板】选项区域中选取一个预设略图，或者勾选【自定义模板】复选框，然后导入需要的背景图像。

勾选【阴影】复选框，可以添加阴影。调整【X-偏移量】和【Y-偏移量】对话框中的数值，可以设置阴影的位置。增大【柔化边缘】对话框中的数值，可使阴影效果变得柔和。

【页面A】选项卡：在参数设置区中设置相册第一页的属性，如图7-49所示。如果要修改此页面上的图像，在【相册页面模板】选项区域中选取一个预设的略图，或者勾选【自定义相册页面】复选框，然后导入需要的图像。

要调整此页面上素材的大小和位置，则分别拖动【大小】、【X】和【Y】右侧的滑块改变数值即可。

【页面B】选项卡：设置相册第二页的属性。设置方法同“页面A”。

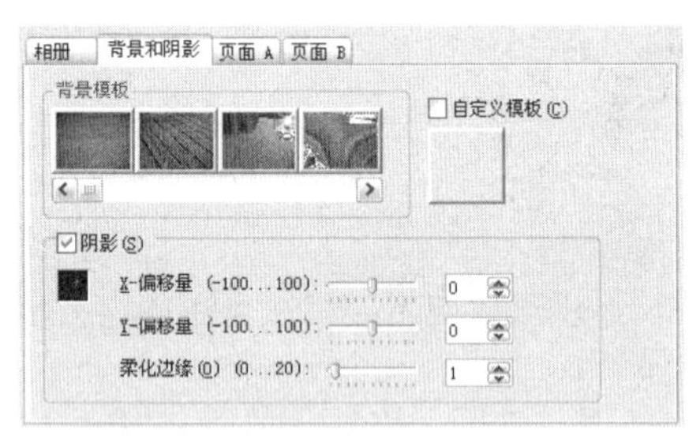

图7-48

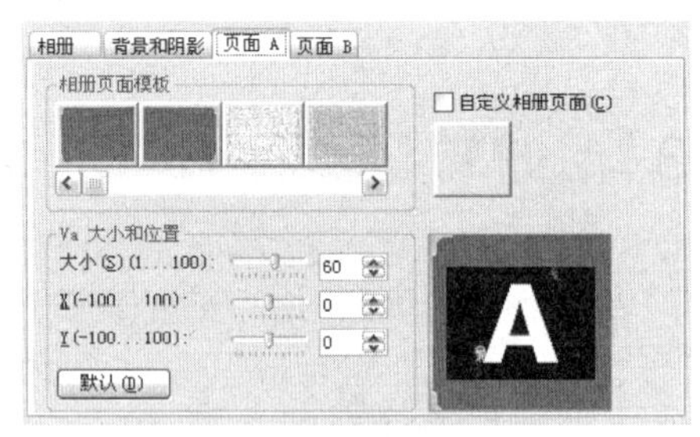

图7-49

7.3.4 取代转场

【取代】转场包括棋盘、对角线和盘旋等5种转场类型，如图7-50所示。这类转场的特征是素材A以棋盘、对角线、盘旋的方式逐渐被素材B取代，如图7-51至图7-53所示。

图7-50

图7-51

图7-52

图7-53

在素材之间添加【取代】转场效果后，单击视频轨上的转场，通过选项面板可以进一步修改属性。【取代】转场的典型设置与【三维】转场类似，在选项面板中参数设置的方法可参照7.1.4节中的相关内容。

7.3.5 时钟转场

【时钟】转场包括7种转场类型，如图7-54所示。这类转场的特征是素材A以时钟转动的方式逐渐被素材B取代。

图7-54

在素材之间添加【时钟】转场效果后，单击视频轨上的转场，通过选项面板可以进一步修改转场属性，效果如图7-55所示。【时钟】转场的选项面板上只能设置【边框】、【色彩】和【柔化边缘】3项，具体调整方法参照7.1.4节中的相关内容。

图7-55

7.3.6 过滤转场

【过滤】转场包括20种转场类型，如图7-56所示。【过滤】转场是影片中经常应用的重要转场类型。

在【过滤】转场中，【箭头】、【喷出】、【刻录】、【淡化到黑】等多种类型都没有可调整的参数；【门】、【虹膜】、【镜头】等类型的参数设置与【三维】转场类似，在选项面板中参数设置的方法可参照7.1.4节中的相关内容。

在【过滤】转场中，【遮罩】转场是一个独特的类型，它可以将不同形状的图案或对象作为过滤透空的模板，应用到场景中，如图7-57所示。还可以选择预设的遮罩或导入BMP文件，并将它用作转场的遮罩。

图7-56

图7-57

【遮罩】转场的选项面板如图7-58所示。在选项面板的【遮罩预览】中显示当前所使用的遮罩效果。单击【打开遮罩】按钮，会弹出【打开】对话框，如图7-59所示。

图7-58

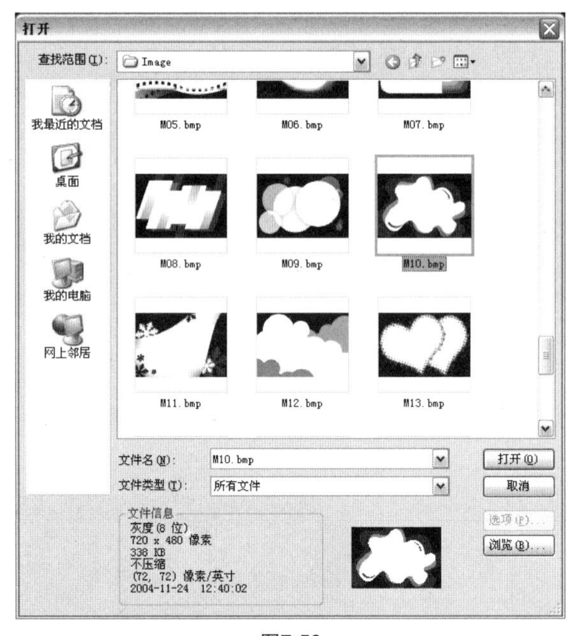

图7-59

在默认的安装路径“C：\ Program Files\ Ulead Systems\ Ulead VideoStudio 11\ Samples\ Image”中为用户提供了多种类型的遮罩，还可以使用任意BMP格式的图像作为遮罩，也可以在Photoshop等图像编辑软件中自制遮罩。

提示

【遮罩】转场中，遮罩黑色的区域表示素材B的区域，遮罩白色的区域表示保留素材A的区域。

在【打开】对话框中选择一个新的遮罩后，单击【打开】按钮，即可将其应用到【遮罩】转场中，在选项面板中可以查看它的略图效果，如图7-60所示。单击【播放】按钮，查看新的遮罩效果，如图7-61所示。

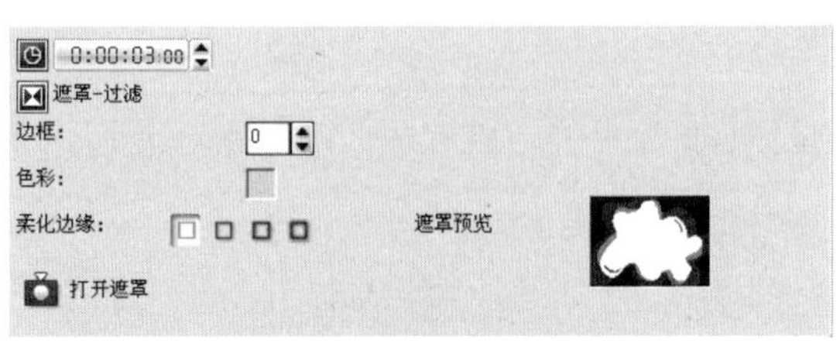

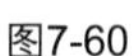
图7-60

图7-61

7.3.7 胶片转场

【胶片】转场包括横条、对开门和交叉等13种转场类型，如图7-62所示。这类转场的特征是素材A以对开门、横条等方式逐渐被素材B取代，但素材A是以翻页或卷动的方式运动。

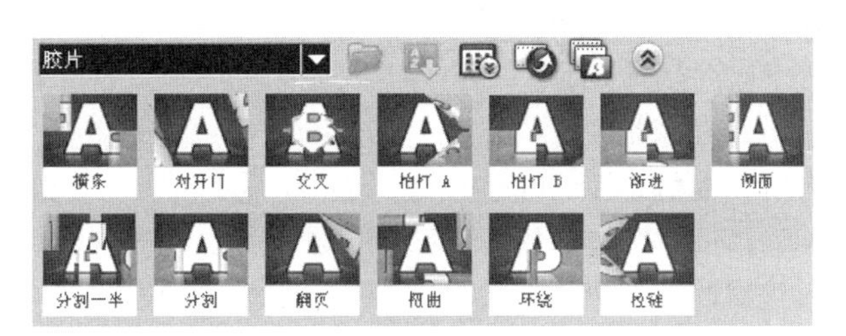

图7-62

【胶片】转场没有特殊的参数设置，在选项面板中的参数设置方法可参照7.1.4节中的相关内容。在【胶片】转场中，常用的包括交叉、翻页和对开门转场效果，如图7-63至图7-65所示。

图7-63

图7-64

图7-65

7.3.8 闪光转场

【闪光】转场是一种重要的转场类型，它可以添加融合到场景中的灯光，创建梦幻般的画面效果。【闪光】转场包括14种类型，如图7-66所示。

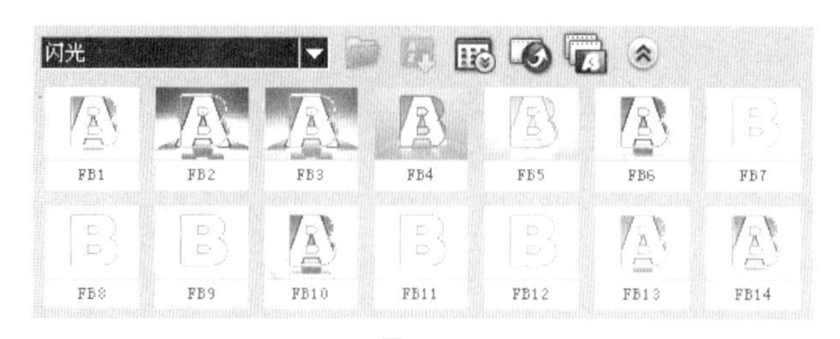

图7-66

【闪光】转场的选项面板如图7-67所示。单击选项面板中的【自定义】按钮，弹出【闪光-闪光】对话框，如图7-68所示。

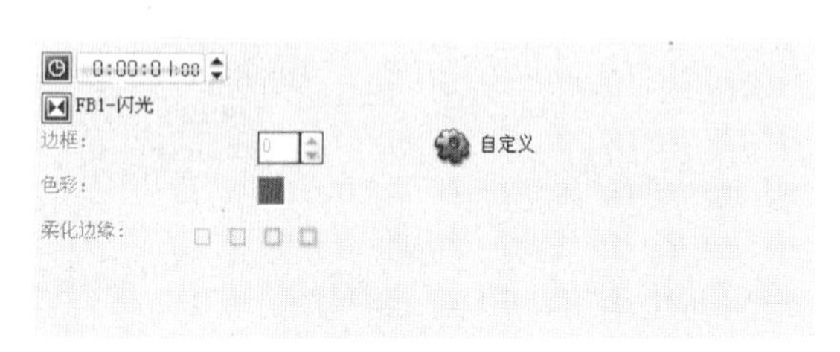

图7-67

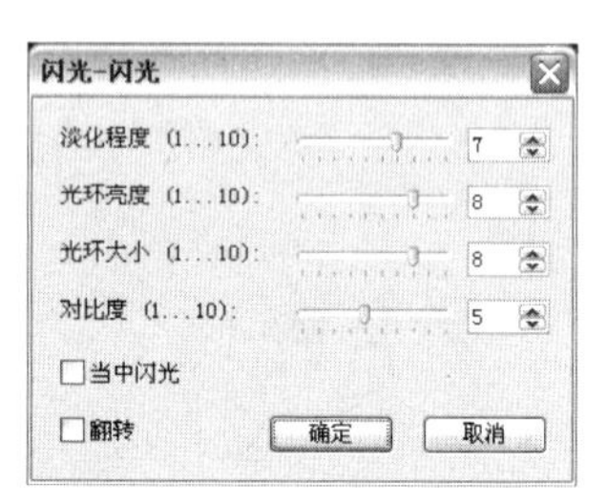

图7-68

【淡化程度】选项：设置遮罩柔化边缘的厚度。
【光环亮度】选项：设置灯光的强度。
【光环大小】选项：设置灯光覆盖区域的大小。
【对比度】选项：设置两个素材之间的色彩对比度。
【当中闪光】复选框：勾选该复选框，将为溶解遮罩添加一个灯光。
【翻转】复选框：勾选该复选框，将翻转遮罩的效果。

7.3.9 遮罩转场

【遮罩】转场可以将不同的图案或对象做为遮罩应用到转场效果中。可以选择预设的遮罩或导入BMP文件，并将它用作转场的遮罩。【遮罩】转场包括42种不同的预设类型，如图7-69所示。

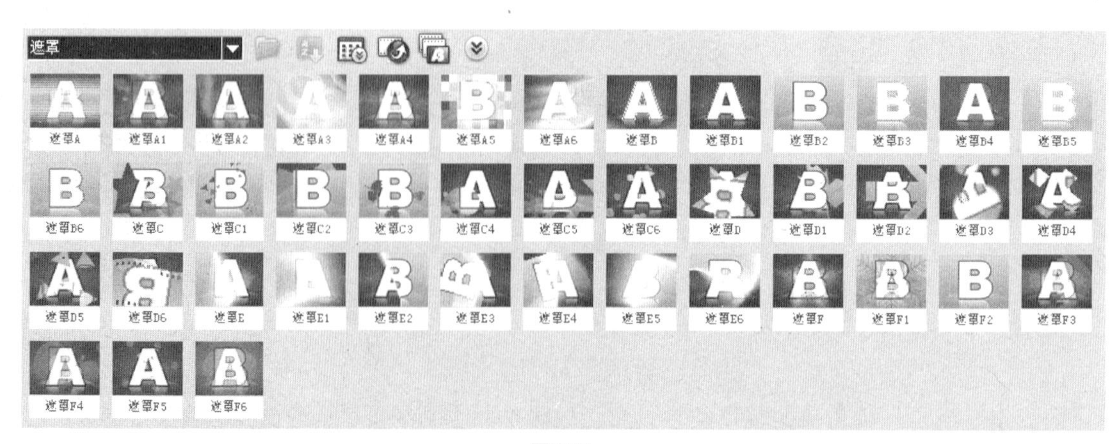

图7-69

【遮罩】转场与【过滤】转场中的【遮罩】区别在于：在【遮罩】转场中，遮罩会沿着一定的路径运动；而【过滤】转场中的【遮罩】仅仅是透过遮罩简单地取代。

【遮罩】转场的选项面板如图7–70所示。单击选项面板中的【自定义】按钮，弹出如图7–71所示的对话框。

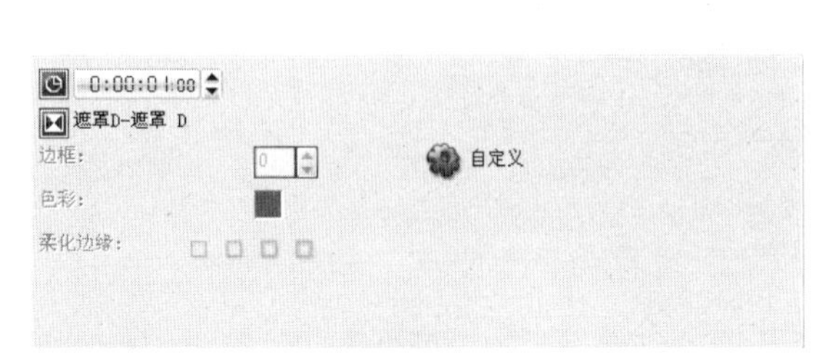

图7-70

图7-71

【遮罩】选项：选择用作遮罩的预设模板。

【当前】选项：单击略图将打开一个对话框，在对话框中可选择用作转场遮罩的BMP文件。

【路径】选项：选择转场期间遮罩移动的方式，包括波动、弹跳、对角、飞向上方、飞向右边、滑动、缩小和漩涡等多种不同的类型。

【X/Y–颠倒】复选框：设置遮罩路径的方向。

【同步素材】复选框：将素材的动画与遮罩的动画相匹配。

【翻转】复选框：翻转遮罩的路径方向。

【旋转】选项：指定遮罩旋转的角度。

【淡化程度】选项：设置遮罩柔化边缘的厚度。

【大小】复选框：设置遮罩的大小。

7.3.10 果皮转场

【果皮】转场与【胶片】转场类似，包括对开门、交叉等6种转场类型，如图7–72所示。它与【胶片】转场的区别在于，【胶片】转场的翻卷部分使用素材的映射图案，而【果皮】转场则使用色彩填充翻卷部分，效果如图7–73所示。

图7-72

图7-73

【果皮】转场没有特殊的参数设置，在选项面板中的参数设置方法可参照7.1.4节中的相关内容，但在选项面板中可以自定义卷动区域的色彩。

7.3.11 滑动转场

【滑动】转场包括对开门、横条和交叉等7种转场类型，如图7-74所示。这种转场特征类似于【取代】转场，是素材A以滑行运动的方式被素材B取代。

图7-74

【滑动】转场没有特殊的参数设置，在选项面板中的参数设置方法可参照7.1.4节中的相关内容。

7.3.12 擦拭转场

【擦拭】转场包括箭头、对开门和横条等19种类型，如图7-75所示。这类转场的特征类似于【取代】转场，是素材A以所选择的方式被素材B取代。区别在于在素材B出现的区域素材A将以擦拭的方式被清除。其中，较为独特的有【流动】、【搅拌】、【百叶窗】和【网孔】类型，如图7-76至图7-79所示。

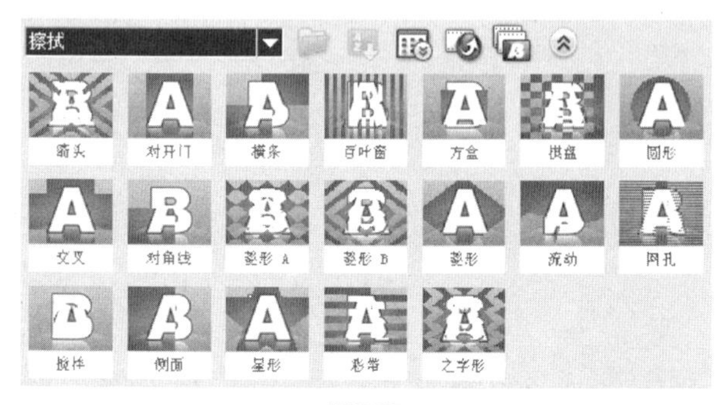

图7-75

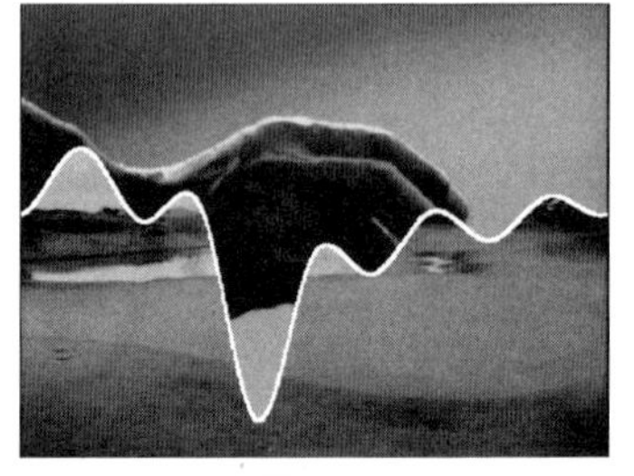

图7-76

图7-77

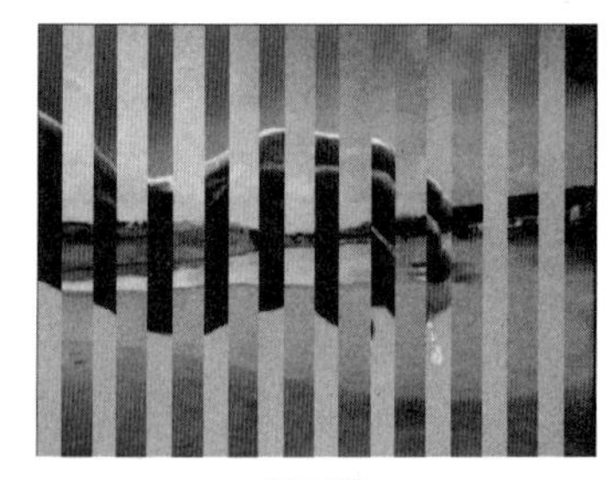

图7-78

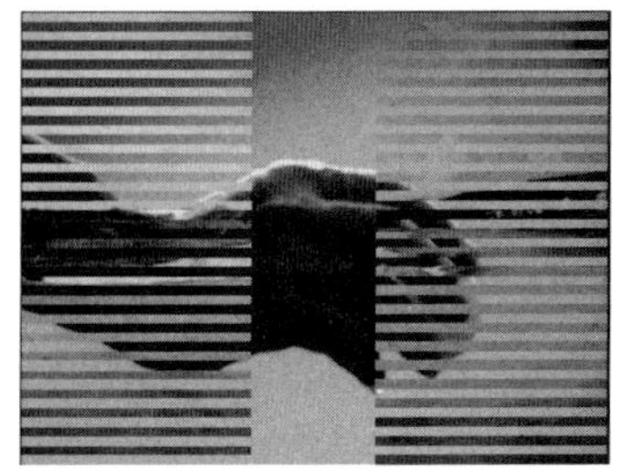

图7-79

【擦拭】转场没有特殊的参数设置，在选项面板中的参数设置方法可参照7.1.4节中的相关内容。

7.4 制作翻动相册效果

源程序：Ch07/制作翻动相册效果/制作翻动相册效果.VSP

知识要点：使用相册组中的翻转1转场效果制作翻动相册效果。

7.4.1 添加视频素材

01 启动会声会影11，在启动面板中选择【会声会影编辑器】选项，如图7-80所示，进入会声会影程序主界面。

图7-80

02 执行菜单【文件】→【将媒体文件插入到时间轴】→【插入视频】命令，在弹出的【打开视频文件夹】对话框中选择光盘目录下"Ch07/制作翻动相册效果/办公楼外景.mpg、城市景.mpg、跳舞小区内.mpg"文件，如图7-81所示。单击【打开】按钮，弹出提示对话框，单击【确定】按钮，所有选中的视频素材被插入到故事板中，效果如图7-82所示。

图7-81

图7-82

7.4.2 制作相册转场效果

01 单击步骤选项卡中的【效果】按钮，切换至效果面板。单击素材库中的【画廊】按钮，在弹出的列表中选择【相册】选项，在素材库中选择【翻转1】转场效果，单击【将转场效果应用于所有素材】按钮，在弹出的下拉列表中选择【将当前效果应用于整个项目】选项，如图7-83所示。把当前选中的转场效果应用到当前项目的素材之间，如图7-84所示。

图7-83

图7-84

02 在时间轴中选择一个转场，在选项面板中单击【自定义】按钮，弹出【翻转-相册】对话框，在弹出的对话框中选择一种合适的布局方式，如图7-85所示。

03 在【相册】选项卡【相册封面模板】选项区域中选择一种图案作为相册的封面，如图7-86所示。

04 单击【背景和阴影】选项卡，切换至背景和阴影面板。在【背景和阴影】选项卡的【背景模板】选项区域中选择一种图案作为背景，如图7-87所示。

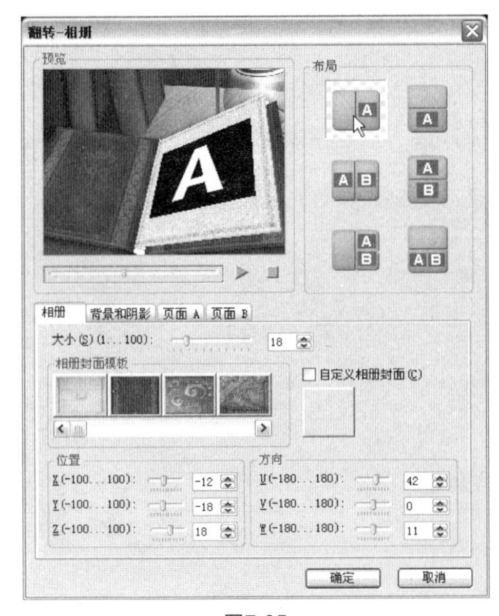

图7-85

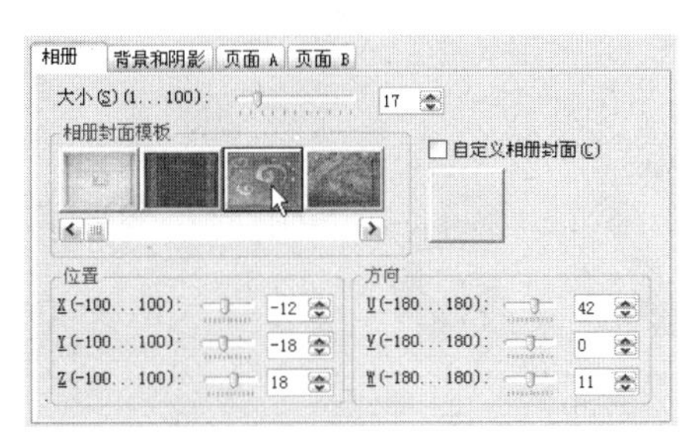

图7-86

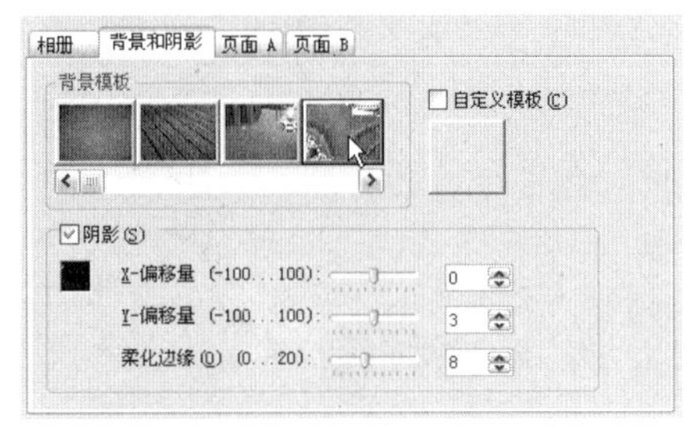

图7-87

05 单击【页面A】选项卡，切换至页面A面板。在【相册页面模板】选项区域中选择一种图案作为页面A，如图7-88所示。

06 单击【页面B】选项卡，切换至页面B面板。在【相册页面模板】选项区域中选择一种图案作为页面B，如图7-89所示。

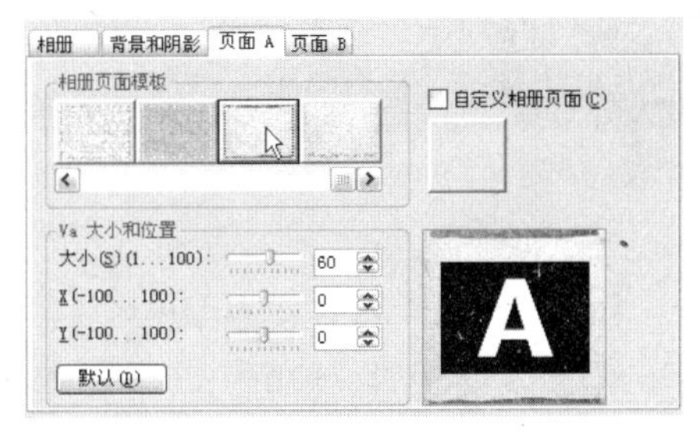

图7-88

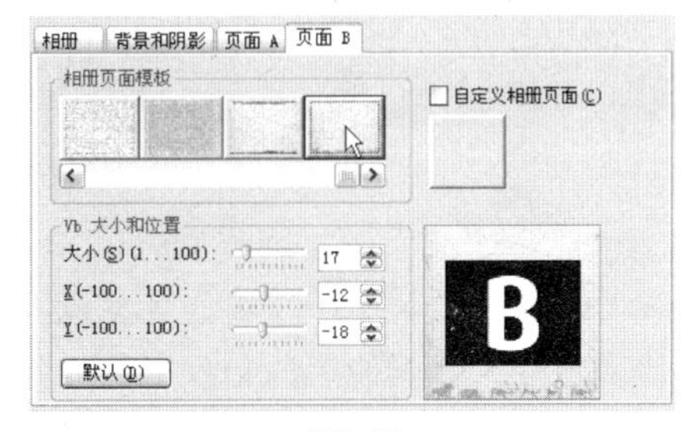

图7-89

07 设置完成后，单击【确定】按钮，在预览窗口中拖动飞梭栏滑块▽，预览相册的翻转效果，如图7-90所示。用相同方法设置第二个转场效果，如图7-91所示。

图7-90

图7-91

7.5 制作梦幻闪光转场

源程序：Ch07/制作梦幻的闪光转场/制作梦幻的闪光转场.VSP

知识要点：使用闪光组中的FB13转场效果制作素材A在强光中消失，素材B在强光中出现的效果。

7.5.1 添加视频素材

01 启动会声会影11，在启动面板中选择【会声会影编辑器】选项，如图7-92所示，进入会声会影程序主界面。

图7-92

02 执行菜单【文件】→【将媒体文件插入到时间轴】→【插入视频】命令，在弹出的【打开视频文件夹】对话框中选择光盘目录下“Ch07/制作梦幻的闪光转场/花簇-1.mpg、花簇-2.mpg”文件，如图7-93所示。单击【打开】按钮，弹出提示对话框，单击【确定】按钮，所有选中的视频素材被插入到故事板中，效果如图7-94所示。

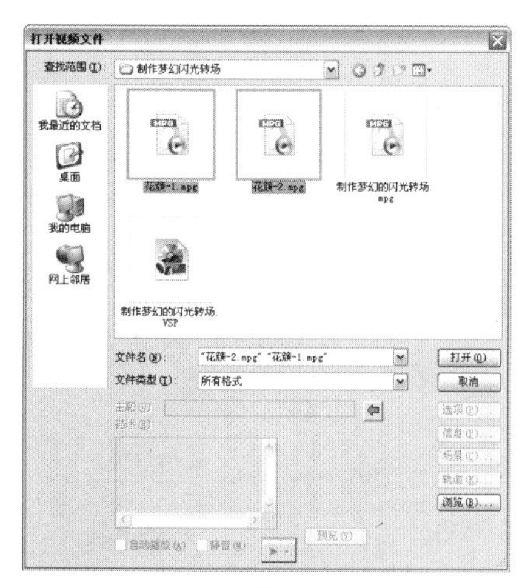

图7-93

图7-94

7.5.2 制作梦幻转场效果

01 单击步骤选项卡中的【效果】按钮，切换至效果面板。单击素材库中的【画廊】按钮，在弹出的列表中选择【闪光】选项，在素材库中选择【FB13】转场效果，将其添加至时间轴的两个素材之间，如图7-95所示。

02 在素材之间添加转场效果后，单击视频轨上的转场，在选项面板中单击【自定义】按钮，在弹出的【闪光-闪光】对话框中进行设置，如图7-96所示。

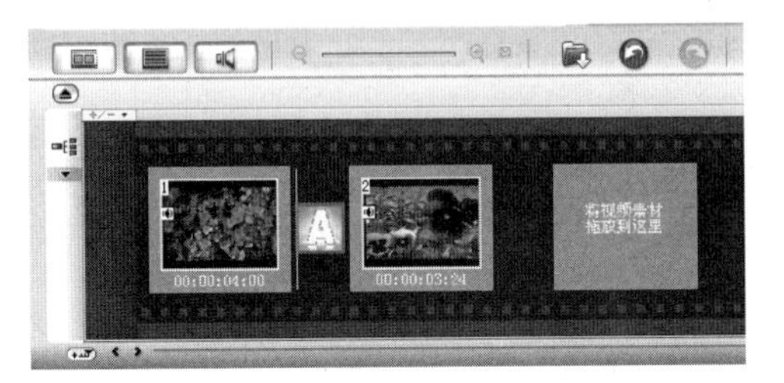

图7-95

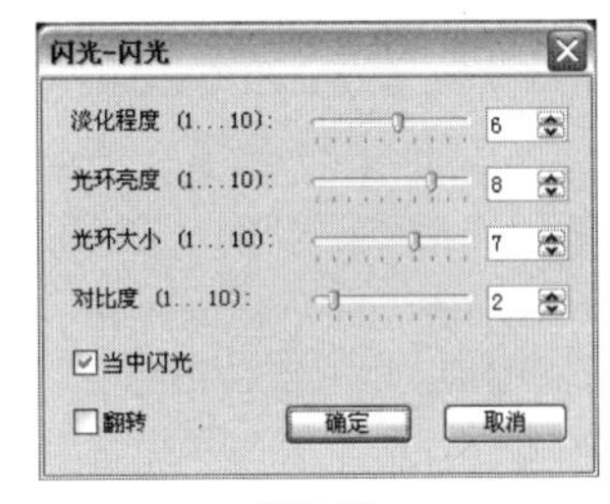

图7-96

03 单击【确定】按钮，完成闪光效果的设置。在选项面板中，调整转场效果的播放时间为3秒，如图7-97所示。在预览窗口中拖动飞梭栏滑块，预览闪光效果，如图7-98所示。

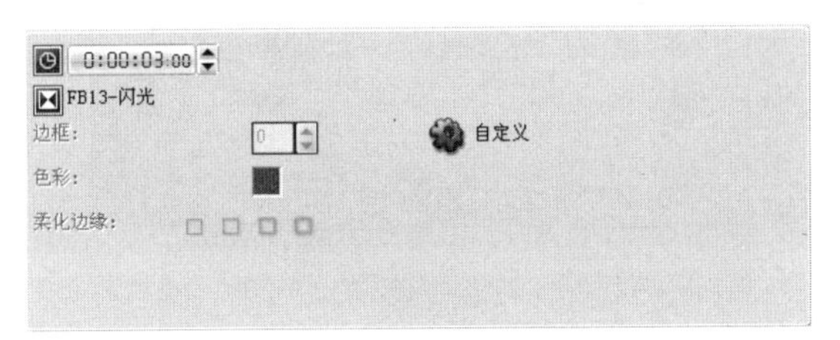

图7-97

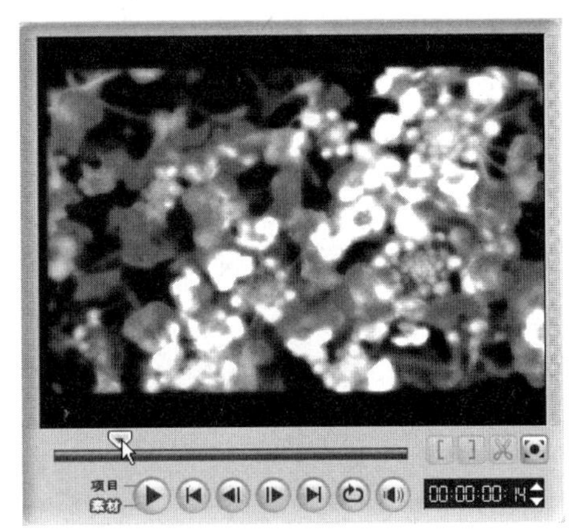

图7-98

7.6 制作交错透空的遮罩转场

源程序：Ch07/制作交错透空的遮罩转场/制作交错透空的遮罩转场.VSP

知识要点：使用过滤组中的遮罩转场制作图形遮罩效果。

7.6.1 添加视频素材

01 启动会声会影11，在启动面板中选择【会声会影编辑器】选项，如图7-99所示，进入会声会影程序主界面。

图7-99

02 执行菜单【文件】→【将媒体文件插入到时间轴】→【插入视频】命令，在弹出的【打开视频文件夹】对话框中选择光盘目录下“Ch07/制作交错透空的遮罩转场/海豚表演.mpg、天鹅.mpg”文件，如图7-100所示。单击【打开】按钮，弹出提示对话框，单击【确定】按钮，所有选中的视频素材被插入到故事板中，效果如图7-101所示。

图7-100

图7-101

7.6.2 制作遮罩转场效果

01 单击步骤选项卡中的【效果】按钮 效果 ，切换至效果面板。单击素材库中的【画廊】按钮▼，在弹出的列表中选择【过滤】选项，在素材库中选择【遮罩】转场效果，将其添加至时间轴的两个素材之间，如图7–102所示。

02 单击选项面板中的【打开遮罩】按钮，弹出【打开】对话框，选择在默认安装路径中的“C：\ Program Files\ Ulead Systems\ Ulead VideoStudio 11\ Samples\ Image\ M05.bmp”文件，单击【打开】按钮，如图7–103所示。

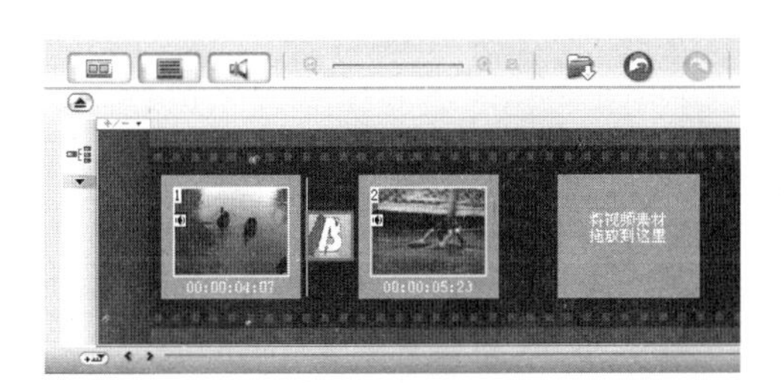

图7-102

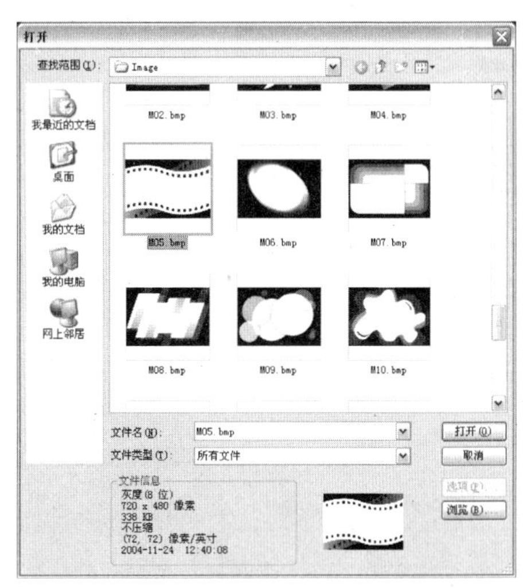

图7-103

03 在选项面板中，调整转场效果的播放时间为3秒，将【边框】选项设为1，【色彩】选项设为白色，如图7–104所示。在预览窗口中拖动飞梭栏滑块，预览闪光效果，如图7–105所示。

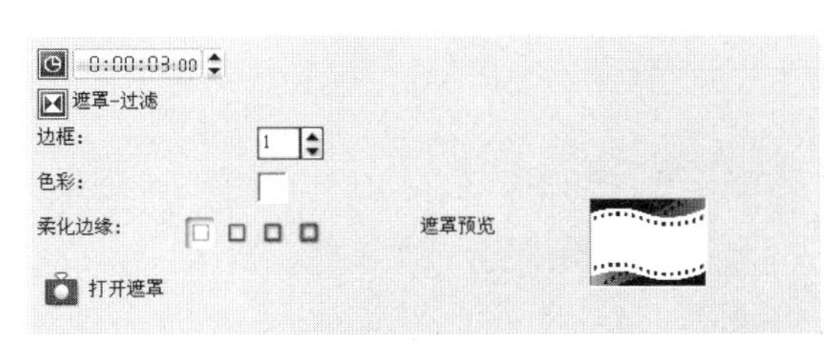

图7-104

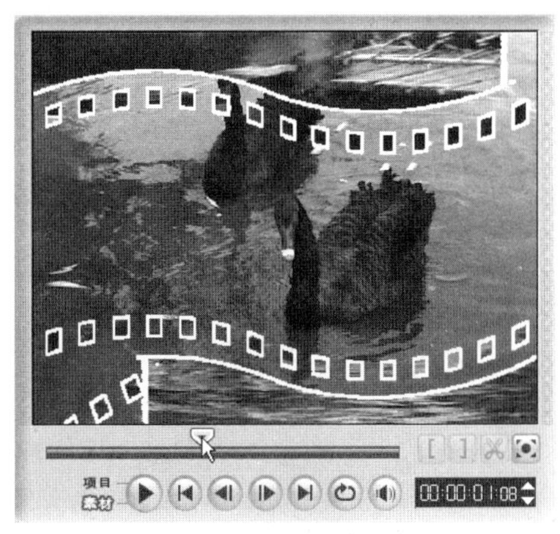

图7-105

7.7 制作百叶窗效果

源程序：Ch07/制作百叶窗效果/制作百叶窗效果.VSP

知识要点：使用插入视频选项插入视频素材，使用友立色彩选取器调整色彩的颜色，使用擦拭转场制作百叶窗效果。

7.7.1 添加视频素材

01 启动会声会影11，在启动面板中选择【会声会影编辑器】选项，如图7-106所示，进入会声会影程序主界面。

图7-106

02 在时间轴上方单击【将媒体文件插入到时间轴】按钮，在弹出的列表中选择【插入视频】选项，如图7-107所示。在弹出的【打开视频文件】中选择光盘目录下“Ch07/制作百叶窗效果/鱼.mpg”文件，如图7-108所示。单击【打开】按钮，选中的视频素材被插入到故事板中，效果如图7-109所示。

图7-107

图7-108

图7-109

7.7.2 添加色彩素材和百叶窗特效

01 单击素材库中的【画廊】按钮，在弹出的列表中选择【色彩】选项，在素材库中选择如图7-110所示的色彩。单击鼠标右键，在弹出的菜单中执行【插入到】→【视频轨】命令，选择的色彩被插入到故事板中，效果如图7-111所示。

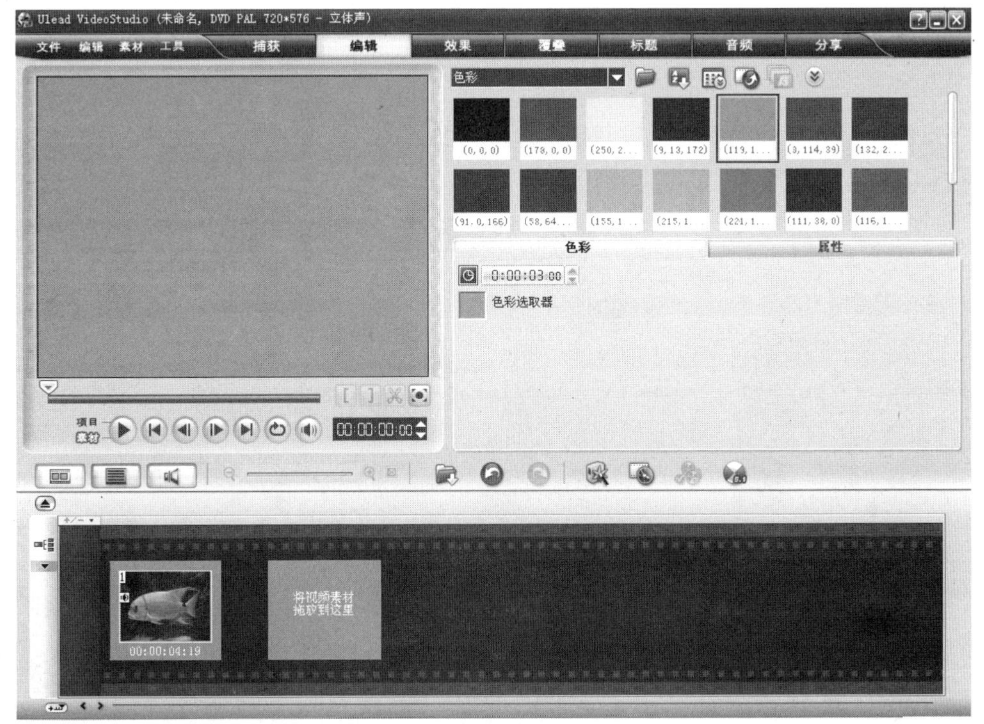

图7-110

图7-111

02 单击【色彩选取器】左侧的颜色方块，如图7-112所示。在弹出的面板中选择【友立色彩选取器】选项，如图7-113所示。

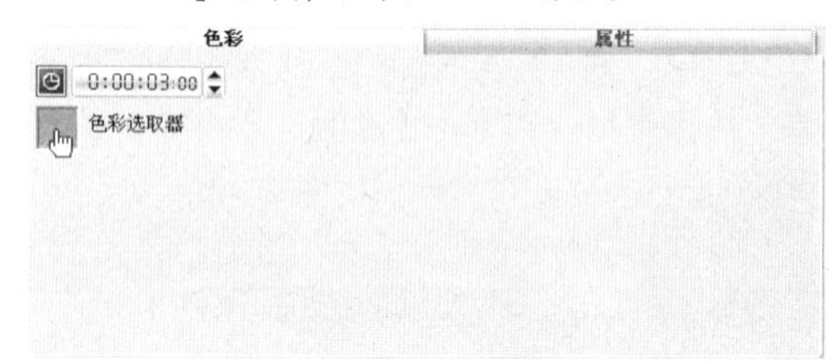

图7-112

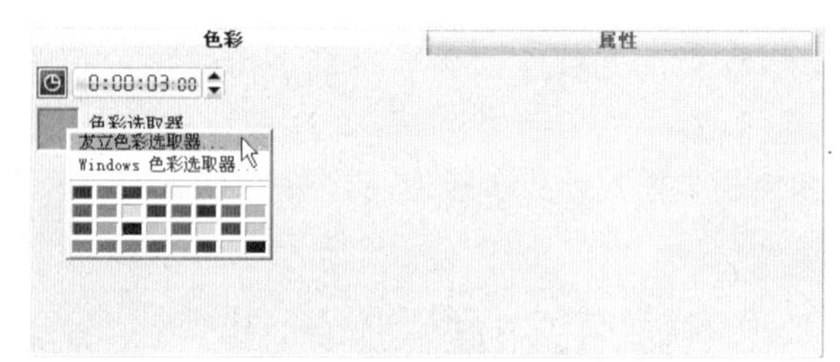

图7-113

03 在弹出的【友立色彩选取器】对话框中选择需要的颜色，如图7-114所示。单击【确定】按钮，更改颜色后的色彩素材如图7-115所示。

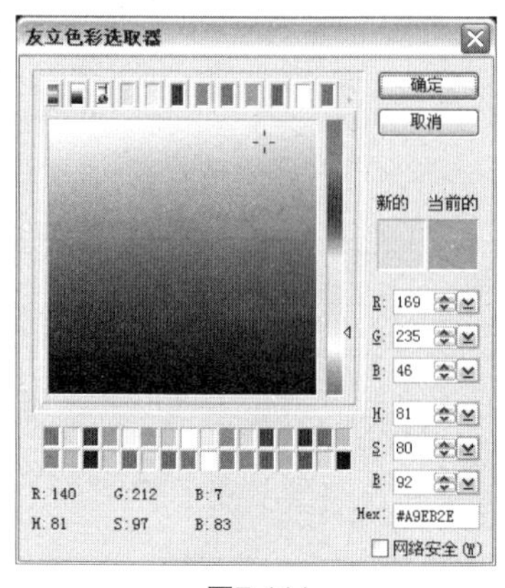

图7-114

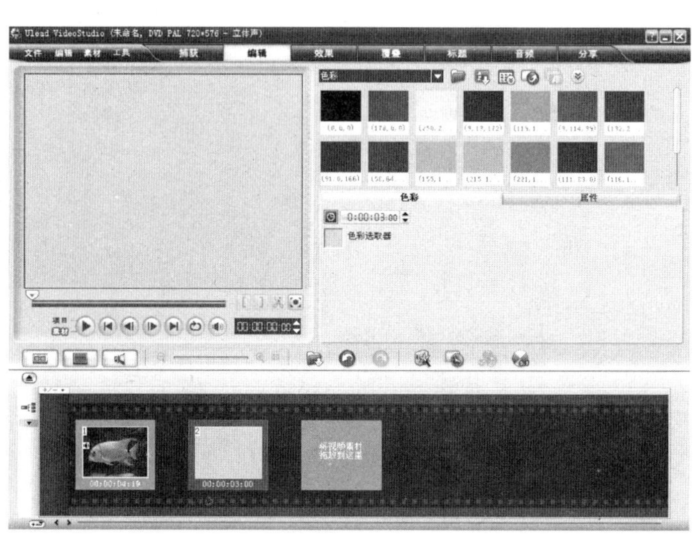

图7-115

04 单击素材库中的【画廊】按钮，在弹出的列表中选择【转场】→【擦拭】转场效果，如图7-116所示，在素材库中显示【擦拭】转场效果。

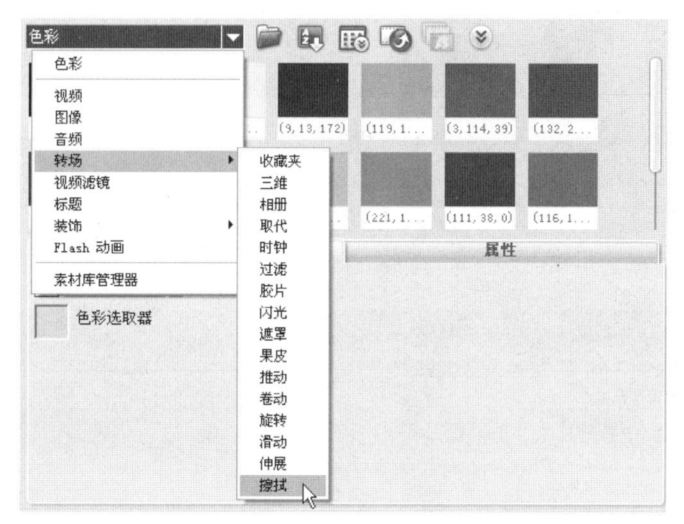

图7-116

05 在【擦拭】转场效果中选择【百叶窗】效果，将其拖曳至故事板的视频素材和色彩素材之间，如图7-117所示。释放鼠标，效果如图7-118所示。

图7-117

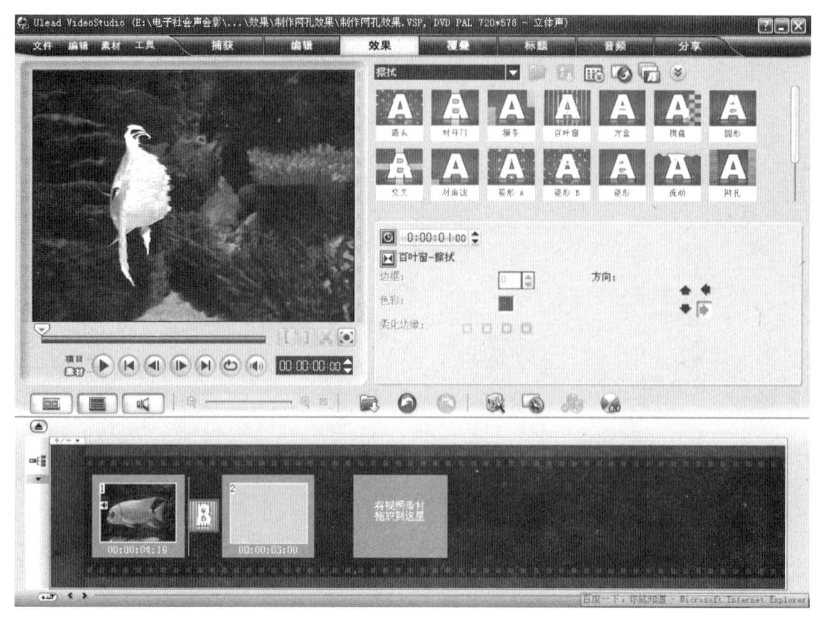

图7-118

06 单击【播放】按钮▶，在预览窗口中即可观看添加的视频和色彩之间的百叶窗转场效果，如图7-119所示。

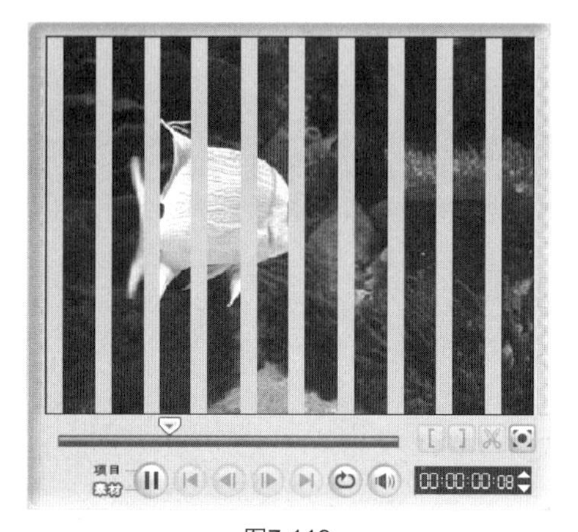

图7-119

小结

在本章中全面介绍了会声会影11转场效果的添加、替换、调整等具体操作方法和技巧。同时对常用的转场效果以实例的形式，做了详细的说明和效果展示。通过对本章的学习，用户可以熟练掌握会声会影转场效果的添加、替换、调整和设置的方法，并对会声会影11常用转场效果的效果画面有所了解。

Chapter 08

应用画面覆叠功能

覆叠就是画面叠加，在屏幕上同时展示多个画面效果。会声会影11提供的这种视频编辑方法，是将视频素材添加到时间轴窗口的覆叠轨之后，对视频的大小、位置及透明度等属性进行调节，从而产生视频叠加效果。同时，会声会影11还允许用户对覆叠轨中的素材应用滤镜特效，使用户制作出更具有观赏性的作品。

8.1 覆叠素材的基本操作

使用会声会影11的覆叠功能，可以在覆叠轨上插入图像或视频，使素材产生叠加效果。同时，还可以调整视频窗口的尺寸或者使它按照路径移动。

8.1.1 编辑选项

【编辑】选项卡中的参数用于设置覆叠素材的区间、声音效果及回放速度等属性，选项面板如图8-1所示。

图8-1

【覆叠】步骤的【编辑】选项卡中的各项参数与【编辑】步骤中【视频】选项卡上各项参数的设置方式类似，请参见6.3.1节中的相关内容。

8.1.2 属性选项

首先在覆叠轨中添加视频素材（Ch08/落叶.mpg）。【属性】选项卡中的参数用于设置覆叠素材的运动效果，并可以为覆叠的素材添加滤镜效果，选项面板如图8-2所示。

在面板中，左侧的各项参数请参照5.2.1节的相关内容，其他参数设置如下。

◎ 【遮罩和色度键】按钮：单击此按钮，弹出如图8-3所示的覆叠选项面板。

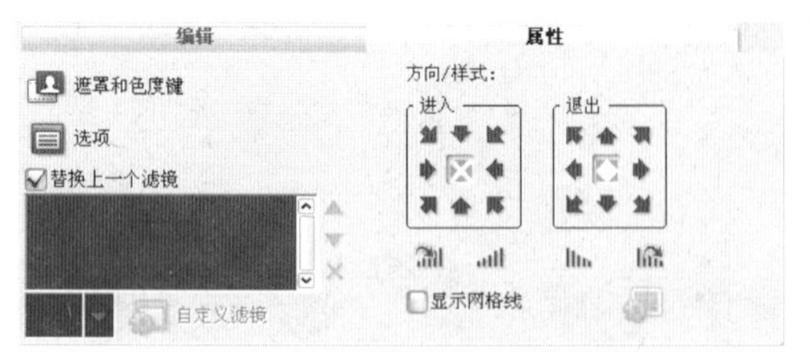

图8-2

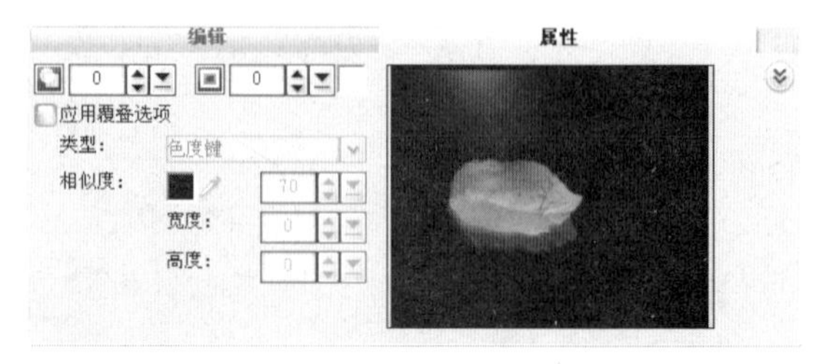

图8-3

【透明度】选项：设置素材的透明度。拖动滑动条或输入数值，可以调整透明度。

【边框】选项：输入数值，可以设置边框的厚度。单击右侧的颜色块，可以选择边框颜色。

【应用覆叠选项】复选框：勾选此复选框，可以指定覆叠素材将被渲染的透明度。

【类型】选项：选择是否在覆叠素材上应用预设的遮罩，或者指定要渲染为透明的颜色。

【相似度】选项：指定要渲染为透明的色彩的选择范围。单击右侧的颜色块，可以选择要渲染为透明的颜色。单击按钮，可以在覆叠素材中选择色彩。

【宽度】选项：拖动滑块或输入数值，可以按百分比修剪覆叠素材的宽度。

【高度】选项：拖动滑块或输入数值，可以按百分比修剪覆叠素材的高度。

【预览窗口】在旧版本中，使用遮罩帧和色度键功能时，无法一边调整一边查看素材的变化，会声会影11为覆叠选项窗口提供了预览功能，使用户能够同时查看素材调整之前的原貌，方便比较调整后的效果。

◎ 【选项】按钮：在弹出的下拉列表中选择，自动将覆叠素材放置到视频中预设的位置。在此，可以调整覆叠素材的大小以保持宽高比，将其恢复为默认大小，使用覆叠素材的原始大小，或将其调整为全屏大小。

◎ 【方向/样式】选项：决定要应用到覆叠素材的移动类型。

◎ 【进入/退出】按钮组：设置素材进入和离开屏幕的方向。

◎ 【淡入动画效果】按钮/【淡出动画效果】按钮：按下相应的按钮，可以在覆叠画面进入或离开屏幕时，逐渐增加或减少透明度。

◎ 【暂停区间前旋转】按钮/：【暂停区间后旋转】按钮：按下相应的按钮，可以在覆叠画面进入或离开屏幕时应用旋转效果，同时，可以在预览窗口下方设置旋转之前或之后的暂停区间。

8.1.3 覆叠素材的添加与删除

在【覆叠】步骤选项面板中，最基本的操作是将素材添加到覆叠轨上。在会声会影11中可以将保存在硬盘上的视频素材、图像素材、色彩素材或Flash动画素材添加到覆叠轨中，也可以将对象和边框添加到覆叠轨中。

1. 把素材库中的文件添加到覆叠轨上

想要把素材文件添加到覆叠轨上，首先按照6.2节介绍的方法把光盘目录下“Ch08/大地与野花.mpg、果子.mov”视频素材添加到素材库中，并将“果子.mov”视频素材添加到视频轨中。

单击【时间轴】面板中的【时间轴视图】按钮，切换到时间轴视图。在素材库中选择需要添加的视频，按住鼠标将其拖曳至【覆叠轨】上，释放鼠标，即可完成操作，效果如图8-4所示。

图8-4

2. 从文件中添加视频

首先将“果子.mov”视频素材添加到视频轨中，然后单击【时间轴】面板中的【时间轴视图】按钮，切换到时间轴视图。单击步骤选项卡中的【覆叠】按钮，切换至覆叠面板。

在覆叠轨上单击鼠标右键，在弹出的列表中选择【插入视频】选项，如图8-5所示。

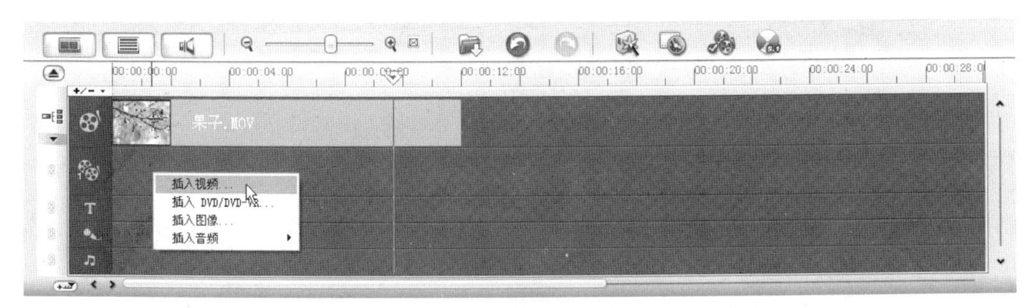

图8-5

在弹出的【打开视频文件】对话框中选择需要添加到覆叠轨上的素材文件（Ch08/大地与野花.mpg），如图8-6所示。

单击【确定】按钮，选中的素材被插入到覆叠轨上，效果如图8-7所示。

图8-6

图8-7

3. 删除覆叠轨上的素材

删除添加至覆叠轨上的素材有3种方法，分别如下。

◎ 在覆叠轨中选择要删除的素材，单击鼠标右键，在弹出的菜单中选择【删除】选项，如图8-8所示，即可删除选中的素材文件。

图8-8

◎ 选择需要删除的一个或多个素材，执行菜单【编辑】→【删除】命令。

◎ 选择需要删除的一个或多个素材，按【Delete】键。

8.1.4 覆叠素材变形与运动

1. 覆叠素材变形

除了调整覆叠素材的大小外，会声会影11也允许用户任意倾斜或扭曲视频素材，以配合倾斜或者扭曲的覆叠画面，使视频应用更自由。

在视频轨和覆叠轨上分别添加图像和视频素材（Ch08/摄像机.jpg、老虎.mpg）。单击步骤选项卡中的【覆叠】按钮，切换至覆叠面板，如图8-9所示。

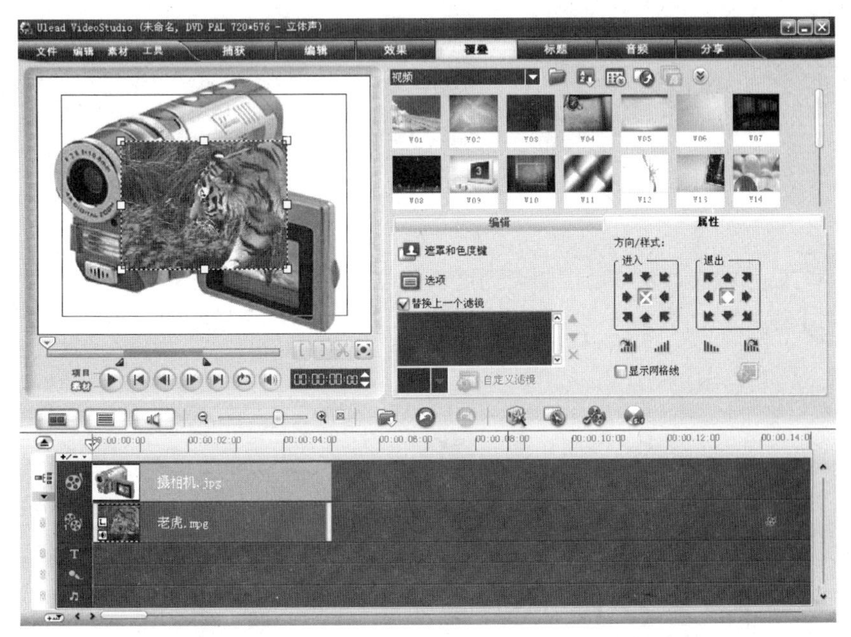

图8-9

单击导览面板中的【扩大】按钮，将窗口放大显示，如图8-10所示。

图8-10

将鼠标置入于右下角的绿色控制点，按住并拖曳，使素材变形，如图8-11所示，释放鼠标，效果如图8-12所示。

图8-11

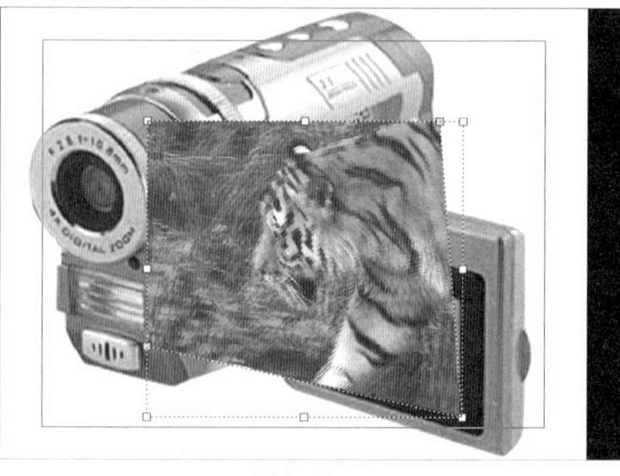

图8-12

使用相同的方法，依次调整其他控制点到适当的位置，制作出如图8-13所示的效果。单击导览面板中的【最小化】按钮，将窗口恢复到标准状态，单击【播放】按钮，预览覆叠素材变形效果，如图8-14所示。

图8-13

图8-14

2. 覆叠素材运动

将素材添加到覆叠轨上以后，可以指定素材的运动方式，将动画效果应用到覆叠素材上。在视频轨和覆叠轨上分别添加视频素材（Ch08/蝴蝶1.mpg、蝴蝶2.mpg）。单击步骤选项卡中的【覆叠】按钮，切换至覆叠面板，如图8-15所示。

在属性选项面板中的【方式/样式】面板中设置覆叠素材的进入方向、退出方向，并根据需要指定淡入淡出效果，如图8-16所示。

拖动预览窗口下方的修整控制点，调整如图8-17所示的蓝色区域的长度，设置覆叠素材在离开屏幕前停留在指定区域的时间。

单击【播放】按钮，查看覆叠素材在影片中运动的效果，如图8-18所示。

图8-15

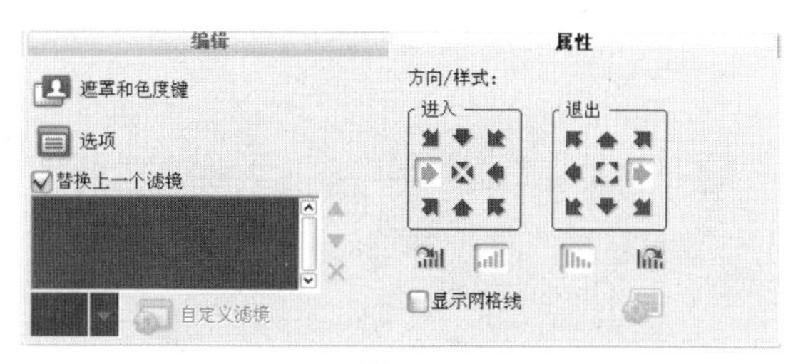

图8-16

图8-17

图8-18

8.2 覆叠效果的应用

视频叠加是影片中常用的一种编辑方法，会声会影11提供了很多种叠加方法，如色度键透空叠加、遮罩透空叠加、边框叠加及动画叠加等。

8.2.1 带有边框的画中画效果

在覆叠素材上应用边框后，可以使覆叠素材与背景更加清晰地区分开。

在视频轨和覆叠轨上分别添加视频素材（Ch08/旋转玫瑰.mpg、玫瑰花开.mpg），选中覆叠轨上的素材，在选项面板中，单击【属性】面板中的【遮罩和色度键】按钮，打开覆叠选项面板，如图8-19所示。

图8-19

单击【边框】选项右侧的三角按钮，再拖动弹出的滑块或直接在数值框中输入数字即可设定覆叠素材的边框宽度，如图8-20所示。

图8-20

单击【边框】选项右侧的颜色方块，在弹出的调色板中合适的颜色上单击鼠标，如图8-21所示，即可设置边框的颜色。

在预览窗口中拖动飞梭栏滑块，查看添加边框后的覆叠效果，如图8-22所示。

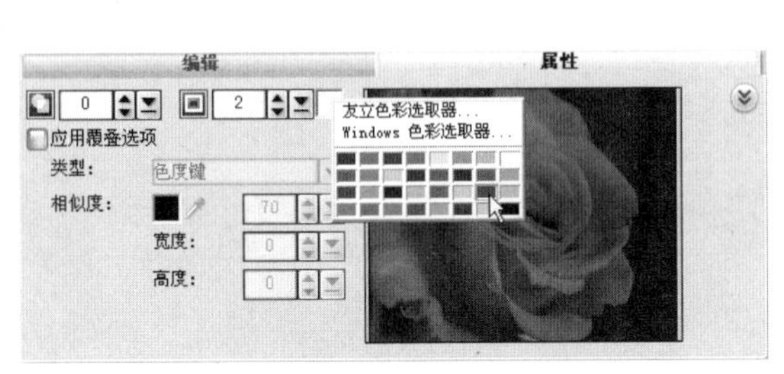

图8-21

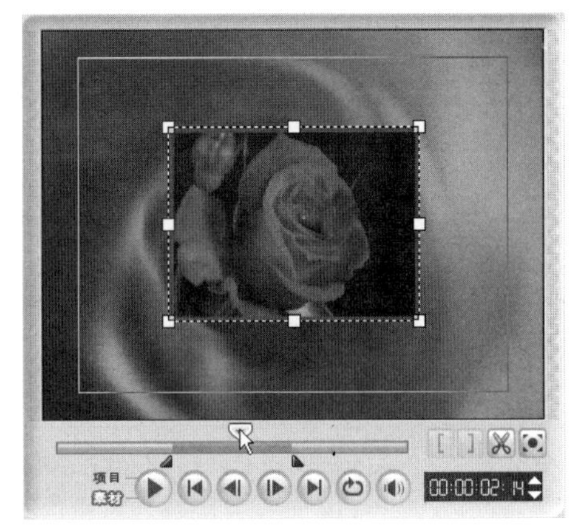

图8-22

■ 8.2.2 在影片中添加装饰图案

为了让影片变得有趣而富有变化，为影片添加一些起到装饰或标识性作用的对象是一种很好的方法。

在视频轨上添加视频素材（Ch08/湖面.mpg）。单击素材库中的【画廊】按钮，在弹出的列表中选择【装饰】→【对象】选项，在素材库中显示【对象】素材，如图8-23所示。

图8-23

在【对象】素材库中拖动D06对象至覆叠轨中，效果如图8-24所示。

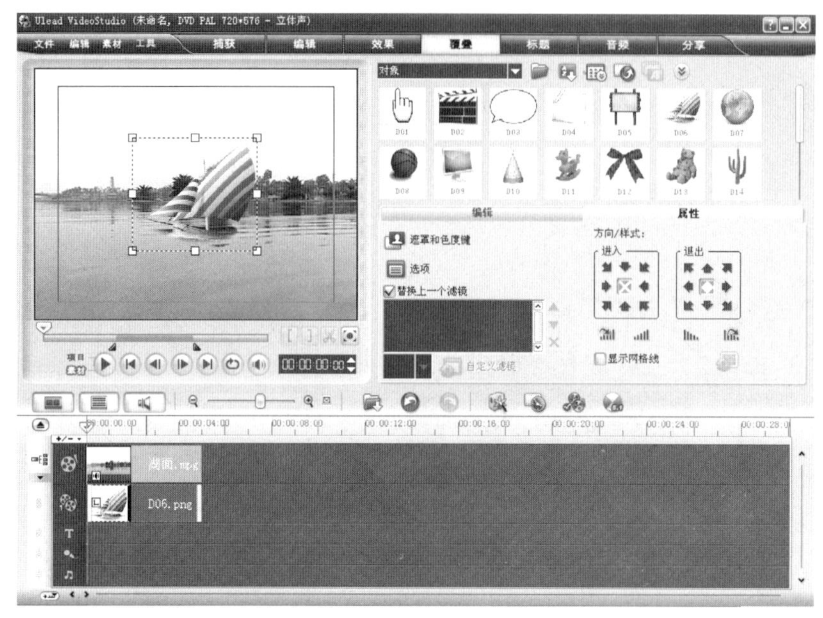

图8-24

从覆叠轨中选择添加对象的略图，在预览窗口中使用鼠标对选择的对象进行适当的缩放，并且移动位置，效果如图8-25所示。

图8-25

■ 8.2.3 为影片添加漂亮边框

为素材添加边框是一种简单而实用的装饰方式，它可以使枯燥、单调的图像变得更生动有趣。

在视频轨上添加视频素材（Ch08/航拍.mpg）。单击素材库中的【画廊】按钮，在弹出的列表中选择【装饰】→【边框】选项，在素材库中显示【边框】素材，如图8-26所示。

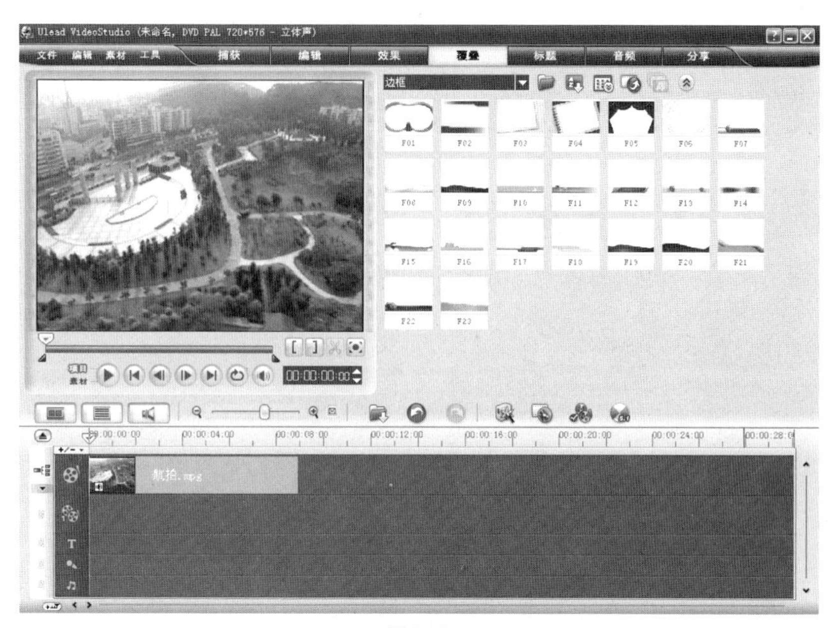

图8-26

在【边框】素材库中拖动F03对象至覆叠轨中，效果如图8-27所示。将鼠标置于边框素材右侧的黄色边框上，当鼠标指针呈双向箭头⇔时，向右拖曳调整边框素材的长度，如图8-28所示，释放鼠标，效果如图8-29所示。

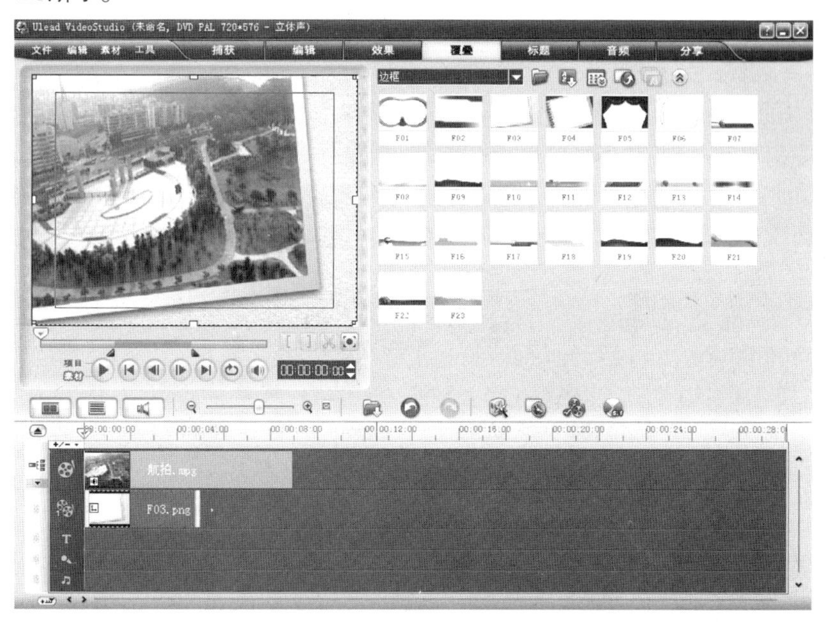

图8-27

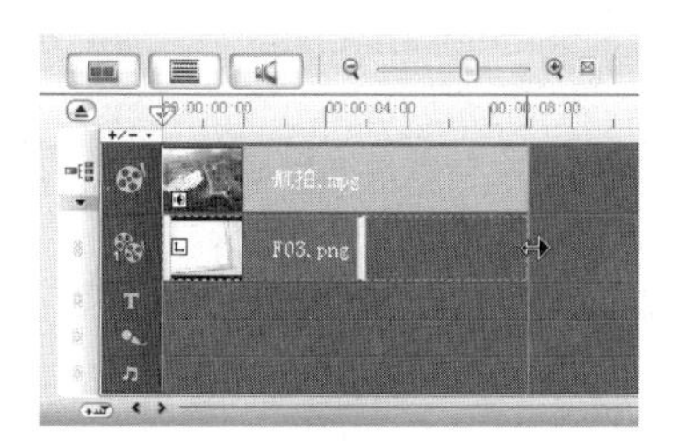

图8-28

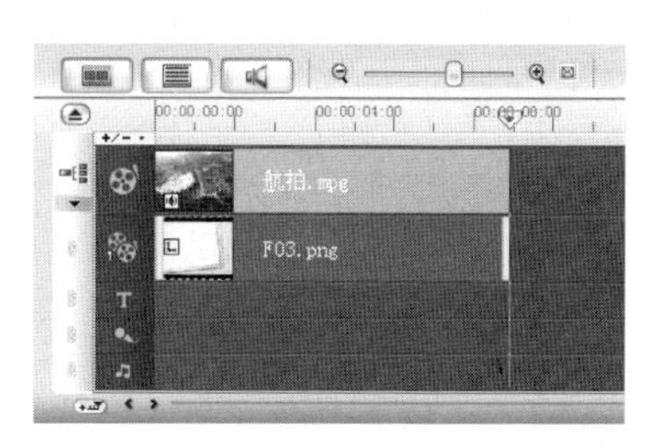

图8-29

在预览窗口中拖动飞梭栏滑块▽，查看添加边框后的效果，如图8-30所示。

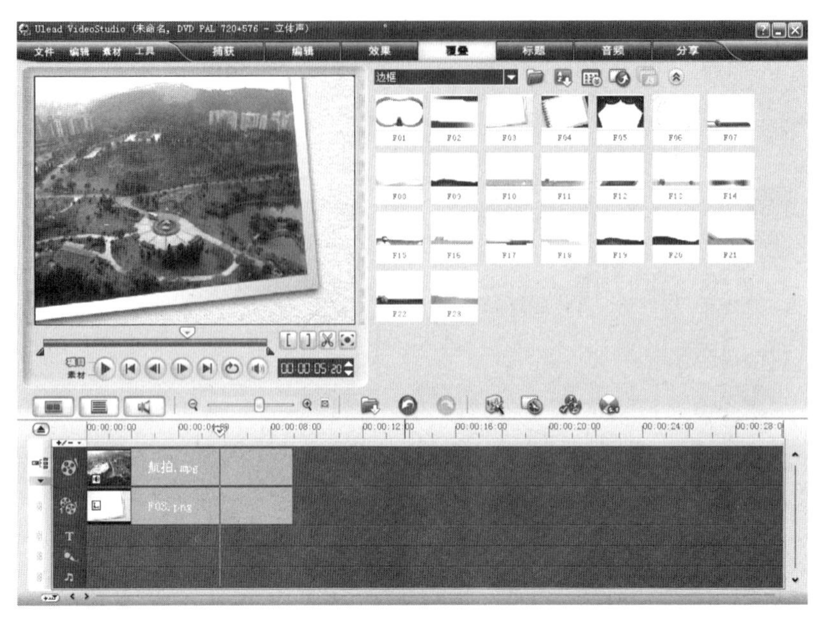

图8-30

8.2.4 若隐若现的画面叠加效果

借助覆叠轨中的叠加功能，可以制作出素材叠加效果。叠加的对象格式、大小、位置、透明度等因素不同，最终效果也各不相同，变化万千。

在视频轨上添加视频素材（Ch08/湖面2.mpg），单击步骤选项卡中的【覆叠】按钮，切换至覆叠面板，在覆叠轨上添加视频素材（Ch08/枯叶.mpg），如图8-31所示。

图8-31

在预览窗口的覆叠素材上单击鼠标右键，在弹出的菜单中执行【调整到屏幕大小】命令，使覆叠素材自动调整至适合屏幕大小，效果如图8-32所示。

在选项面板中，单击 【属性】面板中的【遮罩和色度键】按钮，打开覆叠选项面板，将【透明度】选项设为30，如图8-33所示。

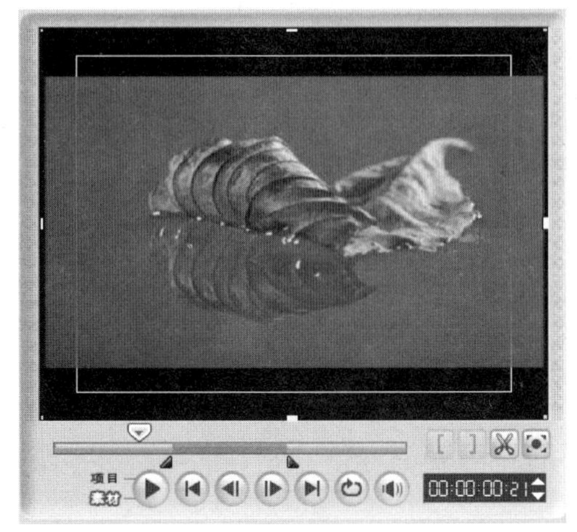

图8-32

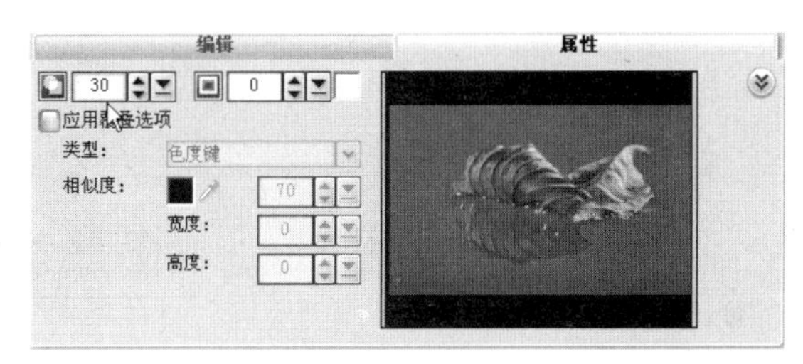

图8-33

设置完成后，单击导览面板中的【播放】按钮，观看影片中应用的画中画效果，如图8-34所示。

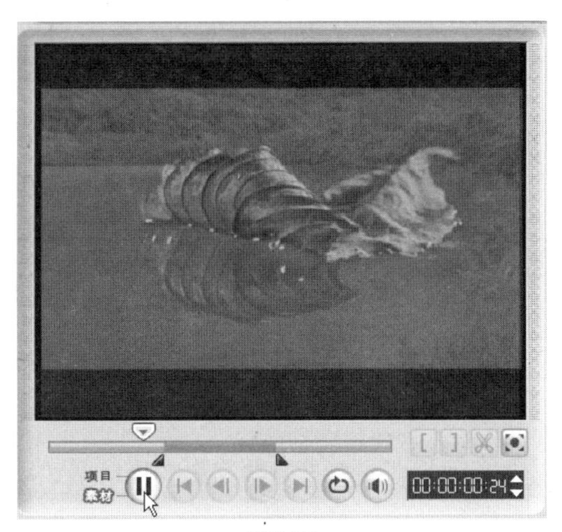

图8-34

8.2.5 覆叠素材的旋转动画效果

除了水平和倾斜方向的移动外，在会声会影11中还可以使覆叠素材做旋转运动。

在视频轨中添加视频素材（Ch08/水仙花1.mpg）。单击步骤选项卡中的【覆叠】按钮，切换至覆叠面板，在覆叠轨上添加视频素材（Ch08/水仙花2.mpg），如图8-35所示。

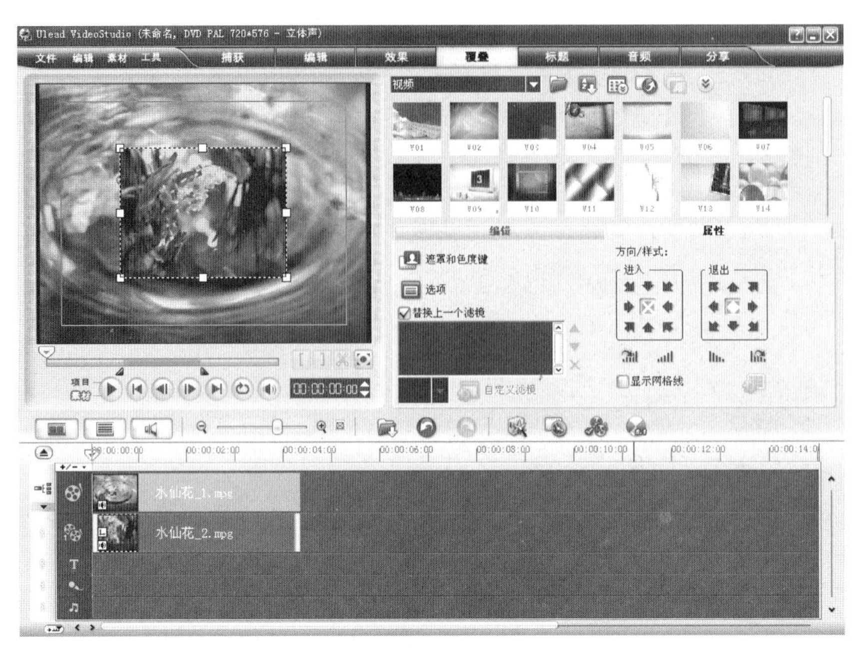

图8-35

在选项面板的【方向/样式】中设置覆叠素材的进入方向、退出方向，并分别单击【暂停区间前旋转】按钮和【暂停区间后旋转】按钮，为素材的进入和退出应用旋转效果，如图8-36所示。

拖动预览窗口下方的修整控制点，调整如图8-37所示的蓝色区域的长度，设置覆叠素材在离开屏幕前停留在指定区域的时间，空白区域就是素材旋转运动的时间。

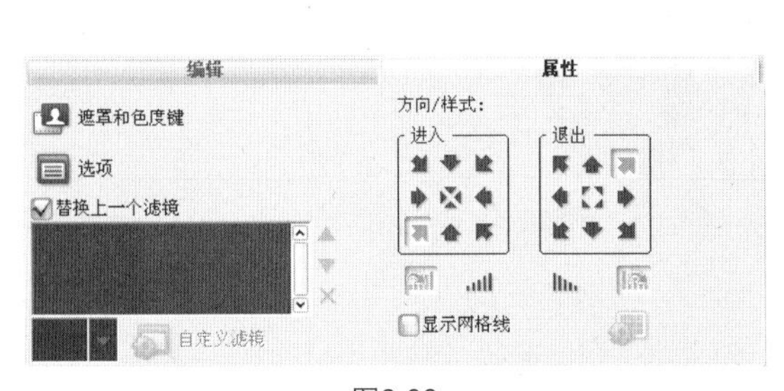

图8-36

图8-37

单击导览面板中的【播放】按钮，观看覆叠素材在影片中旋转运动的效果，如图8-38和图8-39所示。

图8-38

图8-39

■8.2.6 覆叠素材应用滤镜

会声会影11允许用户直接在覆叠素材上应用视频滤镜。

在视频轨中添加视频素材（Ch08/荷花池中亭子.mpg）。单击步骤选项卡中的【覆叠】按钮 覆叠 ，切换至覆叠面板，在覆叠轨上添加视频素材（Ch08/荷花.mpg），如图8-40所示。

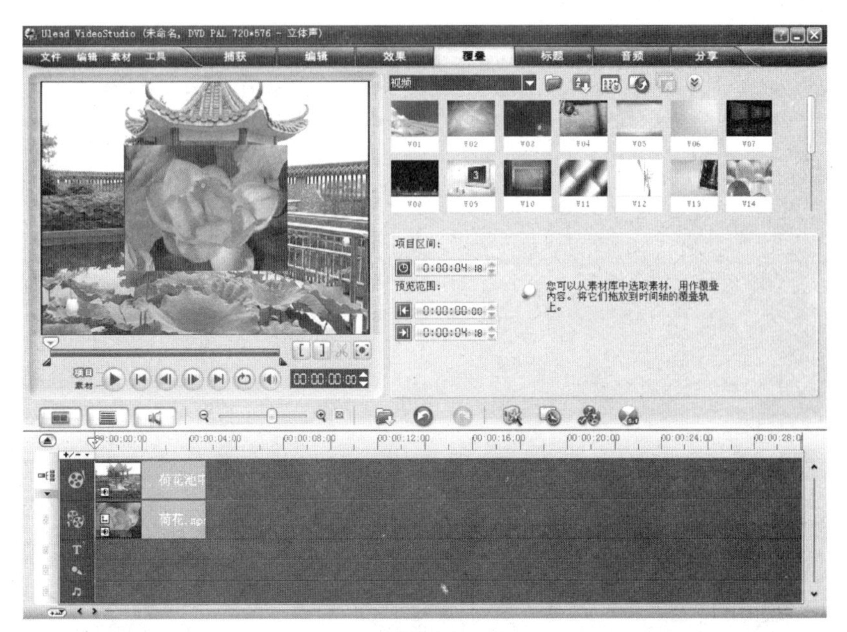

图8-40

单击素材库中的【画廊】按钮，在弹出的列表中选择【视频滤镜】选项，在素材库中选择一个视频滤镜的略图，将其拖曳至覆叠轨中的素材上，即可将视频滤镜应用到当前所选择的素材上，如图8-41所示。

图8-41

8.2.7 Flash透空覆叠

在会声会影11中，可以把透明方式储存的Flash对象或素材添加到视频轨或覆叠轨上，使影片变得更加生动。

在视频轨上添加视频素材（Ch08/猫.mpg）。单击素材库中的【画廊】按钮，在弹出的列表中选择【Flash动画】选项，如图8-42所示。

图8-42

在素材库中选择“MotionF13”动画拖曳至覆叠轨中，效果如图8-43所示。选中视频轨中的素材，向左拖曳右侧的黄色标记，调整素材的长度，效果如图8-44所示。

图8-43

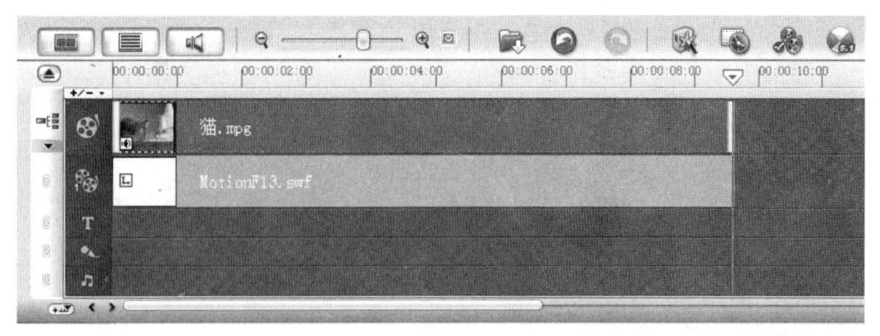

图8-44

单击导览面板中的【播放】按钮，在预览窗口中观看添加Flash动画的播放效果，如图8-45所示。

图8-45

8.2.8 色度键抠像功能

色度键功能就是通常所说的蓝屏、绿屏抠像功能，可以使用蓝屏、绿屏或其他任何颜色来进行视频抠像。

在视频轨上添加视频素材（Ch08/特景.mpg）。单击步骤选项卡中的【覆叠】按钮，切换至覆叠面板，在覆叠轨上添加视频素材（Ch08/风吹柳叶.mpg），如图8-46所示。

图8-46

在预览窗口的覆叠素材上单击鼠标右键，在弹出的菜单中选择【调整到屏幕大小】命令，使覆叠素材自动调整至适合屏幕大小，效果如图8-47所示。当鼠标指针呈四方箭头形状✥时，按住鼠标将其向下拖曳到适当的位置，如图8-48所示。

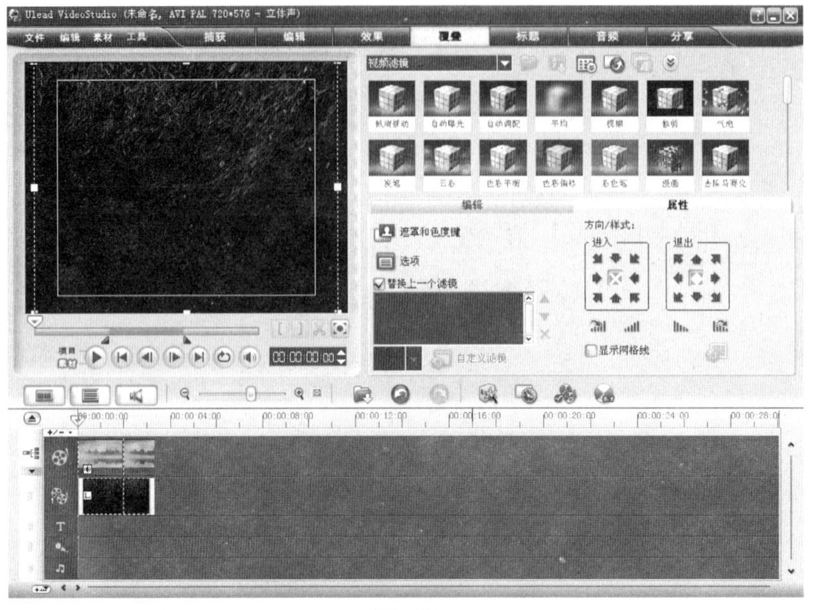

图8-47

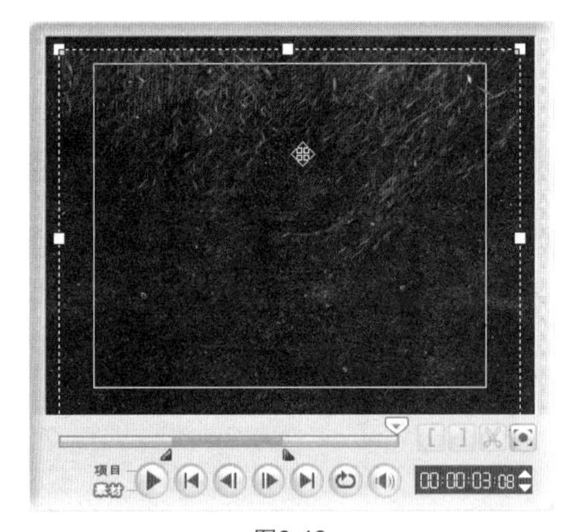

图8-48

在选项面板中，单击【属性】面板中的【遮罩和色度键】按钮，打开覆叠选项面板，勾选【应用覆叠选项】复选框，在【类型】选项下拉列表中选择【色度键】选项，单击【相似度】右侧的颜色块，在弹出的调色板中选择要被渲染为透明的颜色，如图8-49所示，可以看到使用色度键透空背景的效果，如图8-50所示。

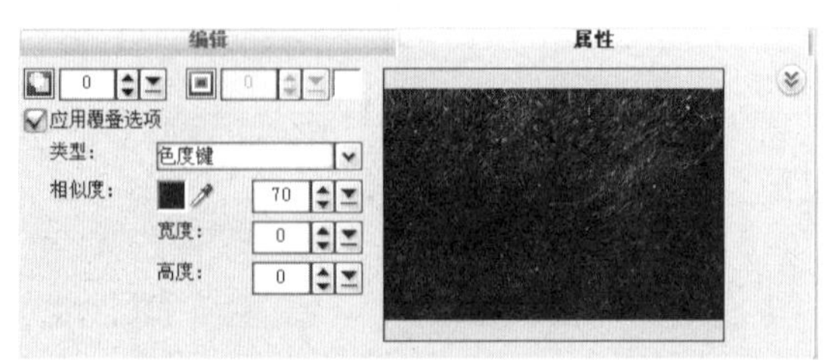

图8-49

单击导览面板中的【播放】按钮，观看色度键透空的覆叠素材在影片中的效果，如图8-51所示。

图8-50

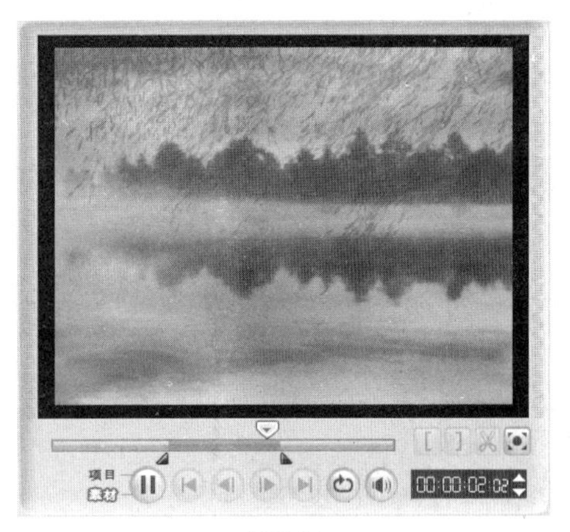

图8-51

8.2.9 遮罩帧功能

遮罩可以使视频轨上的视频素材局部透空叠加，视频边缘羽化柔和，从而能更好地与其他素材融合在一起。

在视频轨上添加视频素材（Ch08/秋后落叶.mpg）。单击步骤选项卡中的【覆叠】按钮，切换至覆叠面板，在覆叠轨上添加视频素材（Ch08/红色枫叶.mpg），如图8-52所示。

在预览窗口的覆叠素材上单击鼠标右键，在弹出的菜单中执行【停靠在顶部】→【居右】命令，使覆叠素材自动调整到顶部的右侧，效果如图8-53所示。

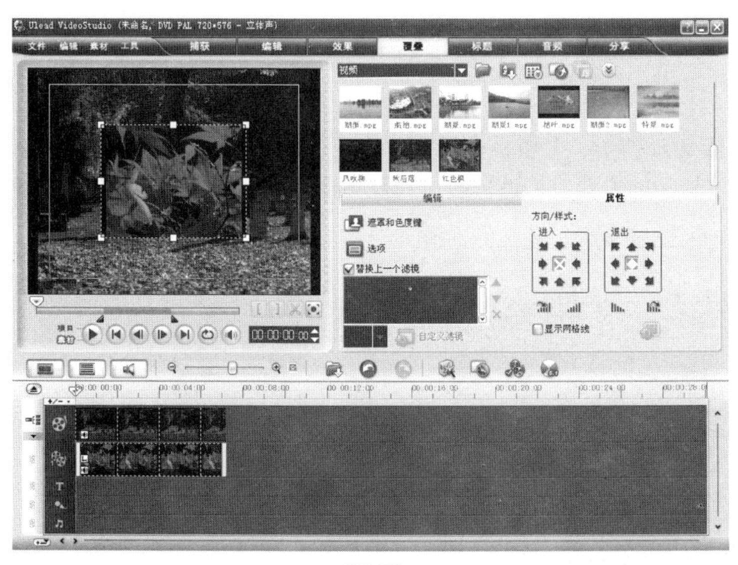

图8-52

图8-53

在选项面板中，单击【属性】面板中的【遮罩和色度键】按钮，打开覆叠选项面板，勾选【应用覆叠选项】复选框，在【类型】选项下拉列表中选择【遮罩帧】，在右侧的面板中选择心形图形，如图8-54所示，此时在预览窗口中观看视频素材应用遮罩后的效果，如图8-55所示。

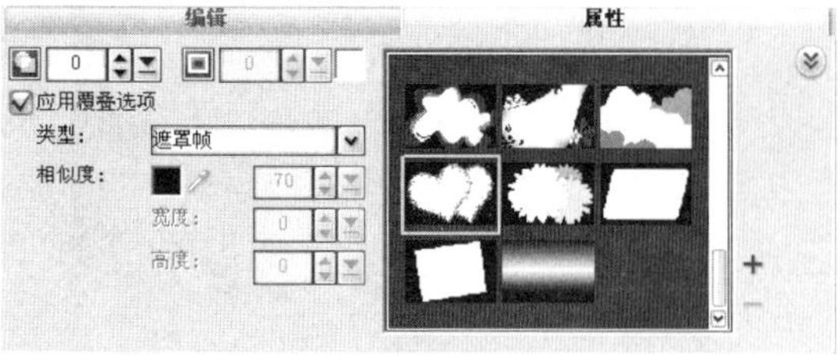

图8-54

图8-55

8.2.10 多轨覆叠

会声会影11提供了一个视频轨和6个覆叠轨，增强了画面叠加与运动的方便性，使用覆叠轨管理器也可以创建和管理多个覆叠轨，制作多轨叠加效果。

单击【时间轴视图】按钮，切换到时间轴视图。单击【覆叠轨管理器】按钮，弹出【覆叠轨管理器】对话框，如图8-56所示。

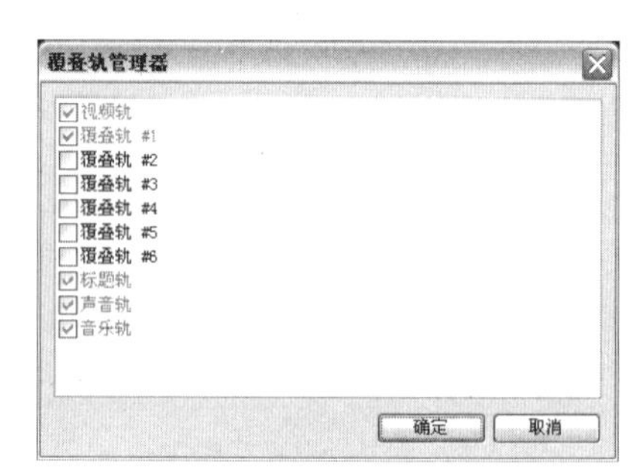

图8-56

在对话框中勾选【覆叠轨#2】、【覆叠轨#3】、【覆叠轨#4】、【覆叠轨#5】、【覆叠轨#6】复选框，可以在预设的【覆叠轨#1】下方添加新的覆叠轨，进行多轨的视频叠加效果，如图8-57所示。

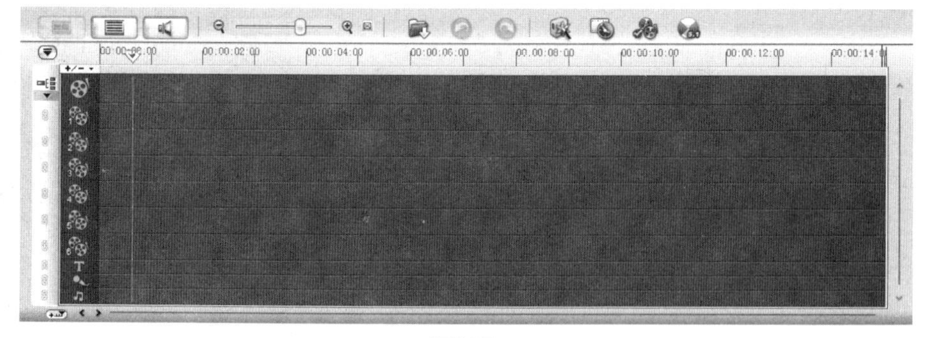

图8-57

提示

单击时间轴面板左上方的【扩大】按钮，可以展开所有覆叠轨，查看所有素材的状态。

8.3 动态画中画效果

源程序：Ch08/动态画中画效果/动态画中画效果.VSP

知识要点：使用覆叠功能制作动态的画中画效果。

8.3.1 添加视频素材

01 启动会声会影11，在启动面板中选择【会声会影编辑器】选项，如图8-58所示，进入会声会影程序主界面。

图8-58

02 单击【视频】素材库中的【加载视频】按钮，在弹出的【打开视频文件】对话框中选择光盘目录下“Ch08/动态画中画效果/绿叶.mpg、苹果.mpg”文件，如图8-59所示。单击【打开】按钮，弹出提示对话框，单击【确定】按钮，所有选中的视频素材被添加到素材库中，效果如图8-60所示。

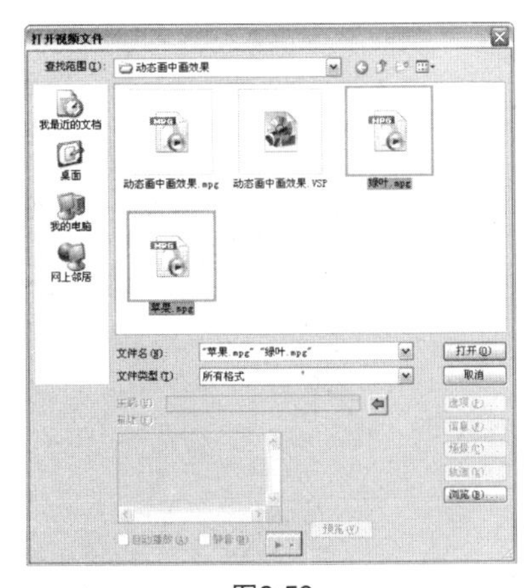

图8-59

图8-60

8.3.2 制作动态画中画效果

01 单击【时间轴】面板中的【时间轴视图】按钮，切换到时间轴视图。在素材库中选择“绿叶.mpg”按住鼠标将其拖曳至视频轨上，释放鼠标，效果如图8-61所示。用相同的方法，将“苹果.mpg”拖曳至覆叠轨中，效果如图8-62所示。

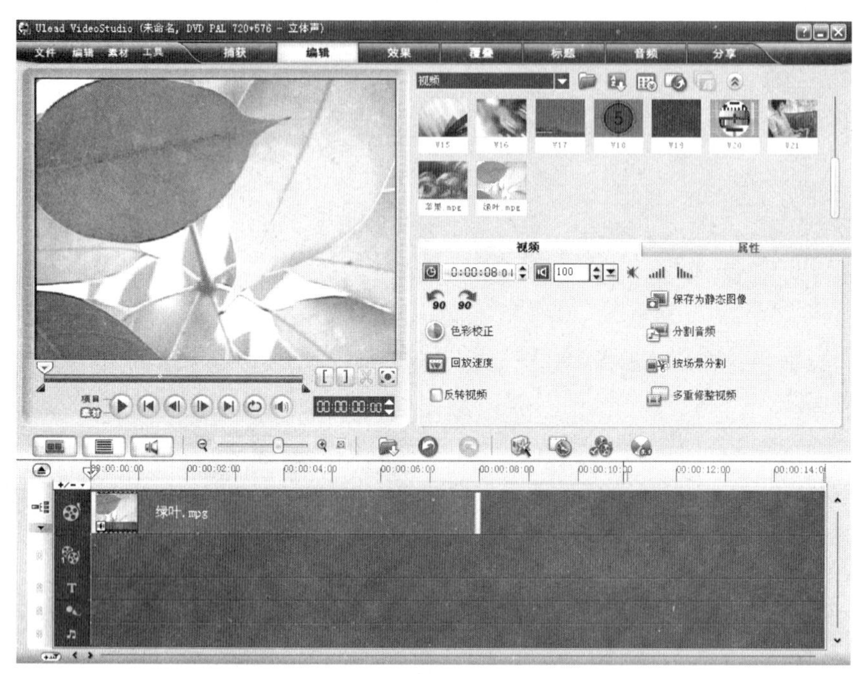

图8-61

图8-62

02 在选项面板中，单击【属性】面板中的【遮罩和色度键】按钮，打开覆叠选项面板，将【边框】选项设为2，单击【边框】选项右侧的颜色方块，在弹出的调色板中选择合适的颜色，如图8-63所示。在预览窗口中效果如图8-64所示。

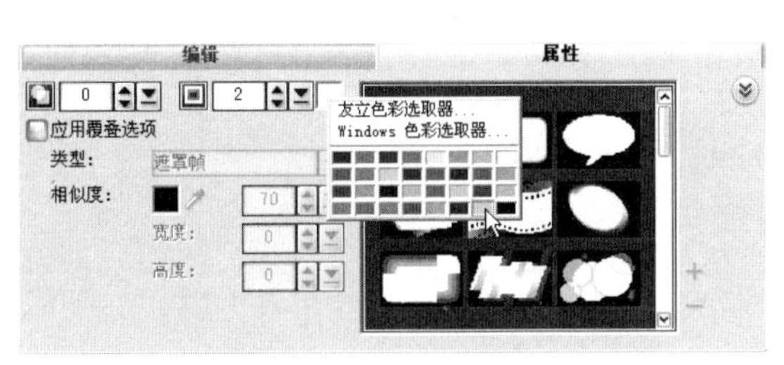

图8-63

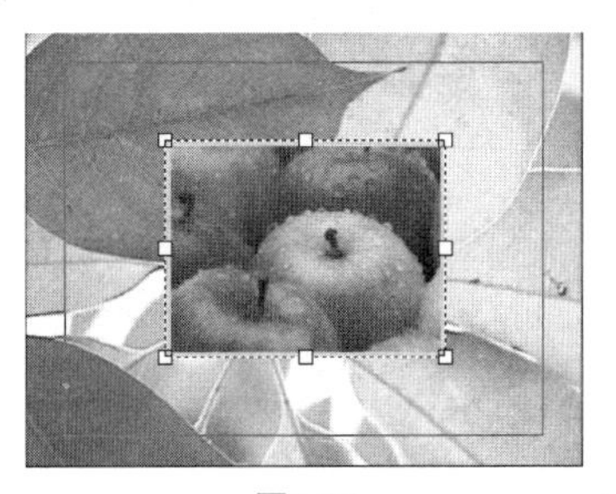

图8-64

03 单击折叠按钮，关闭覆叠选项面板。在【属性】面板中设置覆叠素材的【方向/样式】，并单击【暂停区间前旋转】按钮，为覆叠素材添加暂停区间前旋转效果，如图8-65所示。

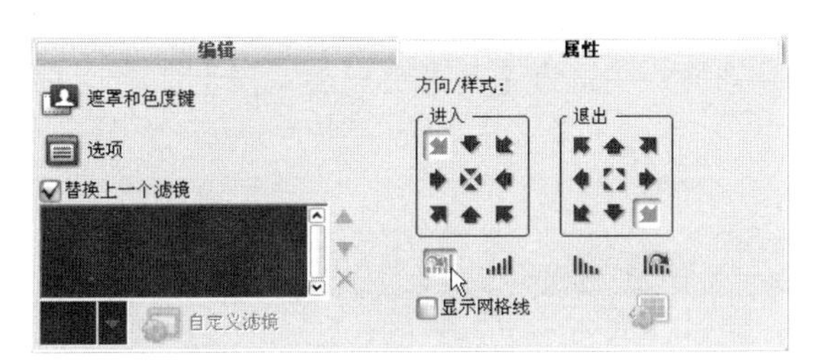

图8-65

04 回到预览窗口，拖动飞梭栏滑块，查看动态画中画效果，如图8-66和图8-67所示。

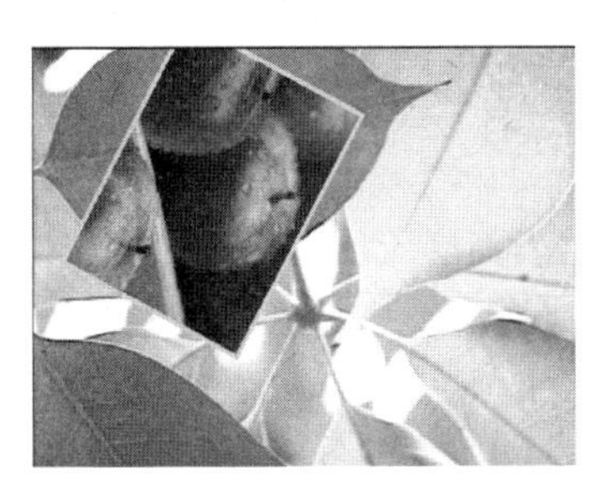

图8-66

图8-67

8.4 制作多轨覆叠效果

源程序：Ch08/制作多轨覆叠效果/制作多轨覆叠效果.VSP

知识要点：使用覆叠轨管理器对话框添加覆叠轨制作多轨叠加效果。

8.4.1 添加视频素材

01 启动会声会影11，在启动面板中选择【会声会影编辑器】选项，如图8-68所示，进入会声会影程序主界面。

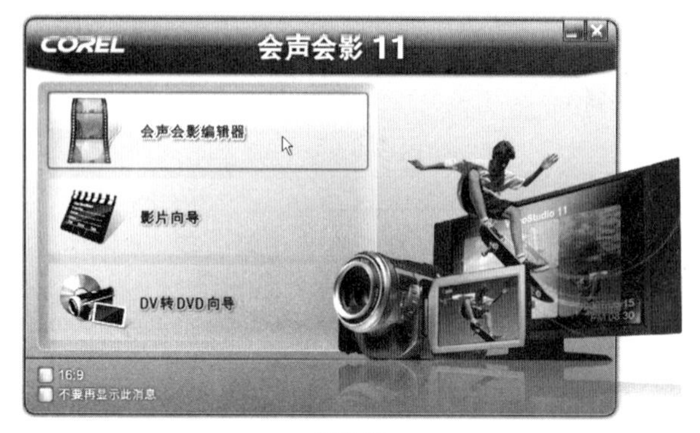

图8-68

02 单击【时间轴】面板中的【时间轴视图】按钮，切换到时间轴视图。单击【覆叠轨管理器】按钮，弹出【覆叠轨管理器】对话框，勾选【覆叠轨#2】、【覆叠轨#3】、【覆叠轨#4】、【覆叠轨#5】、【覆叠轨#6】复选框，如图8-69所示，单击【确定】按钮，在预设的【覆叠轨#1】下方添加新的覆叠轨，效果如图8-70所示。

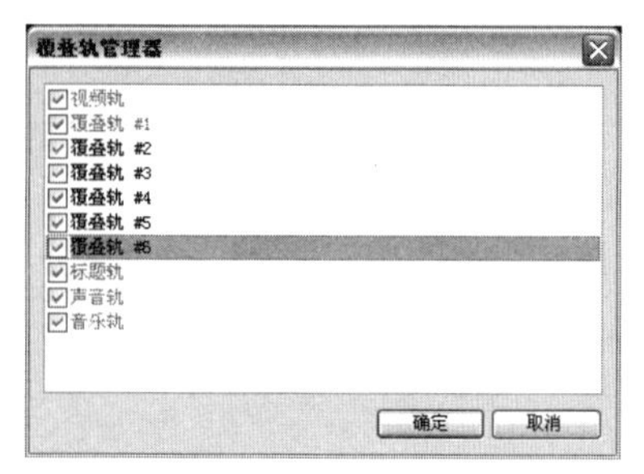

图8-69

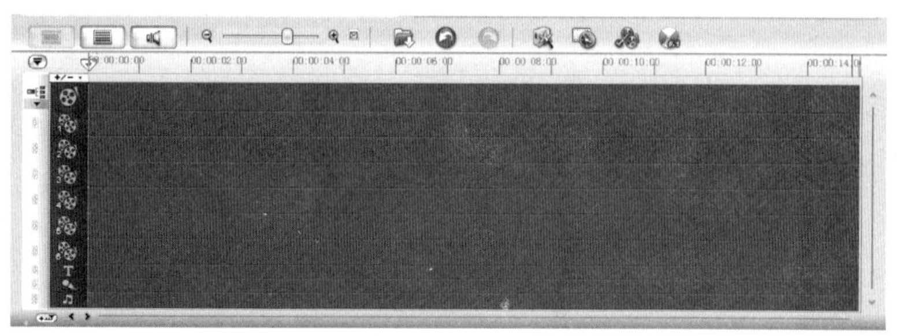

图8-70

03 单击【视频】素材库中的【加载视频】按钮，在弹出的【打开视频文件】中选择默认安装路径中的“C：\ Program Files\ Ulead Systems\ Ulead VideoStudio 11\ Samples\Video\ Sampl-V01.wmv、Sampl-V02.wmv、Sampl-V03.wmv、Sampl-V04.wmv”（具体路径视用户安装此软件的磁盘而定）文件，如图8-71所示。单击【打开】按钮，弹出提示对话框，单击【确定】按钮，素材库效果如图8-72所示。

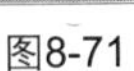
图8-71

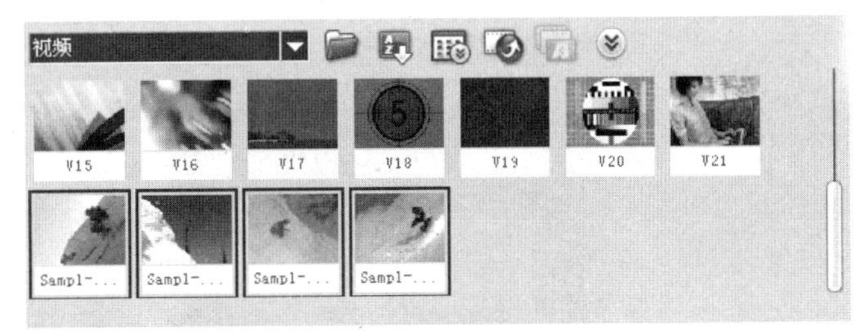

图8-72

8.4.2 将覆叠素材变形

01 在【视频】素材库中将“V01”拖曳至视频轨中，如图8-73所示。在素材库中选择如图8-74所示的视频素材（素材路径同前，为C：\ Program Files\Ulead Systems\Ulead VideoStudio 11\ Samples\Video\Sampl-V05.wmv），将其拖曳到覆叠轨中，用相同的方法，将其他需要的素材添加至覆叠轨中，效果如图8-75所示。

图8-73

图8-74

图8-75

02 在覆叠轨中选择素材，在预览窗口中分别拖曳相应的素材到适当的位置，效果如图8-76所示。

图8-76

03 设置完成后，执行菜单【文件】→【打开项目】命令，弹出提示对话框，如图8-77所示，单击【否】按钮，弹出【打开】对话框，选择在默认的安装路径中的“C：\Program Files\Ulead Systems\Ulead VideoStudio 11\Samples\Sample-Pal.VSP”文件，如图8-78所示。单击【打开】按钮，多轨覆叠效果如图8-79所示。

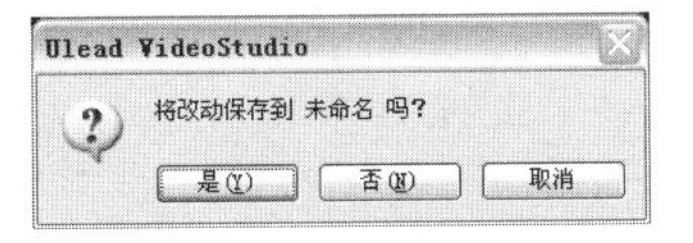

图8-77

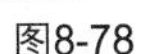

图8-78

图8-79

小结

本章借助了覆叠轨制作出画中画、装饰图案、漂亮边框、画面叠加等几种常见的影片效果，通过这些实例，读者可对覆叠轨的运用有深入理解。通过本章的学习，用户在对影片进行编辑时，可大胆使用会声会影11提供的各种模式，使制作的影片更加丰富多彩。

Chapter 09

添加标题文字和字幕

在影片的后期处理过程中，常常需要在画面中加入一些标题文字和字幕。说明性的文字有助于对影片的理解，在适当的时候和适当的地方出现字幕也可以增加影片的吸引力和感染力。在会声会影11中，用户可以很方便的为影片创建专业化的字幕。

9.1 标题步骤简介

【标题】步骤用于为影片添加文字说明，包括影片的片名、字幕等。影片中的说明性文字能够有效地帮助观众理解影片，使用会声会影11可以很方便地创建出专业化的字幕。

9.1.1 标题选项卡

单击步骤选项卡中的【标题】按钮，切换至标题面板，系统的项目时间模式将自动切换到时间轴模式。这时，素材库中列出了【标题】素材，在预览窗口中可以看到“双击这里可以添加标题。”字样，在预览窗口双击鼠标，出现一个文本框，即可输入文字，这时选项卡被激活，可以在选项卡中设置字体的属性，如图9-1所示。

【区间】选项：以“时:分:秒:帧”形式显示所选素材的区间，用户可以通过修改时间码的值来调整标题在影片中播放时间的长短。

【字体样式】按钮B I U：将文字设置为粗体、斜体或带下划线。

【对齐】按钮：将水平文字对齐到左边、中间或右边，当单击【垂直文字】按钮时，该区域变化为，表示将垂直文字对齐到顶部、中间或底部。

【垂直文字】按钮：单击此按钮，使水平排列的标题变为垂直排列。

【字体】选项：在此选取期望的字体样式。

【字体大小】选项：在此设置期望的字体大小，参数设置范围为1~200。

【色彩】颜色块：单击右侧的颜色块，在弹出的菜单中指定需要的文字色彩。

【行间距】选项：调整多行标题素材中两行之间的距离，参数设置范围为60~999。

【按角度旋转】选项：在文本框中输入数值，可以调整旋转的角度，参数设置范围为－359～359度。

【多个标题】单选项：选中该单选项，可以为文字使用多个文字框。

【单个标题】单选项：选中该单选项，可以为文字使用单个文字框。在打开旧版本会声会影中编辑的项目文件时，此单选项会被自动选中。单个标题可以方便的为影片创建开幕辞和闭幕辞。

【文字背景】复选框：勾选此复选框，文字后面将添加一个色块，单击右侧的【自定义文字背景的属性】按钮，在弹出的对话框中可以修改文字背景的属性，如颜色、透明度等，如图9-2所示。

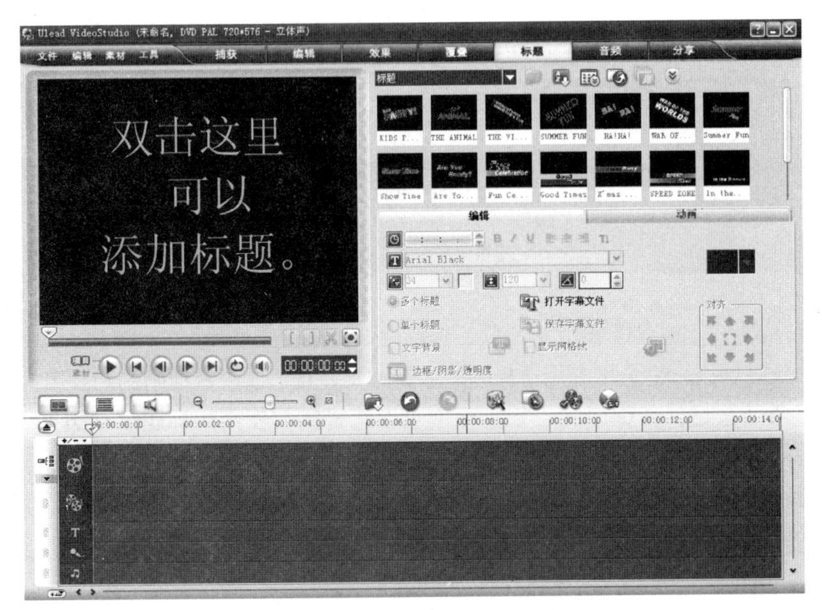

图9-1

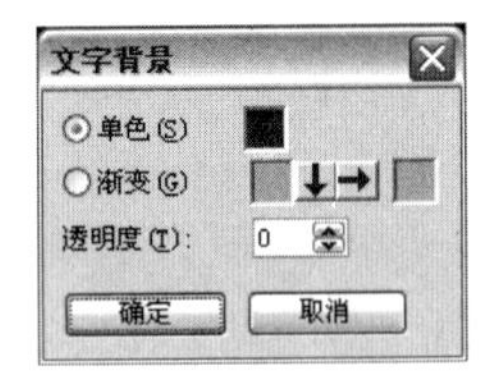

图9-2

【边框/阴影/透明度】按钮：允许为文字添加阴影和边框，并调整透明度。

【打开字幕文件】按钮：字幕文件包话srt、smi、ssa和utf等多种格式。单击该按钮，将弹出如图9-3所示的对话框，在对话框中选择utf格式的字幕文件，可以一次性批量导入字幕。

【保存字幕文件】按钮：单击此按钮，将弹出如图9-4所示的对话框，在对话框中可以将自定义的影片字幕保存为uft格式的字幕文件，以备将来使用，也可以修改并保存已经存在的uft字幕文件。

图9-3

图9-4

【显示网格线】复选框：勾选此复选框，可以显示网格线，单击【网格线选项】按钮，在弹出的对话框中可以设置网格的大小、颜色等属性。

【对齐】按钮组：设置文字在画面中的对齐方式。单击相应的按钮，可以将文字对齐到左上角、上方中央、居中和右下角等位置。

9.1.2 动画选项卡

选择选项面板中的【动画】选项卡，在如图9-5所示的选项面板中可以设置动画的属性。

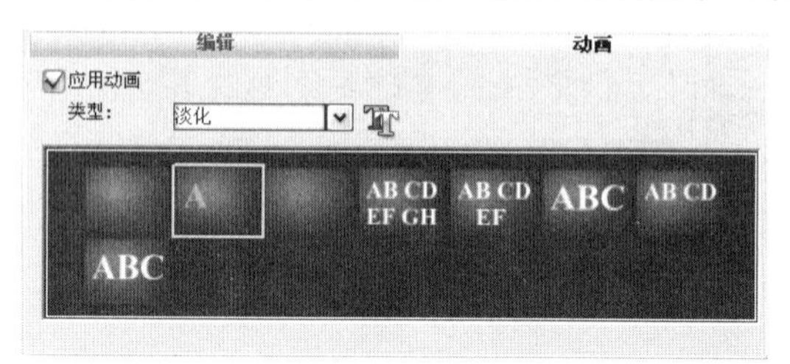

图9-5

【应用动画】复选框：勾选此复选框，将启用应用于标题上的动画，并且可以设置标题的动画属性。

【类型】选项：单击右侧三角形按钮，在弹出的下拉列表中可以选择需要使用的标题运动类型。

【自定义动画属性】按钮：单击该按钮，在弹出的对话框中可以定义所选择的动画的属性。

预设列表：在列表中可以选择预设的标题动画。

9.1.3 使用预设标题

会声会影11提供了丰富的预设标题，用户可以直接将它们添加到标题轨上，然后修改标题内容，快速将它们与影片融为一体，以有效帮助观众理解影片。

在会声会影11的视频轨上添加视频素材或图像素材，然后单击步骤选项卡中的【标题】按钮 标题 ，切换至标题面板。在素材库中选择需要使用的标题模板，将其拖曳到【标题轨】上，如图9-6所示。

图9-6

在标题轨上选中已经添加的标题，然后在预设窗口中双击要修改的标题，使它处于编辑状态，如图9-7所示。

图9-7

根据需要直接修改文字的内容，并在选项面板中设置标题的字体、样式和对齐方式等属性，如图9-8所示。

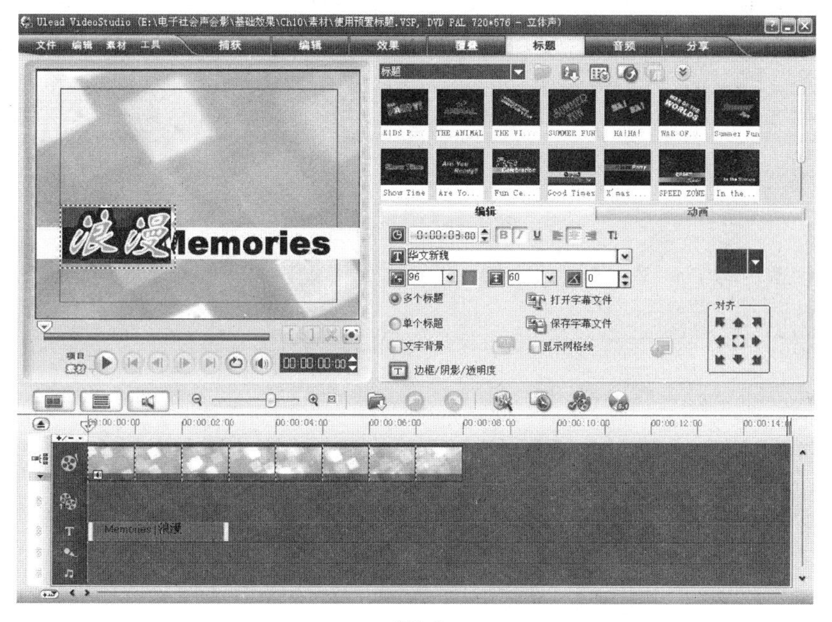

图9-8

在标题编辑区之外的区域单击鼠标，拖动标题四周的黄色控制点调整标题的大小，然后将鼠标指针放置在标题区中，按住鼠标拖曳标题到适当的位置，如图9-9所示。

图9-9

在标题的编辑区域之外单击鼠标，取消对标题的选取，用相同的方法双击屏幕上的其他标题，并进行编辑和调整，如图9-10所示。

图9-10

设置完成后，单击导览面板中【播放】按钮，观看添加到影片中的标题效果，如图9-11所示。

图9-11

9.2 设置标题属性

在会声会影11中，可以对创建好的标题进行颜色、字体、大小和样式等属性设置，丰富标题的表现形式。

9.2.1 设置标题文本格式

视频轨中的素材编辑好后，单击步骤选项卡中的【标题】按钮，切换至标题面板。在预览窗口中双击鼠标，输入要添加的文字，输入完成后，单击虚线框，使其出现控制点。在虚线框中拖曳鼠标改变标题位置，拖曳控制点改变标题的大小，如图9-12所示。

图9-12

单击选项面板中的【斜体】按钮，将文字转换为斜体，在【字体】选项下拉列表中选择需要的字体，将【大小】选项设为54，单击【色彩】颜色块，在弹出的调色板中选择颜色，并单击【居中】按钮，使文字居中显示，如图9-13所示。

图9-13

9.2.2 设置标题对齐方式

在【标题】步骤面板的【编辑】选项卡中为字幕提供了多个预设的对齐位置，如图9-14所示。

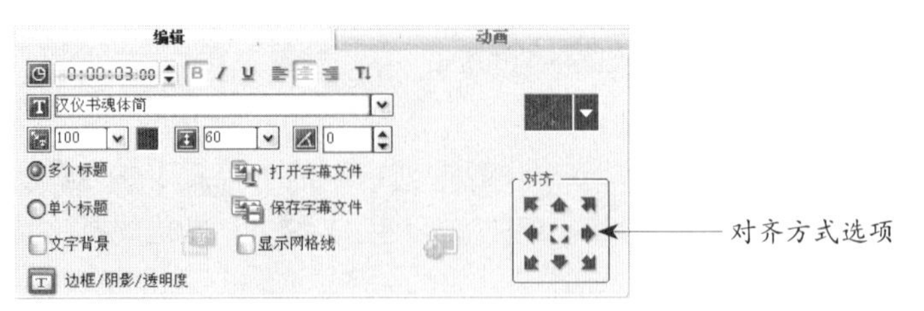

图9-14

在预览窗口中选择需要设置文字位置的标题，在【编辑】选项面板的【对齐】按钮组中单击不同的按钮，即可更改文字的位置，如图9-15和图9-16所示。

图9-15

图9-16

9.2.3 为标题文字加上边框和阴影

使用选项面板上的【边框/阴影/透明度】按钮，可以快速为标题添加边框、改变透明度和柔和程度或添加阴影。

在标题轨上选中需要调整的标题，在预览窗口中单击鼠标，使标题处于编辑状态，如图9-17所示。

单击选面板上的【边框/阴影/透明度】按钮，在弹出的如图9-18所示对话框中设置边框、阴影及柔化属性。

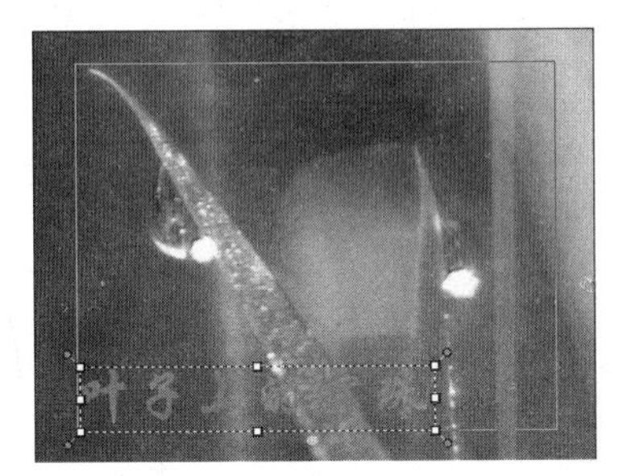

图9-17

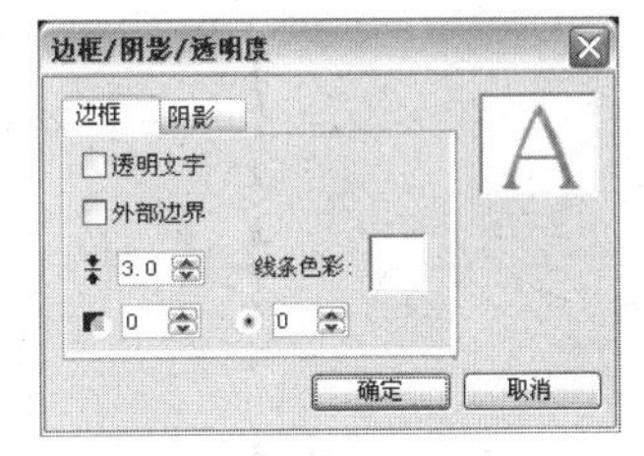

图9-18

【透明文字】复选框：勾选此复选框，可以使文字透明显示。

【外部边界】复选框：勾选此复选框，可以制作文字描边效果。

【边框宽度】选项：设置每个字符周围的边框宽度。

【线条色彩】颜色块：单击右侧的颜色方块，在弹出的调色板中可以为边框指定色彩。

【文字透明度】选项：调整标题的可见程度，可以直接输入数值进行调整。

【柔化边缘】选项：调整标题和视频素材边缘的混合程度。

设置完成后，单击【阴影】选项卡，切换至阴影面板，在该对话框中可以选择无阴影、下垂阴影、光晕阴影和突起阴影4种类型的阴影，如图9-19所示。

【无阴影】按钮：单击此按钮，可以取消应用到标题中的阴影效果。

【下垂阴影】按钮：根据定义的X和Y坐标值将阴影应用到标题上。对话框中的X和Y用于调整阴影的位置，和则用于调整阴影透明度和边缘柔化程度，通过调整参数，可以得到不同类型的下垂阴影效果。

【光晕阴影】按钮：单击此按钮，可以在文字周围加入扩散的光晕区域。如果使用较亮的色彩，文字看起来好像会发光；如果设置较大的强度，文字看起来像衬托了沿着文字边缘的背景。在选项面板中，可以通过选择略图的方式设置光晕的色彩、强度、透明度和边缘柔化程度，以得到不同的光晕阴影效果。

【突起阴影】按钮：单击此按钮，可以为文字加入深度，让它看起来具有立体外观，在选项面板中可以设置阴影的偏移量，较大的X/Y偏移量可增加深度。

设置完成后，单击【确定】按钮，将定义的边框和阴影效果添加到标题中，效果如图9-20所示。

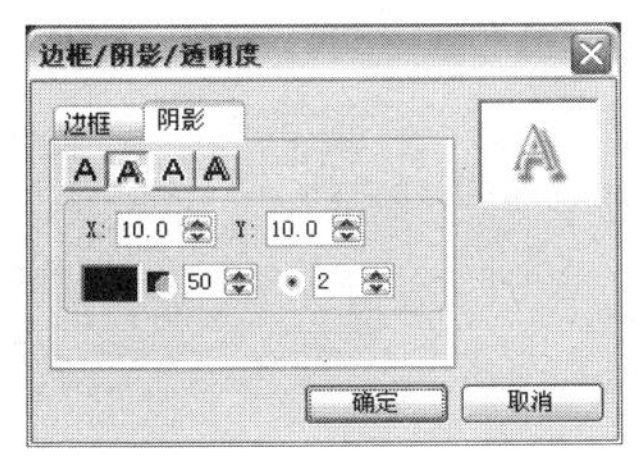

图9-19

图9-20

9.2.4 设置标题背景

如果画面过于杂乱，或者想对标题予以强调，可以为标题添加背景衬托，在会声会影11里，文字背景可以是单色或渐变色，并能调整透明度。

在视频轨中添加视频素材或图像素材，如图9-21所示。

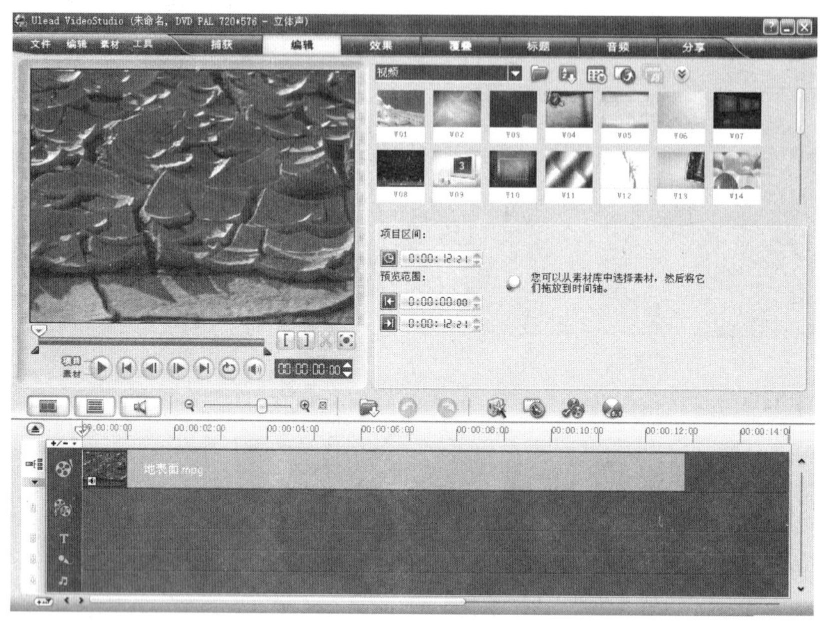

图9-21

单击步骤选项卡中的【标题】按钮，切换至标题面板。按照前面的方法在影片中添加标题，并将其选中，使其处于编辑状态，如图9-22所示。

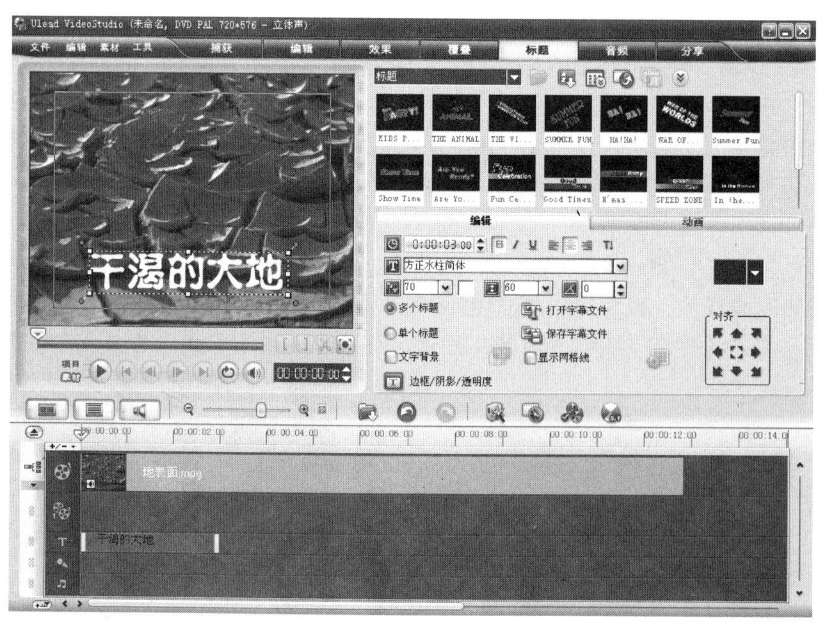

图9-22

提示

文字背景只能用于【多个标题】模式。

在选项面板中勾选【文字背景】复选框，会声会影11自动为文字添加预设的背景颜色，如图9-23所示。单击【自定义文字背景的属性】按钮，弹出【文字背景】对话框，选择【渐变】单选项，设置渐变从左到右为蓝色（R：16，G：190，B：234）到灰蓝色（R：68，G：109，B：140），将【透明度】选项设为24，如图9-24所示。单击【确定】按钮，文字的背景效果如图9-25所示。

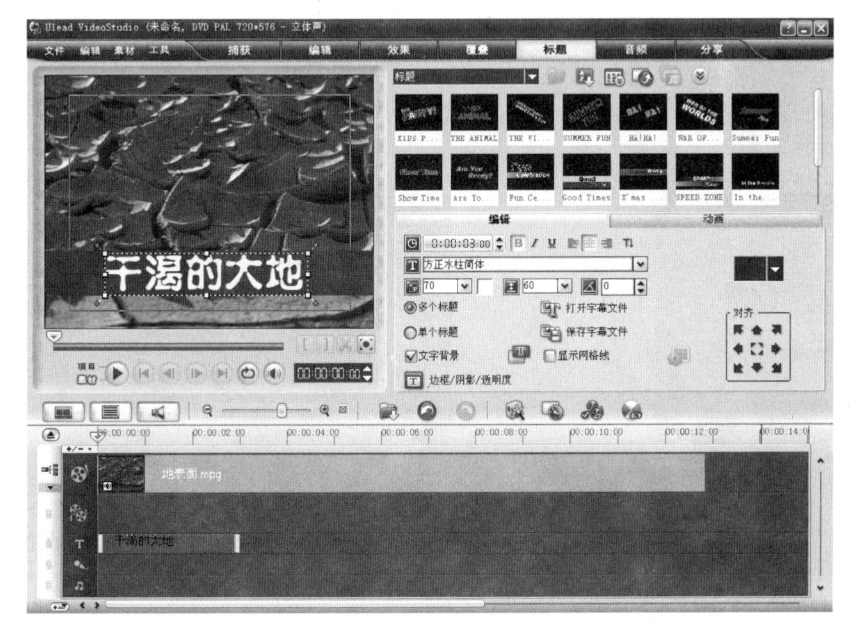

图9-23

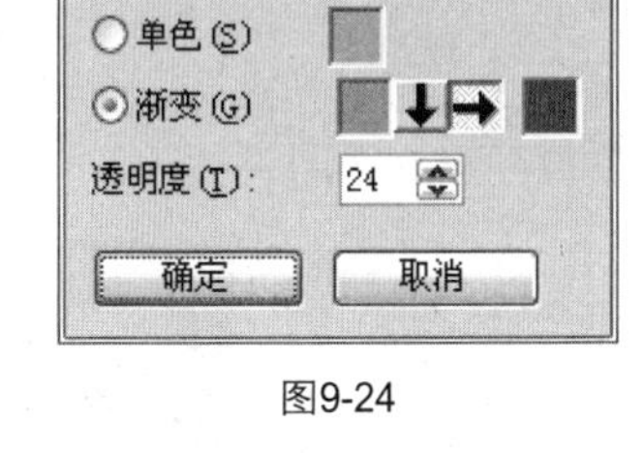

图9-24

图9-25

9.2.5 旋转标题

会声会影11提拱了文字旋转功能，极大地提高了影片的趣味性。

在标题轨或预览窗口中选择需要应用的标题样式，如图9-26所示。

图9-26

在选项面板中的【旋转】对话框中输入数值-16，如图9-27所示，在预览窗口中，文字顺时针旋转16度，效果如图9-28所示。

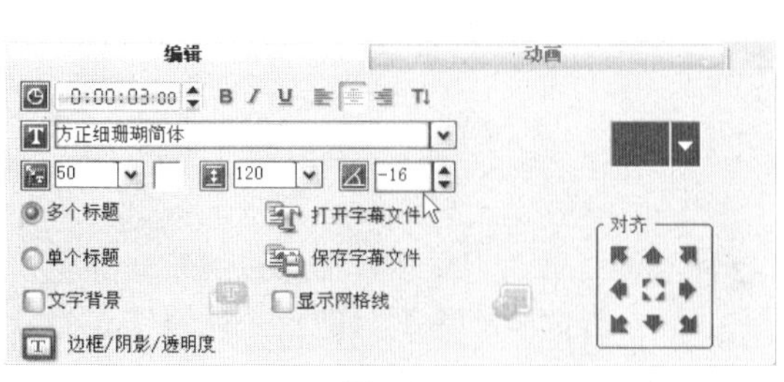

图9-27

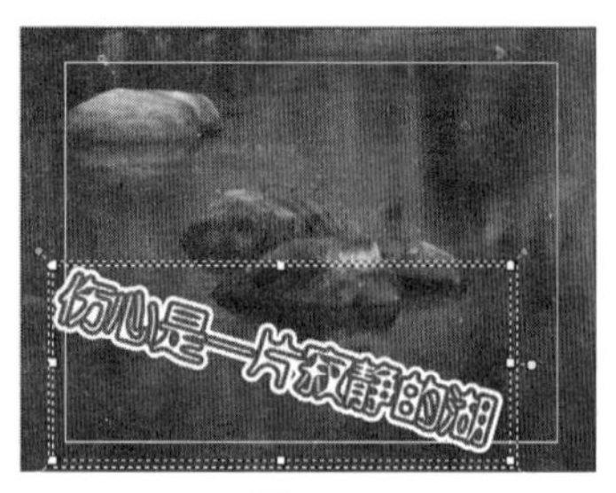

图9-28

提示

在预览窗口中，使文字处于编辑状态，将鼠标指针置于控制框的紫色控制点上，当鼠标指针呈旋转状时，如图9-29所示，按住鼠标并拖曳，即可旋转文字，效果如图9-30所示。

图9-29

图9-30

9.2.6 设置标题的显示位置

在预览窗口中选择需要移动位置的标题，选择的标题四周会出现一个变换控制框，如图9-31所示。

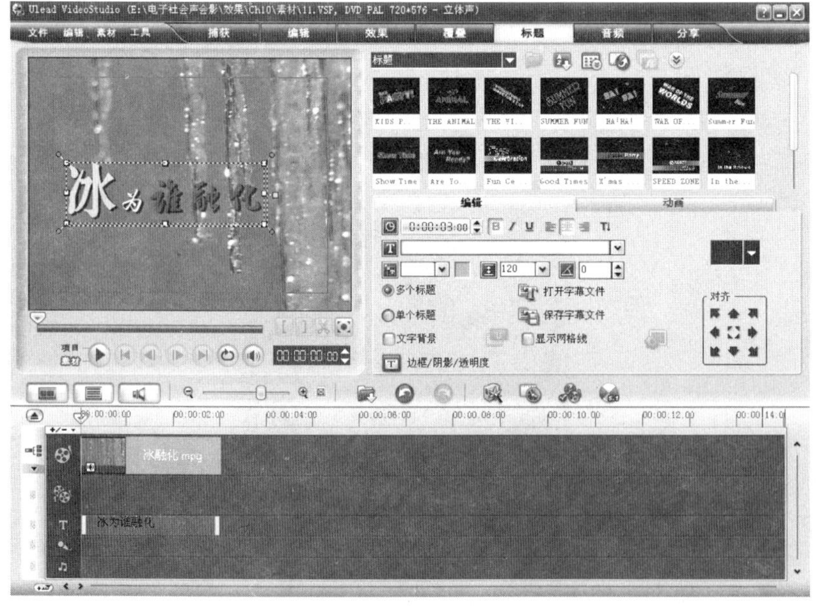

图9-31

将鼠标移至控制框内，当鼠标指针呈状时，单击鼠标并向左下角拖曳，如图9–32所示，释放鼠标，即可将选择的标题移动位置，如图9–33所示。

图9-32

图9-33

9.2.7 应用预设文字特效

会声会影11提供了大量的标题预设样式，使用这些样式，可以丰富标题的视觉效果。

在标题轨或预览窗口中选择需要应用样式的标题文字，如图9–34所示。

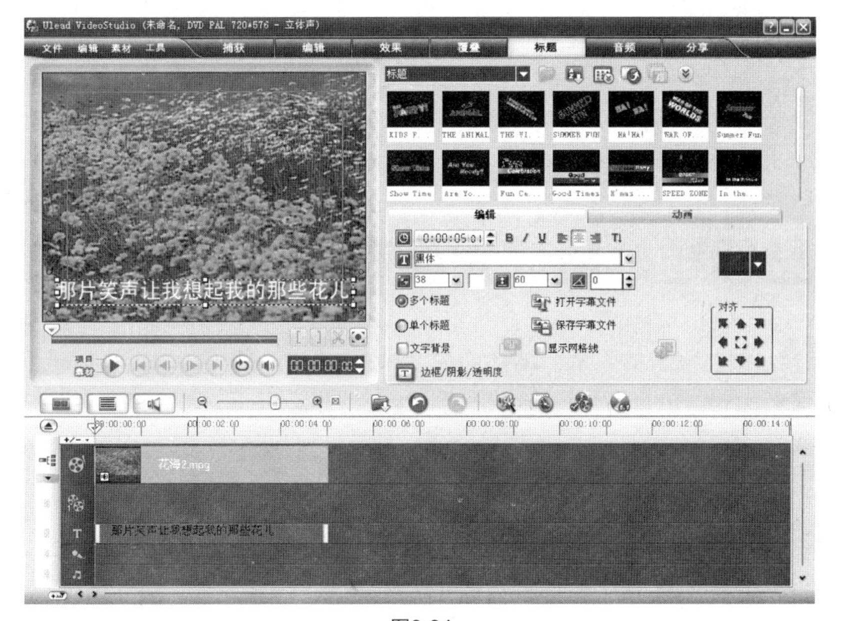

图9-34

在【编辑】选项面板中，单击【选取标题样式预设值】右侧的下拉按钮，弹出系统预设的标题样式，在下拉列表中选择要使用的预设样式，如图9–35所示。

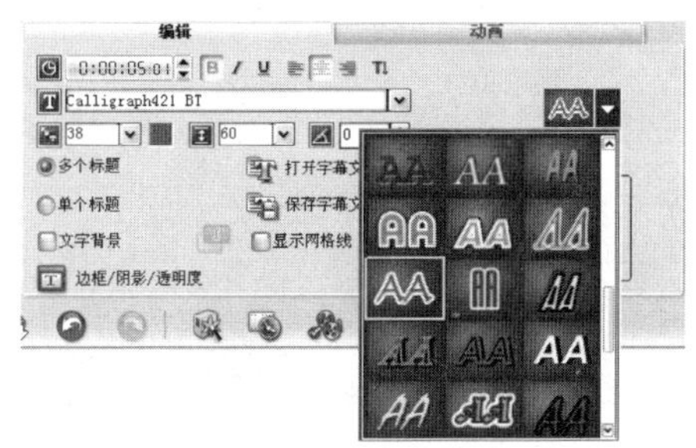
图9-35

在选项面板中重新设置字体，完成特效文字的预设，效果如图9-36所示。

图9-36

9.3 调整标题的播放长度和位置

将字幕添加到标题轨上以后，标题播放时间与视频轨上的素材长度是一一对应的关系，也就是说，标题将在视频轨上对应的素材播放期间出现。在会声会影11中，可以调整添加到标题轨中的标题的位置与播放时间。

9.3.1 调整标题的播放时间

1. 以拖曳的方式调整

选中被添加到标题轨中的标题，将鼠标指针放在当前选中标题的一端，当光标呈双向箭头⇔时，按住并拖动鼠标，如图9-37所示，松开鼠标，即可改变标题的持续时间，效果如图9-38所示。

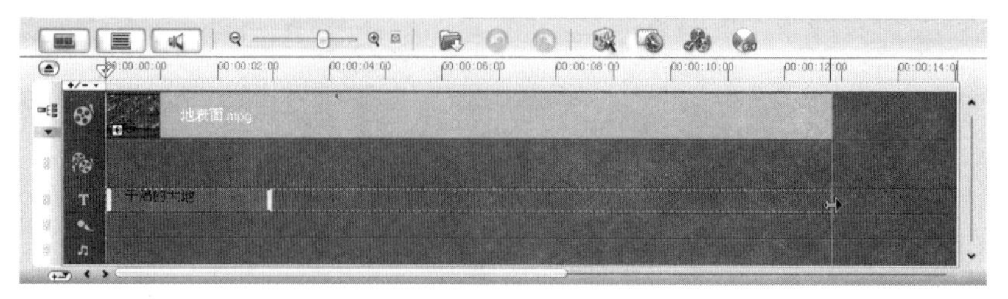

图9-37

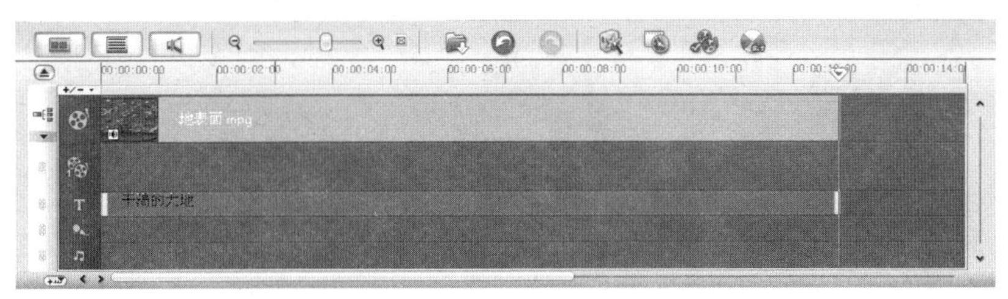

图9-38

2. 调整时间码

在标题轨上选中需要调整的标题，在选项面板的【区间】中调整时间码，从而改变标题在影片中的播放时间，如图9-39所示。

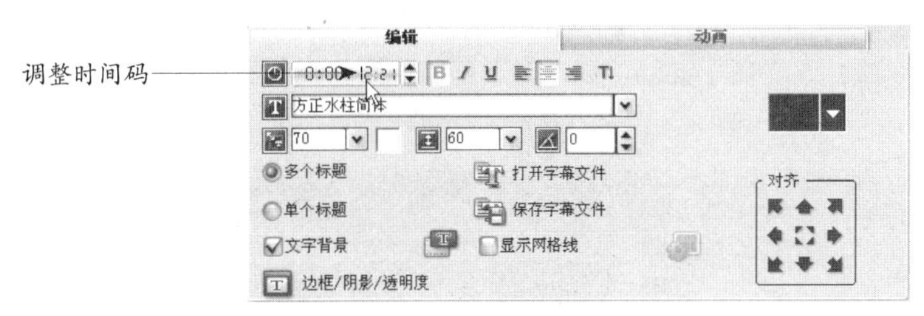

图9-39

9.3.2 调整标题的播放位置

单击【时间轴】面板中的【时间轴视图】按钮，切换到时间轴视图。通过调整【缩放到】按钮，使希望放置标题的位置所对应的视频素材在视频轨上完整显示出来，如图9-40所示。

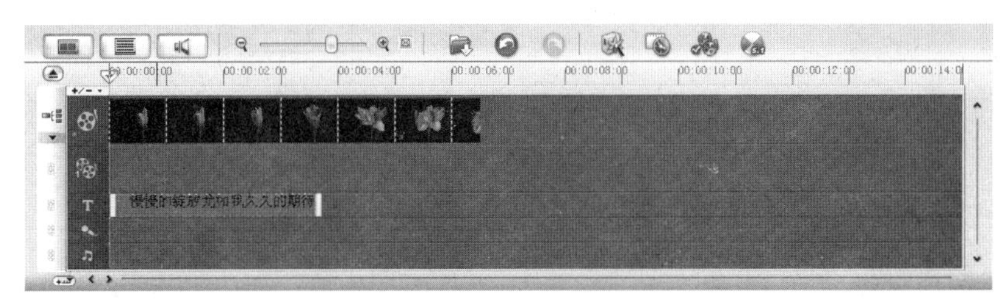

图9-40

单击鼠标选中需要移动的标题，将鼠标指针放置在标题上方，鼠标指针呈四方箭头形状时，按住鼠标拖曳标题到需要放置的位置，如图9-41所示，释放鼠标，效果如图9-42所示。

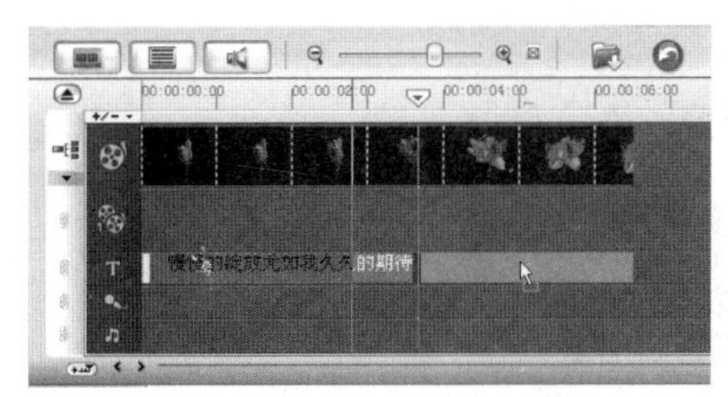

图9-41

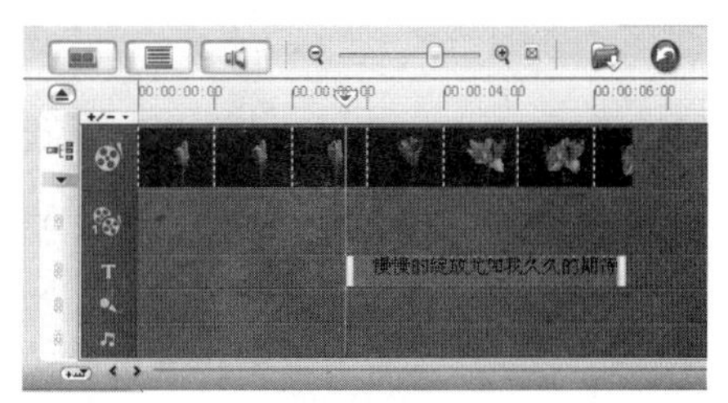

图9-42

9.4 单个标题和多个标题

会声会影11允许用户用多个标题和单个标题来添加文字。用多个标题可以让用户更灵活地将不同文字放到视频画面的任何位置，并允许用户排列文字的叠放次序。在用户为项目创建开幕辞和闭幕辞时，可以使用单个标题。

9.4.1 单个标题的应用

单个标题：无论标题文字多长，它都是一个标题，不能对单个标题应用背景效果。标题位置不能移动。

单击步骤选项卡中的【标题】按钮 标题 ，进入标题选项面板，在预览窗口中拖动飞梭栏滑块，找到需要添加标题帧的位置，如图9-43所示。

图9-43

在预览窗口中双击鼠标，进入标题的编辑状态，在选项面板中勾选【单个标题】单选项，再次在预览窗口中双击鼠标，输入需要添加的文字，如图9-44所示。

图9-44

提 示

输入单个标题时，当输入的文字超出窗口时，可以拖拉窗口周围滑动条查看效果。

参照9.1.1节的内容，在选项面板中设置标题的字体、大小、颜色、对齐方式等属性，效果如图9-45所示。

图9-45

设置完成后，在标题轨上单击鼠标，输入的文字将被添加到前面所设置的标题的起始位置，如图9-46所示。

图9-46

9.4.2 多个标题的应用

多个标题：多个标题允许用户更灵活地将不同文字放到视频画面的任何位置，并且可以排列文字的叠放顺序。

单击步骤选项卡中的【标题】按钮 标题 ，进入标题选项面板，在预览窗口中双击鼠标，进入编辑状态，在选项面板中选择【多个标题】单选项，再次在预览窗口中双击鼠标，输入需要添加的文字，如图9-47所示。

图9-47

参照9.1.1节的内容，在选项面板中设置标题的字体、大小、颜色、对齐等属性，效果如图9-48所示。

图9-48

输入完成后，在标题框上单击鼠标，标题四周出现控制框，拖动黄色控制点可以调整标题的大小，将鼠标放置在控制点的区域中，按住鼠标并进行拖曳，即可改变标题的位置，如图9-49所示。

图9-49

在标题轨上单击鼠标，输入的文字被添加到【标题轨】上，如果需要编辑多个标题属性，可以在【标题轨】上选中该标题素材，在预览窗口中单击鼠标进入标题编辑模式，在要编辑的标题框中双击鼠标，使标题处于编辑状态。在选项面板中调整标题的属性，修改完成后，在标题轨上单击鼠标即可应用修改。

提示

在将输入的多个文字添加到时间轴之前，如果选择【单个标题】单选项，只有当前选中的文字或第一个输入的文字（在未选取文字框时）被保留。其他文字框将被删除，并且【文字背景】复选框将被禁用。

9.4.3 单个标题和多个标题的转换

会声会影11的单个标题功能主要就是用来制作片尾的长段字幕。在一般的情况下，建议使用多个标题功能。

若要将单个标题转换为多个标题（或将多个标题转换到单个标题），只需要在标题轨或预览窗口中选择该标题，然后在【编辑】选项面板中单击【多个标题】单选项（或【单个标题】单选项）即可。

在单个标题与多个标题之间进行转换时，需要注意的事项如下。

◎ 单个标题转换到多个标题后，将无法撤消还原。

◎ 多个标题转换到单个标题有两种情况：如果选择了多个标题中的某一个标题，转换时只有选中的标题被保留，未选中的标题内容将被删除；如果没有选中任何标题，那么转换时，只保留首次输入的标题。这两种情况中，如果应用了文字的背景，该效果会被删除。

9.5 为影片批量添加字幕

会声会影11提供了打开字幕文字功能，这样就能一次性批量导入字幕，非常适用于导入歌词，使字幕与音乐完美而快速地结合。

9.5.1 下载歌曲和LRC字幕

1. 下载音乐文件

开启IE，登录音乐下载页面http://mp3.baidu.com，在搜索栏中输入关键字，如图9-50所示。

图9-50

单击【百度一下】按钮，页面转换到链接页面，显示查找到的符合要求的曲目，如图9-51所示。

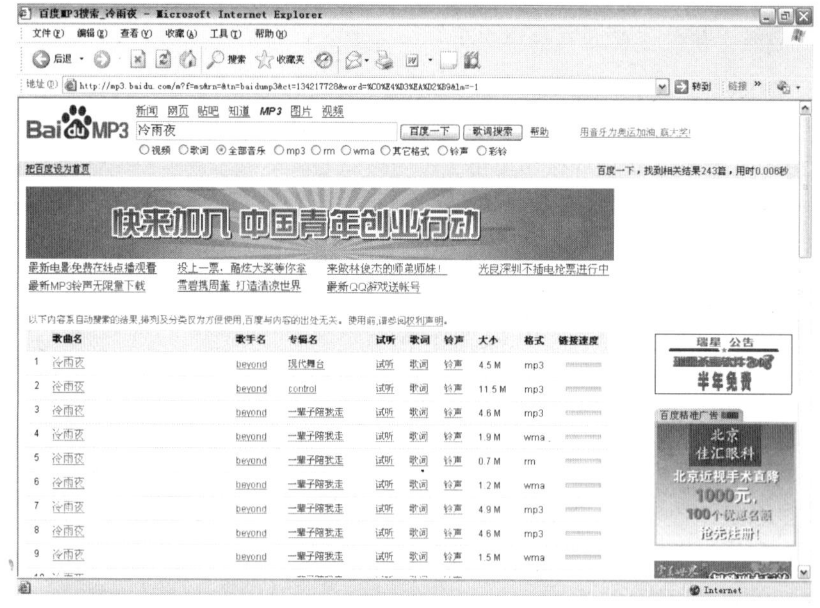

图9-51

在想要下载的曲目右侧单击【试听】按钮，打开对应歌曲的试听窗口，如图9-52所示。

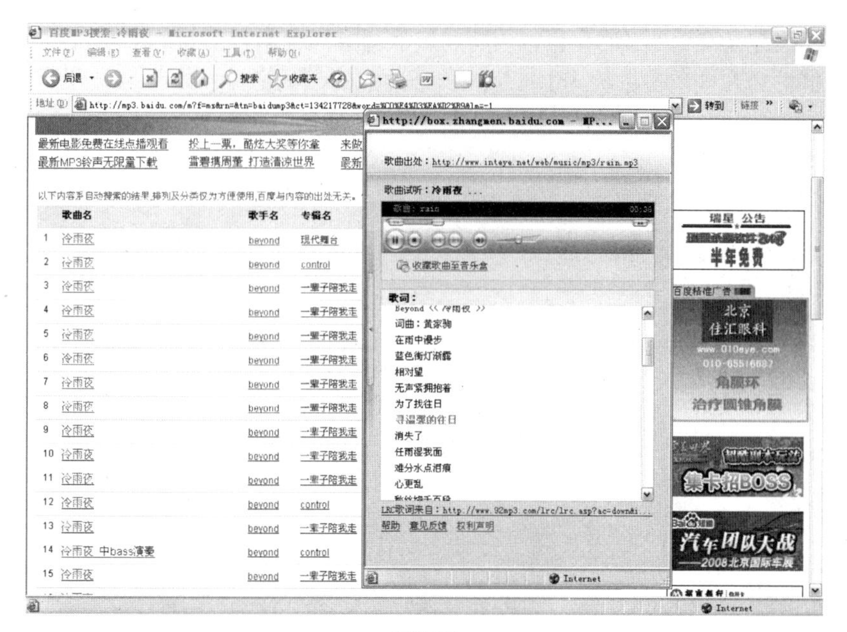

图9-52

在【歌曲出处】的链接上单击鼠标右键，在弹出的菜单中执行【目标另存为】命令，如图9-53所示，在弹出的【另存为】对话框中选择歌曲保存的名称和路径，如图9-54所示，单击【保存】按钮，将音乐下载到选择的路径中。

图9-53

图9-54

2. 下载LRC字幕

LRC字幕是一种字幕格式，它的特点是歌词与歌曲一致，比会声会影11所支持的utf字幕更为流行，因此需要先下载容易找到的LRC字幕，再将它转换为会声会影11支持的utf字幕。

在先前下载的曲目右侧单击【歌词】按钮，打开对应的歌词窗口，如图9-55所示。

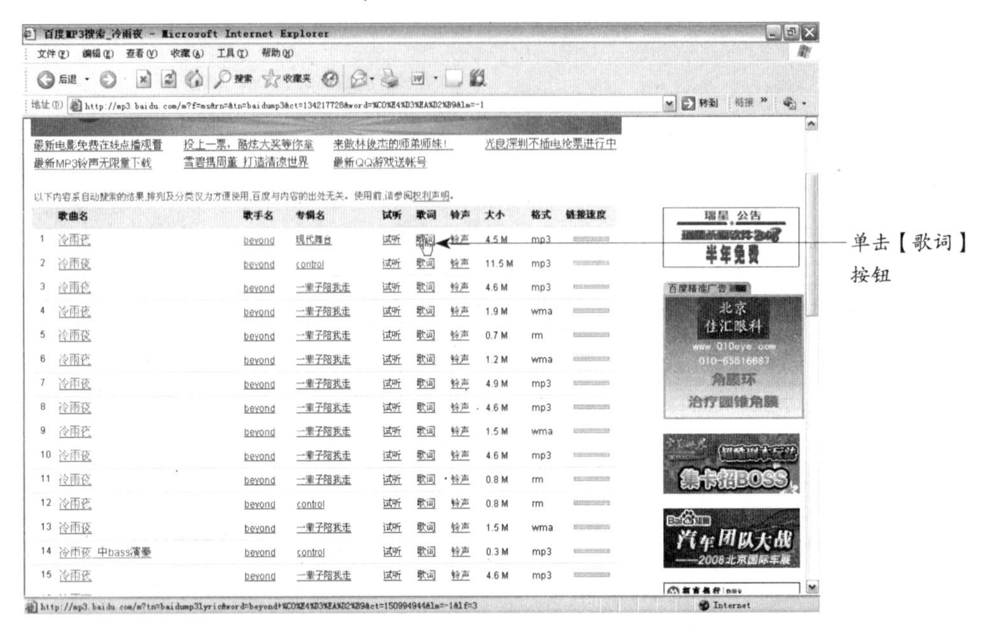

图9-55

在歌词页面单击右上方的【搜索"冷雨夜"LRC歌词】按钮，如图9-56所示，在弹出的链接页面中单击【冷雨夜 - Beyond】按钮，如图9-57所示。

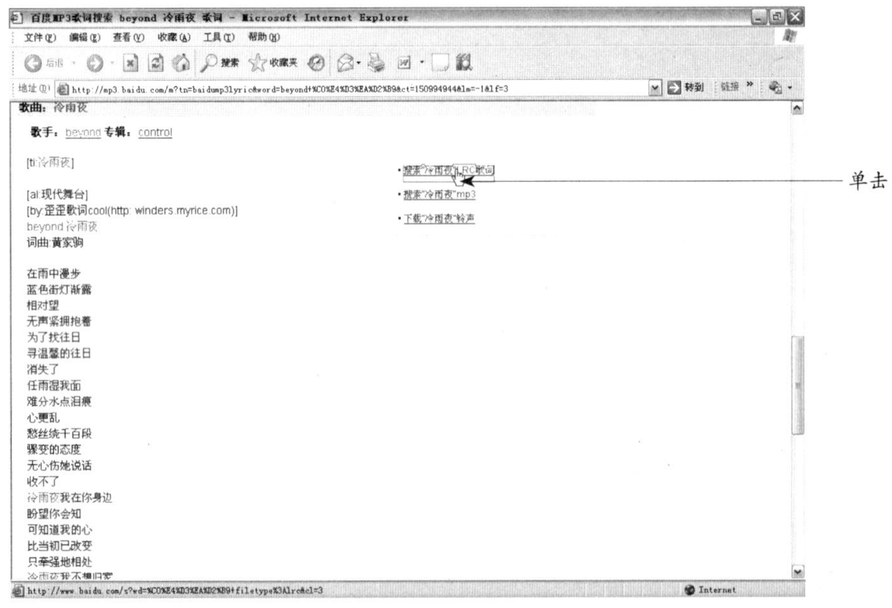

图9-56

图9-57

在弹出的【文件下载】对话框中，单击【保存】按钮，如图9-58所示，在弹出的【另存为】对话框中选择歌曲保存的名称和路径，如图9-59所示，单击【保存】按钮，将LRC歌词保存到选择的路径中。

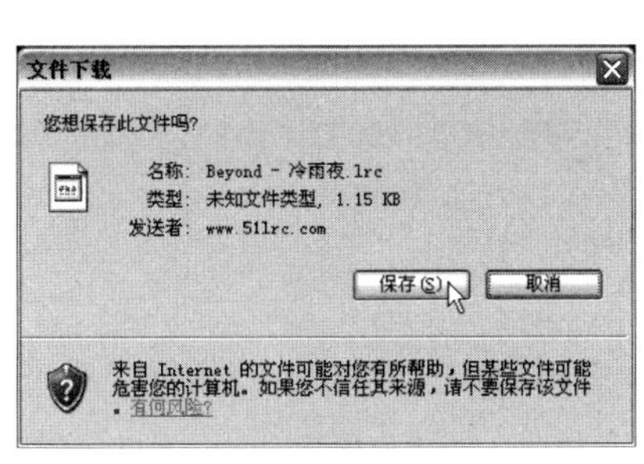

图9-58

图9-59

■ 9.5.2 转换字幕文件格式

开启IE，登录页面http://www.baidu.com，在搜索栏中输入要查找的软件名称“LRC歌词文件转换器”，如图9-60所示。

图9-60

单击【百度一下】按钮，页面显示软件“LRC歌词文件转换器”的下载页面链接，如图9-61所示。

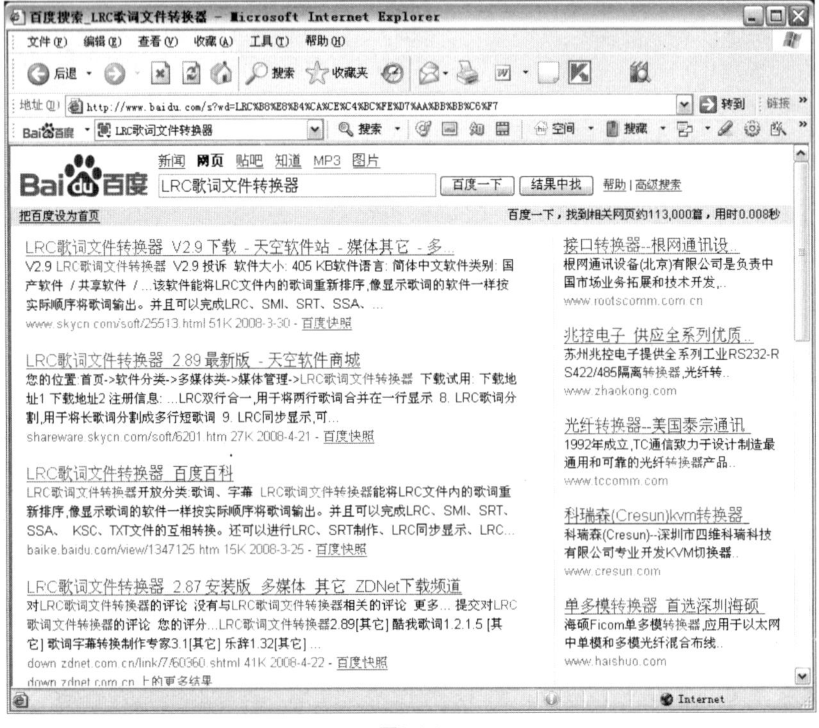

图9-61

单击页面链接，进入相关的下载页面，如图9-62所示，根据相关的页面提示信息，下载并安装“LRC歌词文件转换器”。

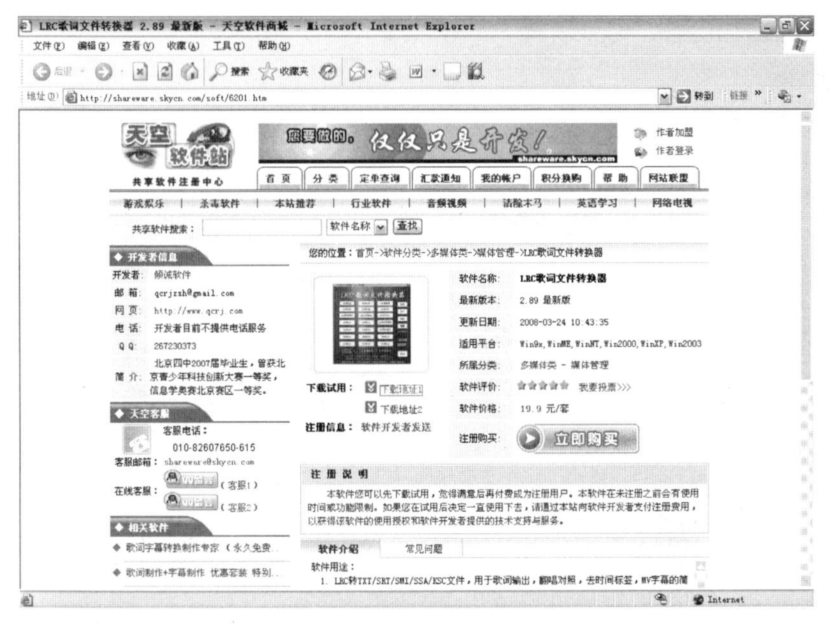

图9-62

启动“LRC歌词文件转换器”，单击界面上的【LRC转SRT】按钮，如图9-63所示，弹出【LRC歌词文件转换器】对话框，单击【LRC文件输入】对话框右侧的【浏览】按钮，如图9-64所示。

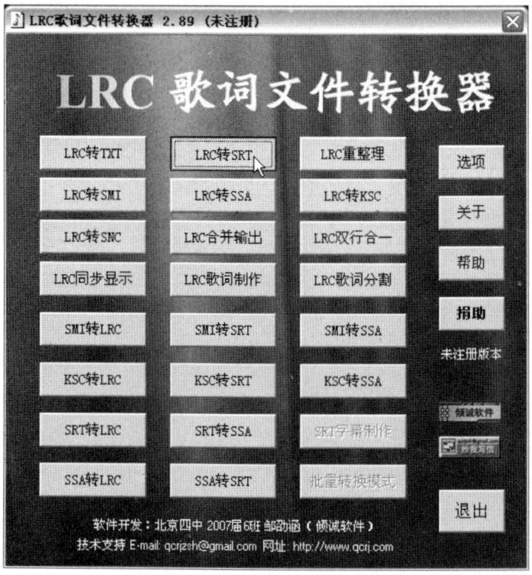

图9-63

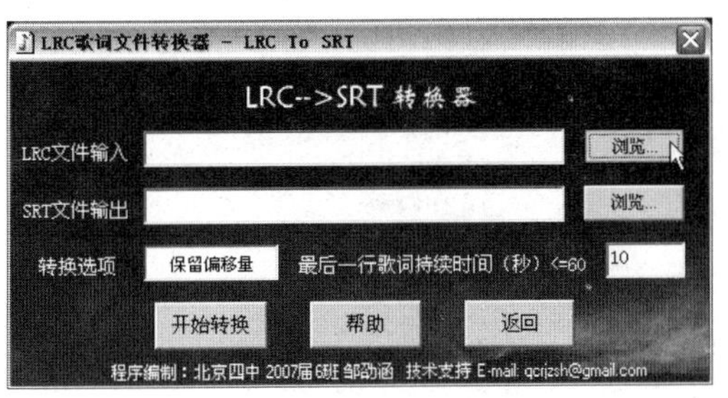

图9-64

在弹出的【打开】对话框中选择刚才保存的LRC文件，如图9-65所示，单击【打开】按钮，程序自动指定转换后的SRT文件的保存路径，如图9-66所示。

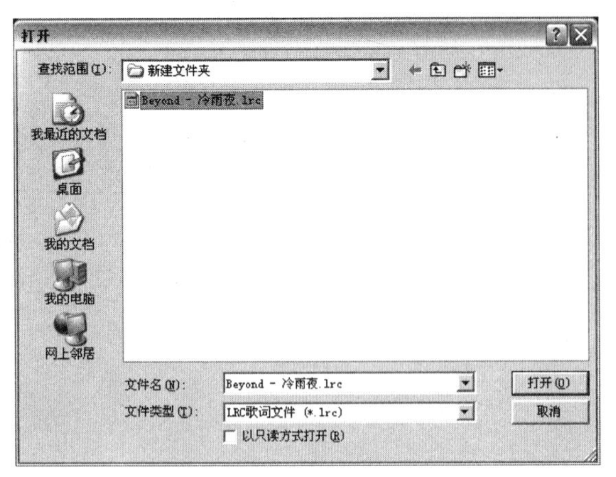

图9-65

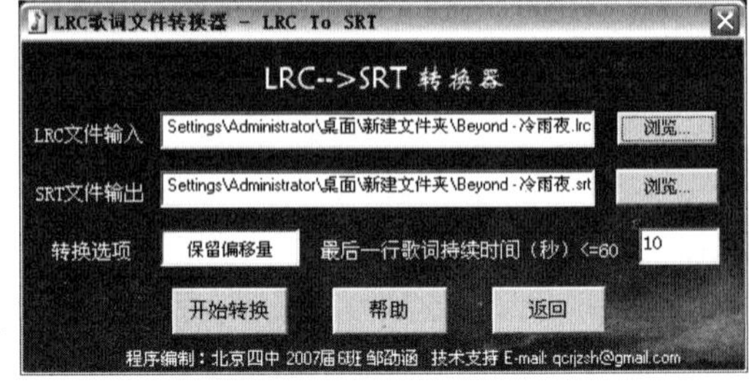

图9-66

单击【开始转换】按钮，将LRC文件转换为SRT文件，转换完成后，会弹出提示对话框，提示转换成功，如图9-67所示，单击【确定】按钮，然后退出“LRC歌词文件转换器”软件。

图9-67

在Windows资源管理器中选中转换完成的SRT文件。按快捷键【F2】，使文件名处于编辑状态，将它的后缀名修改为“utf”，如图9-68所示。

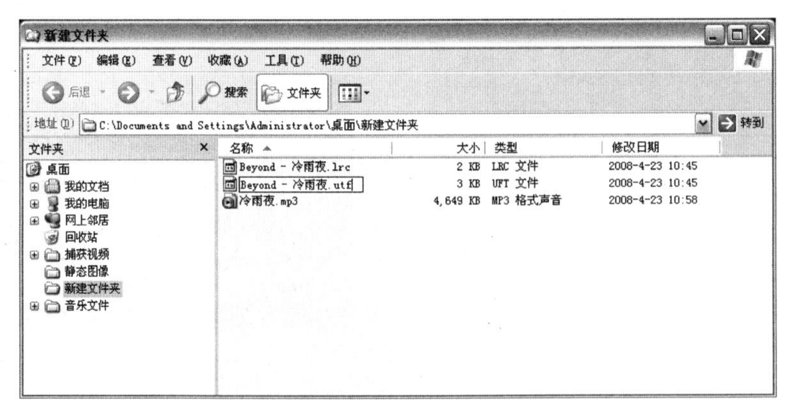

图9-68

提 示

如果Windows资源管理器中没有显示文件的后缀名，执行菜单【工具】→【文件夹选项】命令，如图9-69所示，在弹出的对话框中取消勾选【查看】选项卡中的【隐藏已知文件类型的扩展名】复选框，如图9-70所示，单击【确定】按钮即可显示文件的后缀名。

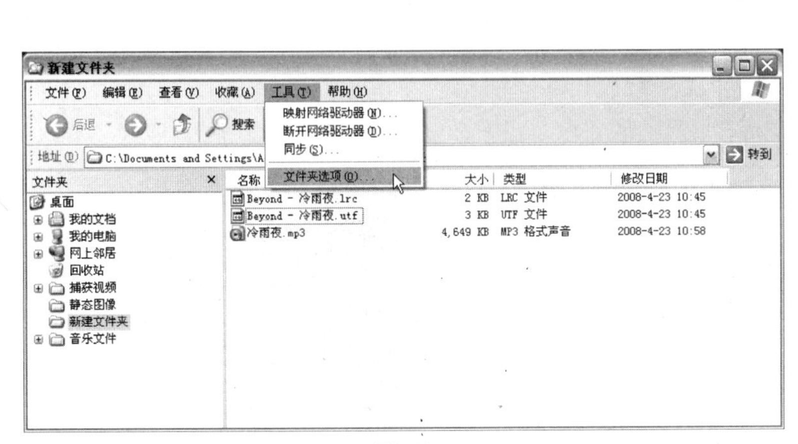

图9-69

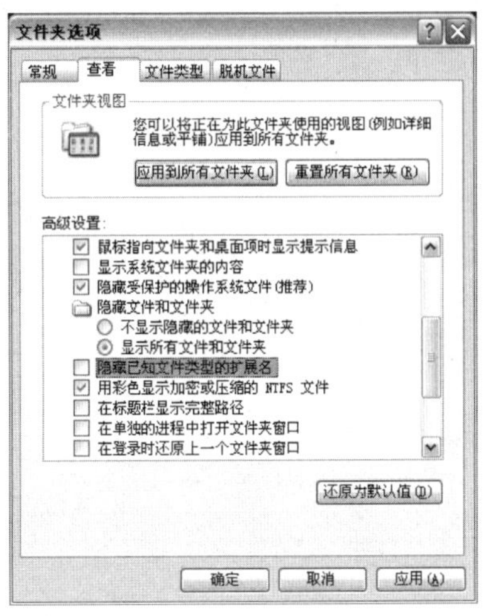

图9-70

■ 9.5.3 添加字幕文件

在视频轨中添加视频素材或图像素材，在声音轨或音轨上添加先前下载的音乐文件，如图9-71所示。

图9-71

单击步骤选项卡中的【标题】按钮 标题 ，切换至标题面板。单击选项面板中的【打开字幕文件】按钮，在弹出的【打开】对话框中选择刚才转换完成的utf文件，并在该对话框的下方设置字体、字体大小、字体颜色及光晕阴影等属性，如图9-72所示。

图9-72

设置完成后，单击【打开】按钮，弹出提示对话框，如图9-73所示，单击【确定】按钮，歌词被自动添加到标题轨上，并与歌曲中的唱词一一对应，如图9-74所示。

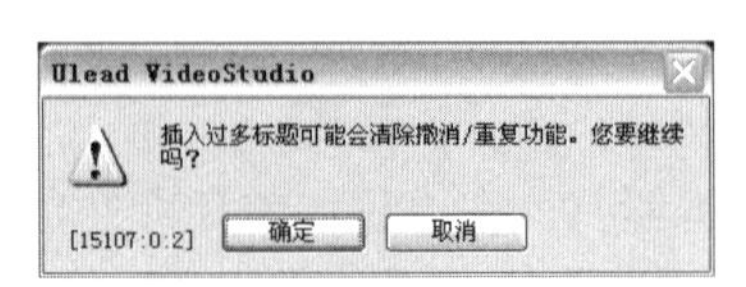

图9-73

图9-74

9.6 制作动画标题

会声会影11集成了8种类型的字幕动画效果，每种动画效果还有很多预设类型，不用进行繁琐的设置。如果预设类型还不能满足要求，还可以对字幕动画进行自定义，这些动画效果对于一般的字幕应用已经绰绰有余。

9.6.1 应用预设动画标题

预设的动画标题是会声会影11内置的一些动画，使用它们可以快速地创建动画标题。

按照前面章节中介绍的方法在时间轴上选中需要调整的标题，并在预览窗口中单击鼠标，使标题处于编辑状态，如图9-75所示。

图9-75

在【动画】选项面板中勾选【应用动画】复选框，单击【类型】右侧的下拉按钮，在弹出的下拉列表中选择【移动路径】选项，如图9-76所示。在预设的动画中选择一种类型，如图9-77所示。

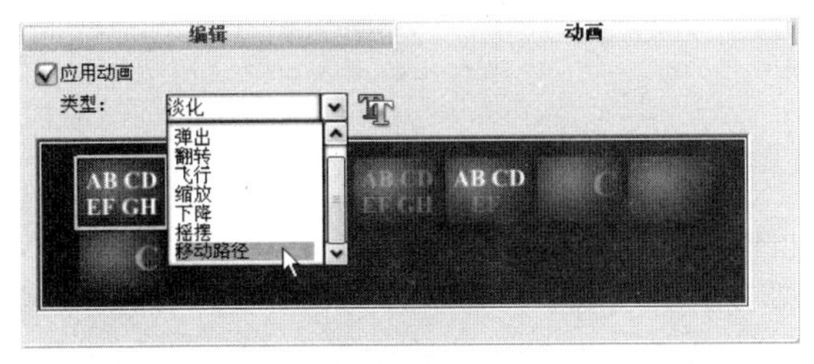

图9-76

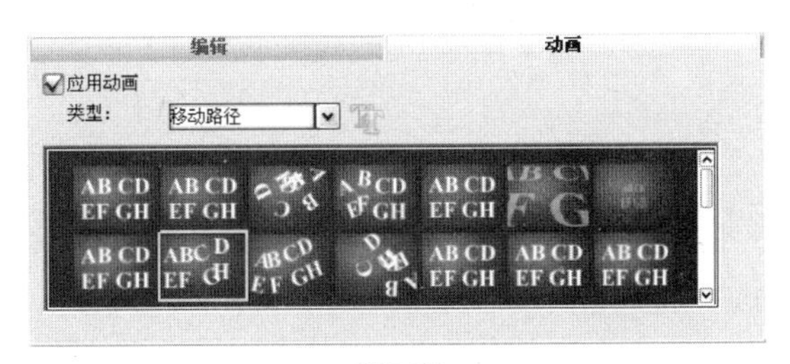

图9-77

设置完成后，单击导览面板中的【播放】按钮，在预览窗口中查看运动的标题效果，如图9-78所示。

图9-78

9.6.2 向上滚动字幕

在影片结尾通常会显示向上滚动的字幕，使用会声会影11可以添加向上滚动的字幕，制作出专业的影片效果。

在预览窗口中拖动飞梭栏滑块，找到需要添加标题帧的位置，如图9-79所示。

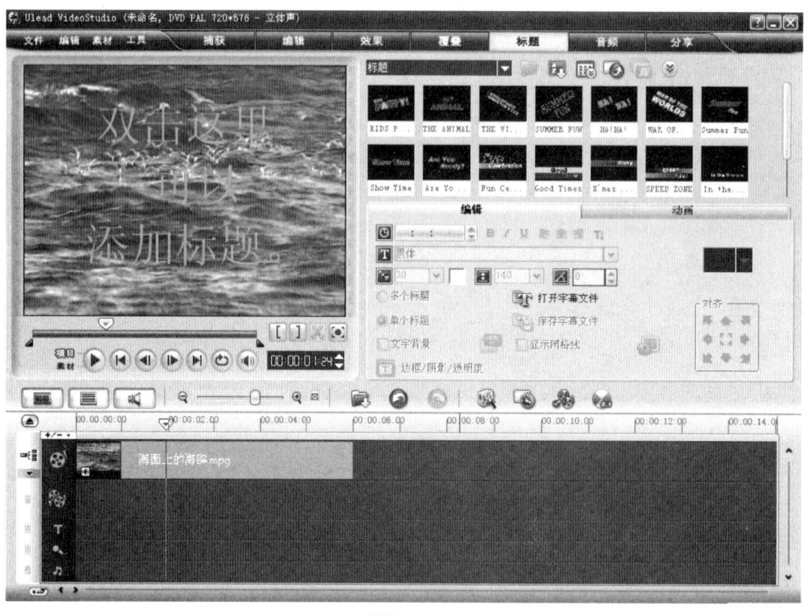

图9-79

单击步骤选项卡中的【标题】按钮，切换至标题面板。在预览窗口中双击鼠标，进入标题的编辑状态，在选项面板中选择【单个标题】单选项，再次在预览窗口中双击鼠标，输入需要添加的文字，在标题轨上单击鼠标，输入的文字将被添加到前面所设置的标题的起始位置，如图9-80所示。

在【动画】选项面板中勾选【应用动画】复选框，单击【类型】右侧的下拉按钮，在弹出的下拉列表中选择【飞行】选项，在预设的动画中选择一种类型，如图9-81所示。

单击【自定义动画属性】按钮，在弹出的对话框中设置文字运动的方式，如图9-82所示。

图9-80

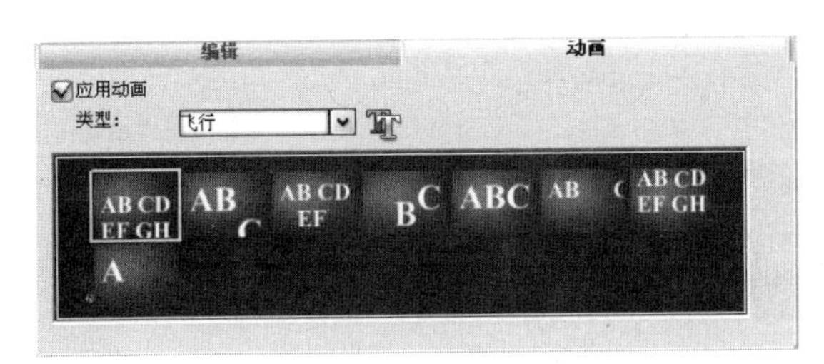

图9-81

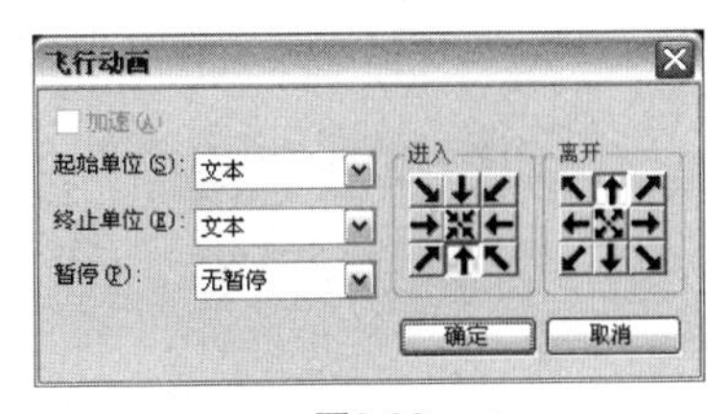

图9-82

【加速】复选框：勾选该复选框，可以在当前单位退出屏幕之前，使标题素材的下一个单位开始动画。

【起始单位/终止单位】选项：设置标题在视频中出现的方式。包括文字、字符、单词和行等不同的方式。

【暂停】选项：在动画起始和终止的方向之间应用暂停的方式。选择【无暂停】，可以使动画不间歇运行。

【进入/离开】按钮组：显示从标题动画的起始到终止位置的踪迹。单击按钮，可以使标题静止。

设置完成后，单击【确定】按钮，在【编辑】选项面板中，调整字幕的播放时间，从而控制文字向上滚动的速度，如图9-83所示。

图9-83

单击导览面板中的【播放】按钮，查看字幕从下向上滚动的播放效果，如图9-84和图9-85所示。

图9-84

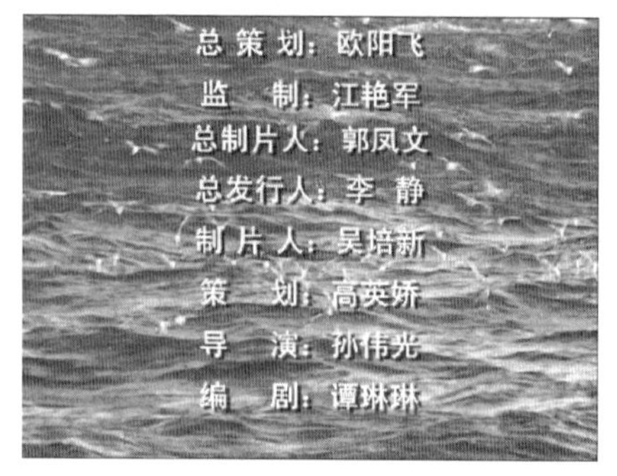

图9-85

9.6.3 淡入淡出的字幕效果

在为影片添加说明文字时，可以根据需要为文字设置淡入淡出效果。

单击步骤选项卡中的【标题】按钮，切换至标题面板。在预览窗口中双击鼠标，进入标题的编辑状态，在选项面板中选择【多个标题】单选项，在预览窗口中输入需要添加的文字，在标题轨上单击鼠标，输入的文字将被添加到标题轨上，如图9-86所示。

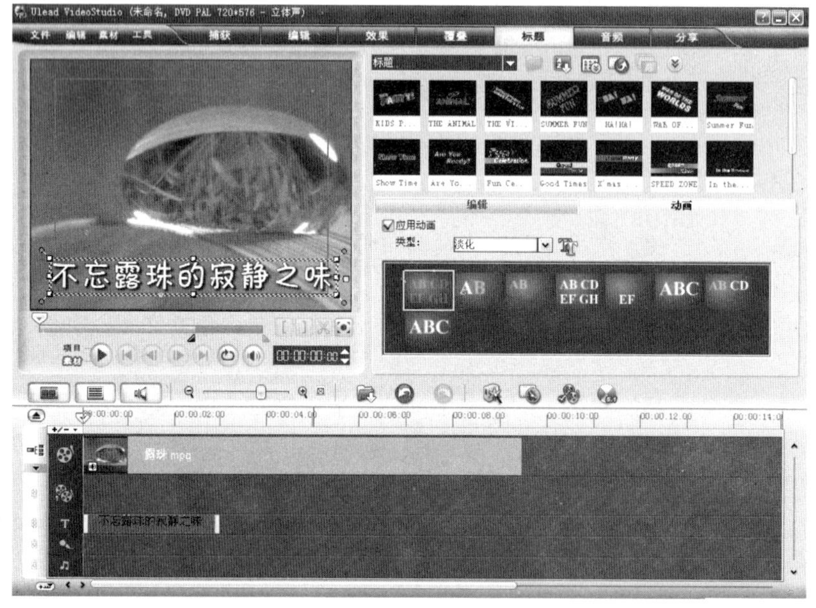

图9-86

在【动画】面板中勾选【应用动画】复选框，单击【类型】右侧的下拉按钮，在弹出的下拉列表中选择【淡化】选项，单击【自定义动画属性】按钮，在弹出的对话框中选择【交叉淡化】单选项，如图9-87所示，单击【确定】按钮。

在标题轨上拖曳标题右侧的黄色标记，改变标题在影片中的持续时间，调整字幕的滚动速度，如图9-88所示。

图9-87

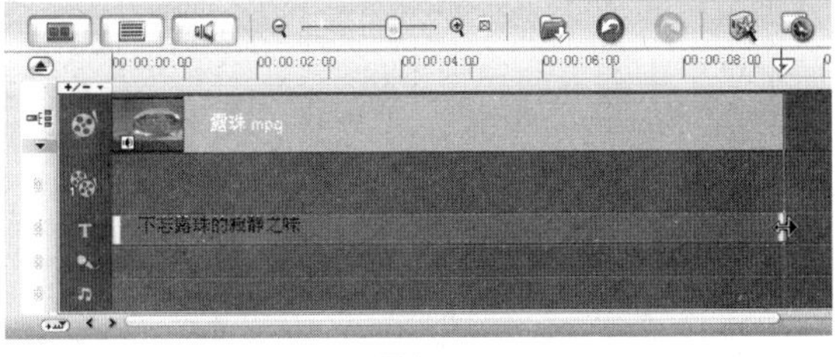

图9-88

单击导览面板中的【播放】按钮▶，查看字幕淡入淡出的效果，如图9-89所示。

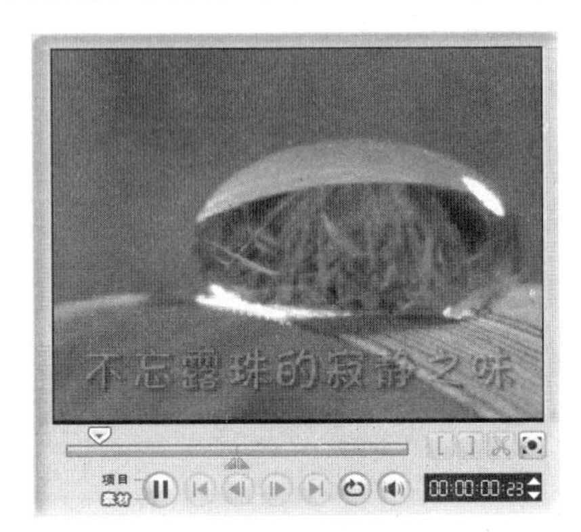

图9-89

■ 9.6.4 跑马灯字幕效果

跑马灯字幕是影片中常见的运动文字效果，文字从屏幕的一端向另一端滚动播放。

单击步骤选项卡中的【标题】按钮 标题 ，切换至标题面板。在预览窗口中双击鼠标，进入标题编辑状态，在选项面板中选择【多个标题】单选项，在预览窗口中输入需要添加的文字，在标题轨上单击鼠标，输入的文字将被添加到标题轨上，如图9-90所示。

图9-90

勾选选项面板中的【文字背景】复选框，将在文字下面添加一个颜色背景，如图9-91所示。单击右侧的【自定义文字背景的属性】按钮，弹出【文字背景】对话框，选择【渐变】单选项，设置渐变从左到右为黄色（R:233，G:244，B:123）到白色，其他选项的设置如图9-92所示，单击【确定】按钮，文字的背景效果如图9-93所示。

图9-91

图9-92

图9-93

在【动画】选项面板中勾选【应用动画】复选框，单击【类型】右侧的下拉按钮，在弹出的下拉列表中选择【飞行】选项，单击【自定义动画属性】按钮，在弹出的对话框中设置文字运动的方式，如图9-94所示，单击【确定】按钮。

在标题轨上拖曳标题右侧的黄色标记，改变标题在影片中的持续时间，调整字幕的滚动速度，如图9-95所示。

图9-94

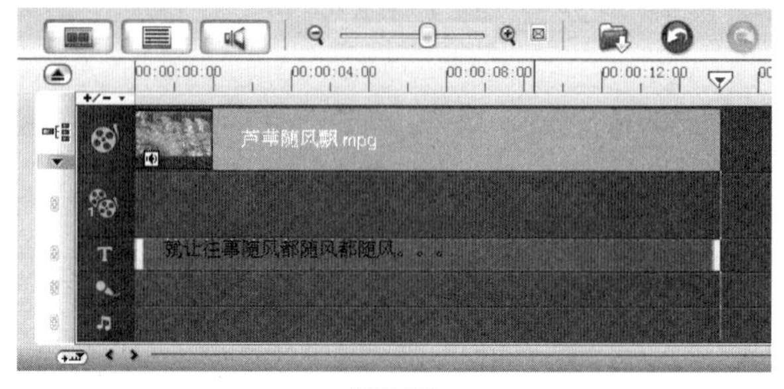

图9-95

单击导览面板中的【播放】按钮，查看字幕从右向左滚动的效果，如图9-96所示。

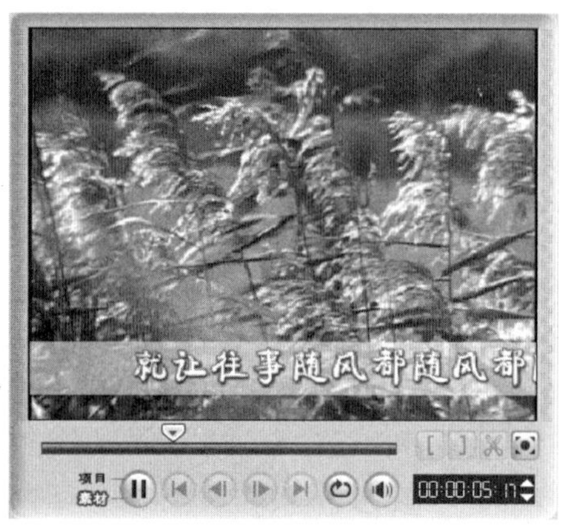

图9-96

9.6.5 淡化字幕

【淡化】可以使文字产生淡入、淡出的动画效果。

单击步骤选项卡中的【标题】按钮 标题 ，切换至标题面板。在预览窗口中双击鼠标，进入标题的编辑状态，在选项面板中选择【多个标题】单选项，在预览窗口中分别输入需要添加的文字，在标题轨上单击鼠标，输入的文字将被添加到标题轨上，如图9-97所示。

图9-97

在预览窗口中选择标题“相约”，如图9-98所示。在【动画】选项面板中勾选【应用动画】复选框，单击【类型】右侧的下拉按钮，在弹出的下拉列表中选择【淡化】选项，单击【自定义动画属性】按钮，在弹出的对话框中设置文字运动的方式，如图9-99所示。

图9-98

图9-99

【单位】选项：设置标题在场景中出现的方式。

◎ 【字符】选项：标题以一次一个字符的方式出现在场景中。

◎ 【单词】选项：标题以一次一个单词的方式出现在场景中。

◎ 【行】选项：标题以一次一行文字出现在场景中。

◎ 【文本】选项：整个标题出现在场景中。

【暂停】选项：设置动画起始和终止的方向之间应用暂停的方式。选择【无暂停】，可以使动画不间歇运行。

【淡化样式】选项组：选择要使用的淡化方式。

◎ 【淡入】单选项：让标题逐渐显现。

◎ 【淡出】单选项：让标题逐渐消失。

◎ 【交叉淡化】单选项：让标题在进入场景时逐渐出现，在离开场景时逐渐消失。

设置完成后，单击【确定】按钮，单击导览面板中的【播放】按钮，查看淡化字幕的播放效果，如图9-100所示。

图9-100

9.6.6 弹出字幕

【弹出】可以使文字产生由画面上的某个分界线弹出显示的动画效果。

单击步骤选项卡中的【标题】按钮，切换至标题面板。在预览窗口中双击鼠标，进入标题的编辑状态，在选项面板中选择【多个标题】单选项，在预览窗口中输入需要添加的文字，在标题轨上单击鼠标，输入的文字将被添加到标题轨上，如图9-101所示。

图9-101

在【动画】选项面板中勾选【应用动画】复选框，单击【类型】右侧的下拉按钮，在弹出的下拉列表中选择【弹出】选项，单击【自定义动画属性】按钮，在弹出的对话框中设置文字运动的方式，如图9-102所示。

图9-102

【单位】选项：设置标题在场景中出现的方式。

【暂停】选项：设置动画起始和终止的方向之间应用暂停的方式。

设置完成后，单击【确定】按钮，在标题轨上拖曳标题右侧的黄色标记，改变标题在影片中的持续时间，调整字幕弹出的速度，如图9-103所示。

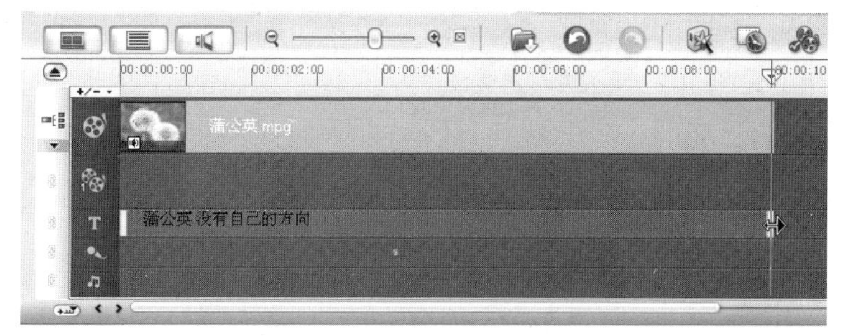

图9-103

单击导览面板中的【播放】按钮，查看字幕弹出的播放效果，如图9-104所示。

图9-104

■ 9.6.7 翻转字幕

【翻转】字幕可以使文字产生翻转回旋运动。

单击步骤选项卡中的【标题】按钮，切换至标题面板。在预览窗口中双击鼠标，进入标题的编辑状态，在选项面板中选择【多个标题】单选项，在预览窗口中输入需要添加的文字，在标题轨上单击鼠标，输入的文字将被添加到标题轨上，如图9-105所示。

图9-105

在【动画】选项面板中勾选【应用动画】复选框，单击【类型】右侧的下拉按钮，在弹出的下拉列表中选择【翻转】选项，单击【自定义动画属性】按钮，在弹出的对话框中设置文字运动的方式，如图9-106所示。

图9-106

【进入/离开】选项：显示从标题动画的起始到终止位置的踪迹。选择【中间】选项，可以使标题静止。

【暂停】选项：在动画起始和终止的方向之间应用暂停的方式。

设置完成后，单击【确定】按钮，在标题轨上拖曳标题右侧的黄色标记，改变标题在影片中的持续时间，调整字幕翻转的速度，如图9-107所示。

单击导览面板中的【播放】按钮，查看字幕翻转的播放效果，如图9-108所示。

图9-107

图9-108

9.6.8 缩放字幕

【缩放】可以使文字在运动过程中产生放大或缩小的变化。

单击步骤选项卡中的【标题】按钮，切换至标题面板。在预览窗口中双击鼠标，进入标题的编辑状态，在选项面板中选择【多个标题】单选项，在预览窗口中输入需要添加的文字，在标题轨上单击鼠标，输入的文字将被添加到标题轨上，如图9-109所示。

图9-109

在【动画】选项面板中勾选【应用动画】复选框，单击【类型】右侧的下拉按钮，在弹出的下拉列表中选择【缩放】选项，单击【自定义动画属性】按钮，在弹出的对话框中设置文字运动的方式，如图9-110所示。

【显示标题】复选框：勾选此复选框，将在动画终止时显示标题。

【单位】选项：设置标题在场景中出现的方式。

【缩放起始/缩放终止】选项：设置动画起始和终止时的缩放率。

设置完成后，单击【确定】按钮，在标题轨上拖曳标题右侧的黄色标记，改变标题在影片中的持续时间，调整字幕缩放的速度，如图9-111所示。

图9-110

图9-111

单击导览面板中的【播放】按钮，查看字幕缩放的播放效果，如图9-112所示。

图9-112

■ 9.6.9 下降字幕

【下降】可以使文字在运动的过程中由大到小逐渐变化。

单击步骤选项卡中的【标题】按钮 标题 ，切换至标题面板。在预览窗口中双击鼠标，进入标题的编辑状态，在选项面板中选择【多个标题】单选项，在预览窗口中输入需要添加的文字，在标题轨上单击鼠标，输入的文字将被添加到标题轨上，如图9-113所示。

图9-113

在【动画】选项面板中勾选【应用动画】复选框，单击【类型】右侧的下拉按钮，在弹出的下拉列表中选择【下降】选项，单击【自定义动画属性】按钮，在弹出的对话框中设置文字运动的方式，如图9-114所示。

下降动画
加速(A)
单位(U): 字符
确定 取消

图9-114

【加速】复选框：勾选此复选框，可以在当前单位退出屏幕之前，使标题素材的下一个单位开始动画。

【单位】选项：设置标题在场景中出现的方式。

设置完成后，单击【确定】按钮，在标题轨上拖曳标题右侧的黄色标记，改变标题在影片中的持续时间，调整字幕下降的速度，如图9-115所示。

单击导览面板中的【播放】按钮，查看字幕下降的播放效果，如图9-116所示。

图9-115

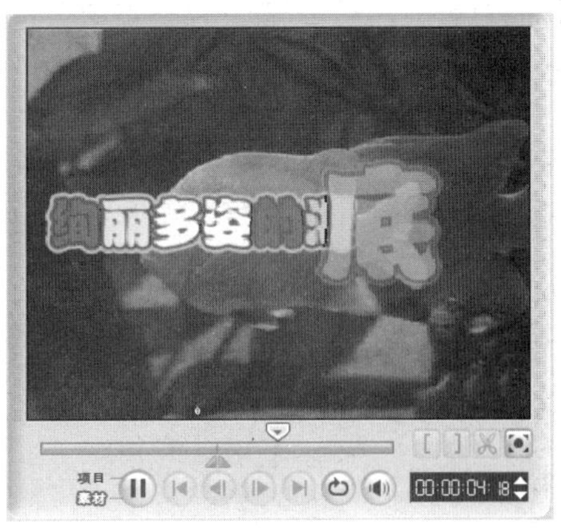

图9-116

9.6.10 摇摆字幕

【摇摆】可以使文字产生左右摇摆的运动效果。

单击步骤选项卡中的【标题】按钮，切换至标题面板。在预览窗口中双击鼠标，进入标题的编辑状态，在选项面板中选择【多个标题】单选项，在预览窗口中输入需要添加的文字，在标题轨上单击鼠标，输入的文字将被添加到标题轨上，如图9-117所示。

图9-117

在【动画】选项面板中勾选【应用动画】复选框，单击【类型】右侧的下拉按钮，在弹出的下拉列表中选择【摇摆】选项，单击【自定义动画属性】按钮，在弹出的对话框中设置文字运动的方式，如图9-118所示。

【暂停】选项：设置动画起始和终止的方向之间应用暂停的方式。选择【无暂停】，可以使动画不间歇运行。

【摇摆角度】选项：选择应用到文字上的曲线的角度。

【进入/离开】选项：显示从标题动画的起始到终止位置的踪迹。选择【中间】选项，可以使标题静止。

【顺时针】复选框：勾选此复选框，可以使标题沿着顺时针方向的曲线运动。

设置完成后，单击【确定】按钮，在标题轨上拖曳标题右侧的黄色标记，改变标题在影片中的持续时间，调整字幕摇摆的速度，如图9-119所示。

图9-118

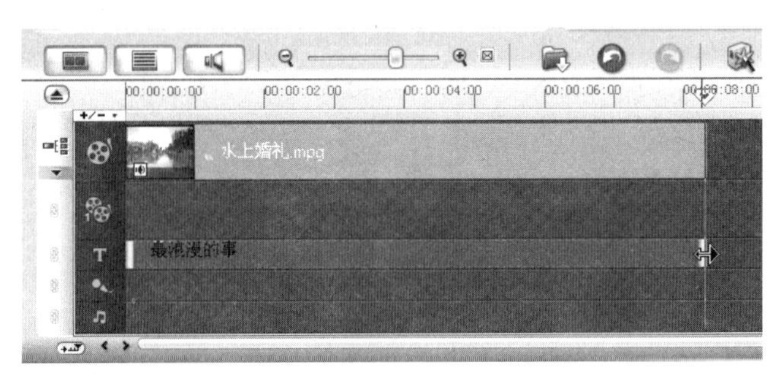

图9-119

单击导览面板中的【播放】按钮，查看字幕摇摆的播放效果，如图9-120所示。

图9-120

■ 9.6.11 移动路径字幕

【移动路径】可以使文字产生沿指定的路径运动的效果。【移动路径】没有可调整的参数，直接选择应用列表中的预设效果，就能产生多种多样的路径变化。

单击步骤选项卡中的【标题】按钮 标题 ，切换至标题面板。在预览窗口中双击鼠标，进入标题的编辑状态，在选项面板中选择【多个标题】单选项，在预览窗口中输入需要添加的文字，在标题轨上单击鼠标，输入的文字将被添加到标题轨上，如图9-121所示。

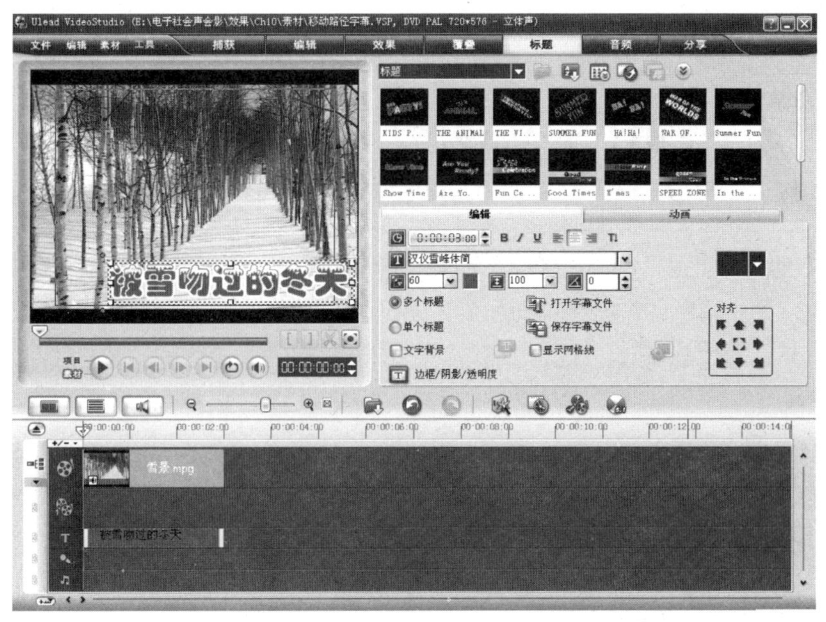

图9-121

在【动画】选项面板中勾选【应用动画】复选框，单击【类型】右侧的下拉按钮，在弹出的下拉列表中选择【移动路径】选项，在预设的动画中选择一种类型，如图9-122所示。

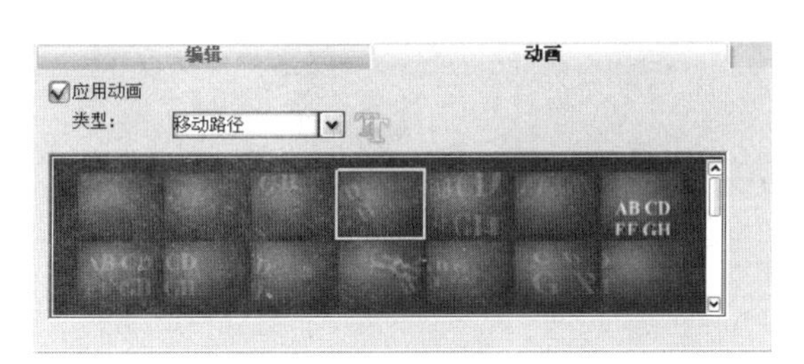

图9-122

单击导览面板中的【播放】按钮，查看字幕摇摆的播放效果，如图9-123所示。

图9-123

9.7 制作半透明衬底滚动字幕

源程序：Ch09/半透明衬底滚动字幕/半透明衬底滚动字幕.VSP

知识要点：使用居中命令将色彩素材于屏幕居中显示，使用边框/阴影/透明度选项卡添加文字黑色阴影，使用飞行动画制作滚动字幕效果。

9.7.1 添加图像素材

01 启动会声会影11，在启动面板中选择【会声会影编辑器】选项，如图9-124所示，进入会声会影程序主界面。

图9-124

02 单击【视频】素材库中的【加载视频】按钮，在弹出的【打开视频文件】对话框中选择光盘目录下“Ch09/半透明衬底滚动字幕/马路.mpg”文件，如图9-125所示。单击【打开】按钮，选中的视频素材被添加到素材库中，如图9-126所示。

图9-125

图9-126

03 单击【时间轴】面板中的【时间轴视图】按钮，切换到时间轴视图。在素材库中选择“马路.mpg”，按住鼠标将其拖曳至视频轨上，然后释放鼠标，如图9-127所示。

图9-127

9.7.2 制作半透明衬底图形

01 单击素材库中的【画廊】按钮，在弹出的列表中选择【色彩】选项，如图9-128所示。将素材库里的色彩素材拖曳至覆叠轨上，如图9-129所示。将鼠标置于色彩素材右侧的黄色边框上，当鼠标指针呈双向箭头时，向右拖曳调整色彩素材的长度，使其与视频轨上的素材对应，释放鼠标，效果如图9-130所示。

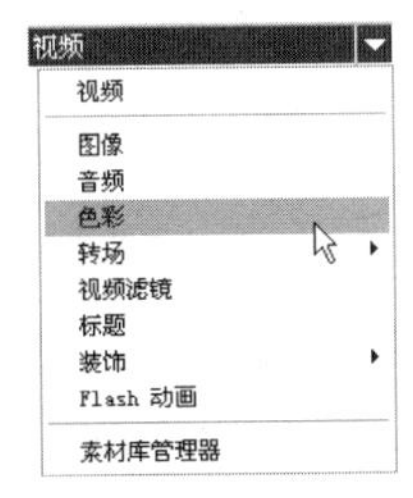

图9-128

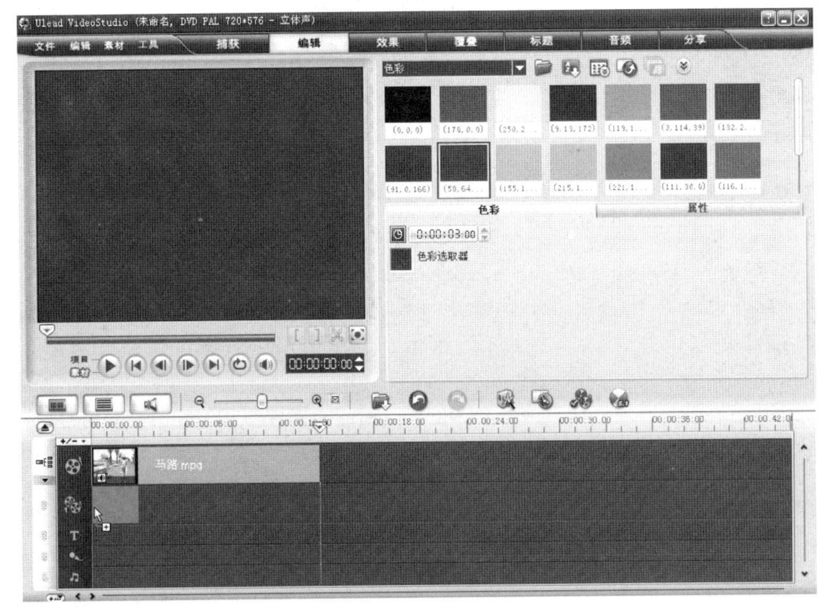

图9-129

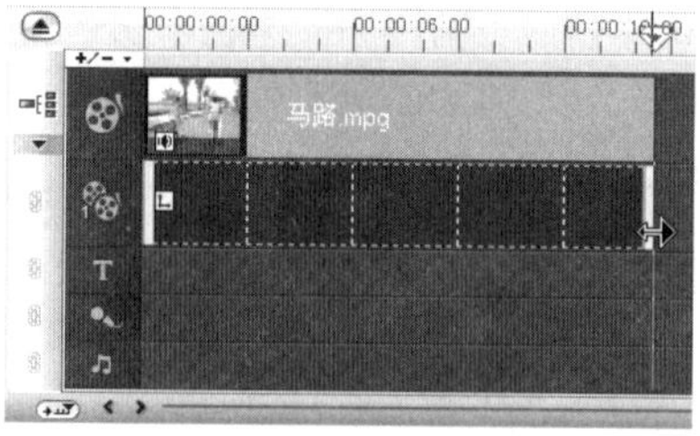

图9-130

02 在色彩素材上单击鼠标右键，在弹出的菜单中执行【调整到屏幕大小】选项，如图9-131所示，在预览窗口中效果如图9-132所示。

图9-131

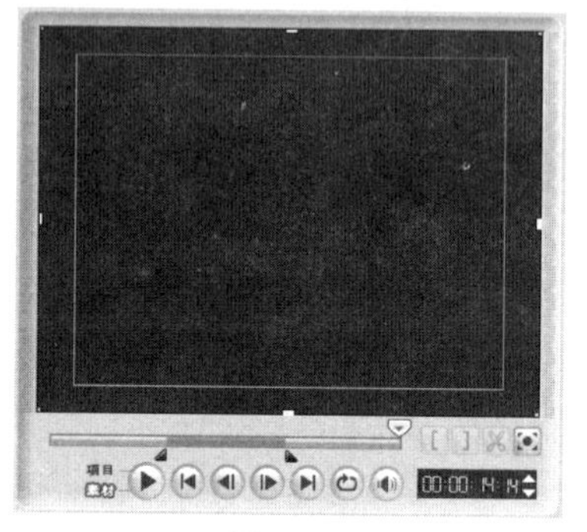

图9-132

03 选中色彩素材右侧中间的控制手柄向左拖曳到适当的位置，释放鼠标，效果如图9-133所示。在色彩素材上单击鼠标右键，在弹出的菜单中执行【停靠在中央】→【居中】命令，如图9-134所示，素材居中显示，效果如图9-135所示。

图9-133

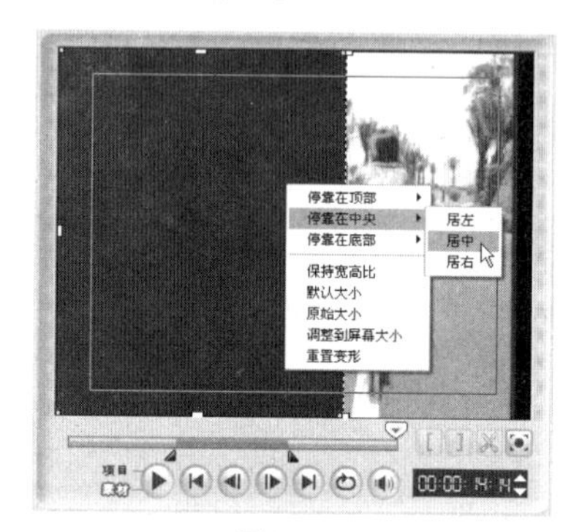

图9-134

图9-135

04 在选项面板中，单击【属性】面板中的【遮罩和色度键】按钮，打开选项面板，将【透明度】选项设为70，如图9-136所示，预览窗口中效果如图9-137所示。

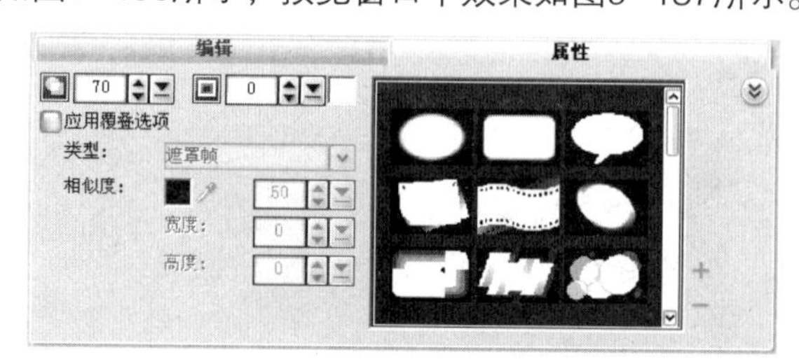

图9-136

图9-137

9.7.3 制作滚动字幕效果

01 单击步骤选项卡中的【标题】按钮，切换至标题面板，单击导览面板中的【起始】按钮，使飞梭栏滑块转到起始帧位置，预览窗口中效果如图9-138所示。

图9-138

02 在预览窗口中双击鼠标，进入标题编辑状态。在【编辑】面板中选择【单个标题】单选项，设置字体颜色为白色，并设置标题字体、字体大小、字体行距等属性，如图9-139所示，即在预览窗口中输入需要的文字，效果如图9-140所示。

图9-139

图9-140

03 将鼠标置于文字素材右侧的黄色边框上，当鼠标指针呈双向箭头⇔时，向右拖曳调整文字素材的长度，使其与覆叠轨上的素材对应，释放鼠标，效果如图9-141所示。双击【标题轨】即在预览窗口中显示文字。

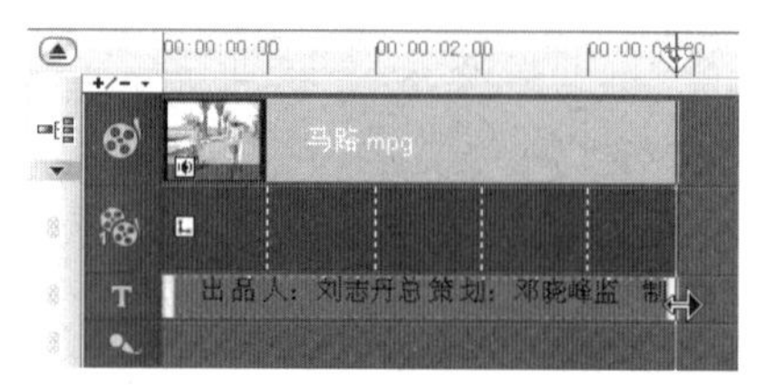

图9-141

04 单击【边框/阴影/透明度】按钮，弹出【边框/阴影/透明度】对话框，在【边框】选项卡中，将【线条色彩】选项设为白色，如图9-142所示。选择【阴影】选项卡，弹出【阴影】对话框，单击【下垂阴影】按钮，将【下垂阴影色彩】选项设为黑色，其他选项的设置如图9-143所示，单击【确定】按钮，预览窗口中效果如图9-144所示。

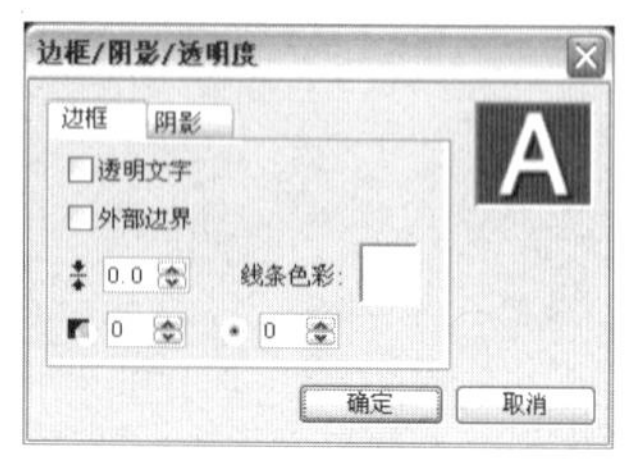

图9-142

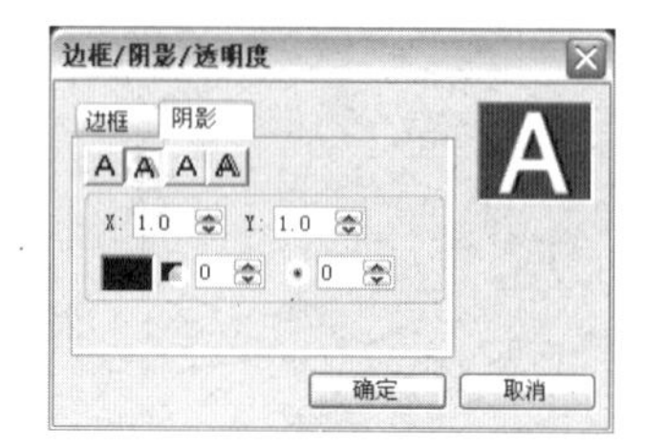

图9-143

图9-144

05 在【动画】面板中勾选【应用动画】复选框，单击【类型】选项右侧的下拉按钮，在弹出的下拉列表中选择【飞行】选项，如图9-145所示，在预览窗口中拖动飞梭栏滑块并观看效果，如图9-146所示。

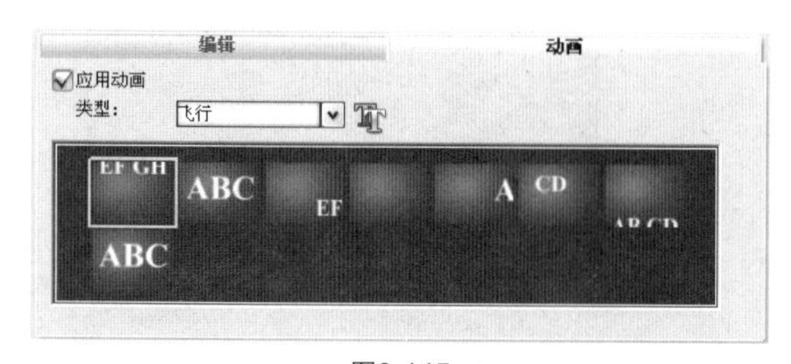

图9-145

图9-146

9.8 制作淡入淡出字幕效果

源程序：Ch09/淡入淡出的字幕效果/淡入淡出的字幕效果.VSP

知识要点：使用边框/阴影/透明度选项卡添加文字边框和阴影效果。使用淡化动画功能制作淡入淡出字幕效果。

9.8.1 添加素材图片

01 启动会声会影11，在启动面板中选择【会声会影编辑器】选项，如图9-147所示，进入会声会影程序主界面。

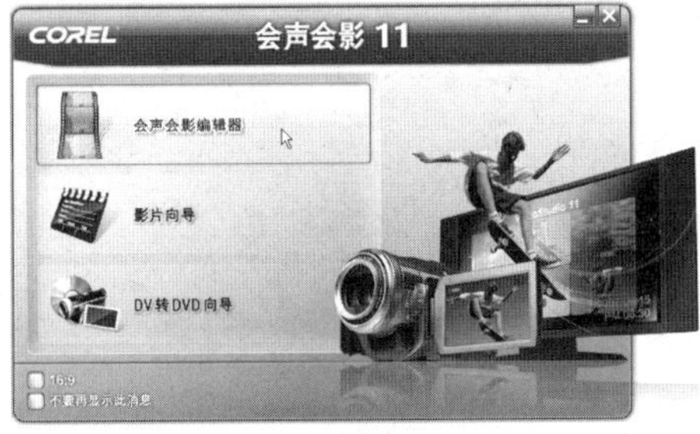

图9-147

02 单击【视频】素材库中的【加载视频】按钮，在弹出的【打开视频文件】对话框中选择光盘目录下“Ch09/淡入淡出的字幕效果/昆虫出壳.mpg”文件，如图9-148所示，单击【打开】按钮，选中的视频素材被添加到素材库中，效果如图9-149所示。

图9-148

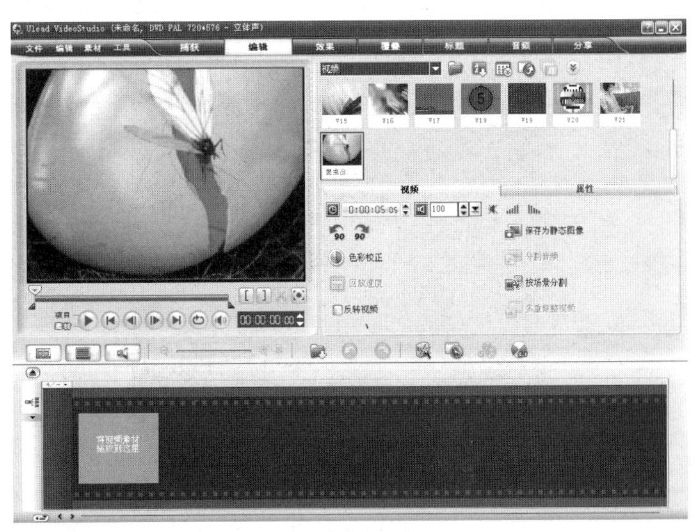

图9-149

03 单击【时间轴】面板中的【时间轴视图】按钮，切换到时间轴视图。在素材库中选择“昆虫出壳.mpg”，按住鼠标将其拖曳至视频轨上，释放鼠标，效果如图9-150所示。

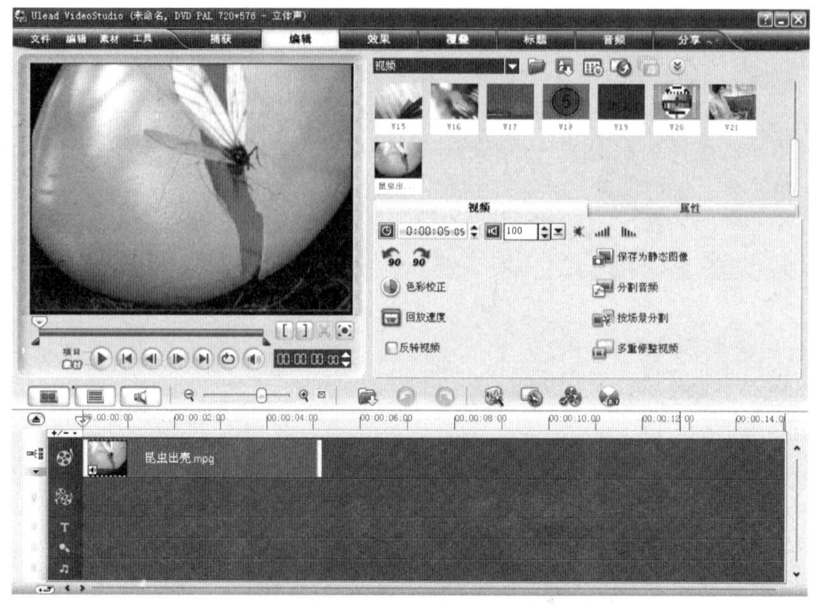

图9-150

9.8.2 添加文字并制作交叉淡化效果

01 单击步骤选项卡中的【标题】按钮，切换至标题面板，预览窗口中效果如图9-151所示。在预览窗口中双击鼠标，进入标题编辑状态。在【编辑】面板中选择【多个标题】单选项，设置标题字体、字体大小、字体行距，单击【色彩】颜色块，在弹出的面板中选择【友立色彩选取器】选项，在弹出的【友立色彩选取器】对话框中进行设置，如图9-152所示。设置完成后，单击【确定】按钮。在【编辑】面板中其他属性的设置如图9-153所示。在预览窗口中输入需要的文字，效果如图9-154所示。

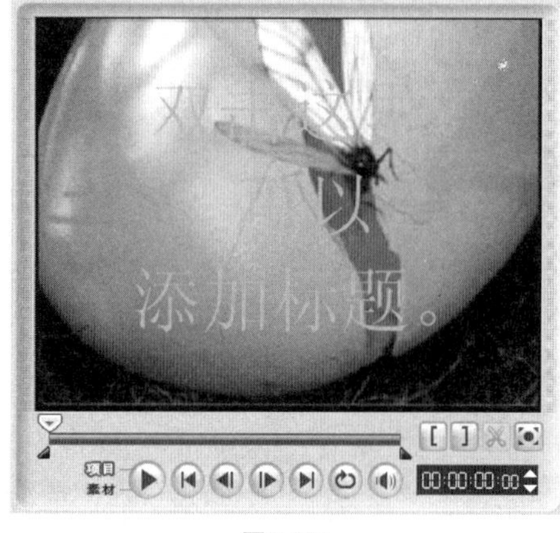

图9-151

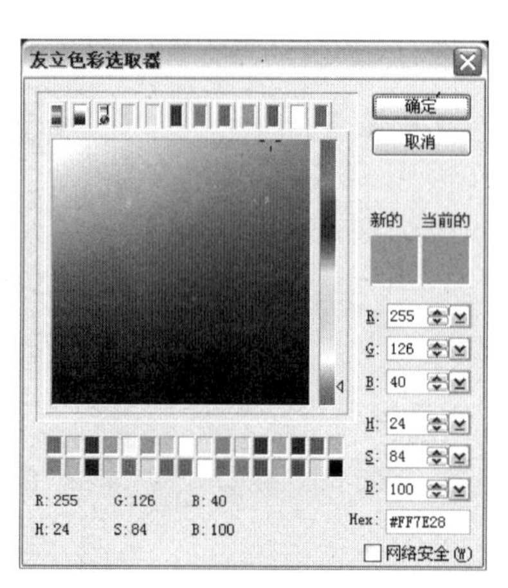

图9-152

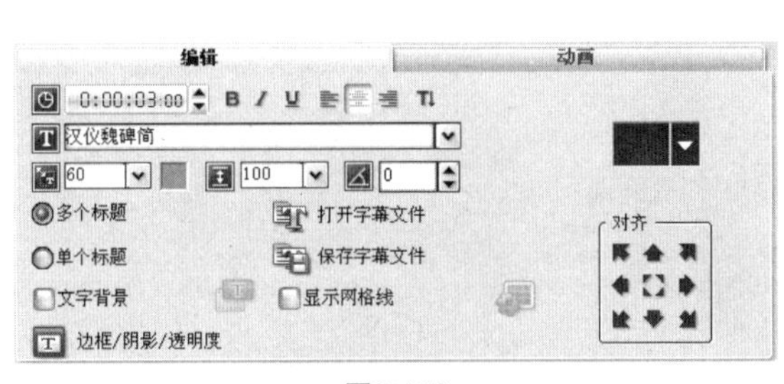

图9-153

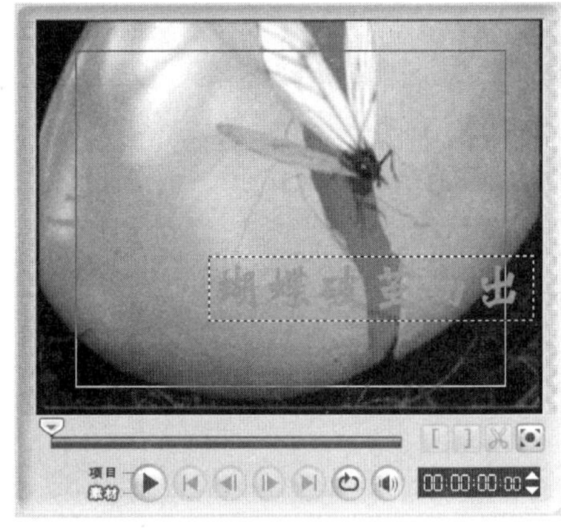

图9-154

02 将鼠标置于文字素材右侧的黄色边框上，当鼠标指针呈双向箭头⇔时，向右拖曳调整文字素材的长度，使其与视频轨上的素材对应，然后释放鼠标，效果如图9-155所示。双击【标题轨】在预览窗口中显示文字，在【编辑】面板中单击【对齐】选项组中的【对齐到下方中央】按钮，在预览窗口中的效果如图9-156所示。

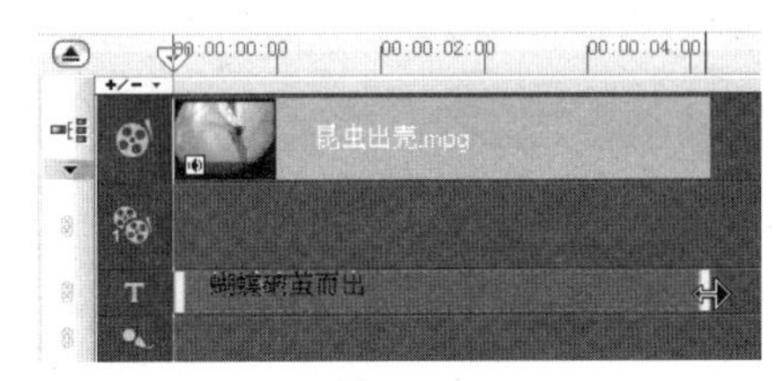

图9-155

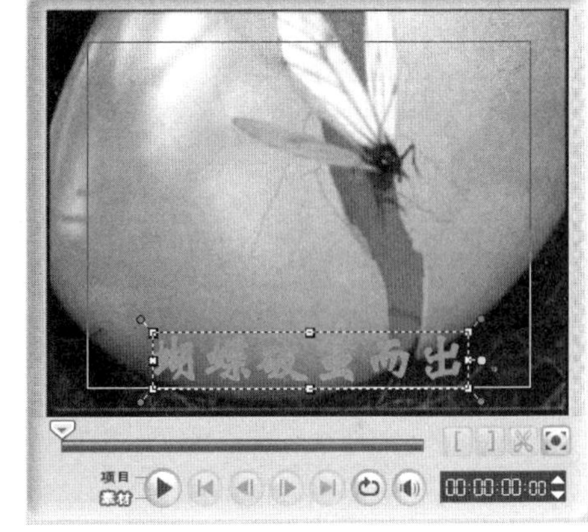

图9-156

03 单击【边框/阴影/透明度】按钮，弹出【边框/阴影/透明度】对话框，在【边框】选项卡中，将【线条色彩】选项设为白色，其他选项的设置如图9-157所示。选择【阴影】选项卡，单击【光晕阴影】按钮，将光晕阴影色彩设为白色，其他选项的设置如图9-158所示，单击【确定】按钮，预览窗口中的效果如图9-159所示。

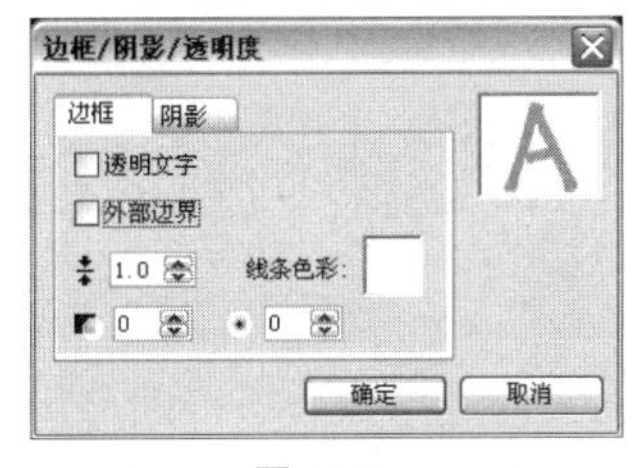

图9-157

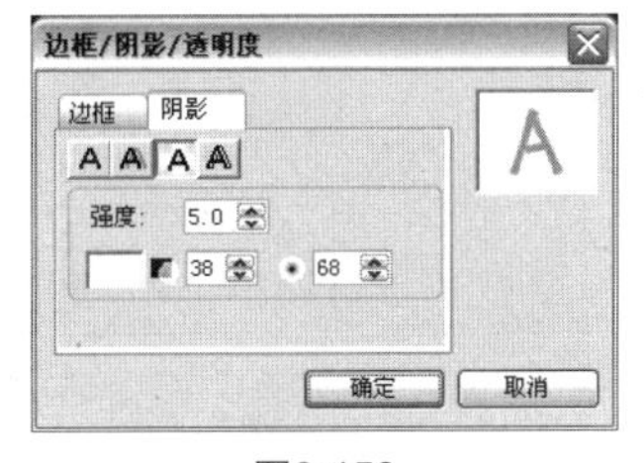

图9-158

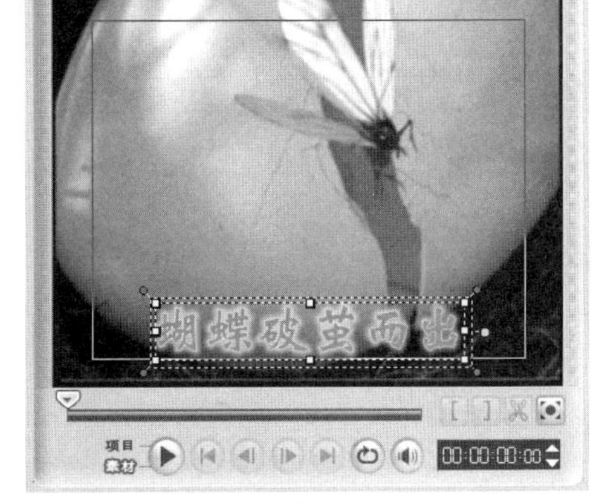

图9-159

04 在【动画】面板中勾选【应用动画】复选框，单击【类型】选项右侧的下拉按钮，在弹出的下拉列表中选择【淡化】选项，如图9-160所示。单击【自定义动画属性】按钮，在弹出的【淡化动画】对话框中进行设置，如图9-161所示，单击【确定】按钮。在预览窗口中拖动飞梭栏滑块并观看效果，如图9-162所示。

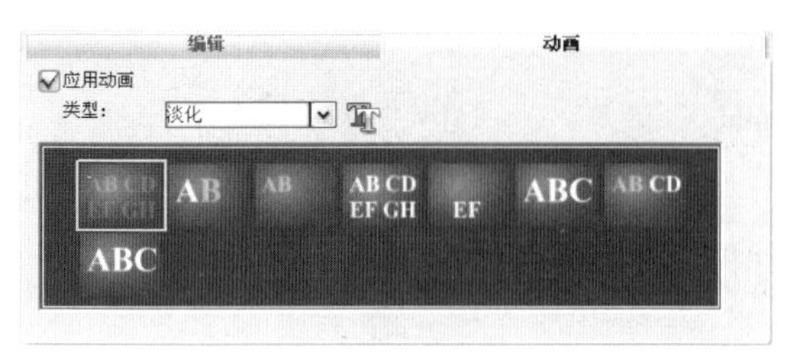

图9-160

图9-161

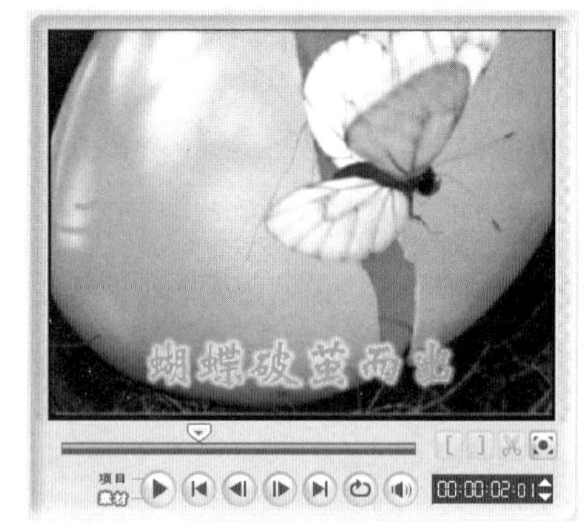

图9-162

9.9 制作跑马灯字幕效果

源程序：Ch09/跑马灯字幕效果/跑马灯字幕效果.VSP

知识要点：使用边框/阴影/透明度选项卡添加文字边框和阴影效果，使用飞行动画制作跑马灯字幕效果。

9.9.1 添加素材图片

01 启动会声会影11，在启动面板中选择【会声会影编辑器】选项，如图9-163所示，进入会声会影程序主界面。

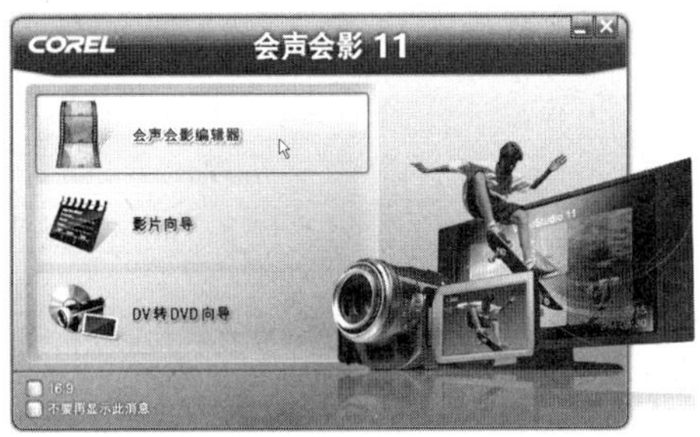

图9-163

02 单击【视频】素材库中的【加载视频】按钮，在弹出的【打开视频文件】对话框中选择光盘目录下“Ch09/跑马灯字幕效果/花.mpg”文件，如图9-164所示。单击【打开】按钮，选中的视频素材被添加到素材库中，效果如图9-165所示。

图9-164

图9-165

单击【时间轴】面板中的【时间轴视图】按钮，切换到时间轴视图。在素材库中选择“花.mpg”，按住鼠标将其拖曳至【视频轨】上，然后释放鼠标，效果如图9-166所示。

图9-166

9.9.2 添加文字并制作文字动画效果

01 单击步骤选项卡中的【标题】按钮，切换至标题面板，预览窗口中效果如图9-167所示。在预览窗口中双击鼠标，进入标题编辑状态。在【编辑】面板中选择【多个标题】单选项，勾选【文字背景】复选框，设置字体颜色为白色。标题字体、字体大小、字体行距等属性的设置如图9-168所示。在预览窗口中输入需要的文字，效果如图9-169所示。

图9-167

图9-168

图9-169

02 将鼠标置于文字素材右侧的黄色边框上，当鼠标指针呈双向箭头⇔时，向右拖曳调整文字素材的长度，使其与视频轨上的素材对应，然后释放鼠标，效果如图9-170所示。双击【标题轨】在预览窗口中显示文字，拖曳文字到适当的位置，在预览窗口中效果如图9-171所示。

图9-170

图9-171

03 单击【边框/阴影/透明度】按钮，弹出【边框/阴影/透明度】对话框，在【边框】选项卡中，将【线条色彩】选项设为白色，其他选项的设置如图9-172所示。在【阴影】选项卡中，单击【突起阴影】按钮，单击【突起阴影色彩】色块，在弹出的面板中选择需要的色彩，其他选项的设置如图9-173所示，单击【确定】按钮，预览窗口中的效果如图9-174所示。

图9-172

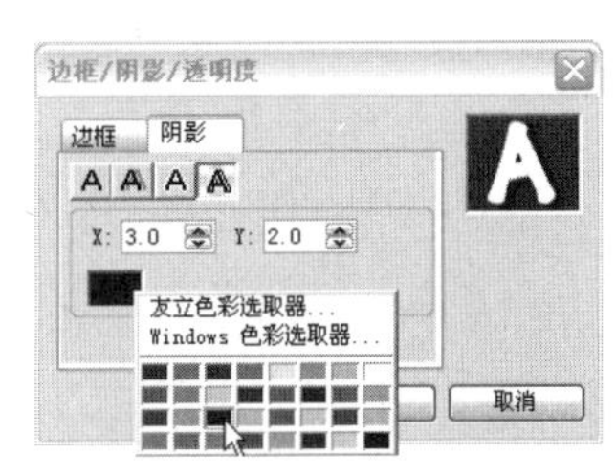

图9-173

图9-174

04 在【动画】面板中勾选【应用动画】复选框，单击【类型】选项右侧的下拉按钮，在弹出的下拉列表中选择【飞行】选项，如图9–175所示。单击【自定义动画属性】按钮，在弹出的【飞行动画】对话框中进行设置，如图9–176所示，单击【确定】按钮。在预览窗口中拖动飞梭栏滑块观看效果，如图9–177所示。

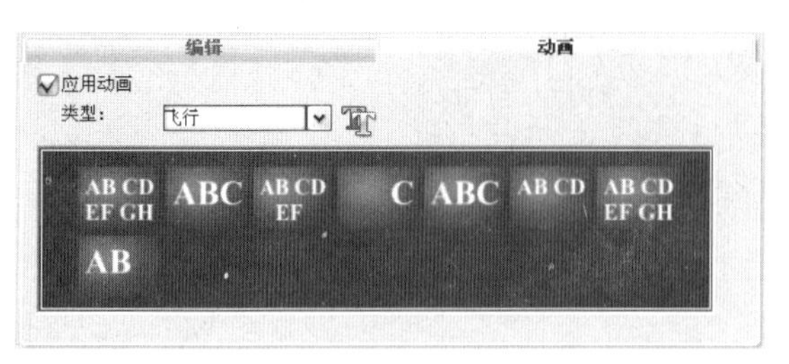

图9-175

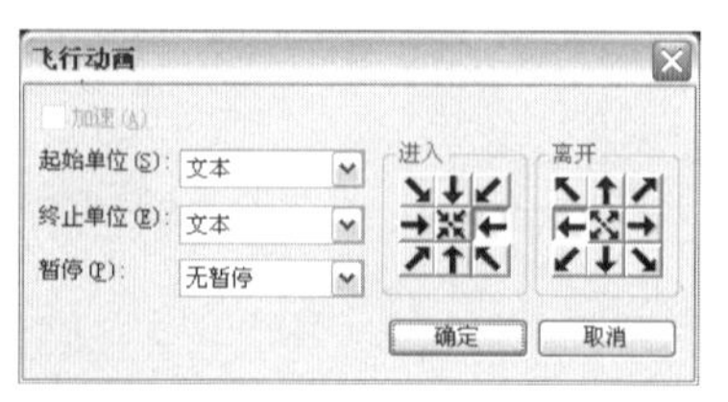

图9-176

图9-177

小结

本章通过大量实例制作，全面讲解了会声会影11的标题字幕创建、调整以及具体的属性和动画设置的操作方法和技巧，方便用户通过边做边学这一理论结合实践的方法，更深入地了解和掌握会声会影11的标题字幕功能。

Chapter 10

声音的输入和编辑

本章详细讲解了输入和编辑声音时，需要掌握的一些基本知识和技能。读者要重点掌握声音的编辑技巧来为影片增光添彩。

10.1 音频选项面板

【音频】步骤选项面板中包含两个选项面板：【音乐和声音】选项面板和【自动音乐】选项面板，如图10-1所示。

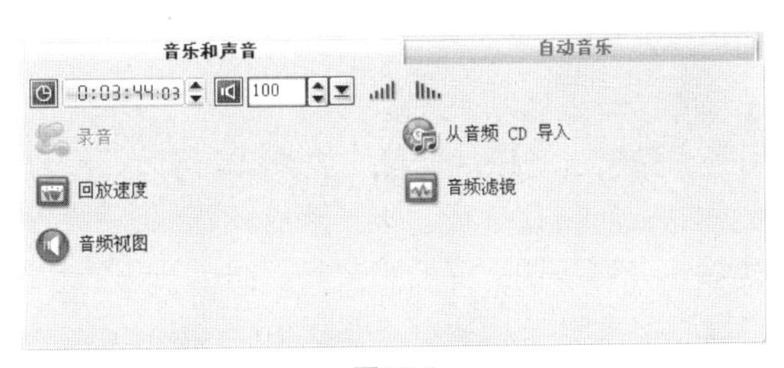

图10-1

10.1.1 【音乐和声音】选项面板

【音乐和声音】选项面板可以让用户从音乐CD中复制音乐、录制声音，以及将音频滤镜应用到音频轨。

【区间】选项：以“时:分:秒:帧”的形式显示录音的区间。用户可以通过输入期望的区间值来预设录音的长度。

【素材音量】选项：允许用户调整所录制素材的音量。

【淡入】按钮：单击此按钮，可以使选择的声音素材开始部分的音量逐渐增大。

【淡出】按钮：单击此按钮，可以使选择的声音素材结束部分的音量逐渐减小。

【录音】按钮：单击此按钮可以从麦克风录制画外音，并在时间轴的声音轨上创建新的声音素材。在录音过程中，此按钮变为【停止】，单击该按钮可以停止录音。

【从音频CD导入】按钮：单击此按钮，可以将CD上的音乐转换为WAV格式的声音文件并保存在硬盘上。

【回放速度】按钮：单击此按钮，在打开的对话框中可以修改音频素材的速度和区间。

【音频滤镜】按钮：单击此按钮，将打开【音频滤镜】对话框，可以选择并将音频滤镜应用到选择的音频素材上。

【音频视图】按钮：时间轴更改为音频视图模式，与单击时间轴上方的【音频视图】按钮功能相同。

10.1.2 【自动音乐】选项面板

在【音频】步骤选项面板中选择【自动音乐】选项面板，如图10-2所示。在【自动音乐】选项面板中可以从音频库里选择音乐并自动与影片相配合。

图10-2

【区间】选项：用于显示所选音乐的总长度。

【素材音量】选项：用于调整所选音乐的音量。值为100可以保留音乐的原始音量。

【淡入】按钮：单击此按钮，可以使选择的声音素材开始部分的音量逐渐增大。

【淡出】按钮：单击此按钮，可以使选择的声音素材结束部分的音量逐渐减小。

【范围】选项：用于指定程序搜索SmartSound（SmartSound是一种智能音频技术，只需要通过简单的曲风选择，就可以从无到有、自动生成符合影片长度的专业级的配乐，还可以实时、快速地改变和调整音乐的乐器和节奏）文件方法。

【库】选项：单击右侧的下拉按钮，在弹出的下拉列表中选择当前可导入的音乐素材库。

【音乐】选项：在列表中可以选取用于添加到项目中的音乐。

【变化】选项：单击右侧的下拉按钮，在弹出的列表中选择不同的乐器和节奏，并将它应用到选择的音乐中。

【播放所选的音乐】按钮：单击此按钮，播放应用【变化】的音乐。

【添加到时间轴】按钮：单击此按钮，可以将选择的音乐插入到时间轴的音乐轨上。

【SmartSound Quicktracks】按钮：单击此按钮，将弹出一个对话框，在此查看和管理SmartSound素材库。

【自动修整】复选框：勾选此复选框，将基于飞梭栏的位置修整音频素材，使它与视频相配合。

10.2 为影片添加声音和音乐

会声会影11提供了简单的方法向影片中添加音乐和声音，并且不需要使用其他软件就能从CD音乐光盘上截取音频素材、从文件夹中添加音频素材等。下面介绍从各种不同的来源为影片添加音频素材的方法。

10.2.1 使用麦克风录制声音

添加语音旁白或影片配音的操作方法有很多种，可以利用数码产品的录音功能，如录音笔、MP3播放器、数码相机或摄像机录制语音，然后输入电脑作为音频文件插入，也可以在会声会影里用麦克风直接录制语音旁白。

1. 录音前的设置

将麦克风插入声音卡的Line In或Mic接口后，双击Windows快捷方式栏上的音量按钮，如图10-3所示。在弹出的【主音量】对话框中执行菜单【选项】→【属性】命令，如图10-4所示。

弹出【属性】对话框，在【混音器】选项的下拉列表中选择【Realtek HD Audio Input】选项，选择【录音】单选项，并勾选【录音控制】、【CD音量】、【麦克风音量】、【线路音量】复选框，如图10-5所示。

图10-3

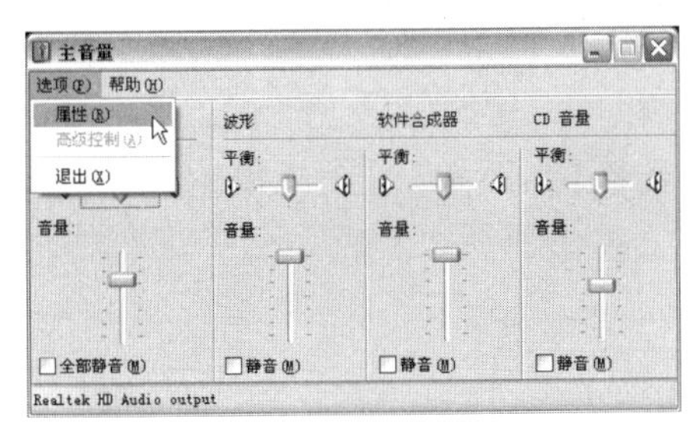

图10-4

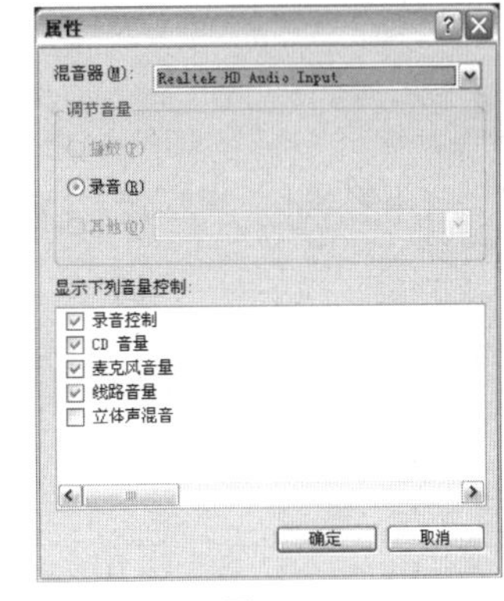

图10-5

单击【确定】按钮，根据录音设备所选择的连接方式在对话框中选中相应的音量控制选项。如果麦克风接入声卡的Line In接口，勾选【线路音量】底部的【静音】复选框；如果麦克风接入声卡的Mic接口，勾选【麦克风音量】底部的【静音】复选框，如图10-6所示。

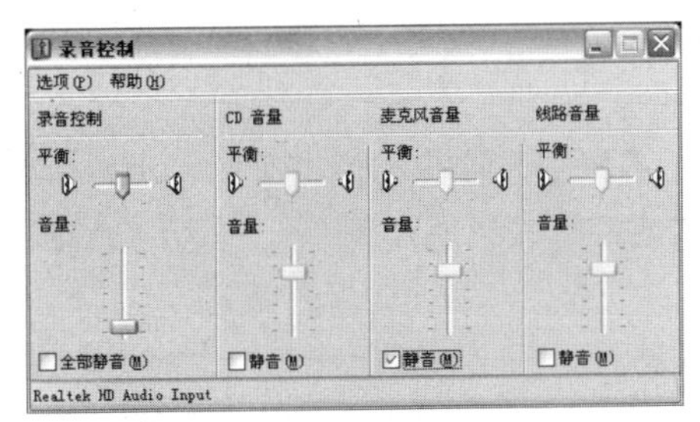

图10-6

2. 在会声会影里录制声音

进入会声会影11编辑器，单击步骤选项卡中的【音频】按钮 音频 ，切换至音频面板，拖动时间轴上的当前位置标记到需要添加声音起始位置，如图10-7所示。

图10-7

提示

声音只能录制到音频轨中，如果音频轨上对应的位置已经有了音频素材，那么将不能录制声音，并且【录音】按钮呈灰色。

单击选项面板中的【录音】按钮，弹出【调整音量】对话框，该对话框是是用来测试音量大小的，试着对麦克风说话，指示格的变化将反映出音量大小，越往两边音量越大，如图10-8所示。

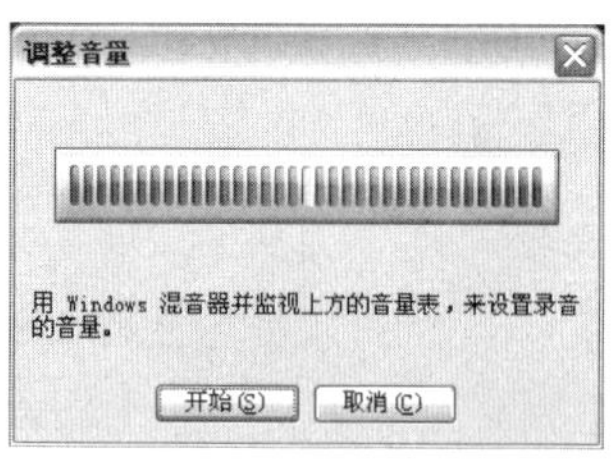

图10-8

提示

如果对着麦克风说话时，【调整音量】对话框里的指示格没有反应，请检查麦克风与声卡连接是否正确，一些耳机上的线控开关与录音切换开关相连，检查一下是否处于打开状态。

单击【开始】按钮，即可录制声音（此时该按钮变为【停止】按钮），录制的同时可以听到录制的声音，时间轴标记同时移动显示当前录制的声音所对应的画面位置。

当音乐录制到需要的地方后，单击【停止】按钮或按【Esc】键停止录制，这时，录制的声音将出现在声音轨上，如图10–9所示。

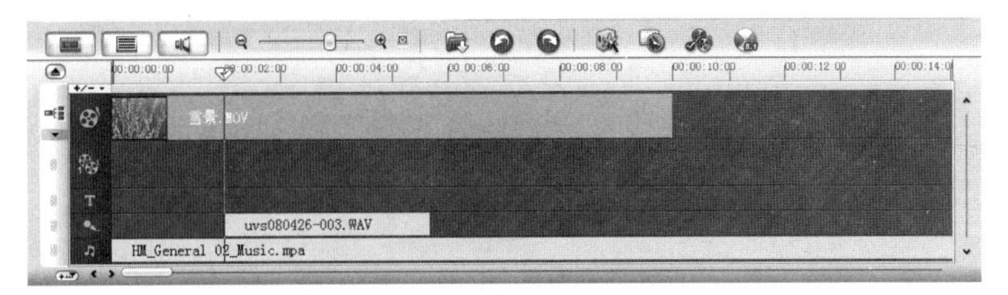

图10-9

提示

如果希望录制指定长度的声音文件，可以先在选项面板的【区间】中指定要录制的声音长度，然后单击【录音】按钮开始录制。录制到指定的长度后，程序将自动停止录音。

10.2.2 从素材库添加声音

从素材库中添加现有的音频是最基本的操作，可以将其他音频文件添加到素材库扩充，以便以后能够快速调用。

单击步骤选项卡中的【音频】按钮，切换至音频面板。单击【音频】素材库中的【加载音频】按钮，在弹出的对话框中找到音频素材所在的路径，并选择需要添加的素材，如图10–10所示。

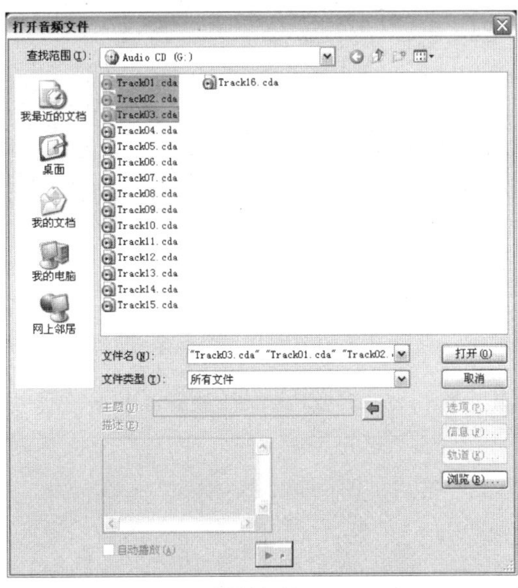

图10-10

提示

即使选中的是一个AVI、MOV或MPEG格式的视频文件，单击【打开】按钮，也可以将视频中的声音分离出来单独添加到声音素材库中。

选中多个音频素材，单击【打开】按钮，在弹出的【改变素材序列】对话框中，以拖曳的方式调整音频素材的排列顺序，如图10-11所示。

单击【确定】按钮，将选中的声音文件添加到素材库中，如图10-12所示。

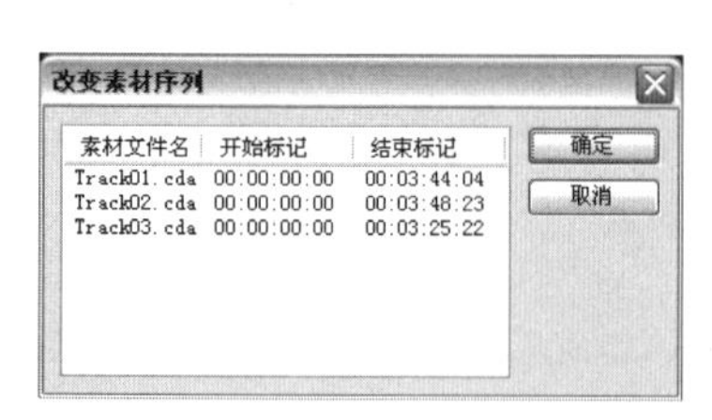

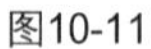
图10-11

图10-12

选中素材库中的一个声音文件，将其选中并拖曳至声音轨或音乐轨上，释放鼠标，完成从素材库添加声音的操作，如图10-13所示。

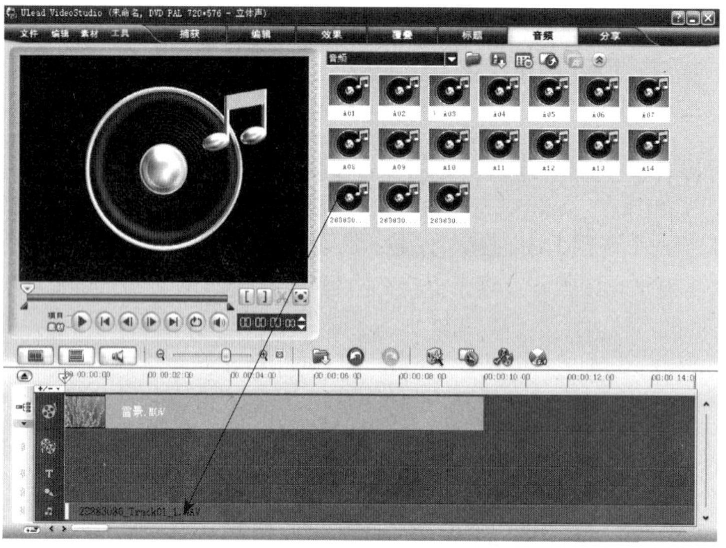

图10-13

10.2.3 从文件添加声音

在电脑里收藏了许多美妙的音乐、歌曲，只要是常见的音频格式，就能添加到声音轨或音乐轨上为影片配音。

在故事板上方单击【将媒体文件插入到时间轴】按钮，在弹出的下拉列表中执行【插入音频】→【到音乐轨】命令，如图10-14所示。

图10-14

在弹出的对话框中找到音频素材所在的路径，并单击对话框下方的按钮▶，试听音乐效果，如图10-15所示。

图10-15

单击【打开】按钮，选中的音频素材将插入到指定的音乐轨上，如图10-16所示。

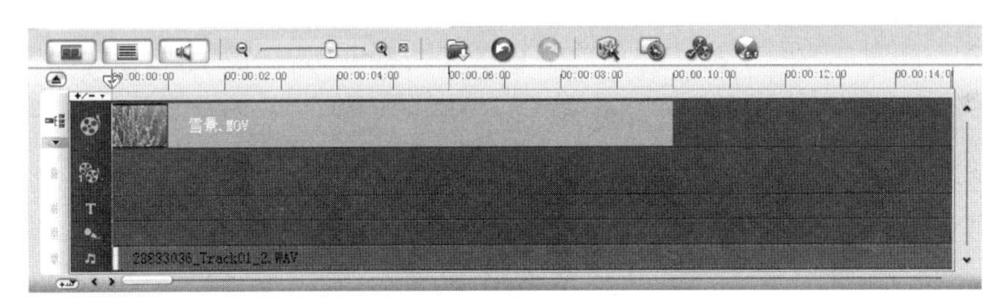

图10-16

提 示

会声会影11支持音频的输入格式包括Dolby Digtal Stereo、Dolby Digtal 5.1、MP3、MPA、QuickTime、WAV、Windows Media Format，不支持RM文件的输入，但编辑完成的声音文件可以输出为RM格式。

10.2.4 转存CD音频

使用会声会影11，可以将音乐CD上的曲目转换为WAV格式保存到硬盘上，也可以将转换后的音频文件直接添加到当前项目中。

将CD光盘放入光驱中，单击步骤选项卡中的【音频】按钮，切换至音频面板。在音频选项面板中，切换到【音乐和声音】选项面板，单击【从音频CD导入】按钮，弹出【转存CD音频】对话框，在CD曲目列表中，勾选要转存曲目前面的复选框，如图10-17所示。

图10-17

提示

选中列表中一个曲目，单击对话框左上方的【播放所选文件】▶，即可试听效果。

单击【输出文件夹】选项右侧的【浏览】按钮，在弹出的【浏览文件夹】对话框中选择音频文件的转存路径，如图10-18所示。

单击【质量】选项右侧的下拉按钮，在弹出的下拉列表中选择转换后声音文件的质量，如图10-19所示。

图10-18

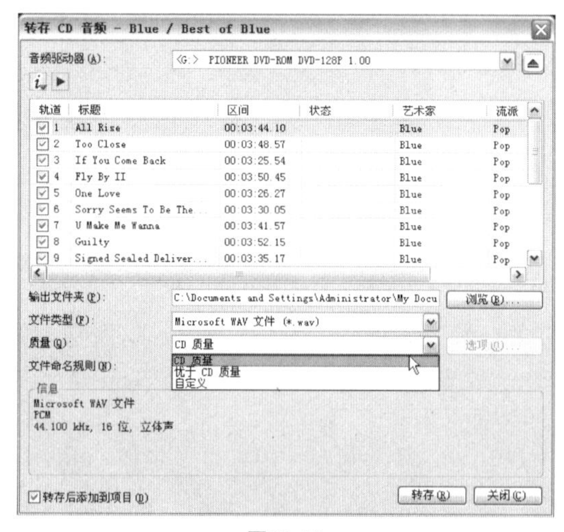

图10-19

如果在下拉列表中选择【自定义】选项，再次单击右侧的【选项】按钮，在弹出的对话框中则可以进一步设置音频的压缩格式及高级属性，如图10-20所示。

单击【文件命名规则】右侧的下拉按钮，在弹出的下拉列表中选择转换后的音频文件的命名规则，如图10-21所示。

图10-20

图10-21

提示

勾选对话框中的【转存后添加到项目】复选框，CD上的音频文件保存到硬盘上以后，将被添加到项目中。

设置完成后，单击【转存】按钮，选中的曲目将按照指定的格式和命名方式保存到硬盘上，转存完成后，单击【关闭】按钮。

10.2.5 将视频与音频分离

在进行视频编辑时，有时需要将一个视频素材的视频部分和音频部分分离，然后替换其他的音频或者对音频部分做进一步的调整。

启动会声会影11编辑器，进入【编辑】步骤选项面板，在时间轴上选择要分离的视频素材，包含音频的素材略图左下角显示图标，如图10-22所示。

图10-22

单击选项面板中【分割音频】按钮，影片中的音频部分将与视频分离，并自动添加到声音轨上，此时素材略图的左上角将显示图标，表示视频素材中已经不包含声音，如图10-23所示。

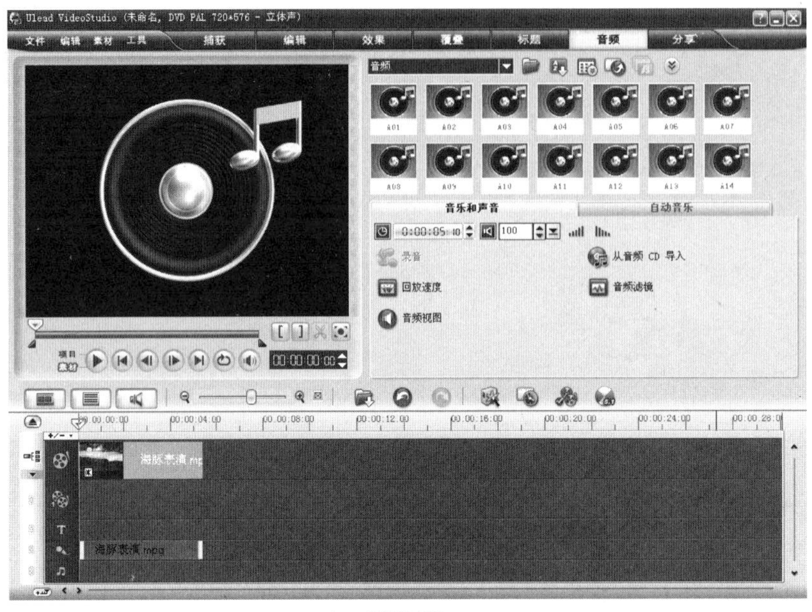

图10-23

提示

在时间轴面板中选择要分离的视频素材后，单击鼠标右键，在弹出的菜单中执行【分割音频】命令也可实现视频与音频分离的效果，如图10-24所示。

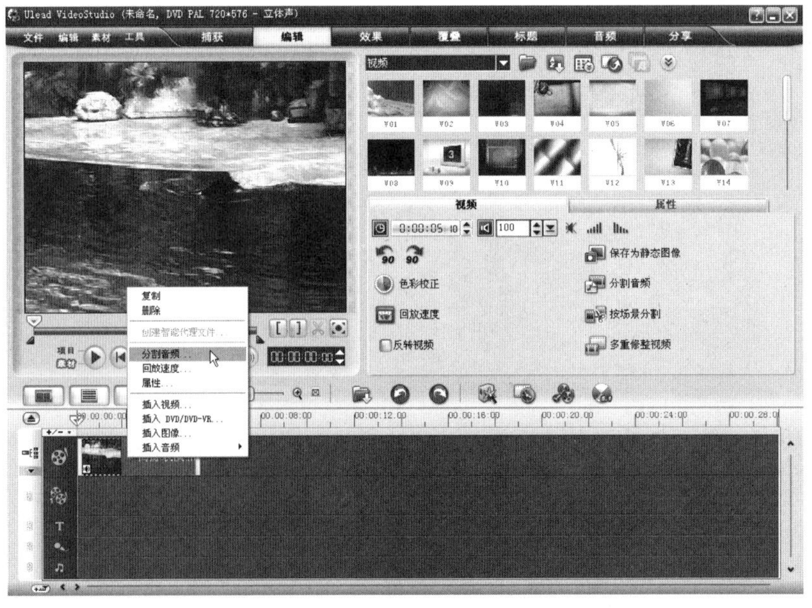

图10-24

10.2.6 自动添加音乐

使用会声会影11的自动添加音乐功能，可以在预设的音乐库中选择不同类型的音乐，然后根据影片的需要改变音乐格式并将它添加到影片中。

单击步骤选项卡中的【音频】按钮，切换至音频面板。选择【自动音乐】面板，单击【范围】选项右侧的下拉按钮，在弹出的下拉列表中选择【自有】选项，使【库】中列出当前系统已经安装的音乐的素材库，如图10-25所示。

在选项面板上单击【库】选项右侧的下拉按钮，在弹出的下拉列表中选取用于导入音乐的素材库，会声会影11预设的自动音乐库只有一个【New Standard 22k】。

在【音乐】下拉列表中选择需要使用的音乐，单击【播放所选的音乐】按钮，试听效果，如图10-26所示。

图10-25

图10-26

单击【变化】选项右侧的下拉按钮，在弹出的下拉列表中选择音乐的变化风格，然后单击【播放所选的音乐】按钮，试听变化后的音乐效果，如图10-27所示。

在选项面板中勾选【自动修整】复选框，然后单击【添加到时间轴】按钮，如图10-28所示，所选择的音乐将自动添加时间轴的音乐轨上，效果如图10-29所示。

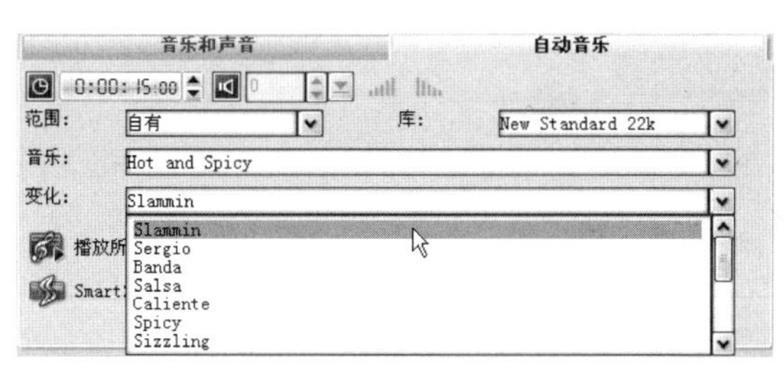

图10-27

图10-28

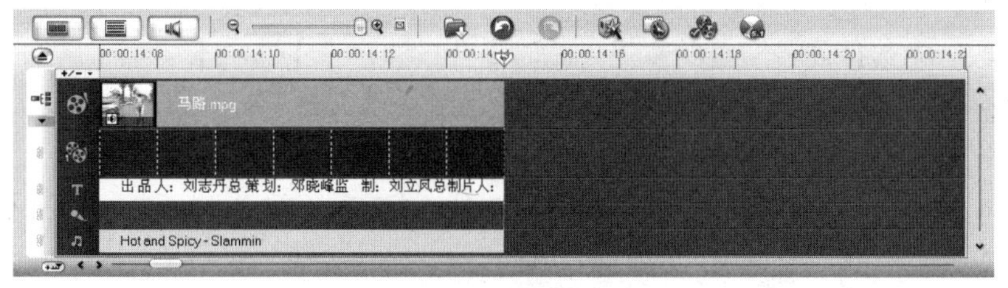

图10-29

在时间轴上选中添加完成的音乐，可以在选项面板中设置音量及淡入淡出等属性。

10.3 修整音频素材

将声音或背景音乐添加到声音轨或音乐轨中后，可以根据影片的需要修整音频素材。首先在时间轴上单击声音轨按钮或音乐轨按钮，切换到相应的轨，然后使用以下方法来修整音频素材。

10.3.1 使用略图修整

使用略图修整是修整音频素材最为快捷的方式，但它的缺点是不容易精确地控制修剪的位置。

在音乐轨中选择需要修整的音频素材，选中的音频素材两端将以黄色标记表示，如图10-30所示。

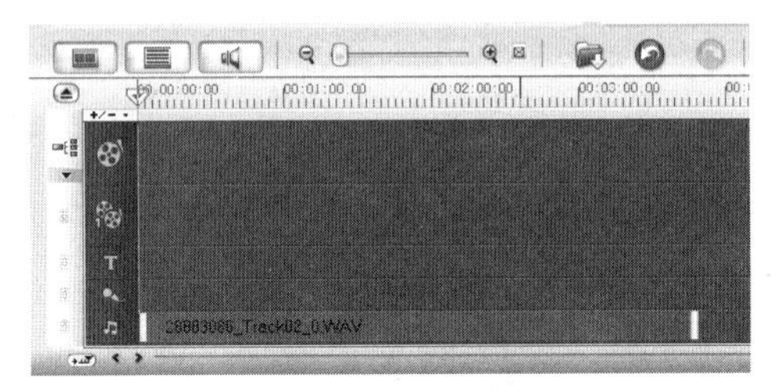

图10-30

将鼠标置于黄色标记处，此时鼠标指针呈双向箭头或，按住鼠标并拖曳改变素材的长度，如图10-31所示，选项面板的【区间】中将显示调整后的音频素材的长度，如图10-32所示。

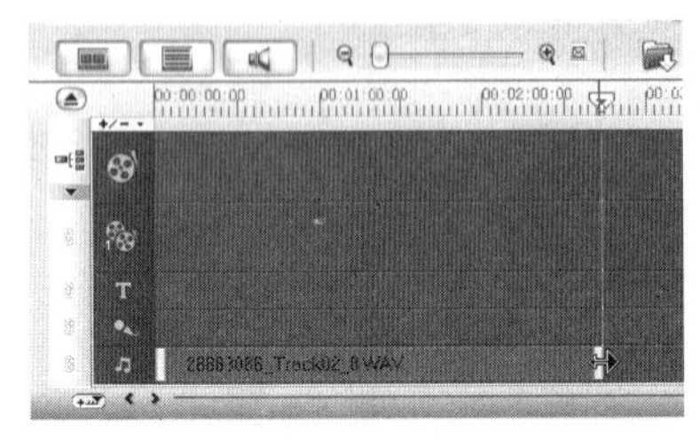

图10-31

图10-32

10.3.2 使用区间修整

使用区间进行修整可以精确控制声音或音乐的播放时间。如果对整个音频的播放时间有严格的限制，可以使用区间修整的方式来修整音频素材。

在相应的音频轨中选择需要修整的素材，此时【音乐和声音】选项卡中的【区间】将显示当前选择的音频素材的长度，如图10-33所示。

图10-33

在【区间】上单击需要修改数值的时间格，然后通过单击区间右侧的上下箭头来增加或减少素材的长度，也可以直接在其相应的时间码中输入数值，来调整声音素材的长度。设置完成后，在【音乐和声音】选项卡的空白区域单击鼠标，此时系统将自动按照指定的数值在音频素材的结束位置增加或减少素材的长度。

10.3.3 使用修整栏修整

使用修整栏和预览栏修整音频素材是最为直观的方式，可以使用这种方式对音频素材“掐头去尾”。

在相应的音频轨上选中需要修整的素材。

单击导览面板中的【播放】按钮，播放选中的素材，听到需要设置起始帧的位置时，按快捷键【F3】，将当前位置设置为开始标记点。

再次单击导览面板中的【播放】按钮，听到需要设置结束帧的位置时，按快捷键【F4】，将当前位置设置为结束标记点。这样，程序就会自动保留开始标记与结束标记之间的素材。

10.3.4 延长音频区间

当音乐长度短于对应的视频长度时，需要“加长”音乐与之相匹配。除了“自动音乐”素材以外，其他音乐素材不能无端变长，但是可以将其头尾累加起来使之延长。如果音乐片段头尾旋律差别不明显，累加效果就比较好。

单击步骤选项卡中的【音频】按钮，切换至音频面板。单击【音频】素材库中的【加载音频】按钮，在弹出的对话框中找到音频素材所在的路径，并选择需要添加的素材，如图10-34所示。

单击【确定】按钮，将选中的声音文件添加到素材库中，如图10-35所示。

图10-34

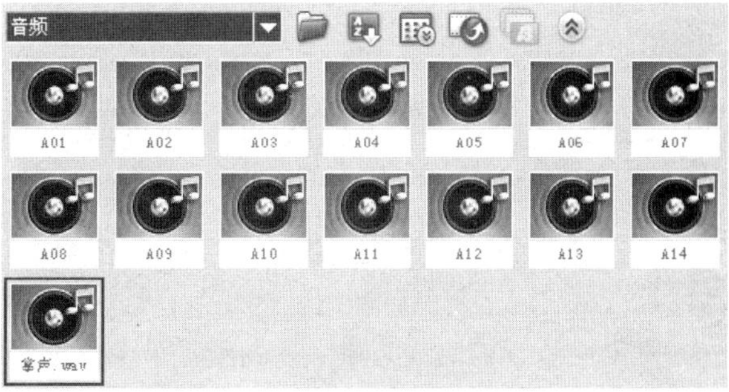

图10-35

从素材库中将刚刚添加的音频素材拖曳至音乐轨中，使其左端紧贴前一个音频素材的右端，如图10-36所示。重复此操作，直到累加的音频素材比对应的视频素材稍长，如图10-37所示。

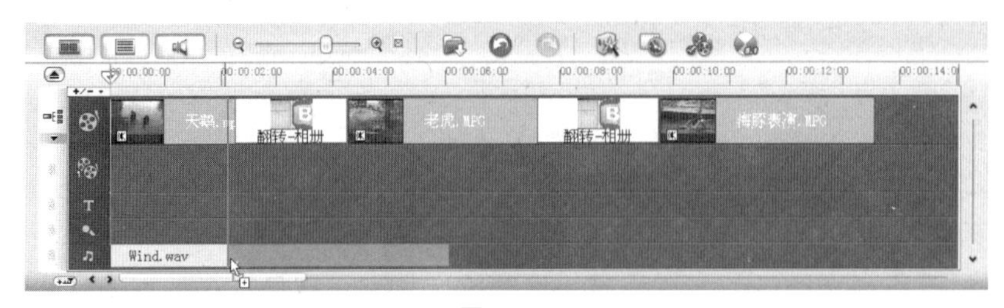

图10-36

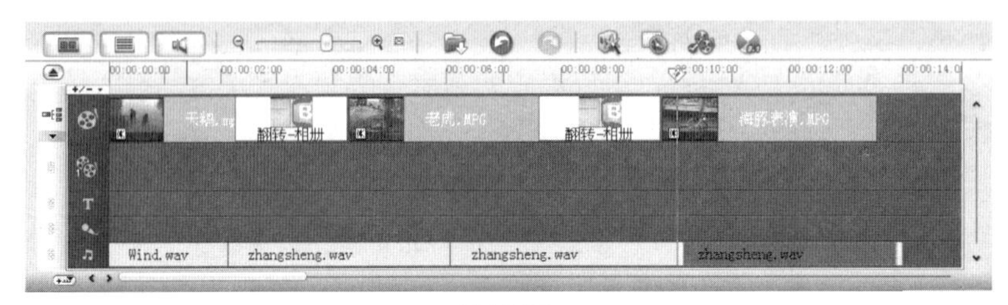

图10-37

选中最后一段音频素材，向左拖曳素材右边的黄色标记与对应的视频素材结束画面对齐，如图10-38所示，释放鼠标，效果如图10-39所示。

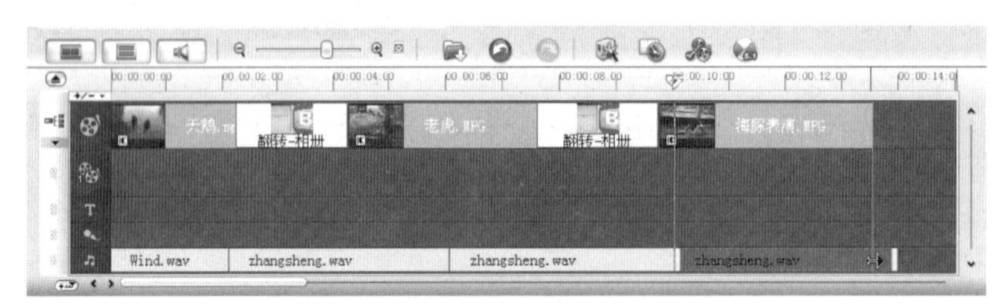

图10-38

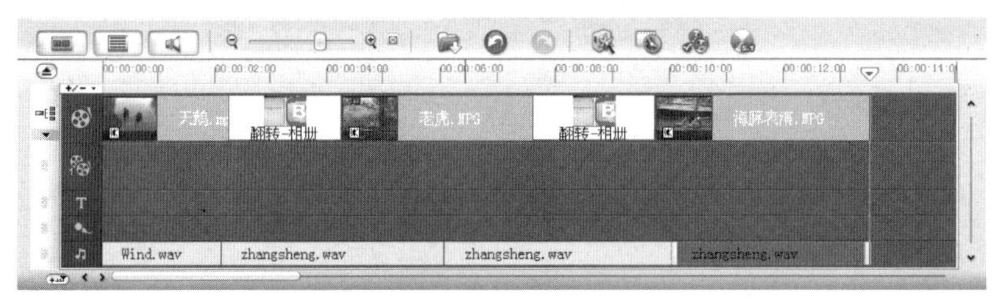

图10-39

10.4 混合音频

会声会影11的时间轴视图中，有两个音频轨：声音轨和音乐轨。如果拍摄的影片也包含声音的话，那么就出现了第三条音轨，这三条音轨上的声音，如果配合好，可以为影片创造出更好的效果。

在混合音频的时候，最重要的就是调节音频素材的音量。音频素材的音量可以在选项面板上进行调节，也可以在【混音】面板中对不同音轨的音量进行设置。

10.4.1 使用音频混合器控制音量

在声音轨或音乐轨中添加一个音频素材，单击【时间轴】面板中的【音频视图】按钮，切换到音频视图，如图10-40所示。

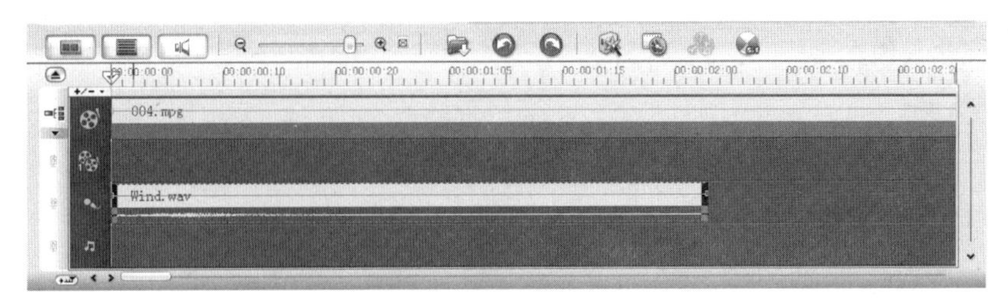

图10-40

在【环绕混音】面板上单击鼠标选择要调整音频的一个音轨，这里选择声音轨，被选中的音轨以橘黄色显示，如图10-41所示。

单击【环绕混音】面板中的【播放】按钮，即可试听选择的音轨的音频效果，并且可在混合器中看到音量起伏的变化，如图10-42所示。

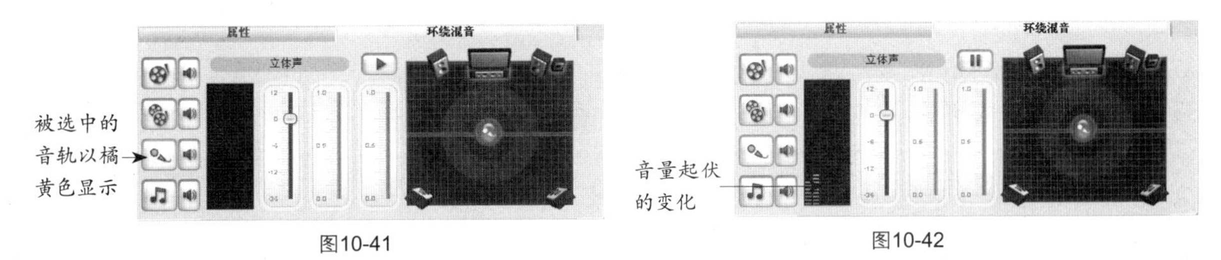

图10-41

图10-42

上下拖曳混音器中央的滑块，如图10-43所示，可以实时调整当前选择的音轨的音量。

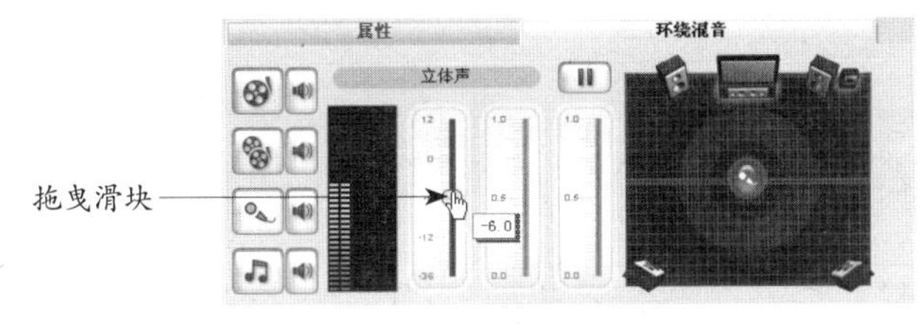

图10-43

在调整轨道素材音量的同时，在时间轴中可以观看音量变化曲线，如图10-44所示。

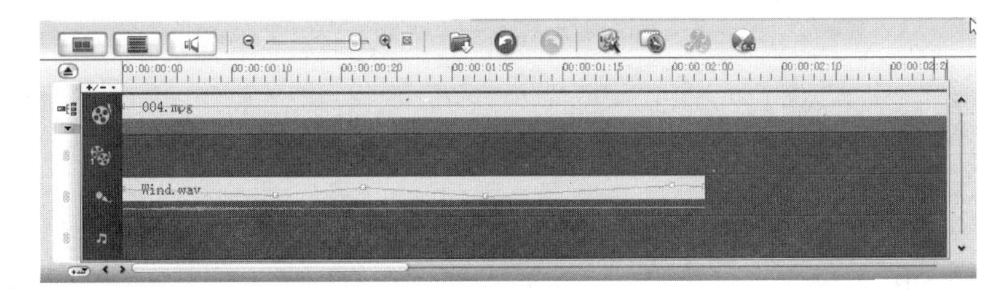

图10-44

若要停止时，单击混音器中的【停止】按钮，可停止播放项目。

10.4.2 使用音量调节线控制音量

除了使用音频混合器控制声音的音量变化外，也可以直接在相应的音频轨上使用音量调节线制作不同位置的音量。音量调节线是音频轨中央的水平线，仅在【音频视图】中可以看到，如图10-45所示。

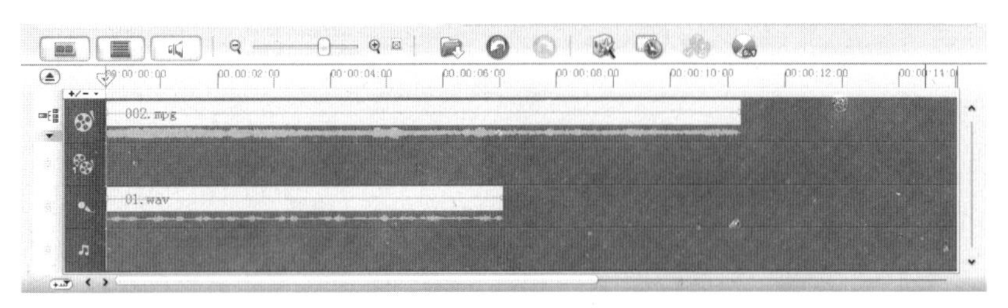

图10-45

单击【时间轴】面板中的【音频视图】按钮，显示音量调节线，在声音轨上，单击鼠标选择要调整音量的音频素材，如图10-46所示。

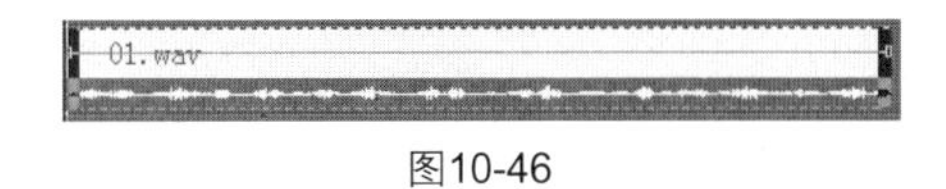

图10-46

将鼠标指针置于音量调节线处，此时鼠标指针呈↑状，如图10-47所示，单击鼠标，即可添加一个关键帧，如图10-48所示。

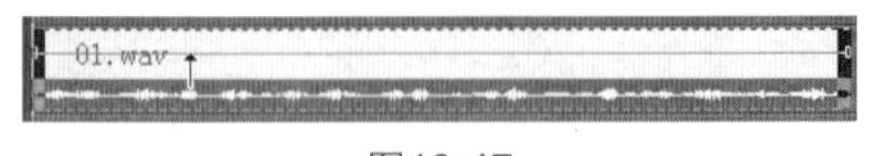

图10-47

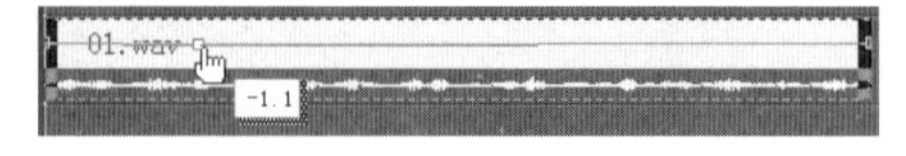

图10-48

向上或向下拖曳添加的关键帧，可以增大或减小素材在当前位置上的音量，如图10-49所示。

重复上面的操作步骤，可以将更多关键帧添加到调节线上并调整音量，效果如图10-50所示。

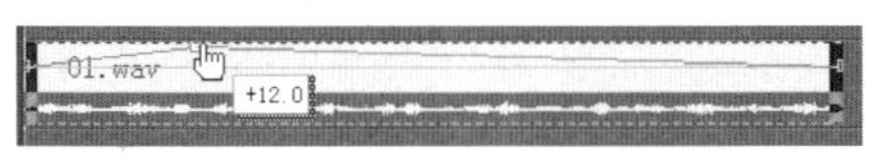

图10-49

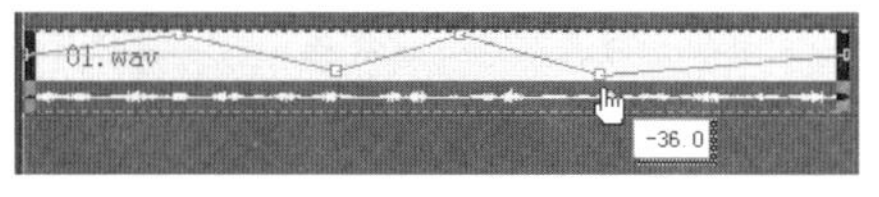

图10-50

提示

在音频轨上选中一个音频素材，单击鼠标右键，在弹出的菜单中执行【重置音量】命令，可以将调整后的音量调节线恢复到初始状态。

10.4.3 复制音频的声道

有时音频文件会把歌声和背景音频分开并放到不同的声道上。在【音频】步骤选项面板中，选择【属性】面板，如图10-51所示。

勾选【复制声道】复选框可以使声道静音。例如，左声道是歌声，右声道是背景音乐。选择【右】单选项可以使歌声部分静音，仅保留要播放的背景音乐，如图10-52所示。

图10-51

图10-52

10.4.4 启用5.1声道

如果拍摄时录制了5.1声道的音频，会声会影11能够忠实地还原现场音效，并可通过环绕音效混音器、变调滤镜做最完美的混音调整，让家庭影片也能拥有置身于剧院般的环绕音效。即使是普通的双声道影片，也可以切换到5.1声道模式。

5.1声道就是通常所说的数字环绕系统，已广泛运用于各类传统影院和家庭影院中，一些比较知名的声音录制压缩格式，比如杜比AC-3（Dolby Digital）、DTS等都是以5.1声音系统为技术蓝本的。

5.1声道采用左前置、中置、右前置、左环绕和右环绕5个声音进行放音，这5个声道彼此是独立的，此外还有一路单独的超低音效果声道，俗称0.1声道。所有这些声道合起来就是所谓的5.1声道。就整体效果而言，5.1声道系统可以为听众带来来自多个不同方向的声音环绕效果，可以获得身处各种不同环境的听觉感受，给用户以全新的体验。

在会声会影11里，要想在双声道和5.1声道之间切换，可以按照以下的步骤进行操作。

在视频轨和声音轨或音乐轨上添加视频文件和音频文件。单击【时间轴】面板中的【音频视图】按钮，切换到音频视图，如图10-53所示。

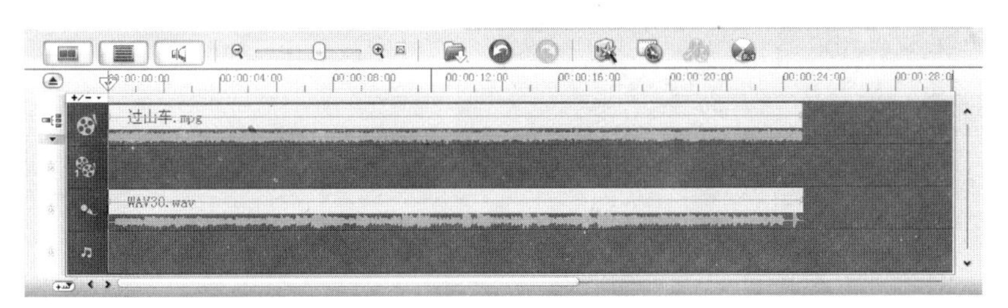

图10-53

在双声道模式下，单击选项面板中的【播放】按钮，可以在选项面板的音频混合器左侧看见两个声道的播放效果，如图10-54所示。

单击【时间轴】面板上方的【启用/禁用5.1环绕声】按钮，弹出提示对话框，如图10-55所示，单击【确定】按钮，即可将声音模式切换到5.1声道。

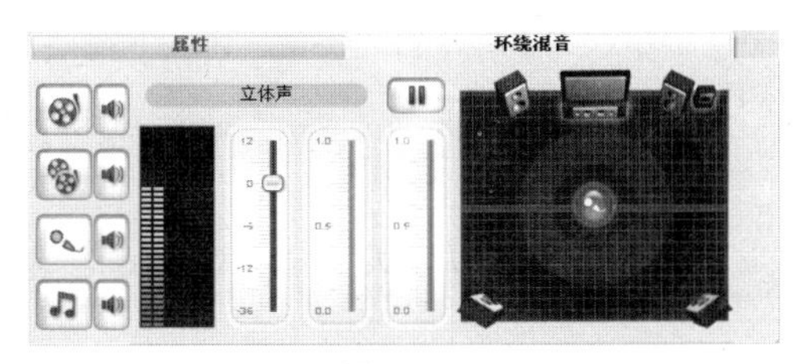

图10-54

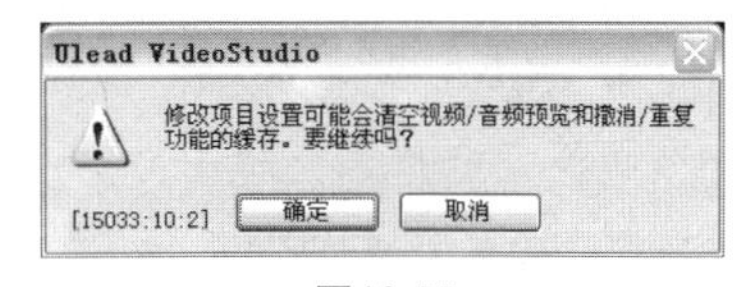

图10-55

这时，单击选项面板中的【播放】按钮，可以在选项面板的音频混合器左侧看见5.1声道的播入效果，如图10-56所示。

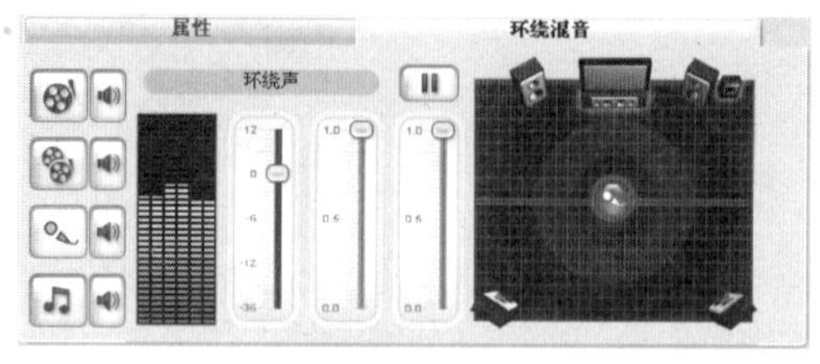

图10-56

再次单击【时间轴】面板上方的【启用/禁用5.1环绕声】按钮，可以切换回双声道模式。

10.4.5 左右声道分离

在编辑影片时，常常需要制作左右声道分离的效果。例如，制作喜庆录像片，可以使一个声道保持现场原声，另一个声道配音乐，用户可在两个声道间自由切换。

在视频轨和声音轨或音乐轨上添加视频和音频文件。单击【时间轴】面板中的【音频视图】按钮，切换到音频视图，如图10-57所示。

图10-57

在视频轨上单击鼠标选择视频素材，在预览窗口中拖动飞梭栏滑块，将其移动到视频的起始位置，如图10-58所示。

在预览窗口下方将播放模式设置为项目播放模式。在选项面板上将环绕混音滑块拖曳到最左侧，表示将视频轨的声音放到左侧，如图10-59所示。

图10-58

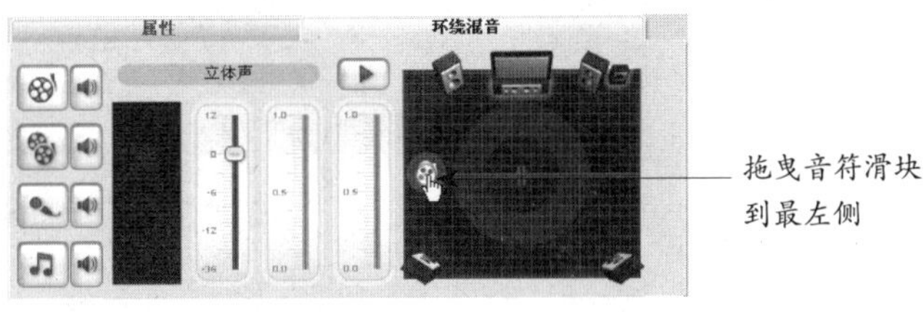

图10-59

调整完成后，单击选项面板上的【播放】按钮，可以看到只有最左侧的声道闪亮，如图10-60所示。

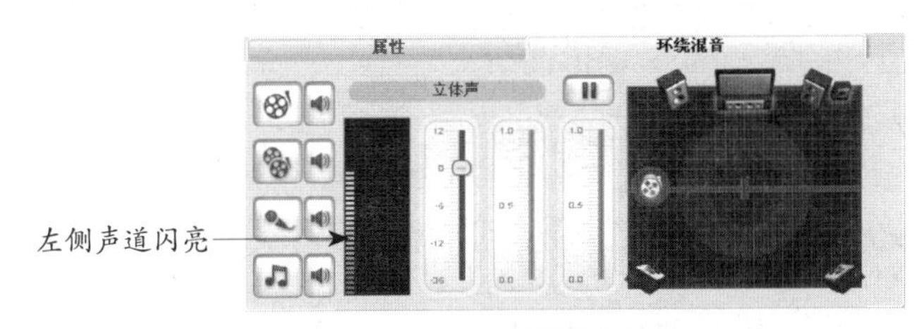

图10-60

在音频轨上单击鼠标，使其处于被选中的状态，如图10-61所示。

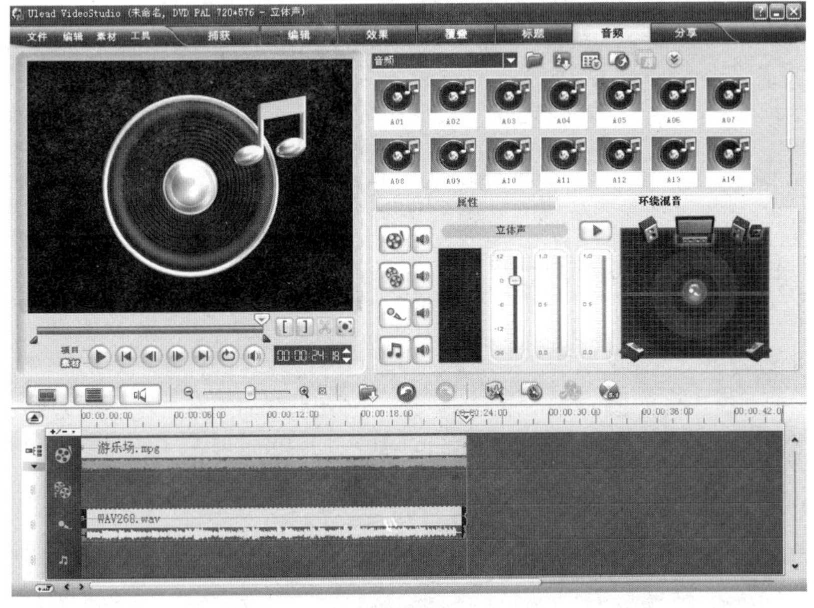

图10-61

在预览窗口下方再次将播放模式设置为项目播放模式，在预览窗口中拖动飞梭栏滑块，将其移动到视频的起始位置，如图10-62所示。

图10-62

在选项面板上将环绕混音滑块拖曳到最右侧，表示将声音轨的声音放到最右侧，如图10-63所示。

调整完成后，单击选项面板上的【播放】按钮，可以看到只有代表右侧的声道闪亮，如图10-64所示。

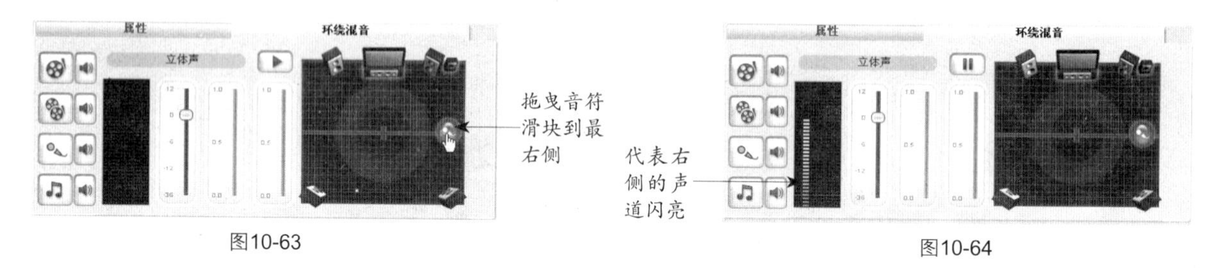

图10-63

图10-64

设置完成后，刻录并输出影片，就可以制作左右声道分离效果。

10.4.6 添加淡入和淡出效果

在编辑影片的过程中，可能应用了多种声音，为了更好地表达它们的主次关系，使它们和视频有机地结合在一起，需要对这些声音进行适当地处理。淡入、淡出就是对声音进行平滑过渡处理的常用手段。

将一段音频素材添加至时间轴视图的音频轨上，如图10-65所示。

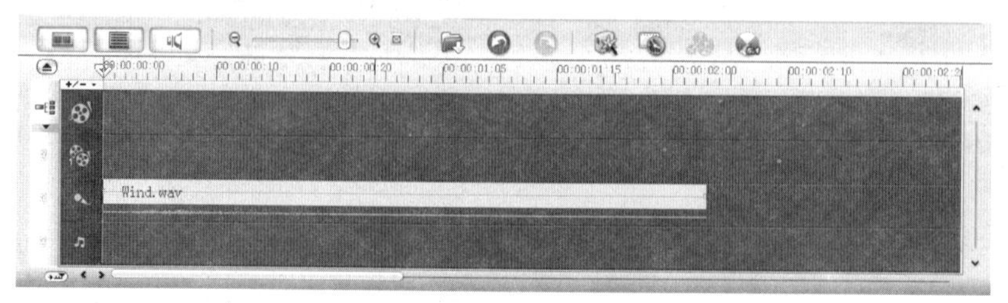

图10-65

在音频轨中选择添加的音频素材，切换至音频视图。在选项面板中选择【属性】面板，分别单击【淡入】按钮和【淡出】按钮，如图10-66所示。

图10-66

为音频素材设置好淡入淡出效果后，此时系统将根据默认的参数设置，为音频素材设置淡入与淡出的时间，而音频的淡入与淡出时间，也可以自定义。

执行菜单【文件】→【参数选择】命令或按快捷键【F6】，弹出【参数选择】对话框，选择【编辑】选项卡，在【默认音频淡入/淡出区间】对话框中输入需要的数值，如图10-67所示，单击【确定】按钮，完成设置。此时，为音频素材设置了淡入淡出效果，淡入与淡出的延迟时间为2s。

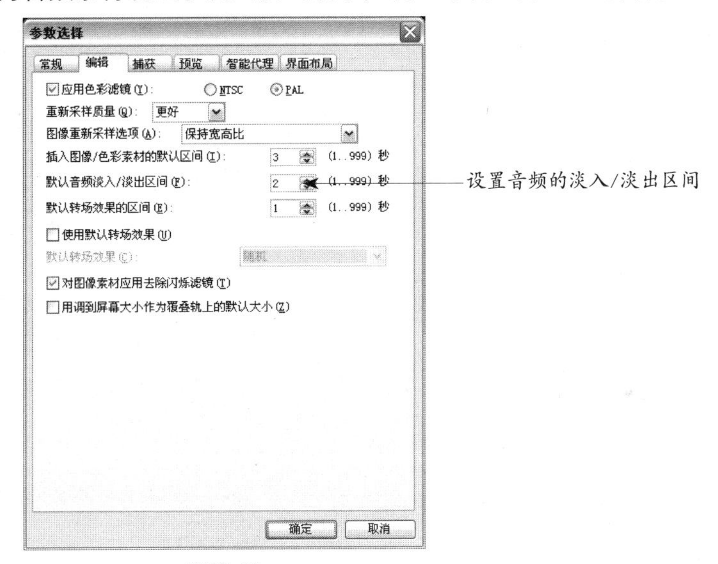

图10-67

10.4.7 设置回放速度

在进行视频编辑时，可以改变音频的回放速度，使它与影片能够更好地融合。

在相应音轨的音频上选择需要调整的音频素材。在【声音和音乐】选项卡面板中单击【回放速度】按钮，弹出【回放速度】对话框，如图10-68所示。

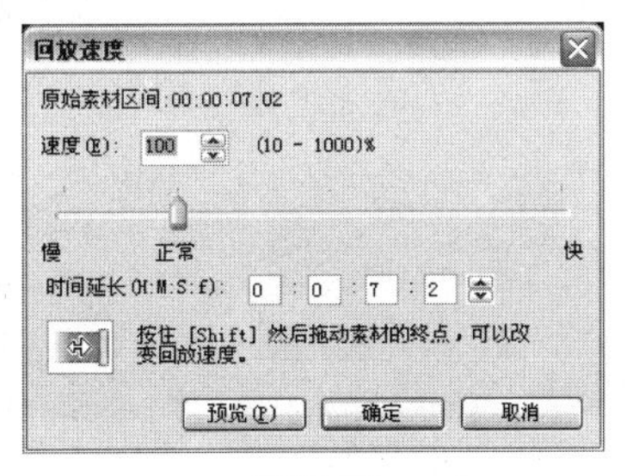

图10-68

在【速度】数值框中输入需要的数值，或者拖动滑块调整音频的速度。较慢的速度可以使素材的播放时间更长，而较快的速度可以使音频的播放时间更短，如图10-69和图10-70所示。

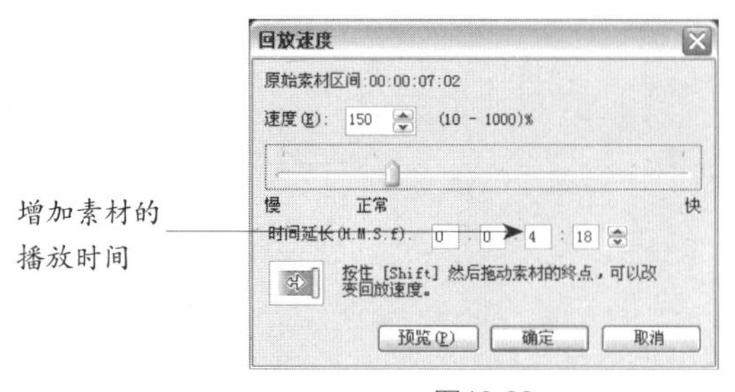

图10-69

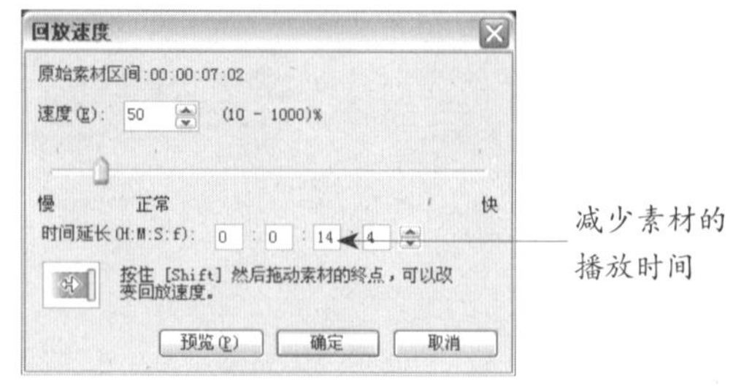

图10-70

单击对话框中的【预览】按钮，可以试听设置的回放速度效果。

设置完成后，单击【确定】按钮即可。

10.5 应用音频滤镜

会声会影11提供了【长回音】、【等量化】、【放大】、【混响】、【删除噪音】、【声音降低】、【嘶声降低】、【体育场】、【音调偏移】和【音量级别】共10种音频滤镜，其中，【放大】和【删除噪音】最常用，只有在时间轴视图模式下，才可以应用音频滤镜。

10.5.1 使用音频滤镜的步骤

单击【时间轴】面板中的【时间轴视图】按钮，切换到时间轴视图。选择要应用音频滤镜的音频素材，如图10-71所示。

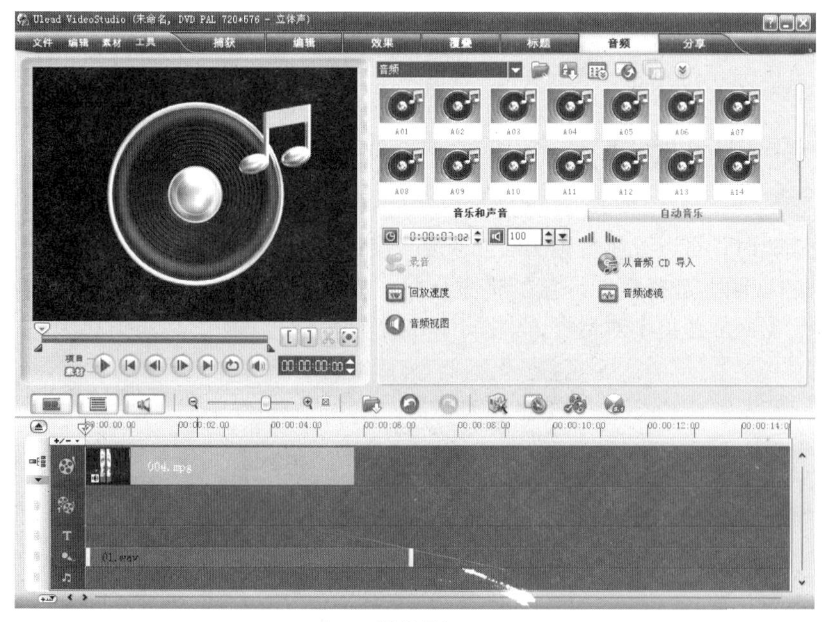

图10-71

单击选项面板中的【音频滤镜】按钮，弹出【音频滤镜】对话框，如图10-72所示。在【可用滤镜】列表框中选择需要的音频滤镜并单击【添加】按钮，将其添加到【已用滤镜】列表框中，如图10-73所示。

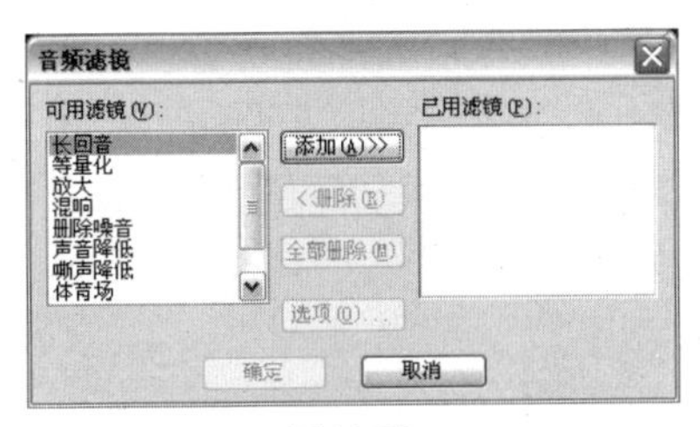

图10-72

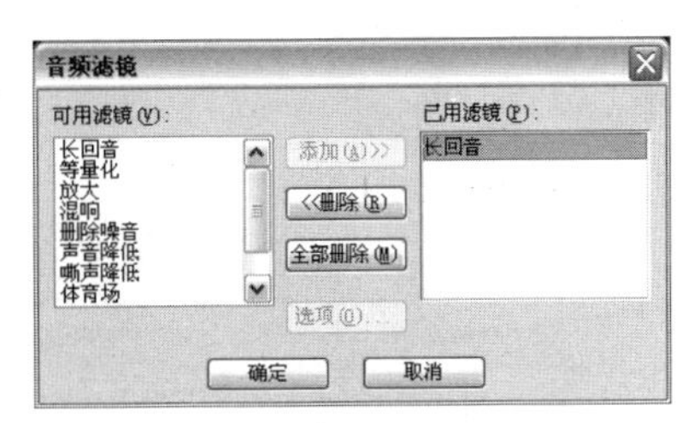

图10-73

重复上一步骤，可以给同一音频添加更多的【音频滤镜】，此时如果【选项】按钮可用，证明对此【音频滤镜】可以进一步设置，如图10-74所示。

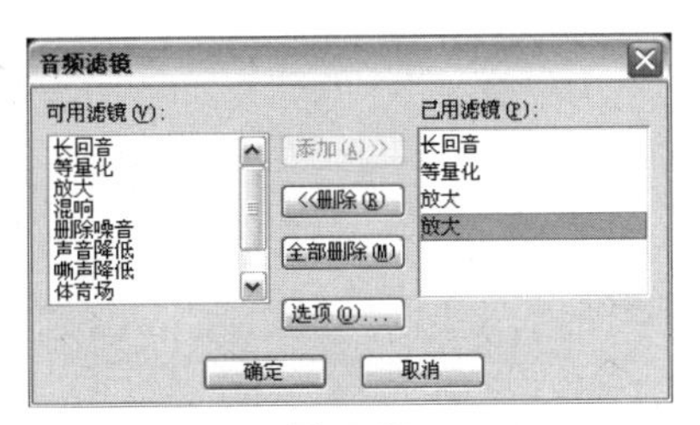

图10-74

10.5.2 使用【放大】音频滤镜

回顾前面介绍的调节音量的方法，我们发现最多能放大声音到原来的5倍，然而【放大】这个【音频滤镜】可以将声音放大到原来的20倍，这对于需要高度放大的声音非常实用。如图10-75所示。

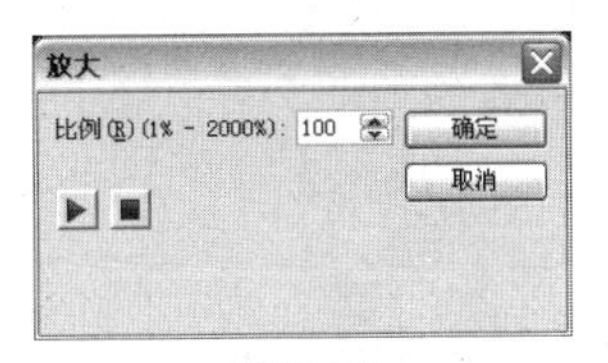

图10-75

10.5.3 使用【删除噪音】音频滤镜

如果录音时环境嘈杂，录制的声音噪音就会比较明显，所以，【删除噪音】这个【音频滤镜】可以有效降低噪音的干扰，使声音更干净，如图10-76所示。

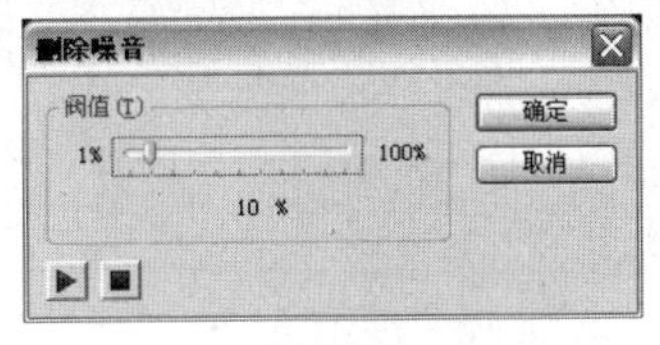

图10-76

10.6 音频的淡入淡出效果

源程序：Ch10/音频的淡入淡出效果/音频的淡入淡出效果.VSP

知识要点：使用淡入淡出按钮制作音频素材的淡入淡出效果。

10.6.1 添加音频素材

01 启动会声会影11，在启动面板中选择【会声会影编辑器】选项，如图10-77所示，进入会声会影程序主界面。

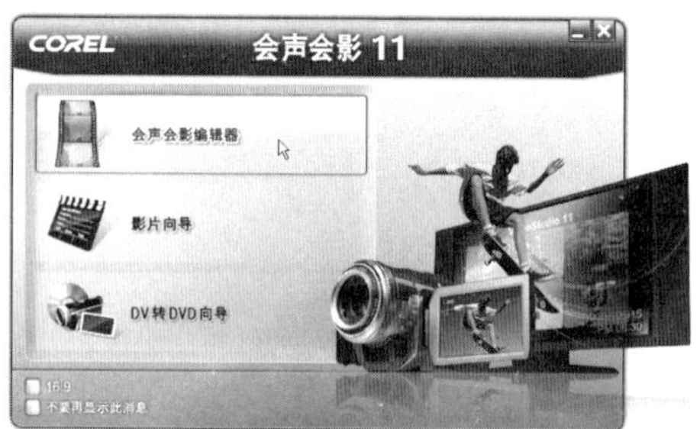

图10-77

02 单击步骤选项卡中的【音频】按钮，切换至音频面板。单击【音频】素材库中的【加载音频】按钮，在弹出的【打开音频文件】对话框中选择光盘目录下“Ch10/音频的淡入淡出效果/YinYue.wav”文件，如图10-78所示，单击【打开】按钮，选中的音频素材被添加到素材库中，效果如图10-79所示。

图10-78

图10-79

10.6.2 制作淡入淡出效果

01 在【音频】素材库中选择添加的音频素材“YinYue.wav”，单击鼠标右键，在弹出的菜单中执行【插入到】→【音乐轨】命令，将其添加到音乐轨中，如图10-80所示。

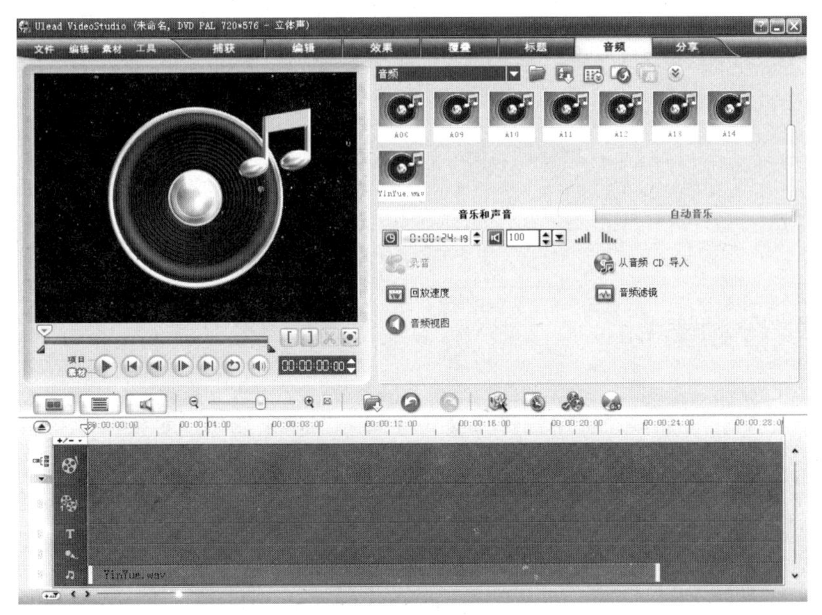

图10-80

02 在【音乐和声音】选项面板中，分别单击【淡入】按钮和【淡出】按钮，如图10-81所示，为素材添加淡入和淡出效果。

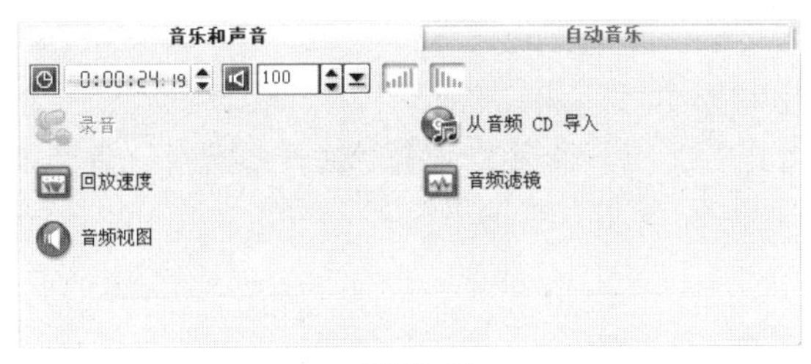

图10-81

03 单击【时间轴】面板中的【音频视图】按钮，切换到音频视图，可以看到时间轴的音乐轨中音频素材的音量关键帧，表示已经添加了淡入淡出效果，如图10-82所示。

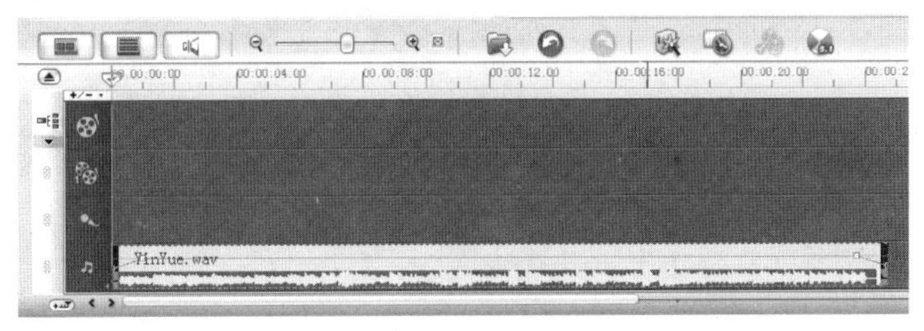

图10-82

10.7 巧妙控制声源位置

源程序：Ch10/巧妙控制声源位置/巧妙控制声源位置.VSP

知识要点：使用控制声源位置制作5.1声道音频效果。

10.7.1 添加音频素材

01 启动会声会影11，在启动面板中选择【会声会影编辑器】选项，如图10-83所示，进入会声会影程序主界面。

图10-83

02 单击步骤选项卡中的【音频】按钮音频，切换至音频面板。单击【音频】素材库中的【加载音频】按钮，在弹出的【打开音频文件】对话框中选择光盘目录下“Ch10/巧妙控制声源位置/yinyue.mp3”文件，如图10-84所示，单击【打开】按钮，选中的音频素材被添加到素材库中，效果如图10-85所示。

图10-84

图10-85

10.7.2 控制声源位置

01 在【音频】素材库中选择添加的音频素材“yinyue.mp3”，单击鼠标右键，在弹出的菜单中执行【插入到】→【音乐轨】命令，将其添加到音乐轨中，如图10-86所示。

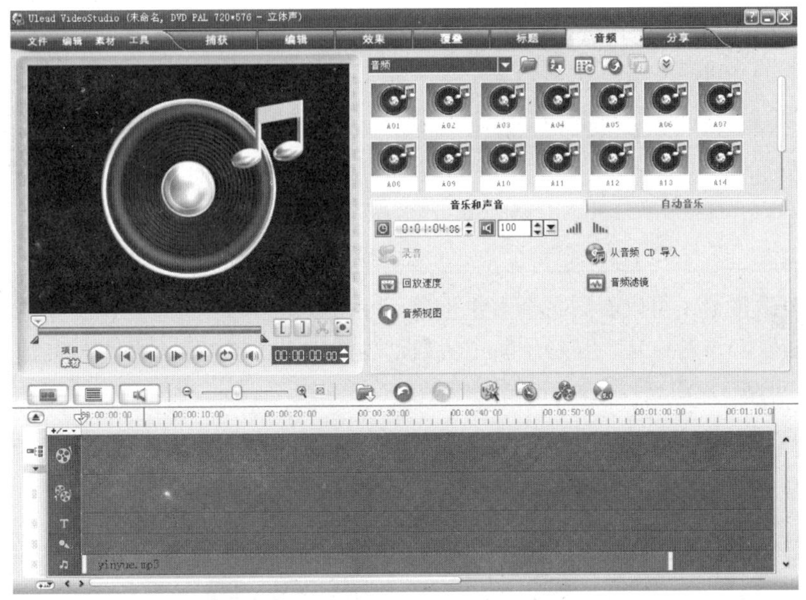

图10-86

02 单击【时间轴】面板中的【音频视图】按钮，切换到音频视图，如图10-87所示。单击【时间轴】面板上方的【启用/禁用5.1环绕声】按钮，弹出提示对话框，如图10-88所示，单击【确定】按钮，将声音模式切换到5.1声道。

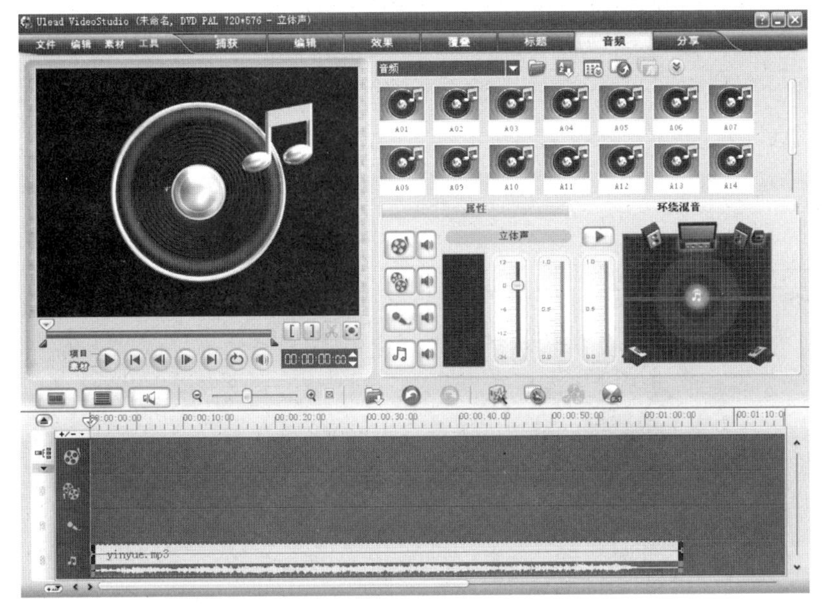

图10-87

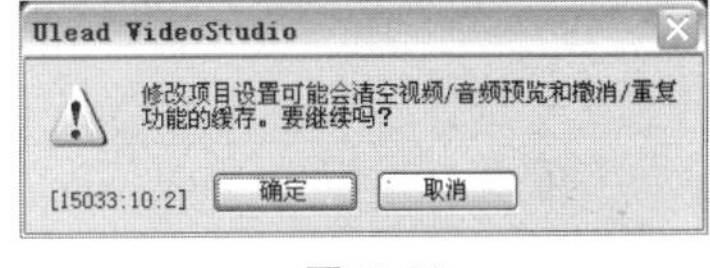

图10-88

03 单击【环绕混音】面板中的【播放】按钮▶，播放所选项目，可以在面板中看到各个声道的显示，如图10-89所示。

04 在【环绕混音】选项面板中，将环绕混音中的音符滑块拖曳到左上方，各个声道都发生改变，如图10-90所示。

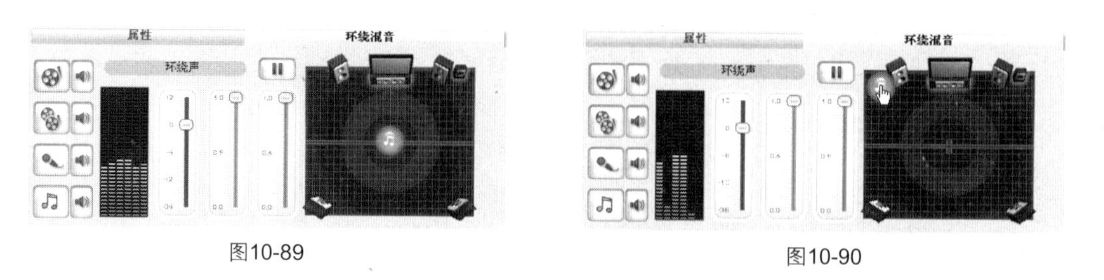

图10-89　　图10-90

05 继续改变声源位置，可以看到各个声道也随之发生变化，效果如图10-91所示。一边播放音频素材，一边改变声源位置，在音乐轨中会自动生成很多关键帧，如图10-92所示。用相同的操作方法，可以随心所欲地制作声源移动的音响效果。

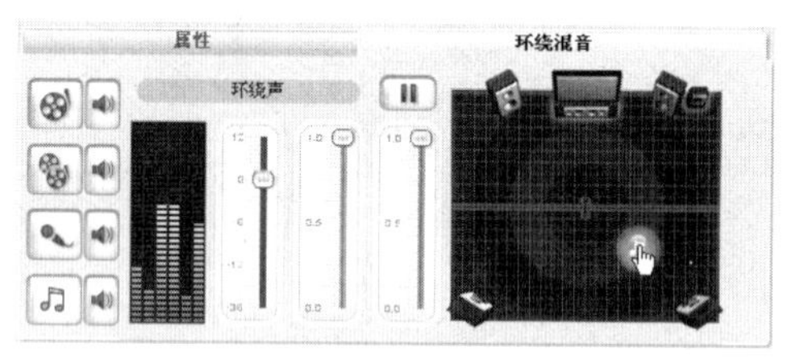

图10-91

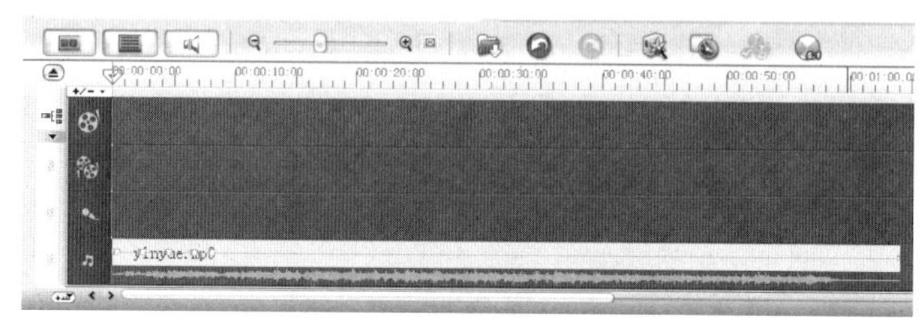

图10-92

小结 ●●●

本章介绍了怎样使用会声会影11来为影片添加背景音乐和声音，以及怎样编辑音频文件和合理地混合各音频文件，以便得到满意的效果。通过本章的学习，可以掌握和了解在影片中，音频的添加与混合效果的制作，从而为自已的作品制作出完美的音乐效果。

Chapter 11

保存与输出影片

在【分享】步骤中，影片输出的大部分工作是通过“选项卡”操作完成的，用户只需要在选项卡中选择不同的选项，就可将影片按照不同的方式输出。选项卡的【创建视频文件】选项中又提供了多种影片模板，方便用户将影片输出为不同的视频格式。

11.1 认识分享选项面板

在会声会影11中添加各种视频、图像、音频素材及转场效果后，单击步骤选项卡中的【分享】按钮，切换至分享面板。在这一步中，可以渲染项目，并将创建完成的影片按照指定的格式输出。【分享】步骤选项面板如图11-1所示。

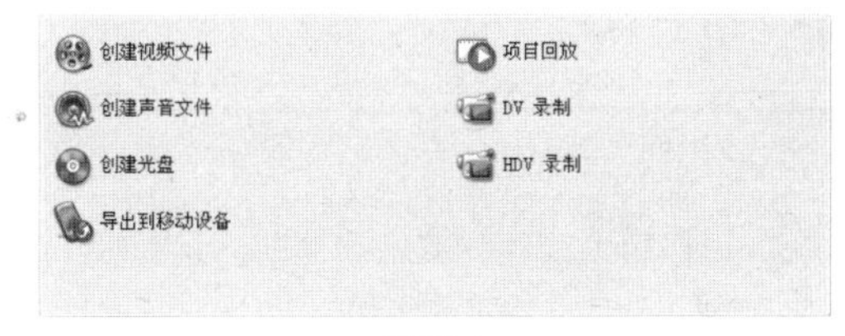

图11-1

【创建视频文件】按钮：将编辑的影片输出为可以在计算机上播放的视频文件，如图11-2所示。

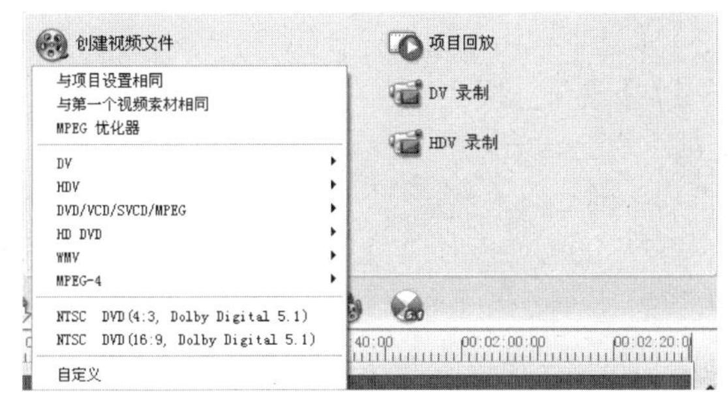

图11-2

◎ 【与项目设置相同】选项：选择此选项，将输出与项目文件设置相同的视频文件。如果对于输出尺寸、格式等视频属性有特殊的要求，可以先定义项目文件，然后再选择此选项输出影片。

◎ 【与第一个视频素材相同】选项：选择此选项，将输出与添加到项目文件中的第一个视频素材尺寸、格式等属性相同的影片。

◎ 【MPEG优化器】选项：选择此选项，可以分析并查找要用于项目的最佳MPEG设置或“最佳项目设置配置文件”，使项目的原始片段设置与最佳项目设置配置文件兼容，从而节省了时间，并使所有片段保持高质量，包括那些需要重新编码或重新渲染的片段。

◎ 【DV】选项：DV输出。此选项包括【PAL DV（4:3）】和【PAL DV（16:9）】两个选项，如图11-3所示，分别用于保存最高质量的视频资料，或者把编辑后的影片回录到摄像机。

◎ 【HDV】选项：高清视频输出。此选项包括【HDV 1080i – 50i （针对 HDV）】、【HDV 720p – 25p（针对 HDV）】、【HDV 1080i – 50i （针对 PC）】、【HDV 720p – 25p（针对 PC）】四个选项，如图11-4所示。

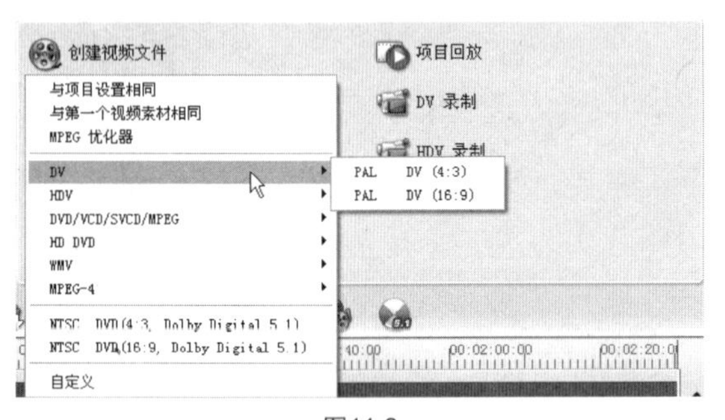

图11-3

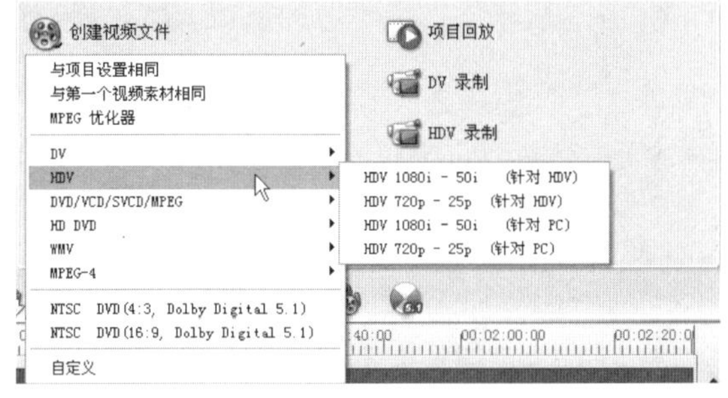

图11-4

- 【HDV 1080i – 50i（针对 HDV）】选项：用于输出回录到HDV摄像机的视频文件。
- 【HDV 720p – 25p（针对 HDV）】选项：同上。
- 【HDV 1080i – 50i（针对 PC）】选项：用于输出在PC上观看的视频文件。
- 【HDV 720p – 25p（针对 PC）】选项：同上。

提 示

HDV制式包括720p和1080i两种规范。720p规范的画面可以达到逐行扫描方式720线（分辨率为1280×720）；1080i规范的画面可以达到隔行扫描方式1080线，（分辨率为1440×1080）。

◎ 【DVD/VCD/SVCD/MPEG】选项：光盘输出和MPEG输出。此选项包括【PAL DVD（4:3）】、【PAL DVD（16:9）】、【PAL VCD】、【PAL SVCD】、【PAL MPEG1（352×288，25 fps）】和【PAL MPEG2（720×576，25 fps）】6个选项，如图11-5所示。

- 【PAL DVD（4:3）】选项：用于输出符合DVD、VCD、SVCD标准的影片。
- 【PAL DVD（16:9）】选项：同上。
- 【PAL VCD】选项：同上。
- 【PAL SVCD】选项：同上。
- 【PAL MPEG1（352×288，25 fps）】选项：用于输出相应尺寸和格式的MPEG文件。
- 【PAL MPEG2（720×576，25 fps）】选项：同上。

◎ 【HD DVD】选项：高清DVD输出。用于输出制作HD DVD光盘的视频，包括【PAL HD DVD – 1920】和【PAL HD DVD – 1440】两个选项，如图11-6所示。

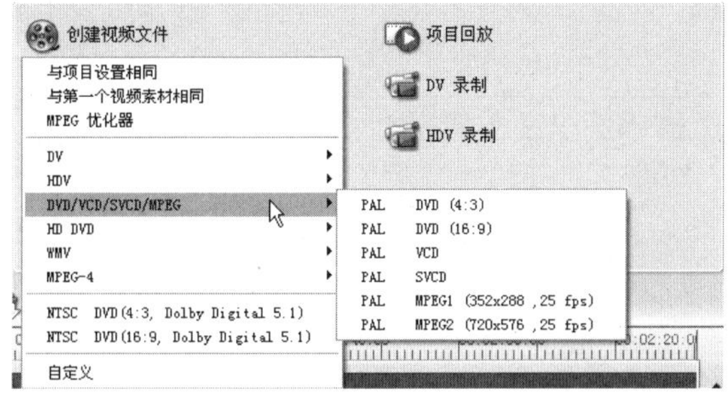

图11-5

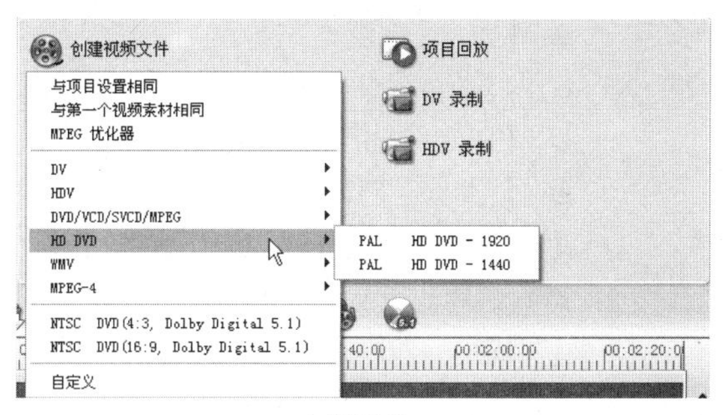

图11-6

- 【PAL HD DVD－1920】选项：用于输出尺寸为1920×1080的视频文件
- 【PAL HD DVD－1440】选项：用于输出尺寸为1440×1080的视频文件。
- 【WMV】选项：WMV网络和便携视频输出。用于输出在网页上或者便携设备上展示的WMV格式的视频文件，如图11-7所示。
- 【WMV HD 1080 25p】选项：用于输出在网络展示的相应制作格式的高清视频。
- 【WMV HD 720 25p】选项：同上。
- 【WMV Broadband（352×288，30 fps）】选项：用于输出在宽带网络展示的视频。
- 【Pocket PC WMV（320×240，15 fps）】选项：用于输出在掌上电脑播放的视频。
- 【Smartphone WMV（220×176，15 fps）】选项：用于输出在智能手机上播放的视频。
- 【Zune WMV（320×240，30 fps）】选项：用于输出在Zune设备上播放的视频。
- 【Zune WMV（640×480，30 fps）】选项：同上。

◎ 【MPEG-4】选项：MPEG-4输出。主要用于各种便携设备输出，如图11-8所示。

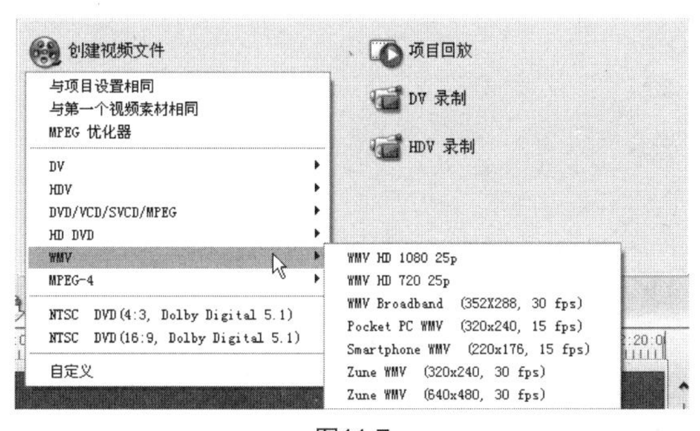

图11-7

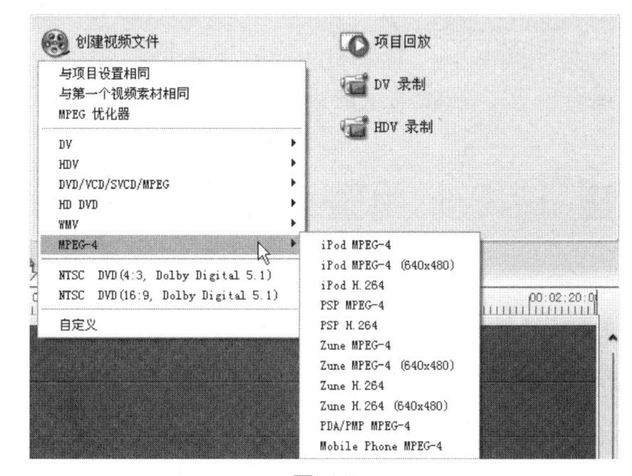

图11-8

- 【iPod MPEG－4】选项：用于输出iPod播放的MPEG-4视频。
- 【iPod MPEG－4（640×480）】选项：同上。
- 【iPod H.264】选项：同上。
- 【PSP MPEG－4】选项：用于输出PSP播放的视频。
- 【PSP H.264】选项：同上。
- 【Zune MPEG－4】选项：用于输出Zune播放的视频。
- 【Zune MPEG－4（640×480）】选项：同上。

- 【Zune H.264】选项：同上。
- 【Zune H.264（640×480）】选项：同上。
- 【PDA/PMP MPEG－4】选项：用于输出掌上数码影院设备播放的视频。
- 【Mobile Phone MPEG－4】选项：用于输出智能手机播放的视频。

◎ 【NTSC DVD（4:3，Dolby Digital 5.1）】选项：用于输出指定画面比例的带有5.1环绕立体声的影片。

◎ 【NTSC DVD（16:9，Dolby Digital 5.1）】选项：同上。

◎ 【自定义】选项：用于输出自定义格式的视频文件。

【创建声音文件】按钮：将视频中的声音提取出来单独渲染为声音文件。

【创建光盘】按钮：使用光盘向导将影片刻录为VCD、SVCD或DVD。

【导出到移动设备】按钮：可以利用Ulead DVD-VR向导刻录视频，将视频录制到DV，输出到电子邮件、网页，或者制作成贺卡。只有在创建了视频文件后才可以选择此选项。

【项目回放】按钮：将影片在显示器或电视机等视频设备上进行回放，还可以将影片录制到摄像机或录像机中。

【DV录制】按钮：单击此按钮，在弹出的对话框中可以将视频文件直接输出到DV摄像机并将它录制到DV录像带上。

【HDV录制】按钮：单击此按钮，在弹出的对话框中可以将视频文件直接输出到HDV摄像机并将它录制到HDV录像带上。

11.2 创建并保存视频文件

创建视频文件用于把项目文件中的所有素材连接在一起，将制作完成的影片保存到硬盘上。将影片制作完成后，最基本的操作就是将影片保存，在这个过程中，会声会影11将把影片中的所有素材连接在一起，按照指定的编辑方式渲染影片并保存为指定的格式。

11.2.1 用整个项目创建视频文件

在编辑和制作影片时，项目文件中可能包含视频、声音、标题和动画等多种素材，创建视频文件可以将影片中所有的素材连接为一个整体，这个过程通常被称为“渲染”。

单击步骤选项卡中的【分享】按钮，切换至分享面板。单击选项面板中的【创建视频文件】按钮，在弹出的列表中选择【DVD/VCD/SVCD/MPEG】→【PAL MPEG2（720×576，25 fps）】选项，如图11-9所示。

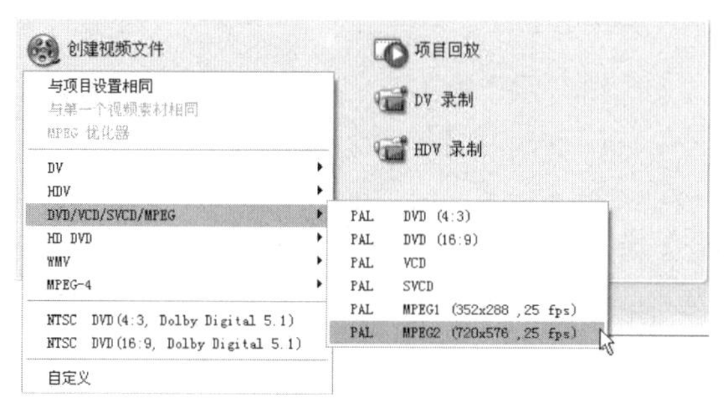

图11-9

程序自动分析并查找用于项目的最佳MPEG设置，并弹出【MPEG优化器】对话框，如图11-10所示，单击【接受】按钮，在弹出的【创建视频文件】对话框中指定文件的保存路径和名称，如图11-11所示。

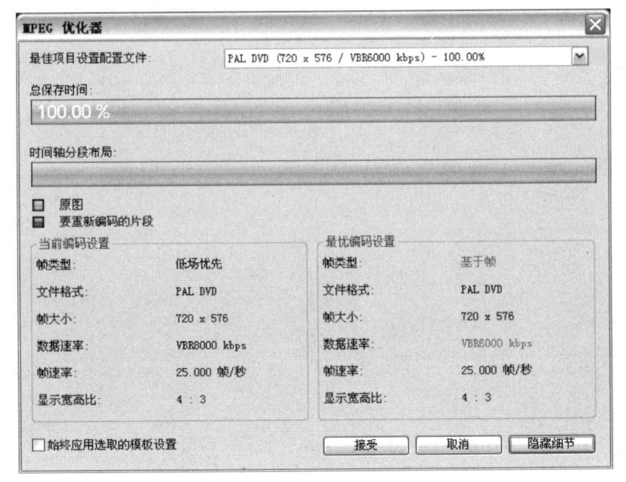

图11-10

图11-11

单击【保存】按钮，程序开始自动将影片中的各个素材连接在一起，并以指定的格式保存，预览窗口下方将显示渲染进度。渲染完成后，程序会自动将生成的文件添加到素材库中，并在预览窗口中播放。

11.2.2 创建预览范围的视频文件

通过在项目中设置预览范围并在输出时选择【Ulead VideoStudio】对话框中的【预览范围】选项，用户可以仅将项目中的部分片断渲染为视频文件。

单击步骤选项卡中的【编辑】按钮 编辑 ，切换至编辑面板，在【视频】素材库中选择要添加的视频文件，将其拖曳至【视频轨】中，如图11-12所示。

图11-12

执行菜单【文件】→【保存】命令，如图11-13所示，在弹出的【另存为】对话框中指定文件的保存路径和名称，如图11-14所示，单击【保存】按钮，将当前项目保存在指定的文件夹中。

图11-13

图11-14

添加的视频素材过长会不方便进行预览等操作，在此可以调整时间轴标尺单位刻度的长度，使视频中的素材以适当的长度显示。单击【时间轴】上方的【将项目调整到时间轴窗口大小】按钮，视频素材填满整个时间轴，效果如图11-15所示。

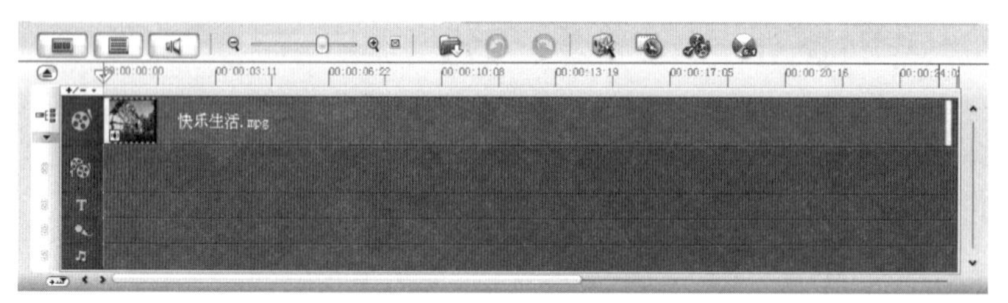

图11-15

单击步骤选项卡中的【分享】按钮 分享 ，切换至分享面板。拖曳时间轴标尺上的当前位置标记到要截取的视频片段的起始位置，按快捷键【F3】，这时，在时间轴上方可以看到一条红色的预览线，如图11-16所示。

图11-16

拖曳时间轴标尺上的当前位置标记▽到要截取的视频片段的结束位置，按快捷键【F4】，这时在时间轴上方的红色预览线标记的区域就是用户所指定的预览范围，如图11–17所示。

图11-17

单击选项面板中的【创建视频文件】按钮，在弹出的列表中选择【DVD/VCD/SVCD/MPEG】→【PAL MPEG2（720×576，25 fps）】选项，如图11–18所示，弹出【创建视频文件】对话框，如图11–19所示。

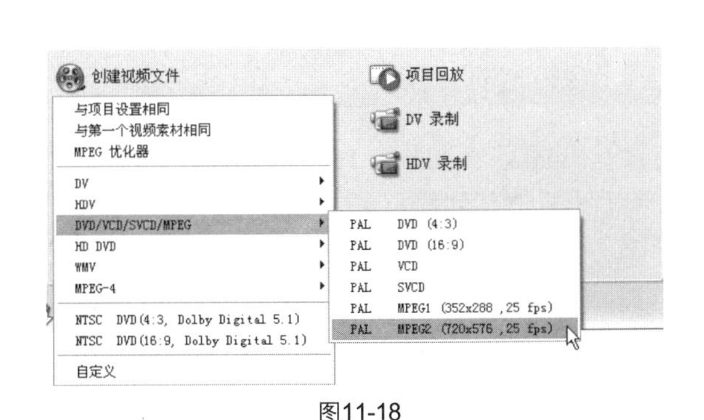

图11-18

图11-19

在弹出的【创建视频文件】对话框中单击【选项】按钮，在弹出的对话框中选择【预览范围】单选项，如图11–20所示，单击【确定】按钮。返回到对话框中，单击【保存】按钮，程序开始自动对预览范围进行渲染，并自动将生成的文件添加到素材库中，然后在预览窗口中播放，如图11–21所示。

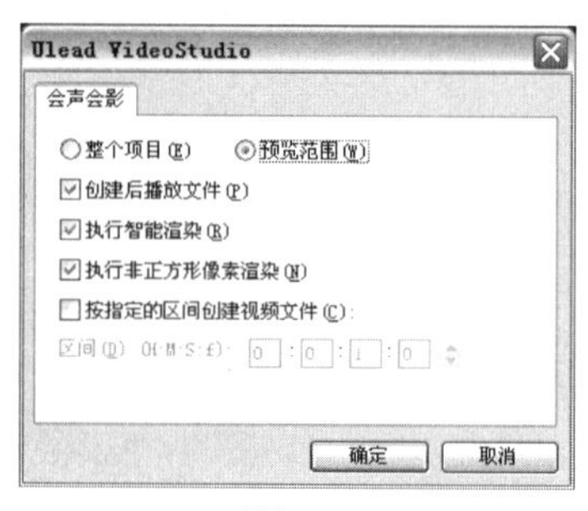

图11-20

图11-21

■ 11.2.3 单独输出影片中的声音素材

单独输出影片中的声音素材可以将整个项目的音频部分单独保存以便在声音编辑软件中进一步处理声音或者应用到其他影片中，需要注意的是，这里输出的音频文件是包含了项目中的视频轨、覆叠轨、声音轨及音乐轨的混合音频，也就是预览项目时，所听到的声音效果。

可根据影片的编辑需要在会声会影编辑器中添加视频素材和音频素材。单击步骤选项卡中的【分享】按钮 分享 ，切换至分享面板。单击选项面板中的【创建声音文件】按钮，在弹出的【创建声音文件】对话框中选择声音文件保存的名称、路径及格式，如图11-22所示。

图11-22

提示

在视频轨上，包含音频的素材略图左下角显示图标。

单击对话框下方的【选项】按钮，可以在弹出的【音频保存选项】对话框中设置声音文件的属性，如图11-23和图11-24所示，设置完成后，单击【确定】按钮，即可将视频中所包含的音频部分单独输出。

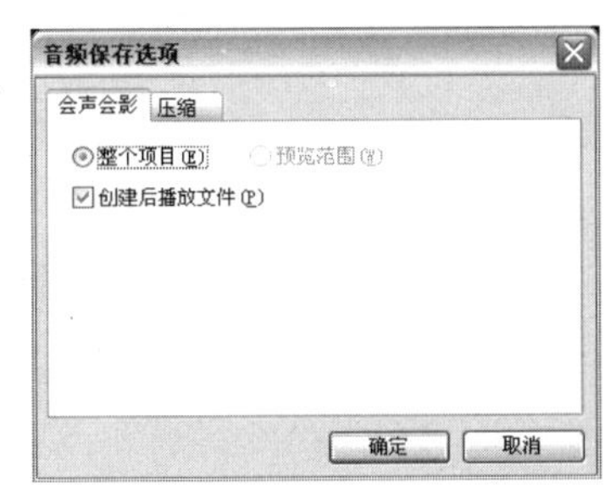

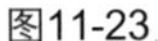
图11-23

图11-24

11.2.4 自定义视频文件输出模板

会声会影11预置了一些输出模板，以便于影片输出操作，如图11-25所示，这些模板定义了几种常用的输出文件格式及压缩码和质量等输出参数。不过，在实际应用中，这些模板可能太少，也许不能满足用户的需求。虽然可以进行自定义，但是每次都需要打开多个对话框，操作过程过于繁琐，此时就需要自定义视频文件输出模板，以便提高影片的输出效率。

图11-25

1. 建立PAL DV类型2格式输出模板

DV格式是AVI格式的一种，输出的影像质量几乎没有损失，但文件尺寸会非常大。当要以最高质量输出时，或要回录到DV当中时，可选择DV格式。

执行菜单【工具】→【制作影片模板管理器】命令，弹出【制作影片模板管理器】对话框，如图11-26所示，在该对话框中可以查看已有的模板设置。在对话框中单击【新建】按钮，弹出【新建模板】对话框，如图11-27所示。

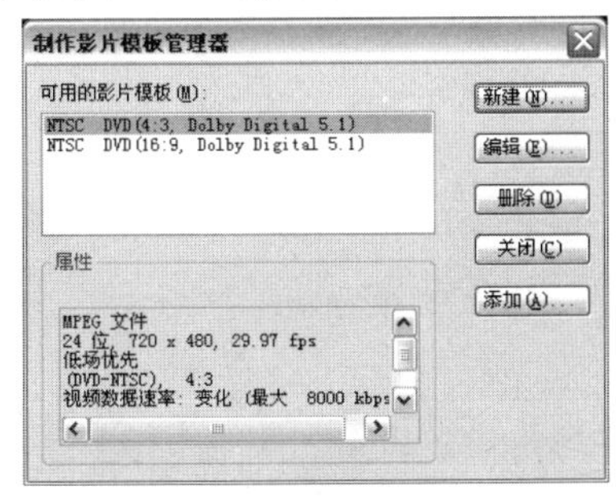

图11-26

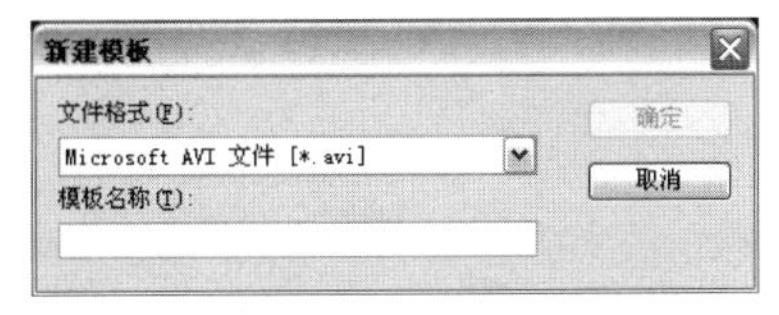

图11-27

在对话框的【模板名称】文本框中输入名称“PAL DV类型2”，单击【确定】按钮，弹出【模板选项】对话框，如图11-28所示，选择【常规】选项卡，各选项的设置如图11-29所示。

图11-28

图11-29

选择【AVI】选项卡，单击【压缩】选项右侧的下拉按钮，在弹出的下拉列表中选择【DV 视频编码器—类型2】选项，如图11-30所示，单击【确定】按钮，返回到【制作影片模板管理器】对话框中，此时新创建的模板出现在该对话框的【可用的影片模板】列表框中，如图11-31所示，单击【关闭】按钮，完成模板的创建。

图11-30

图11-31

2. 建立PAL DVD格式输出模板

DVD是一种高质量视频压缩格式，影像质量稍逊于DV格式，输出的视频文件要比DV格式小，一般用于制作DVD光盘。在【制作影片模板管理器】对话框中单击【新建】按钮，弹出【新建模板】对话框，单击【文件格式】选项右侧的下拉按钮，在弹出列表中选择一种要输出的文件格式，并在【模板名称】文本框中输入“PAL DVD高质量”，如图11-32所示。

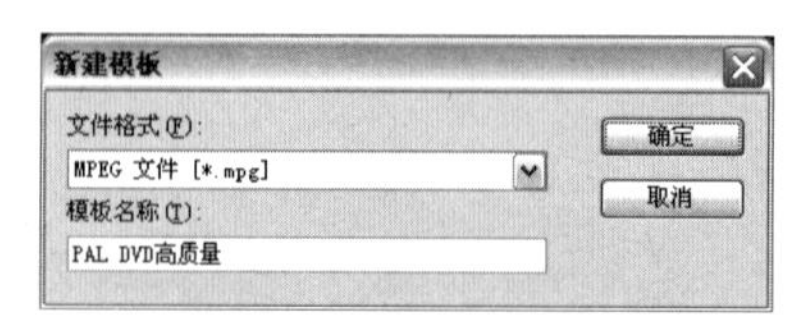

图11-32

单击【确定】按钮，在弹出的【模板选项】对话框中各选项的设置如图11-33至图11-35所示，单击【确定】按钮，即可完成模板的创建。

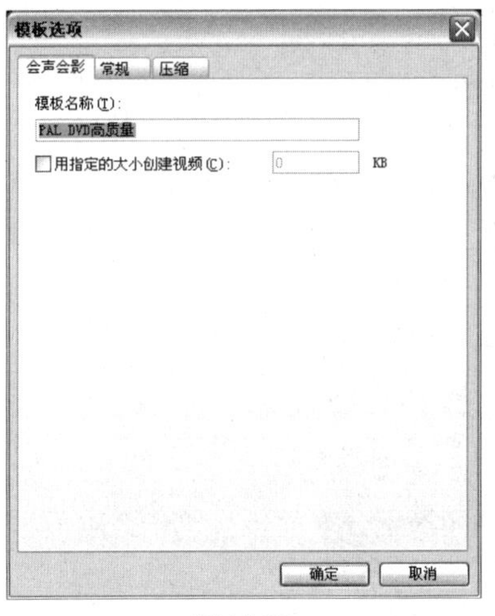

图11-33

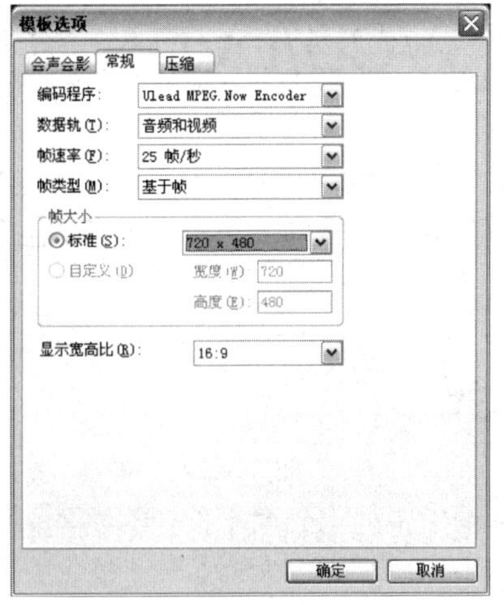

图11-34

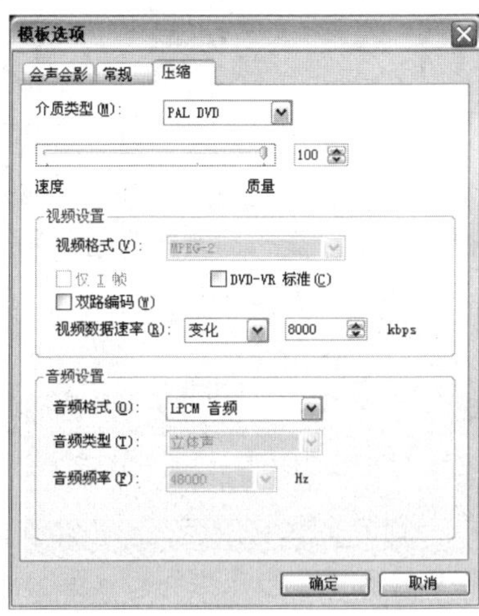

图11-35

3. 建立PAL格式输出模板

VCD格式是一种早期的视频压缩格式，使用该格式输出的影像质量较差，但输出的视频文件比DVD格式要小很多，制作的VCD光盘能在所有VCD/DVD影碟机中播放。在【制作影片模板管理器】对话框中单击【新建】按钮，弹出【新建模板】对话框，单击【文件格式】选项右侧的下拉按钮，在弹出列表中选择一种要输出的文件格式，并在【模板名称】文本框中输入“PAL DVD高质量”，如图11-36所示。

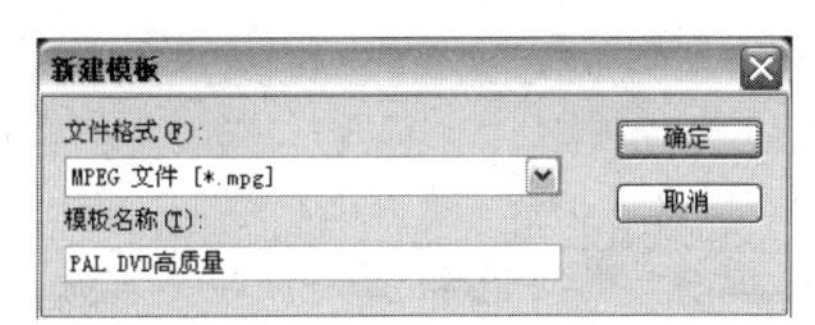

图11-36

单击【确定】按钮，在弹出的【模板选项】对话框中各选项的设置如图11-37至图11-39所示，单击【确定】按钮，即可完成模板的创建。

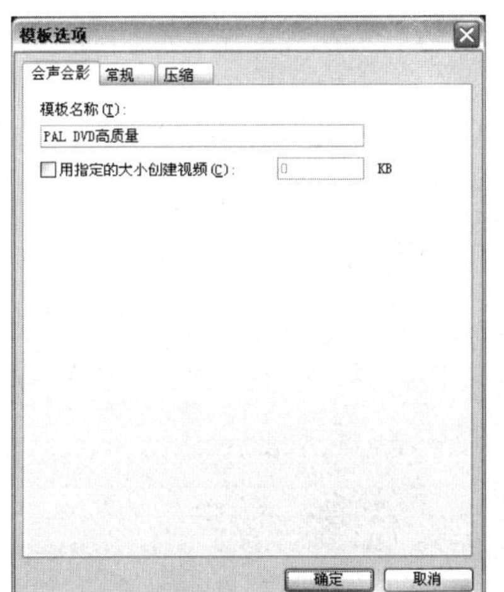

图11-37

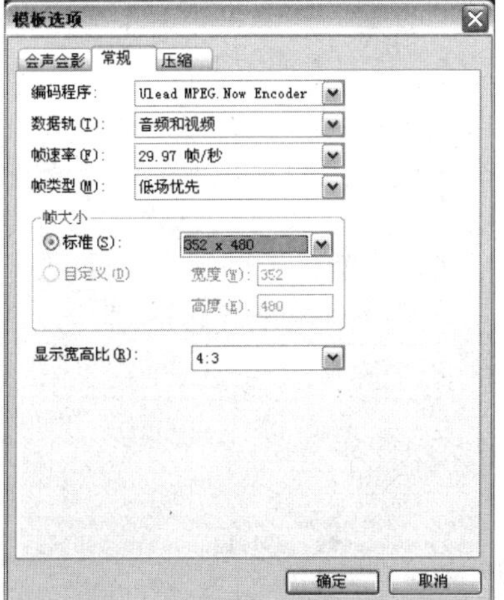

图11-38

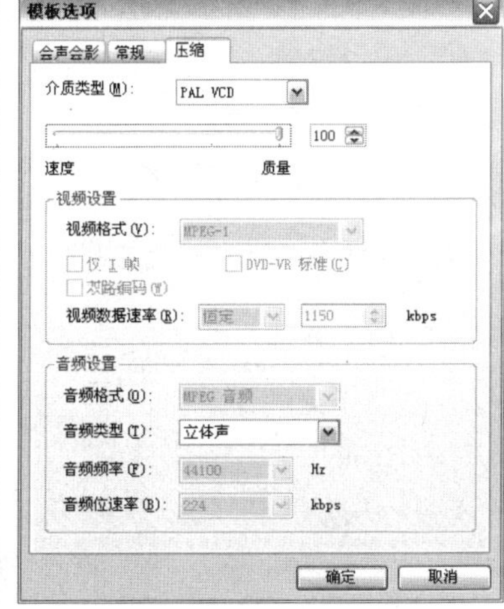

图11-39

11.3 刻录VCD/SVCD/DVD光盘

影片制作完成后，刻录成VCD、SVCD或DVD光盘可以永久保存也可以方便欣赏，会声会影11提供了简单快捷的刻录向导帮助用户完成刻录操作，用户无须考虑各种光盘的参数设置，按照向导的提示一步步操作即可。

11.3.1 选择光盘格式

影片制作完成后，单击步骤选项卡中的【分享】按钮，切换至分享面板。单击选项面板中的【创建光盘】按钮，弹出【Ulead VideoStudio】对话框，如图11-40所示。

图11-40

单击对话框底部的【设置和选项】按钮，在弹出的列表中选择【光盘模板管理器】选项，弹出【光盘模板管理器】对话框，如图11-41所示。单击【光盘类型】选项右侧的下拉按钮，在弹出的列表中提供了多种类型供用户选择，如图11-42的所示。

在下拉列表中选择【VCD】选项，此时，对话框中的【可用光盘模板】列表中将显示VCD选项，如图11-43所示，确定所选择的类型后，单击【关闭】按钮。

图11-41

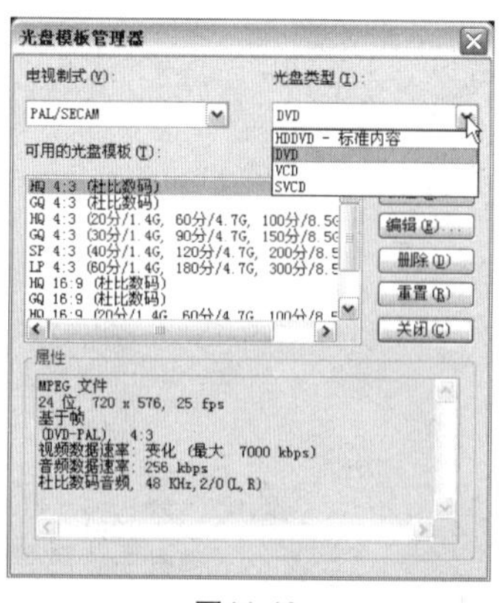

图11-42

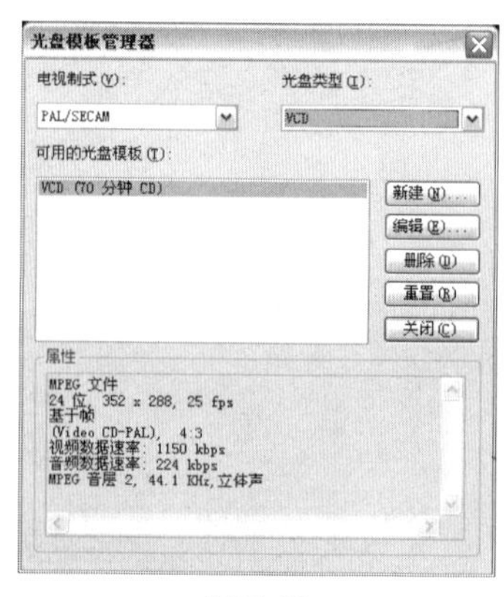

图11-43

11.3.2 添加新的视频素材

创建光盘的素材可以是会声会影11的项目文件，也可以是其他视频文件。

在【Ulead VideoStudio】对话框中单击【添加视频文件】按钮或单击【添加「会声会影」项目文件】按钮，如图11-44所示，在弹出的【打开视频文件】对话框中选择需要的视频文件，如图11-45所示。

图11-44

图11-45

单击【打开】按钮，即可将选择的视频文件添加到【Ulead VideoStudio】对话框中，此时【Ulead VideoStudio】对话框底部将显示出文件总的大小和时间长度，如图11-46所示。

图11-46

11.3.3 设置项目参数

1. 参数选择

添加完素材之后，需要设置一些与创建光盘相关的参数，以VCD为例，在【磁盘类型】下拉列表中选择【VCD】格式，然后进行设置。

单击【Ulead VideoStudio】对话框底部的【设置和选项】按钮，在弹出的列表中选择【参数选择】选项，如图11-47所示，弹出【参数选择】对话框，在对话框中勾选【VCD播放机兼容】复选框，可以提高创建VCD盘片的兼容性，如图11-48所示，设置完成后，单击【确定】按钮。

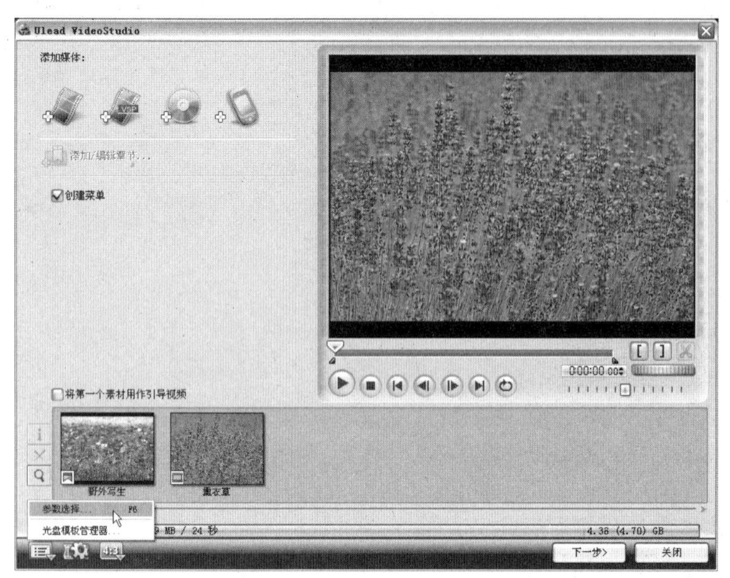

图11-47

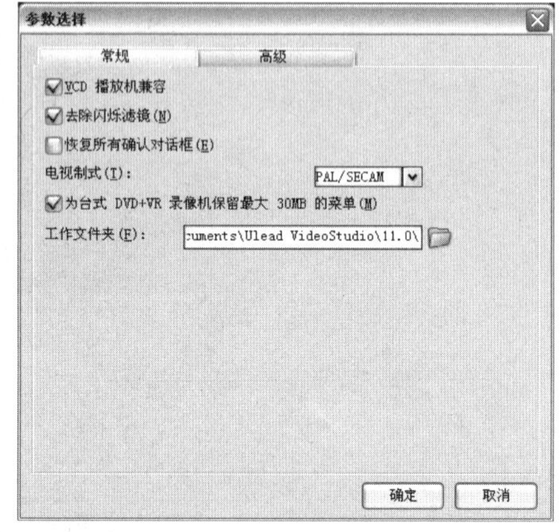

图11-48

2. 项目设置

单击【Ulead VideoStudio】对话框底部的【项目设置】按钮，弹出【项目设置】对话框，在该对话框中可以看到当前项目的MPEG属性，如图11-49所示。

单击【修改MPEG设置】按钮，在弹出的列表中可以选择一种预设或自定义的MPEG属性，如图11-50所示，目的是在时间与质量之间取得适当的平衡。例如，如果视频素材总大小超过了光盘的时间容量，可以降低kbps，减小文件大小，虽然影像品质有所损失，但是节省了光盘的空间。

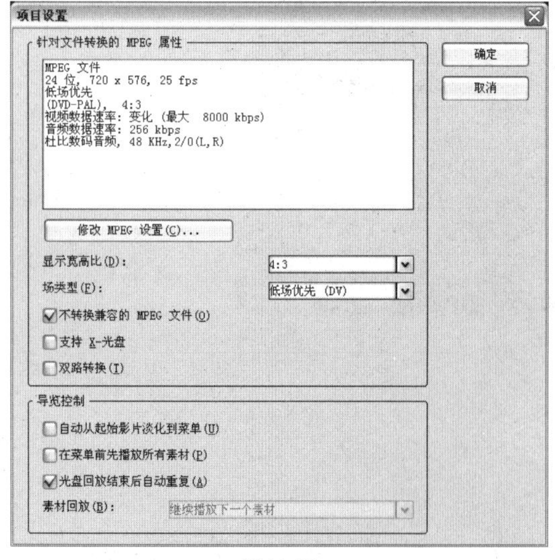

图11-49

图11-50

如果要使光盘内容播放完成后自动重复播放，可以勾选【光盘回放结束后自动重复】复选框，如图11–51所示。取消勾选【光盘回放结束后自动重复】复选框，激活【素材回放】选项，其右侧下拉列表中的选项用于设置一段视频播放结束后，是继续往下，还是回到菜单，如图11–52所示。

提示

制作辅助教学的多媒体光盘，可选择【返回到菜单】选项。

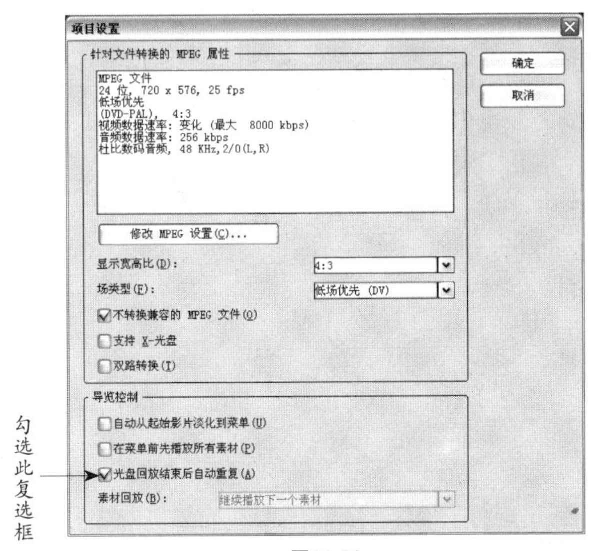

图11-51

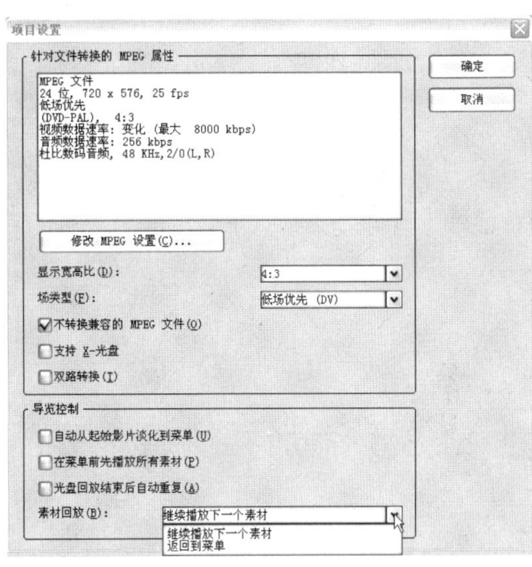

图11-52

3. 更改光盘模板提高渲染质量

默认情况下，为了提高渲染速度，光盘模板设置的渲染质量是90，但可以根据自已的需要更改渲染质量。

单击【Ulead VideoStudio】对话框底部的【设置和选项】按钮，在弹出的列表中选择【光盘模板管理器】选项，弹出【光盘模板管理器】对话框，如图11–53所示。在【可用的光盘模板】列表框中选择一个模板，单击【编辑】按钮，弹出【光盘模板选项】对话框，如图11–54所示。

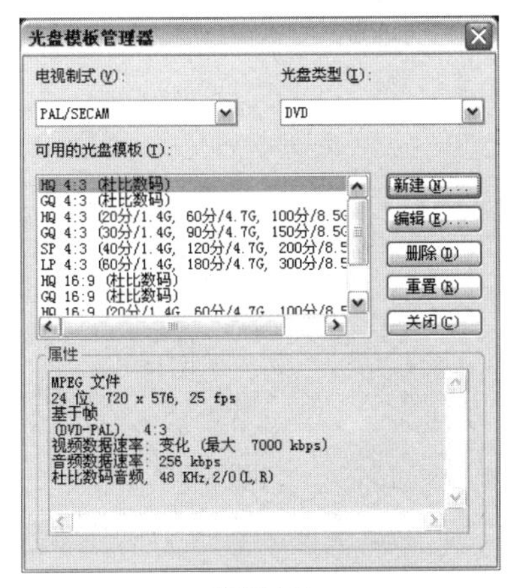

图11-53

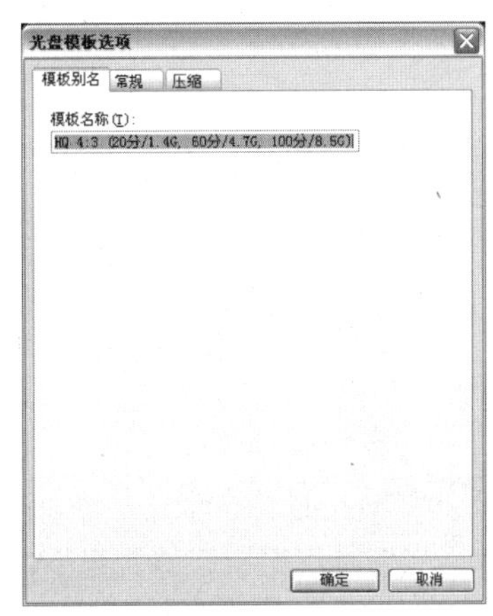

图11-54

单击【压缩】选项卡，切换到压缩选项面板，如图11-55所示。拖曳【速度-质量】滑块，改变渲染的速度和质量，如图11-56所示，设置完成后，单击【确定】按钮。

图11-55

图11-56

11.3.4 添加并编辑章节

单击【Ulead VideoStudio】对话框中的【添加/编辑章节】按钮，弹出【添加/编辑章节】对话框，如图11-57所示。单击【当前选取的素材】右侧的下拉按钮，在弹出的列表中选择一个需要添加章节的视频文件的名称，如图11-58所示。

图11-57

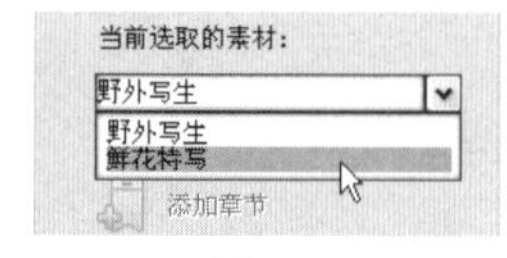

图11-58

选择的视频此时将显示在【添加/编辑章节】对话框的预览窗口中，如图11-59所示。拖动飞梭栏上的滑块，将它拖曳至要设置为章节的场景，如图11-60所示，单击【添加章节】按钮，如图11-61所示。

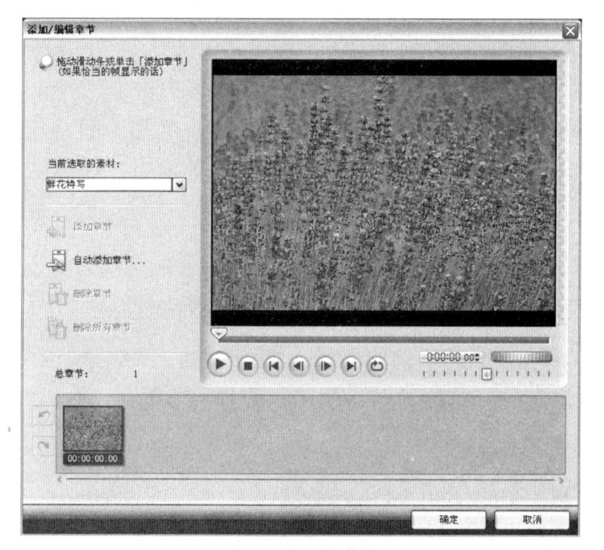

图11-59

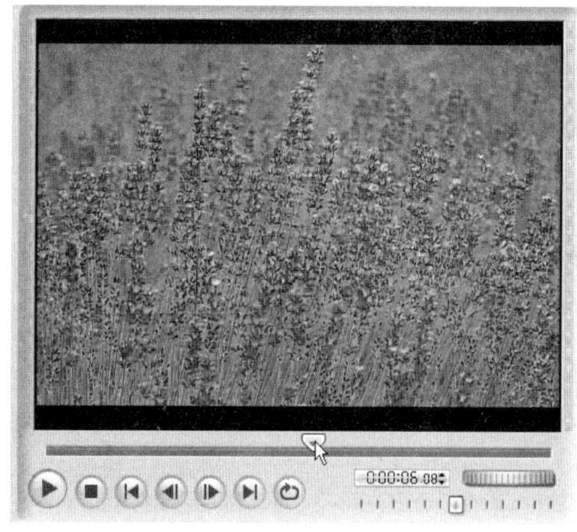

图11-60

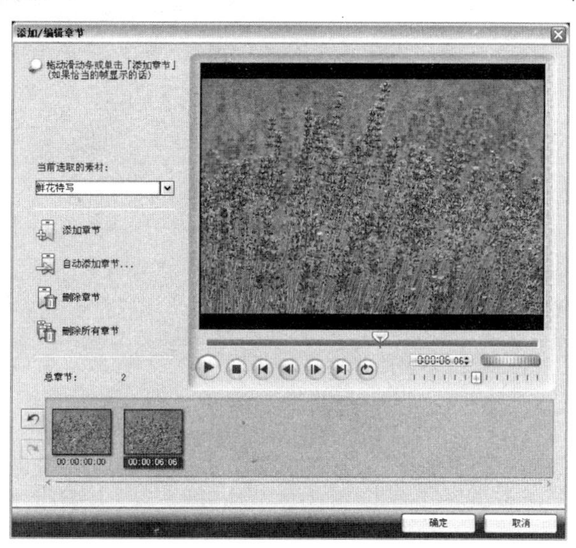

图11-61

另外也可以单击【自动添加章节】按钮，弹出【自动添加章节】对话框，如图11-62所示。在对话框中根据需要选择相应的选项后，单击【确定】按钮，程序将自动查找场景并将其添加到列表中。场景添加完成后，单击【确定】按钮，返回到对话框中。

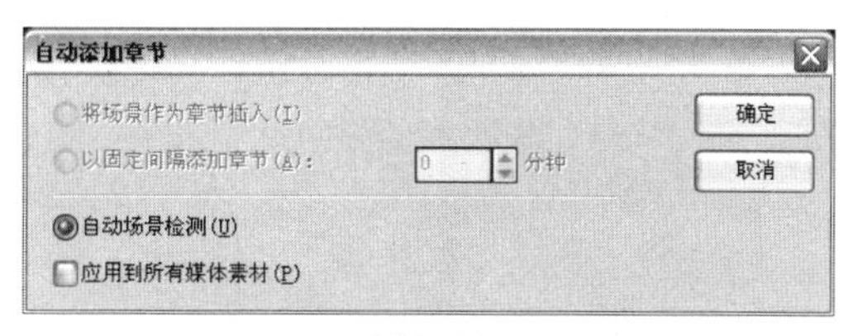

图11-62

提示

在【添加/编辑章节】对话框中选择一个章节，单击【删除章节】按钮，即可将选中的章节删除。

11.3.5 创建选择菜单

在创建光盘时，可以为光盘中的影片创建主菜单和子菜单，会声会影11提供了一个互动的略图样式选项的列表，显示在屏幕上，供用户任意选择。会声会影11还提供了一系列的菜单模板，可以快速创建主菜单和子菜单。

1. 创建影片的索引菜单

创建影片的索引菜单就是在菜单中添加视频素材的播放控制点，方便查找，索引菜单位于2级菜单中。在【Ulead VideoStudio】对话框中选择需要创建索引菜单的素材略图，如图11-63所示。

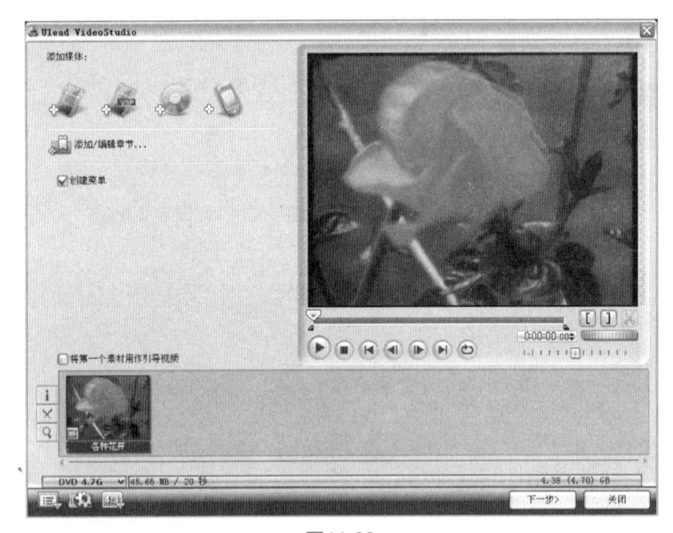

图11-63

勾选【创建菜单】复选框，并单击【添加/编辑章节】按钮，弹出【添加/编辑章节】对话框，如图11-64所示。在对话框中单击【自动添加章节】按钮，弹出【自动添加章节】对话框，如图11-65所示。

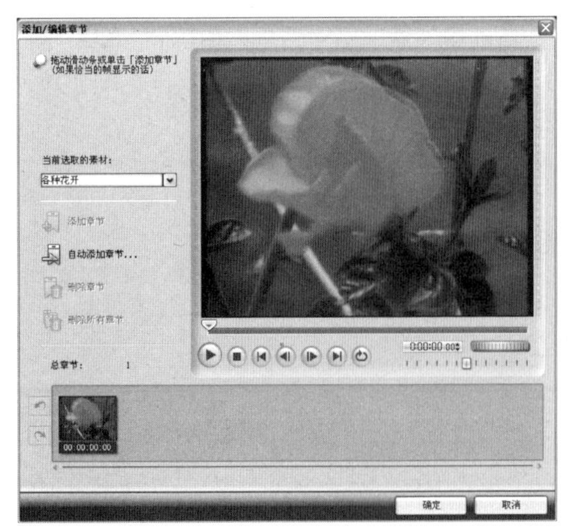

图11-64

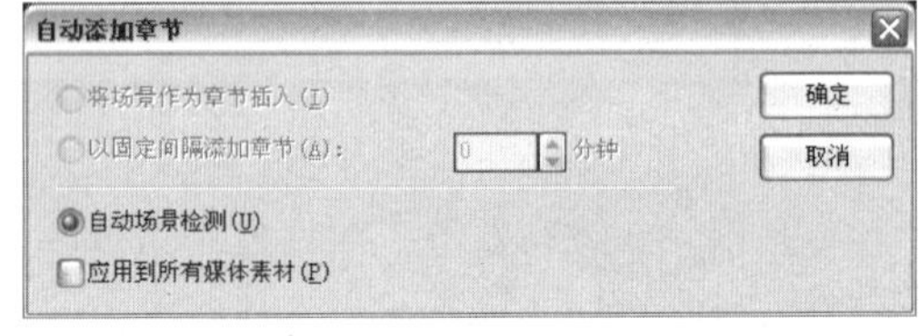

图11-65

单击【确定】按钮，系统自动查找并把场景添加到列表中，如图11-66和图11-67所示。添加完成后，单击【确定】按钮，返回到对话框中。

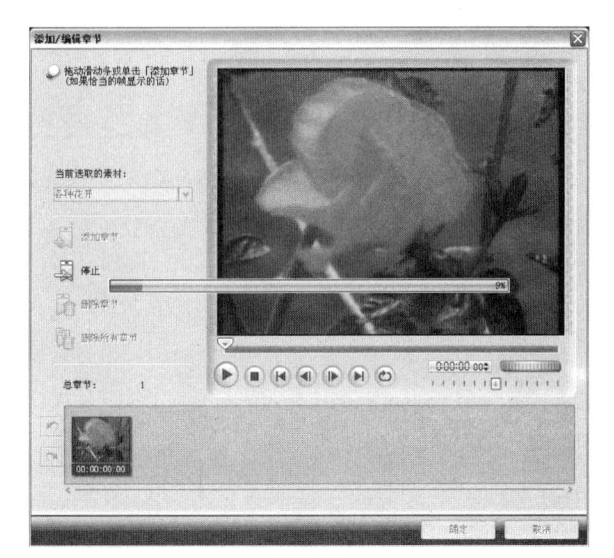

图11-66

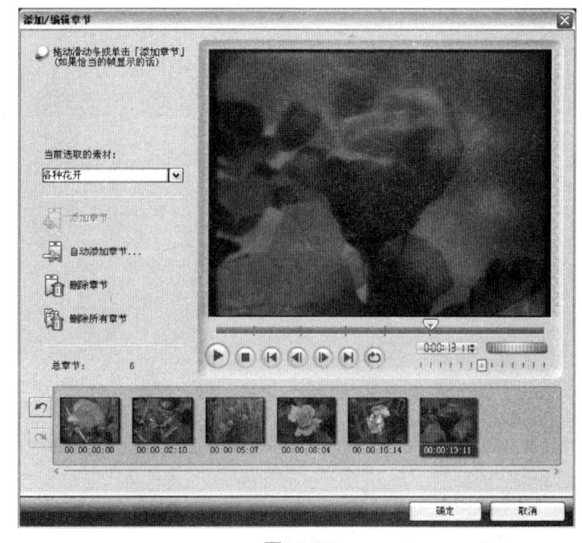

图11-67

2. 编辑菜单

在会声会影11中可以为菜单添加或编辑背景音乐和图像，使菜单更加丰富多彩。

单击【下一步】按钮，进入菜单编辑步骤，如图11-68所示。单击【菜单模板类别】右侧的下拉按钮，在弹出的下拉列表中选择一种模板类型，如图11-69所示。

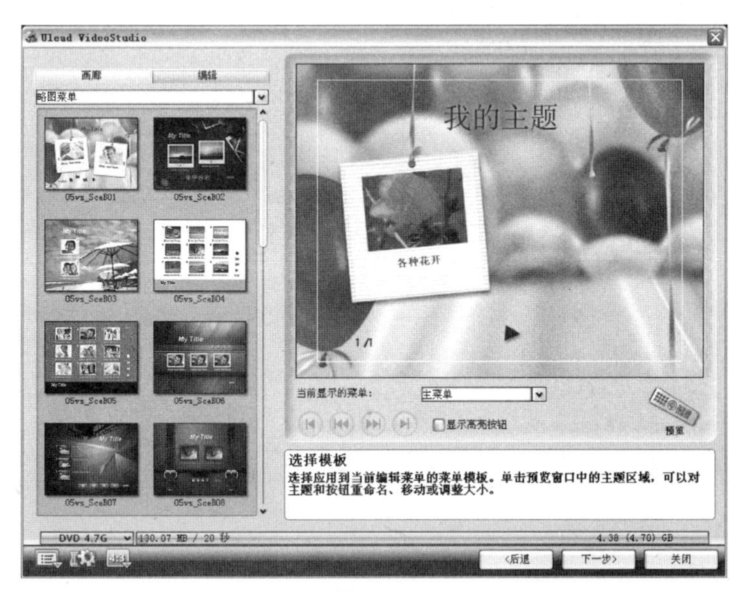

图11-68

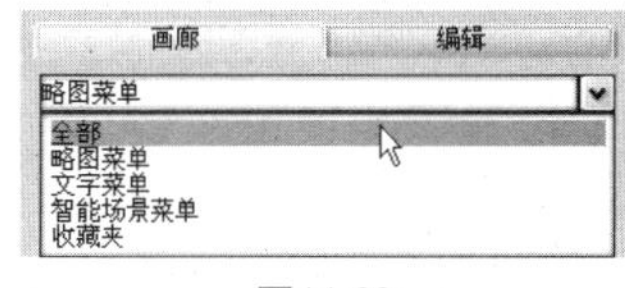

图11-69

在需要使用的模板上单击鼠标，把选择的模板作为菜单背景，如图11-70所示。双击预览窗口中的【我的主题】，可为影片及场景添加新名称。

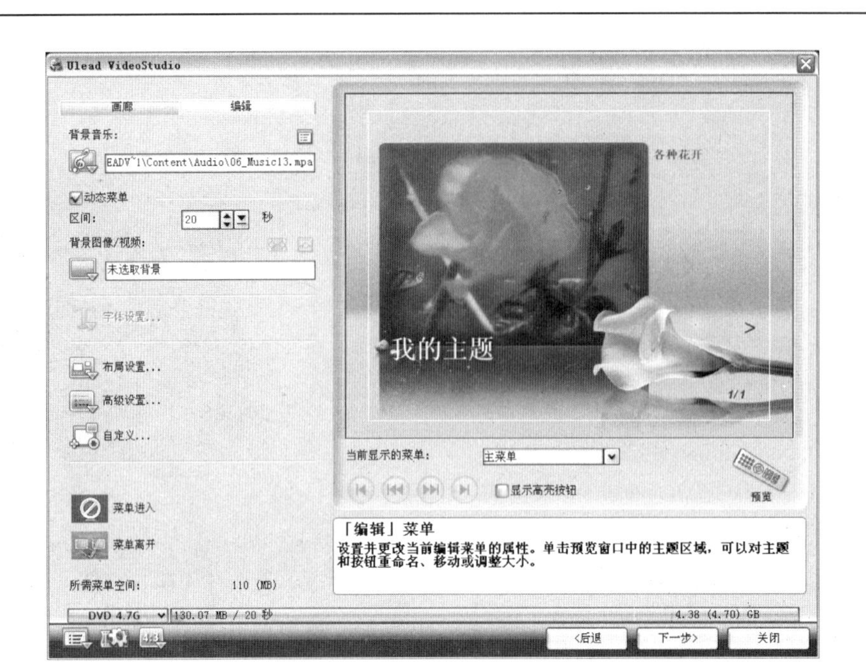

图11-70

单击对话框中的【编辑】选项卡，进入编辑选项面板，如图11–71所示。

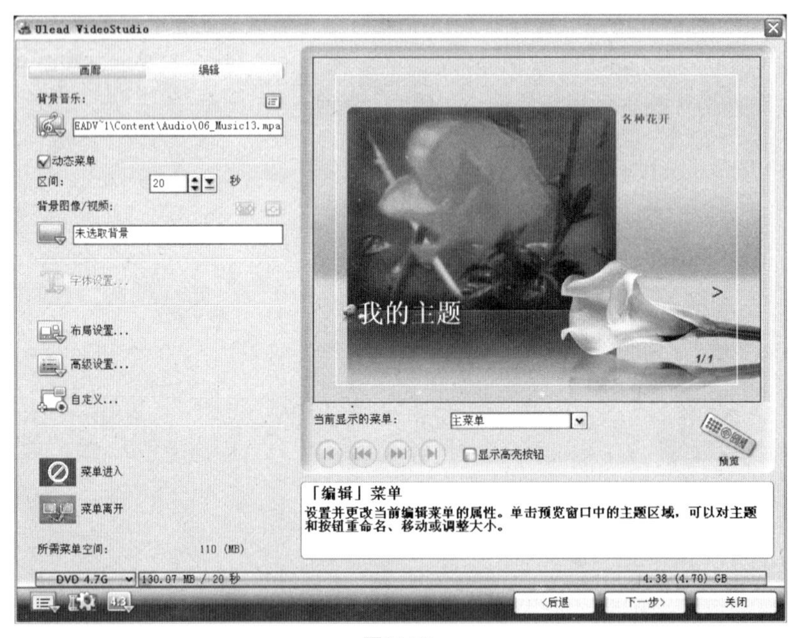

图11-71

单击【设置背景音乐】按钮，在弹出的列表中选择【为此菜单选取音乐】选项，如图11–72所示，弹出【打开音频文件】对话框，在该对话框中选择需要的音频素材，如图11–73所示，单击【播放】按钮，可以试听选择的音乐，单击【打开】按钮，即可将选择的音乐文件应用为模板的背景音乐。

图11-73

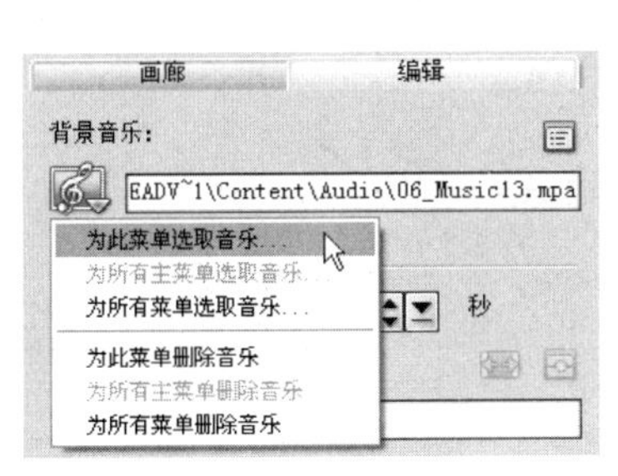

图11-72

单击【设置背景】按钮，在弹出的列表中选择【为此菜单选取背景图像】选项，如图11-74所示，弹出【打开图像文件】对话框，在该对话框中选择需要的图像素材，如图11-75所示，单击【打开】按钮，即可将选择的模板应用为背景，效果如图11-76所示。

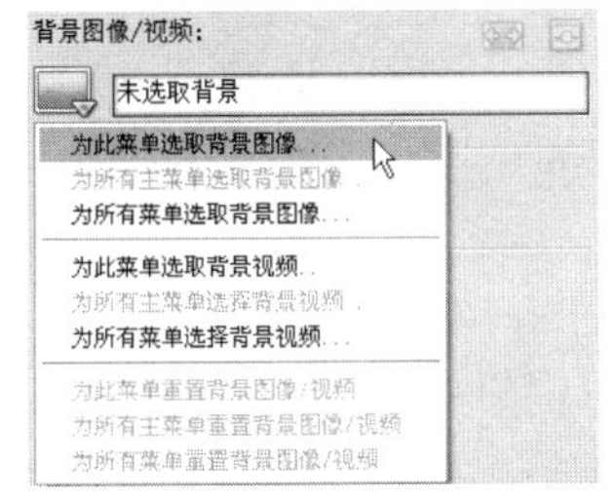

图11-74

图11-75

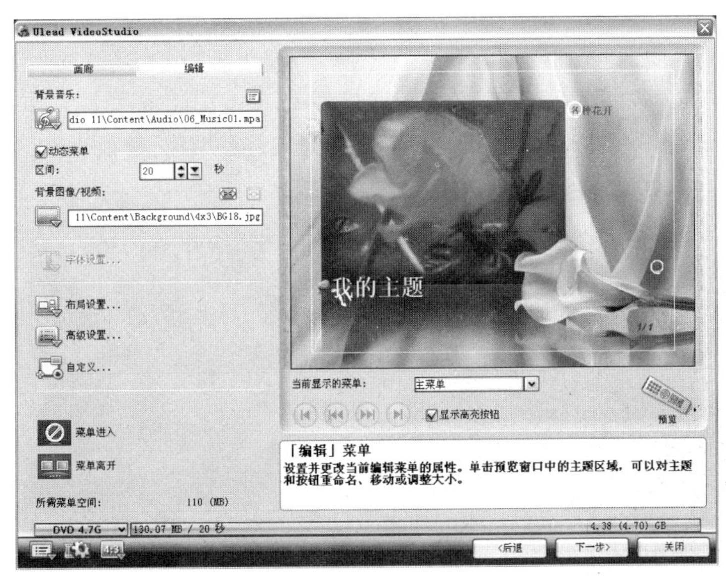

图11-76

在【编辑】选项面板中双击预览窗口的“我的主题”字样，出现一个文本编辑框，如图11-77所示。在文本框中输入需要的主菜单名称，如图11-78所示。

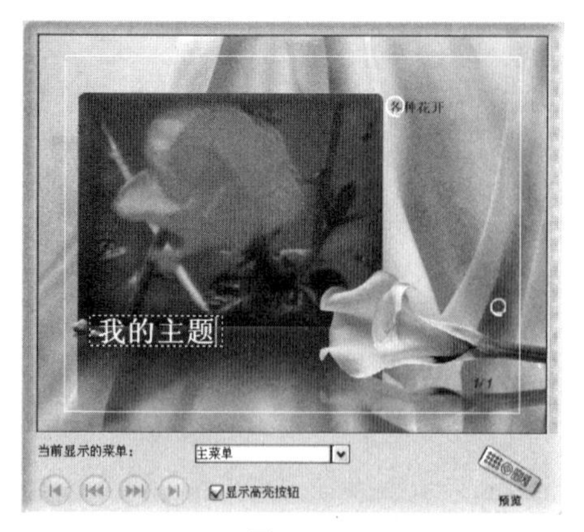

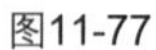
图11-77

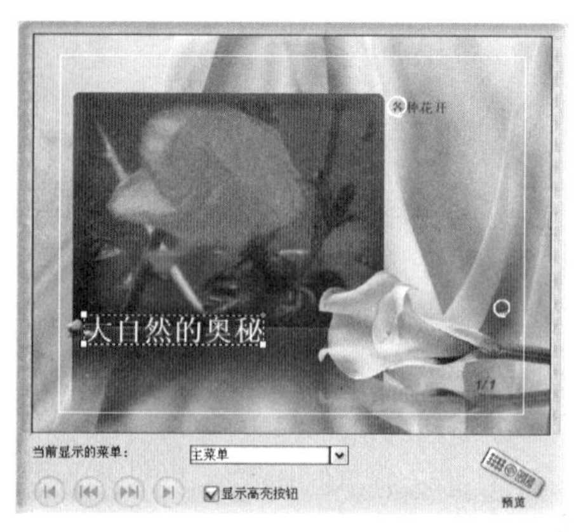

图11-78

选择输入的主菜单名称，单击对话框左侧的【字体设置】按钮，弹出【字体】对话框，如图11-79所示。在【字体】列表框中选择需要的字体，在【字形】列表框中选择文本需要的样式，在【大小】列表框中选择文字的大小，单击【颜色】选项下方的颜色块，在弹出的调色板中可以选择文字的颜色，如图11-80所示。

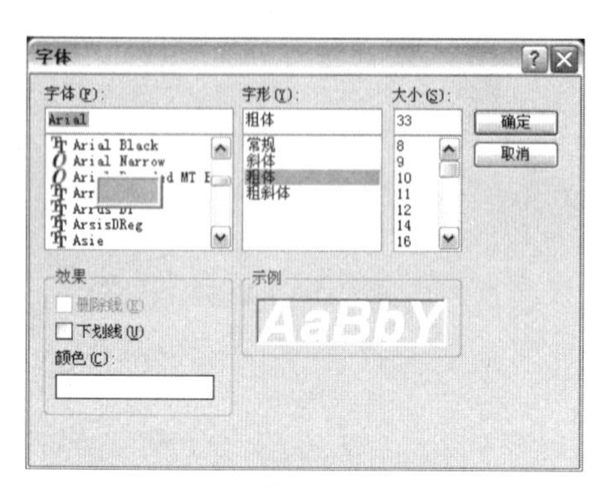

图11-79

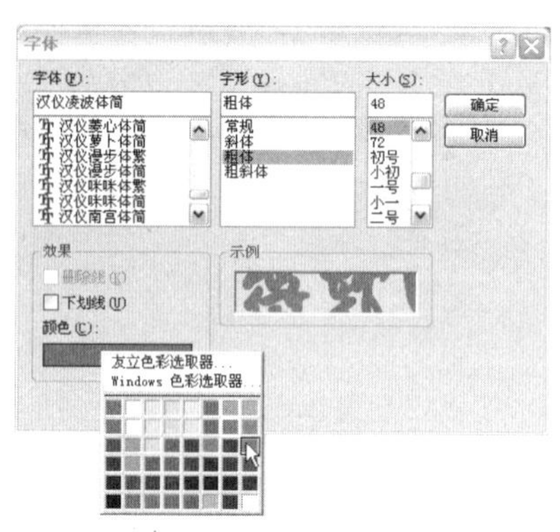

图11-80

单击【确定】按钮，即可改变文本的样式，效果如图11-81所示。当鼠标指针呈四方箭头形状时，拖曳鼠标即可改变菜单的位置，如图11-82所示。

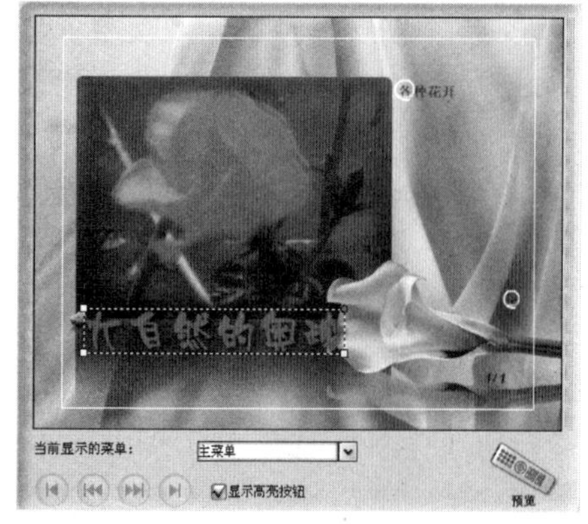

图11-81

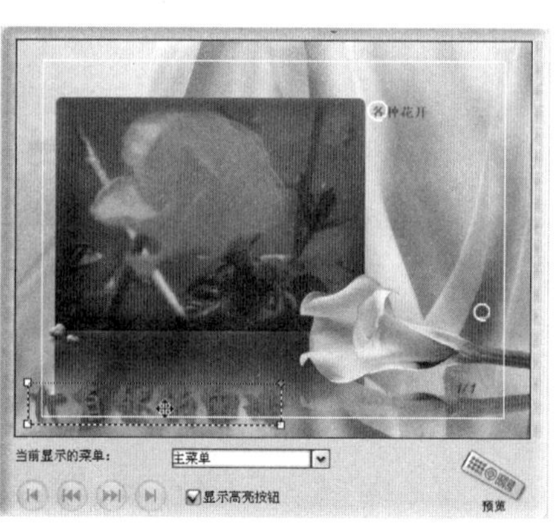

图11-82

11.3.6 预览影片

菜单属性设置完成后，单击预览窗口下方的【转到预览步骤】按钮，弹出【Ulead VideoStudio】对话框，如图11-83所示，单击【播放】按钮，预览影片效果，如图11-84所示。

图11-83

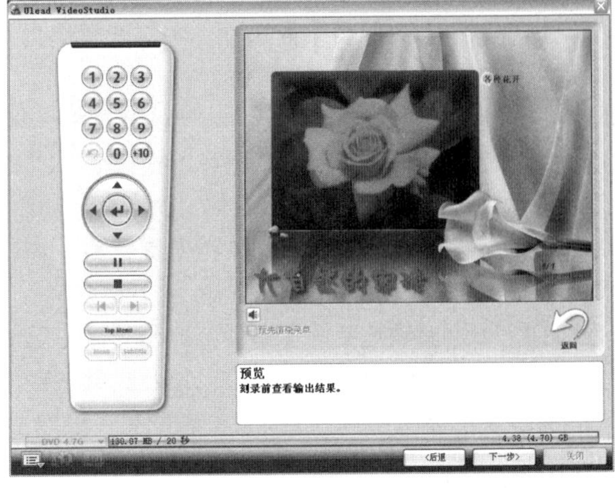

图11-84

11.3.7 将项目刻录到光盘

影片预览完成后，单击【下一步】按钮，进入刻录输出步骤。

将与影片格式兼容的空白光盘插入到光盘刻录机中。如果要刻录VCD光盘，使用CD-R空白光盘；如果要刻录DVD光盘，使用DVD-R或者DVD+R空白光盘。

在【卷标】选项中为光盘输入卷标，如图11-85所示。

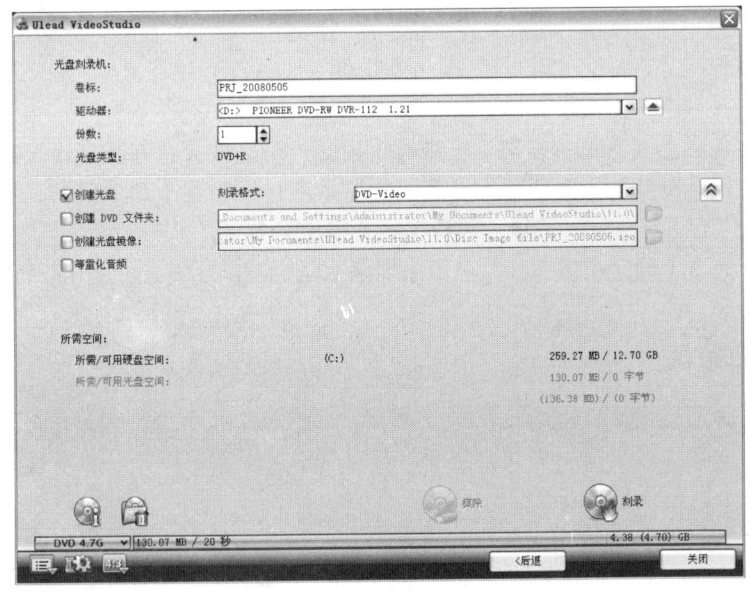

图11-85

【驱动器】选项：如果计算机安装了多台光盘刻录机，单击右侧下拉按钮，在弹出的列表中可以选择要使用的刻录机的名称。

【份数】选项：指定需要复制的光盘份数。

【光盘类型】选项：显示当前空白光盘的类型。

【创建光盘】复选框：勾选此复选框，将把影片直接刻录到光盘中。

【刻录格式】选项：单击右侧的下拉按钮，可在弹出的列表中选择使用的刻录格式。

【创建DVD文件夹】复选框：勾选此复选框，将在硬盘上创建一个DVD标准文件结构的文件夹，这样可以在计算机上播放DVD影片。

【创建光盘镜像】复选框：勾选此复选框，将创建一个后缀为ISO的光盘镜像文件。这样，即使当前计算机上没有安装刻录机，也可以把这个ISO文件传输到其他计算机上直接刻录，而不需要再启动会声会影执行渲染和输出操作。

【等量化音频】复选框：勾选此复选框，将把影片中所有来源的音量等量化，避免出现某些片段声音小，某些片段声音大的状况。

【所需/可用硬盘空间】选项：显示项目的工作文件夹需要的空间及硬盘上可供使用的空间。

【所需/可用光盘空间】选项：显示光盘中容纳视频文件需要的空间及可供使用的空间。

【选项】选项：单击【针对刻录的更多设置】按钮，在弹出的【刻录选项】对话框中可以进一步设置刻录属性，如图11-86所示。

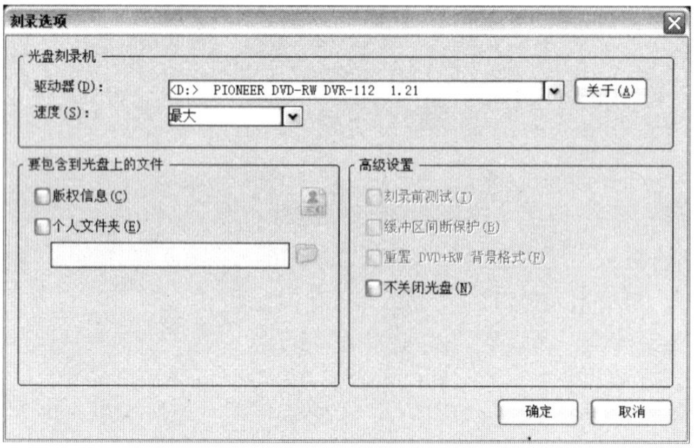

图11-86

勾选【个人文件夹】复选框，在对话框中可以指定一个文件夹，并将文件夹中的所有内容刻录到光盘上。这样，在刻录影片的同时还保留了相应的原始素材；勾选【刻录前测试】复选框，可以在正式刻录之前对刻录内容进行测试。不过，选择【不关闭光盘】可能影响光盘兼容性。

设置完成后，单击【确定】按钮，再单击【刻录】按钮，开始渲染影片并刻录到光盘上。

1. 刻录VCD光盘

一张CD-R空白光盘可以刻录650~700MB数据，而空白DVD光盘可以刻录4.7GB数据。如果刻录影片不足一小时，光盘上就会有一些剩余空间。在这种情况下，可以将一些素材、项目文件或其他数据同时刻录到光盘上，充分利用光盘空间。

根据前面的操作方法，选择需要制作的光盘类型，并进入最终刻录输出步骤。将空白光盘放入光驱中，单击对话框底部的【针对刻录的更多设置】按钮，如图11-87所示。

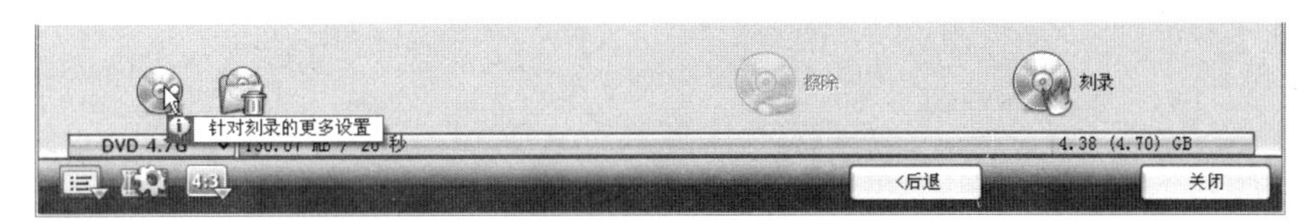

图11-87

在弹出的【刻录选项】对话框中勾选【个人文件夹】复选框，单击右侧的【浏览文件夹】按钮，在弹出的【浏览文件夹】对话框中选择要刻录到光盘上的数据所在的文件夹，如图11-88所示。

设置完成后，单击【确定】按钮，如图11-89所示，再次单击【确定】按钮，并单击对话框底部的【刻录】按钮，开始渲染影片并刻录到光盘上。

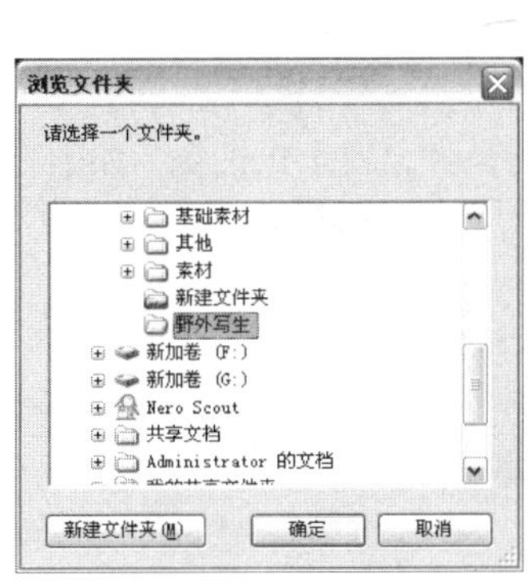

图11-88

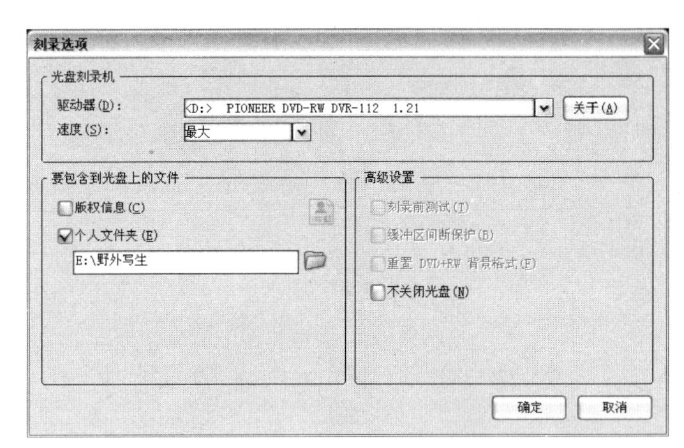

图11-89

2. 将镜像文件刻录到光盘上

影片制作完成后，如果计算机上没有安装刻录机，可以将影片渲染并保存为ISO格式的镜像文件，这样，只需要将此文件复制到安装了光盘刻录机的计算机上，就可以使用会声会影11提供的【VCD DVD镜像文件刻录器】直接刻录光盘，而不需要复制影片中的各种素材。

根据前面的操作方法，选择需要制作的光盘类型，并进入最终刻录输出步骤。取消勾选【创建光盘】复选框，勾选【创建光盘镜像】复选框，如图11-90所示。

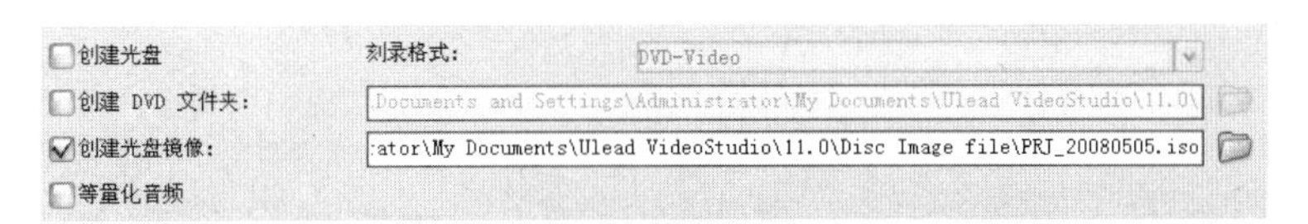

图11-90

单击右侧的【浏览文件夹】按钮，在弹出的【另存为】对话框中选择镜像文件的保存路径，如图11-91所示。

提示

文件夹所在的磁盘剩余空间必须大于将要刻录的光盘的容量。

图11-91

单击【打开】按钮，再单击【保存】按钮，返回到对话框中，单击对话框底部的【刻录】按钮，程序开始渲染影片并创建光盘镜像文件，如图11-92所示。操作完成后，弹出提示对话框，如图11-93所示，单击【确定】按钮。

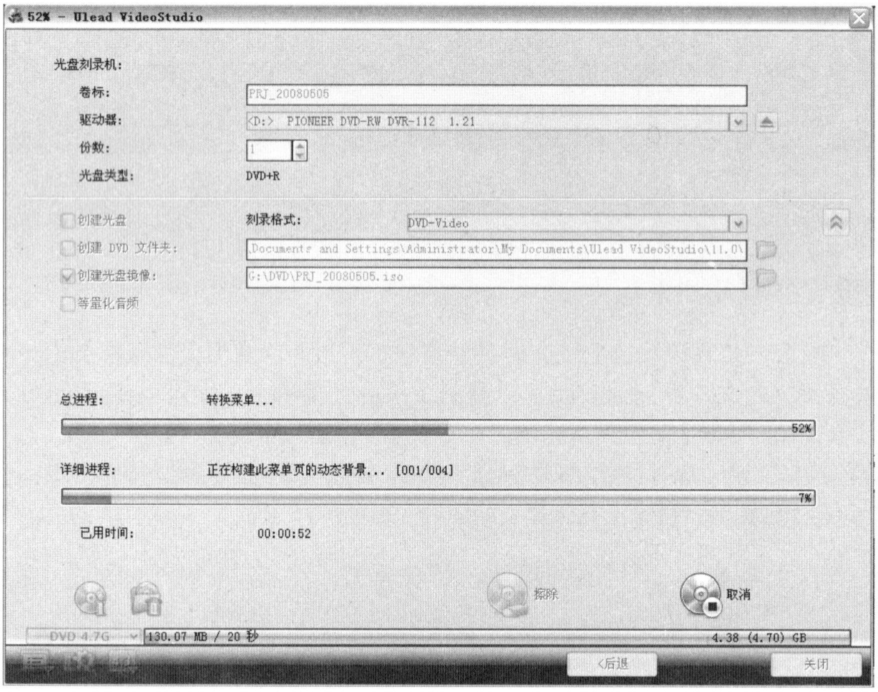

图11-92

图11-93

创建完成后，在指定的文件夹中显示一个后缀为“.iso”的镜像文件，如图11-94所示。

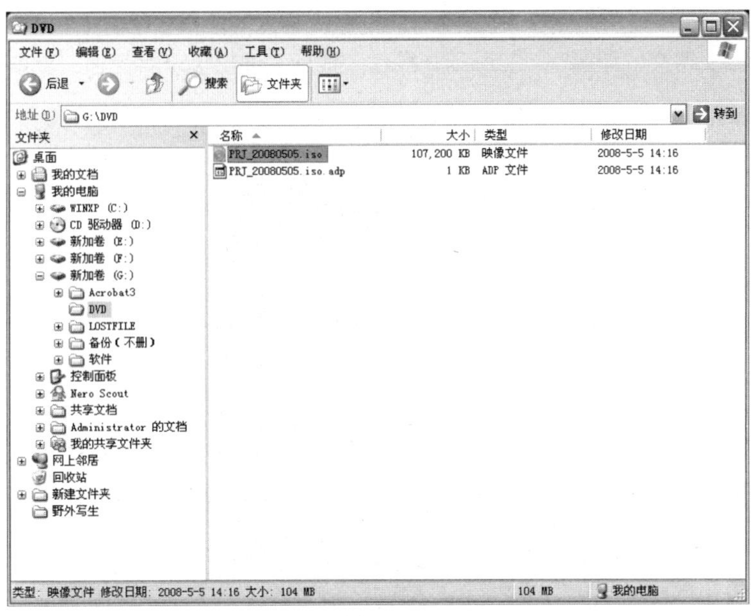

图11-94

3. 创建DVD文件夹

使用会声会影11创建DVD文件夹，程序将在指定的路径中按照标准的DVD影音光盘的结构分别创建名称为“AUDIO_TS”和“VIDEO_TS”的文件夹，创建完成后，使用任何支持DVD数据刻录的软件都可以将它们直接刻录到光盘上，制作出DVD影音光盘。

根据前面的操作方法，选择需要制作的光盘类型，并进入最终刻录输出步骤。取消勾选【创建光盘】复选框，勾选【创建DVD文件夹】复选框，如图11-95所示。

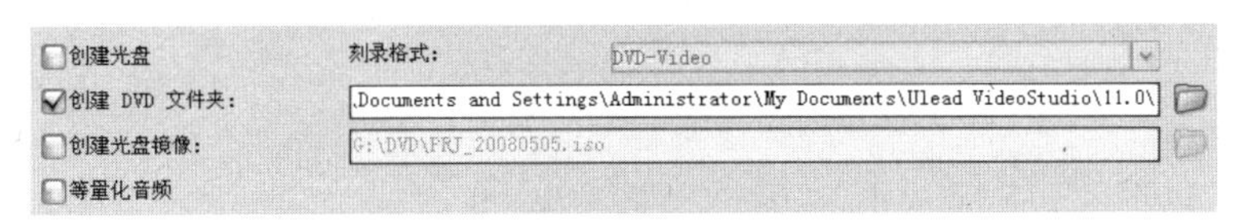

图11-95

单击右侧的【浏览文件夹】按钮，在弹出的【浏览文件夹】对话框中选择DVD文件夹的保存路径，如图11-96所示。

图11-96

设置完成后，单击【确定】按钮，返回到对话框中，单击对话框底部的【刻录】按钮，程序开始渲染影片并创建DVD文件夹，如图11-97所示。操作完成后，弹出提示对话框，单击【确定】按钮。

99% - Ulead VideoStudio
光盘刻录机:
卷标: PRJ_20080505
驱动器: <D:> PIONEER DVD-RW DVR-112 1.21
份数: 1
光盘类型: DVD+R
创建光盘
刻录格式: DVD-Video
创建 DVD 文件夹: E:\DVD
创建光盘镜像: G:\DVD\PRJ_20080505.iso
等量化音频
总进程: 准备输出内容...
99%
详细进程: 正在对菜单图像编码...
97%
已用时间: 00:00:18
擦除
取消
DVD 4.7G
128.41 MB / 20 秒
4.38 (4.70) GB
<后退
关闭

图11-97

创建完成后，在指定的文件夹中显示名称为AUDIO_TS和VIDEO_TS的两个文件夹，如图11-98所示。

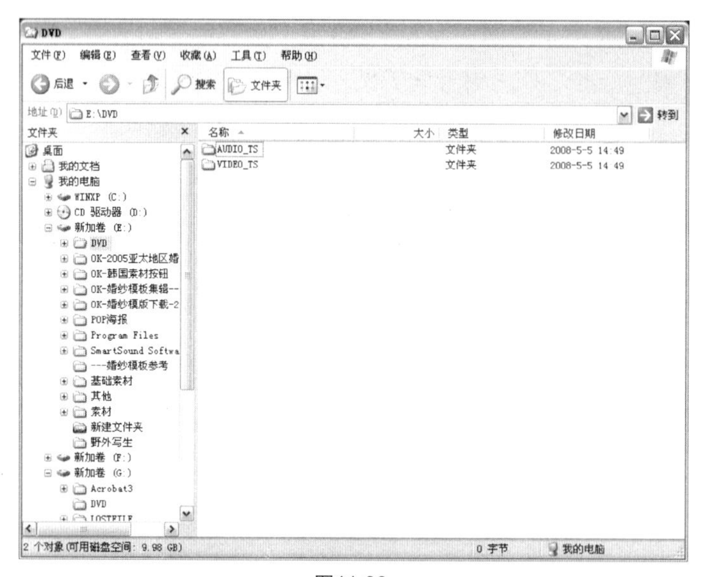

图11-98

4. 安装光盘镜像刻录程序

会声会影11为用户提供了光盘镜像刻录程序，Ulead Disc Image Recorder。

将会声会影11的安装光盘放入到光驱中，光盘自动运行并显示安装界面，在弹出的界面中单击【Ulead Disc Image Recorder】，如图11-99所示。弹出欢迎使用界面，如图11-100所示。

图11-99

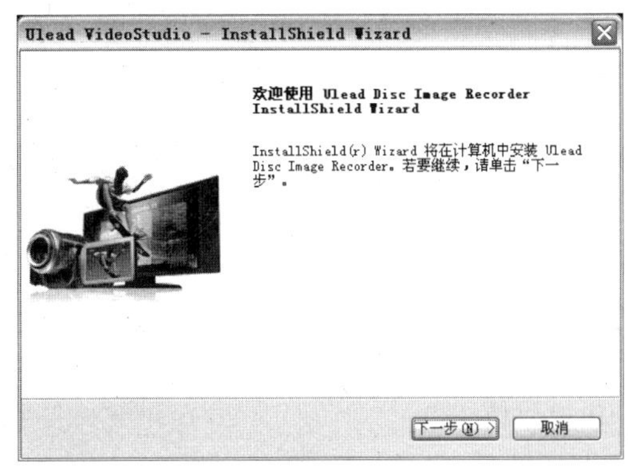

图11-100

在弹出的对话框中单击【下一步】按钮，弹出许可证协议对话框，如图11-101所示，阅读对话框中的内容，单击【是】按钮。

数据复制完成后，弹出如图11-102所示的对话框，提示安装程序完毕，单击【完成】按钮。

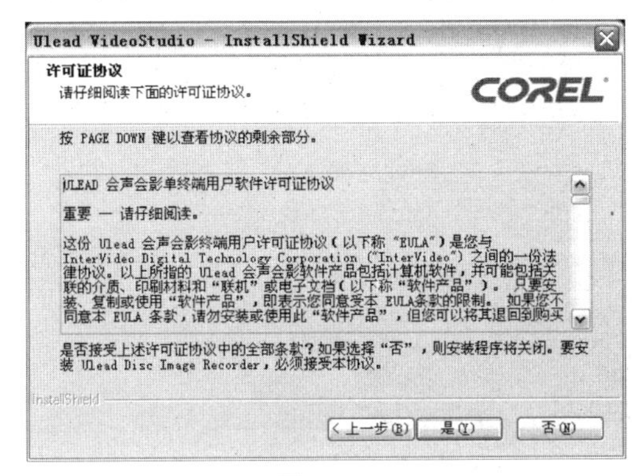

图11-101

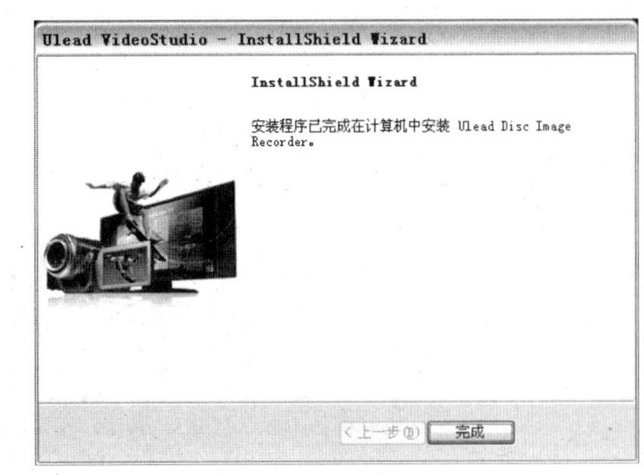

图11-102

5. 使用镜像文件刻录光盘

使用光盘镜像刻录程序Ulead Disc Image Recorder，可以将ISO文件制作成标准的光盘文件。

执行【开始】→【所有程序】→【Ulead VideoStudio 11】→【Ulead Disc Image Recorder】命令，启动Ulead Disc Image Recorder，如图11-103所示。单击对话框中的【打开】按钮，在弹出的对话框中选择创建完成的ISO镜像文件，如图11-104所示。

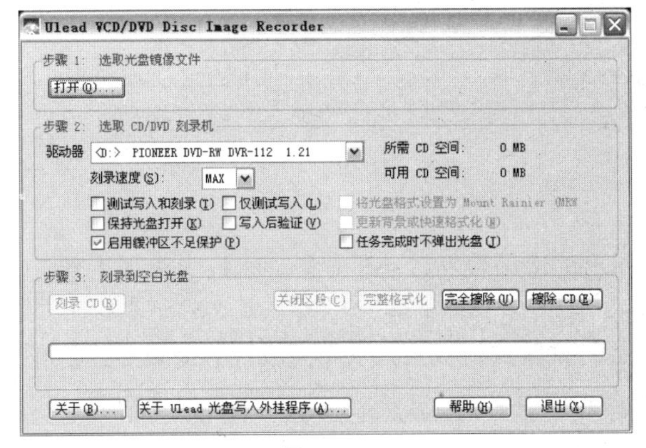

图11-103

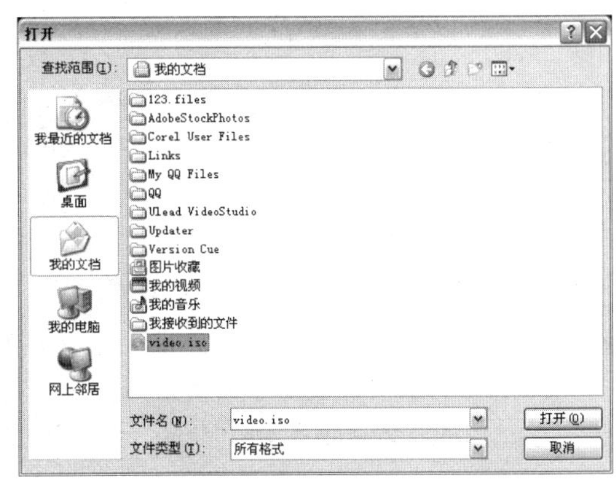

图11-104

在对话框中设置完其他刻录属性后，将空白光盘放入到刻录机中，单击【刻录DVD】按钮，即可刻录光盘。

11.4 项目回放

在前面的操作过程中，可以看到对视频编辑效果的操作都被限制在预览窗口中，在分享步骤中，项目回放选项使用户以更多设备、更多方式预览视频成为可能，用户可以在计算机上以全屏幕预览视频。预览时通过使用的设备制作选项还可以把项目录制到DV摄像机，在摄像机的屏幕上观看项目效果。

以实际大小回放项目

【以实际大小回放项目】的方式是在计算机屏幕上以全屏的方式对项目中的视频文件进行回放。

建立项目并添加视频，将项目保存为“以实际大小回放.VSP”，单击步骤选项卡中的【分享】按钮，切换至分享面板。拖曳时间轴标尺上的当前位置标记，按快捷键【F3】，将当前位置设置为开始标记点，时间轴标尺上从项目当前位置到项目结束位置出现一条红线，如图11-105所示。

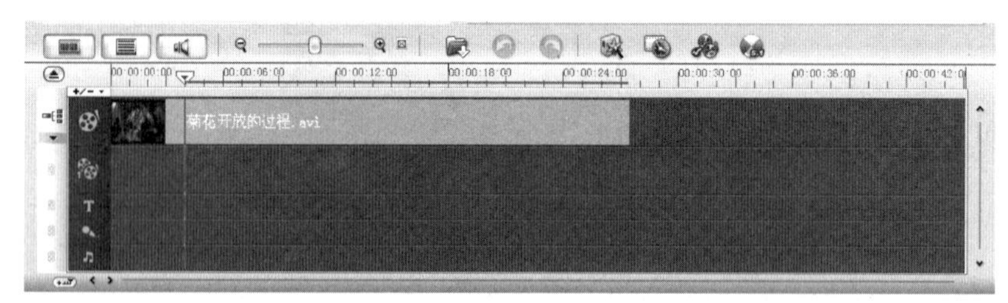

图11-105

拖曳时间轴标尺上的当前位置标记，按快捷键【F4】，将当前位置设置为结束标记点，时间轴标尺上显示红线的部分为要预览的片段，如图11-106所示。

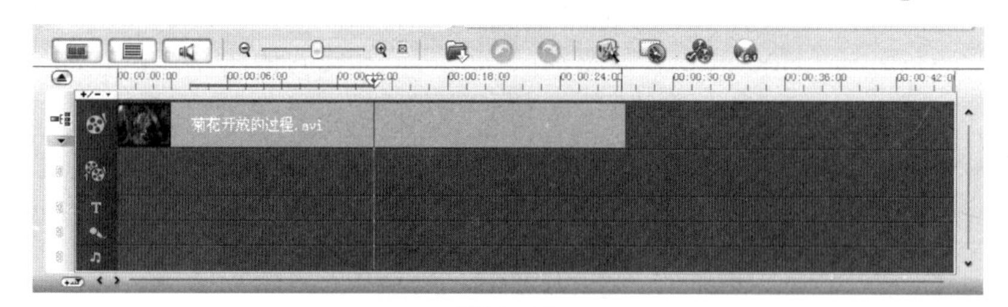

图11-106

单击选项面板中的【项目回放】按钮，在弹出的【项目回放-选项】对话框中选择【预览范围】单选项，如图11-107所示，单击【完成】按钮。

此处选择的回放方式为【高质量回放】，程序会对视频进行渲染，渲染完成后，编辑器以全屏的方式播放选择的片段，如图11-108所示。回放结束后，编辑器退出全屏模式，返回到分享步骤，如图11-109所示。

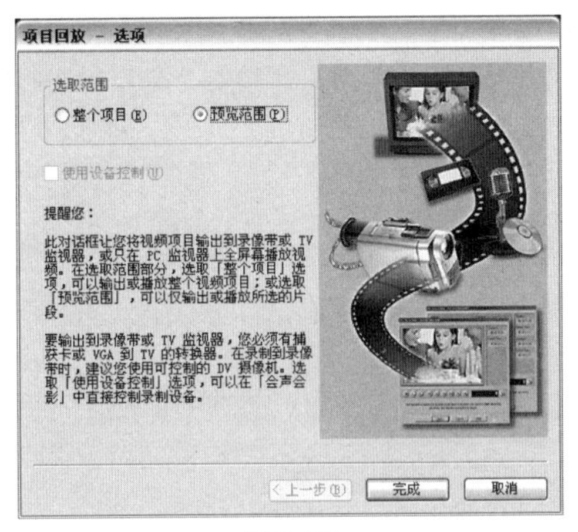

图11-107

图11-108

图11-109

11.5 导出影片

会声会影11提拱了多种影片的导出方式，例如，将影片导出到DVD-R、导出为视频网页，导出为电子邮件等。

11.5.1 将视频嵌入网页

网页已经成为很多媒体资料的载体，会声会影11允许用户直接将视频文件保存到网页中。

影片编辑完成后，单击步骤选项卡中的【分享】按钮，切换至分享面板。单击选项面板中的【创建视频文件】按钮，在弹出的列表中选择【WMV】→【Smartphone WMV（220×176，15 fps）】选项，或者单击【导出到移动设备】按钮，在弹出的列表中选择【WMV Smartphone（220×176，15fps）】选项，如图11-110和图11-111所示。

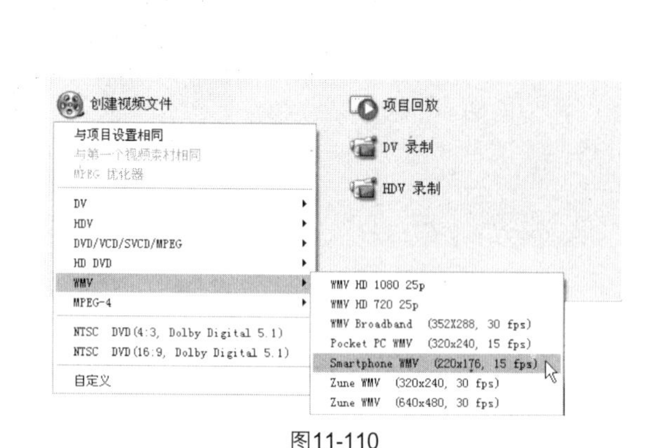

图11-110

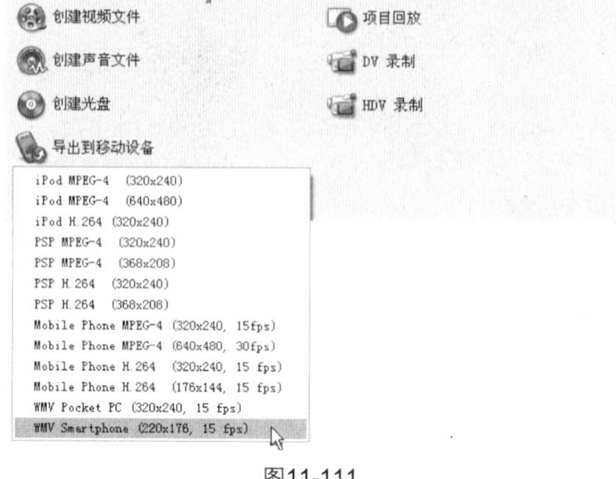

图11-111

在弹出的【创建视频文件】对话框中指定名称和路径，如图11-112所示，单击【保存】按钮，程序开始自动将影片中的各个素材连接在一起进行渲染，并以指定的格式保存，如图11-113所示。

图11-112

图11-113

渲染完成后，执行菜单【素材】→【导出】→【网页】命令，弹出提示对话框，如图11-114所示，单击【是】按钮，弹出【浏览】对话框，在该对话框中为网页指定文件名和保存路径，如图11-115所示。

图11-114

图11-115

单击【确定】按钮，程序会自动将视频嵌入网页并启动默认的浏览器观看视频网页效果，如图11-116所示。

图11-116

11.5.2 用电子邮件发送影片

电子邮件以其方便快捷的优点开始渐渐取代传统的信件，而且电子邮件可以附件的形式发送多媒体文件，使我们的邮件图文声色并茂。

在会声会影11中，可以将影片以电子邮件的形式发送。在将影片导出为电子邮件时，会声会影11将自动打开默认的电子邮件客户程序，并将选定的素材作为附件插入到新邮件中。

在视频素材库中选择要发送的视频。单击步骤选项卡中的【分享】按钮 分享 ，切换至分享面板。执行菜单【素材】→【导出】→【电子邮件】命令，如图11-117所示。

图11-117

若以前的邮件程序中没有建立账户，系统会弹出【Internet连接向导】对话框，指引用户建立新的邮件账户，如果已有邮件账户则会新建一个空白邮件。在【收件人】选项中填写对方的邮箱地址，在【主题】选项中填写对邮件的描述性文字，如图11-118所示。

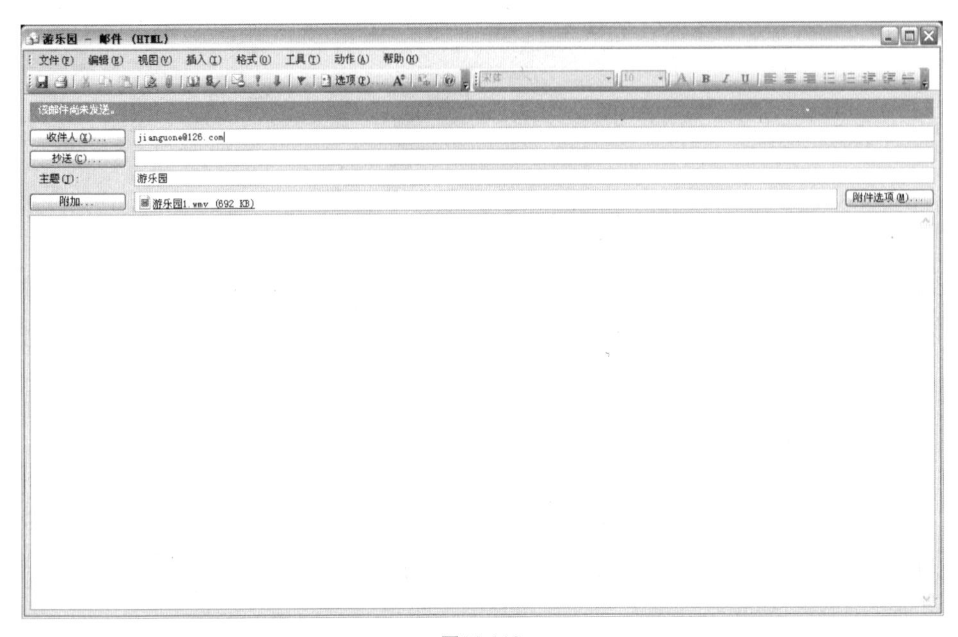

图11-118

在邮件内容文本框中输入邮件的内容，如图11-119所示，单击工具栏上的【发送】按钮即可发送邮件。

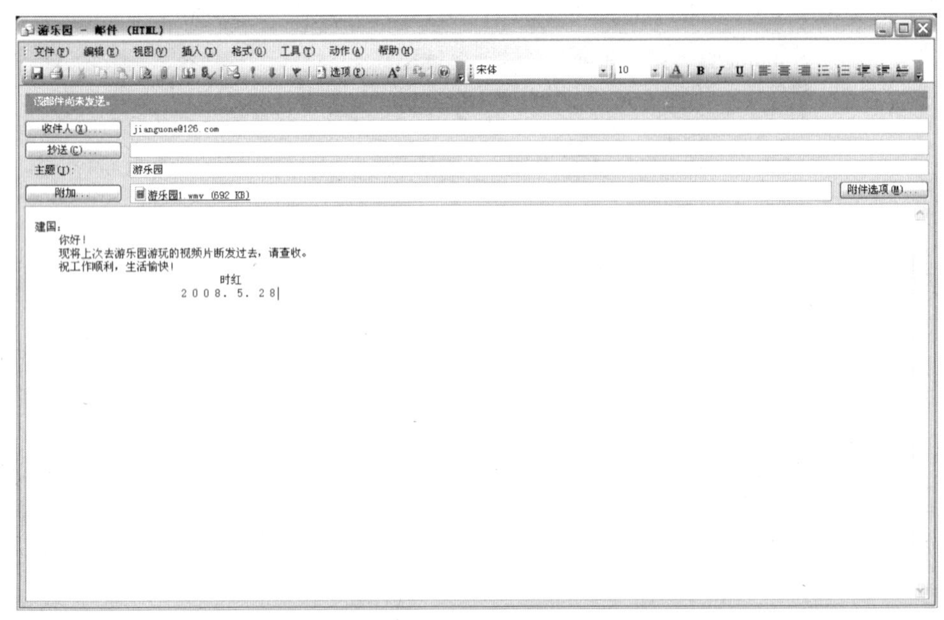

图11-119

11.5.3 创建视频贺卡

在会声会影11中，可以将制作完成的影片导出为视频贺卡，并通过网络传送给亲友，对方下载后双击此文件即可播放贺卡。

影片制作完成后，单击步骤选项卡中的【分享】按钮，切换至分享面板。单击选项面板中的【创建视频文件】按钮，在弹出的列表中选择【DVD/VCD/SVCD/MPEG】→【PAL VCD】选项，如图11-120所示。

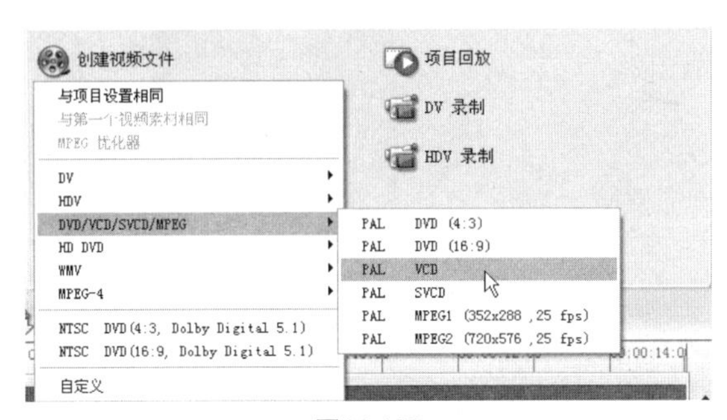

图11-120

在弹出的【创建视频文件】对话框中指定视频文件的名称和路径，单击【保存】按钮，程序将自动渲染文件。渲染完成后，执行菜单【素材】→【导出】→【贺卡】命令，弹出【多媒体贺卡】对话框，如图11-121所示。

将鼠标指针移至对话框中的预览窗口，拖动视频素材四周的控制框，可以改变视频素材的大小，将鼠标指针移至控制框内，单击鼠标并拖曳，可移动视频素材的位置，效果如图11-122所示。

图11-121

图11-122

在【背景模板】列表中选择一种背景样式，双击鼠标，应用选择的样式，如图11-123所示。单击【贺卡文件名】选项右侧的【浏览】按钮，在弹出的【浏览】对话框中指定文件名称和路径，单击【打开】按钮，返回到对话框中，单击【确定】按钮，将贺卡保存到指定的路径中。

在指定的路径中找到制作的视频贺卡（*.exe文件），双击鼠标，观看贺卡效果，如图11-124所示。

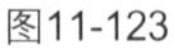
图11-123

图11-124

11.5.4 将视频设置为桌面屏幕保护

会声会影11可以将影片设置为Windows屏幕保护，制作个性化的电脑桌面效果。

影片制作完成后，单击步骤选项卡中的【分享】按钮，切换至分享面板。单击选项面板中的【创建视频文件】按钮，在弹出的列表中选择【WMV】→【WMV HD 1080 25p】选项，如图11-125所示。

在弹出的【创建视频文件】对话框中指定视频文件的名称和路径，单击【保存】按钮，程序将自动渲染文件。渲染完成后，执行菜单【素材】→【导出】→【影片屏幕保护】命令，弹出【显示属性】对话框，如图11-126所示。

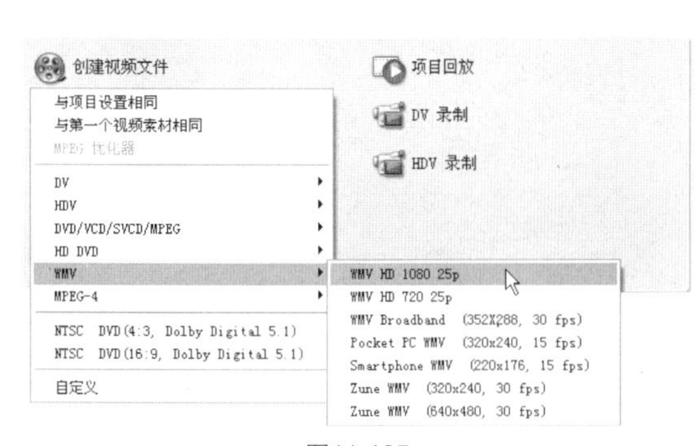

图11-125

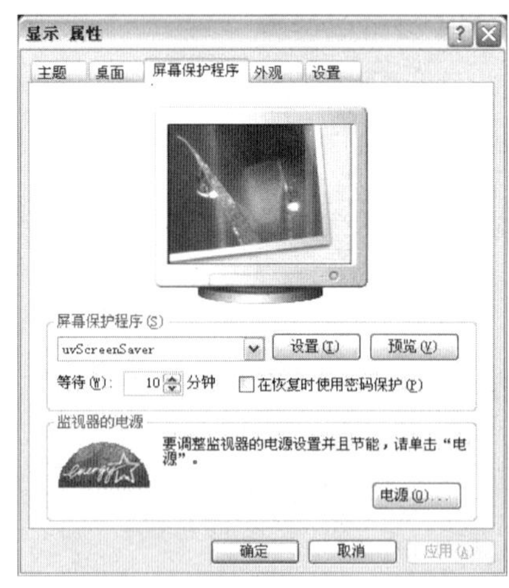

图11-126

设置完成后，单击【确定】按钮，将影片应用为屏幕保护。计算机在超出指定的等待时间后，如果没有任何操作，将启动屏幕保护。

11.6 制作可以播放视频的网页

源程序：Ch11/制作可以播放视频的网页/制作可以播放视频的网页.VSP

知识要点：使用会声会影11的导出功能制作可以播放视频的网页。

11.6.1 添加视频素材

01 启动会声会影11，在启动面板中选择【会声会影编辑器】选项，如图11-127所示，进入会声会影程序主界面。

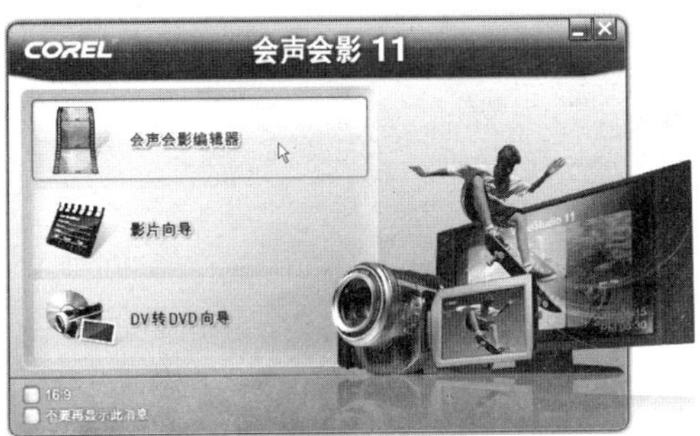

图11-127

02 单击【视频】素材库中的【加载视频】按钮，在弹出的【打开视频文件】对话框中选择光盘目录下“Ch11/制作可以播放视频的网页/小区内景.mpg”文件，如图11-128所示，单击【打开】按钮，选中的视频素材被添加到素材库中，如图11-129所示。

图11-128

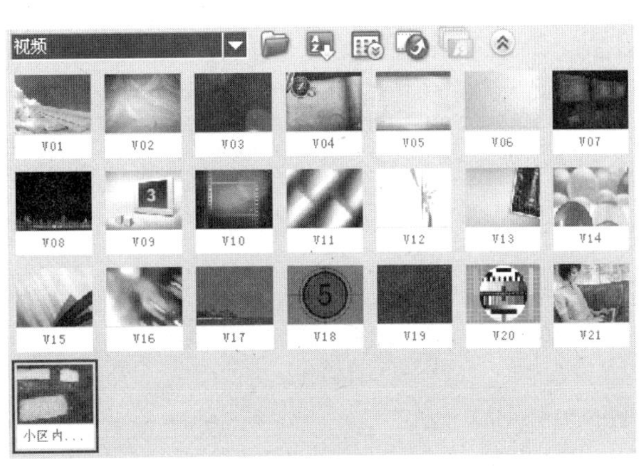

图11-129

11.6.2 制作播放视频的网页

01 在【视频】素材库中选择添加的视频素材“小区内景.mpg”，将其拖曳到故事板中，如图11-130所示。单击步骤选项卡中的【分享】按钮 分享 ，切换至分享面板。单击选项面板中的【创建视频文件】按钮，在弹出的列表中选择【WMV】→【WMV Broadband （352×288，30fps）】，如图11-131所示。

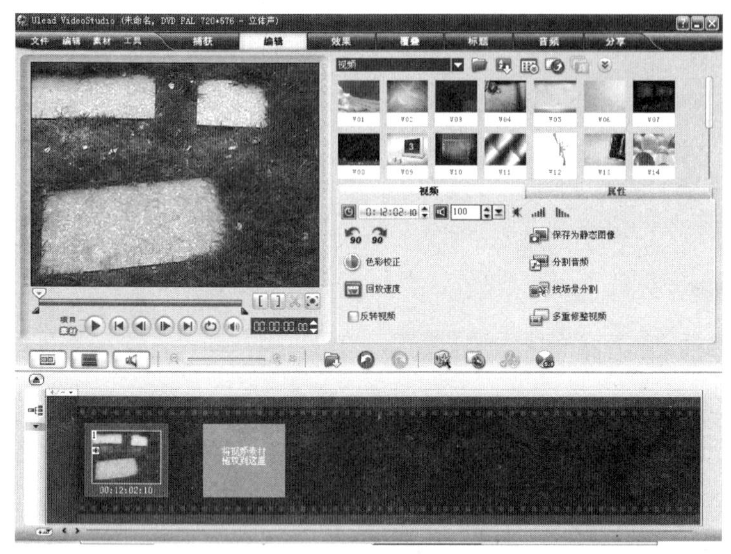

图11-130

创建视频文件
与项目设置相同
与第一个视频素材相同
MPEG 优化器
DV
HDV
DVD/VCD/SVCD/MPEG
HD DVD
WMV
MPEG-4
NTSC DVD(4:3, Dolby Digital 5.1)
NTSC DVD(16:9, Dolby Digital 5.1)
自定义
项目回放
DV 录制
HDV 录制
WMV HD 1080 25p
WMV HD 720 25p
WMV Broadband (352X288, 30 fps)
Pocket PC WMV (320x240, 15 fps)
Smartphone WMV (220x176, 15 fps)
Zune WMV (320x240, 30 fps)
Zune WMV (640x480, 30 fps)

图11-131

02 在弹出的【创建视频文件】对话框中指定文件的名称和保存路径，如图11-132所示，单击【保存】按钮。

03 程序经渲染输出视频文件，并将输出的视频文件导入到【视频】素材库中，选择该视频文件，单击素材库面板中的【将视频文件导出到不同的介质上】按钮，在弹出的下拉列表中选择【网页】选项，如图11-133所示。弹出提示对话框，如图11-134所示，单击【是】按钮。

图11-132

图11-133

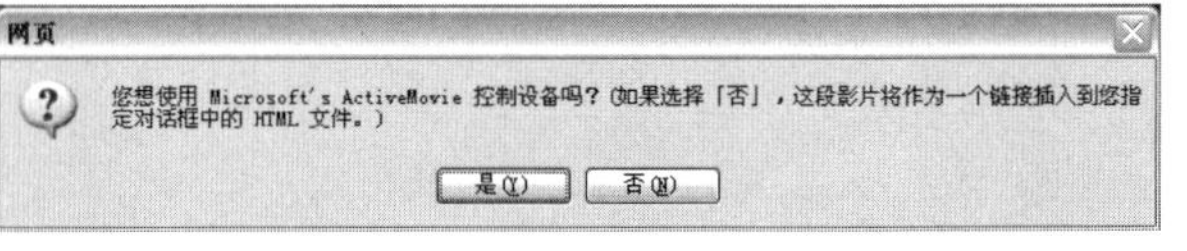

图11-134

04 在弹出的【浏览】对话框中选择光盘目录下“Ch11/制作可以播放视频的网页/index.htm”文件，如图11-135所示，单击【确定】按钮，弹出提示对话框，如图11-136所示，单击【是】按钮。

图11-135

图11-136

05 Internet Explorer程序随即启动，并打开刚才的网页，在网页上部的提示栏上单击鼠标右键，在弹出的列表中执行【允许阻止的内容】命令，如图11-137所示，弹出提示对话框，如图11-138所示。

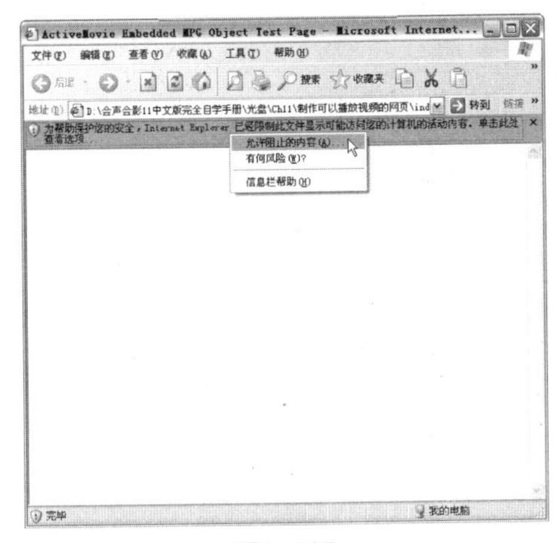

图11-137

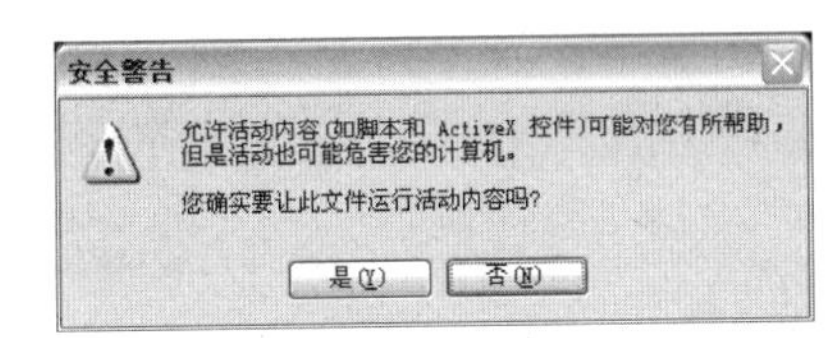

图11-138

06 单击【是】按钮，网页视频播放控件随即出现，单击【播放】按钮，即可播放刚才输出的视频文件，如图11-139所示。

图11-139

11.7 相册光盘制作

源程序：Ch11/相册光盘制作/相册光盘.iso。

知识要点：使用会声会影11的导出功能制作相册光盘。

11.7.1 添加素材并设置项目属性

01 启动会声会影11，在启动面板中选择【会声会影编辑器】选项，如图11-140所示，进入会声会影程序主界面。

图11-140

02 单击【视频】素材库中的【加载视频】按钮，在弹出的【打开视频文件】对话框中选择光盘目录下“Ch11/相册光盘制作/航拍城市.mpg”文件，如图11-141所示，单击【打开】按钮，选中的视频素材被添加到素材库中。

03 执行菜单【文件】→【项目属性】命令，如图11-142所示，在弹出的【项目属性】对话框中单击【编辑】按钮，如图11-143所示。

图11-141

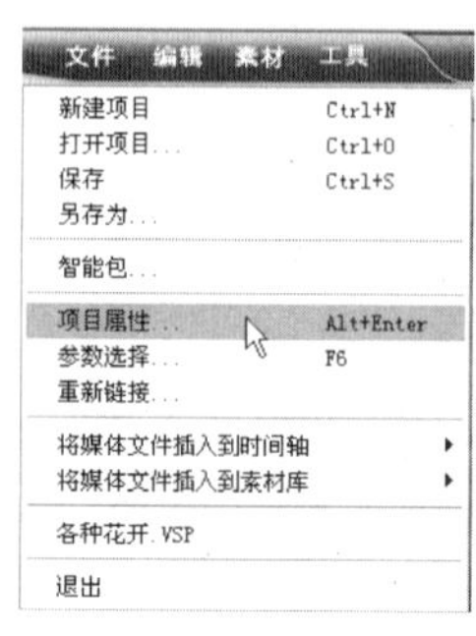

图11-142

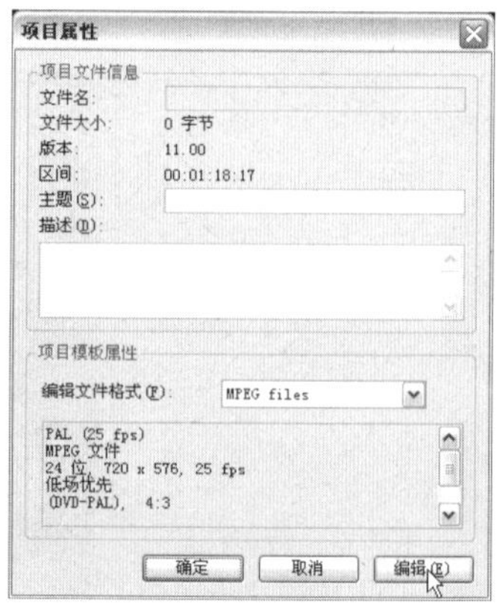

图11-143

04 在弹出的【项目选项】面板中单击【常规】选项卡，切换至常规对话框，单击【显示宽高比】选项右侧的下拉按钮，在弹出的列表中选择【16:9】，如图11–144所示。单击【压缩】选项卡，切换至压缩对话框，单击【介质类型】选项右侧的下拉按钮，在弹出的列表中选择【PAL DVD】，如图11–145所示。

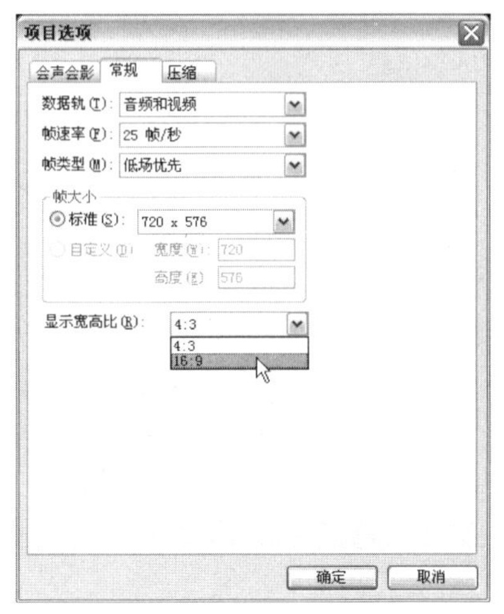

图11-144

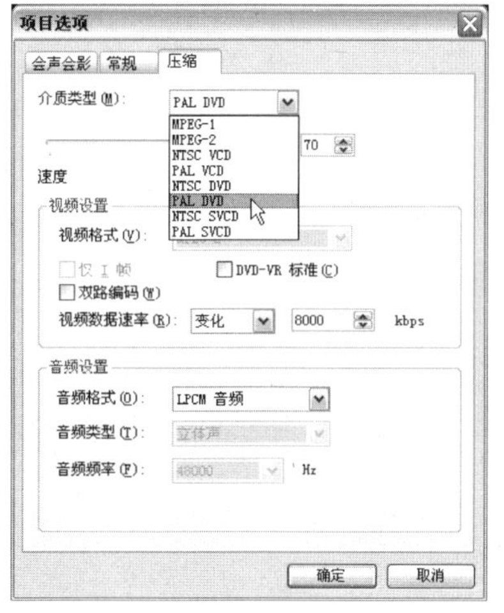

图11-145

05 单击两次【确定】按钮，弹出提示对话框，如图11–146所示，单击【确定】按钮，返回到会声会影11编辑程序主界面。如图11–147所示。单击步骤选项卡中的【分享】按钮分享，切换至分享面板，单击选项面板中的【创建光盘】按钮，如图11–148所示。

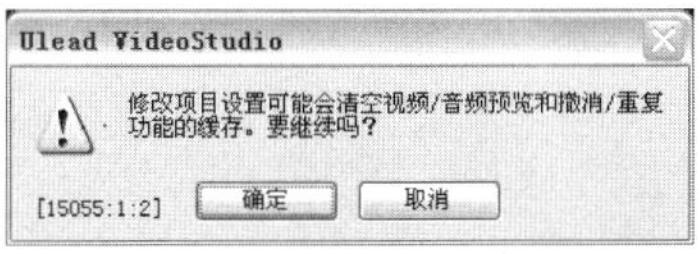

Ulead VideoStudio

修改项目设置可能会清空视频/音频预览和撤消/重复功能的缓存。要继续吗？

[15055:1:2] 确定 取消

图11-146

图11-147

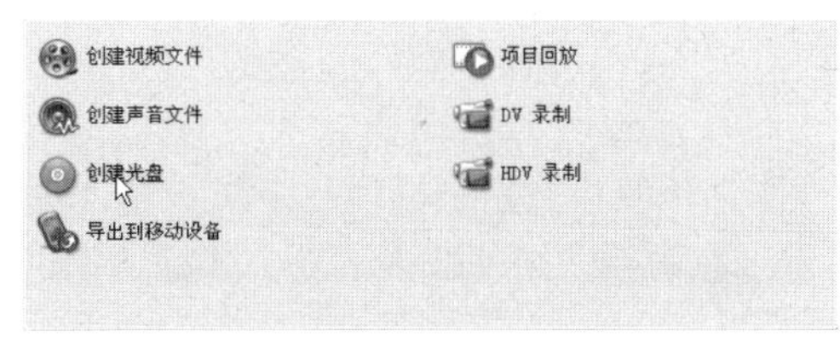

图11-148

11.7.2 制作相册光盘

01 在弹出的光盘向导窗口选中素材“未命名”，单击【添加/编辑章节】按钮，如图11-149所示。弹出【添加/编辑章节】对话框，在预览窗口中拖动飞梭栏滑块至30秒处，单击【添加章节】按钮，如图11-150所示。

图11-149

图11-150

02 单击之后，在列表栏中又添加了一段视频文件，总章节数为2，如图11-151所示。单击【确定】按钮，回到光盘向导主界面，在对话框中单击【下一步】按钮，如图11-152所示。

图11-151

图11-152

03 进入菜单编辑步骤，单击【菜单模板类别】右侧的下拉按钮，在弹出的下拉列表中选择一种模板类型，如图11-153所示。在需要使用的模板上单击鼠标，把选择的模板作为菜单背景，如图11-154所示。

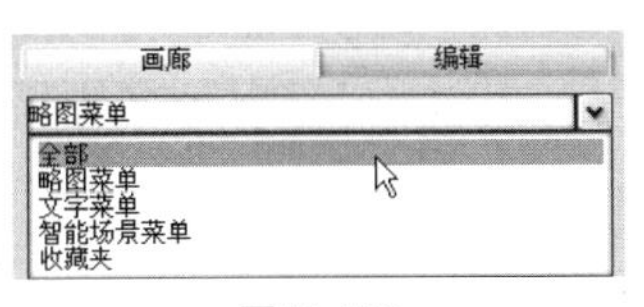

图11-153

图11-154

04 单击预览窗口下方的【转到预览步骤】按钮，在弹出的【Ulead VideoStudio】对话框中单击【播放】按钮，预览影片效果，如图11-155所示。

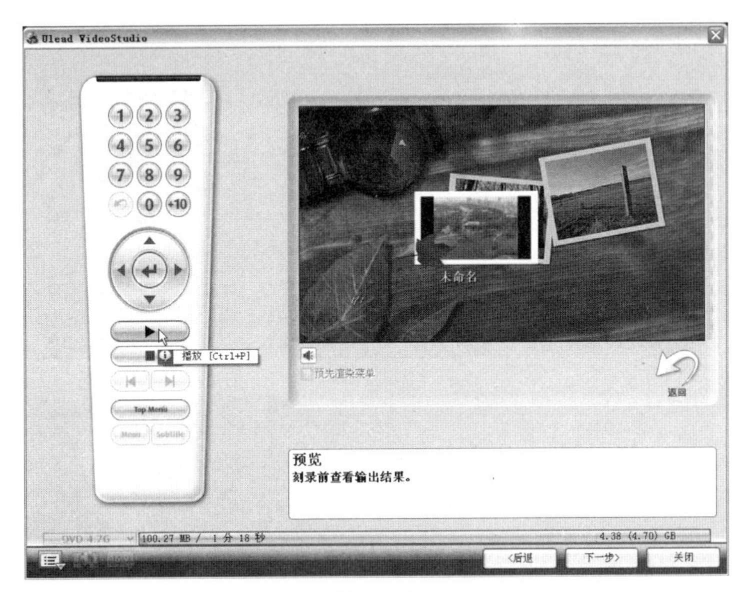

图11-155

05 在影片画面中单击“未命名”章节，系统播放子菜单，如图11-156所示。单击任意章节，就可以开始播放这一章节的内容。

06 单击预览窗口右下方的【返回】按钮，回到光盘向导主界面，在预览窗口中设置主标题和章节缩略图等属性，如图11-157所示。

图11-156

图11-157

07 设置完成后，单击【下一步】按钮，进入光盘刻录步骤，取消勾选【创建光盘】复选框，勾选【创建光盘镜像】复选框，单击该选项右侧的【浏览文件夹】按钮，如图11-158所示，在弹出的【另存为】对话框中指定光盘镜像的名称和路径，如图11-159所示。

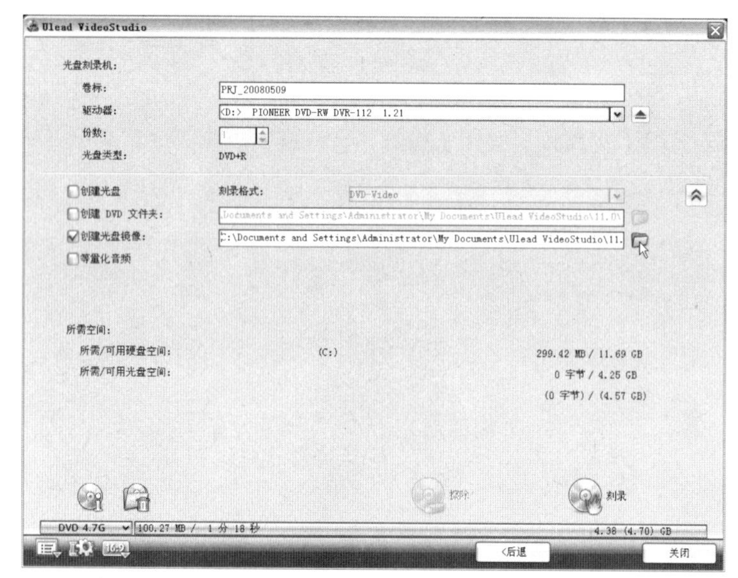

图11-158

图11-159

08 单击【保存】按钮，返回到刻录光盘对话框中，单击【刻录】按钮，如图11-160所示。弹出提示对话框，如图11-161所示，单击【确定】按钮。系统开始渲染影片，输出DVD光盘镜像文件，如图11-162所示。

Ulead VideoStudio
光盘刻录机：
卷标：PRJ_20080509
驱动器：<D:> PIONEER DVD-RW DVR-112 1.21
份数：1
光盘类型：DVD+R
创建光盘
创建 DVD 文件夹：
创建光盘镜像：
等量化音频
刻录格式：DVD-Video
Documents and Settings\Administrator\My Documents\Ulead VideoStudio\11.0\
G:\新建文件夹\效果\Ch12\效果\相册光盘制作\相册光盘.iso
所需空间：
所需/可用硬盘空间：(C:) 199.15 MB / 11.69 GB
(G:) 100.27 MB / 15.12 GB
所需/可用光盘空间：0 字节 / 4.25 GB
(0 字节) / (4.57 GB)
擦除 刻录
DVD 4.7G 100.27 MB / 1 分 18 秒 4.38 (4.70) GB
<后退 关闭

图11-160

图11-161

3% - Ulead VideoStudio
光盘刻录机：
卷标：PRJ_20080509
驱动器：<D:> PIONEER DVD-RW DVR-112 1.21
份数：1
光盘类型：DVD+R
创建光盘
创建 DVD 文件夹：
创建光盘镜像：
等量化音频
刻录格式：DVD-Video
Documents and Settings\Administrator\My Documents\Ulead VideoStudio\11.0\
G:\新建文件夹\效果\Ch12\效果\相册光盘制作\相册光盘.iso
总进程：转换影片...
3%
详细进程：正在转换此影片的视频...[001/001]
7%
已用时间：00:00:14
擦除 取消
DVD 4.7G 100.27 MB / 1 分 18 秒 4.38 (4.70) GB
<后退 关闭

图11-162

09 渲染完成后，在刚才指定的路径下会生成一个后缀名为“.iso”的光盘镜像文件，如图11-163所示。使用解压缩工具打开光盘镜像文件，可以看到里面含有“AUDIO_TS”和“VIDEO_TS”两个文件夹，如图11-164所示。

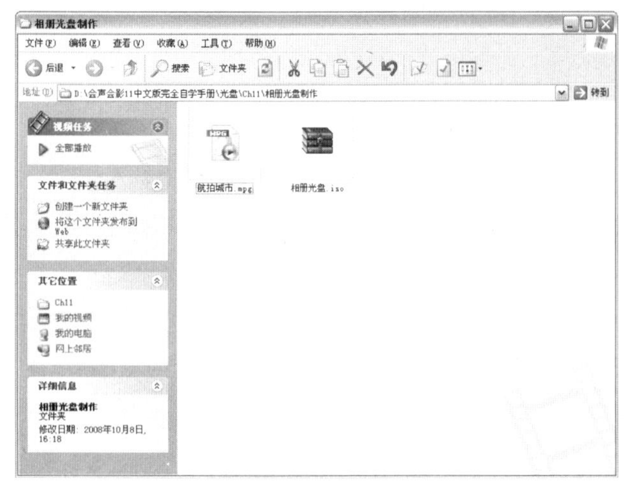

图11-163

图11-164

10 打开“VIDEO_TS”文件夹，在文件夹中包含DVD视频文件和光盘引导文件，如图11-165所示。将光盘镜像文件刻录到空白DVD光盘中，就是DVD视频光盘，可以在绝大多数的家用DVD视频播放机上播放画面，也可以使用虚拟光驱软件打开光盘镜像，直接在计算机中播放DVD视频。

图11-165

11.8 使用影片向导快速制作影片

效果：Ch11/使用影片向导快速制作影片/使用影片向导快速制作影片.mpg

知识要点：使用“相册”影片向导快速制作影片。

11.8.1 添加图像素材

01 启动会声会影11，在启动面板中选择【影片向导】选项，如图11-166所示，进入会声会影11影片向导界面。单击【素材库】展开按钮，将素材库展开，效果如图11-167所示。

图11-166

图11-167

02 单击素材库右侧的下拉按钮，在弹出的列表中选择【图像】选项，如图11-168所示。在素材库中显示【图像】素材库，如图11-169所示。

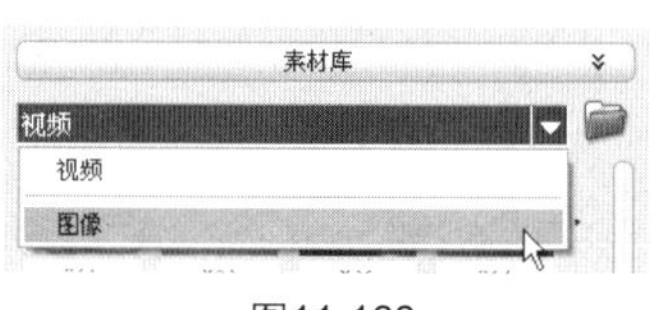

图11-168

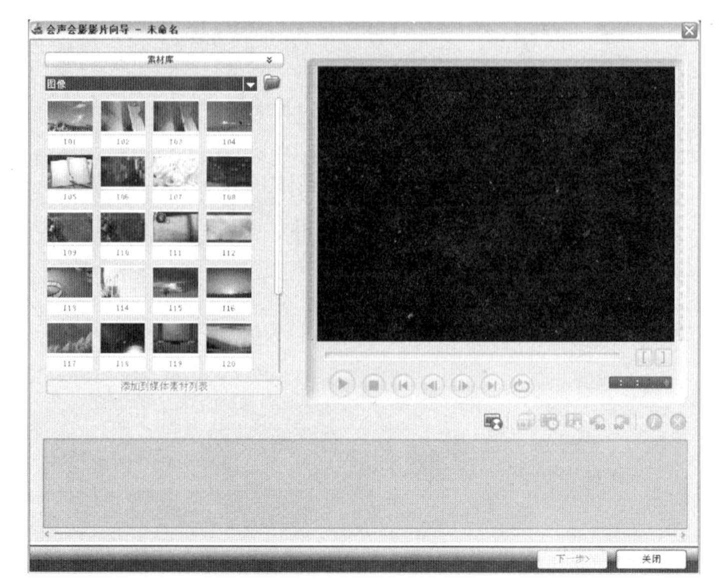

图11-169

03 单击【图像】素材库中的【加载图像】按钮，在弹出的【打开】对话框中选择光盘目录下“Ch11/使用影片向导快速制作影片/ 01.jpg 、02.jpg、03.jpg、04.jpg、05.jpg、06.jpg”文件，如图11-170所示，单击【打开】按钮，所有选中的图像素材被插入到素材库中，效果如图11-171所示。

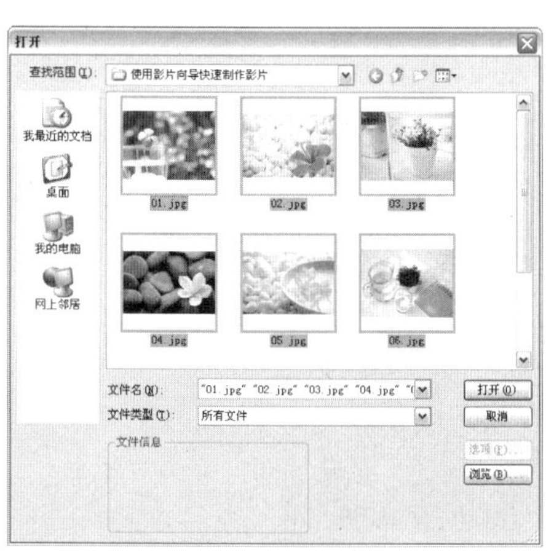

图11-170

图11-171

11.8.2 套用模板并添加标题

01 在【图像】素材库中将刚刚导入的“01.jpg 、02.jpg、03.jpg、04.jpg、05.jpg、06.jpg”文件全部拖曳到对话框下方的列表框中，如图11-172所示。

图11-172

02 单击【下一步】按钮，进入电影模板编辑步骤，单击【主题模板】选项右侧的下拉按钮，在弹出的列表中选择【相册】，效果如图11-173所示。

图11-173

03 在【相册】模板组中选择【多显示器02】作为当前影片的模板。在预览窗口中拖动飞梭栏滑块 ，在预览窗口中观看效果，如图11-174所示。

图11-174

04 单击【标题】选项右侧的下拉按钮，在弹出的列表中选择“Story Theater”，在预览窗口中将文字改为“花之物语”，单击【文字属性】按钮，在弹出的【文字属性】对话框中将【色彩】选项设为白色，勾选【色彩】复选框，将阴影颜色设为白色，其他选项的设置如图11-175所示，单击【确定】按钮，拖曳文字到适当的位置，效果如图11-176所示。

图11-175

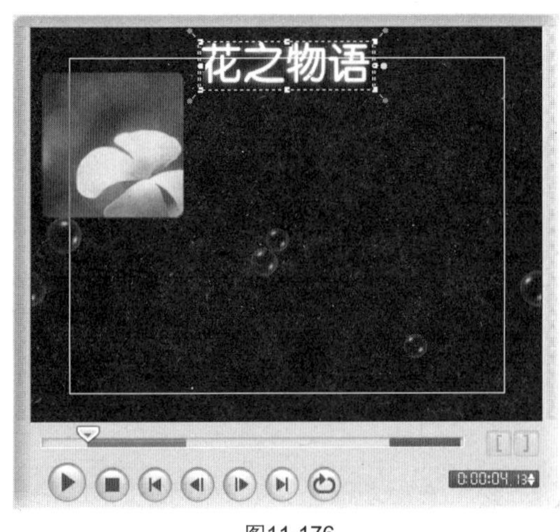

图11-176

05 使用相同的方法，将片尾文字改为“Bye Bye”，单击【文字属性】按钮，在弹出的【文字属性】对话框中将【色彩】选项设为白色，勾选【色彩】复选框，将阴影颜色设为白色，其他选项的设置如图11-177所示，单击【确定】按钮，预览窗口效果如图11-178所示。

图11-177

图11-178

06 单击【下一步】按钮，进入到影片输出步骤，这里可以将影片输出为视频文件，刻录为视频光盘，或者转到【会声会影编辑器】中再进行编辑。单击【创建视频文件】按钮，在弹出的列表中选择【DVD/VCD/SVCD/MPEG】→【PAL DVD（4:3）】选项，如图11-179所示。在弹出的【创建视频文件】对话框中设置影片名称和保存路径。

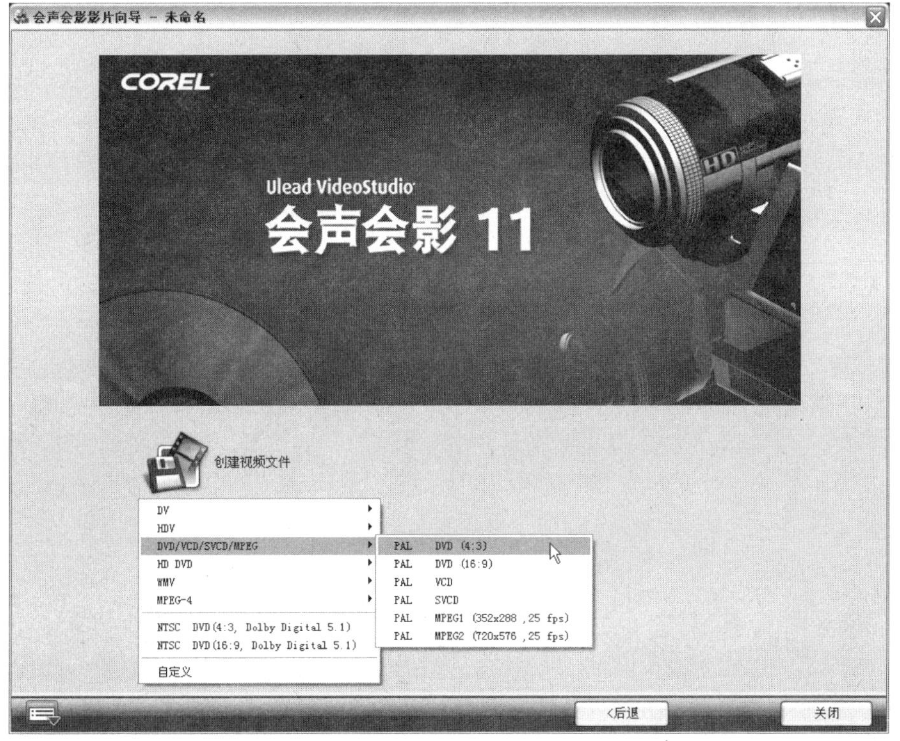

图11-179

07 单击【保存】按钮，系统开始渲染并输出影片，如图11-180所示。渲染完成，弹出提示对话框，如图11-181所示，单击【确定】按钮。

图11-180

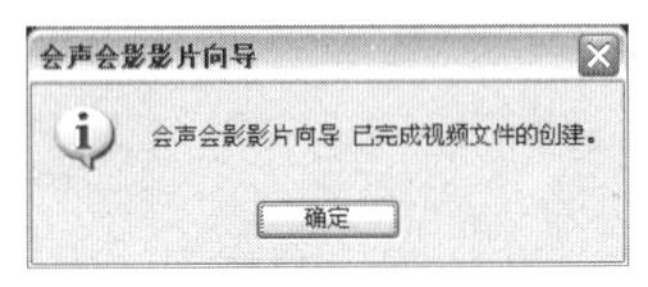

图11-181

小结

本章主要讲述了怎样将会声会影11中的项目文件或视频文件以各种格式或形式输出，并刻录成光盘，以满足用户的需要。通过本章的学习，用户将对影片输出和刻录有一定的了解，并且能够熟练地使用会声会影11制作项目文件并刻录成光盘，或者导出为不同类型的影片。

PART 2

案例精通篇

Chapter 12 儿童电子相册

使用覆叠轨管理器添加覆叠轨。使用视频摇动和缩放视频滤镜制作图片缩放效果。使用边框/阴影/透明度添加文字边框和阴影效果。使用调整到屏幕大小命令将图片调整到屏幕大小。使用淡出功能制作声音淡出效果。

12.1 添加素材图片和覆叠轨

01 启动会声会影11，在启动面板中选择【会声会影编辑器】选项，如图12-1所示，进入会声会影程序主界面。

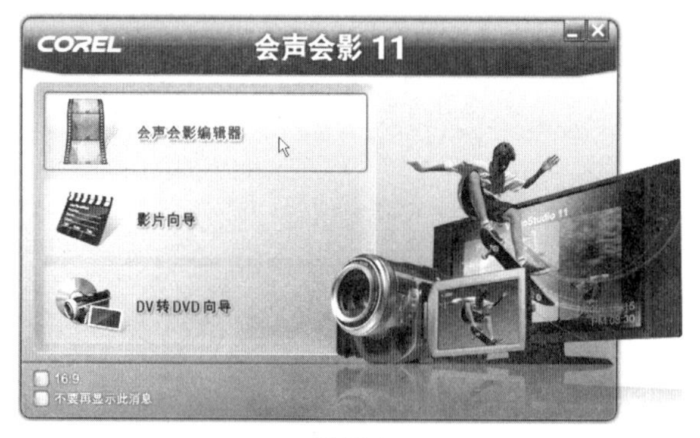

图12-1

02 单击素材库中的【画廊】按钮，在弹出的列表中选择【图像】选项，如图12-2所示。单击【图像】素材库中的【加载图像】按钮，在弹出的【打开图像文件】对话框中选择光盘目录下“Ch12/儿童电子相册/01.JPG、1.jpg、02.JPG、2.psd、03.JPG、3.psd、04.JPG、4.psd、05.JPG、5.psd、06.JPG、6.psd、07.JPG、08.JPG、09.JPG、10.JPG、11.JPG、12.JPG、13.JPG、14.JPG、15.JPG、16.JPG”文件，如图12-3所示，单击【打开】按钮，所有选中的图像素材被添加到素材库中，如图12-4所示。

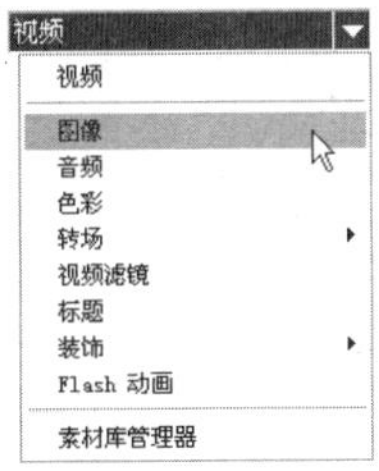

视频
视频
图像
音频
色彩
转场
视频滤镜
标题
装饰
Flash 动画
素材库管理器

图12-2

图12-3

图12-4

03 单击时间轴面板中的【时间轴视图】按钮，切换到时间轴视图。在素材库中选择“1.jpg”，按住鼠标将其拖曳至视频轨上，释放鼠标，效果如图12-5所示。在【图像】面板中将【区间】选项设为5秒，如图12-6所示。时间轴效果如图12-7所示。

图12-5

图12-6

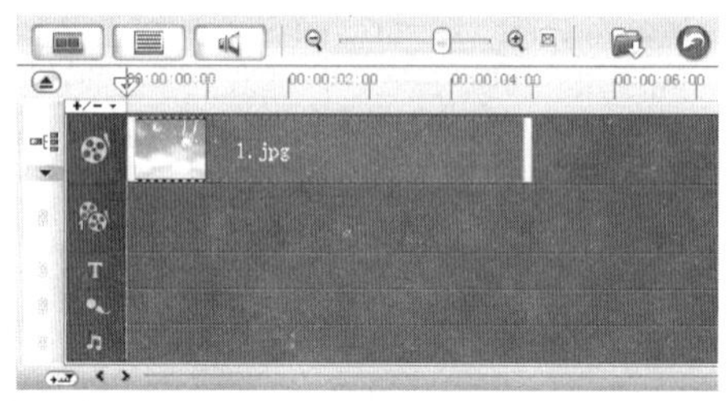

图12-7

04 单击【覆叠轨管理器】按钮，弹出【覆叠轨管理器】对话框，勾选【覆叠轨#2】复选框，如图12-8所示，单击【确定】按钮，在预设的【覆叠轨#1】下方添加新的覆叠轨，如图12-9所示。

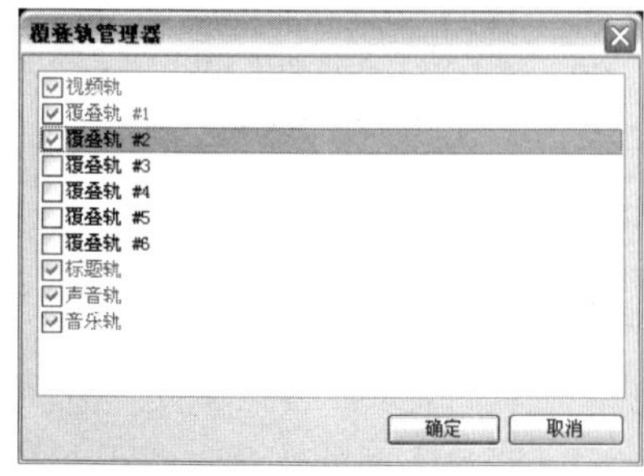

图12-8

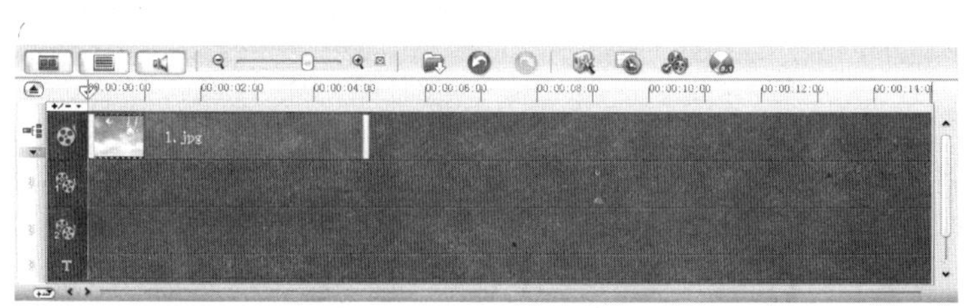

图12-9

12.2 添加Flash动画素材

01 单击素材库中的【画廊】按钮▼，在弹出的列表中选择【Flash动画】选项，如图12-10所示。在【Flash动画】素材库中选择【MotionF13】动画并将其添加到覆叠轨上，如图12-11所示，释放鼠标，效果如图12-12所示。

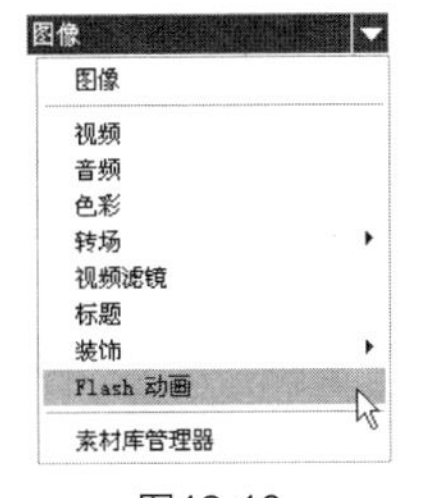

图12-10

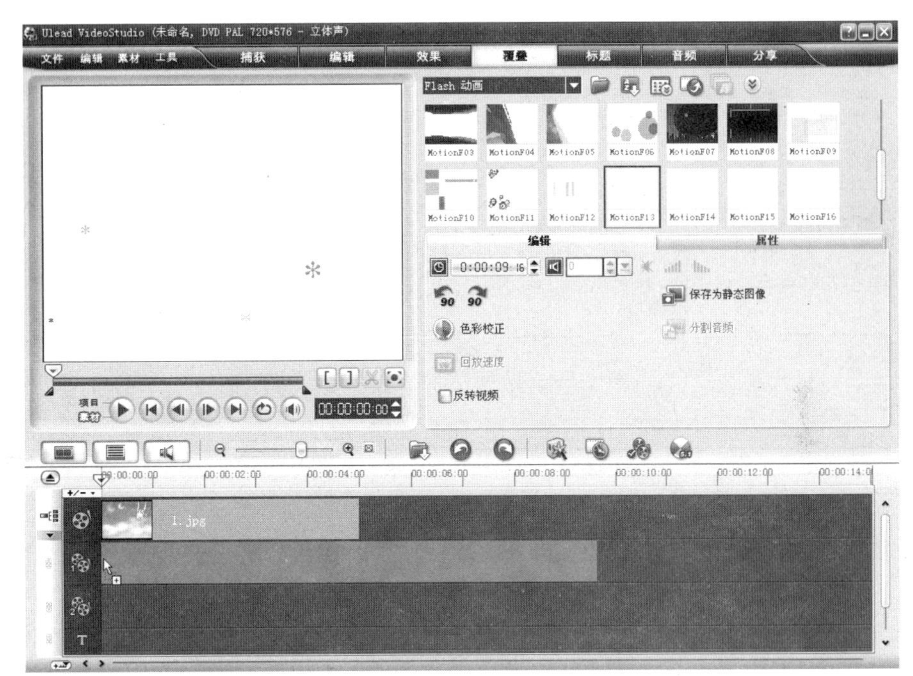

图12-11

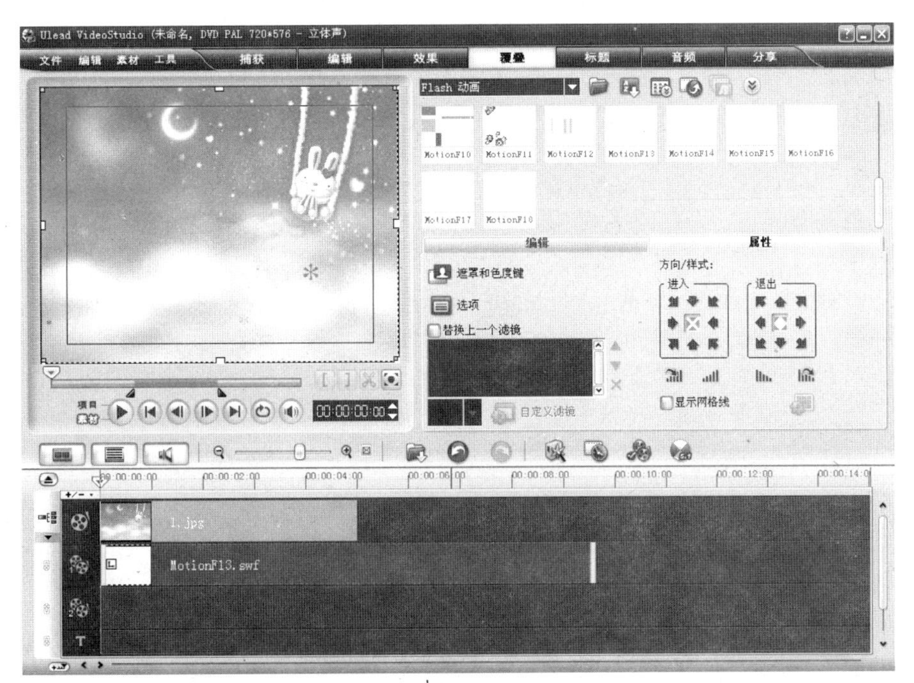

图12-12

02 将鼠标置于覆叠素材右侧的黄色边框上，当鼠标指针呈双向箭头时，向左拖曳调整覆叠素材的长度，使它与视频轨上的素材对应，释放鼠标，效果如图12-13所示。

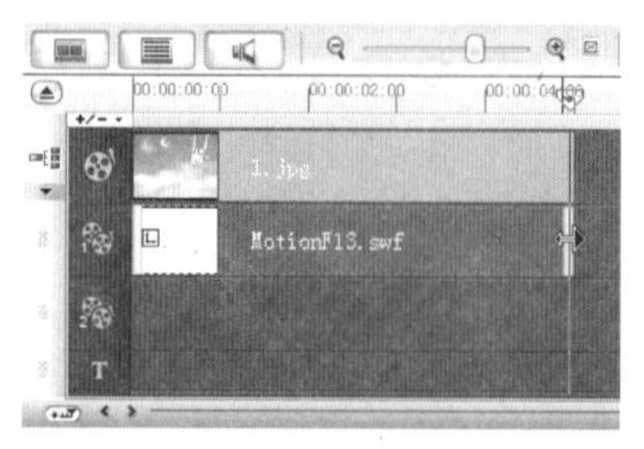

图12-13

12.3 制作图片摇动和缩放效果

01 单击素材库中的【画廊】按钮，在弹出的列表中选择【图像】选项，如图12-14所示。在素材库中选择“01.JPG”，按住鼠标将其拖曳至视频轨上，释放鼠标，效果如图12-15所示。在【图像】面板中将【区间】选项设为4秒，如图12-16所示。时间轴效果如图12-17所示。

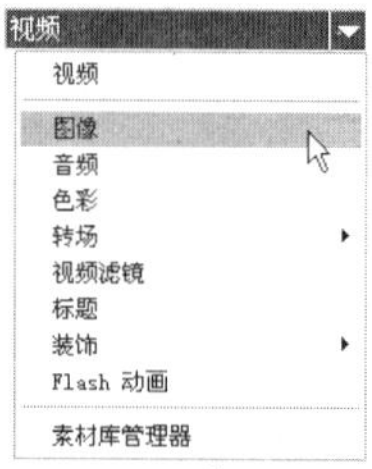

视频
视频
图像
音频
色彩
转场
视频滤镜
标题
装饰
Flash 动画
素材库管理器

图12-14

图12-15

图12-16

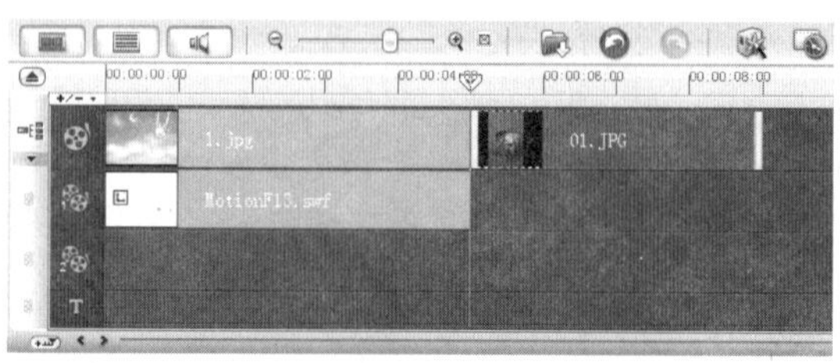

图12-17

02 在【图像】面板中，选择【摇动和缩放】单选项，单击【自定义】按钮，弹出【摇动和缩放】对话框，拖曳选取框上面的黄色控制点，改变图像缩放率，拖曳中间的十字标记，改变聚焦的中心点，其他选项的设置如图12-18所示。单击【时间轴】选项右侧的菱形标记，移动到下一个关键帧，在图像窗口中拖曳中间的十字标记，改变聚焦的中心点，如图12-19所示，单击【确定】按钮。

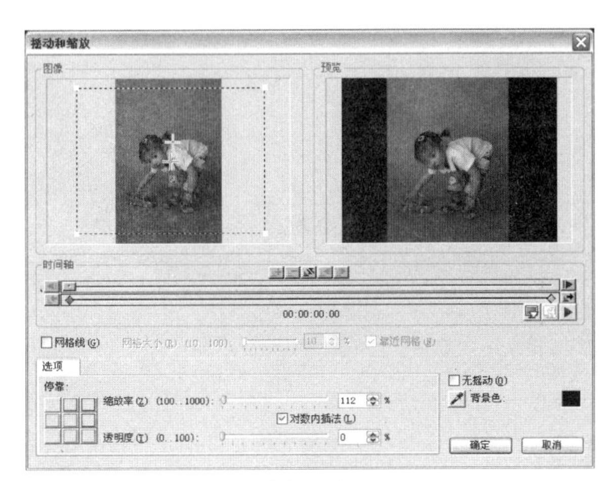

图12-18

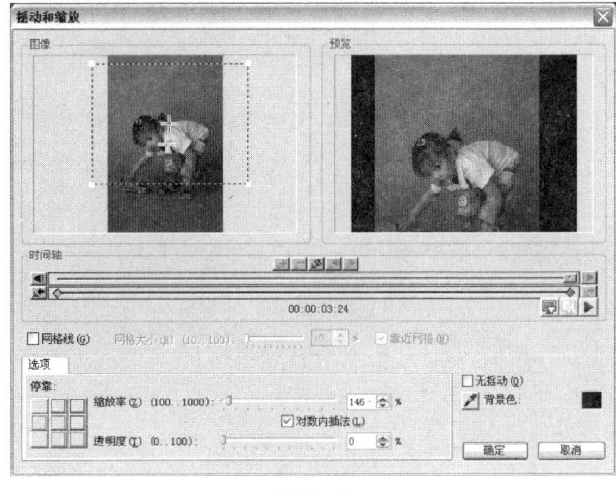

图12-19

03 勾选【属性】面板中的【变形素材】复选框，如图12-20所示。在预览窗口中拖曳图像素材到适当的位置并调整大小，效果如图12-21所示。在【视频滤镜】素材库中选择【自动调配】滤镜并将其添加到视频轨中的“01.JPG”图像素材上，如图12-22所示，释放鼠标，视频滤镜被应用到素材上，效果如图12-23所示。

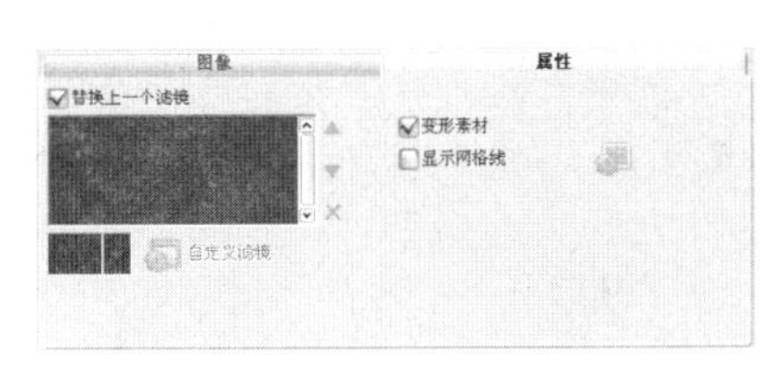

图12-20

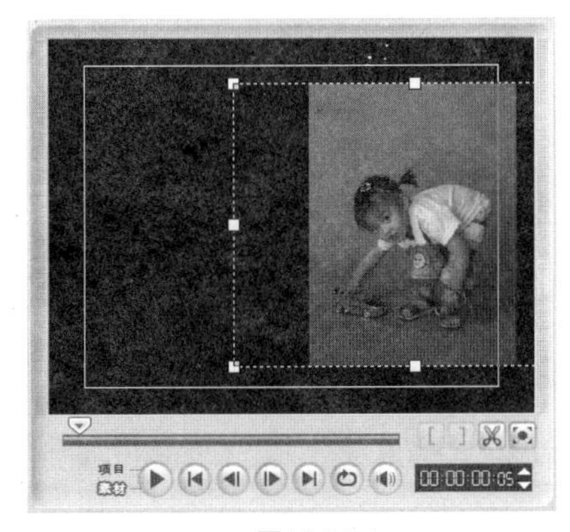

图12-21

图12-22

图12-23

04 单击素材库中的【画廊】按钮，在弹出的列表中选择【图像】选项，如图12-24所示。在素材库中选择“12.JPG”，按住鼠标将其拖曳至覆叠轨上，释放鼠标，效果如图12-25所示。

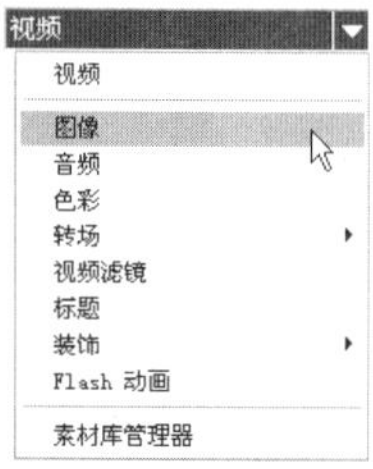

视频
视频
图像
音频
色彩
转场
视频滤镜
标题
装饰
Flash 动画
素材库管理器

图12-24

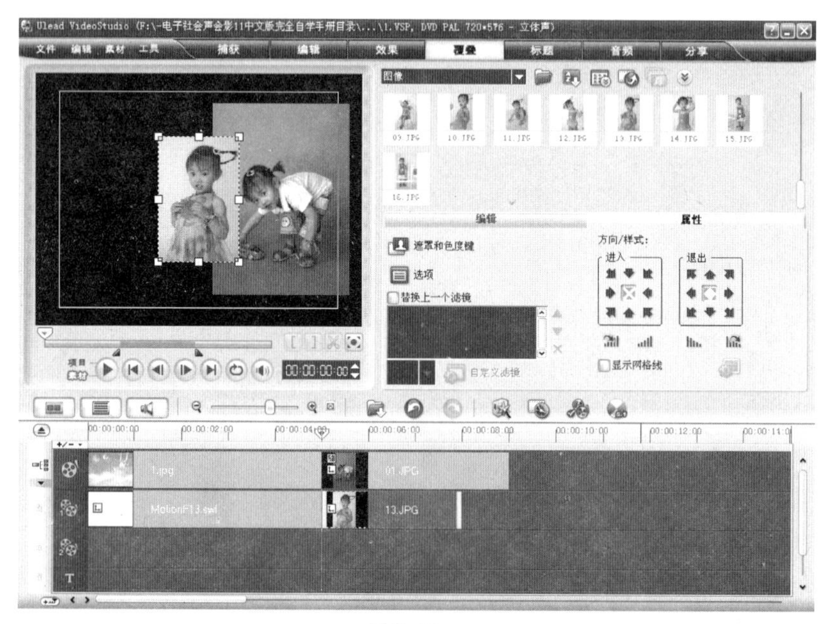

图12-25

05 将鼠标置于覆叠素材右侧的黄色边框上，当鼠标指针呈双向箭头⇔时，向右拖曳调整覆叠素材的长度，使其与视频轨上的素材对应，释放鼠标，效果如图12-26所示。在预览窗口中拖曳图像素材到适当的位置并调整大小，效果如图12-27所示。

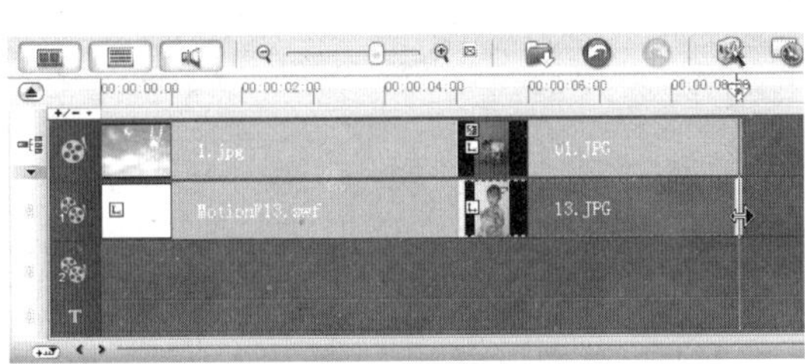

图12-26

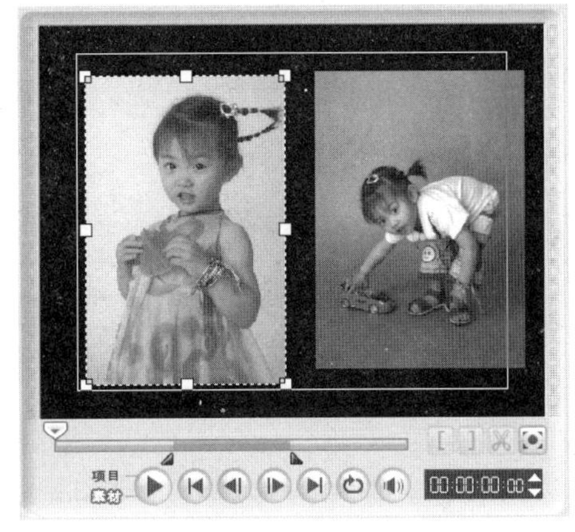

图12-27

06 在素材库中选择“07. JPG”，按住鼠标将其拖曳至视频轨上，释放鼠标，效果如图12-28所示。在【图像】面板中将【区间】选项设为4秒，如图12-29所示。时间轴效果如图12-30所示。

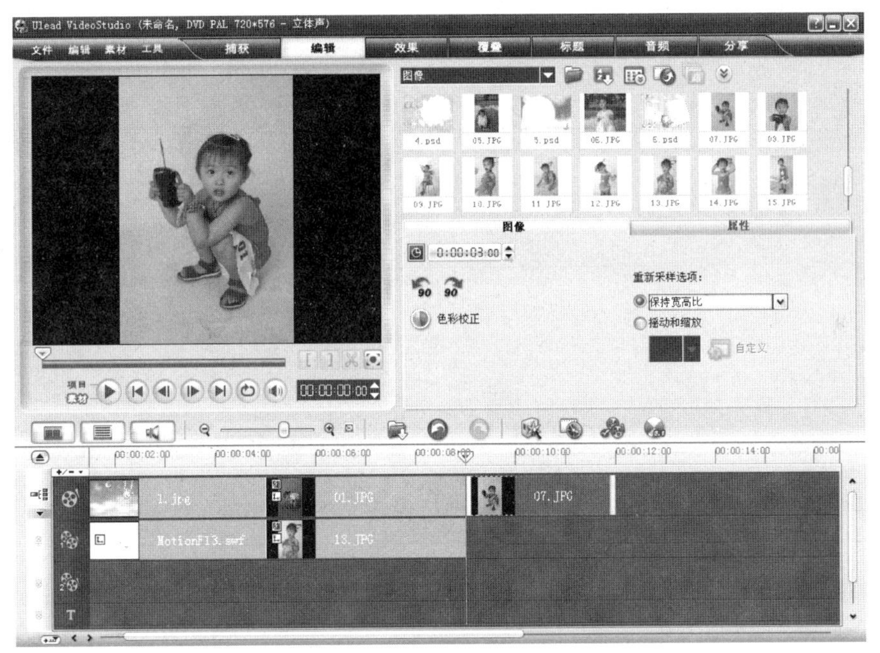

图12-28

图12-29

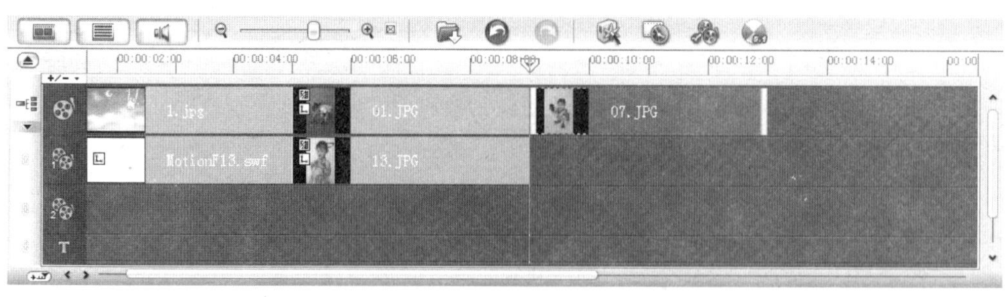

图12-30

07 在【图像】面板中，选择【摇动和缩放】单选项，单击【自定义】按钮，弹出【摇动和缩放】对话框，拖曳选取框上面的黄色控制点，改变图像缩放率，拖曳中间的十字标记，改变聚焦的中心点，其他选项的设置如图12-31所示。单击【时间轴】选项右侧的菱形标记，移动到下一个关键帧，在图像窗口中拖曳中间的十字标记，改变聚焦的中心点，如图12-32所示，单击【确定】按钮。

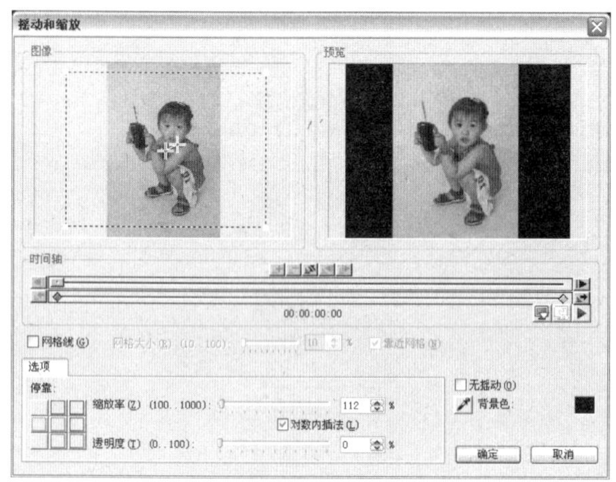

图12-31

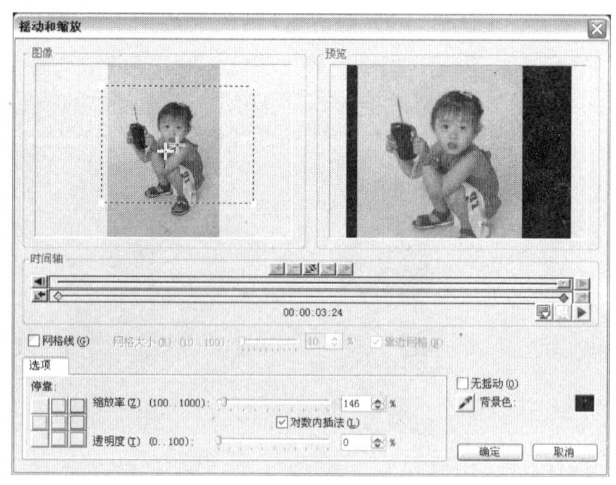

图12-32

08 勾选【属性】面板中的【变形素材】复选框，如图12-33所示。在预览窗口拖曳图像素材到适当的位置并调整大小，效果如图12-34所示。

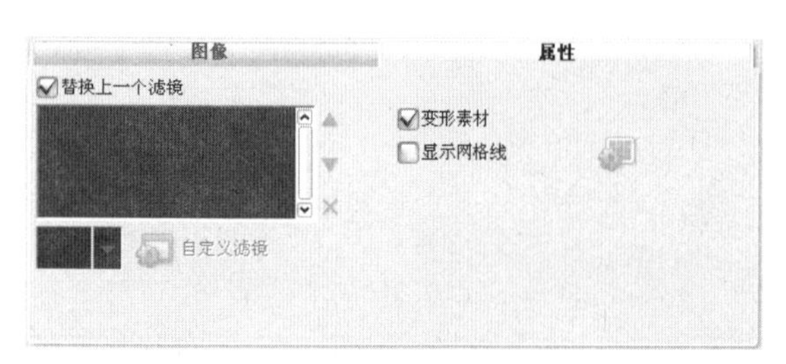

图12-33

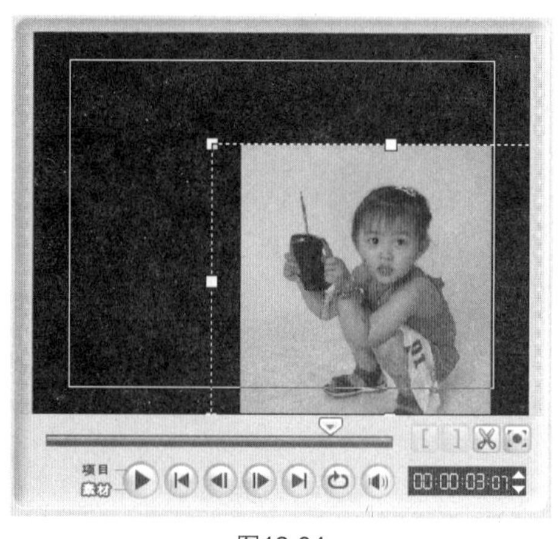

图12-34

09 单击素材库中的【画廊】按钮，在弹出的列表中选择【图像】选项。在素材库中选择“02.JPG”，按住鼠标将其拖曳至覆叠轨上，释放鼠标，效果如图12-35所示。将鼠标置于覆叠素材右侧的黄色边框上，当鼠标指针呈双向箭头时，向右拖曳调整覆叠素材的长度，使其与视频轨上的素材对应，释放鼠标，效果如图12-36所示。在预览窗口拖曳图像素材到适当的位置并调整大小，效果如图12-37所示。

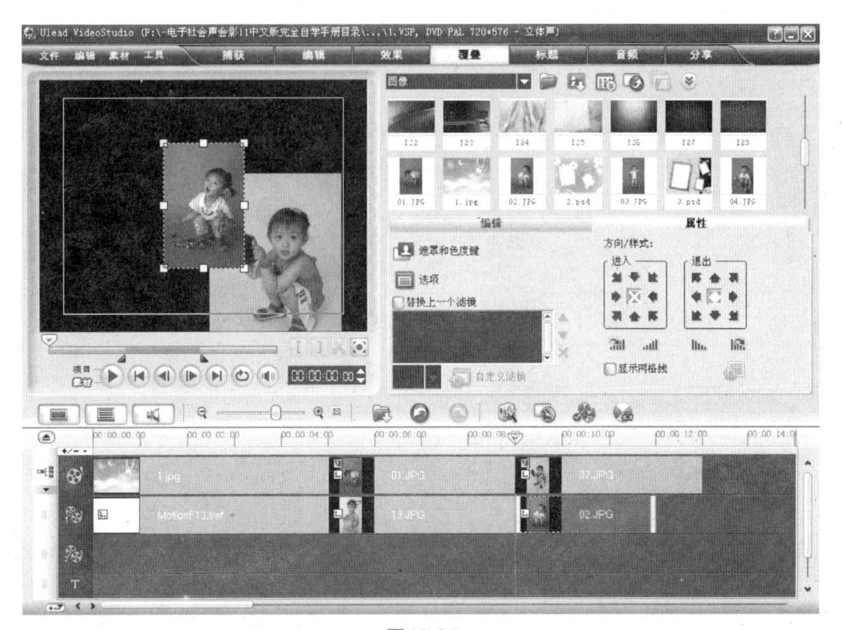

图12-35

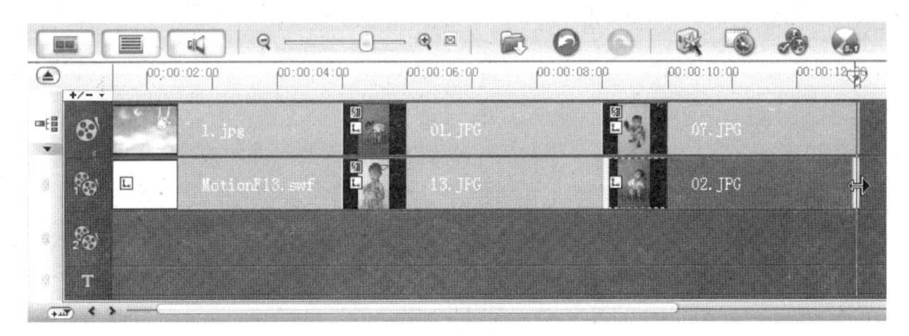

图12-36

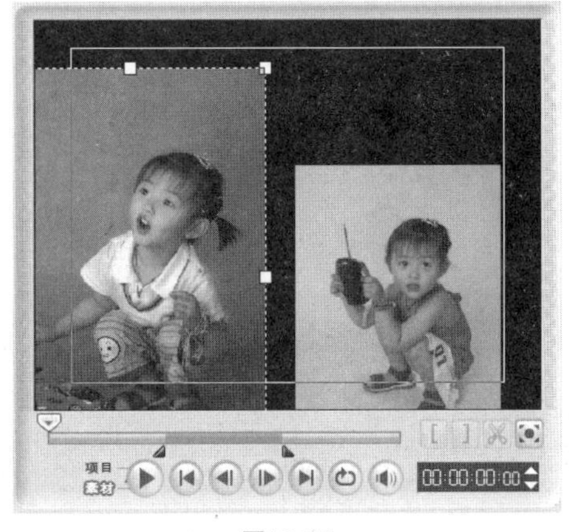

图12-37

12.4 添加视频摇动和缩放效果

01 单击素材库中的【画廊】按钮，在弹出的列表中选择【视频滤镜】选项。在【视频滤镜】素材库中选择【视频摇动和缩放】滤镜，并将其添加到覆叠轨中的“02.JPG”图像素材上，如图12-38所示，释放鼠标，视频滤镜被应用到素材上，效果如图12-39所示。

图12-38

图12-39

02 拖曳时间轴标尺上的位置标记▽到5秒处，如图12-40所示。单击素材库中的【画廊】按钮▼，在弹出的列表中选择【图像】选项。在素材库中选择“2.psd”，按住鼠标将其拖曳至覆叠轨上，释放鼠标，效果如图12-41所示。

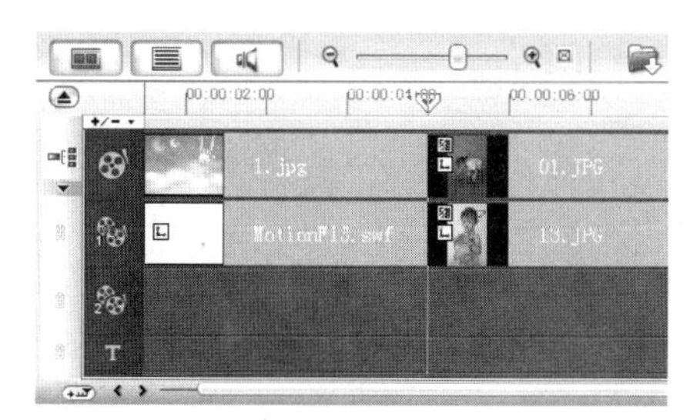
图12-40

图12-41

03 在预览窗口中的图像素材上单击鼠标右键，在弹出的菜单中执行【调整到屏幕大小】命令，在预览窗口中效果如图12-42所示。在【编辑】面板中将【区间】选项设为8秒，如图12-43所示。时间轴效果如图12-44所示。

图12-42

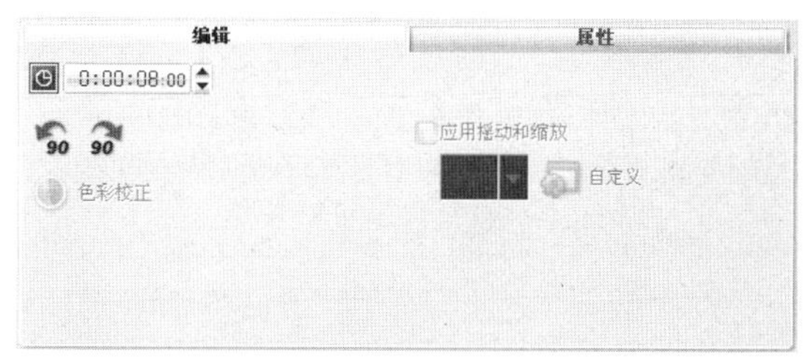

图12-43

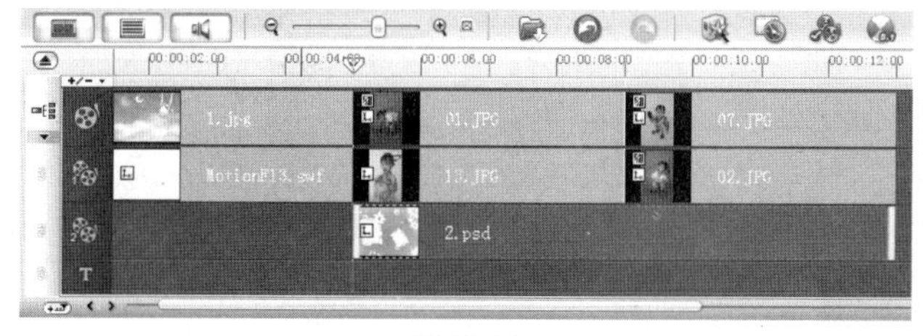
图12-44

04 在素材库中选择“10.JPG”，按住鼠标将其拖曳至视频轨上，释放鼠标，效果如图12-45所示。在【图像】面板中将【区间】选项设为5秒，如图12-46所示。时间轴效果如图12-47所示。

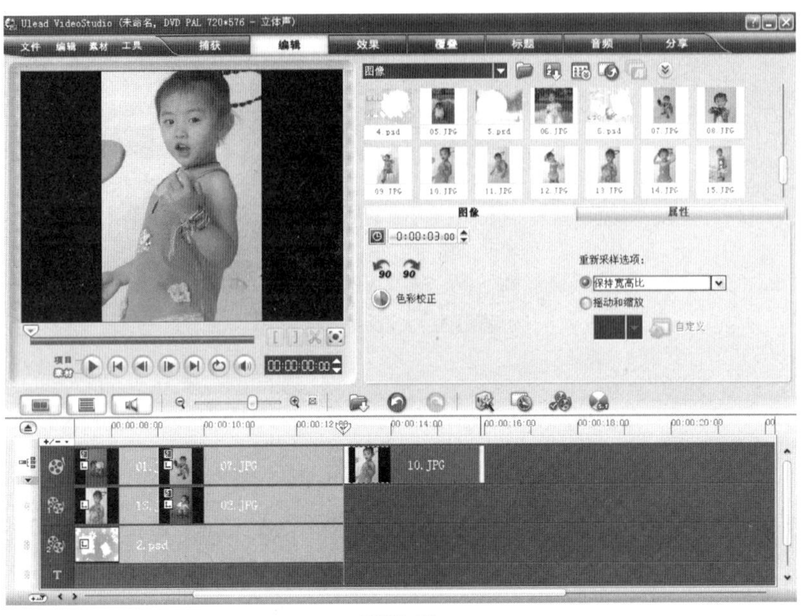

图12-45

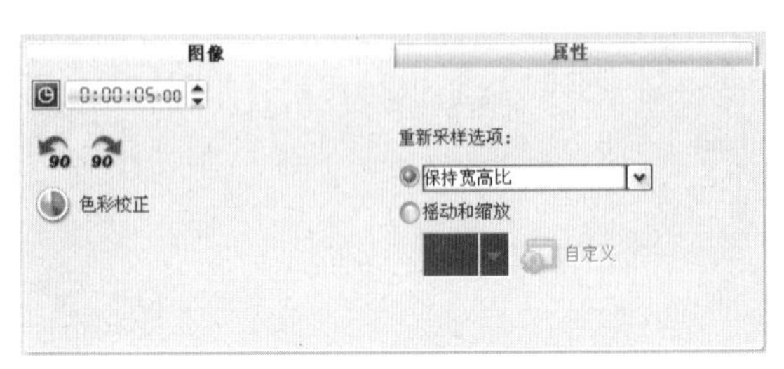

图12-46

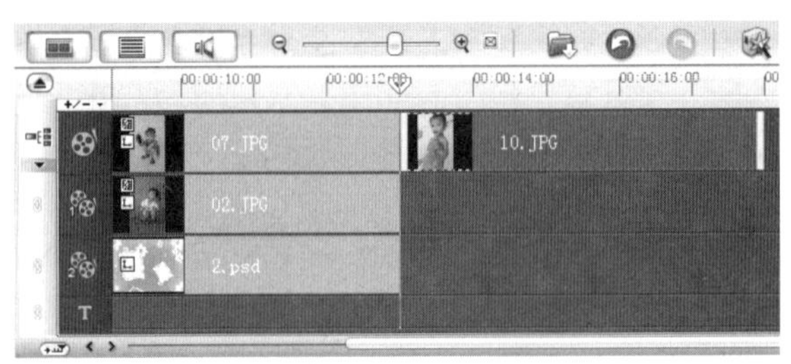

图12-47

05 勾选【属性】选项面板中的【变形素材】复选框，如图12-48所示。在预览窗口拖曳图像素材到适当的位置并调整大小，效果如图12-49所示。

图12-48

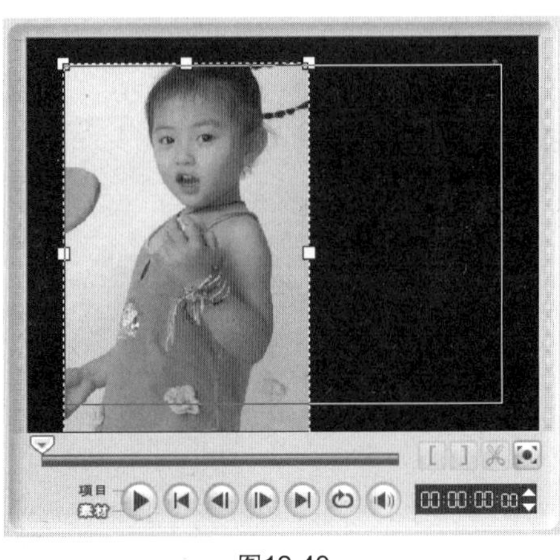

图12-49

06 在【视频滤镜】素材库中选择【视频摇动和缩放】滤镜并将其添加到视频轨中的“10.JPG”图像素材上，如图12-50所示，释放鼠标，视频滤镜被应用到素材上，效果如图12-51所示。

图12-50

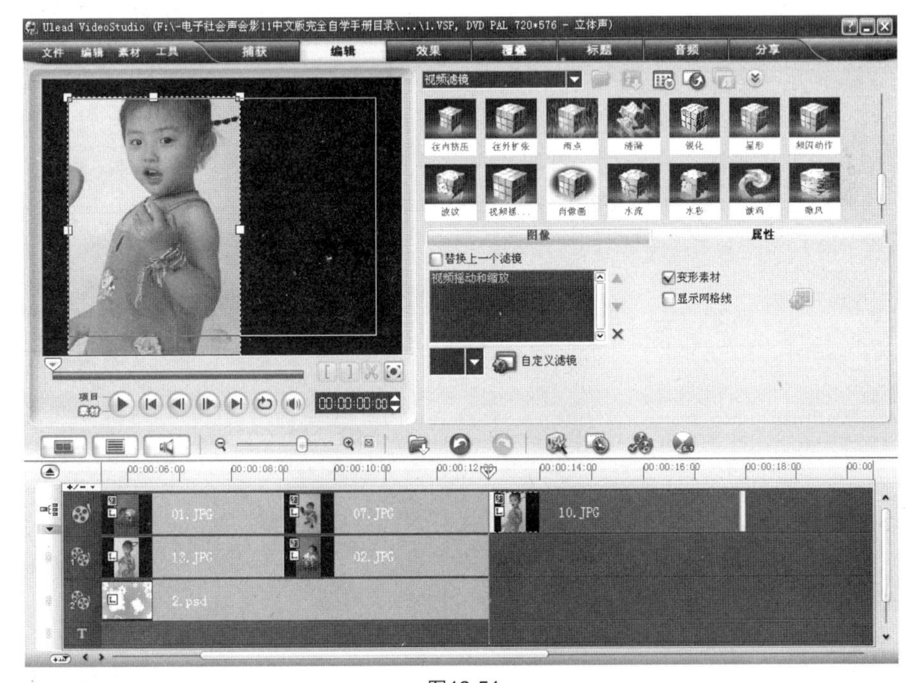

图12-51

07 在素材库中选择“09.JPG”，按住鼠标将其拖曳至覆叠轨上，释放鼠标，效果如图12-52所示。在预览窗口拖曳图像素材到适当的位置并调整大小，效果如图12-53所示。

图12-52

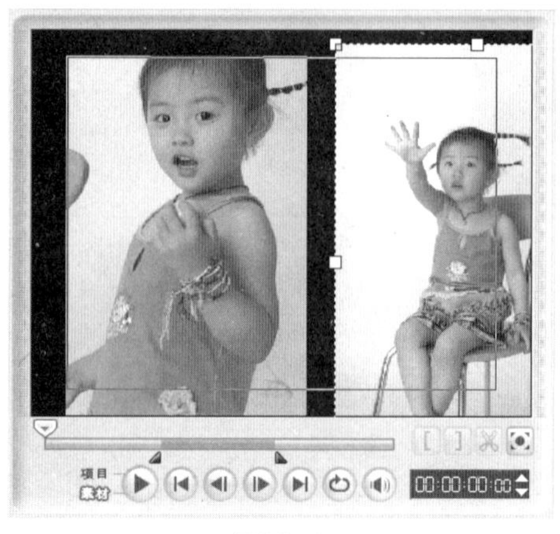

图12-53

08 在【编辑】面板中将【区间】选项设为5秒，如图12-54所示。时间轴效果如图12-55所示。

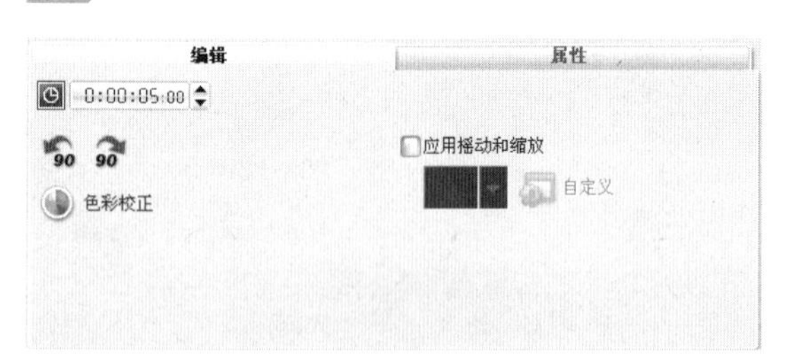

图12-54

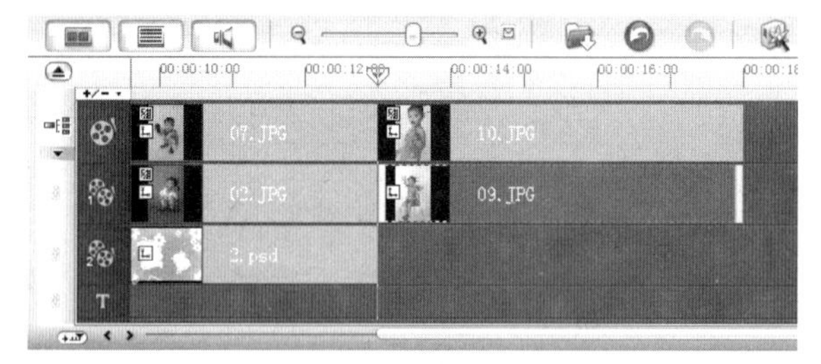

图12-55

09 单击素材库中的【画廊】按钮，在弹出的列表中选择【视频滤镜】选项，如图12-56所示。

在【视频滤镜】素材库中选择【视频摇动和缩放】滤镜并将其添加到覆叠轨中的“09.JPG”图像素材上，如图12-57所示，释放鼠标，视频滤镜被应用到素材上，效果如图12-58所示。

图12-56

图12-57

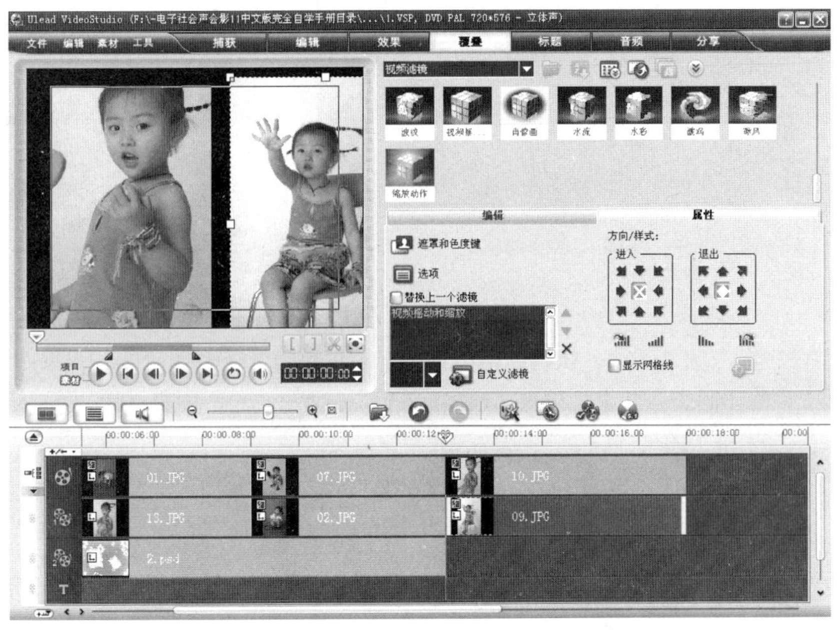

图12-58

12.5 调整图片到屏幕大小

01 单击素材库中的【画廊】按钮▼，在弹出的列表中选择【图像】选项。在素材库中选择“3.psd”，按住鼠标将其拖曳至覆叠轨上，释放鼠标，效果如图12-59所示。在预览窗口中的图像素材上单击鼠标右键，在弹出的菜单中执行【调整到屏幕大小】命令，在预览窗口中效果如图12-60所示。在【编辑】面板中将【区间】选项设为5秒，如图12-61所示。时间轴效果如图12-62所示。

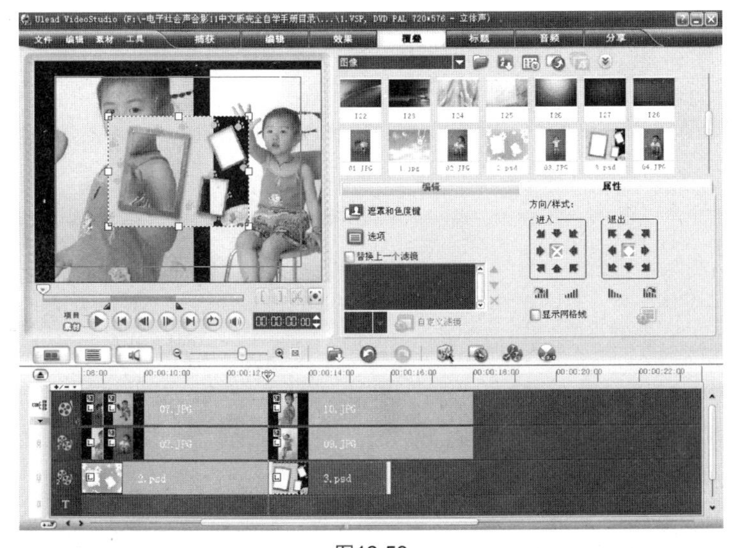

图12-59

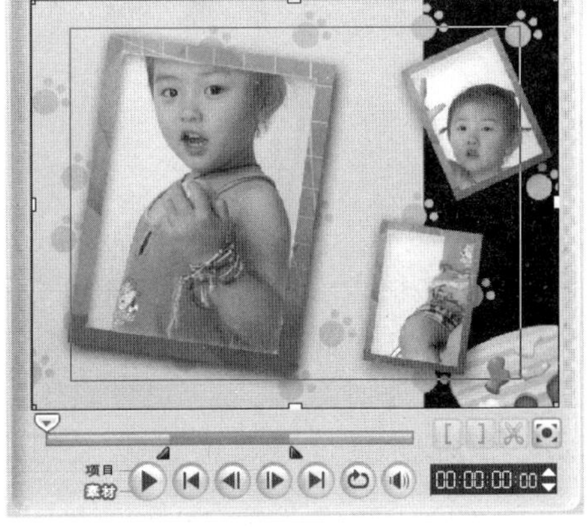

图12-60

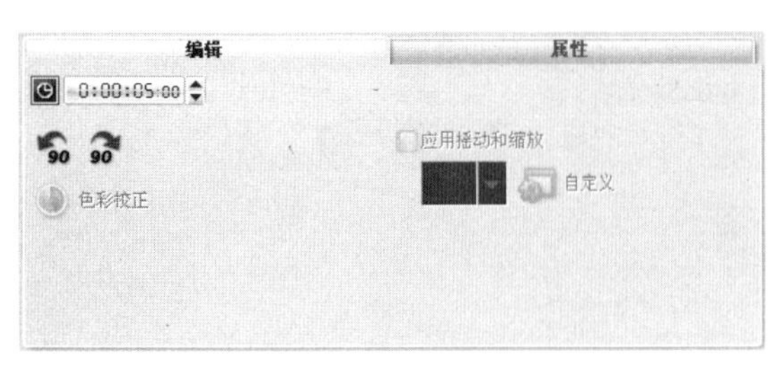

图12-61

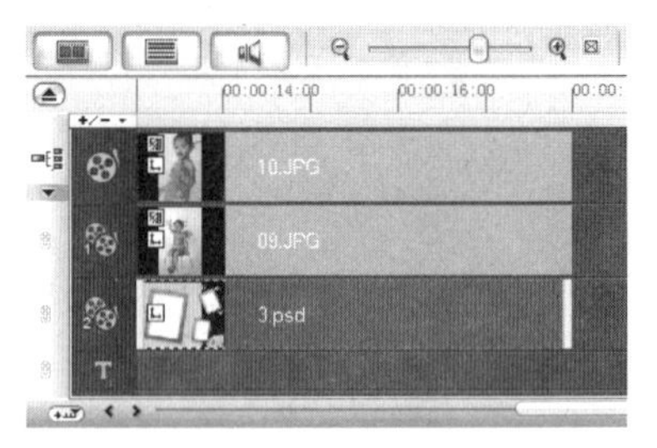

图12-62

02 在素材库中选择“05.JPG”，按住鼠标将其拖曳至视频轨上，释放鼠标，效果如图12-63所示。在【图像】面板中将【区间】选项设为5秒，如图12-64所示。时间轴效果如图12-65所示。

图12-63

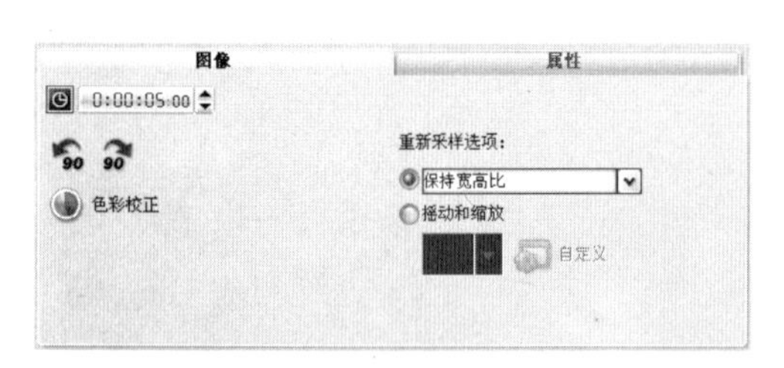

图12-64

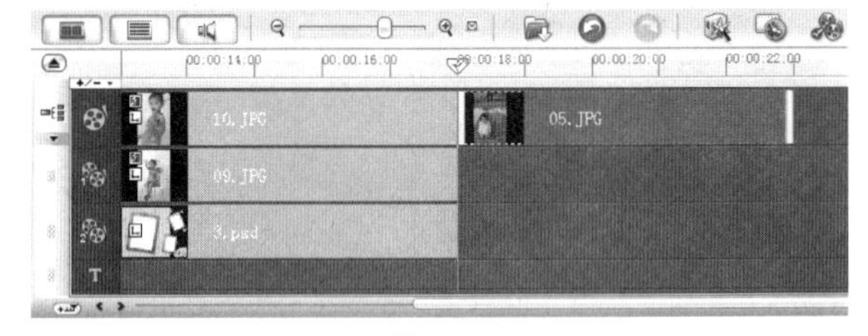

图12-65

03 在【图像】面板中，选择【摇动和缩放】单选项，单击【自定义】按钮，弹出【摇动和缩放】对话框，拖曳图像窗口中的十字标记+，改变聚焦的中心点，其他选项的设置如图12-66所示。单击【时间轴】选项右侧的菱形标记，移动到下一个关键帧，在图像窗口中拖曳中间的十字标记+，改变聚焦的中心点，如图12-67所示，单击【确定】按钮。

04 勾选【属性】选项面板中的【变形素材】复选框，如图12-68所示。在预览窗口拖曳图像素材到适当的位置并调整大小，效果如图12-69所示。

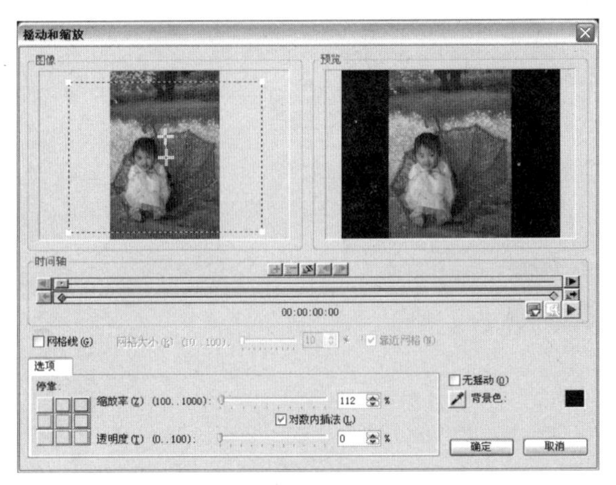

图12-66

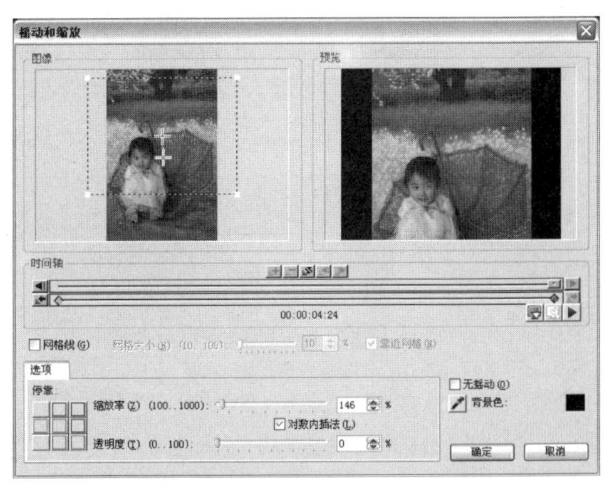

图12-67

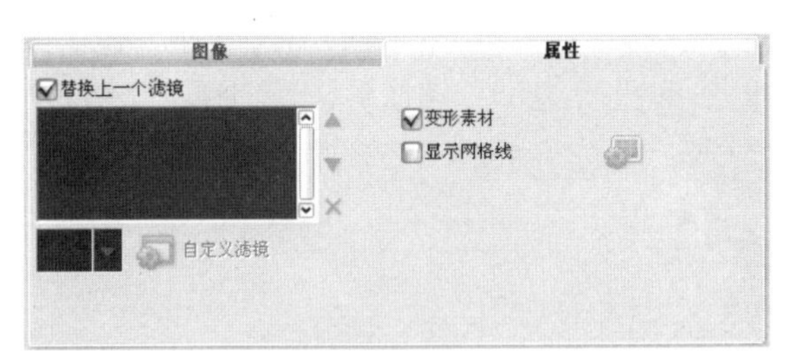

图12-68

图12-69

05 在【视频滤镜】素材库中选择【发散光晕】滤镜并将其添加到视频轨中的“05.JPG”图像素材上，如图12-70所示，释放鼠标，视频滤镜被应用到素材上，效果如图12-71所示。

图12-70

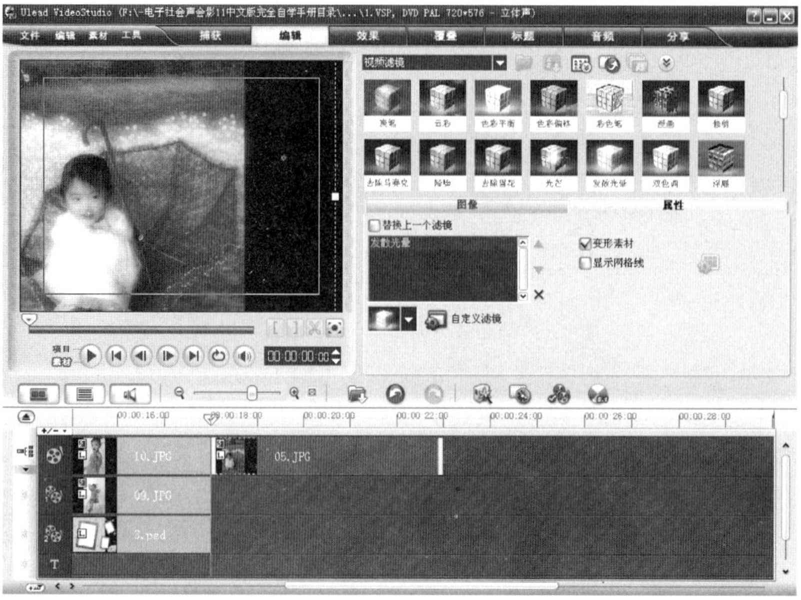

图12-71

06 在【属性】面板中取消勾选【替换上一个滤镜】复选框，如图12-72所示。在【视频滤镜】素材库中选择【自动调配】滤镜并将其添加到视频轨中的“05.JPG”图像素材上，如图12-73所示，释放鼠标，视频滤镜被应用到素材上，效果如图12-74所示。

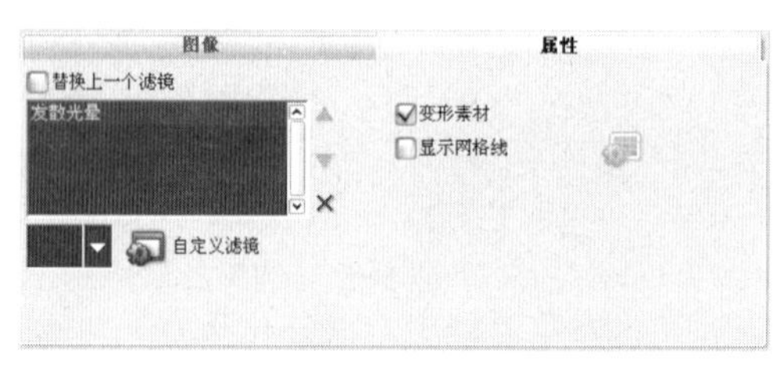

图12-72

图12-73

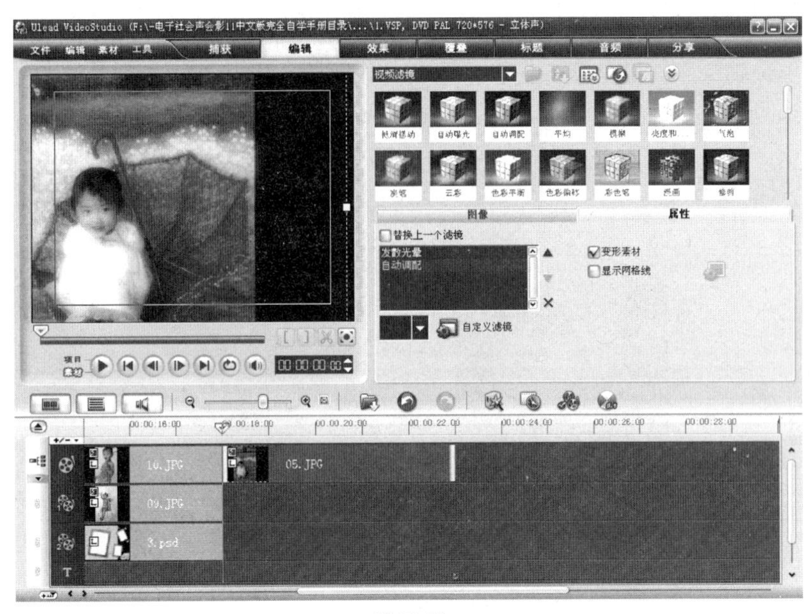

图12-74

07 在素材库中选择“03.JPG”，按住鼠标将其拖曳至视频轨上，释放鼠标，效果如图12-75所示。在【图像】面板中将【区间】选项设为5秒，如图12-76所示。时间轴效果如图12-77所示。

图12-75

图12-76

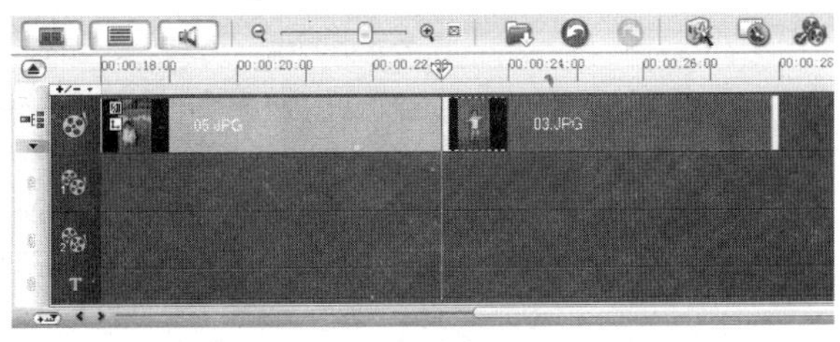

图12-77

08 在【图像】面板中，选择【摇动和缩放】单选项，单击【自定义】按钮，弹出【摇动和缩放】对话框，拖曳下方的十字标记，改变聚焦的中心点，其他选项的设置如图12-78所示。单击【时间轴】选项右侧的菱形标记，移动到下一个关键帧，在图像窗口中拖曳中间的十字标记，改变聚焦的中心点，如图12-79所示，单击【确定】按钮。

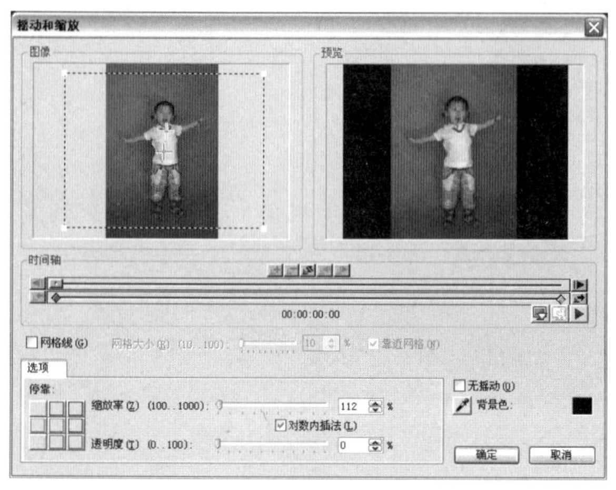
图12-78

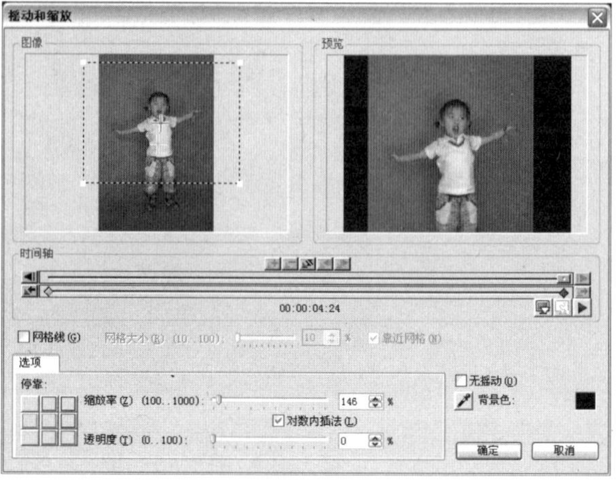
图12-79

12.6 添加图片发散光晕和遮罩效果

01 单击素材库中的【画廊】按钮，在弹出的列表中选择【视频滤镜】选项。在【视频滤镜】素材库中选择【发散光晕】滤镜并将其添加到覆叠轨中的“03.JPG”图像素材上，如图12-80所示，释放鼠标，视频滤镜被应用到素材上，效果如图12-81所示。

图12-80

图12-81

02 在【属性】面板中单击【自定义滤镜】按钮，在弹出的【发散光晕】对话框中进行设置，如图12-82所示。单击右侧的菱形标记，移动到下一个关键帧，选项的设置如图12-83所示，单击【确定】按钮。

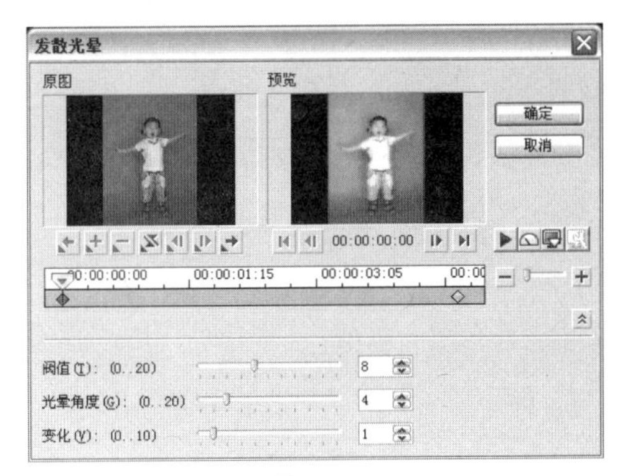

图12-82

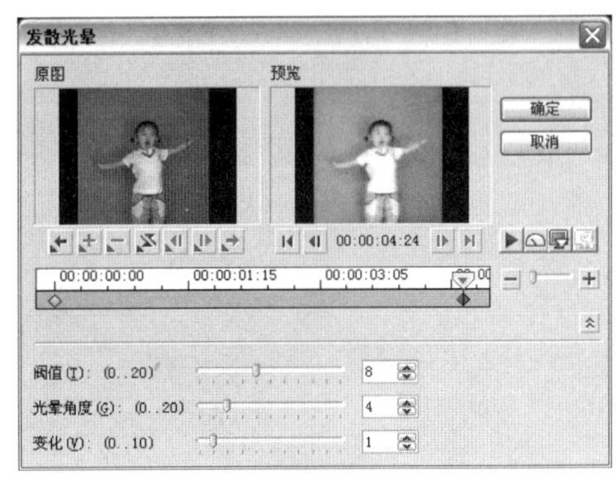

图12-83

03 勾选【属性】选项面板中的【变形素材】复选框，如图12-84所示。在预览窗口拖曳图像素材到适当的位置并调整大小，效果如图12-85所示。

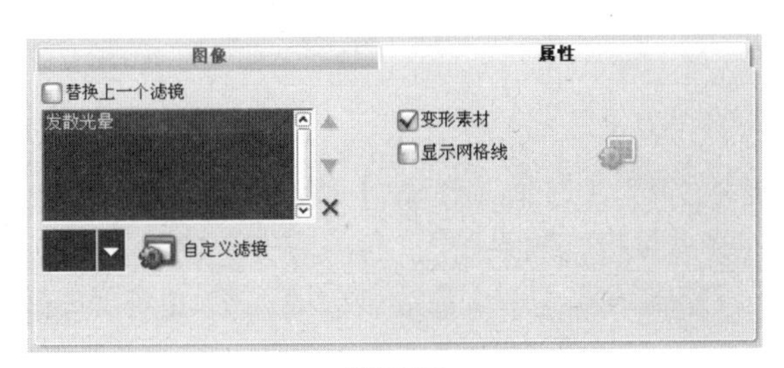

图12-84

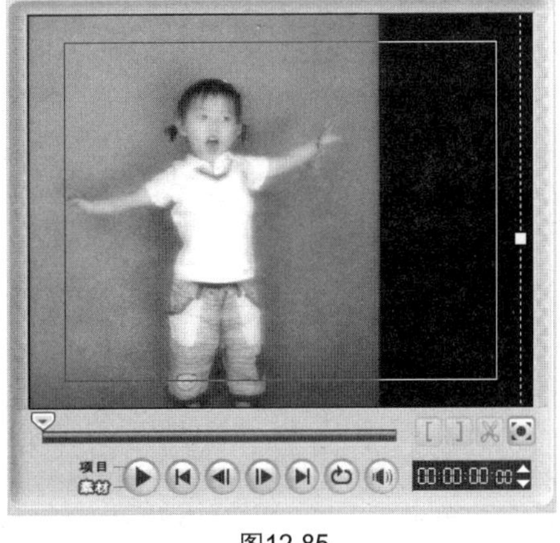

图12-85

04 单击素材库中的【画廊】按钮▼，在弹出的列表中选择【转场】→【遮罩】选项。选择【遮罩C4】过渡效果将其拖曳到视频轨上“05.JPG”和“03.JPG”两个图像素材中间，如图12-86所示，释放鼠标，将过渡效果应用到当前项目的素材之间，效果如图12-87所示。

图12-86

图12-87

05 单击素材库中的【画廊】按钮▼，在弹出的列表中选择【图像】选项。在素材库中选择“5.psd”，按住鼠标将其拖曳至覆叠轨上，释放鼠标，效果如图12-88所示。在预览窗口中的图像素材上单击鼠标右键，在弹出的菜单中执行【调整到屏幕大小】命令，效果如图12-89所示。在【编辑】面板中将【区间】选项设为9秒，如图12-90所示。时间轴效果如图12-91所示。

图12-88

图12-89

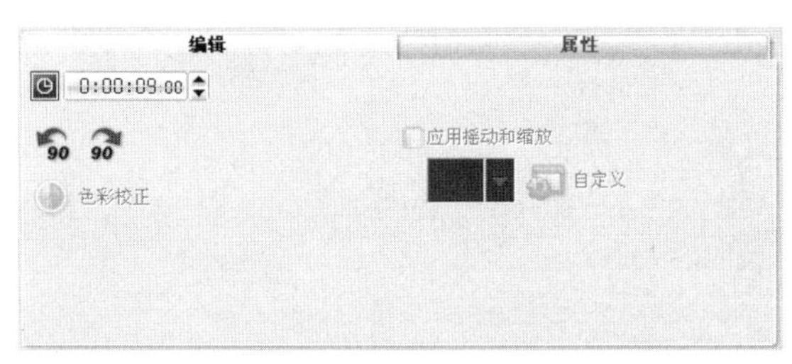

图12-90

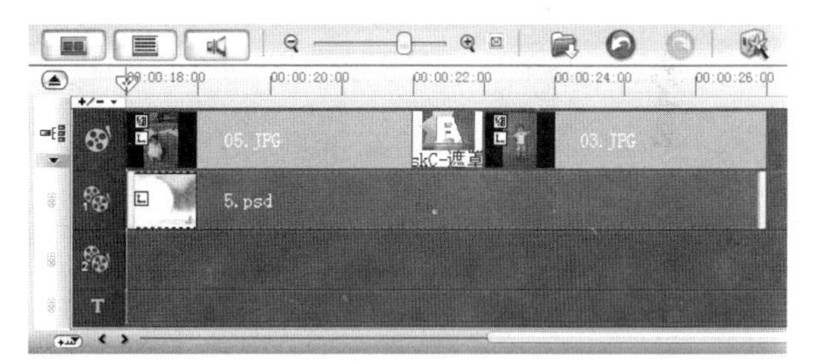

图12-91

06 单击素材库中的【画廊】按钮▼，在弹出的列表中选择【图像】选项。在素材库中选择“08.JPG”，按住鼠标将其拖曳至视频轨上，释放鼠标，效果如图12-92所示。在【图像】面板中将【区间】选项设为5秒，如图12-93所示。时间轴效果如图12-94所示。

图12-92

图12-93

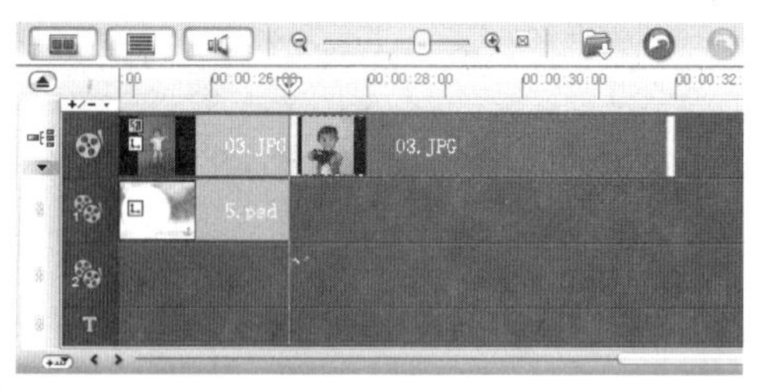

图12-94

07 在【图像】面板中，选择【摇动和缩放】单选项，单击【自定义】按钮，弹出【摇动和缩放】对话框，拖曳图像窗口中的十字标记，改变聚焦的中心点，其他选项的设置如图12-95所示。单击【时间轴】选项右侧的菱形标记，移动到下一个关键帧，在图像窗口中拖曳中间的十字标记，改变聚焦的中心点，如图12-96所示，单击【确定】按钮。

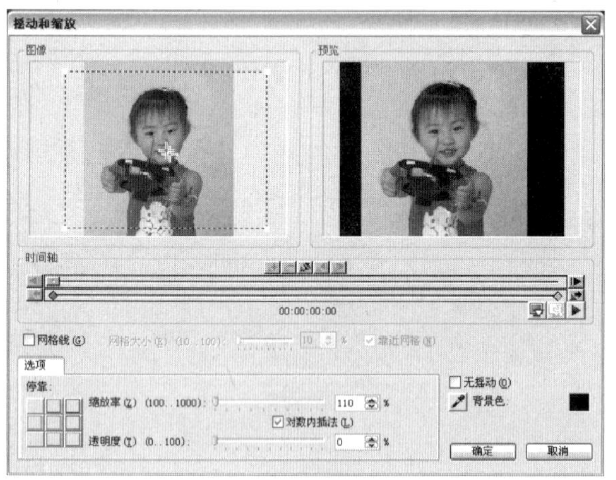

图12-95

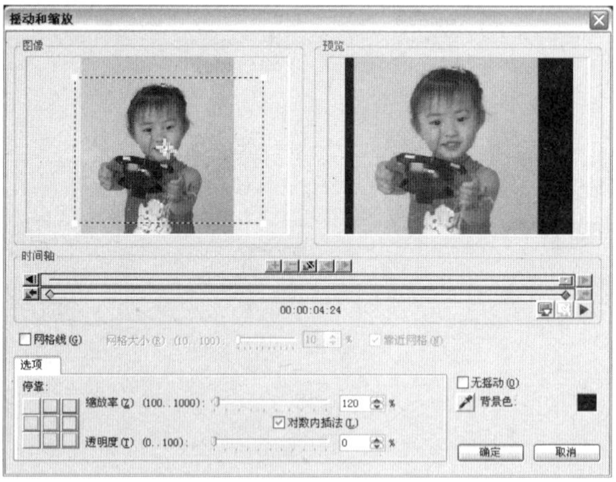

图12-96

08 勾选【属性】选项面板中的【变形素材】复选框，如图12-97所示。在预览窗口拖曳图像素材到适当的位置并调整大小，效果如图12-98所示。

图12-97

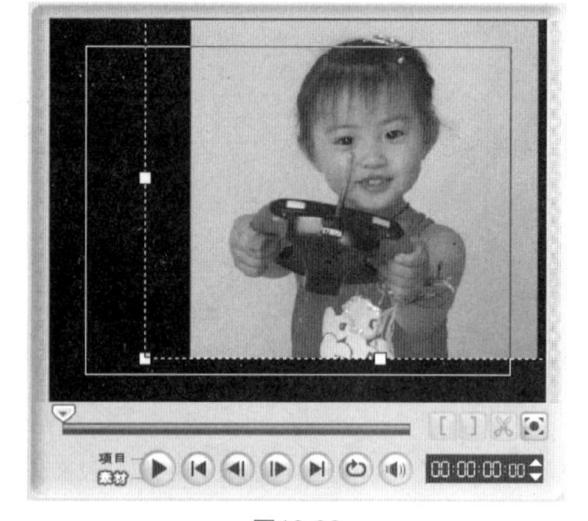

图12-98

09 单击素材库中的【画廊】按钮，在弹出的列表中选择【图像】选项。在素材库中选择“06.JPG”，按住鼠标将其拖曳至视频轨上，释放鼠标，效果如图12-99所示。在【图像】面板中将【区间】选项设为6秒，时间轴效果如图12-100所示。

图12-99

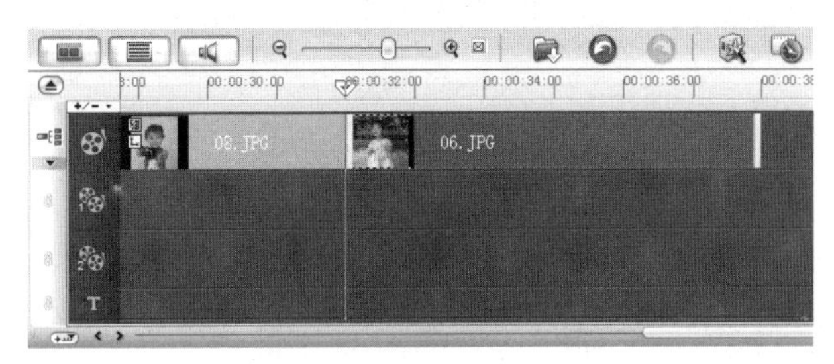

图12-100

10 勾选【属性】面板中的【变形素材】复选框。在预览窗口拖曳图像素材到适当的位置并调整大小，效果如图12-101所示。在【视频滤镜】素材库中选择【摇动和缩放】滤镜并将其添加到视频轨中的“06.JPG”图像素材上，如图12-102所示，释放鼠标，视频滤镜被应用到素材上，效果如图12-103所示。

图12-101

图12-102

图12-103

11 单击素材库中的【画廊】按钮，在弹出的列表中选择【转场】→【遮罩】选项。在素材库中选择【遮罩A】过渡效果，将其拖曳到视频轨上“08.JPG”和“06.JPG”两个图像素材中间，如图12-104所示，释放鼠标，将过渡效果应用到当前项目的素材之间，效果如图12-105所示。

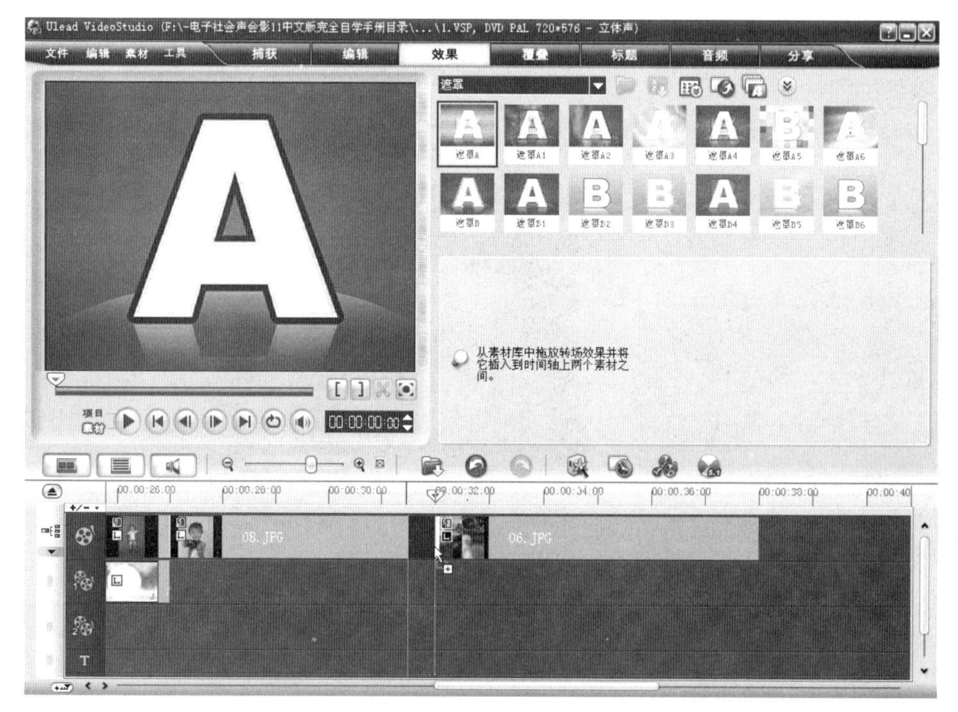

图12-104

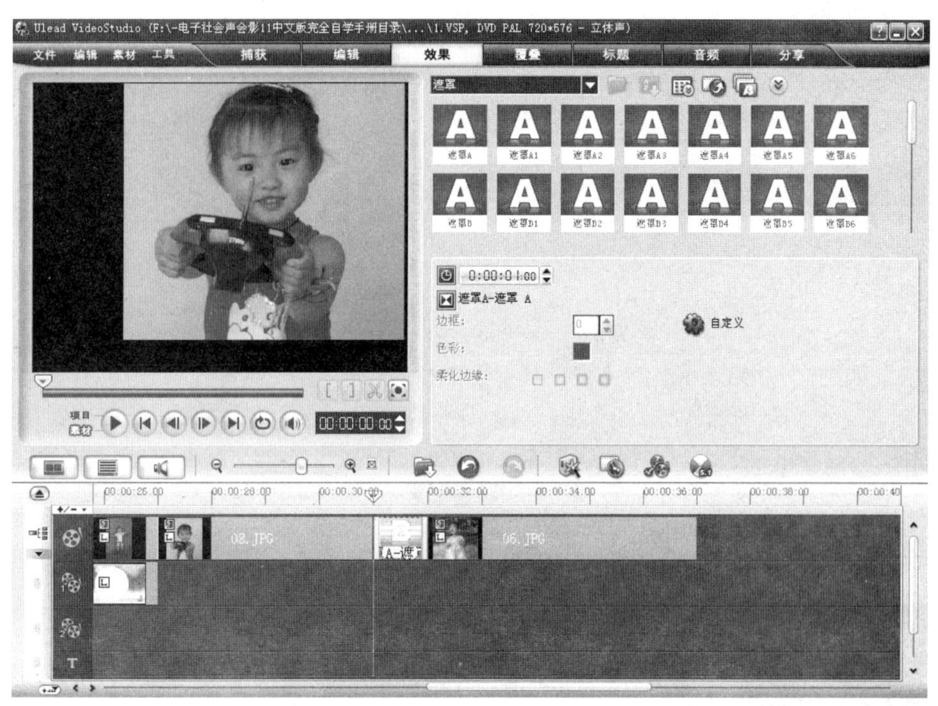

图12-105

12 单击素材库中的【画廊】按钮▼，在弹出的列表中选择【图像】选项。在素材库中选择“12.JPG”，按住鼠标将其拖曳至视频轨上，释放鼠标，效果如图12-106所示。在【图像】面板中将【区间】选项设为5秒，如图12-107所示，时间轴效果如图12-108所示。

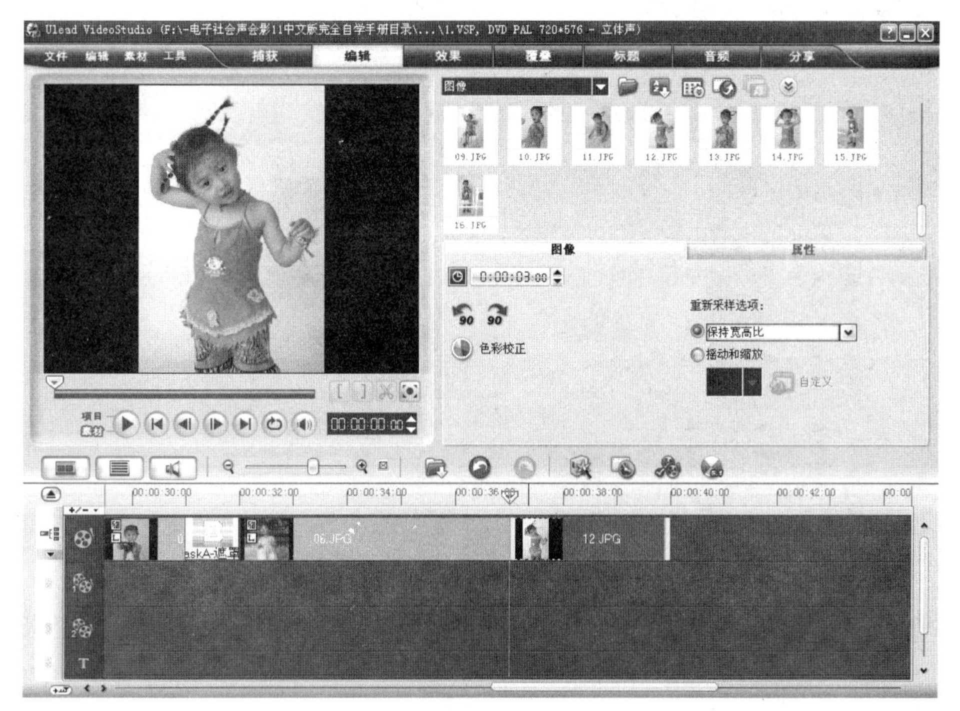

图12-106

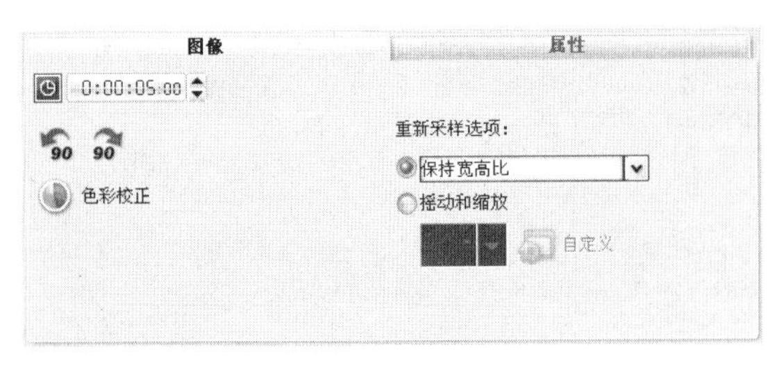

图12-107

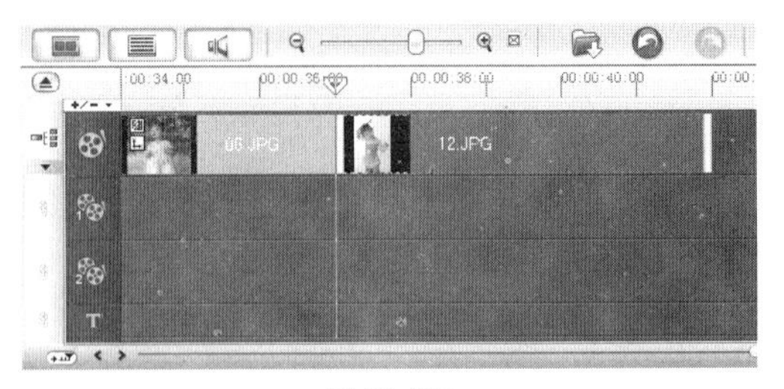

图12-108

13 勾选【属性】面板中的【变形素材】复选框。在预览窗口拖曳图像素材到适当的位置并调整大小，效果如图12-109所示。在【视频滤镜】素材库中选择【视频摇动和缩放】滤镜并将其添加到视频轨中的“12.JPG”图像素材上，如图12-110所示，释放鼠标，视频滤镜被应用到素材上，效果如图12-111所示。

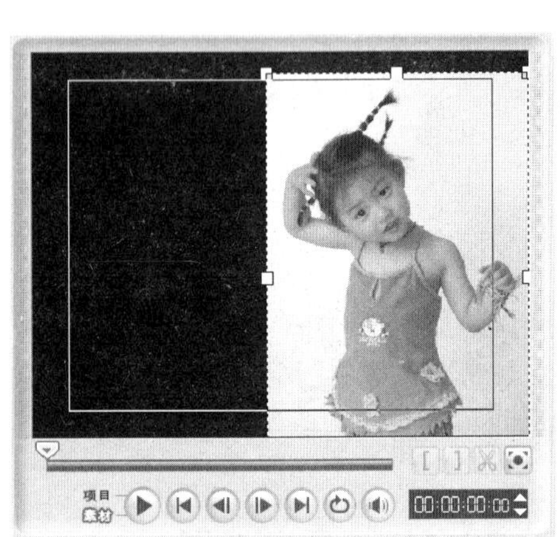

图12-109

图12-110

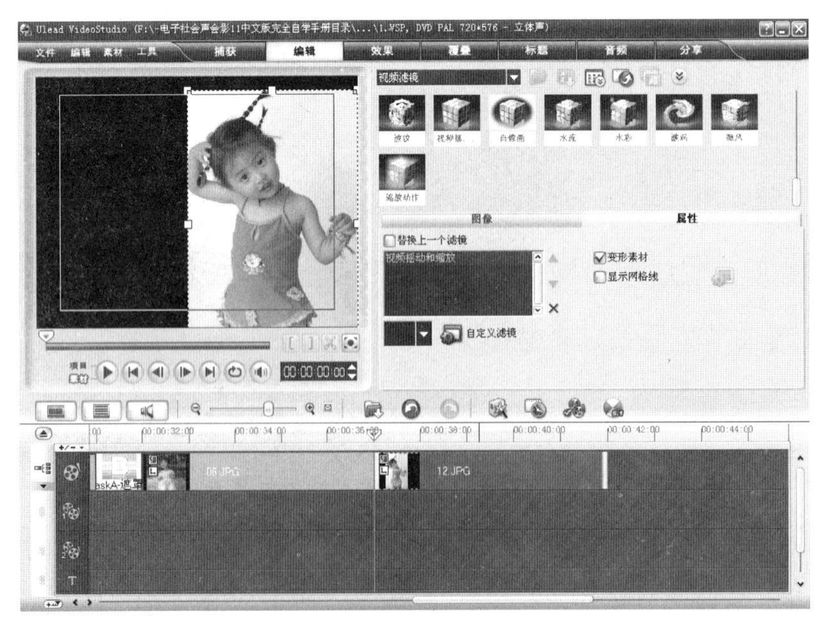

图12-111

14 在【属性】面板中单击【自定义滤镜】按钮，弹出【视频摇动和缩放】对话框，拖曳下方的十字标记，改变聚焦的中心点，其他选项的设置如图12-112所示。单击【时间轴】选项右侧的菱形标记，移动到下一个关键帧，在图像窗口中拖曳中间的十字标记，改变聚焦的中心点，如图12-113所示，单击【确定】按钮。

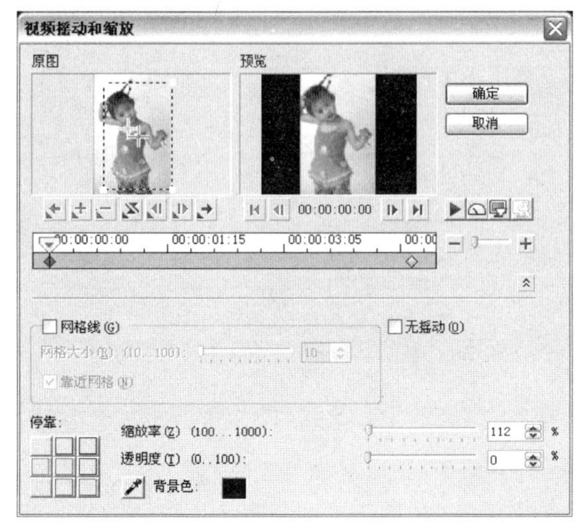

图12-112

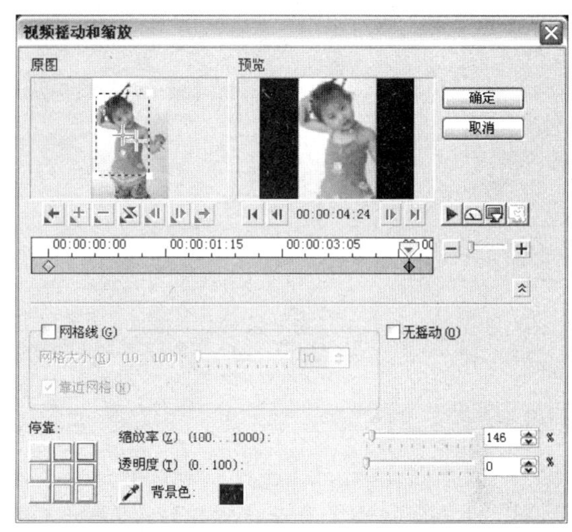

图12-113

15 单击素材库中的【画廊】按钮，在弹出的列表中选择【转场】→【遮罩】选项。在素材库中选择【遮罩A5】过渡效果，将其拖曳到视频轨上“06.JPG”和“12.JPG”两个图像素材中间，如图12-114所示，释放鼠标，将过渡效果应用到当前项目的素材之间，效果如图12-115所示。

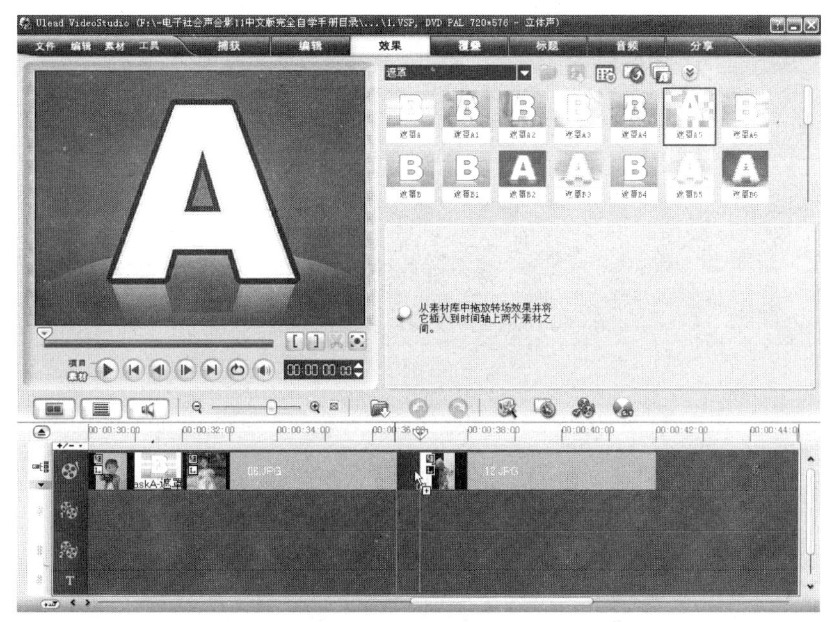

图12-114

图12-115

16 单击素材库中的【画廊】按钮，在弹出的列表中选择【图像】选项。在素材库中选择“04.JPG”，按住鼠标将其拖曳至视频轨上，释放鼠标，效果如图12-116所示。在【图像】面板中将【区间】选项设为5秒，时间轴效果如图12-117所示。

图12-116

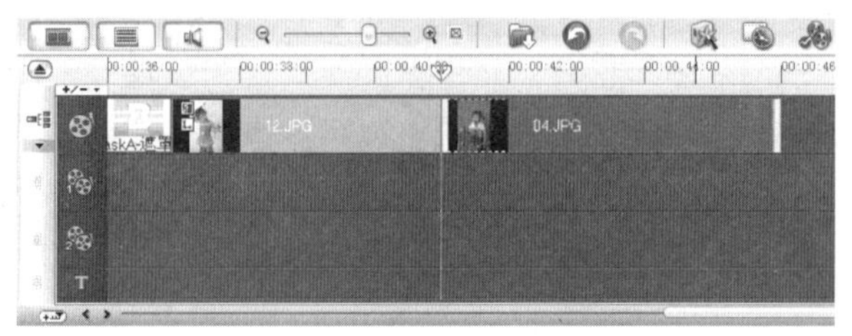

图12-117

17 勾选【属性】选项面板中的【变形素材】复选框。在预览窗口拖曳图像素材到适当的位置，效果如图12-118所示。在【视频滤镜】素材库中选择【视频摇动和缩放】滤镜并将其添加到视频轨中的“04.JPG”图像素材上，如图12-119所示，释放鼠标，视频滤镜被应用到素材上，效果如图12-120所示。

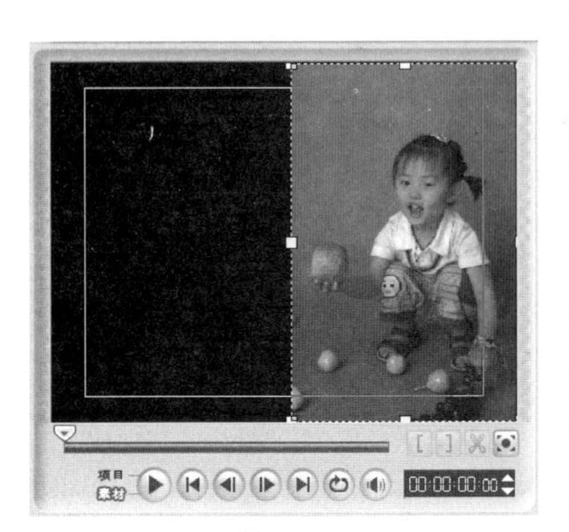

图12-118

图12-119

图12-120

12.7 添加图片交叉淡化效果

01 单击素材库中的【画廊】按钮，在弹出的列表中选择【转场】→【过滤】选项。在素材库中选择【交叉淡化】过渡效果，将其拖曳到视频轨上“12.JPG”和“04.JPG”两个视频素材中间，如图12-121所示，释放鼠标，将过渡效果应用到当前项目的素材之间，效果如图12-122所示。

图12-121

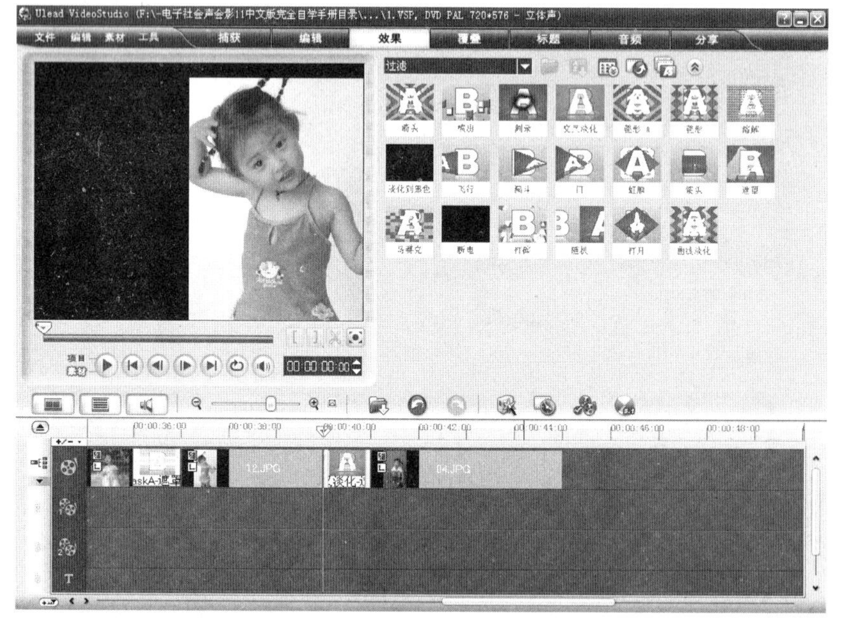

图12-122

02 单击素材库中的【画廊】按钮，在弹出的列表中选择【图像】选项。在素材库中选择“11.JPG”，按住鼠标将其拖曳至视频轨上，释放鼠标，效果如图12-123所示。在【图像】面板中将【区间】选项设为4秒，时间轴效果如图12-124所示。

图12-123

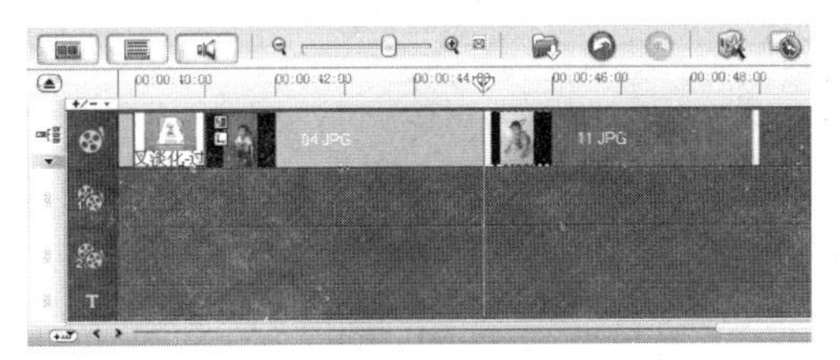

图12-124

03 单击素材库中的【画廊】按钮▼，在弹出的列表中选择【视频滤镜】选项。在【视频滤镜】素材库中选择【视频摇动和缩放】滤镜，并将其添加到视频轨中的“11.JPG”图像素材上，如图12-125所示，释放鼠标，视频滤镜被应用到素材上，效果如图12-126所示。

图12-125

图12-126

04 单击素材库中的【画廊】按钮，在弹出的列表中选择【转场】→【遮罩】选项。在素材库中选择【遮罩F3】过渡效果，将其拖曳到视频轨上“04.JPG”和“11.JPG”两个图像素材中间，如图12-127所示，释放鼠标，将过渡效果应用到当前项目的素材之间，效果如图12-128所示。

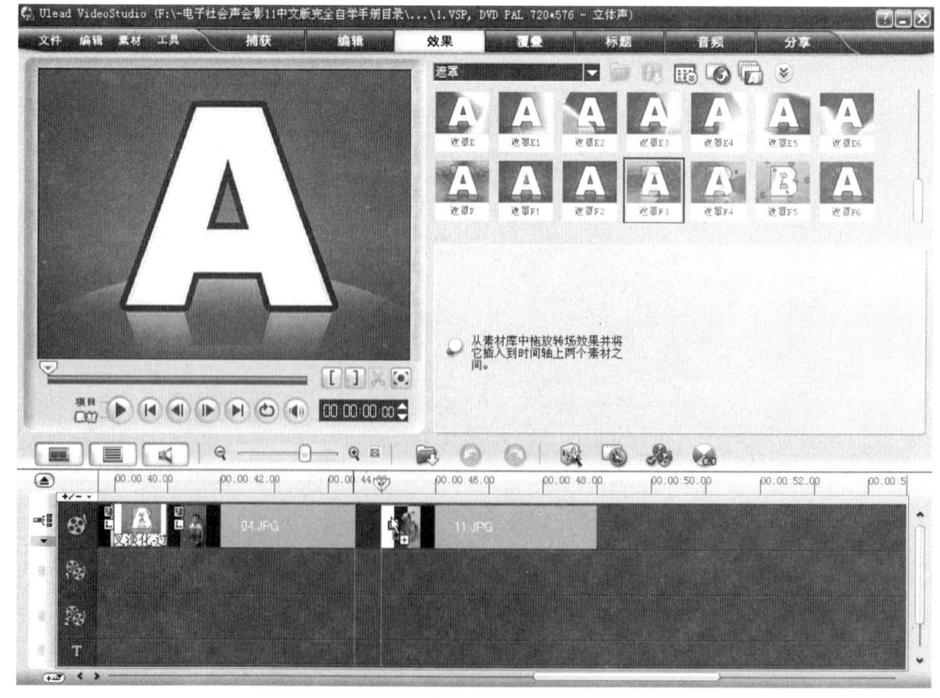

图12-127

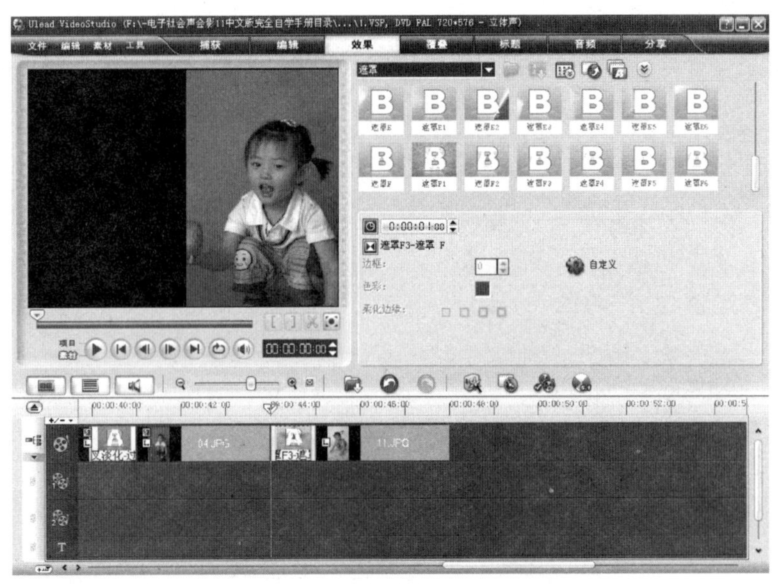

图12-128

05 拖曳时间轴标尺上的位置标记▽到27秒处，如图12-129所示。单击素材库中的【画廊】按钮▼，在弹出的列表中选择【图像】选项。在素材库中选择“4.psd”，按住鼠标将其拖曳至覆叠轨上，释放鼠标，效果如图12-130所示。

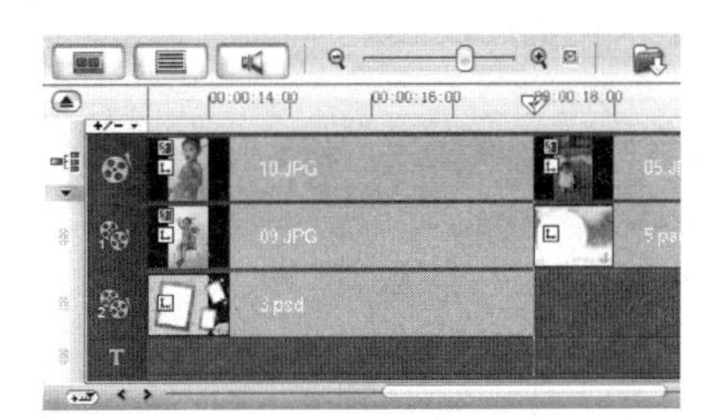

图12-129

图12-130

06 在预览窗口中的图像素材上单击鼠标右键，在弹出的菜单中执行【调整到屏幕大小】命令，在预览窗口中效果如图12-131所示。在【编辑】面板中将【区间】选项设为9秒，时间轴效果如图12-132所示。

图12-131

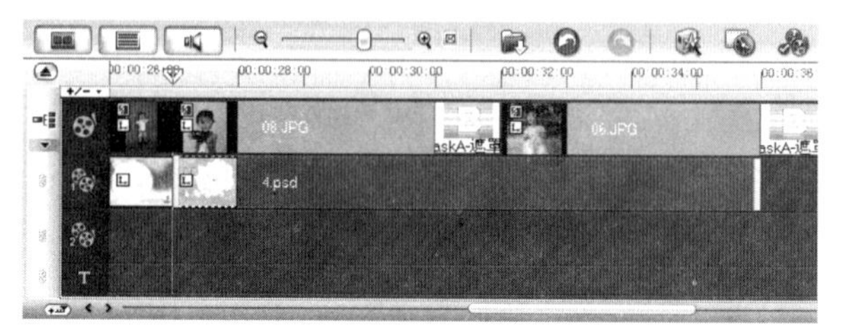

图12-132

07 单击素材库中的【画廊】按钮▼，在弹出的列表中选择【图像】选项。在素材库中选择“14. JPG”，按住鼠标将其拖曳至覆叠轨上，释放鼠标，效果如图12-133所示。在预览窗口拖曳图像素材到适当的位置并调整大小，效果如图12-134所示。

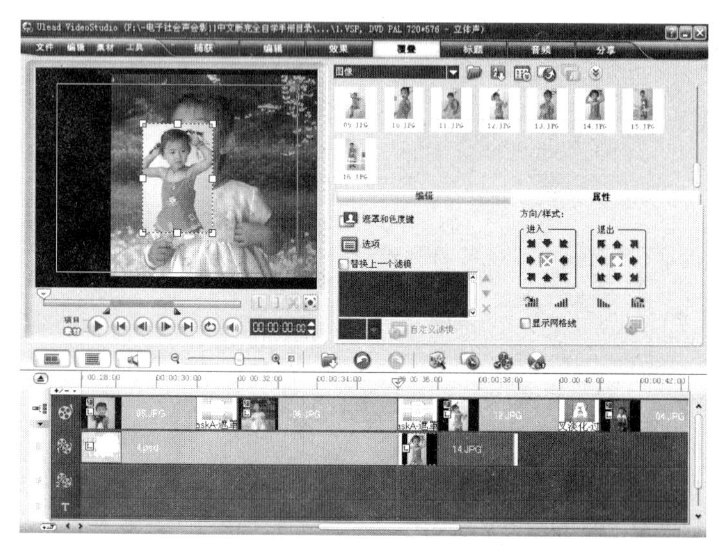

图12-133

图12-134

08 单击素材库中的【画廊】按钮▼，在弹出的列表中选择【视频滤镜】选项。在【视频滤镜】素材库中选择【视频摇动和缩放】滤镜，并将其添加到视频轨中的“14.JPG”图像素材上，如图12-135所示，释放鼠标，视频滤镜被应用到素材上，效果如图12-136所示。在【编辑】面板中将【区间】选项设为4秒，时间轴效果如图12-137所示。

图12-135

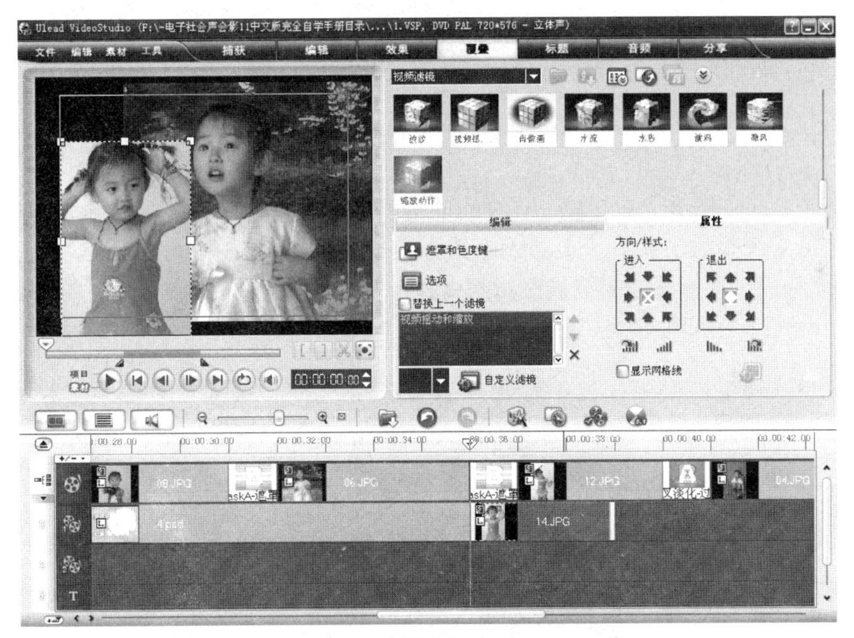

图12-136

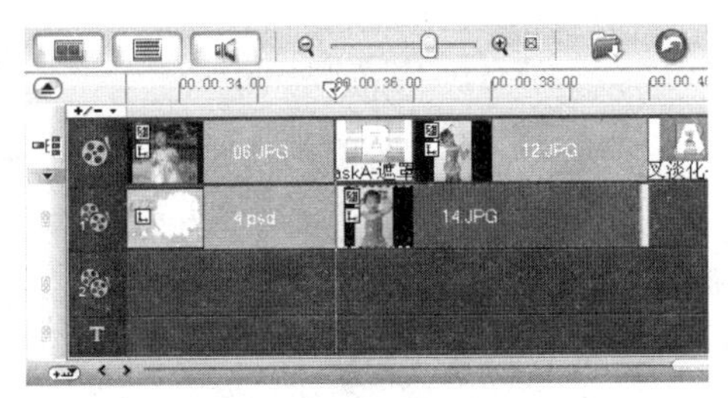

图12-137

12.8 调整图片的大小

01 单击素材库中的【画廊】按钮，在弹出的列表中选择【图像】选项。在素材库中选择“15. JPG”，按住鼠标将其拖曳至覆叠轨上，释放鼠标，效果如图12-138所示。在预览窗口拖曳图像素材到适当的位置并调整大小，效果如图12-139所示。

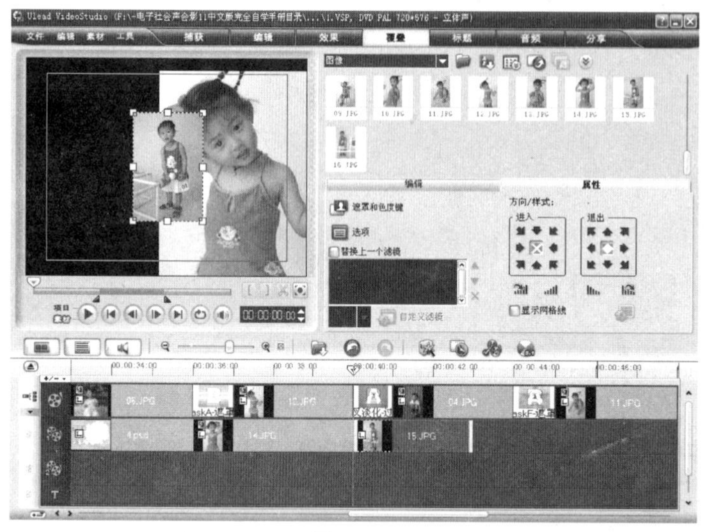

图12-138

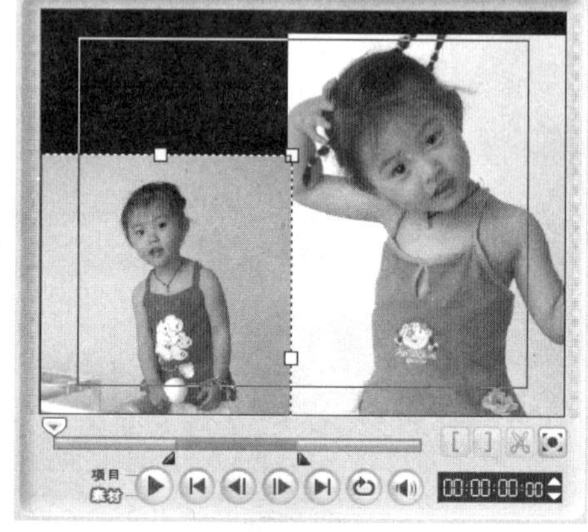

图12-139

02 单击素材库中的【画廊】按钮，在弹出的列表中选择【视频滤镜】选项。在【视频滤镜】素材库中选择【视频摇动和缩放】滤镜，并将其添加到覆叠轨中的“15.JPG”图像素材上，如图12-140所示，释放鼠标，视频滤镜被应用到素材上，效果如图12-141所示。在【编辑】面板中将【区间】选项设为4秒，时间轴效果如图12-142所示。

图12-140

图12-141

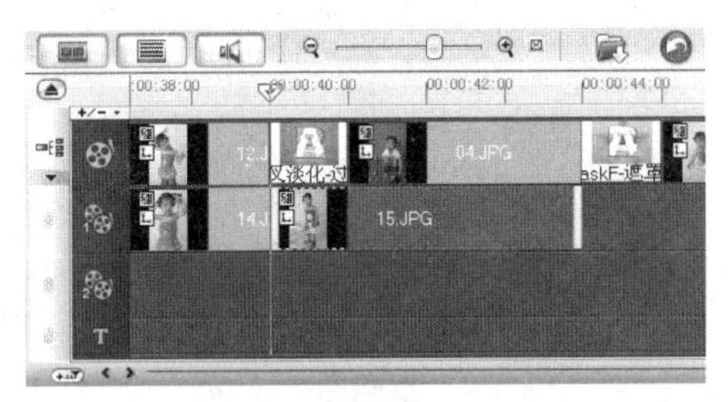

图12-142

03 单击素材库中的【画廊】按钮，在弹出的列表中选择【图像】选项。在素材库中选择“16. JPG”，按住鼠标将其拖曳至覆叠轨上，释放鼠标，效果如图12-143所示。在预览窗口拖曳图像素材到适当的位置并调整大小，效果如图12-144所示。

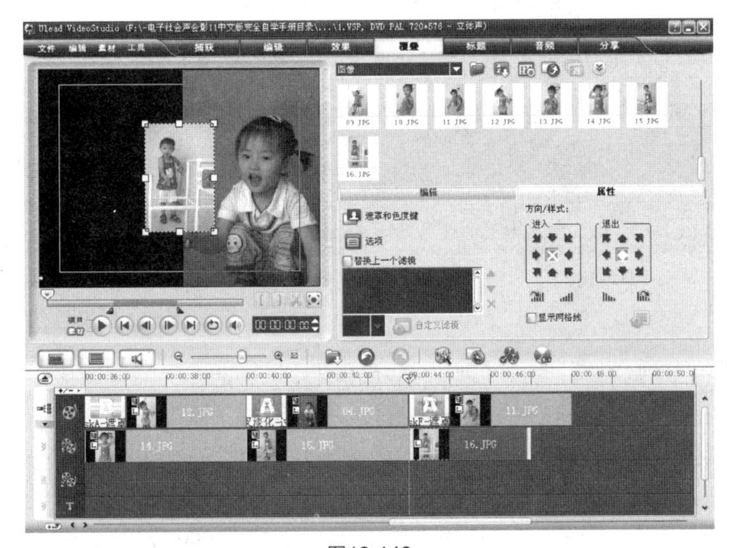

图12-143

图12-144

04 单击素材库中的【画廊】按钮▼，在弹出的列表中选择【视频滤镜】选项。在【视频滤镜】素材库中选择【视频摇动和缩放】滤镜，并将其添加到视频轨中的“15.JPG”图像素材上，如图12-145所示，释放鼠标，视频滤镜被应用到素材上，效果如图12-146所示。

图12-145

图12-146

05 在【属性】面板中单击【自定义滤镜】按钮，弹出【视频摇动和缩放】对话框，拖曳图像窗口中的十字标记+，改变聚焦的中心点，其他选项的设置如图12-147所示。单击【时间轴】选项右侧的菱形标记，移动到下一个关键帧，在图像窗口中拖曳中间的十字标记+，改变聚焦的中心点，如图12-148所示，单击【确定】按钮。在【编辑】面板中将【区间】选项设为4秒，时间轴效果如图12-149所示。

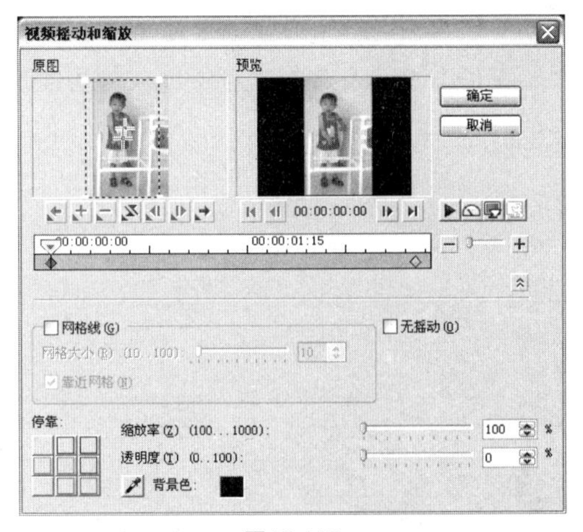

图12-147

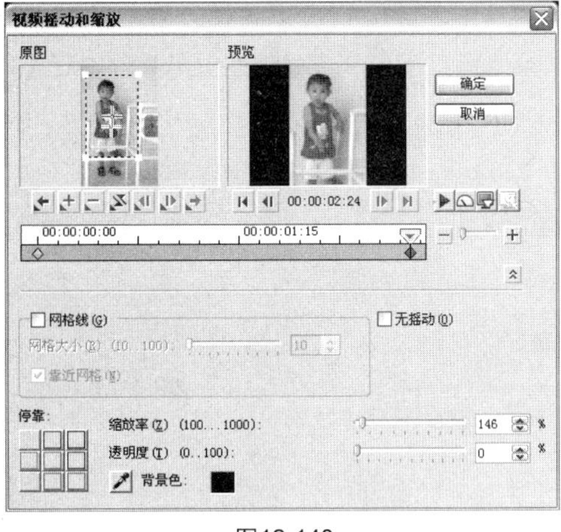

图12-148

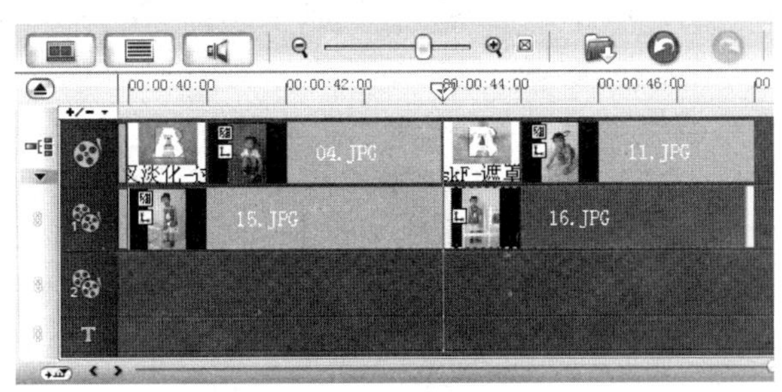

图12-149

06 拖曳时间轴标尺上的位置标记▽到36秒处，如图12-150所示。单击素材库中的【画廊】按钮▼，在弹出的列表中选择【图像】选项。在素材库中选择“6.psd”，按住鼠标将其拖曳至覆叠轨上，释放鼠标，效果如图12-151所示。

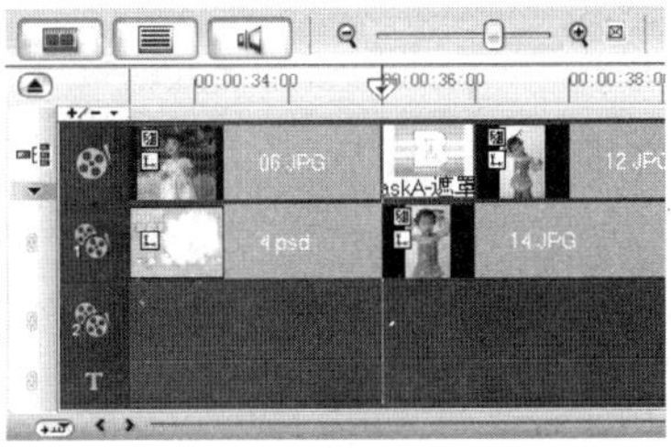

图12-150

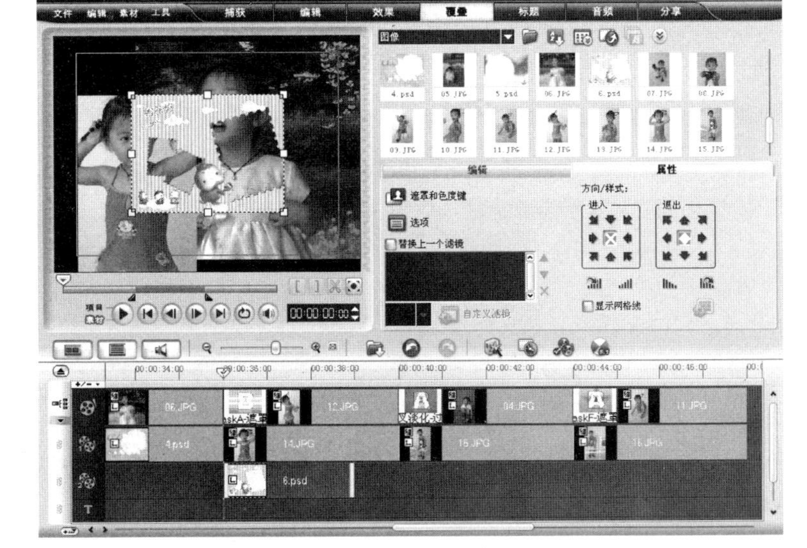

图12-151

07 在预览窗口中的图像素材上单击鼠标右键，在弹出的菜单中执行【调整到屏幕大小】命令，在预览窗口中效果如图12-152所示。在【编辑】面板中将【区间】选项设为12秒，时间轴效果如图12-153所示。

图12-152

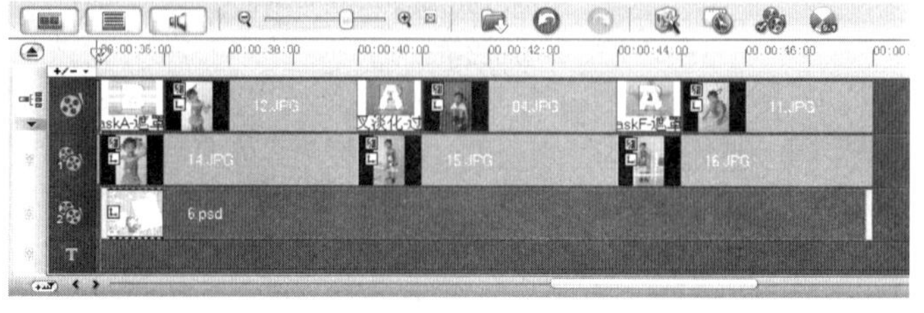
图12-153

08 在素材库中选择“1.jpg”，按住鼠标将其拖曳至覆叠轨上，释放鼠标，效果如图12-154所示。在预览窗口中的图像素材上单击鼠标右键，在弹出的菜单中执行【调整到屏幕大小】命令，在预览窗口中效果如图12-155所示。在【编辑】面板中将【区间】选项设为4秒，时间轴效果如图12-156所示。在【属性】面板中单击【淡出动画效果】按钮，如图12-157所示。

图12-154

图12-155

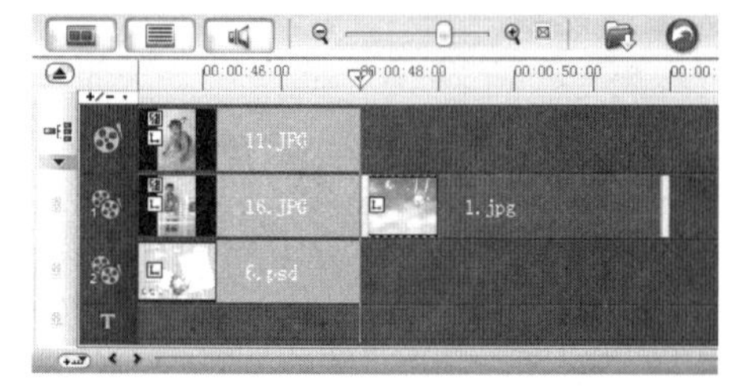

图12-156

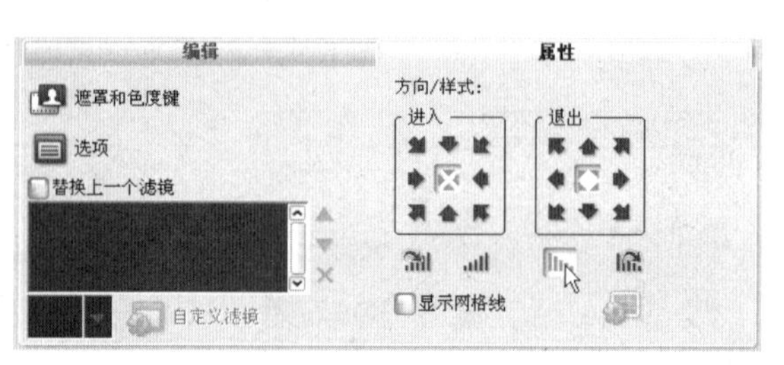

图12-157

12.9 添加动画文字

01 单击步骤选项卡中的【标题】按钮 标题 ，切换至标题面板。在【标题】素材库中选择需要的标题样式拖曳到标题轨上，如图12-158所示，释放鼠标，效果如图12-159所示。

图12-158

图12-159

02 在预览窗口中双击鼠标，进入标题编辑状态。双击字母“The”将其选取并改为“记录”，在【编辑】面板设置标题字体、字体大小、字体行距等属性，如图12-160所示，效果如图12-161所示。

图12-160

图12-161

03 单击【边框/阴影/透明度】按钮，弹出【边框/阴影/透明度】对话框，在【边框】选项卡中，将【线条色彩】选项设为黑色，其他选项的设置如图12-162所示。选择【阴影】选项卡，单击【光晕阴影】按钮，将【光晕阴影色彩】选项设为白色，其他选项的设置如图12-163所示，单击【确定】按钮，预览窗口中效果如图12-164所示。

图12-162

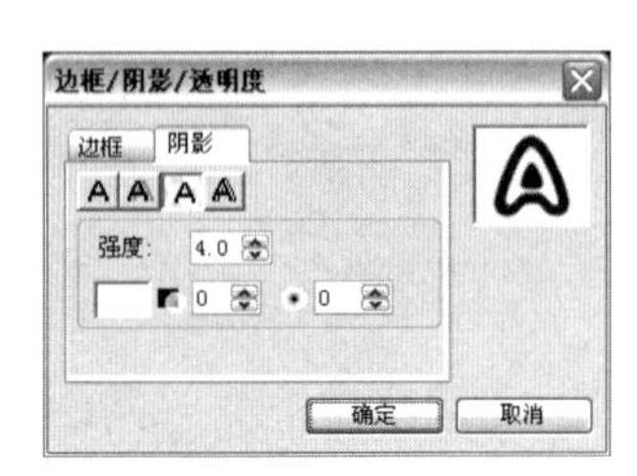

图12-163

图12-164

04 在预览窗口中双击鼠标，进入标题编辑状态。选取字母“ANIMAL”将其改为“成长的岁月”，在【编辑】面板中设置标题字体、字体大小、字体行距等属性，如图12-165所示，效果如图12-166所示。

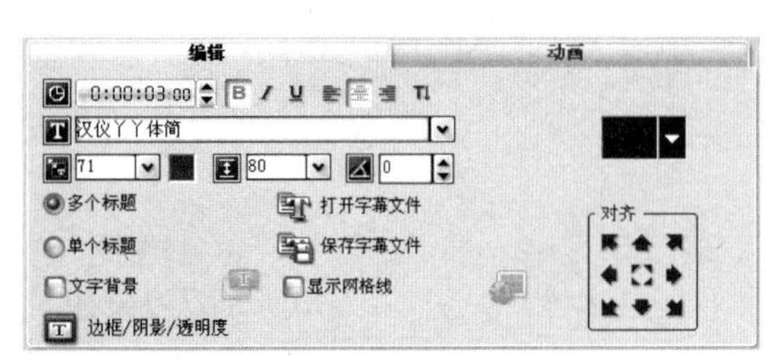

图12-165

图12-166

05 单击【边框/阴影/透明度】按钮，弹出【边框/阴影/透明度】对话框，在【边框】选项卡中，将【线条色彩】选项设为黑色，其他选项的设置如图12-167所示。选择【阴影】选项卡，单击【光晕阴影】按钮，将【光晕阴影色彩】选项设为白色，其他选项的设置如图12-168所示。单击【确定】按钮，预览窗口中效果如图12-169所示。在预览窗口中拖曳文字“记录”到适当的位置，效果如图12-170所示。

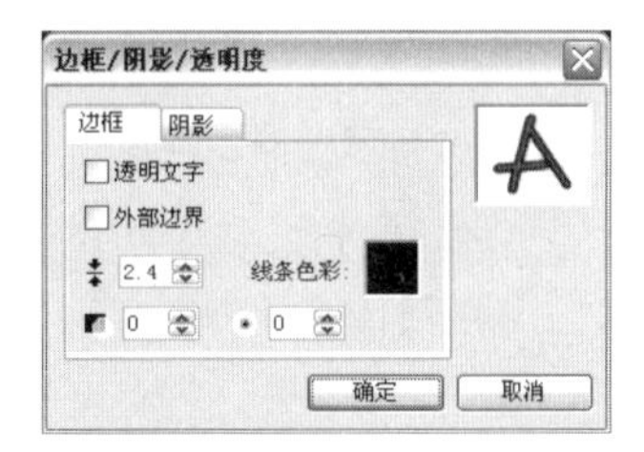

图12-167

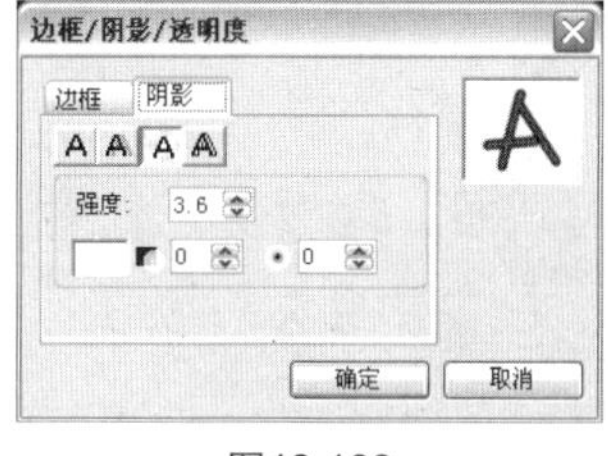

图12-168

图12-169

图12-170

06 拖曳时间轴标尺上的位置标记到5秒处，如图12-171所示。在预览窗口中双击鼠标，进入标题编辑状态。在【编辑】面板中选择【多个标题】单选项，设置字体颜色为白色，并设置标题字体、字体大小、字体行距等属性，如图12-172所示，在预览窗口中输入需要的文字，效果如图12-173所示。

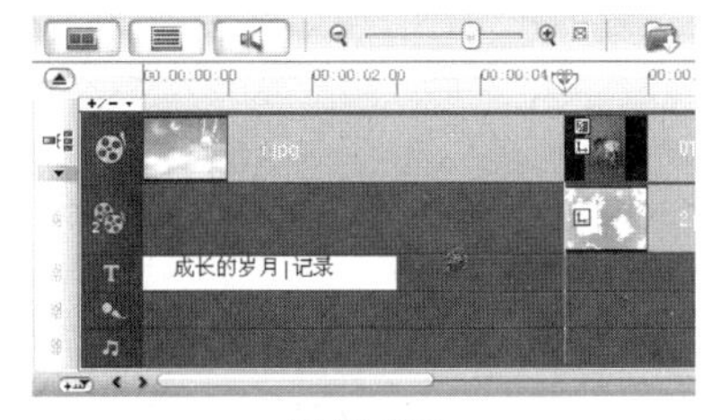

图12-171

图12-172

图12-173

07 在预览窗口中选取字母“D”，在【编辑】面板中设置标题字体、字体大小、字体行距等属性，如图12-174所示，在预览窗口中效果如图12-175所示。

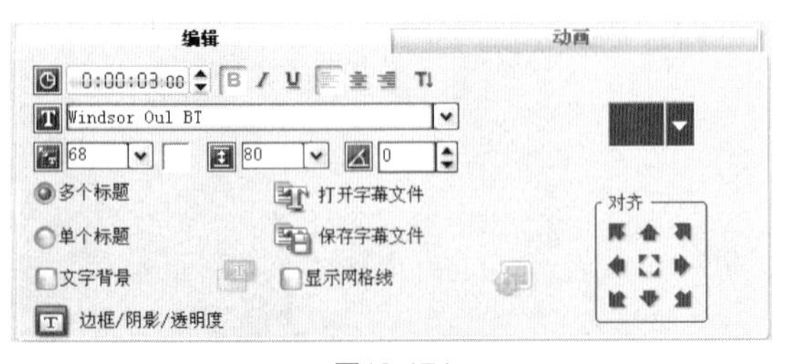

图12-174

图12-175

08 单击【边框/阴影/透明度】按钮，弹出【边框/阴影/透明度】对话框，在【边框】选项卡中，将【线条色彩】选项设为白色，如图12-176所示。选择【阴影】选项卡，单击【光晕阴影】按钮，单击【光晕阴影色彩】颜色块，在弹出的色板中选择需要的颜色，其他选项的设置如图12-177所示，单击【确定】按钮。在预览窗口中拖曳文字到适当的位置，效果如图12-178所示。在【编辑】面板中将【区间】选项设为8秒，时间轴效果如图12-179所示。

图12-176

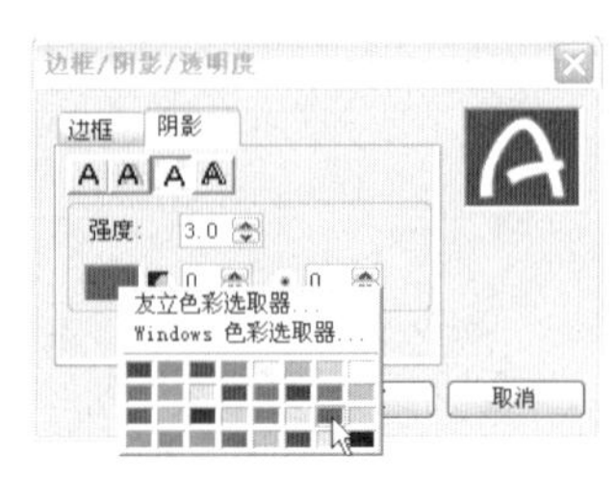

图12-177

图12-178

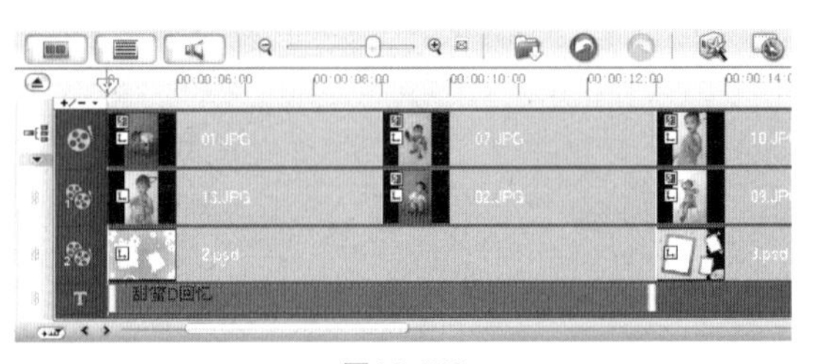

图12-179

09 拖曳时间轴标尺上的位置标记到18秒处，如图12-180所示。在【标题】素材库中选择需要的标题样式并拖曳到标题轨的位置标记处，如图12-181所示，释放鼠标，效果如图12-182所示。

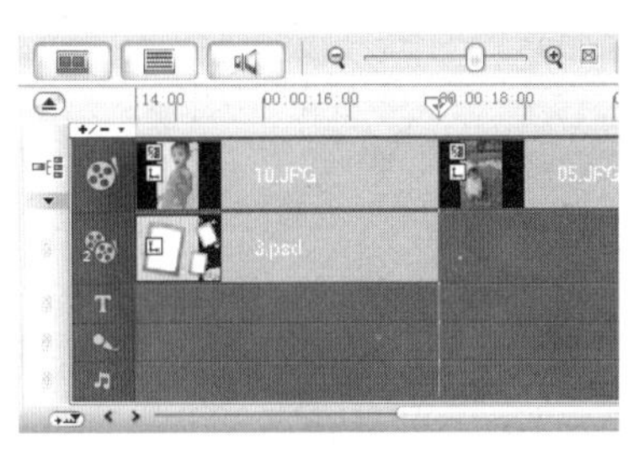

图12-180

图12-181

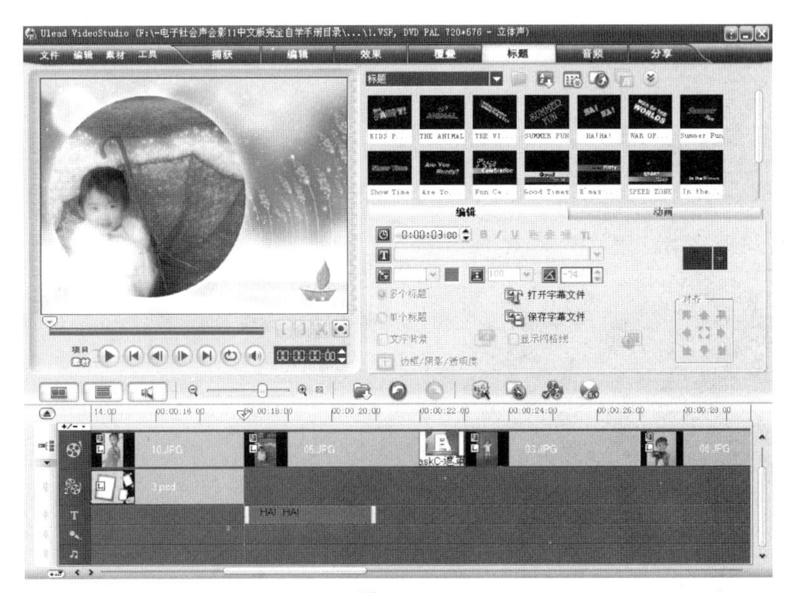

图12-182

10 在预览窗口中双击鼠标，进入标题编辑状态。选取字母“HA! HA!”并改为“快乐！童年！”，在【编辑】面板中设置标题字体、字体大小、字体行距等属性，如图12-183所示，效果如图12-184所示。

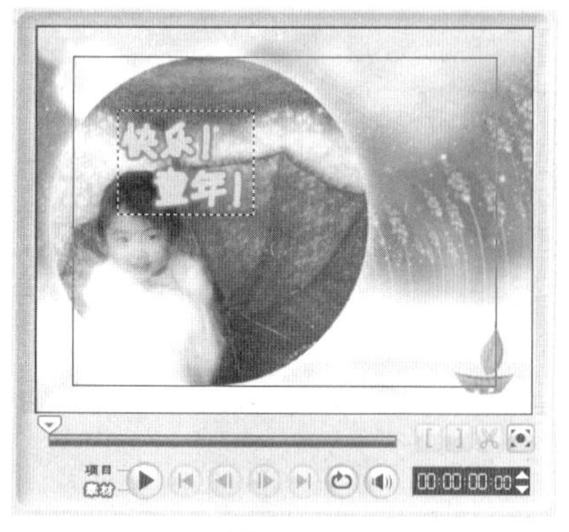

图12-183

图12-184

11 在预览窗口中拖曳文字到适当的位置，效果如图12-185所示。在【编辑】面板中将【区间】选项设为10秒，时间轴效果如图12-186所示。

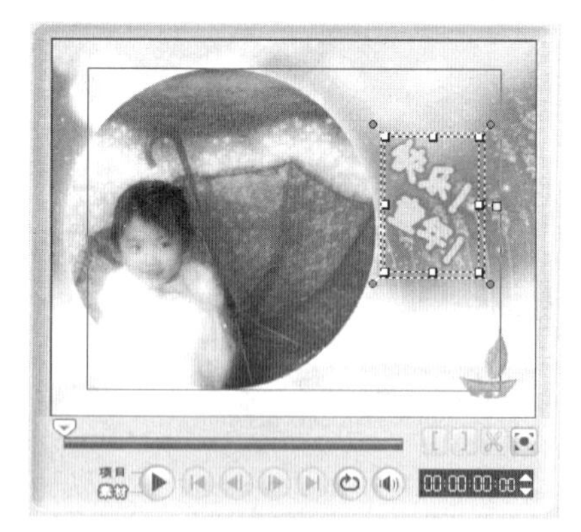

图12-185

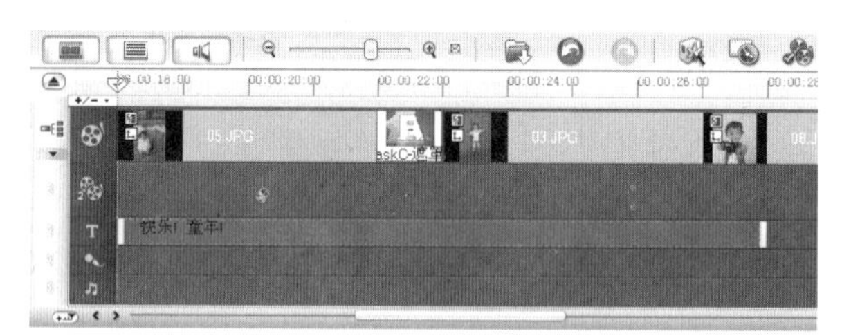

图12-186

12 拖曳时间轴标尺上的位置标记▽到28秒处。在【标题】素材库中选择需要的标题样式并将其拖曳到标题轨的位置标记处，如图12-187所示，释放鼠标，效果如图12-188所示。

图12-187

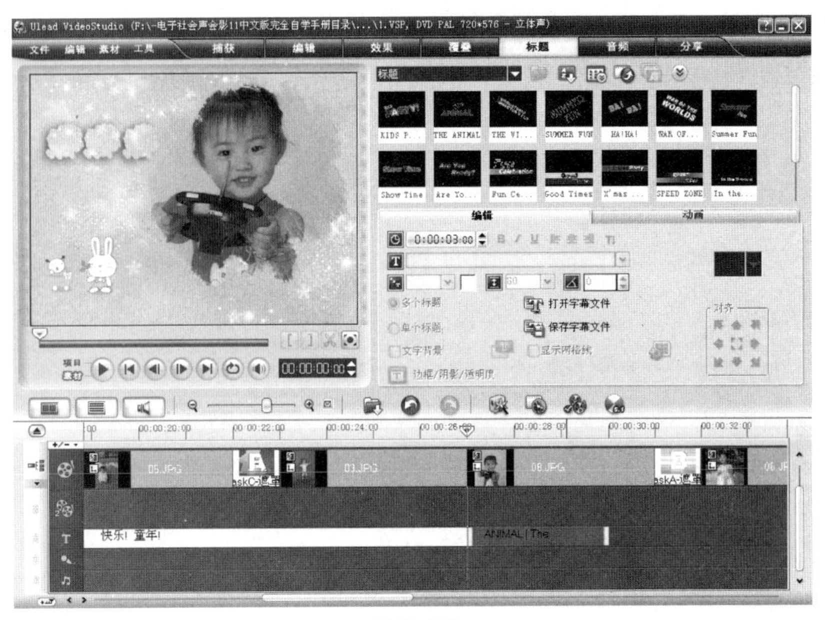

图12-188

13 在预览窗口中双击鼠标，进入标题编辑状态。选取字母“ANIMAL”，将其改变为“俏皮女生”。在【编辑】面板中单击【色彩】颜色块，在弹出的面板中选择【友立色彩选取器】选项，在弹出的【友立色彩选取器】对话框中进行设置，如图12-189所示。单击【确定】按钮，在【编辑】面板中其他属性的设置如图12-190所示。在预览窗口中输入需要的文字，效果如图12-191所示。

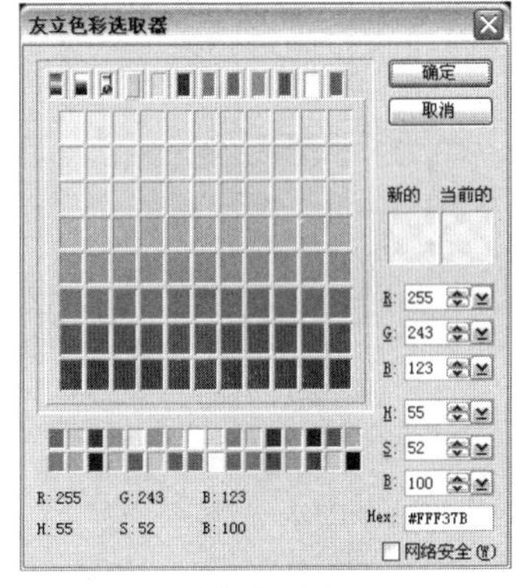

图12-189

图12-190

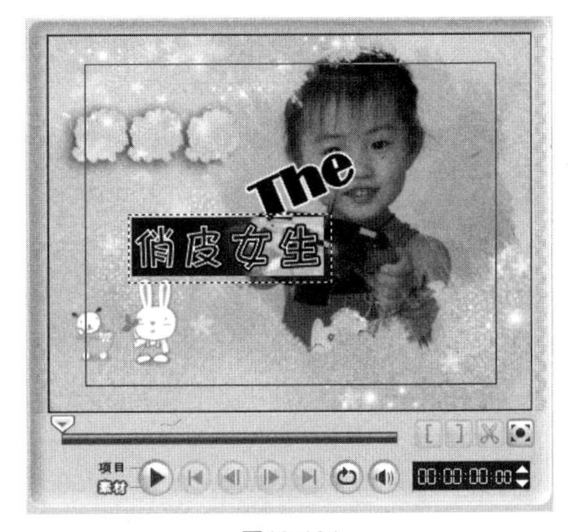

图12-191

14 单击【边框/阴影/透明度】按钮，弹出【边框/阴影/透明度】对话框，在【边框】选项卡中，将【线条色彩】选项设为黑色，其他选项的设置如图12-192所示。选择【阴影】选项卡，单击

【光晕阴影】按钮A，将【光晕阴影色彩】颜色设为白色，其他选项的设置如图12-193所示，单击【确定】按钮。取消选取状态，效果如图12-194所示。

图12-192

图12-193

图12-194

15 在预览窗口中选取字母“The”，将其改为“''' '''”符号，在【编辑】面板中单击【色彩】颜色块，在弹出的面板中选择【友立色彩选取器】选项，在弹出的【友立色彩选取器】对话框中进行设置，如图12-195所示，单击【确定】按钮。在【编辑】面板中其他属性的设置如图12-196所示。在预览窗口中取消文字的选取状态，效果如图12-197所示。

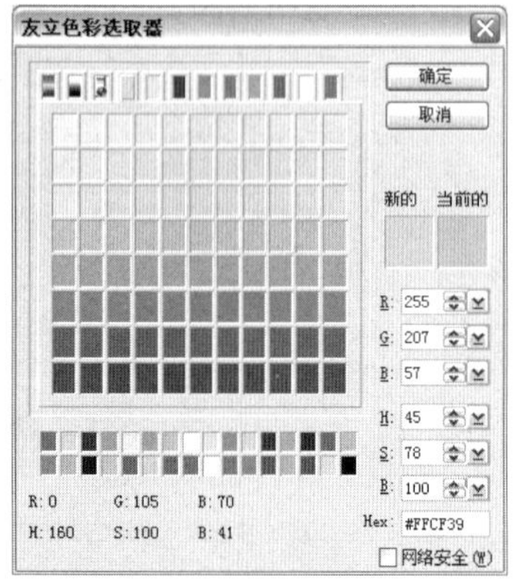

图12-195

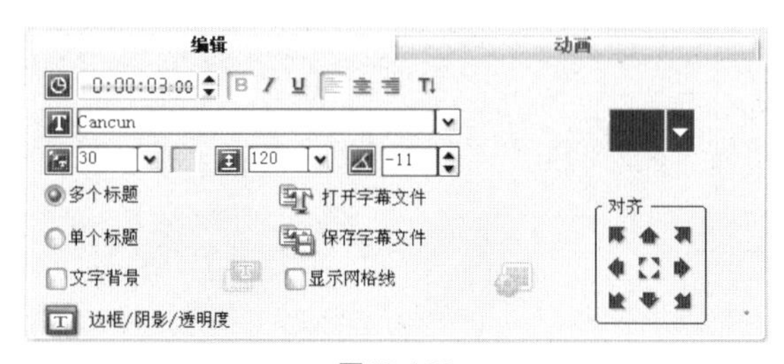

图12-196

图12-197

16 单击【边框/阴影/透明度】按钮，弹出【边框/阴影/透明度】对话框，在【边框】选项卡中，将【线条色彩】选项设为黑色，其他选项的设置如图12-198所示。选择【阴影】选项卡，单击【光晕阴影】按钮，将【光晕阴影色彩】颜色设为白色，其他选项的设置如图12-199所示，单击【确定】按钮。取消选取状态，效果如图12-200所示。

图12-198

图12-199

图12-200

17 在预览窗口中分别拖曳文字到适当的位置，效果如图12-201所示。在【编辑】面板中将【区间】选项设为9秒，时间轴效果如图12-202所示。在预览窗口中选择文字“俏皮女生”，在【动画】面板中勾选【应用动画】复选框，单击【类型】选项右侧的下拉按钮，在弹出的下拉列表中选择【翻转】选项，如图12-203所示。在预览窗口中选择符号标题，在【动画】面板中勾选【应用动画】复选框，单击【类型】选项右侧的下拉按钮，在弹出的下拉列表中选择【淡化】选项，如图12-204所示。

图12-201

图12-202

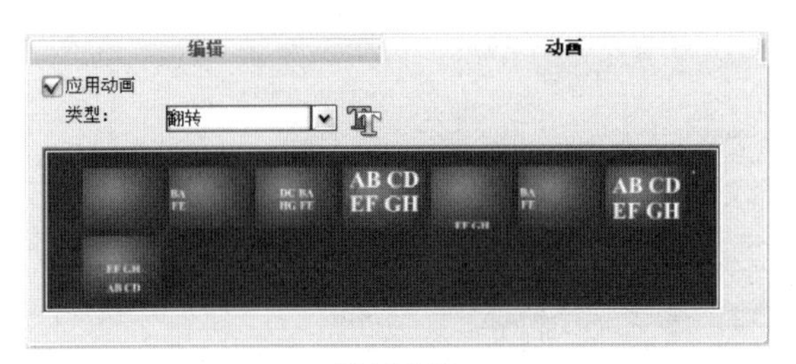

图12-203

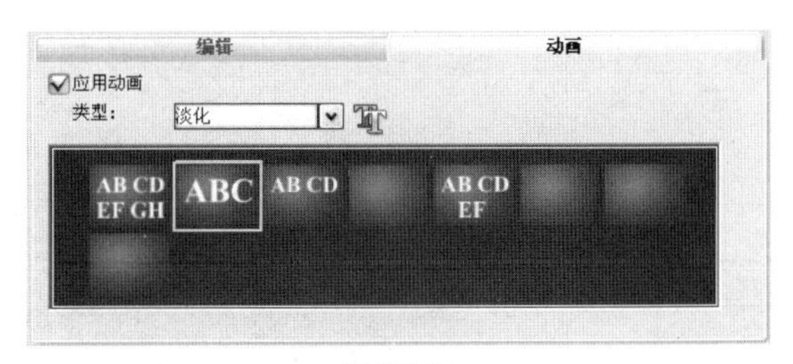

图12-204

18 拖曳时间轴标尺上的位置标记到50秒处，如图12-205所示。在【标题】素材库中选择需要的标题样式并将其拖曳到标题轨的位置标记处，如图12-206所示，释放鼠标，效果如图12-207所示。

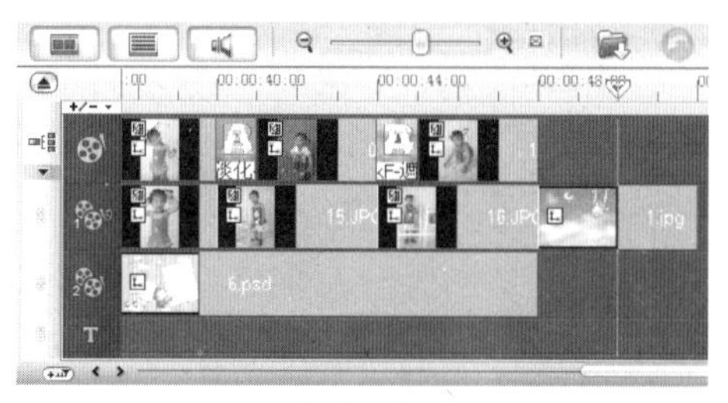

图12-205

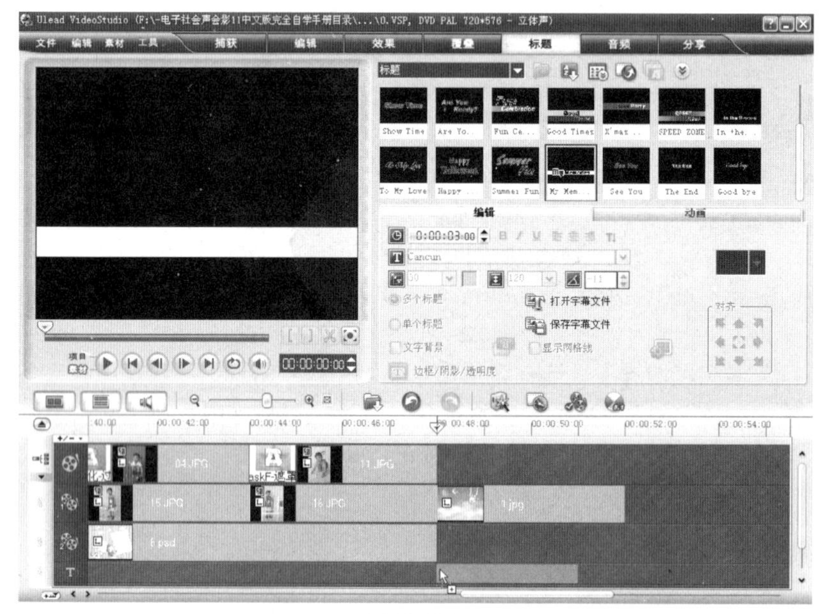

图12-206

图12-207

19 在预览窗口中选取字母“My”并将其改为“珍藏”。在【编辑】面板中单击【色彩】颜色块，在弹出的面板中选择【友立色彩选取器】选项，在弹出的【友立色彩选取器】对话框中进行设置，如图12-208所示，单击【确定】按钮，在【编辑】面板中其他属性的设置如图12-209所示。

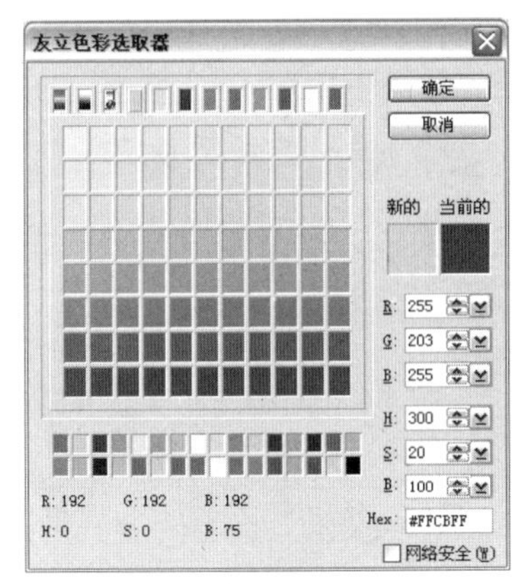

图12-208

图12-209

20 单击【边框/阴影/透明度】按钮，弹出【边框/阴影/透明度】对话框，在【边框】选项卡中，单击【线条色彩】选项的颜色块，在弹出的色板中选择需要的颜色，其他选项的设置如图12-210所示。选择【阴影】选项卡，单击【光晕阴影】按钮，将【光晕阴影色彩】设为白色，其他选项的设置如图12-211所示，单击【确定】按钮，效果如图12-212所示。

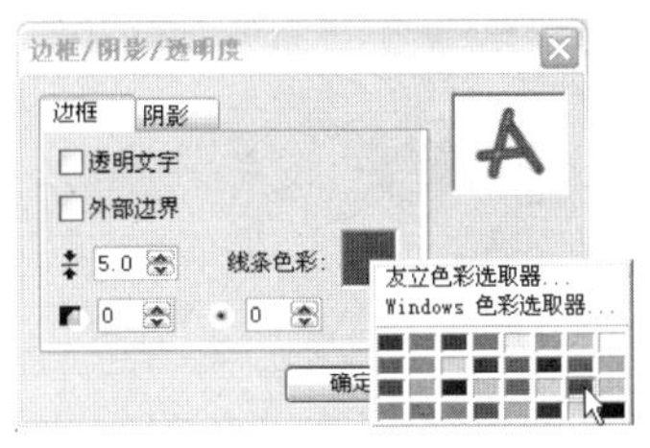

图12-210

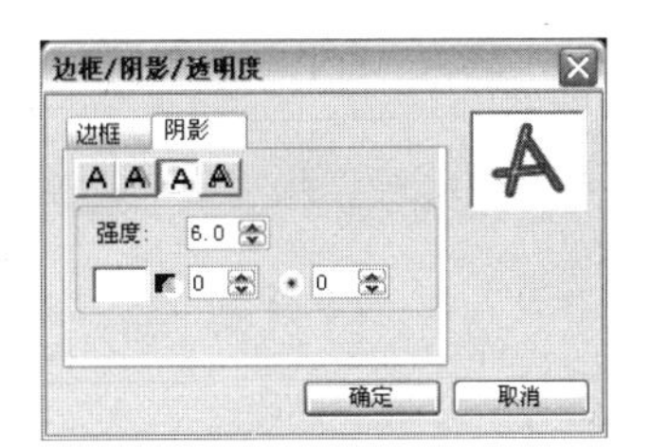

图12-211

图12-212

21 在预览窗口中选取字母“Memories”并将其改为“美好的童年”。在【编辑】面板中单击【色彩】颜色块，在弹出的色板中选择需要的颜色，其他属性的设置如图12-213所示，效果如图12-214所示。在预览窗口中拖曳文字“美好的童年”到适当的位置，效果如图12-215所示。

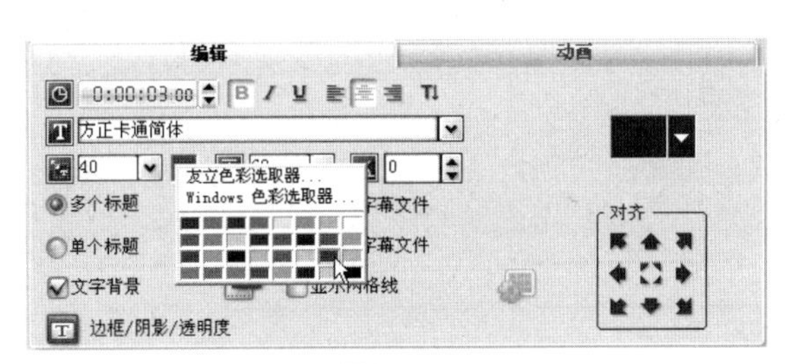

图12-213

图12-214

图12-215

12.10 添加音频素材

01 单击素材库中的【画廊】按钮，在弹出的列表中选择【音频】选项。在【音频】素材库中选择【A06】并将其拖曳到声音轨上，如图12-216所示，释放鼠标，效果如图12-217所示。

图12-216

图12-217

02 单击【时间轴】面板中的【音频视图】按钮，切换到音频视图，如图12-218所示。在【属性】面板中单击【淡出】按钮，如图12-219所示。时间轴效果如图12-220所示。

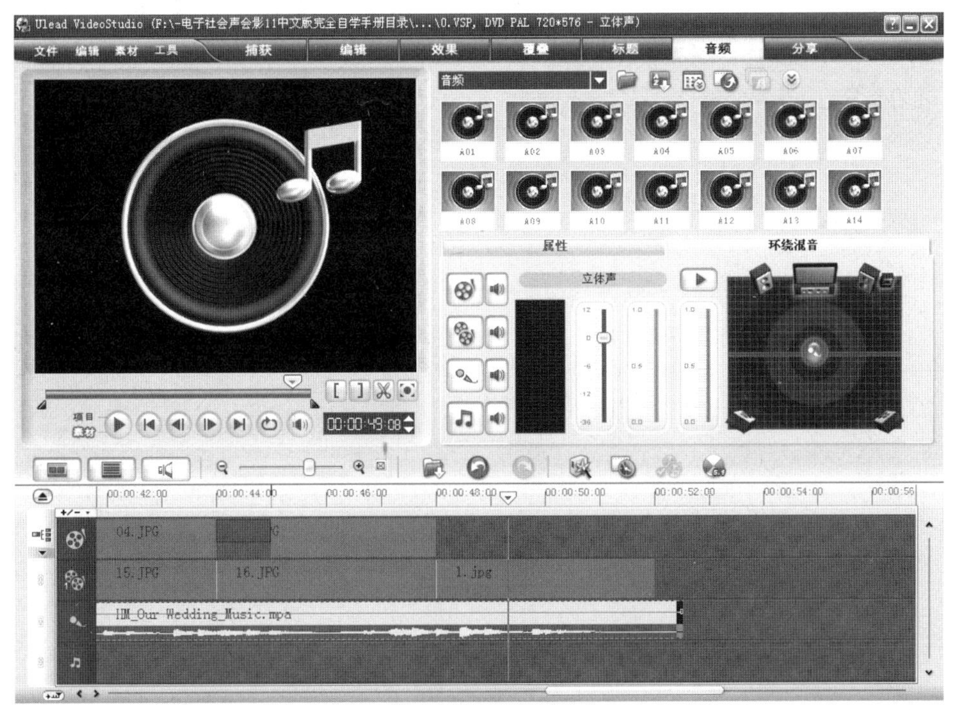

图12-218

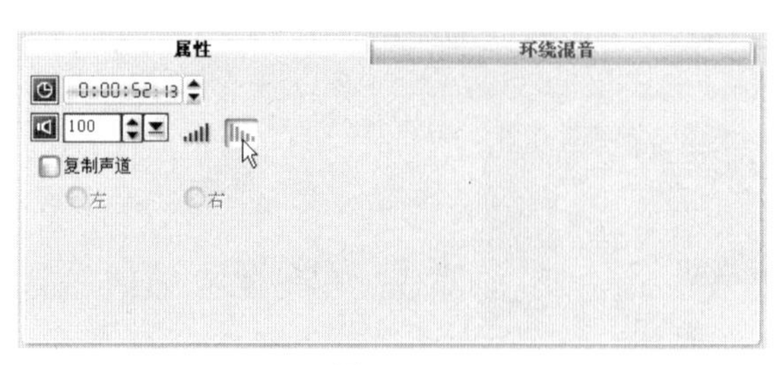

图12-219

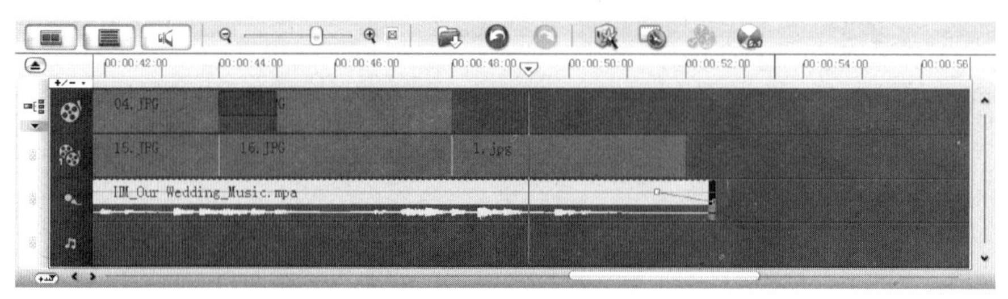

图12-220

03 拖曳时间轴标尺上的位置标记到51秒处，如图12-221所示，再拖曳关键帧到51秒处，效果如图12-222所示。

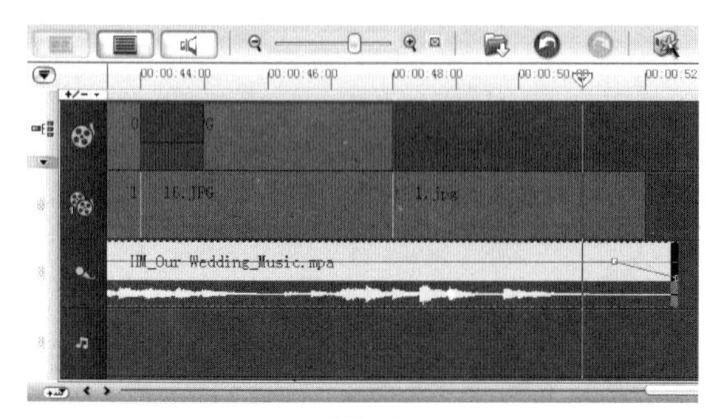

图12-221

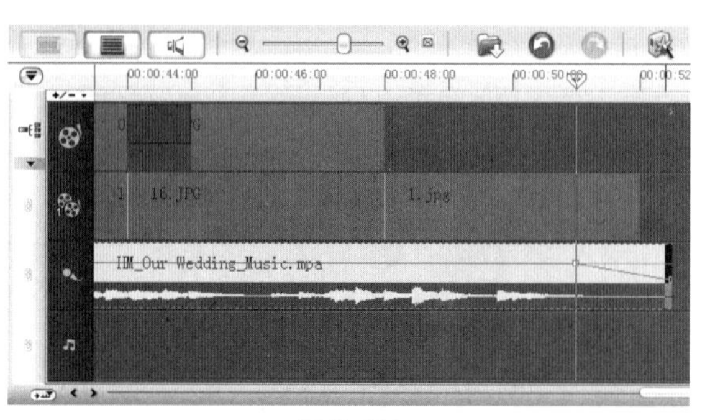

图12-222

Chapter 13

新春电子贺卡

使用覆叠轨管理器按钮添加覆叠轨。使用方向/样式面板设置覆叠素材运动的方向。使用淡出动画效果制作素材淡出效果。使用遮罩和色度键按钮制作素材遮罩效果。使用摇动和缩放选项制作素材缩放效果。使用边框/阴影/透明度按钮添加文字边框和阴影效果。

13.1 添加素材图片和覆叠轨

01 启动会声会影11，在启动面板中选择【会声会影编辑器】选项，如图13-1所示，进入会声会影程序主界面。

图13-1

02 单击素材库中的【画廊】按钮，在弹出的列表中选择【图像】选项，如图13-2所示。单击【图像】素材库中的【加载图像】按钮，在弹出的【打开图像文件】对话框中选择光盘目录下“Ch13/新春电子贺卡/01.jpg、1.jpg、02.jpg、2.png、03.jpg、04.jpg、05.jpg、06.jpg、07.jpg、08.jpg、09.jpg、10.jpg、11.jpg、12.jpg、13.jpg、15.png、17.png、18.png、20.png”文件，如图13-3所示，单击【打开】按钮，所有选中的图像素材被添加到素材库中，如图13-4所示。

图13-2

图13-3

图13-4

03 单击【时间轴】面板中的【时间轴视图】按钮，切换到时间轴视图。在素材库中选择“1.jpg”，按住鼠标将其拖曳至视频轨上，释放鼠标，效果如图13-5所示。在【编辑】面板中将【区间】选项设为5秒，如图13-6所示。时间轴效果如图13-7所示。

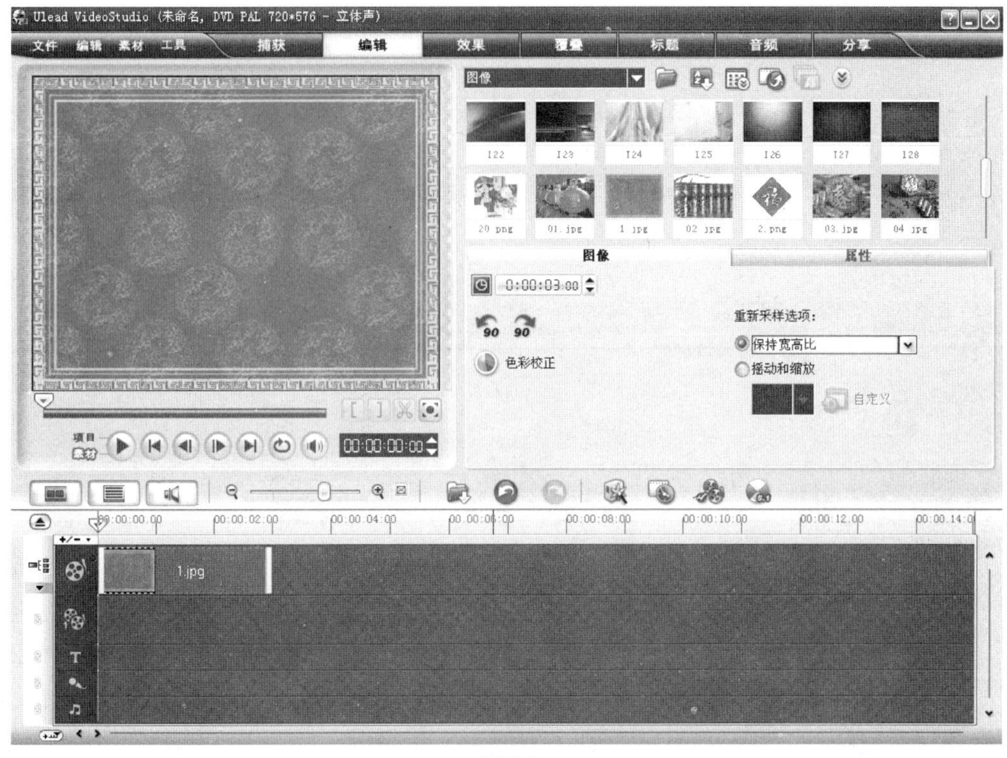

图13-5

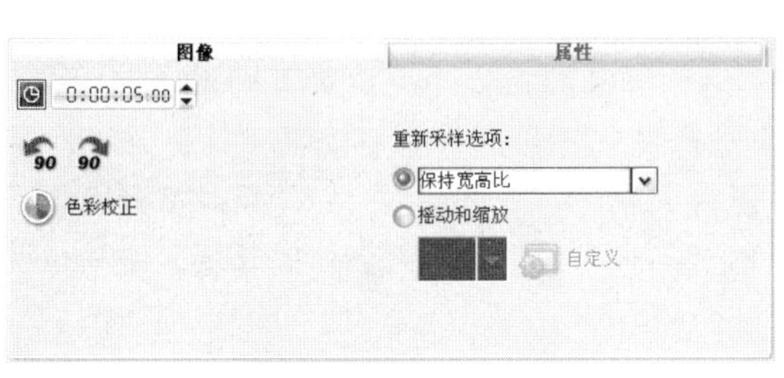

图13-6

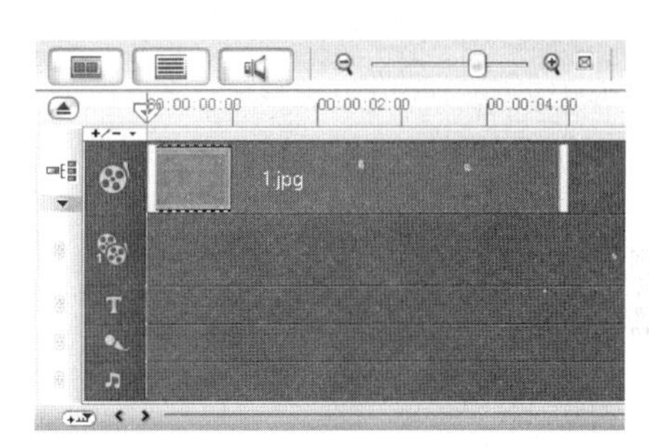

图13-7

04 单击【覆叠轨管理器】按钮，弹出【覆叠轨管理器】对话框，勾选【覆叠轨#2】复选框，如图13-8所示，单击【确定】按钮，在预设的【覆叠轨#1】下方添加新的覆叠轨，效果如图13-9所示。

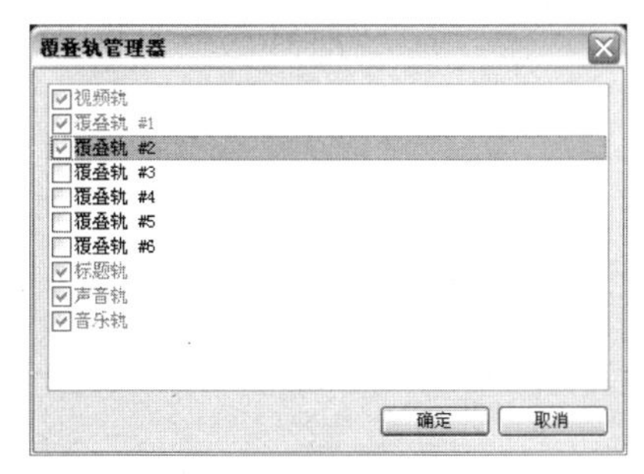

图13-8

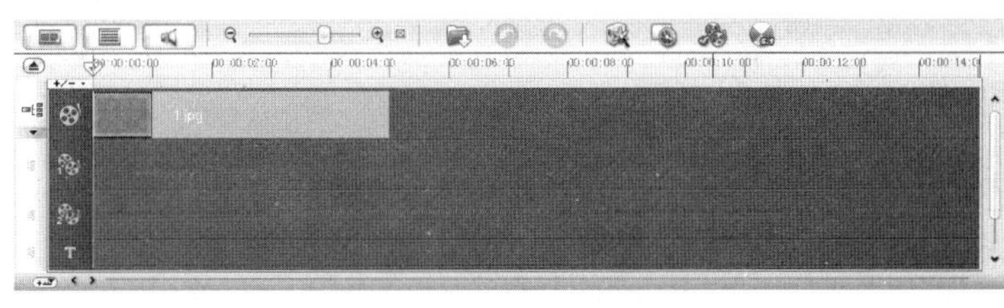

图13-9

13.2 添加并调整素材大小

01 在素材库中选择“2.png”，按住鼠标将其拖曳至覆叠轨上，释放鼠标，效果如图13-10所示。在预览窗口中，拖曳右上方的黄色控制点，将素材调整到适当的大小，在控制框中单击鼠标右键，在弹出的菜单中执行【停靠在中央】→【居中】命令，将覆叠素材居中显示，效果如图13-11所示。

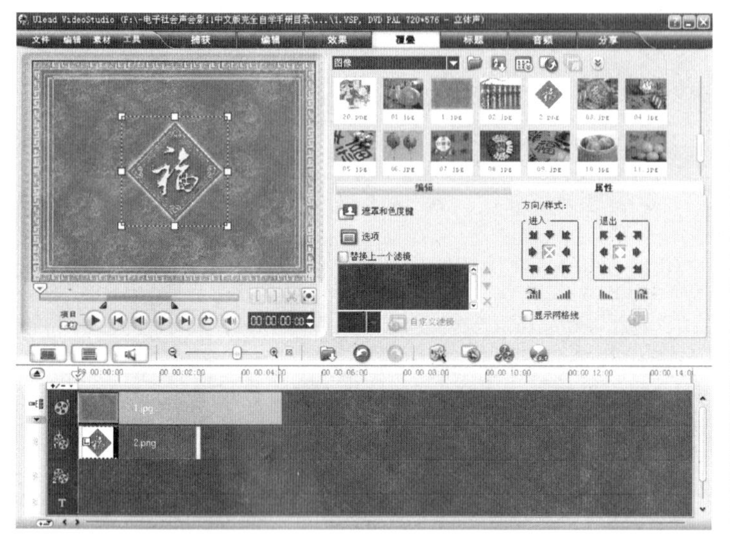

图13-10

图13-11

02 在【属性】面板中的【方向/样式】面板中进行设置，分别单击【暂停区间前旋转】按钮、【淡出动画效果】按钮和【暂停区间后旋转】按钮，如图13-12所示。将鼠标置于覆叠素材右侧的黄色边框上，当鼠标指针呈双向箭头时，向右拖曳调整覆叠素材的长度，使其与视频轨上的素材对应，释放鼠标，效果如图13-13所示。

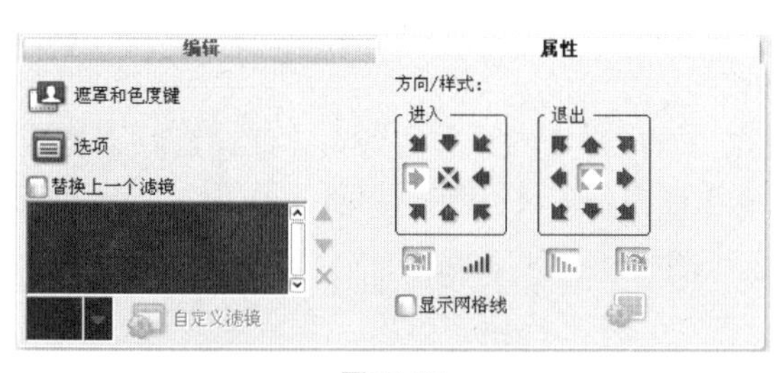

图13-12

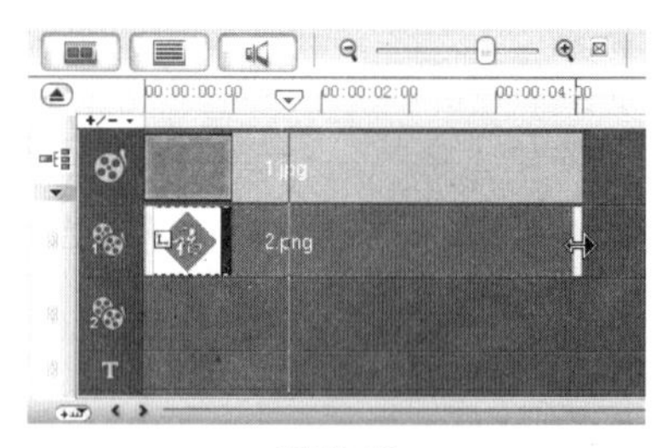

图13-13

03 单击素材库中的【画廊】按钮，在弹出的列表中选择【Flash动画】选项，如图13-14所示。单击【Flash动画】素材库中的【加载Flash动画】按钮，在弹出的【打开Flash动画文件】对话框中选择光盘目录下“Ch13/新春电子贺卡/财神到.swf、灯笼.swf”文件，如图13-15所示，单击【打开】按钮，所有选中的Flash动画素材被添加到素材库中，效果如图13-16所示。在素材库中选择“灯笼.swf”，按住鼠标将其拖曳至覆叠轨上，释放鼠标，效果如图13-17所示。

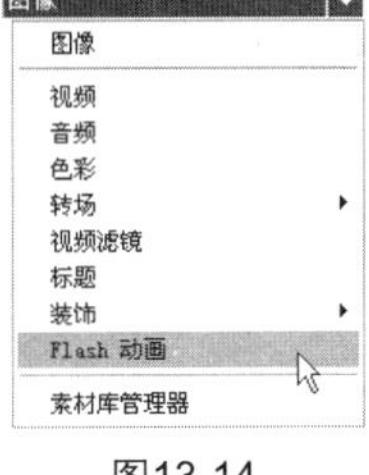

图13-14

图13-15

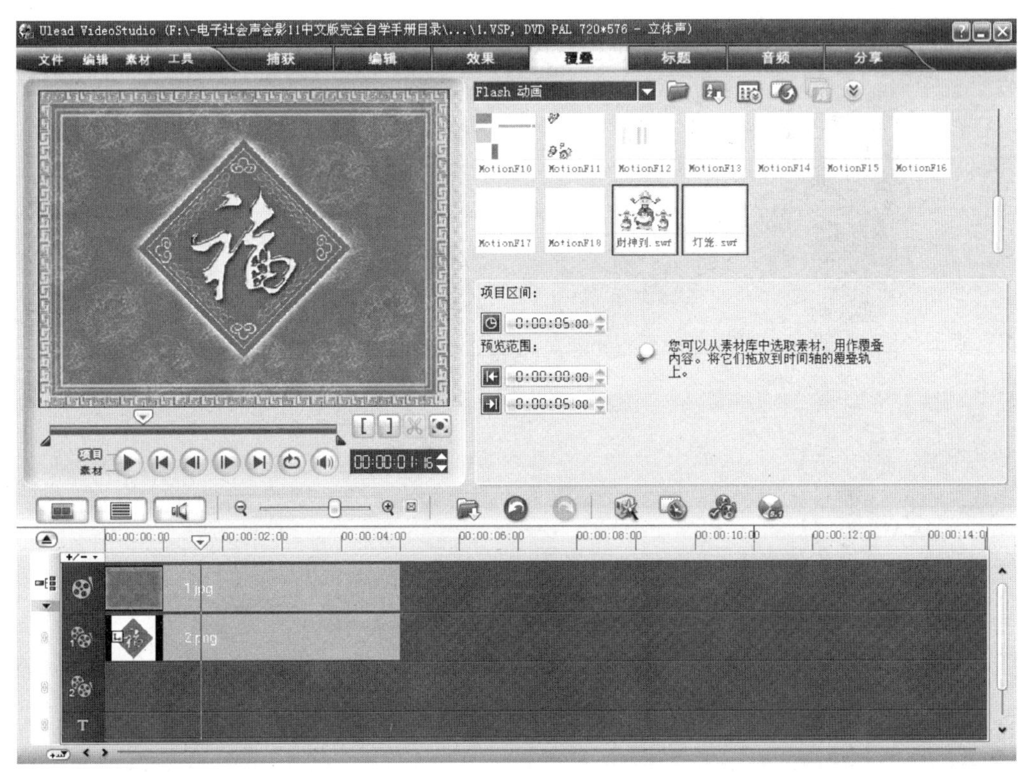

图13-16

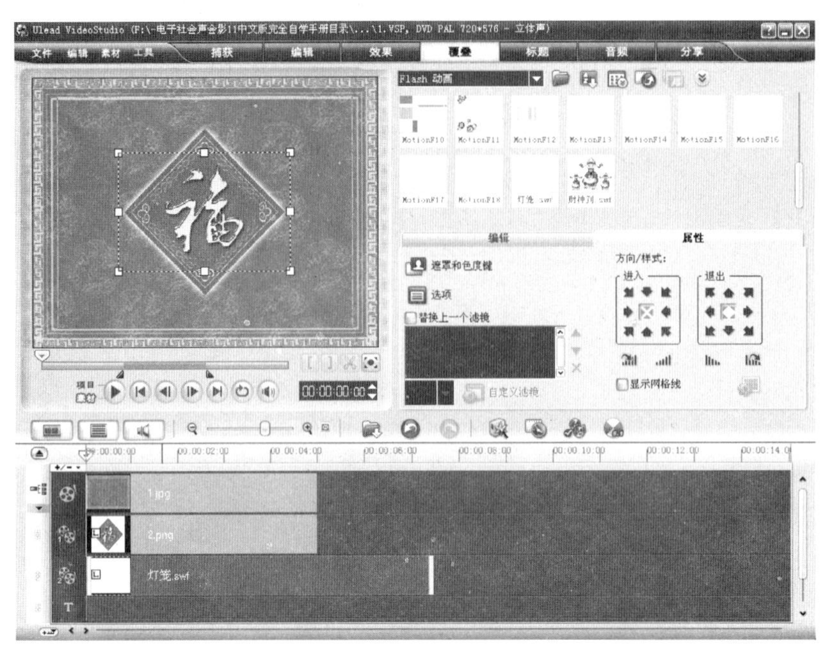

图13-17

04 拖曳时间轴标尺上的位置标记到5秒处，选中覆叠轨中的“灯笼.swf”素材，在预览窗口中拖曳素材到适当的位置并调整大小，效果如图13-18所示。在【属性】面板中单击【淡出动画效果】按钮，设置动画淡出效果。

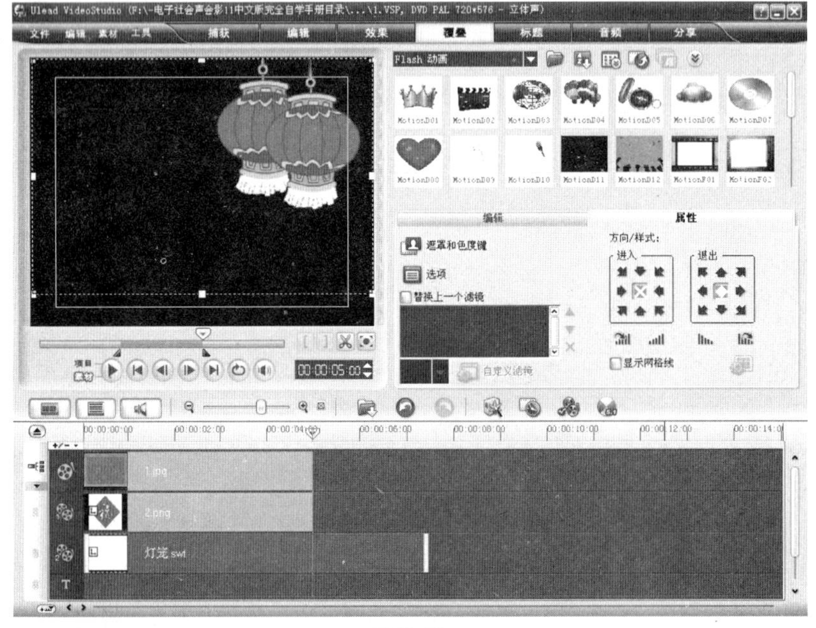

图13-18

05 单击素材库中的【画廊】按钮，在弹出的列表中选择【图像】选项。在素材库中选择“07.jpg”，按住鼠标将其拖曳至视频轨上，释放鼠标，效果如图13-19所示。在【编辑】面板中将【区间】选项设为5秒，时间轴效果如图13-20所示。

图13-19

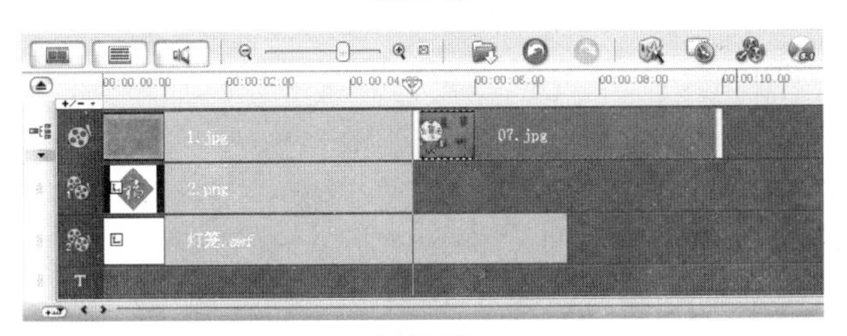
图13-20

13.3 制作素材缩放效果

01 在【属性】面板中，选择【摇动和缩放】单选项，单击【自定义】按钮，弹出【摇动和缩放】对话框，拖曳选取框上面的黄色控制点，改变图像缩放率，拖曳中间的十字标记，改变聚焦的中心点，其他选项的设置如图13-21所示。单击【时间轴】选项右侧的菱形标记，移动到下一个关键帧，在图像窗口中拖曳中间的十字标记，改变聚焦的中心点，如图13-22所示，单击【确定】按钮。

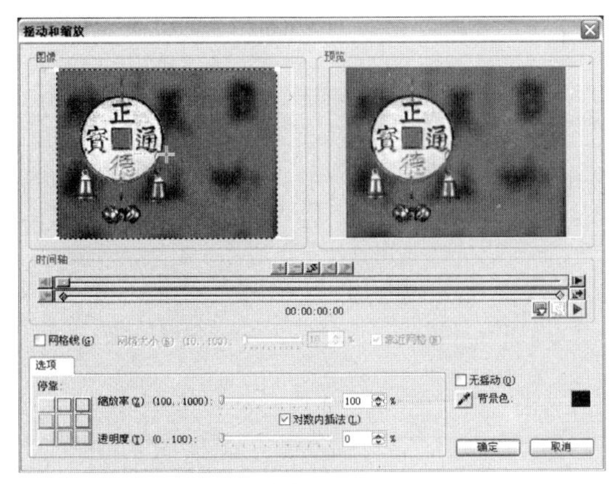
图13-21

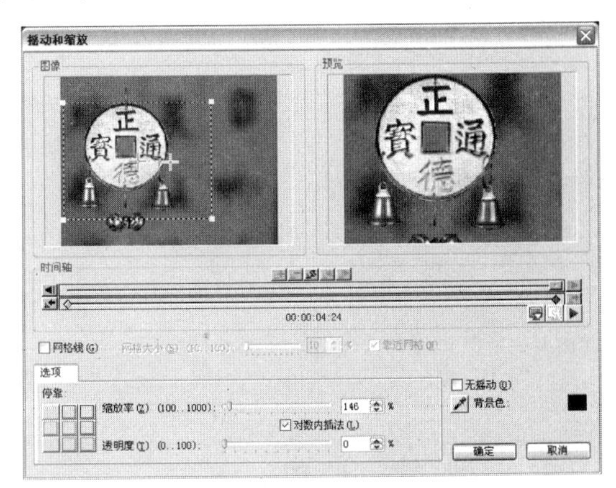
图13-22

02 单击素材库中的【画廊】按钮，在弹出的列表中选择【图像】选项，在素材库中选择“01.jpg”，按住鼠标将其拖曳至视频轨上，释放鼠标，效果如图13-23所示。在【图像】面板中将【区间】选项设为5秒，时间轴效果如图13-24所示。

图13-23

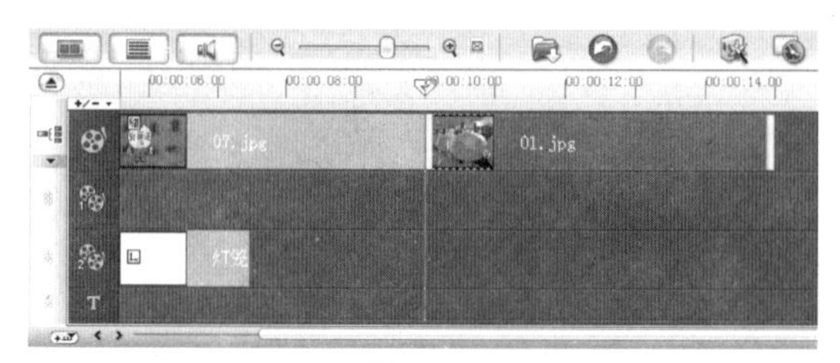

图13-24

03 在【图像】面板中，选择【摇动和缩放】单选项，单击【自定义】按钮，弹出【摇动和缩放】对话框，拖曳选取框上面的黄色控制点，改变图像缩放率，拖曳中间的十字标记，改变聚焦的中心点，其他选项的设置如图13-25所示。单击【时间轴】选项右侧的菱形标记，移动到下一个关键帧，在图像窗口中拖曳中间的十字标记，改变聚焦的中心点，如图13-26所示，单击【确定】按钮。

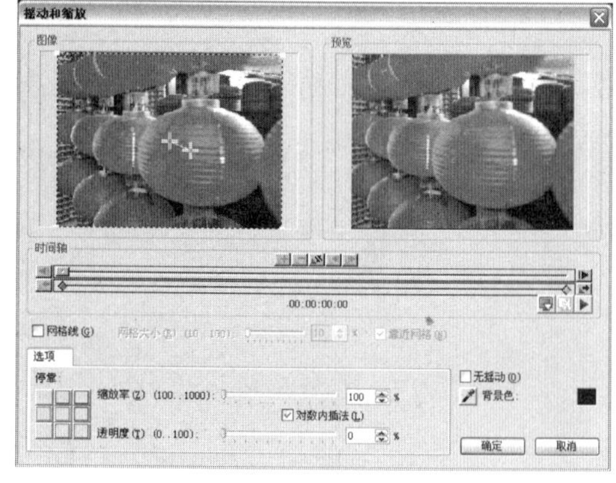

图13-25

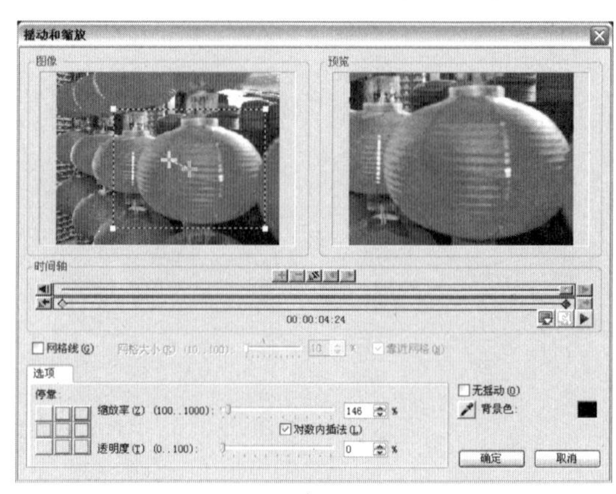

图13-26

04 单击素材库中的【画廊】按钮，在弹出的列表中选择【转场】→【遮罩】选项。在遮罩素材库中选择【遮罩C2】过渡效果，并将其添加到视频轨上“07.jpg”和“01.jpg”两个图像素材中间，如图13-27所示，释放鼠标，将过渡效果应用到当前项目的素材之间，效果如图13-28所示。

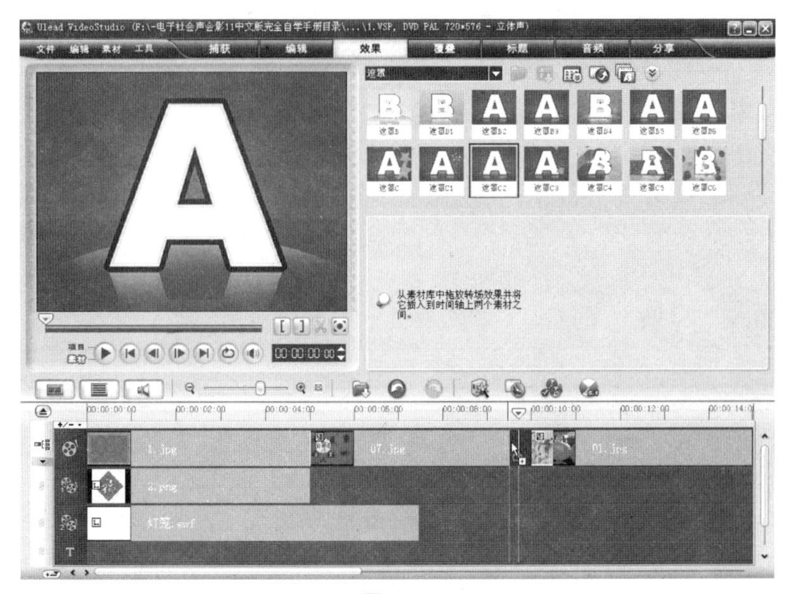

图13-27

图13-28

13.4 添加并设置素材方向

01 拖曳时间轴标尺上的位置标记到7秒12帧处，如图13-29所示。单击素材库中的【画廊】按钮，在弹出的列表中选择【图像】选项。在素材库中选择“20.png”，按住鼠标将其拖曳至覆叠轨上，释放鼠标，效果如图13-30所示。

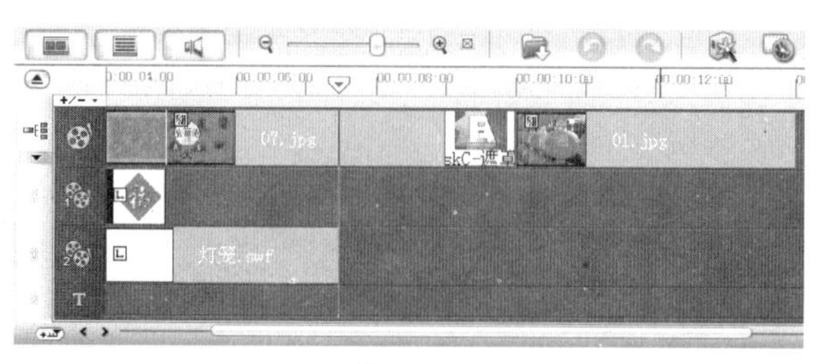

图13-29

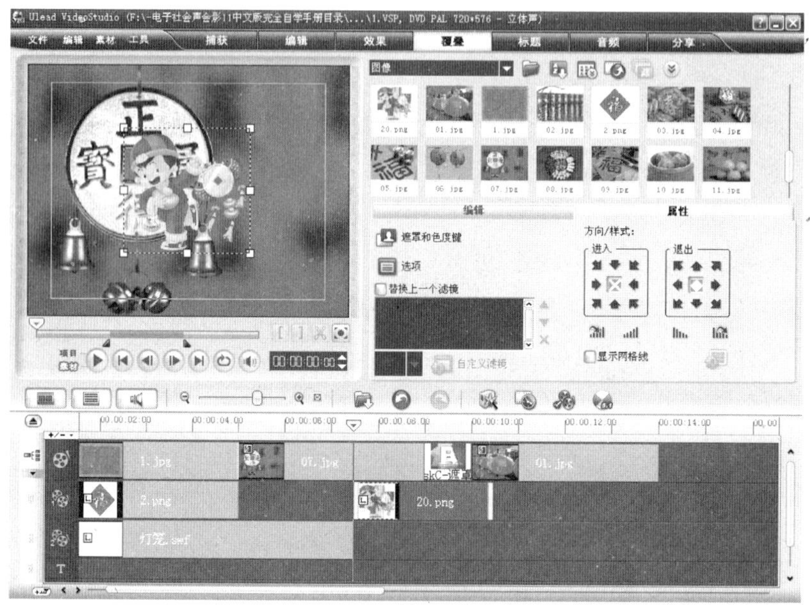

图13-30

02 在预览窗口的控制框中单击鼠标右键，在弹出的菜单中执行【停靠在底部】→【居右】命令，使素材在预览窗口的下方居右显示，拖曳黄色控制点调整图像到适当的大小，效果如图13-31所示。在【属性】面板中的【方向/样式】面板中进行设置，设置覆叠素材运动的方式，并单击【淡出动画效果】按钮，如图13-32所示。在【编辑】面板中将【区间】选项设为4秒，时间轴效果如图13-33所示。

图13-31

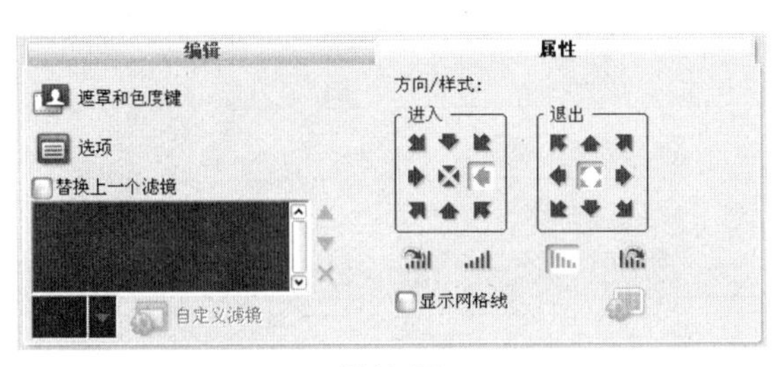

图13-32

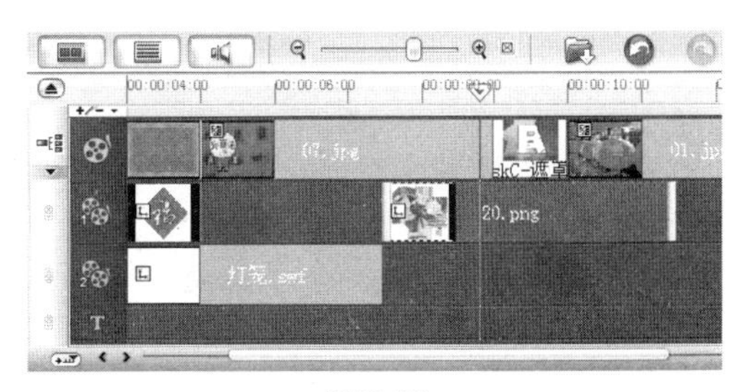

图13-33

03 在素材库中选择“02.jpg”，按住鼠标将其拖曳至视频轨上，释放鼠标，效果如图13-34所示。在【图像】面板中将【区间】选项设为5秒，时间轴效果如图13-35所示。

图13-34

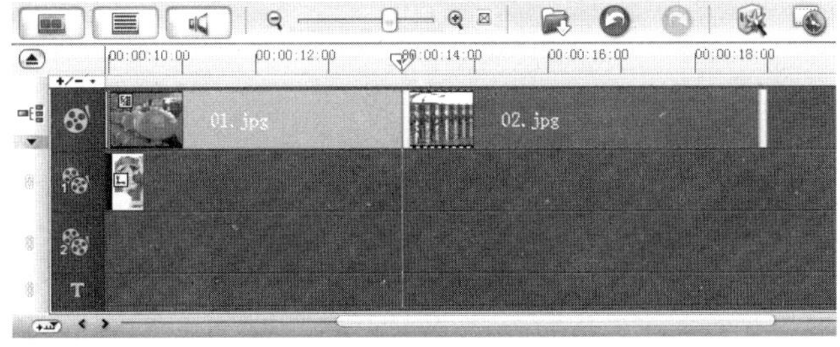

图13-35

04 在【图像】面板中，选择【摇动和缩放】单选项，单击【自定义】按钮，弹出【摇动和缩放】对话框，拖曳选取框上面的黄色控制点，改变图像缩放率，拖曳中间的十字标记，改变聚焦的中心点，其他选项的设置如图13-36所示。单击【时间轴】选项右侧的菱形标记，移动到下一个关键帧，在图像窗口中拖曳中间的十字标记，改变聚焦的中心点，如图13-37所示，单击【确定】按钮。

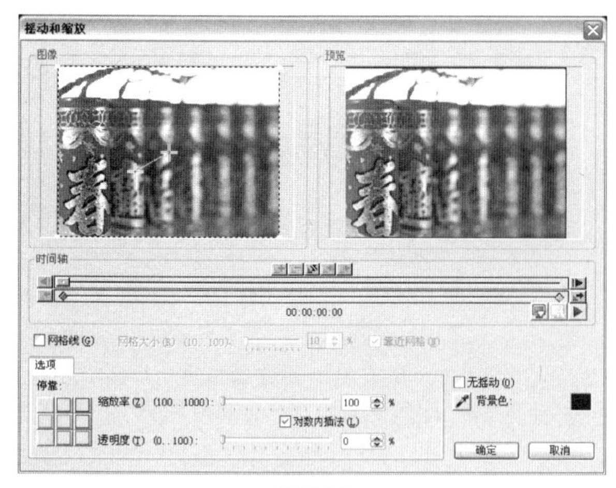

图13-36

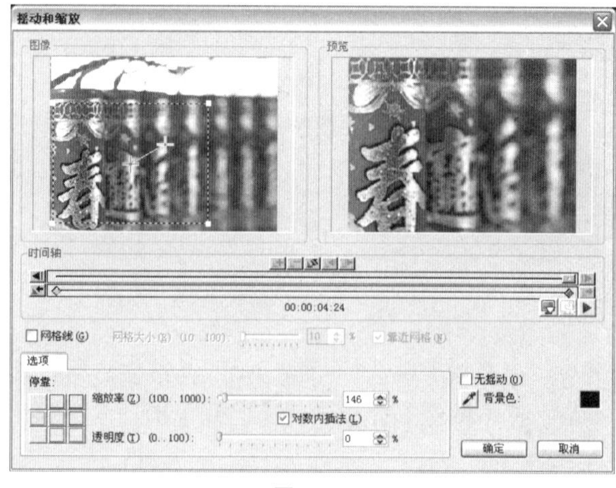

图13-37

13.5 添加素材遮罩效果

01 单击素材库中的【画廊】按钮，在弹出的列表中选择【转场】→【遮罩】选项。在遮罩素材库中选择【遮罩B2】过渡效果，将其拖曳到视频轨上“01.jpg”和“02.jpg”两个图像素材中间，如图13-38所示，释放鼠标，将过渡效果应用到当前项目的素材之间，效果如图13-39所示。单击选项面板中【自定义】按钮，在弹出的对话框中进行设置，如图13-40所示，单击【确定】按钮。

图13-38

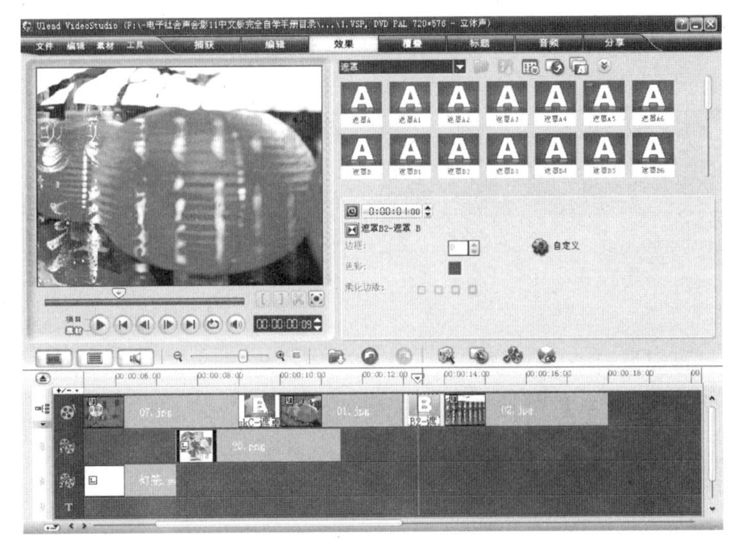

图13-39

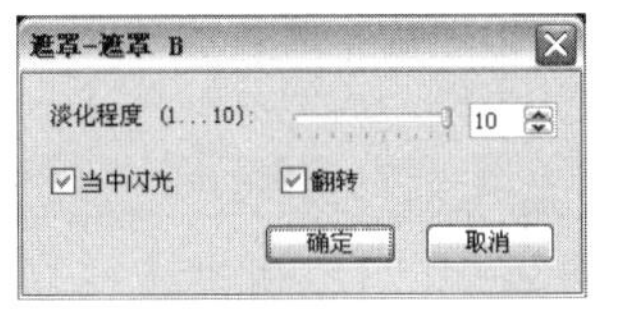

图13-40

02 单击素材库中的【画廊】按钮，在弹出的列表中选择【Flash动画】选项。在素材库中选择“财神到.swf”，按住鼠标将其拖曳至覆叠轨上，释放鼠标，效果如图13-41所示。在预览窗口中拖曳Flash动画素材到适当的位置并调整大小，效果如图13-42所示。

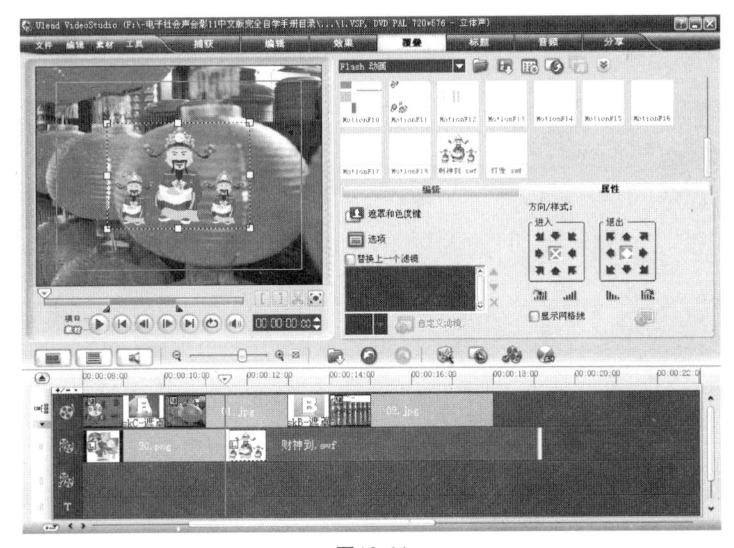

图13-41

图13-42

03 在【属性】面板中的【方向/样式】面板中进行设置，如图13-43所示。在【编辑】面板中将【区间】选项设为6秒13帧，如图13-44所示。时间轴效果如图13-45所示。

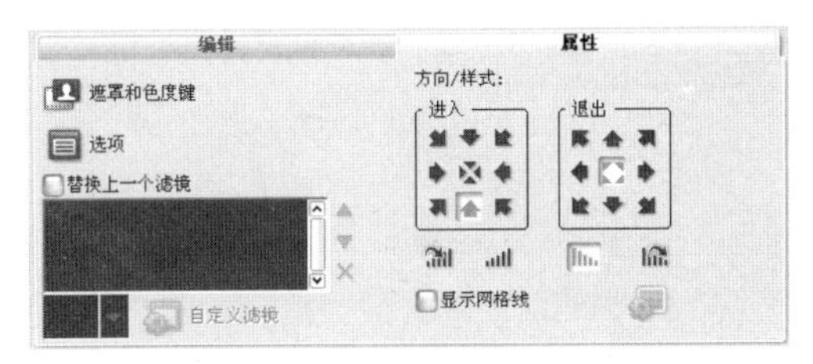

图13-43

图13-44

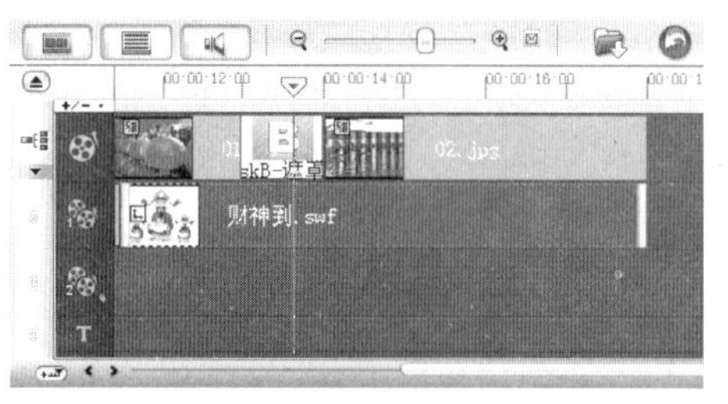

图13-45

04 在素材库中选择“03.jpg”，按住鼠标将其拖曳至视频轨上，释放鼠标，效果如图13-46所示。在【图像】面板中将【区间】选项设为5秒，时间轴效果如图13-47所示。

图13-46

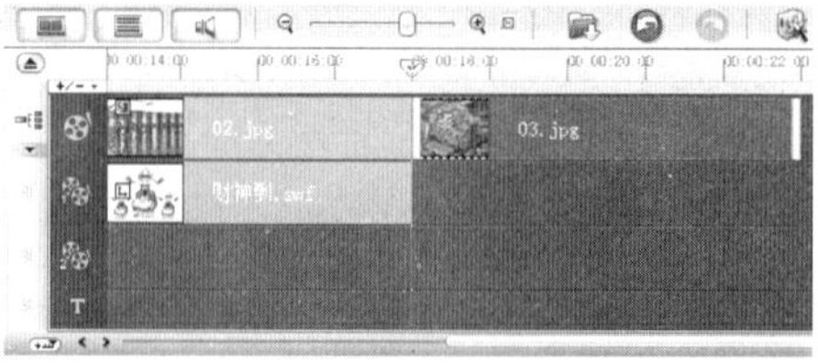

图13-47

05 在【图像】面板中，选择【摇动和缩放】单选项，单击【自定义】按钮，弹出【摇动和缩放】对话框，单击【时间轴】选项右侧的菱形标记，移动到下一个关键帧，在图像窗口中拖曳中间的十字标记，改变聚焦的中心点，如图13-48所示，单击【确定】按钮。

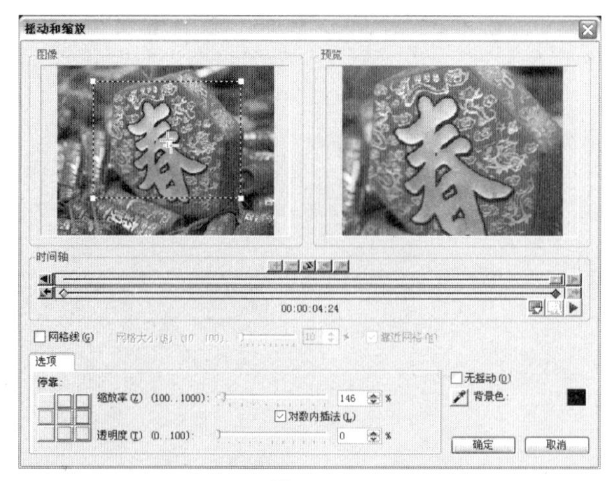

图13-48

06 单击素材库中的【画廊】按钮▼，在弹出的列表中选择【转场】→【遮罩】选项。在遮罩素材库中选择【遮罩A5】过渡效果，将其拖曳到视频轨上“02.jpg”和“03.jpg”两个图像素材中间，如图13-49所示，释放鼠标，将过渡效果应用到当前项目的素材之间，效果如图13-50所示。

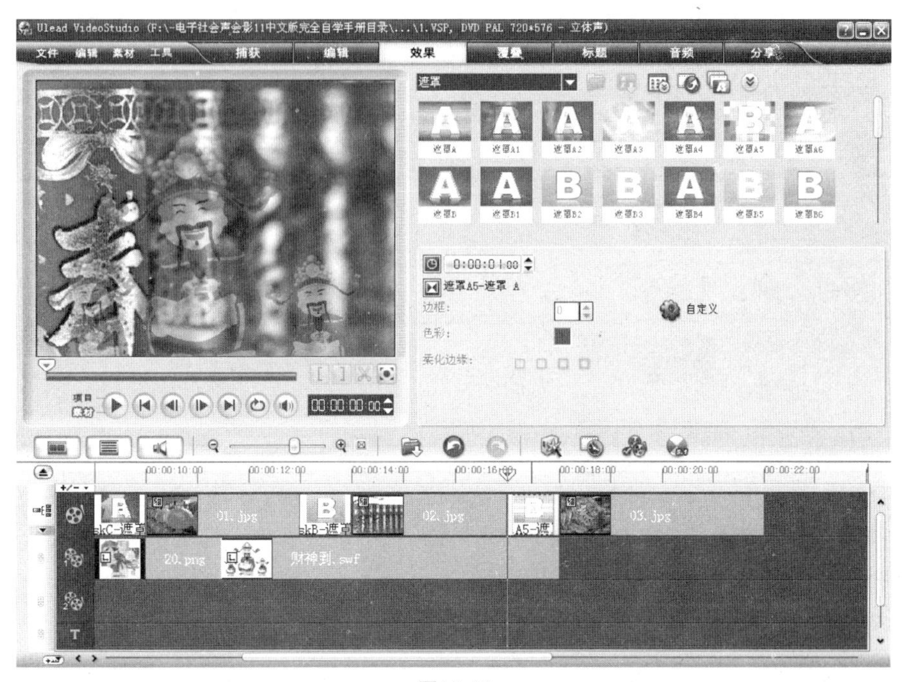

图13-49

图13-50

13.6 制作素材淡出动画效果

01 单击素材库中的【画廊】按钮，在弹出的列表中选择【图像】选项，在素材库中选择“17.png”，按住鼠标将其拖曳至覆叠轨上，释放鼠标，效果如图13-51所示。在预览窗口中拖曳素材到适当的位置并调整大小，效果如图13-52所示。

图13-51

图13-52

02 在【属性】面板中的【方向/样式】面板中设置覆叠素材的运动方式，并单击【淡出动画效果】按钮，如图13-53所示。在【编辑】面板中将【区间】选项设为4秒，时间轴效果如图13-54所示。

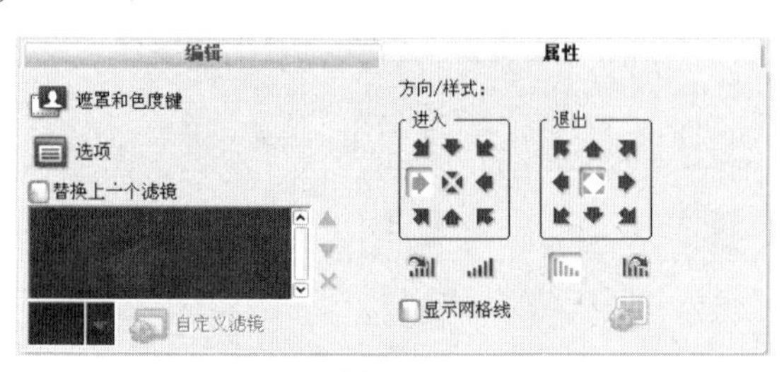

图13-53

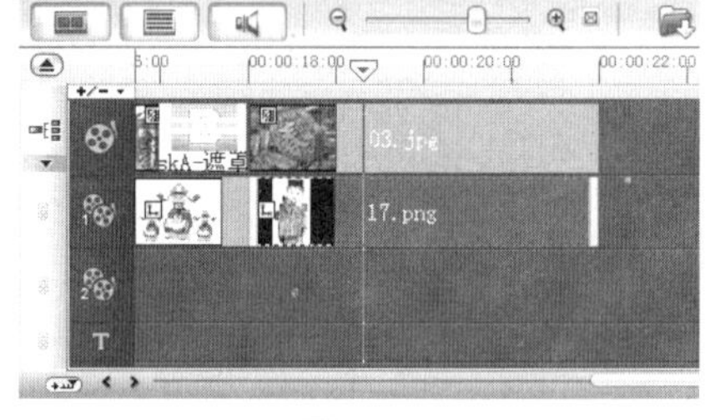

图13-54

03 拖曳时间轴标尺上的位置标记到18秒处，如图13-55所示。在素材库中选择“18.png”，按住鼠标将其拖曳至覆叠轨上，释放鼠标，效果如图13-56所示。在预览窗口中拖曳素材到适当的位置并调整大小，效果如图13-57所示。

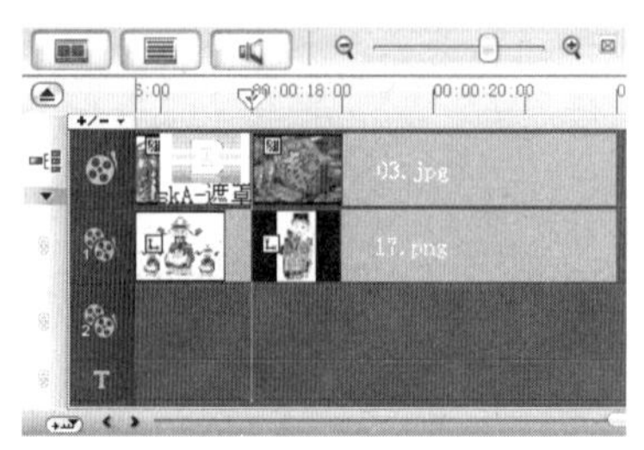

图13-55

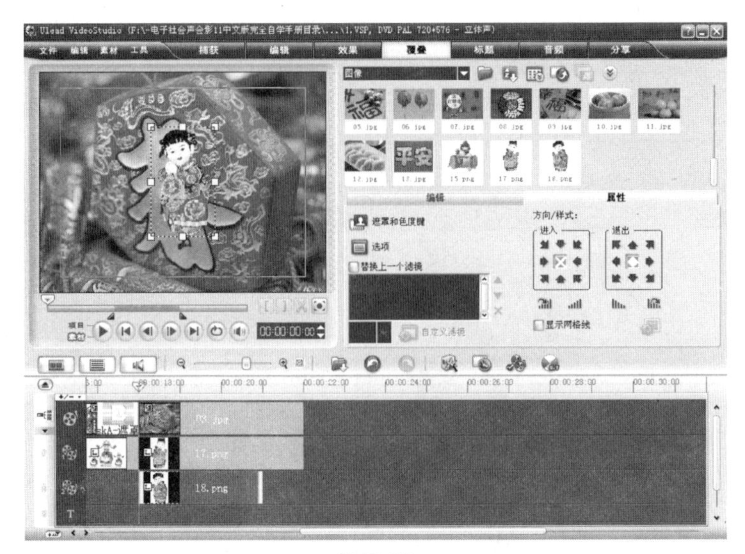

图13-56

图13-57

04 在【属性】面板中的【方向/样式】面板中设置覆叠素材的运动方式，并单击【淡出动画效果】按钮，如图13-58所示。在【编辑】面板中将【区间】选项设为4秒，时间轴效果如图13-59所示。

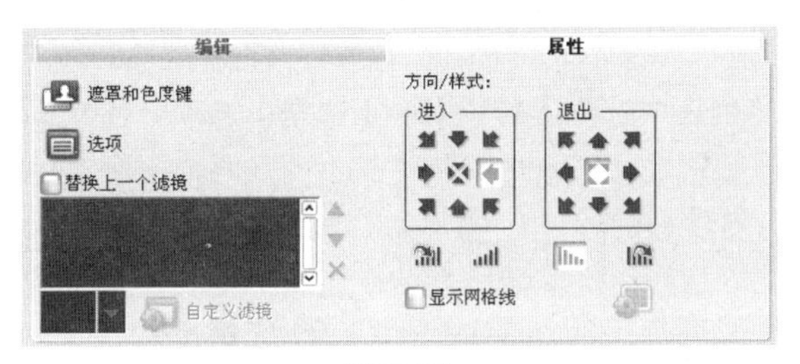

图13-58

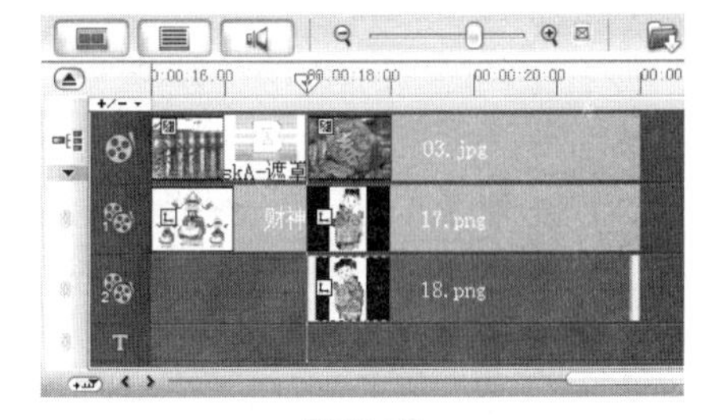

图13-59

05 在素材库中选择“06.jpg”，按住鼠标将其拖曳至视频轨上，释放鼠标，效果如图13-60所示。在【图像】面板中将【区间】选项设为5秒，时间轴效果如图13-61所示。

图13-60

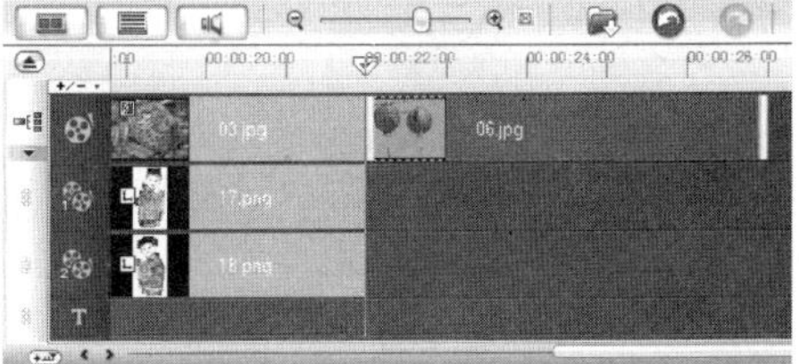

图13-61

06 在【图像】面板中，选择【摇动和缩放】单选项，单击【预设】右侧的三角形按钮▾，在弹出的下拉列表中选择预设类型，如图13-62所示。

图13-62

07 单击素材库中的【画廊】按钮▾，在弹出的列表中选择【转场】→【遮罩】选项。在遮罩素材库中选择【遮罩B】过渡效果，将其拖曳到视频轨上“03.jpg”和“06.jpg”两个图像素材中间，如图13-63所示，释放鼠标，将过渡效果应用到当前项目的素材之间，效果如图13-64所示。

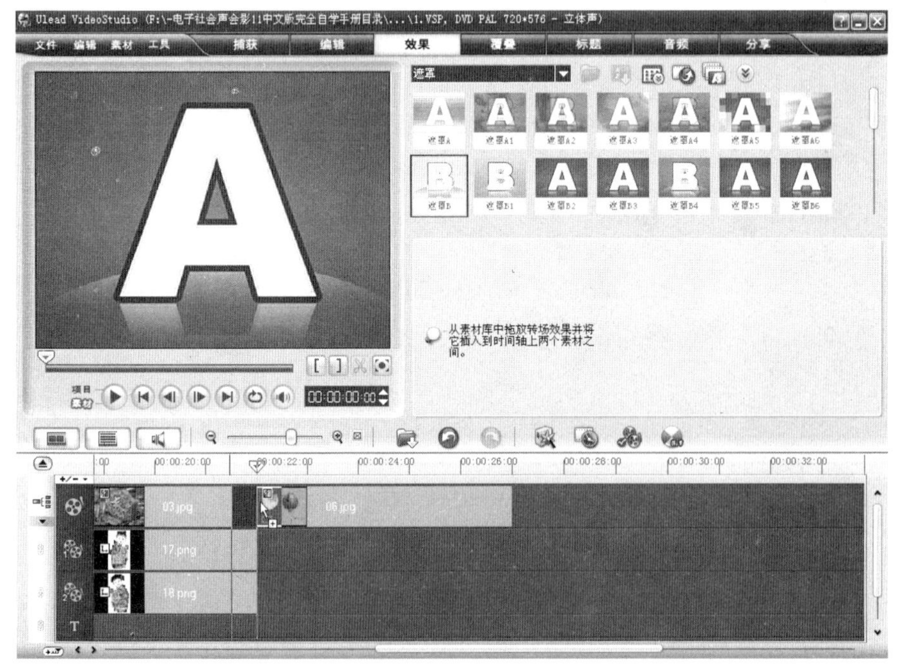

图13-63

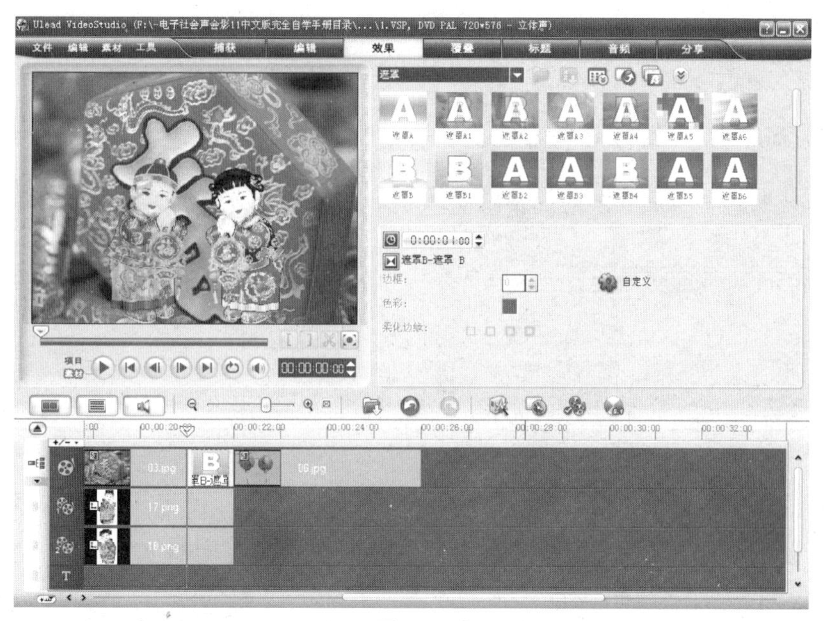

图13-64

08 单击素材库中的【画廊】按钮，在弹出的列表中选择【图像】选项，在素材库中选择“10.jpg”，按住鼠标将其拖曳至覆叠轨上，释放鼠标，效果如图13-65所示。在预览窗口中拖曳素材到适当的位置并调整大小，效果如图13-66所示。

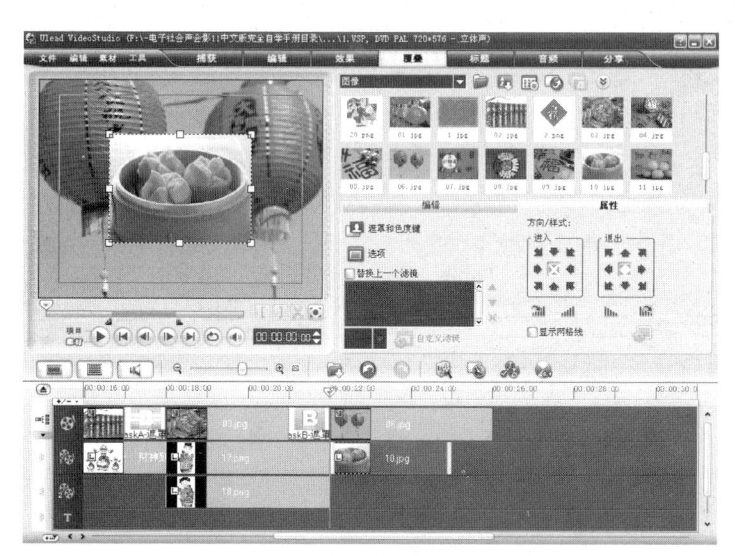

图13-65

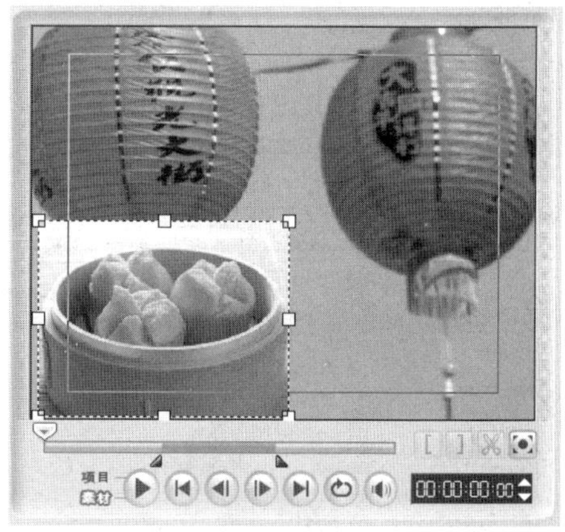

图13-66

09 在【编辑】面板中，勾选【应用摇动和缩放】复选框，单击【自定义】按钮，拖曳图像窗口中的十字标记，改变聚焦的中心点，其他选项的设置如图13-67所示。单击【时间轴】选项右侧的菱形标记，移动到下一个关键帧，在图像窗口中拖曳中间的十字标记，改变聚焦的中心点，如图13-68所示，单击【确定】按钮。

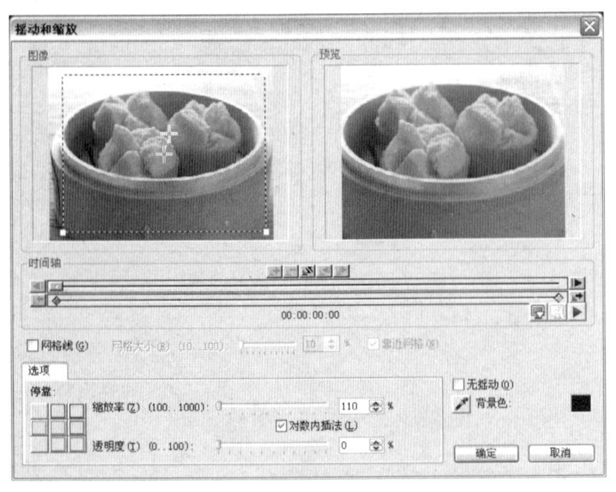

图13-67

图13-68

10 在选项面板中单击【属性】面板中的【遮罩和色度键】按钮，勾选【应用覆盖选项】复选框，在【类型】选项下拉列表中选择【遮罩帧】选项，在右侧的面板中选择需要的样式，如图13-69所示。此时在预览窗口中可以观看视频素材应用遮罩后的效果，如图13-70所示。

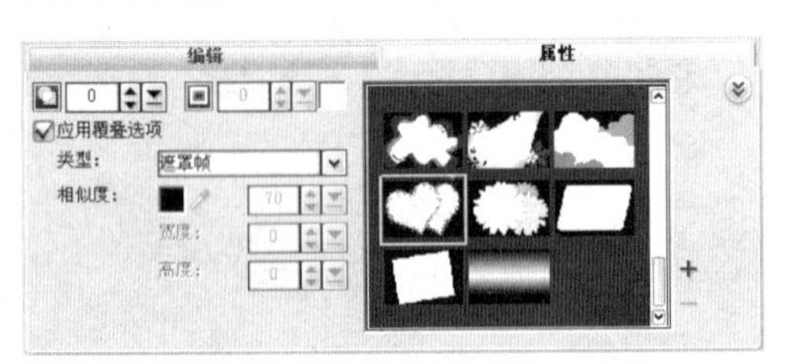

图13-69

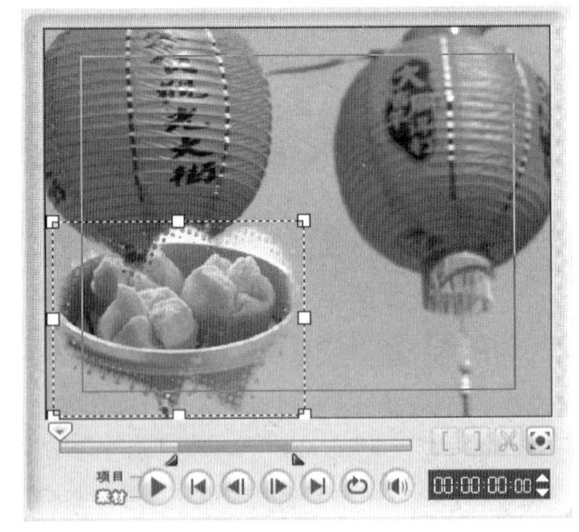

图13-70

11 在素材库中选择“09.jpg”，按住鼠标将其拖曳至视频轨上，释放鼠标，效果如图13-71所示。在【属性】面板中将【区间】选项设为5秒，时间轴效果如图13-72所示。

图13-71

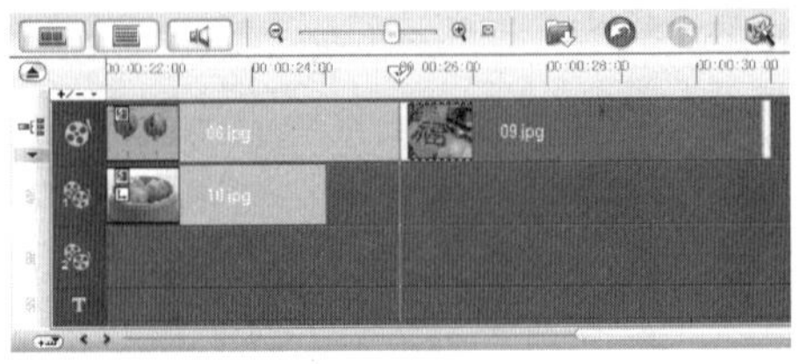

图13-72

12 在【图像】面板中，选择【摇动和缩放】单选项，单击【预设】右侧的三角形按钮▼，在弹出的下拉列表中选择预设类型，如图13-73所示。单击素材库中的【画廊】按钮▼，在弹出的列表中选择【转场】→【遮罩】选项。在遮罩素材库中选择【遮罩A】过渡效果，将其拖曳到视频轨上“06.jpg”和“09.jpg”两个图像素材中间，如图13-74所示，释放鼠标，将过渡效果应用到当前项目的素材之间，效果如图13-75所示。

图13-73

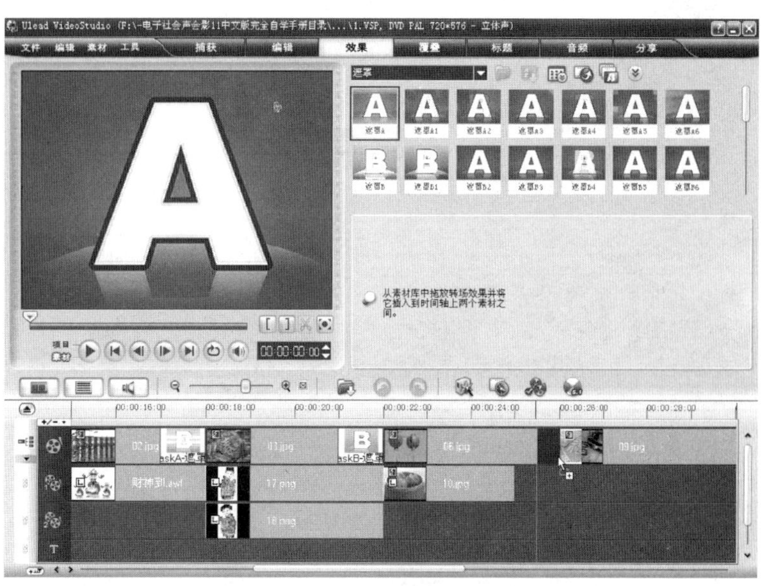

图13-74

图13-75

13.7 添加素材边框效果

01 单击素材库中的【画廊】按钮▼，在弹出的列表中选择【图像】选项。在素材库中选择“12.jpg”，按住鼠标将其拖曳至覆叠轨上，释放鼠标，效果如图13-76所示。在预览窗口中拖曳素材到适当的位置并调整大小，效果如图13-77所示。

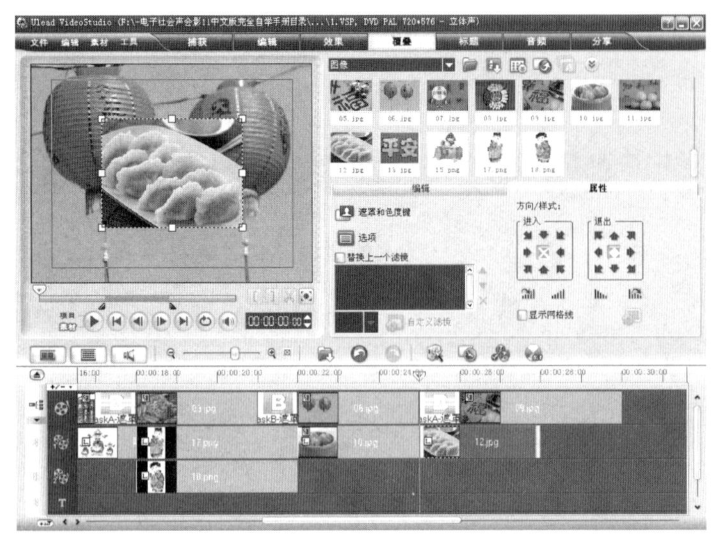

图13-76

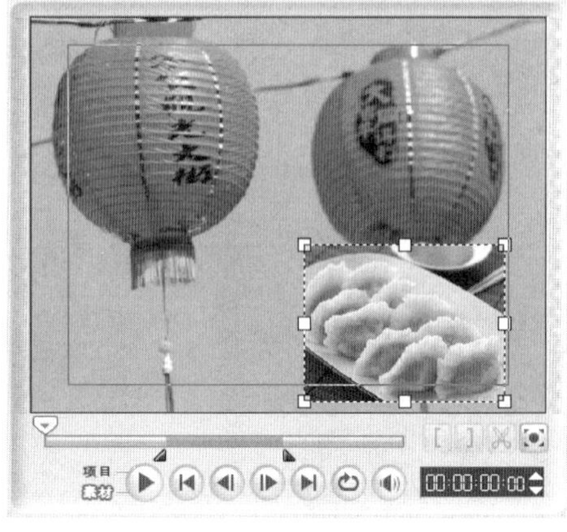

图13-77

02 在【属性】面板中的【方向/样式】面板中设置图像的运动方式，并分别单击【淡入动画效果】按钮和【淡出动画效果】按钮，如图13-78所示。单击【属性】面板中的【遮罩和色度键】按钮，将【边框】选项设为2，单击【边框色彩】选项，在弹出的调色板中选择需要的颜色，如图13-79所示。在预览窗口中效果如图13-80所示。

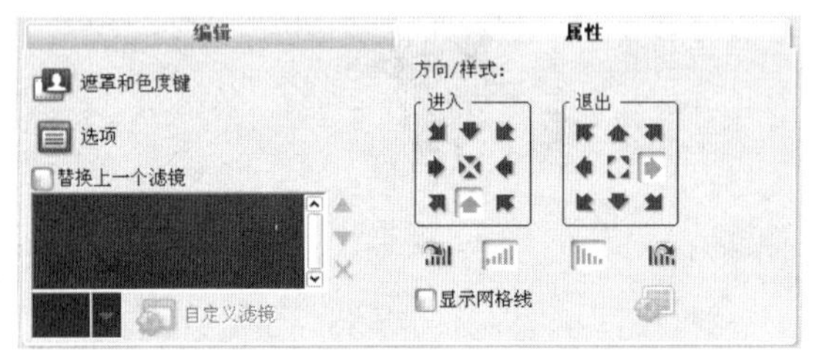

图13-78

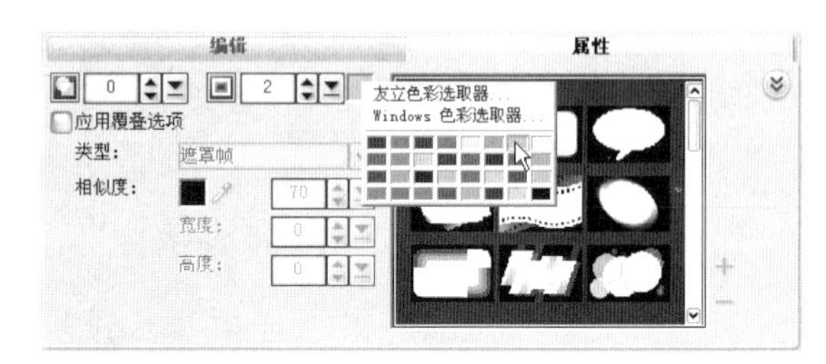

图13-79

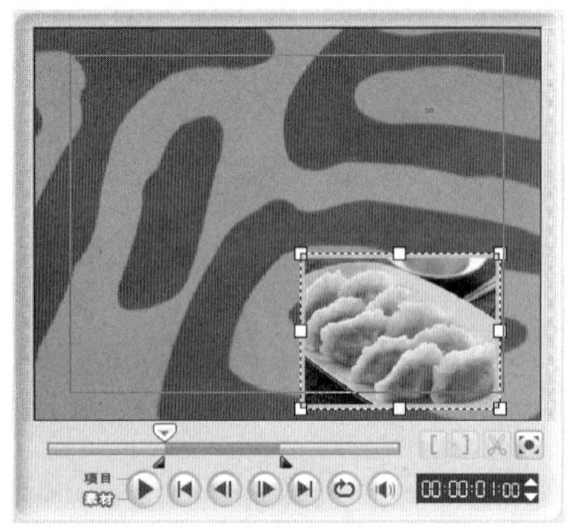

图13-80

03 单击【编辑】选项面板，勾选【应用摇动和缩放】复选框，单击【自定义】按钮，拖曳下方的十字标记，改变聚焦的中心点，其他选项的设置如图13-81所示。单击【时间轴】选项右侧的菱形标记，移动到下一个关键帧，在图像窗口中拖曳中间的十字标记，改变聚焦的中心点，如图13-82所示，单击【确定】按钮。

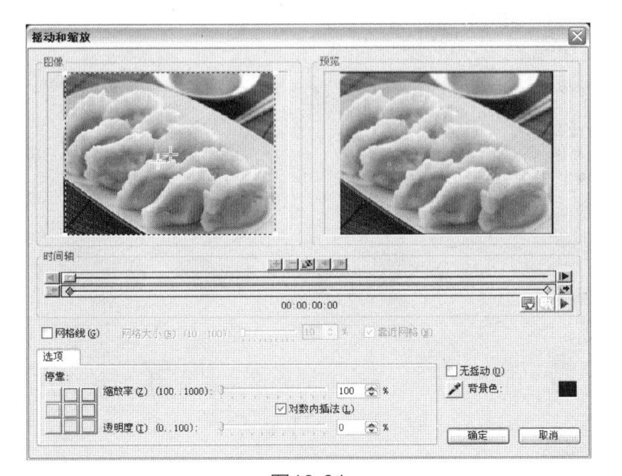
图13-81

图13-82

04 拖曳时间轴标尺上的位置标记到25秒处，如图13-83所示。在素材库中选择“08.jpg”，按住鼠标将其拖曳至覆叠轨上，释放鼠标，效果如图13-84所示。在预览窗口中拖曳素材到适当的位置并调整大小，效果如图13-85所示。

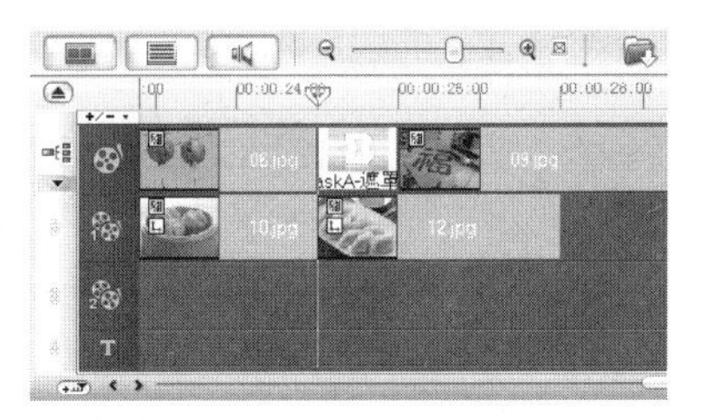
图13-83

图13-84

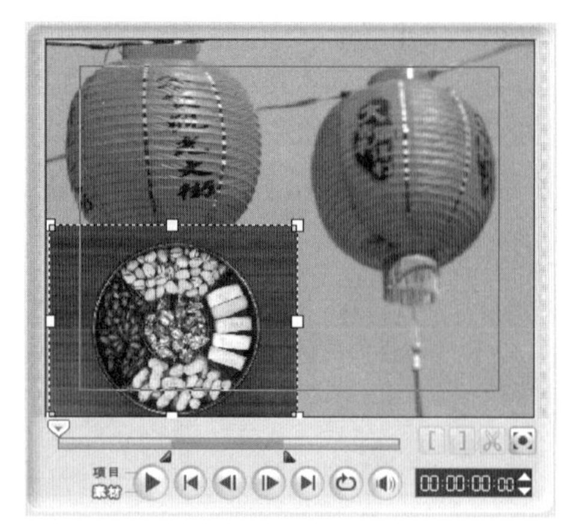

图13-85

05 在【属性】面板中的【方向/样式】面板中进行设置，如图13-86所示。单击【属性】面板中的【遮罩和色度键】按钮，勾选【应用覆叠选项】复选框，在【类型】选项下拉列表中选择【遮罩帧】选项，在右侧的面板中选择需要的样式，如图13-87所示。此时在预览窗口中可以观看视频素材应用遮罩后的效果，如图13-88所示。

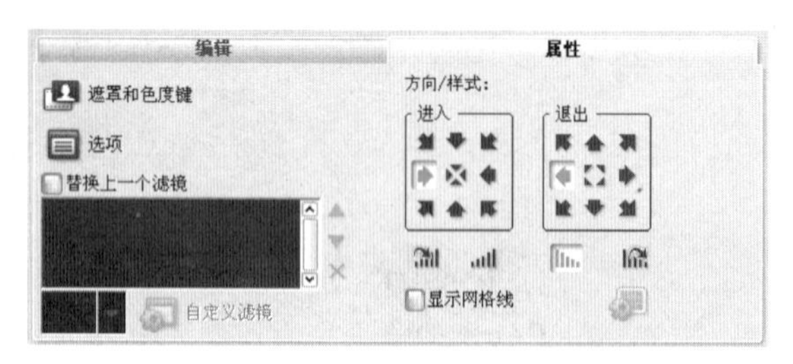

图13-86

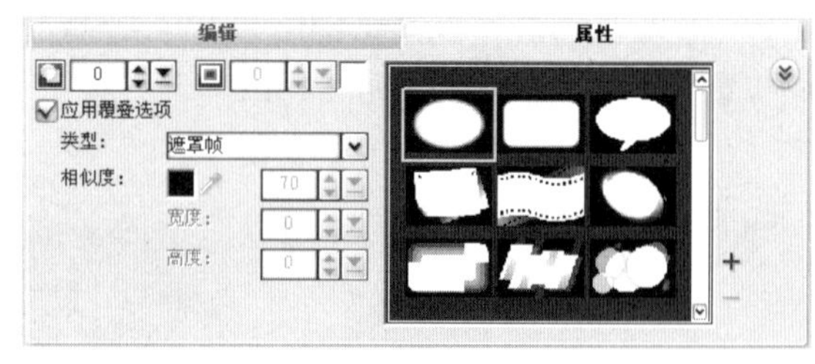

图13-87

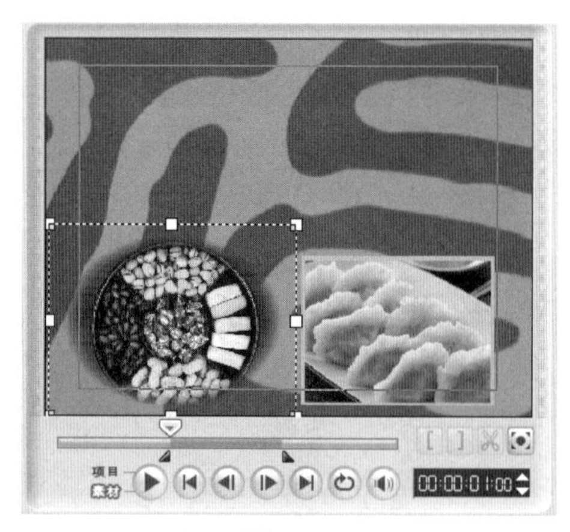

图13-88

06 单击素材库中的【画廊】按钮，在弹出的列表中选择【图像】选项。在素材库中选择“08.JPG”，按住鼠标将其拖曳至视频轨上，释放鼠标，效果如图13-89所示。在【编辑】面板中将【区间】选项设为5秒，时间轴效果如图13-90所示。

图13-89

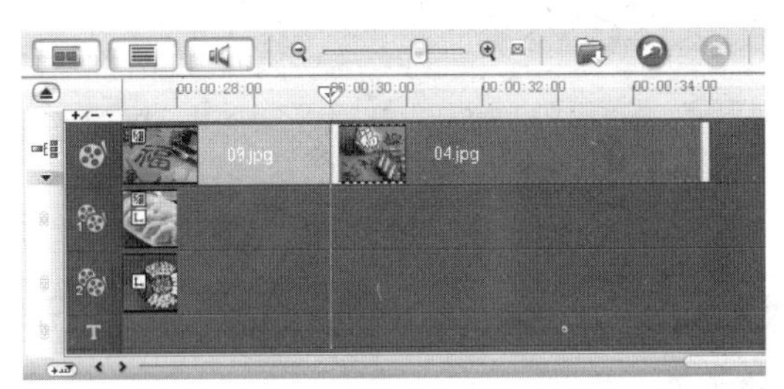

图13-90

07 在【属性】面板中，勾选【摇动和缩放】复选框，单击【自定义】按钮，拖曳图像窗口中的十字标记，改变聚焦的中心点，其他选项的设置如图13-91所示。单击【时间轴】选项右侧的菱形标记，移动到下一个关键帧，在图像窗口中拖曳中间的十字标记，改变聚焦的中心点，如图13-92所示，单击【确定】按钮。

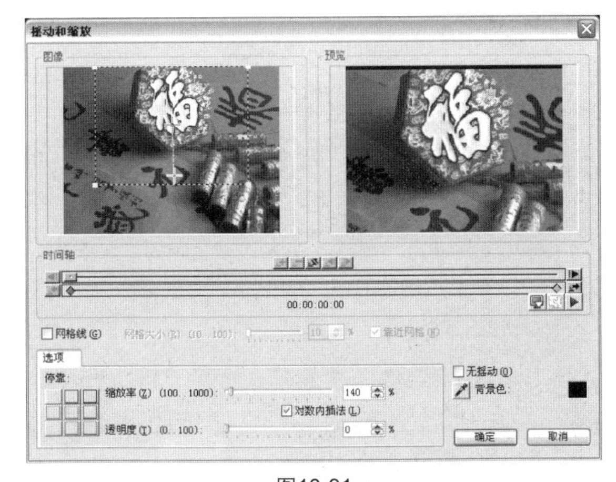

图13-91

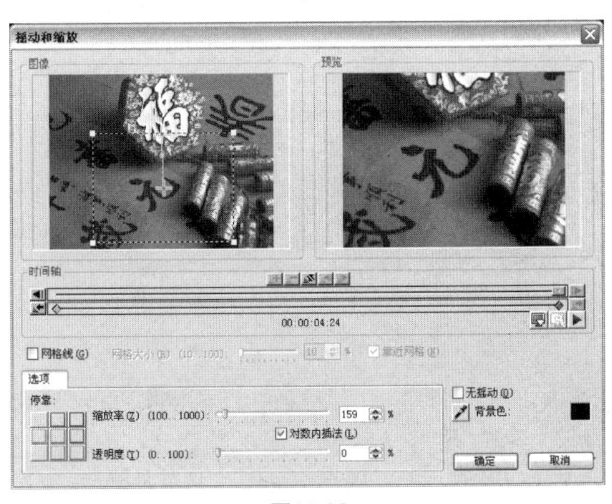

图13-92

08 单击素材库中的【画廊】按钮，在弹出的列表中选择【转场】→【遮罩】选项。在遮罩素材库中选择【遮罩F4】过渡效果，将其拖曳到视频轨上“09.jpg”和“04.jpg”两个图像素材中间，如图13-93所示，释放鼠标，将过渡效果应用到当前项目的素材之间，效果如图13-94所示。

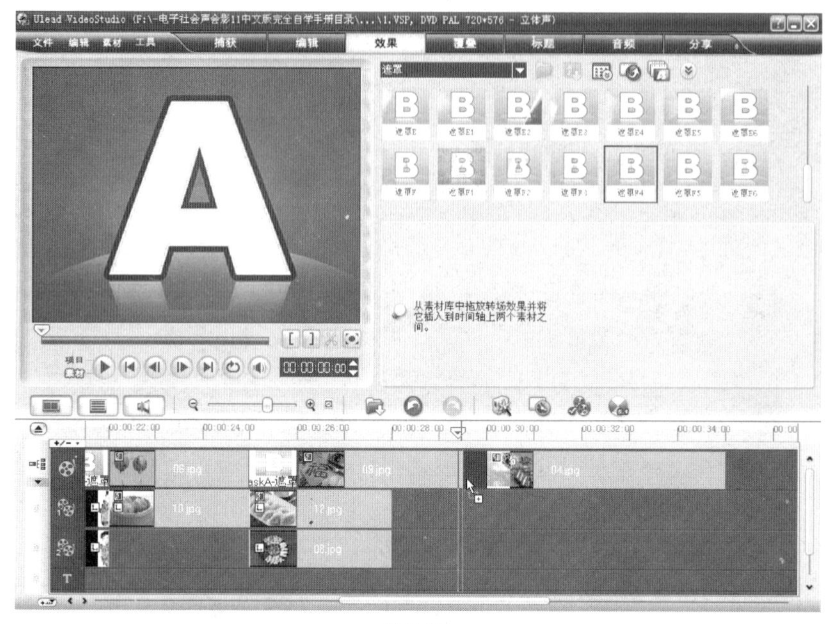

图13-93

图13-94

09 单击素材库中的【画廊】按钮，在弹出的列表中选择【图像】选项。在素材库中选择“13.JPG”，按住鼠标将其拖曳至覆叠轨上，释放鼠标，效果如图13-95所示。在预览窗口中的控制框内单击鼠标右键，在弹出的菜单中执行【停在底部】→【居中】命令，效果如图13-96所示。

图13-95

图13-96

10 在选项面板中单击【属性】面板中的【遮罩和色度键】按钮，勾选【应用覆叠选项】复选框，在【类型】选项下拉列表中选择【遮罩帧】选项，在右侧的面板中选择需要的样式，如图13-97所示。此时在预览窗口中可以观看视频素材应用遮罩后的效果，如图13-98所示。

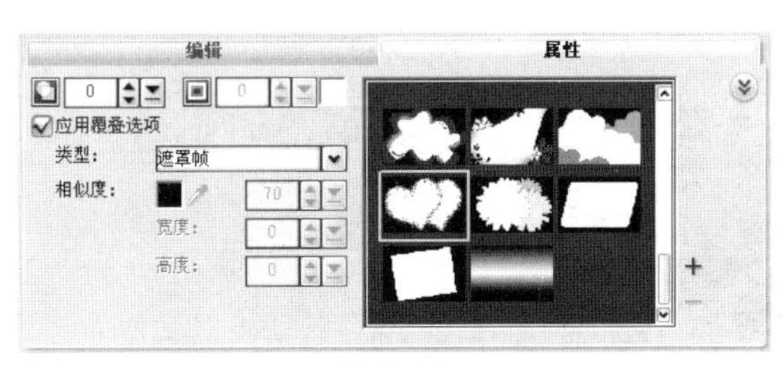

图13-97

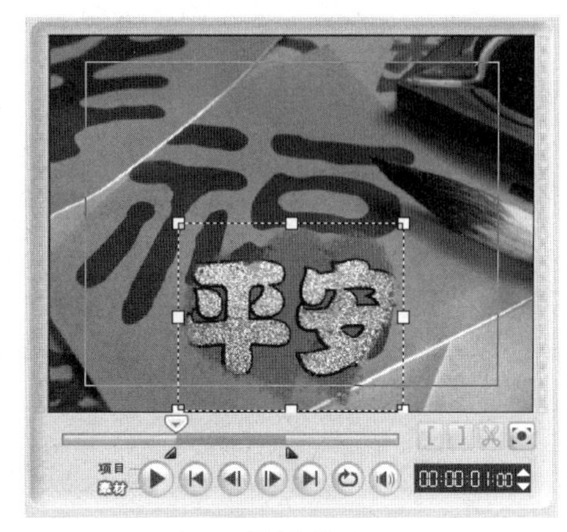

图13-98

11 在【属性】面板中的【方向/样式】面板中进行设置，如图13-99所示。单击素材库中的【画廊】按钮，在弹出的列表中选择【视频滤镜】选项。在【视频滤镜】素材库中选择【自动曝光】滤镜并将其添加到覆叠轨中的“13.jpg”图像素材上，如图13-100所示，释放鼠标，视频滤镜被应用到素材上，效果如图13-101所示。

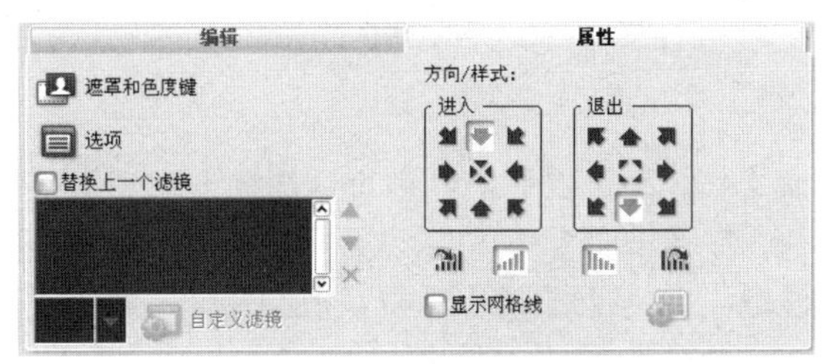

图13-99

图13-100

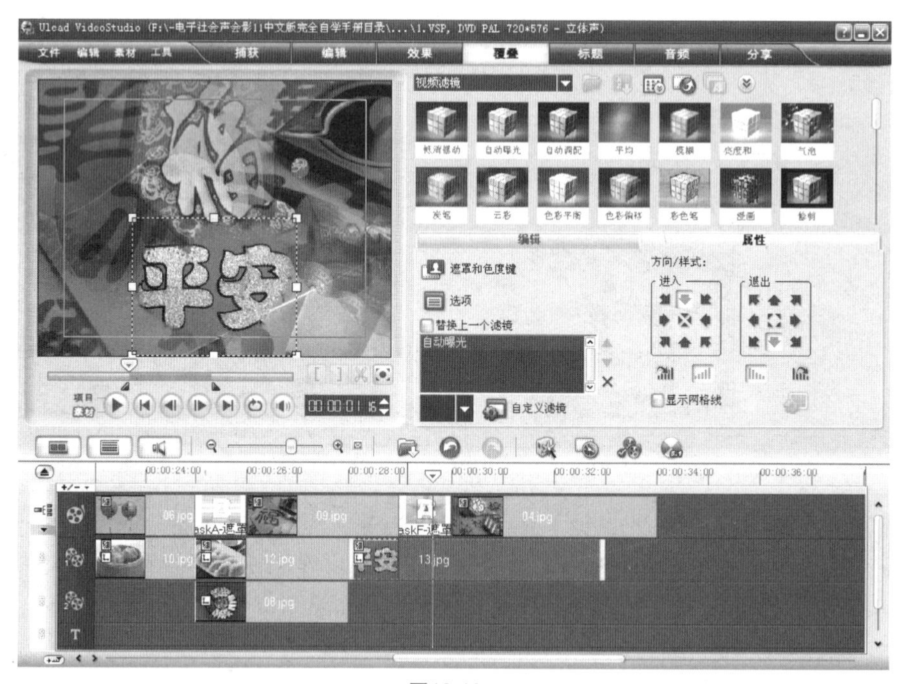

图13-101

12 单击素材库中的【画廊】按钮，在弹出的列表中选择【视频】选项。单击【视频】素材库中的【加载视频】按钮，在弹出的【打开视频文件】对话框中选择光盘目录下“Ch13/新春电子贺卡/礼花.mpg”文件，如图13-102所示，单击【打开】按钮，选中的视频素材被添加到素材库中，效果如图13-103所示。

图13-102

图13-103

13 在素材库中选择“礼花.mpg”，按住鼠标将其拖曳至视频轨上，释放鼠标，效果如图13-104所示。单击素材库中的【画廊】按钮▼，在弹出的列表中选择【转场】→【收藏夹】选项。在【收藏夹】素材库中选择【淡化到黑色】过渡效果，将其拖曳将到视频轨上“04.jpg”和“礼花.mpg”两个素材中间，如图13-105所示，释放鼠标，将过渡效果应用到当前项目的素材之间，如图13-106所示。

图13-104

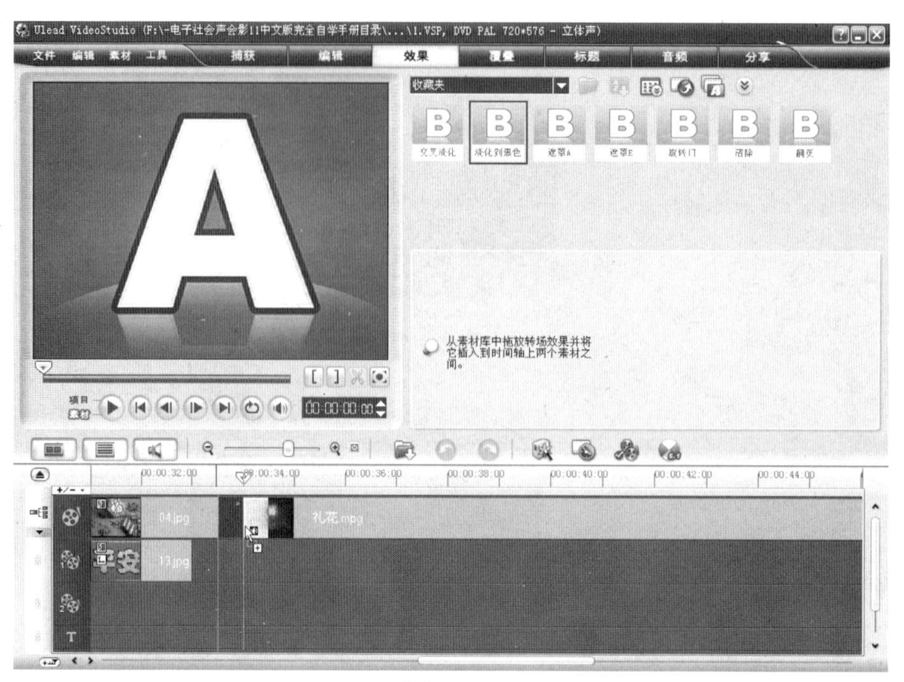

图13-105

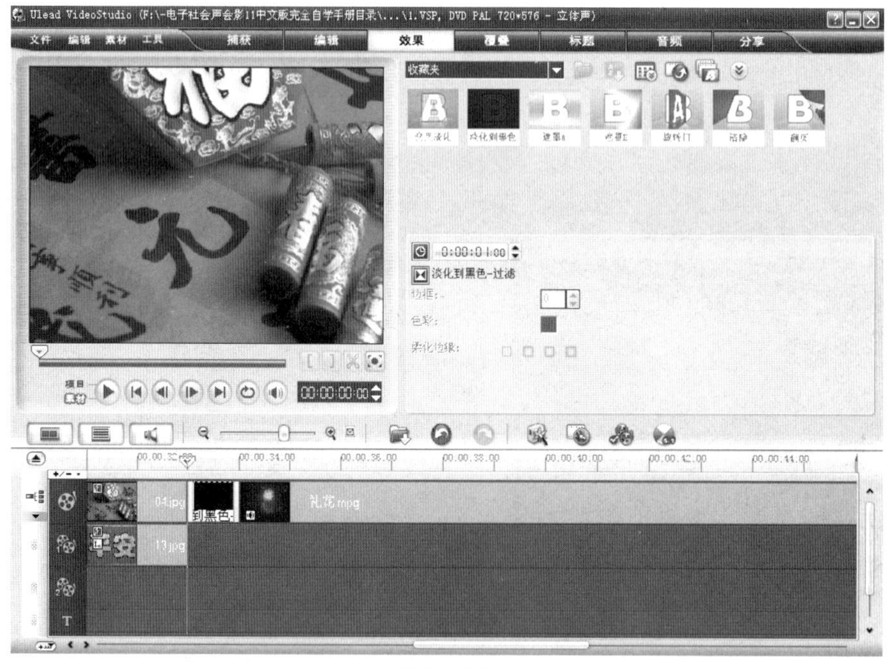

图13-106

13.8 添加文字

01 单击步骤选项卡中的【标题】按钮 标题 ，切换至标题面板。在【标题】素材库中选择需要的标题样式并拖曳到标题轨上，如图13-107所示，释放鼠标，效果如图13-108所示。

图13-107

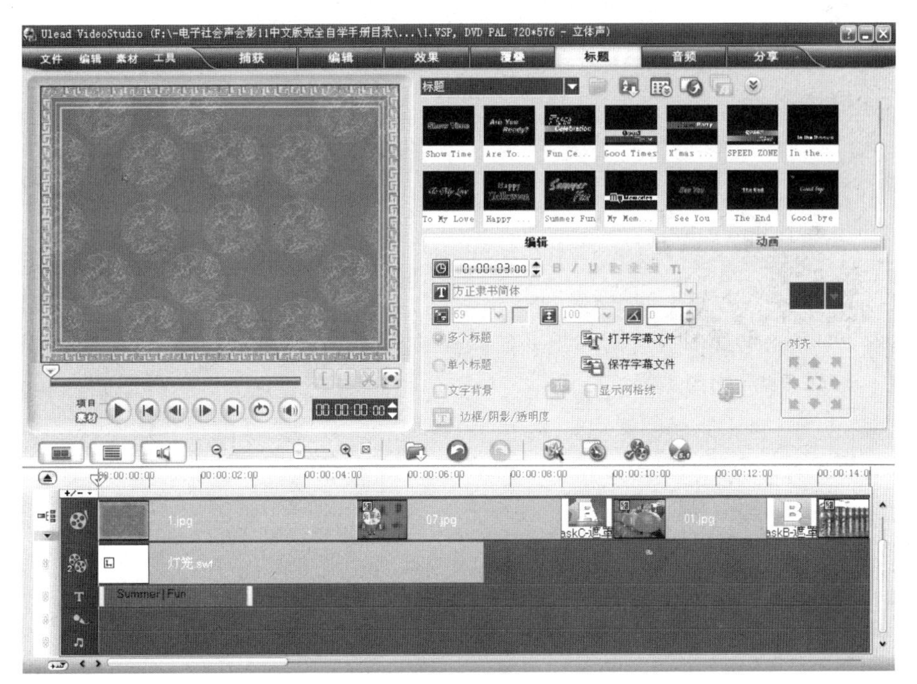

图13-108

02 在预览窗口中双击鼠标，进入标题编辑状态。双击文字“Summer”将其选取并改为“万事大吉”。选中该文字，在【编辑】面板中单击【色彩】颜色块，在弹出的面板中选择【友立色彩选取器】选项，在弹出的【友立色彩选取器】对话框中进行设置，如图13-109所示，单击【确定】按钮，在【编辑】面板中其他属性的设置如图13-110所示。在预览窗口中取消文字的选取状态，效果如图13-111所示。

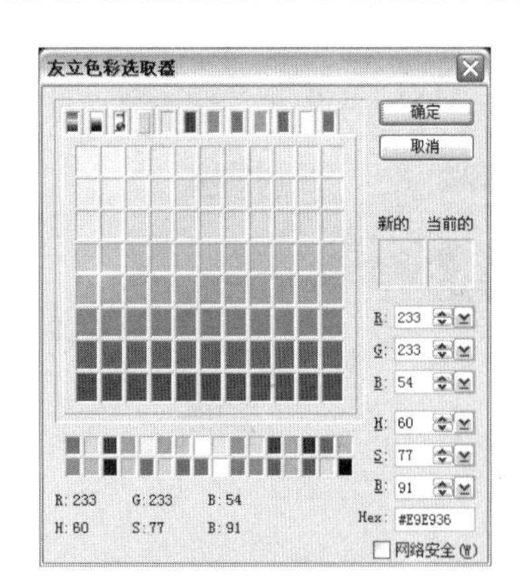

图13-109

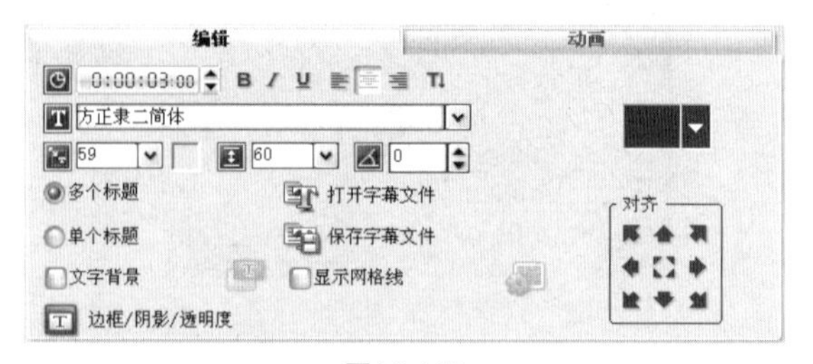

图13-110

图13-111

03 单击【边框/阴影/透明度】按钮，弹出【边框/阴影/透明度】对话框，在【边框】选项卡中单击【线条色彩】选项颜色块，在弹出的对话框中进行设置，如图13-112所示。单击【确定】按钮，返回到【边框/阴影/透明度】对话框中进行设置，如图13-113所示。选择【阴影】选项卡，单击【光晕阴影】按钮，将【光晕阴影色彩】选项设为白色，其他选项的设置如图13-114所示，单击【确定】按钮，预览窗口中的效果如图13-115所示。

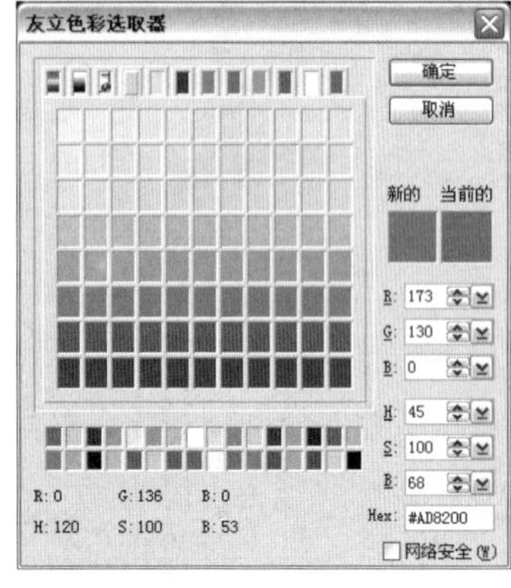

图13-112

图13-113

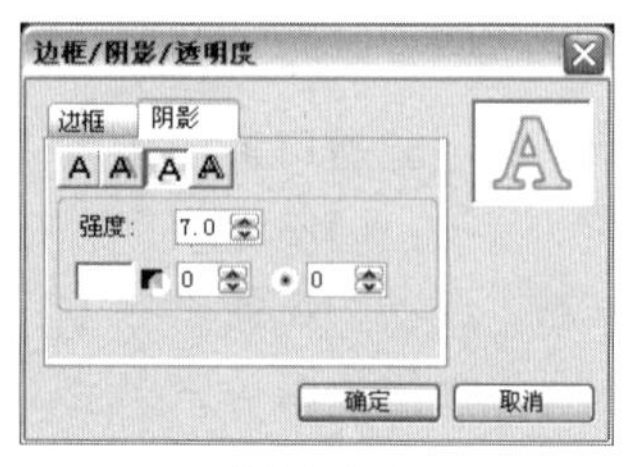

图13-114

图13-115

04 在【动画】面板中勾选【应用动画】复选框，单击【类型】选项右侧的下拉按钮，在弹出的下拉列表中选择【移动路径】选项，在【移动路径】动画库中选择需要的动画效果并将其应用到当前字幕，如图13-116所示。

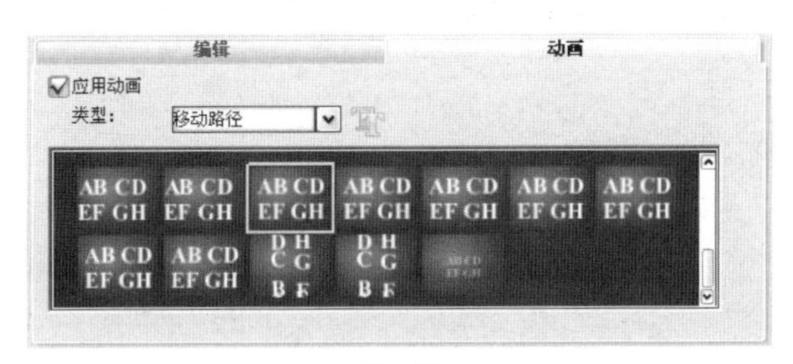

图13-116

05 在预览窗口中双击鼠标，进入标题编辑状态。双击文字“Fun”将其选取并改为“心想事成”。选中该文字，在【编辑】面板中单击【色彩】颜色块，在弹出的面板中选择【友立色彩选取器】选项，在弹出的【友立色彩选取器】对话框中进行设置，如图13-117所示。单击【确定】按钮，在【编辑】面板中其他属性的设置如图13-118所示。在预览窗口中取消文字的选取状态，效果如图13-119所示。

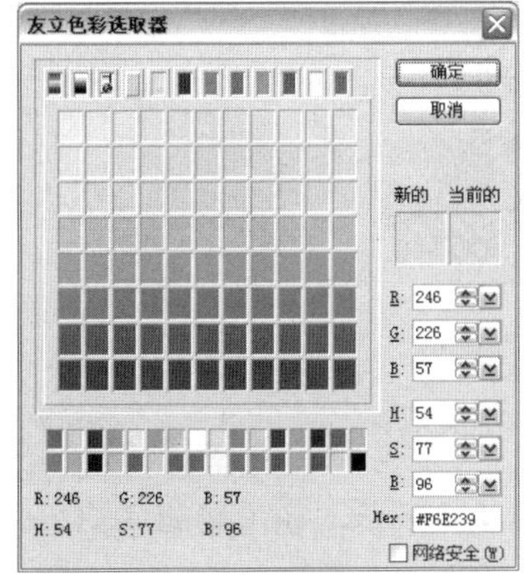

图13-117

图13-118

图13-119

06 单击【边框/阴影/透明度】按钮，弹出【边框/阴影/透明度】对话框，在【边框】选项卡中单击【线条色彩】选项颜色块，在弹出的对话框中进行设置，如图13-120所示。单击【确定】按钮，返回到【边框/阴影/透明度】对话框中进行设置，如图13-121所示。选择【阴影】选项卡，单击【光晕阴影】按钮，将【光晕阴影色彩】选项设为白色，其他选项的设置如图13-122所示，单击【确定】按钮，预览窗口中的效果如图13-123所示。

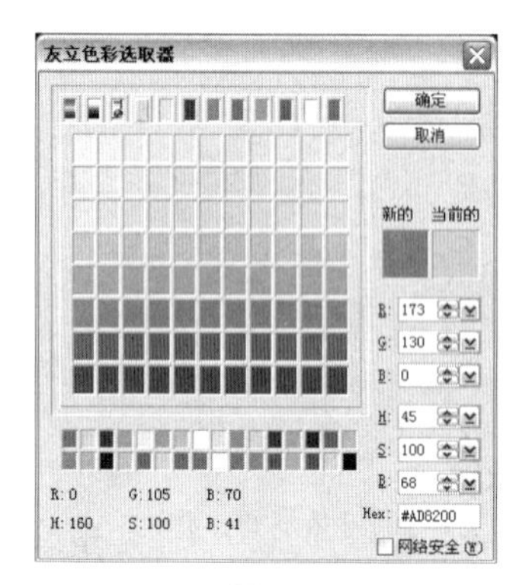

图13-120

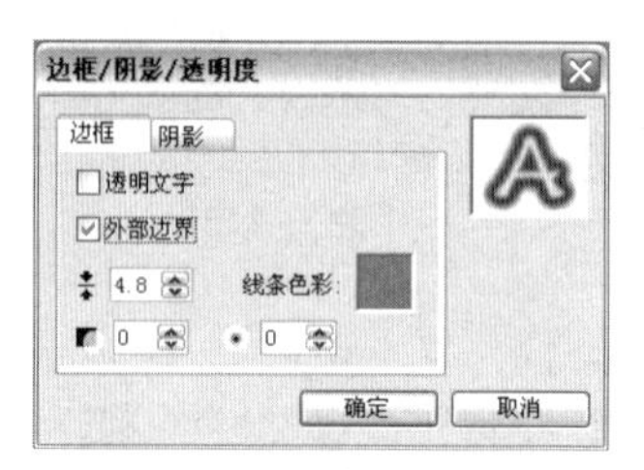

图13-121

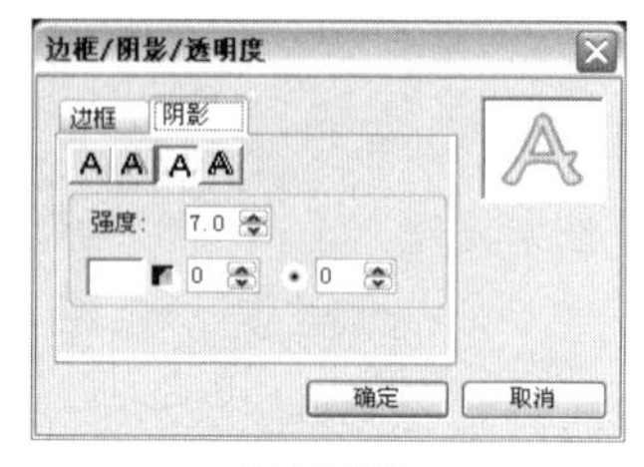

图13-122

图13-123

07 在预览窗口中分别拖曳文字到适当的位置，效果如图13-124所示。在【编辑】面板中将【区间】选项设为5秒，时间轴效果如图13-125所示。

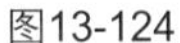

图13-124

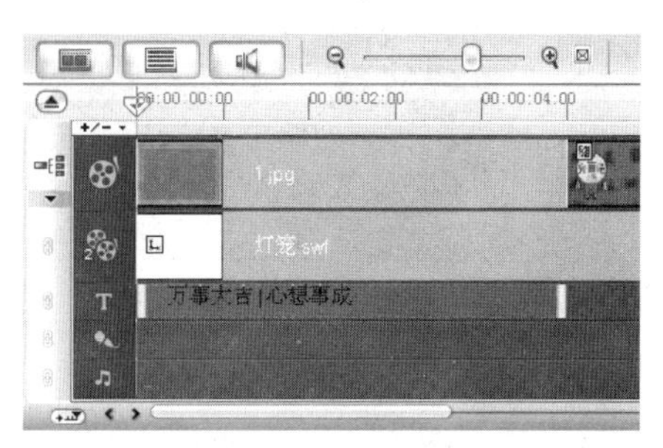

图13-125

08 在【动画】面板中勾选【应用动画】复选框，单击【类型】选项右侧的下拉按钮，在弹出的下拉列表中选择【移动路径】选项，在【移动路径】动画库中选择需要的动画效果并应用到当前字幕，如图13-126所示。

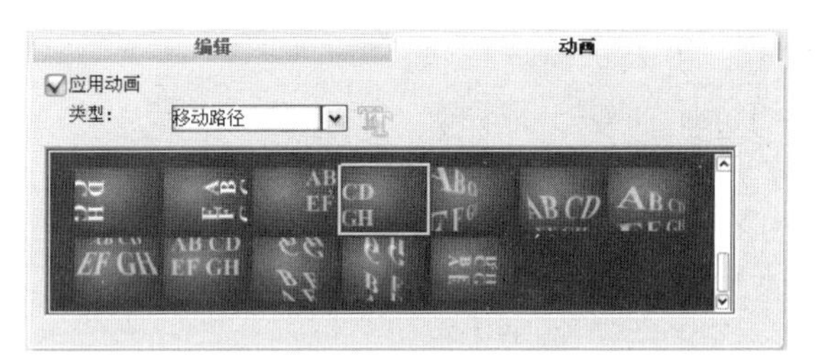

图13-126

09 在【标题】素材库中选择需要的标题样式并拖曳到标题轨上，如图13-127所示，释放鼠标，效果如图13-128所示。

图13-127

图13-128

10 在预览窗口中双击鼠标，进入标题编辑状态。双击文字“Show Time”将其选取并改为“新年快乐”。选中该文字，在【编辑】面板中单击【色彩】颜色块，在弹出的面板中选择【友立色彩选取器】选项，在弹出的【友立色彩选取器】对话框中进行设置，如图13-129所示。单击【确定】按钮，在【编辑】面板中其他属性的设置如图13-130所示。在预览窗口中取消文字的选取状态，效果如图13-131所示。

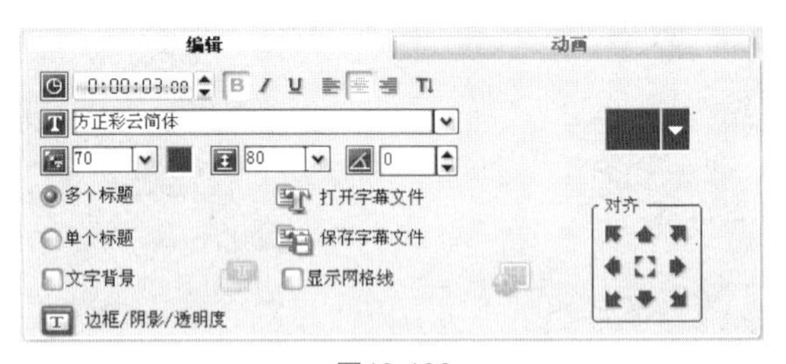

图13-130

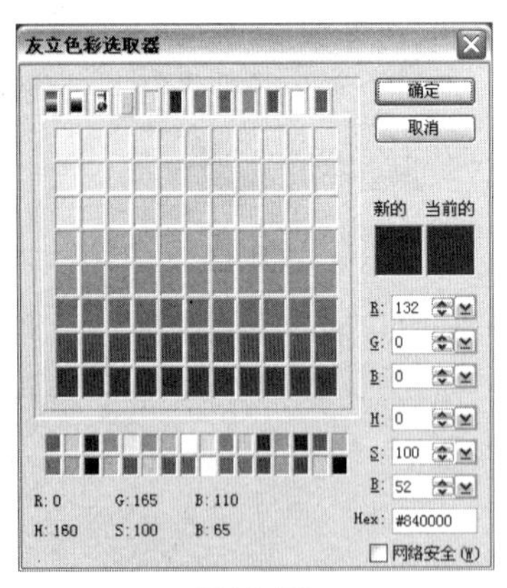

图13-129

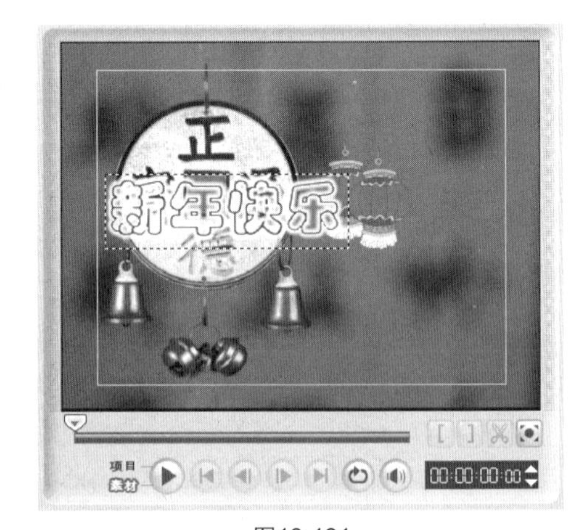

图13-131

11 单击【边框/阴影/透明度】按钮，弹出【边框/阴影/透明度】对话框，在【边框】选项卡中将【线条色彩】选项设为黑色，其他选项的设置如图13-132所示。选择【阴影】选项卡，单击【光晕阴影】按钮，将【光晕阴影色彩】选项设为白色，其他选项的设置如图13-133所示，单击【确定】按钮，在预览窗口中拖曳文字到适当的位置，效果如图13-134所示。

图13-132

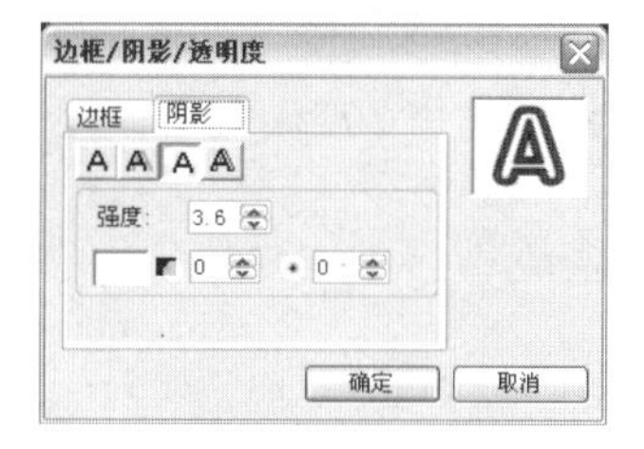

图13-133

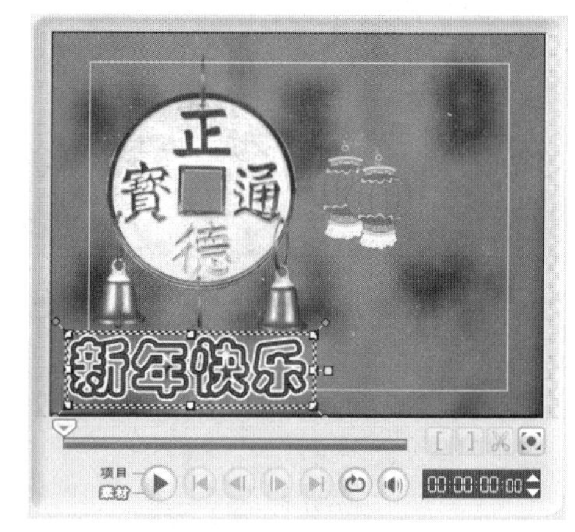

图13-134

12 在【编辑】面板中将【区间】选项设为6秒12帧，如图13-135所示。时间轴效果如图13-136所示。

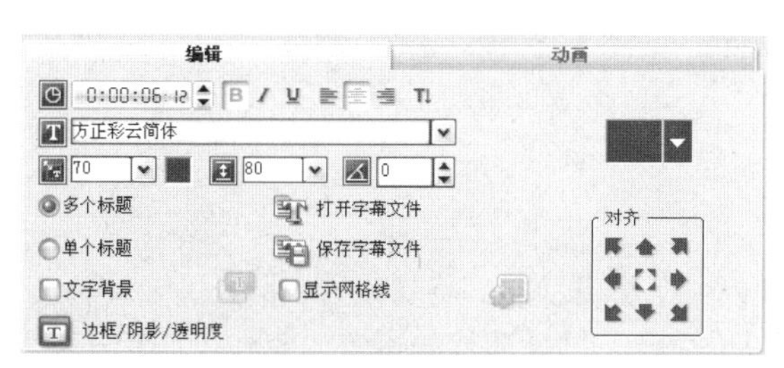

图13-135

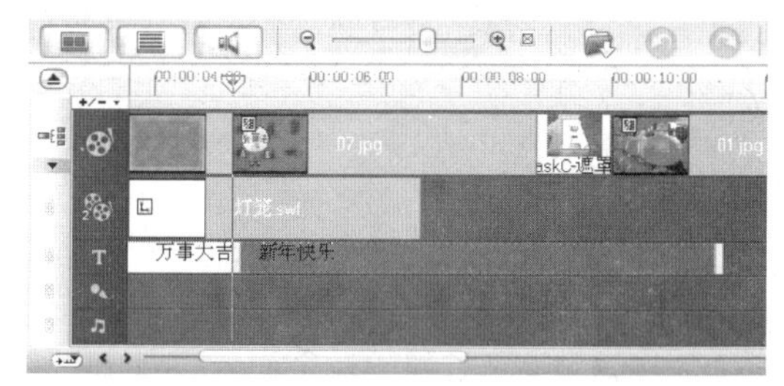

图13-136

13 在【标题】素材库中选择需要的标题样式，并将其拖曳到标题轨上，如图13-137所示，释放鼠标，效果如图13-138所示。

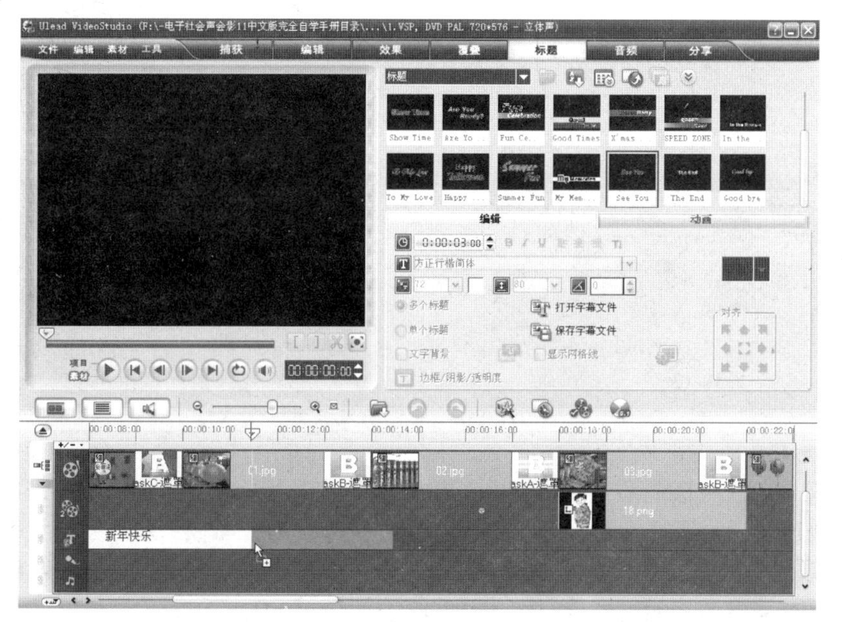

图13-137

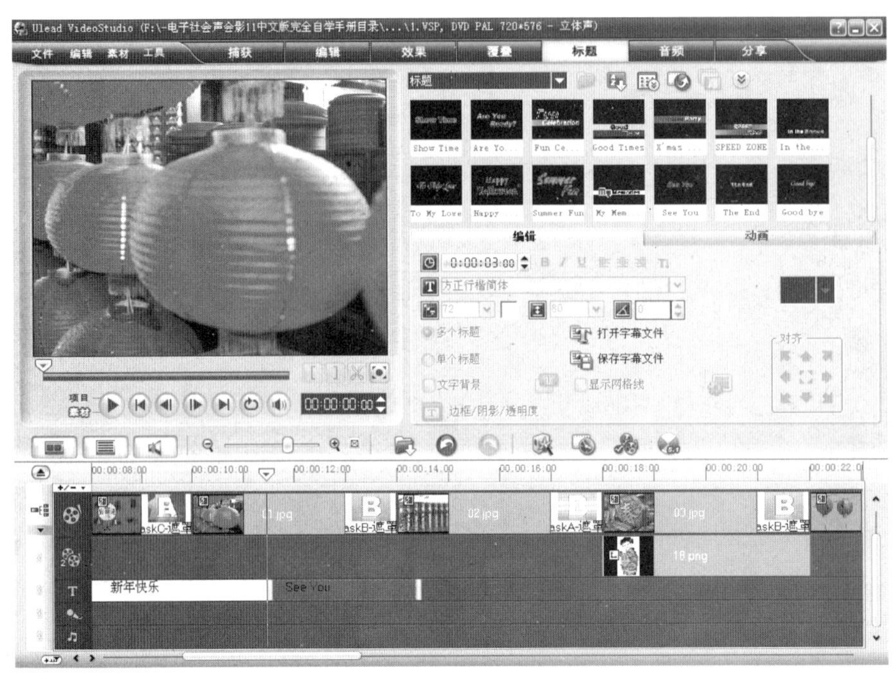

图13-138

14 在预览窗口中选中文字“See You”，双击鼠标进入文字编辑状态，将其改为“招财进宝”。选中该文字，在【编辑】面板中将【色彩】颜色块设为白色，其他属性的设置如图13-139所示。在预览窗口中取消文字的选取状态，效果如图13-140所示。

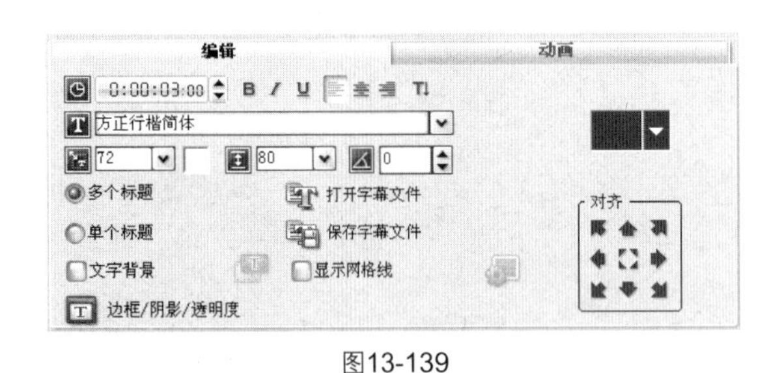

图13-139

图13-140

15 在预览窗口中拖曳文字到适当的位置，效果如图13-141所示。在【编辑】面板中将【区间】选项设为6秒13帧，时间轴效果如图13-142所示。在【动画】面板中勾选【应用动画】复选框，单击【类型】选项右侧的下拉按钮，在弹出的下拉列表中选择【淡化】选项，在【淡化】动画库中选择需要的动画效果，并将其应用到当前字幕，如图13-143所示。

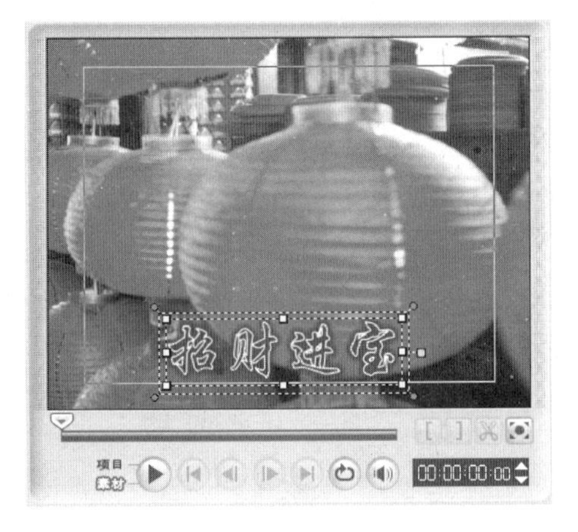

图13-141

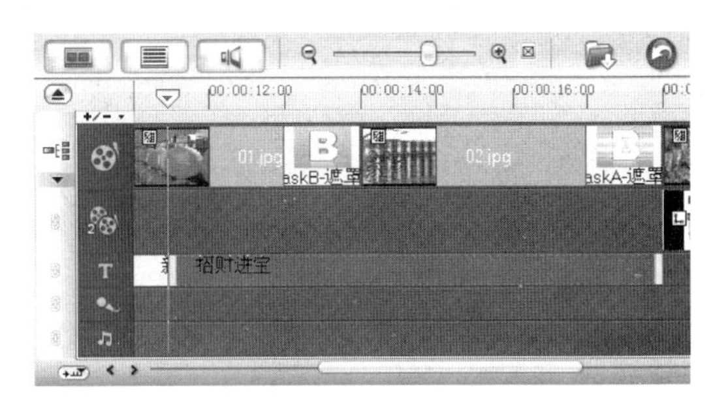

图13-142

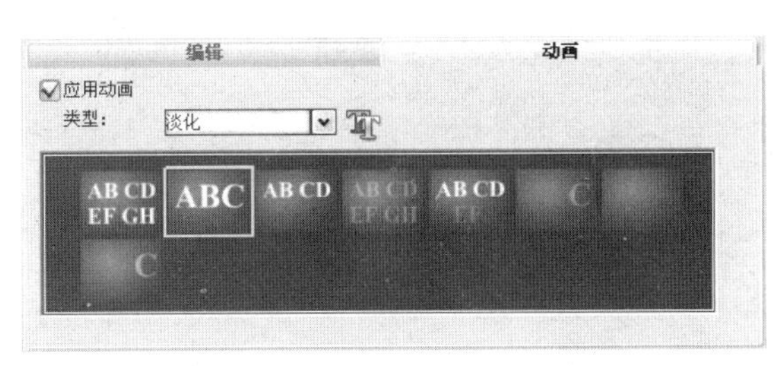

图13-143

16 在【标题】素材库中选择需要的标题样式并拖曳到标题轨上，如图13-144所示，释放鼠标，效果如图13-145所示。

图13-144

图13-145

17 在标题轨上的“To My Love”文字上双击鼠标，即可在预览窗口中显示文字。选取文字“To My Love”将其改为“恭喜发财”。选中该文字，在【编辑】面板中单击【色彩】颜色块，在弹出的面板中选择【友立色彩选取器】选项，在弹出的【友立色彩选取器】对话框中进行设置，如图13-146所示。单击【确定】按钮，在【编辑】面板中其他属性的设置如图13-147所示。在预览窗口中取消文字的选取状态，效果如图13-148所示。

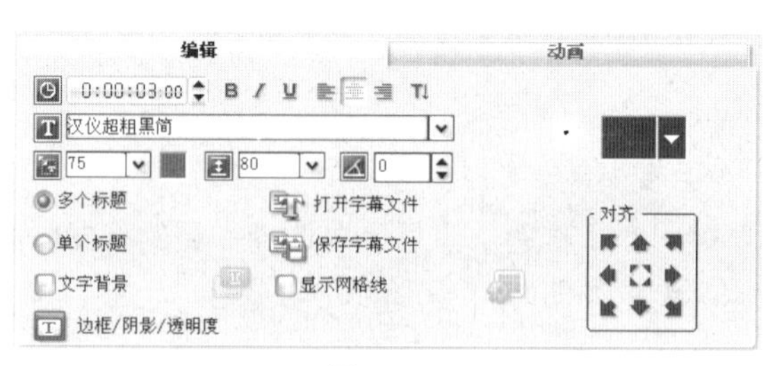

图13-147

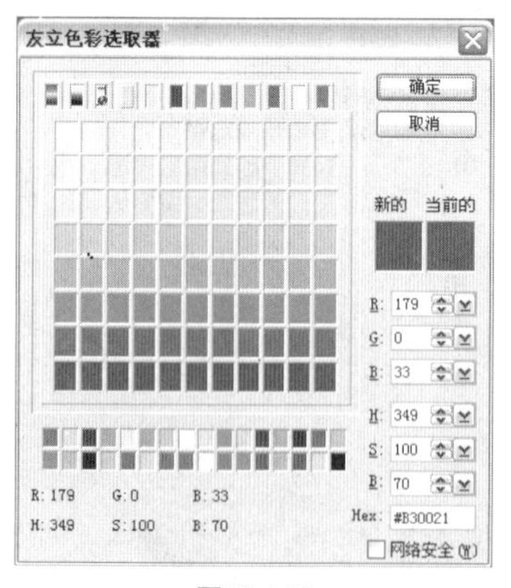

图13-146

图13-148

18 单击【边框/阴影/透明度】按钮，弹出【边框/阴影/透明度】对话框，在【边框】选项卡中，将【线条色彩】选项设为白色，其他选项的设置如图13-149所示。选择【阴影】选项卡，单击【光晕阴影】按钮，单击【光晕阴影色彩】选项颜色块，在弹出的对话框中进行设置，如图13-150

所示。单击【确定】按钮。返回到【边框/阴影/透明度】对话框中进行设置，如图13-151所示，单击【确定】按钮，在预览窗口中效果如图13-152所示。

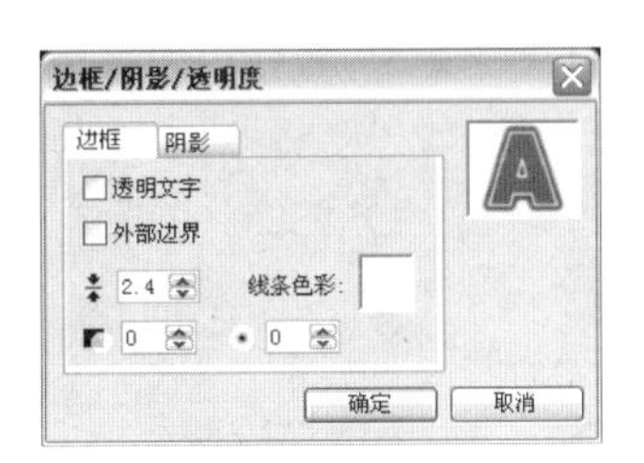

图13-149

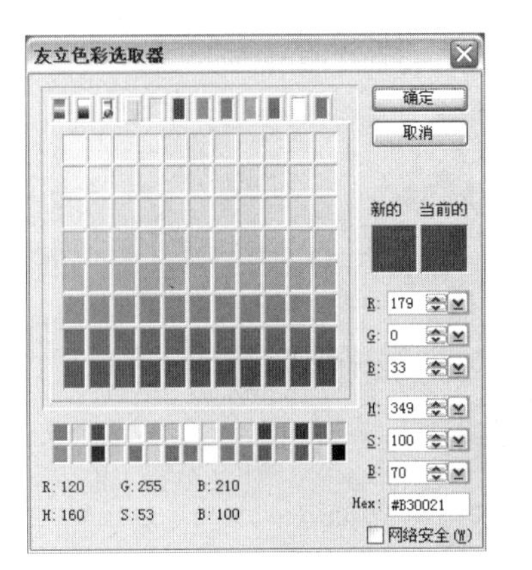

图13-150

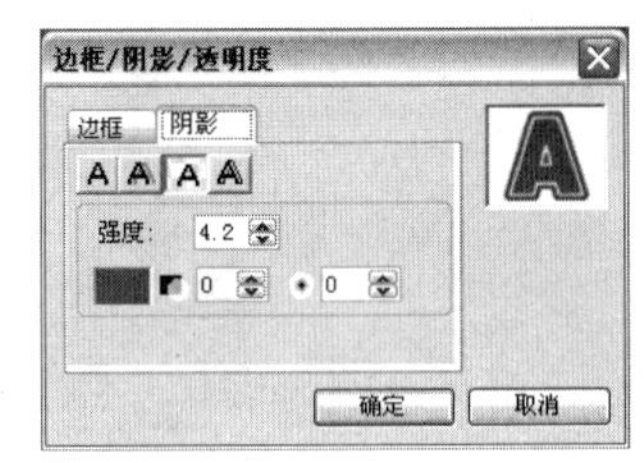

图13-151

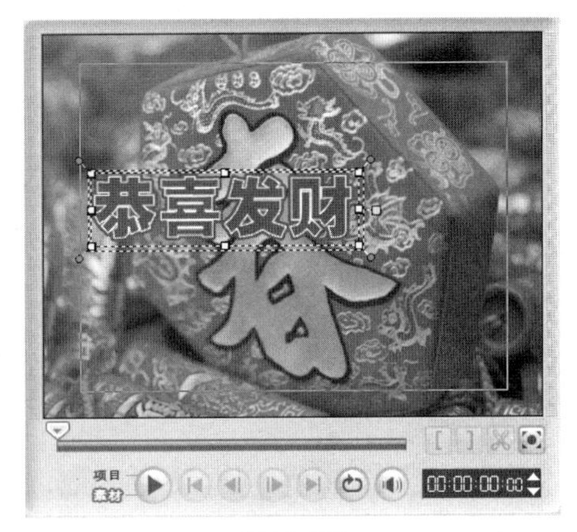

图13-152

19 在预览窗口中拖曳文字到适当的位置，效果如图13-153所示。在【动画】面板中勾选【应用动画】复选框，单击【类型】选项右侧的下拉按钮，在弹出的下拉列表中选择【移动路径】选项，在【移动路径】动画库中选择需要的动画效果并应用到当前字幕，如图13-154所示。

图13-153

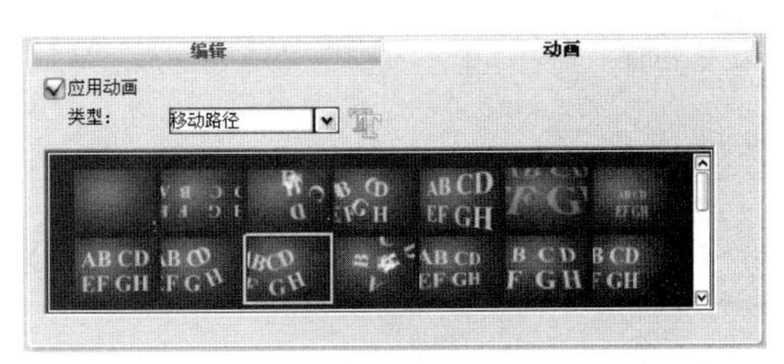

图13-154

20 拖曳时间轴标尺上的位置标记▽到34秒处，如图13–155所示。在预览窗口中输入需要的文字并选取该文字，在【编辑】面板中选择【多个标题】单选项，单击【色彩】颜色块，在弹出的面板中选择【友立色彩选取器】选项，在弹出的【友立色彩选取器】对话框中进行设置，如图13–156所示。单击【确定】按钮，在【编辑】面板中其他属性的设置如图13–157所示。在预览窗口中取消文字的选取状态，效果如图13–158所示。

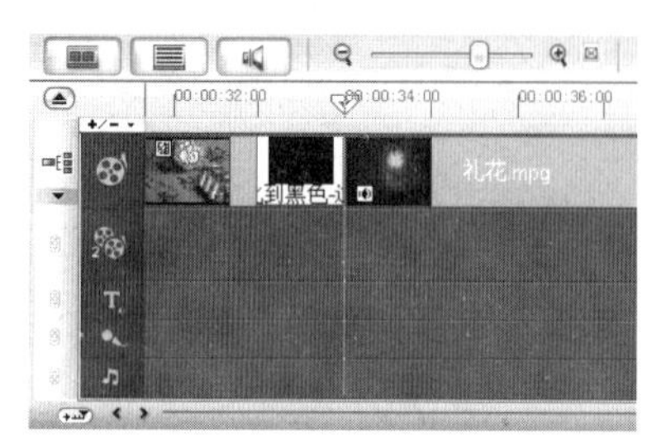

图13-155

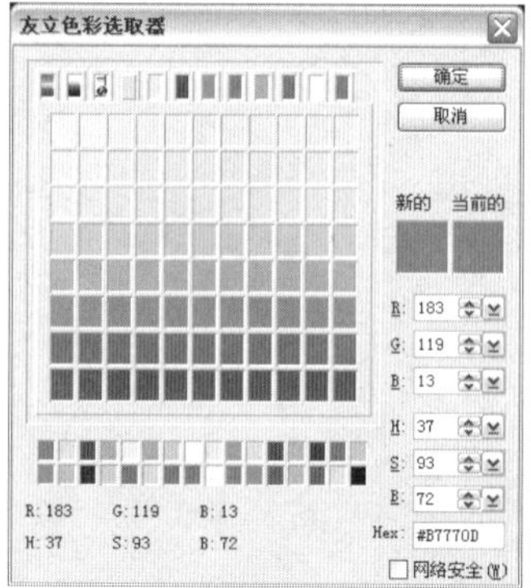

图13-156

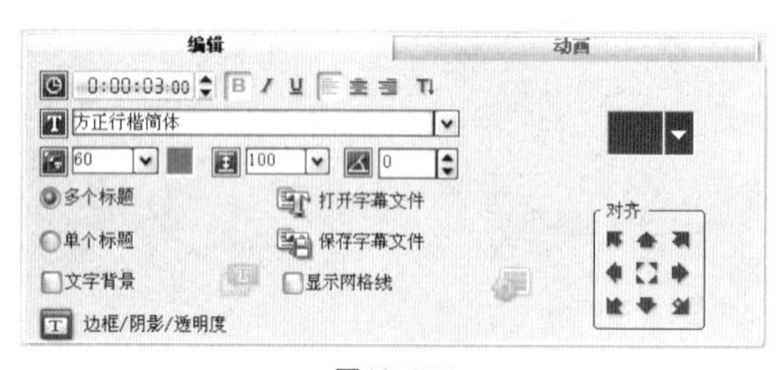

图13-157

图13-158

21 单击【边框/阴影/透明度】按钮，弹出【边框/阴影/透明度】对话框，在【边框】选项卡中，单击【线条色彩】选项颜色块，在弹出的对话框中进行设置，如图13–159所示。单击【确定】按钮，返回到【边框/阴影/透明度】对话框中进行设置，如图13–160所示。选择【阴影】选项卡，单击【光晕阴影】按钮A，单击【光晕阴影色彩】选项颜色块，在弹出的色板中选择需要的颜色，将【光晕阴影柔化边缘】选项设为15，其他选项的设置如图13–161所示，单击【确定】按钮，在预览窗口中效果如图13–162所示。

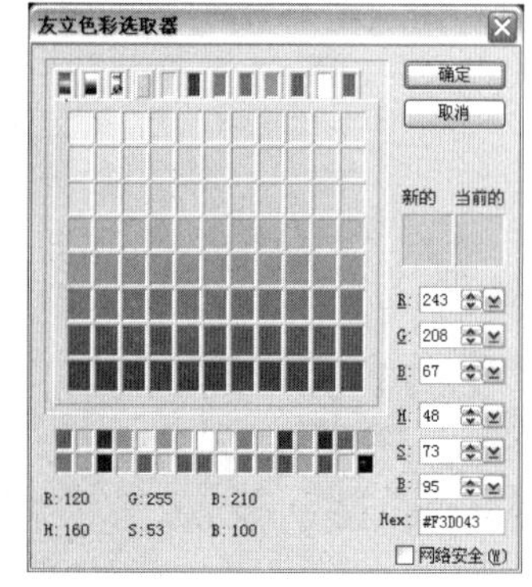

图13-159

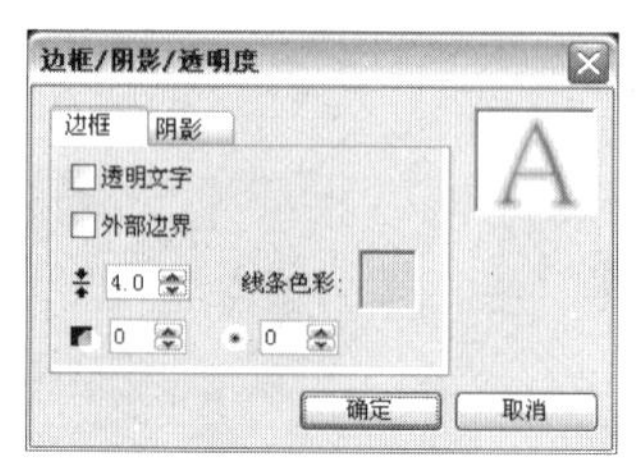

图13-160

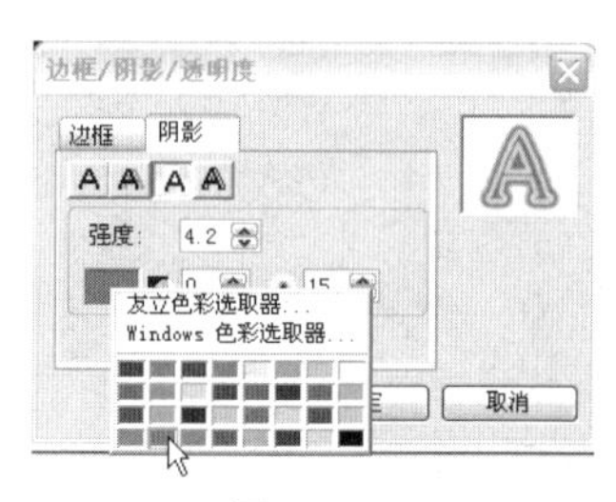

图13-161

图13-162

22 在【编辑】面板中将【区间】选项设为13秒12帧，时间轴效果如图13-163所示。在【动画】面板中勾选【应用动画】复选框，单击【类型】选项右侧的下拉按钮，在弹出的下拉列表中选择【弹出】选项，在【弹出】动画库中选择需要的动画效果并应用到当前字幕，如图13-164所示。

图13-163

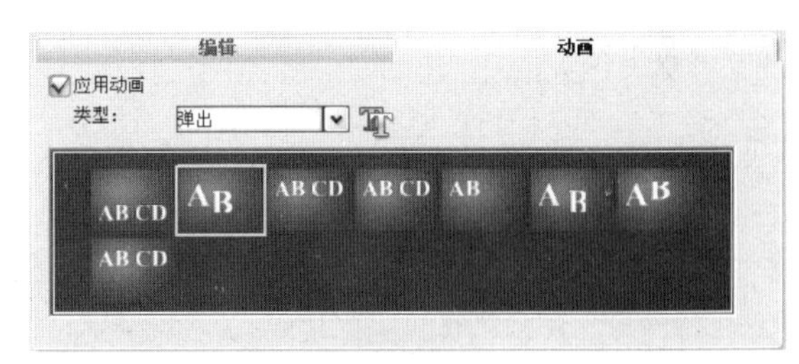

图13-164

13.9 添加音乐

01 单击素材库中的【画廊】按钮，在弹出的列表中选择【音频】选项，如图13-165所示。单击【音频】素材库中的【加载音频】按钮，在弹出的【打开音频文件】对话框中选择光盘目录下“Ch13/新春电子贺卡/背景音乐.wav”文件，如图13-166所示，单击【打开】按钮，选中的音频素材被添加到素材库中，效果如图13-167所示。

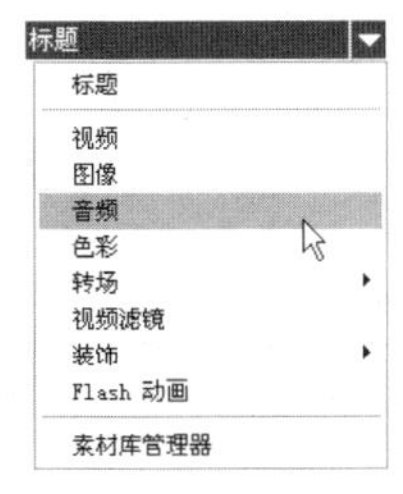

图13-165

图13-166

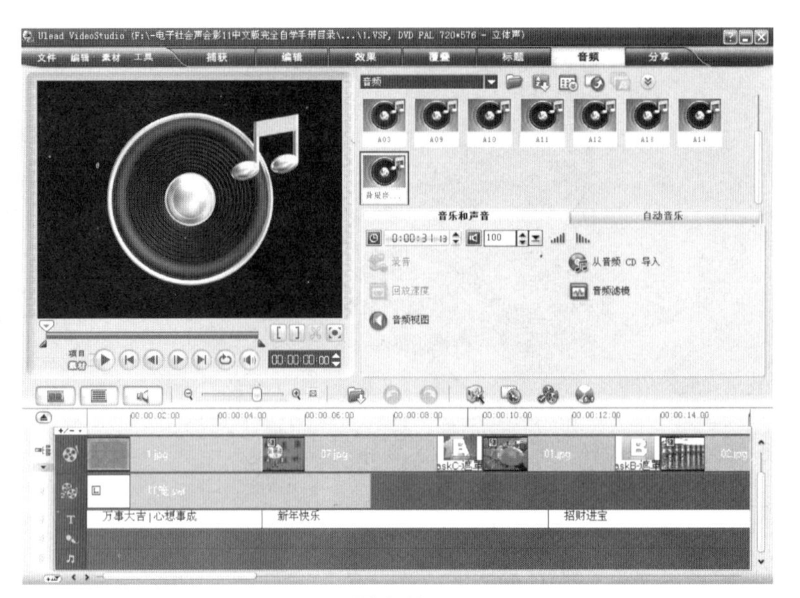

图13-167

02 在素材库中选择“背景音乐.wav”，按住鼠标将其拖曳至音乐轨上，释放鼠标，效果如图13-168所示。用相同的方法再次在素材库中选择“背景音乐.wav”，将其拖曳到“背景音乐.wav”音频素材的后面，在【音乐和声音】面板中将【区间】选项设为16秒08帧，并单击【淡出】按钮，如图13-169所示，时间轴效果如图13-170所示。

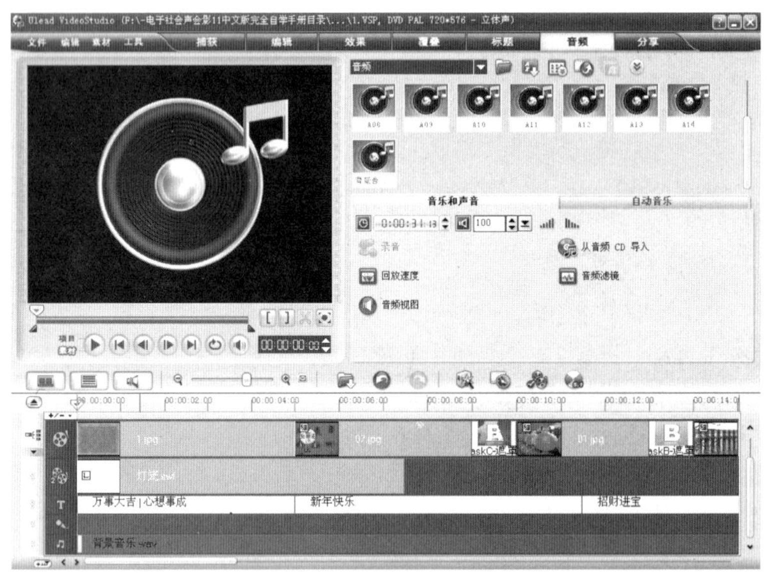

图13-168

图13-169

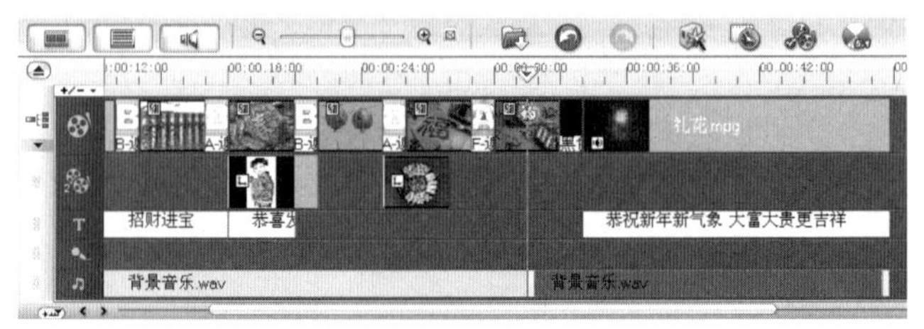

图13-170

Chapter 14
旅游记录片

使用覆叠轨管理器按钮添加覆叠轨。使用方向/样式面板设置素材的方向。使用淡出动画效果制作素材淡出效果。使用遮罩和色度键按钮制作素材遮罩效果。使用摇动和缩放选项制作素材缩放效果。使用边框/阴影/透明度按钮添加素材边框效果。

14.1 添加素材图片和覆叠轨

01 启动会声会影11，在启动面板中选择【会声会影编辑器】选项，如图14-1所示，进入会声会影程序主界面。

02 单击【视频】素材库中的【加载视频】按钮，在弹出的【打开视频文件】对话框中选择光盘目录下“Ch14/旅游记录片/1埃及.mpg、3埃及.mpg、5埃及.mpg、6埃及.mpg、草原.mpg”文件，如图14-2所示。单击【打开】按钮，弹出提示对话框，单击【确定】按钮，所有选中的视频素材被添加到素材库中，效果如图14-3所示。

图14-1

图14-2

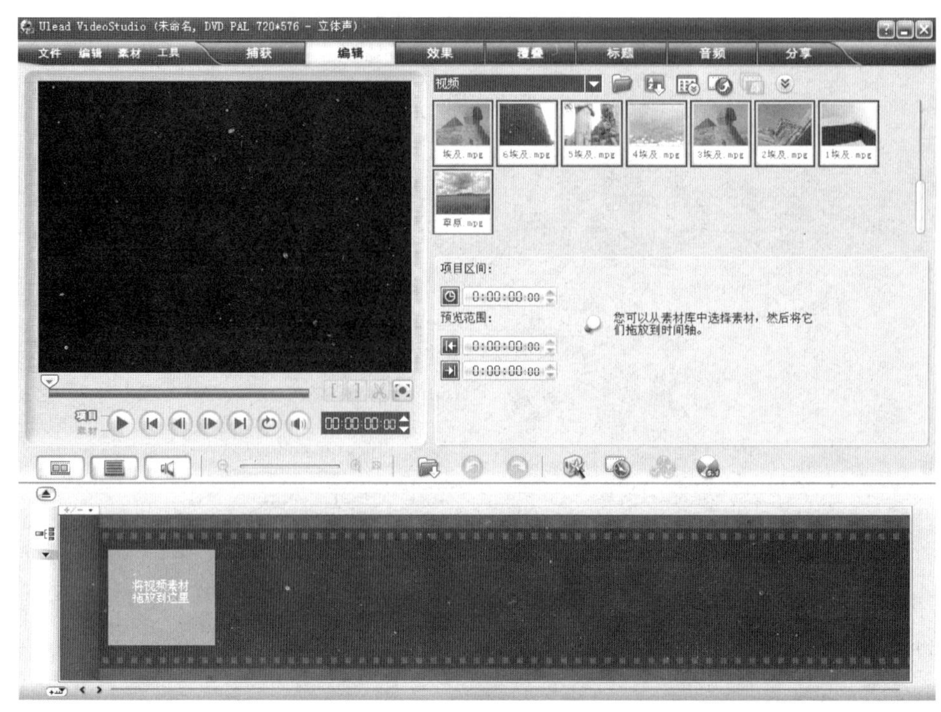

图14-3

03 单击【时间轴】面板中的【时间轴视图】按钮，切换到时间轴视图。在素材库中选择“草原.mpg”，按住鼠标将其拖曳至视频轨上，释放鼠标，效果如图14-4所示。

图14-4

04 单击素材库中的【画廊】按钮，在弹出的列表中选择【视频滤镜】选项。在【视频滤镜】素材库中选择【镜头闪光】滤镜，并将其添加到视频轨中的“草原.mpg”视频素材上，如图14-5所示，释放鼠标，视频滤镜被应用到素材上，效果如图14-6所示。

图14-5

图14-6

05 单击【属性】栏中【预设】右侧的三角按钮，在弹出的面板中选择需要的预设类型，如图14-7所示，在预览窗口中的效果如图14-8所示。

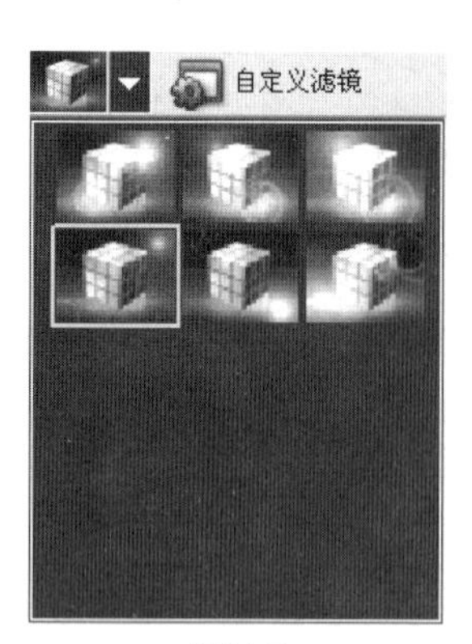

图14-7

图14-8

06 单击【覆叠轨管理器】按钮，弹出【覆叠轨管理器】对话框，勾选【覆叠轨#2】、【覆叠轨#3】和【覆叠轨#4】复选框，如图14-9所示。单击【确定】按钮，在预设的【覆叠轨#1】下方添加新的覆叠轨，效果如图14-10所示。

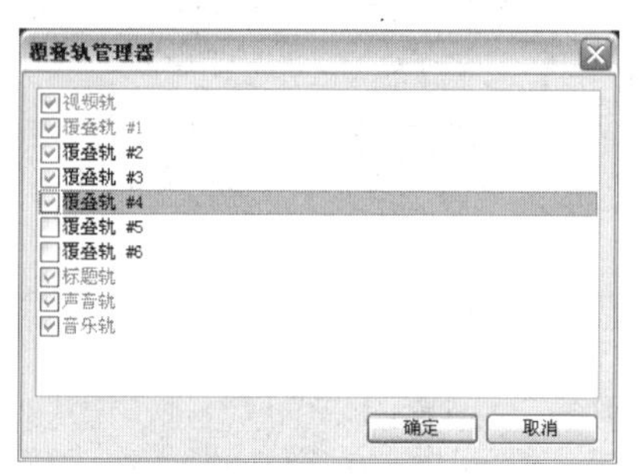

图14-9

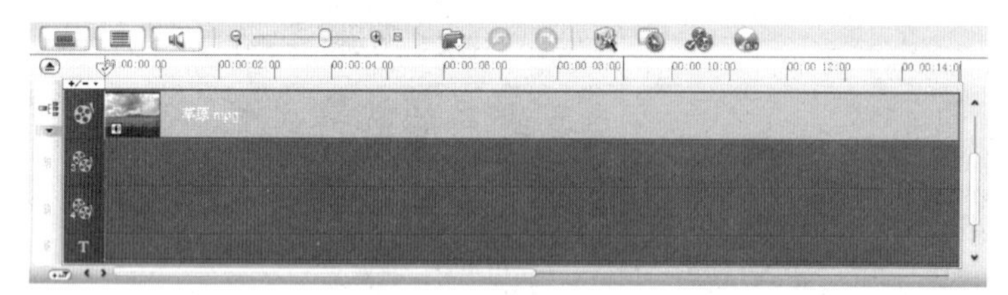
图14-10

14.2 制作素材摇动和缩放效果

01 单击素材库中的【画廊】按钮，在弹出的列表中选择【图像】选项，单击【图像】素材库中的【加载图像】按钮，在弹出的【打开图像文件】对话框中选择光盘目录下“Ch14/旅游记录片/ 01.JPG、02.JPG、03.JPG、04.JPG、05.JPG、06.JPG、07.JPG、08.JPG、09.JPG、10.JPG、11.JPG、12.JPG、13.JPG、14.JPG”文件，如图14-11所示，单击【打开】按钮，所有选中的图像素材被添加到素材库中，效果如图14-12所示。

图14-11

图14-12

02 拖曳时间轴标尺上的位置标记到11秒3帧处，如图14-13所示。在素材库中选择“12.JPG”，按住鼠标将其拖曳至覆叠轨上，释放鼠标，效果如图14-14所示。在预览窗口中的覆叠素材上，向内拖曳素材右上角的控制点，等比缩小素材，然后将其拖曳到适当的位置，如图14-15所示。在【属性】面板中单击【淡出动画效果】按钮，如图14-16所示。

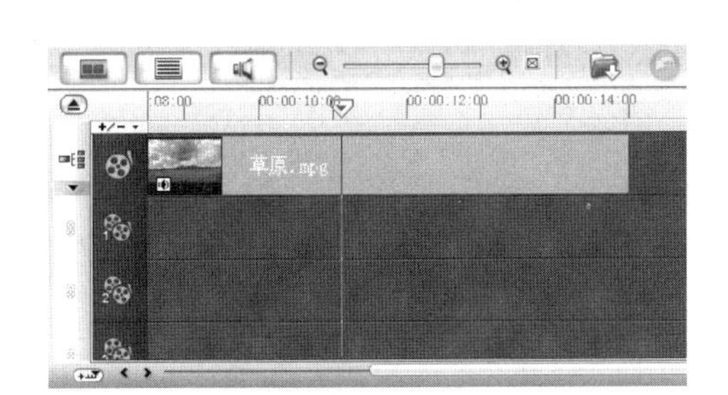

图14-13

图14-14

图14-15

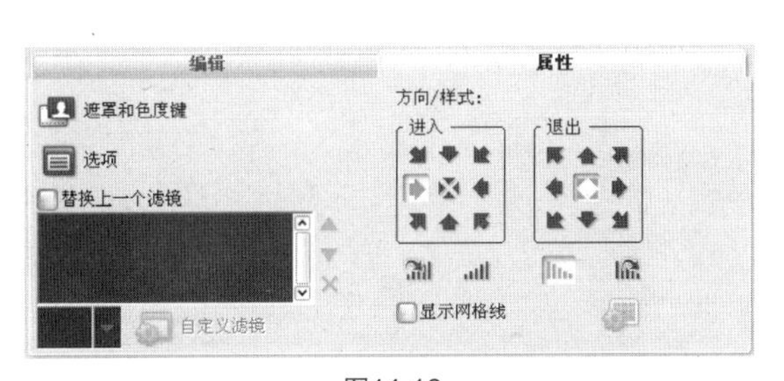

图14-16

03 单击素材库中的【画廊】按钮▼，在弹出的列表中选择【视频滤镜】选项。在【视频滤镜】素材库中选择【镜头闪光】滤镜并将其添加到覆叠轨中的“12.JPG”图像素材上，如图14-17所示，释放鼠标，视频滤镜被应用到素材上，效果如图14-18所示。

图14-17

图14-18

04 单击【属性】栏中【预设】右侧的三角按钮，在弹出的面板中选择需要的预设类型，如图14-19所示，在预览窗口中的效果如图14-20所示。

图14-19

图14-20

05 将鼠标置于覆叠素材右侧的黄色边框上，当鼠标指针呈双向箭头时，向右拖曳调整覆叠素材的长度，使其与视频轨上的素材对应，释放鼠标，效果如图14-21所示。在【编辑】面板中勾选【应用摇动和缩放】复选框，如图14-22所示。

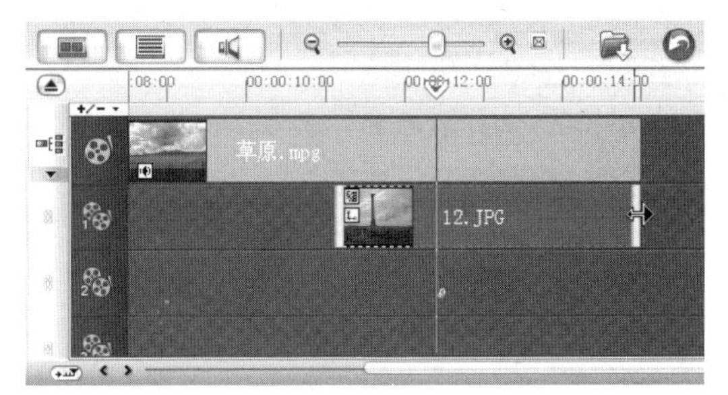

图14-21

图14-22

06 单击【属性】面板中的【遮罩和色度键】按钮，打开选项面板，将【边框】选项设为2，【边框色彩】选项设为白色，如图14-23所示，在预览窗口中的效果如图14-24所示。

图14-23

图14-24

07 拖曳时间轴标尺上的位置标记▽到16帧处，如图14-25所示。单击素材库中的【画廊】按钮▼，在弹出的列表中选择【Flash动画】选项。在素材库中选择“MotionF09”，按住鼠标将其拖曳至覆叠轨上，如图14-26所示，释放鼠标，效果如图14-27所示。

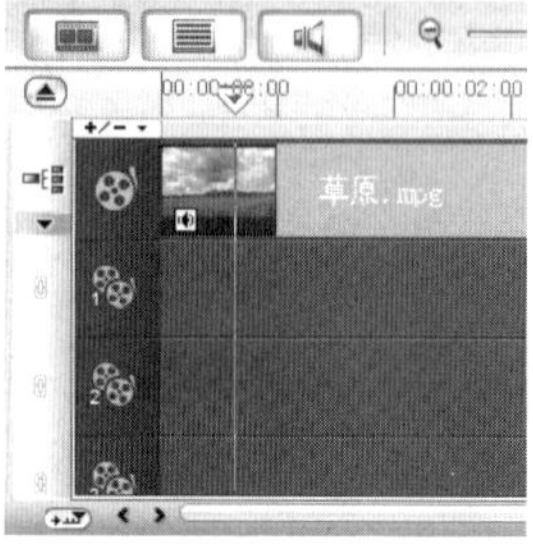

图14-25

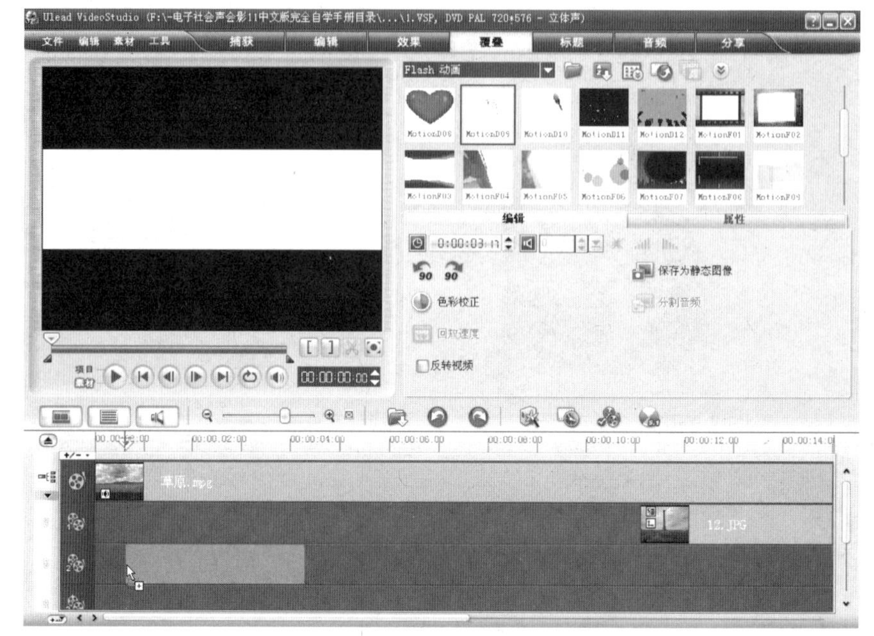

图14-26

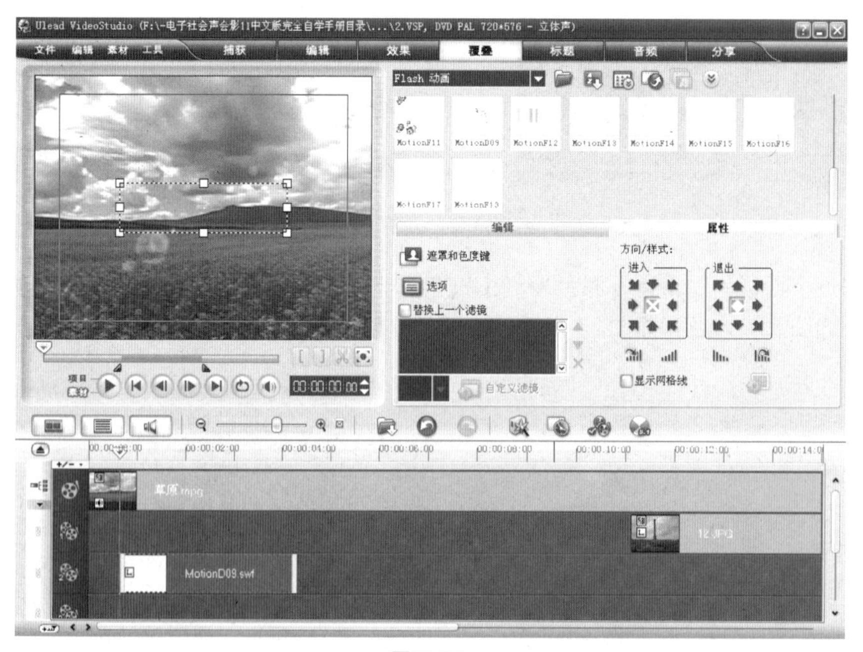

图14-27

08 在预览窗口中拖曳素材到适当的位置并调整大小，效果如图14-28所示。在【属性】面板中单击【淡出动画效果】按钮，如图14-29所示。

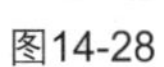

图14-28

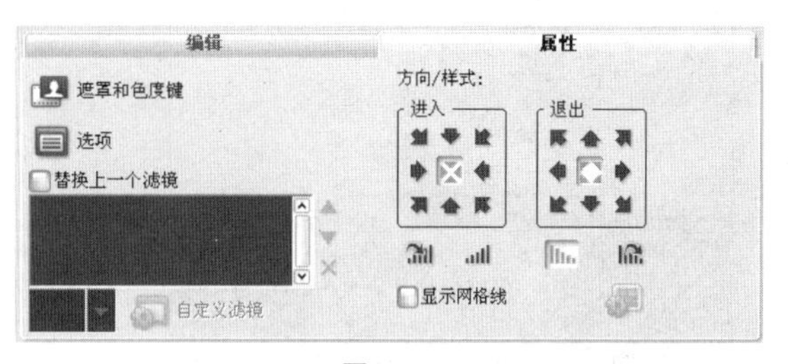

图14-29

09 单击素材库中的【画廊】按钮，在弹出的列表中选择【图像】选项。拖曳时间轴标尺上的位置标记到9秒4帧处，如图14-30所示。在素材库中选择“08.JPG”，按住鼠标将其拖曳至覆叠轨上，释放鼠标，效果如图14-31所示。

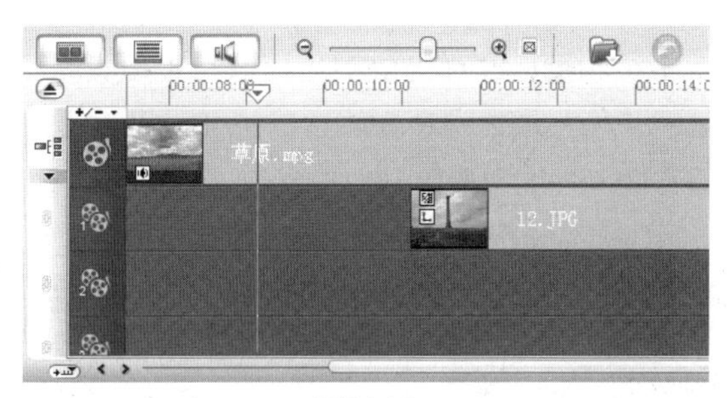

图14-30

图14-31

10 在预览窗口中拖曳素材到适当的位置并调整大小，效果如图14-32所示。在【属性】面板中设置【方向/样式】，并单击【淡出动画效果】按钮，如图14-33所示。

图14-32 、

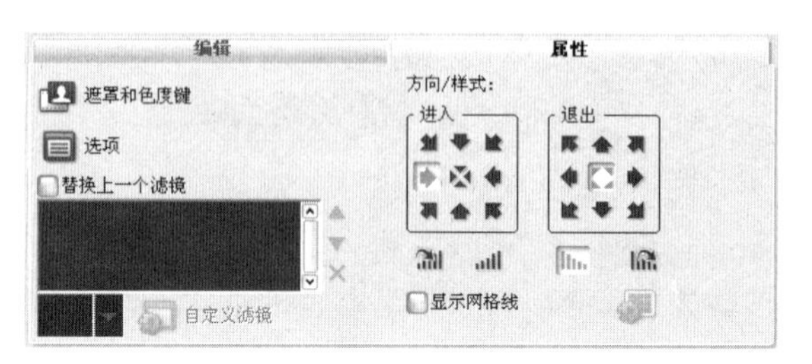

图14-33

11 单击素材库中的【画廊】按钮，在弹出的列表中选择【视频滤镜】选项。在【视频滤镜】素材库中选择【云彩】滤镜并将其添加到覆叠轨中的“08.JPG”图像素材上，如图14-34所示，释放鼠标，视频滤镜被应用到素材上，效果如图14-35所示。

图14-34

图14-35

12 在【编辑】面板中勾选【应用摇动和缩放】复选框。单击【属性】面板中的【遮罩和色度键】按钮，将【边框】选项设为2，【边框色彩】选项设为白色，如图14-36所示，在预览窗口中效果如图14-37所示。将鼠标置于覆叠素材右侧的黄色边框上，当鼠标指针呈双向箭头时，向右拖曳调整覆叠素材的长度，使其与视频轨上的素材对应，释放鼠标，效果如图14-38所示。

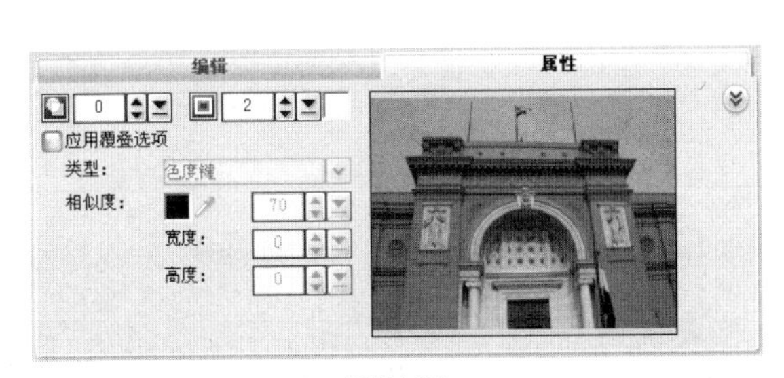

图14-36

图14-37

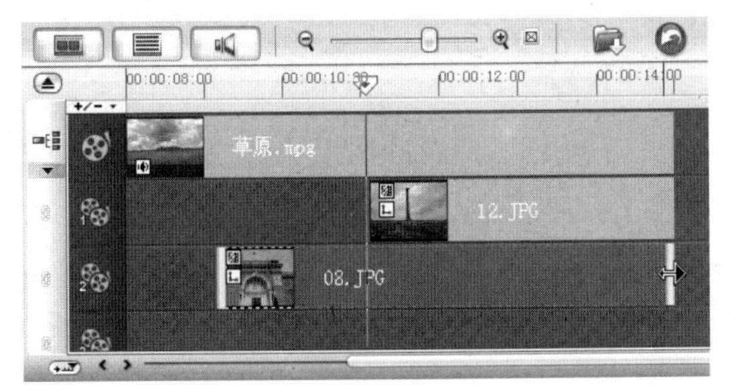

图14-38

13 单击素材库中的【画廊】按钮，在弹出的列表中选择【图像】选项。拖曳时间轴标尺上的位置标记到7秒3帧处，如图14-39所示。在素材库中选择“07.JPG”，按住鼠标将其拖曳至覆叠轨上，释放鼠标，效果如图14-40所示。

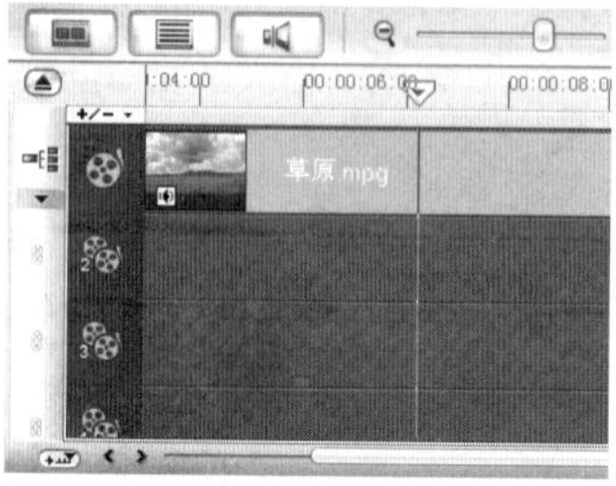

图14-39

图14-40

14 在预览窗口中拖曳素材到适当的位置并调整大小，效果如图14-41所示。在【属性】面板中的【方向/样式】面板中进行设置，并单击【淡出动画效果】按钮，如图14-42所示。

图14-41

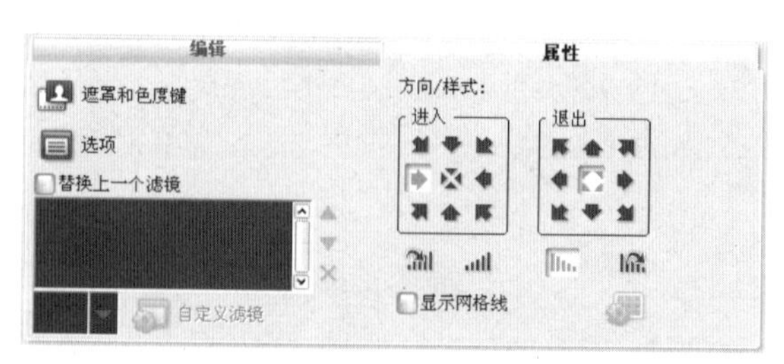

图14-42

15 单击素材库中的【画廊】按钮，在弹出的列表中选择【视频滤镜】选项。在【视频滤镜】素材库中选择【发散光晕】滤镜并将其添加到覆叠轨中的“07.JPG”图像素材上，如图14-43所示，释放鼠标，视频滤镜被应用到素材上，效果如图14-44所示。

图14-43

图14-44

16 在选项面板中单击【属性】面板中的【遮罩和色度键】按钮，打开选项面板，将【边框】选项设为2，【边框色彩】选项设为白色，如图14-45所示，在预览窗口中效果如图14-46所示。

图14-45

图14-46

17 将鼠标置于覆叠素材右侧的黄色边框上，当鼠标指针呈双向箭头时，向右拖曳调整覆叠素材的长度，使其与视频轨上的素材对应，释放鼠标，效果如图14-47所示。在【编辑】面板中勾选【应用摇动和缩放】复选框，如图14-48所示。

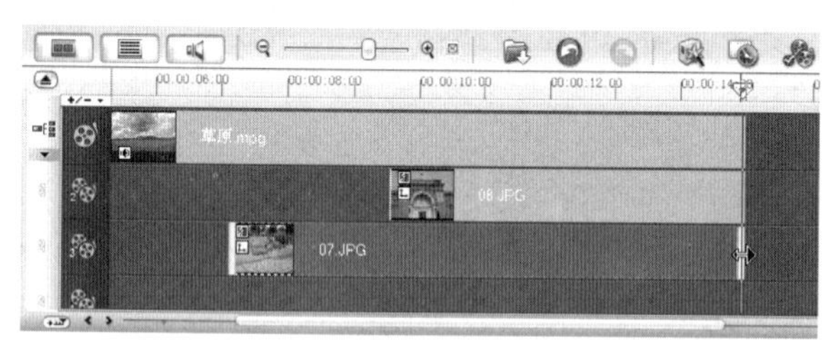

图14-47

图14-48

18 单击素材库中的【画廊】按钮，在弹出的列表中选择【图像】选项。拖曳时间轴标尺上的位置标记到5秒3帧处，如图14-49所示。在素材库中选择"06.JPG"，按住鼠标将其拖曳至覆叠轨上，释放鼠标，效果如图14-50所示。

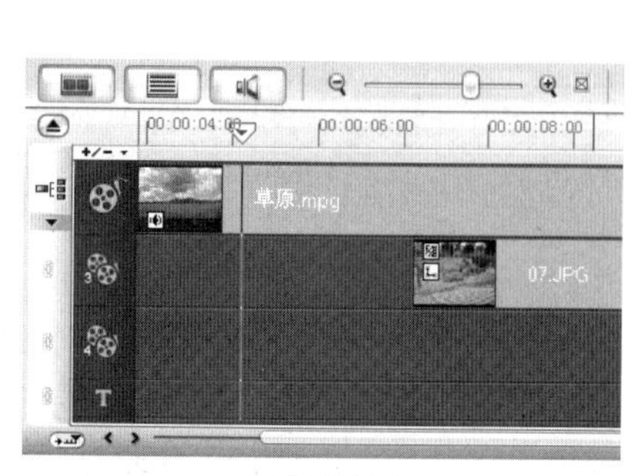

图14-49

图14-50

19 在预览窗口中拖曳素材到适当的位置并调整大小，如图14-51所示。在【属性】面板中的【方向/样式】面板中进行设置，并单击【淡出动画效果】按钮，如图14-52所示。

图14-51

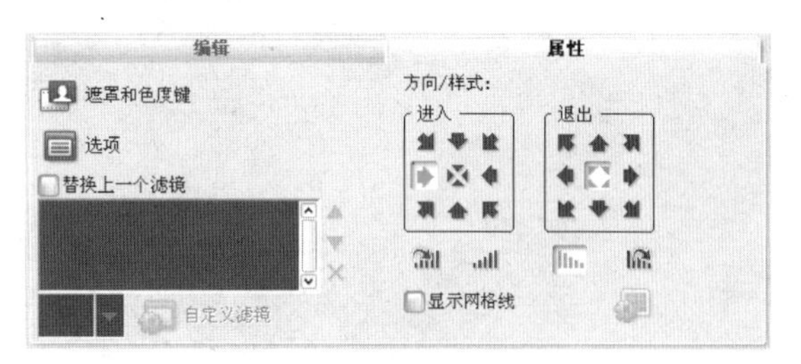

图14-52

20 单击素材库中的【画廊】按钮，在弹出的列表中选择【视频滤镜】选项。在【视频滤镜】素材库中选择【自动调配】滤镜并将其添加到覆叠轨中的“06.JPG”图像素材上，如图14-53所示，释放鼠标，视频滤镜被应用到素材上，效果如图14-54所示。

图14-53

图14-54

21 单击【属性】面板中的【遮罩和色度键】按钮，打开选项面板，将【边框】选项设为2，【边框色彩】选项设为白色，如图14-55所示，在预览窗口中效果如图14-56所示。

图14-55

图14-56

22 将鼠标置于覆叠素材右侧的黄色边框上，当鼠标指针呈双向箭头时，向右拖曳调整覆叠素材的长度，使其与视频轨上的素材对应，释放鼠标，效果如图14-57所示。选择【编辑】面板，勾选【应用摇动和缩放】复选框。

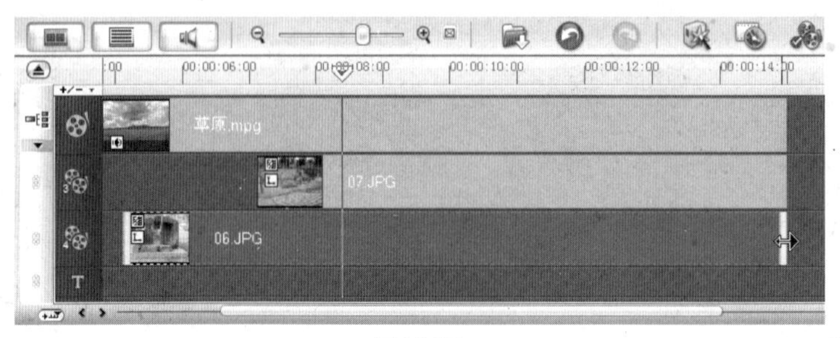

图14-57

14.3 使用网格对齐素材

01 在【属性】面板中勾选【显示网格线】复选框，在预览窗口中显示网格，本例中使用网格调整素材的位置和大小。在覆叠轨上选中图像“12.JPG”，如图14-58所示。在预览窗口中，拖曳黄色控制点到适当的位置并调整素材的大小，效果如图14-59所示。用相同的方法分别选择覆叠轨中的素材，在预览窗口中调整素材到适当的位置，取消勾选【显示网格线】复选框，效果如图14-60所示。

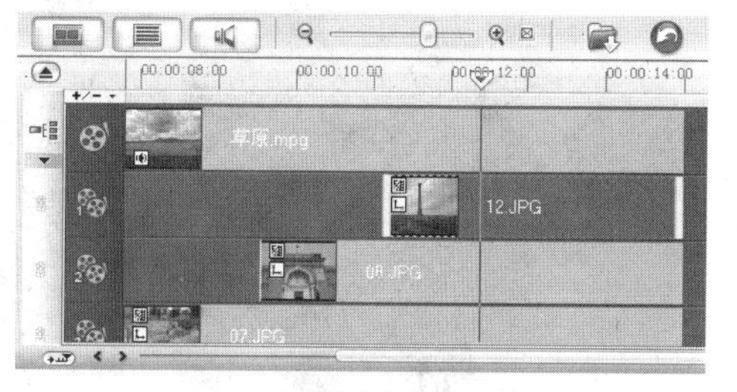

图14-58

图14-59

图14-60

02 单击素材库中的【画廊】按钮，在弹出的列表中选择【视频】选项。在素材库中选择“3埃及.mpg”，按住鼠标将其拖曳至视频轨上，释放鼠标，效果如图14-61所示。单击素材库中的【画廊】按钮，在弹出的列表中选择【转场】→【闪光】选项，在闪光素材库中选择【FB3】过渡效果，并将其添加到视频轨上“草原.mpg”和“3埃及.mpg”两个视频素材中间，如图14-62所示，释放鼠标，将过渡效果应用到当前项目的素材之间，效果如图14-63所示。

图14-61

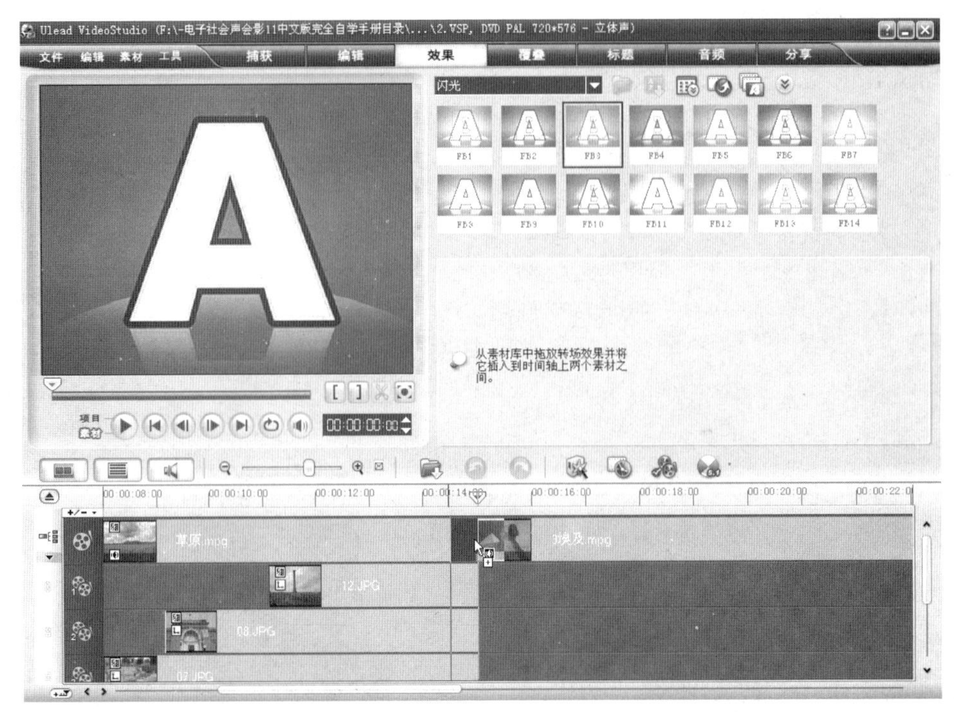

图14-62

图14-63

03 单击素材库中的【画廊】按钮，在弹出的列表中选择【Flash动画】选项。在素材库中选择"MotionF02"，按住鼠标将其拖曳至覆叠轨上，如图14-64所示，释放鼠标，效果如图14-65所示。

图14-64

图14-65

04 在【编辑】面板中单击【回放速度】按钮，在弹出的对话框中进行设置，如图14-66所示，单击【确定】按钮，时间轴效果如图14-67所示。

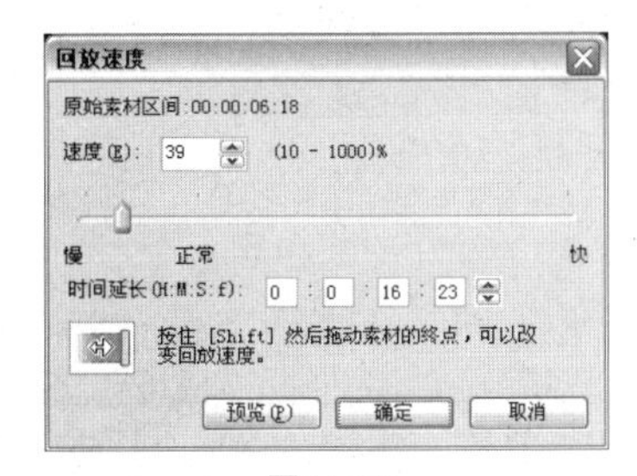

图14-66

图14-67

05 单击素材库中的【画廊】按钮▼，在弹出的列表中选择【色彩】选项，在【色彩】素材库中，选择需要的色彩素材到视频轨中，如图14-68所示，释放鼠标，选择【色彩】面板，将【色彩区间】选项设为7秒10帧，效果如图14-69所示。

图14-68

图14-69

06 单击素材库中的【画廊】按钮▼，在弹出的列表中选择【转场】→【收藏夹】选项，在收藏夹素材库中选择【淡化到黑色】过渡效果，将其添加到视频轨上“3埃及.mpg”和“色彩”两个素材中间，如图14-70所示，释放鼠标，将过渡效果应用到当前项目的素材之间，效果如图14-71所示。

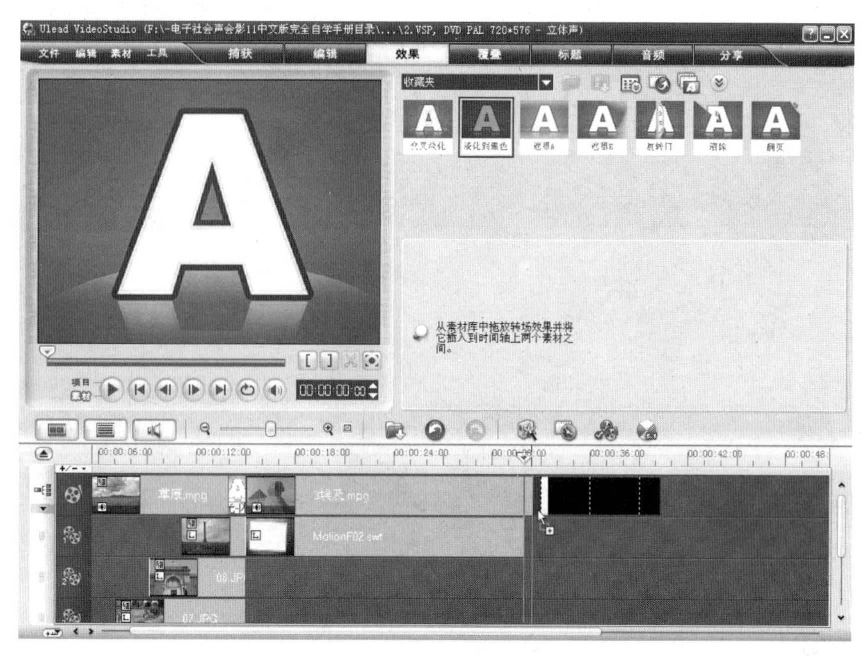

图14-70

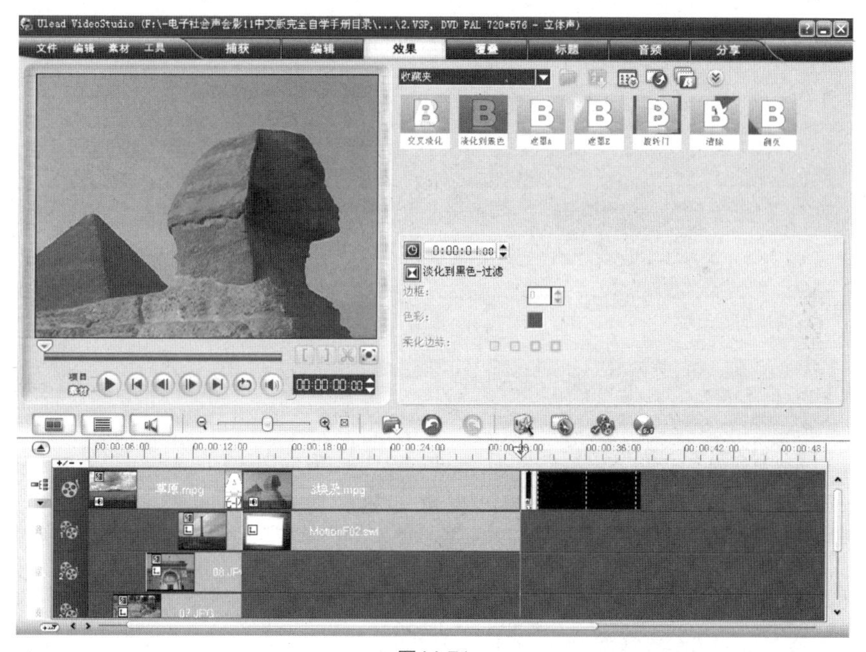

图14-71

14.4 添加素材边框效果

01 单击素材库中的【画廊】按钮▼，在弹出的列表中选择【视频】选项。在素材库中选择“5埃及.mpg”，按住鼠标将其拖曳至覆叠轨上，释放鼠标，效果如图14-72所示。在预览窗口中拖曳素材到适当的位置并调整大小，效果如图14-73所示。

图14-72

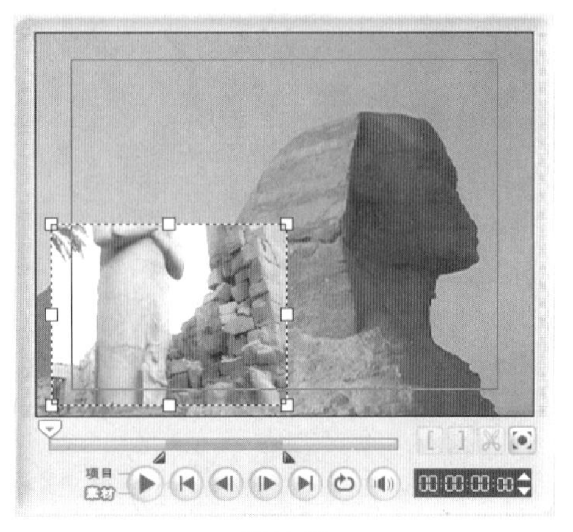

图14-73

02 在【属性】面板中分别单击【淡入动画效果】按钮和【淡出动画效果】按钮，如图14–74所示。单击素材库中的【画廊】按钮，在弹出的列表中选择【视频滤镜】选项。在【视频滤镜】素材库中选择【修剪】滤镜，并将其添加到覆叠轨中的“5埃及.mpg”视频素材上，如图14–75所示，释放鼠标，视频滤镜被应用到素材上，效果如图14–76所示。

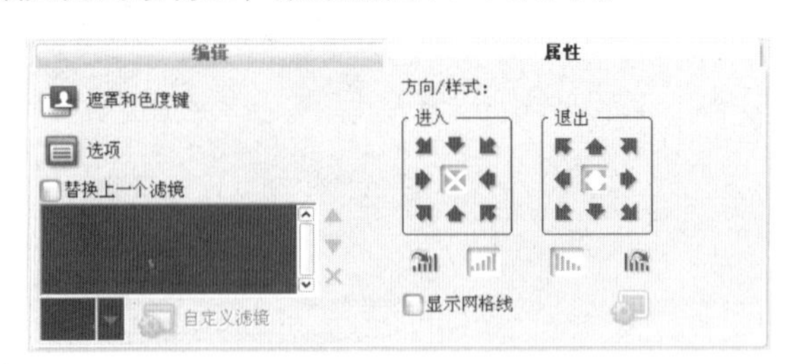

图14-74

图14-75

图14-76

03 在【属性】面板中单击【自定义滤镜】按钮，弹出【修剪】对话框，取消勾选【填充色】复选框，拖曳图像窗口中的十字标记╋，改变聚焦的中心点，其他选项的设置如图14-77所示。单击右侧的菱形标记，移动到下一个关键帧，在图像窗口中拖曳中间的十字标记╋，改变聚焦的中心点，其他选项的设置如图14-78所示，单击【确定】按钮。

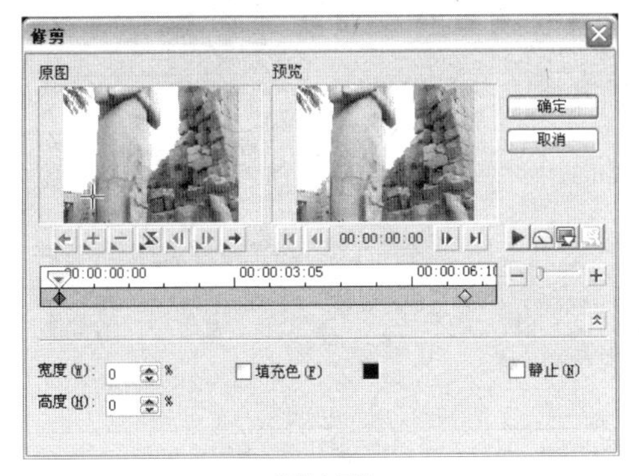

图14-77

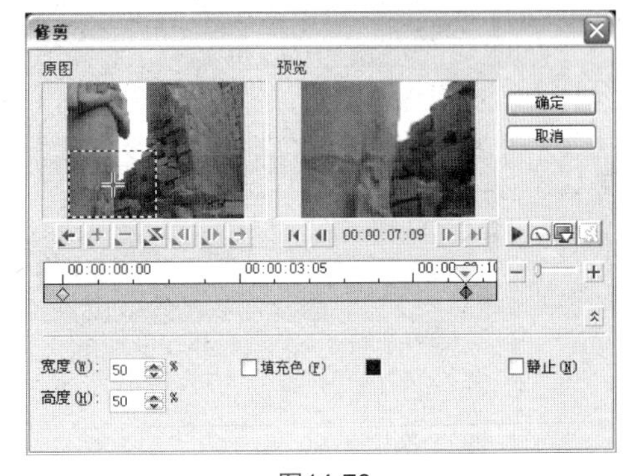

图14-78

04 在【属性】面板中取消勾选【替换上一个滤镜】复选框，如图14-79所示。在【视频滤镜】素材库中选择【自动调配】滤镜，并将其添加到覆叠轨中的“5埃及.mpg”视频素材上，如图14-80所示，释放鼠标，视频滤镜被应用到素材上，效果如图14-81所示。

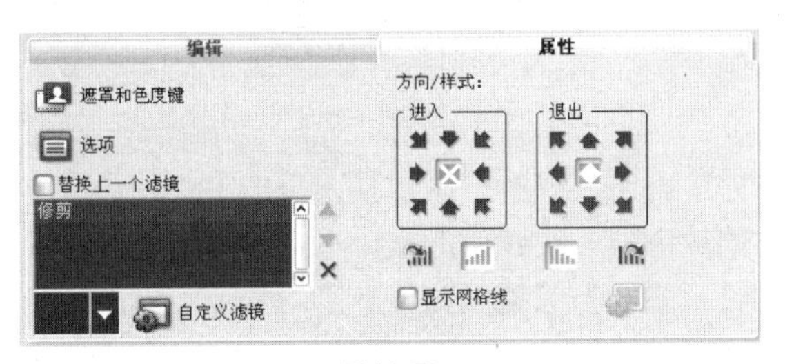

图14-79

图14-80

图14-81

05 在【属性】面板中单击【自定义滤镜】按钮，弹出【双色调】对话框，单击【启用双色调色彩范围】选项组下方的颜色块，在弹出的对话框中进行设置，如图14-82所示。单击【确定】按钮，返回到【双色调】对话框中进行设置，如图14-83所示。单击右侧的菱形标记，移动到下一个关键帧，其他选项的设置如图14-84所示，单击【确定】按钮。

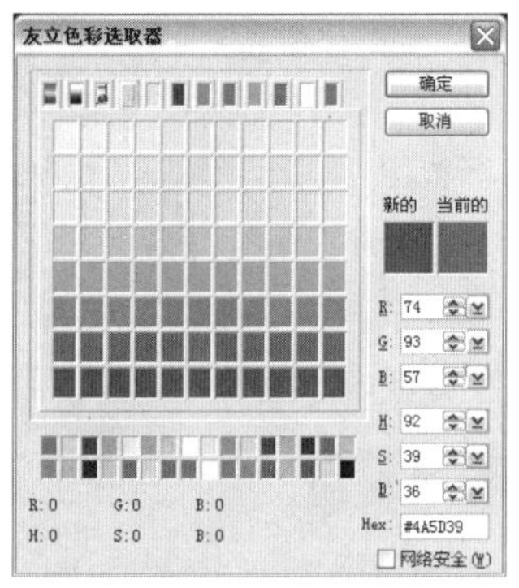

图14-82

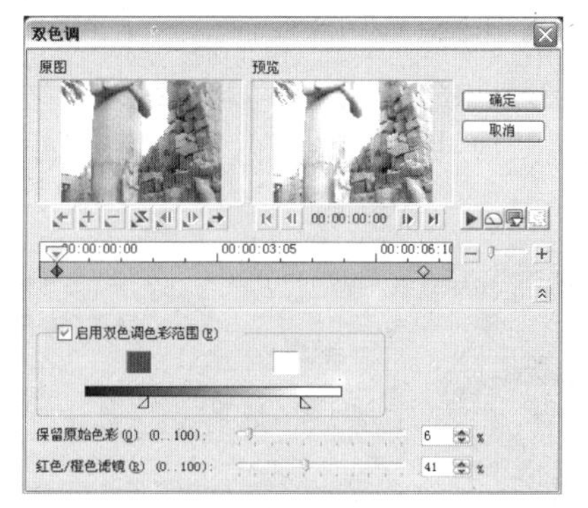

图14-83

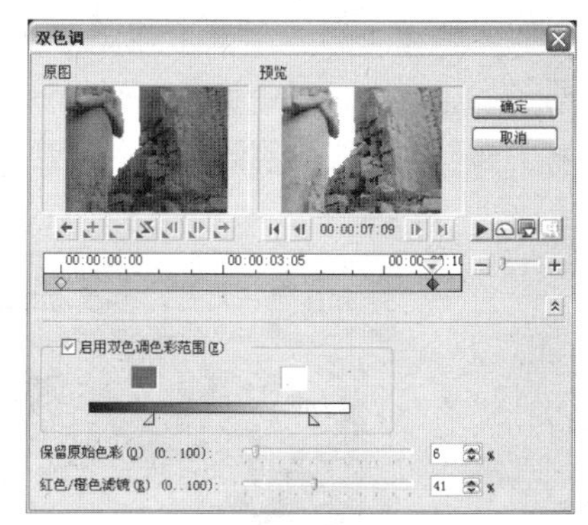

图14-84

06 单击素材库中的【画廊】按钮▼，在弹出的列表中选择【视频】选项。在素材库中选择“5埃及.mpg”，按住鼠标将其拖曳至覆叠轨上，释放鼠标，效果如图14-85所示。在预览窗口中拖曳素材到适当的位置并调整大小，效果如图14-86所示。

图14-85

图14-86

07 在【属性】面板中分别单击【淡入动画效果】按钮和【淡出动画效果】按钮，如图14-87所示。在预览窗口中的效果如图14-88所示。

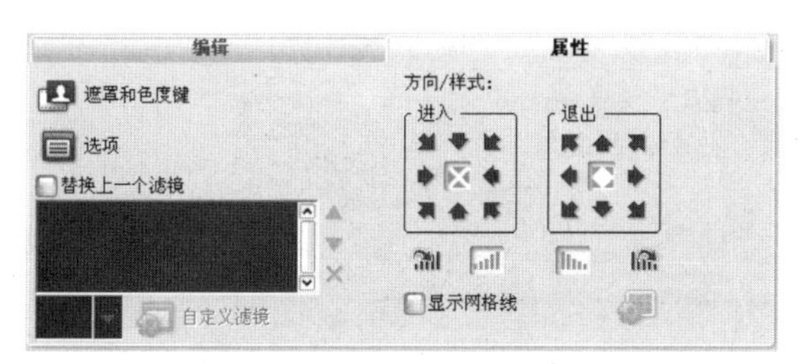

图14-87

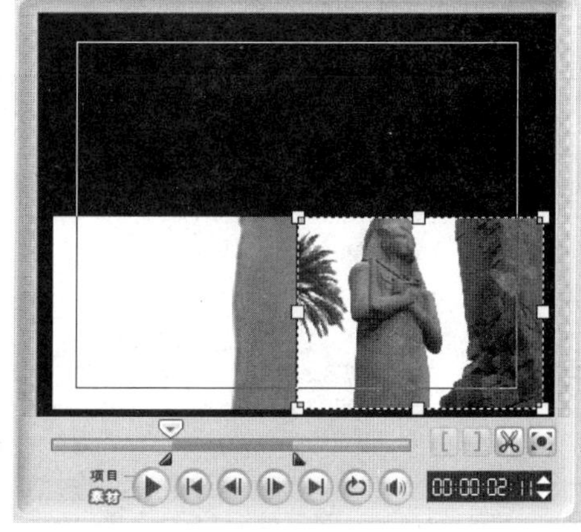

图14-88

08 单击素材库中的【画廊】按钮，在弹出的列表中选择【视频滤镜】选项。在素材库中选择【修剪】滤镜并将其添加到覆叠轨中的“5埃及.mpg”图像素材上，如图14-89所示，释放鼠标，视频滤镜被应用到素材上，效果如图14-90所示。

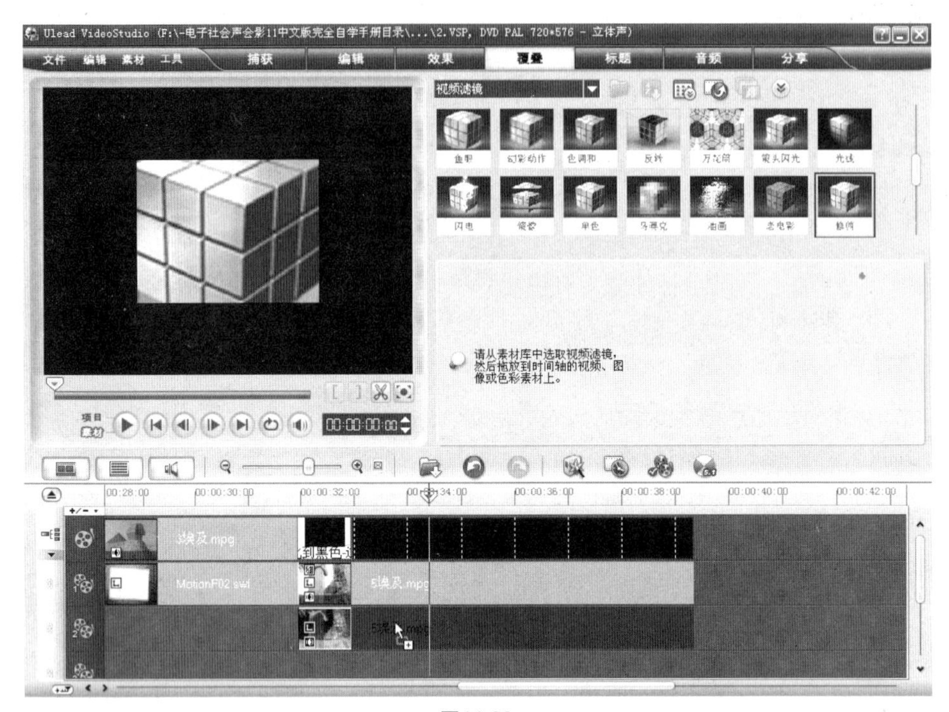

图14-89

图14-90

09 在【属性】面板中单击【自定义滤镜】按钮，弹出【修剪】对话框，取消勾选【填充色】复选框，拖曳图像窗口中的十字标记，改变聚焦的中心点，其他选项的设置如图14-91所示。单击右侧的菱形标记，移动到下一个关键帧，在图像窗口中拖曳中间的十字标记，改变聚焦的中心点，其他选项的设置如图14-92所示，单击【确定】按钮。

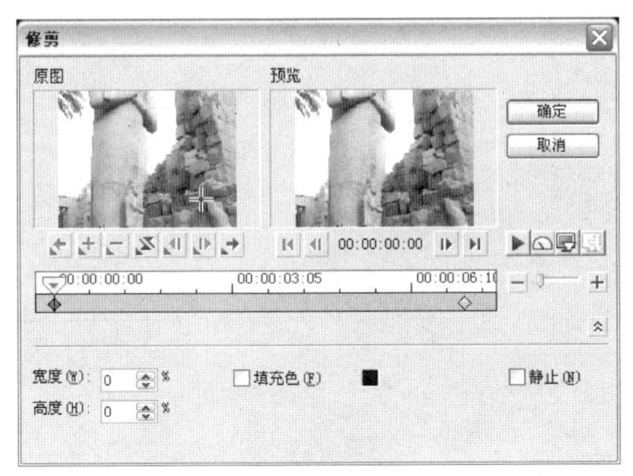

图14-91

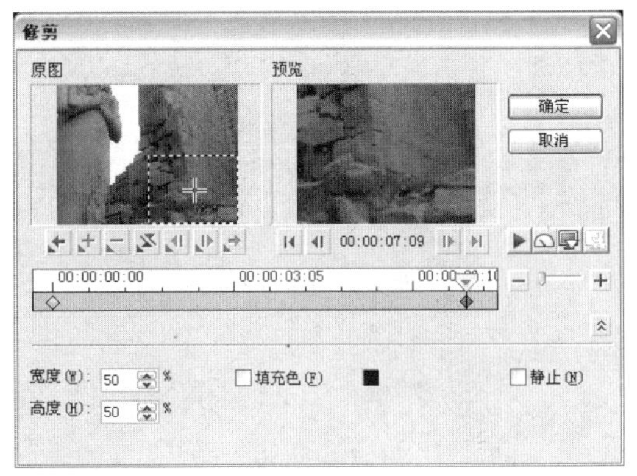

图14-92

10 在【视频滤镜】素材库中选择【双色调】滤镜并将其添加到覆叠轨中的“5埃及.mpg”视频素材上，如图14-93所示，释放鼠标，视频滤镜被应用到素材上，效果如图14-94所示。

图14-93

图14-94

11 在【属性】面板中单击【自定义滤镜】按钮，弹出【双色调】对话框，单击【启用双色调色彩范围】选项组下方的颜色块，其他选项的设置如图14-95所示。单击【确定】按钮，返回到【双色调】对话框中进行设置，如图14-96所示。单击右侧的菱形标记，移动到下一个关键帧，其他选项的设置如图14-97所示，单击【确定】按钮。

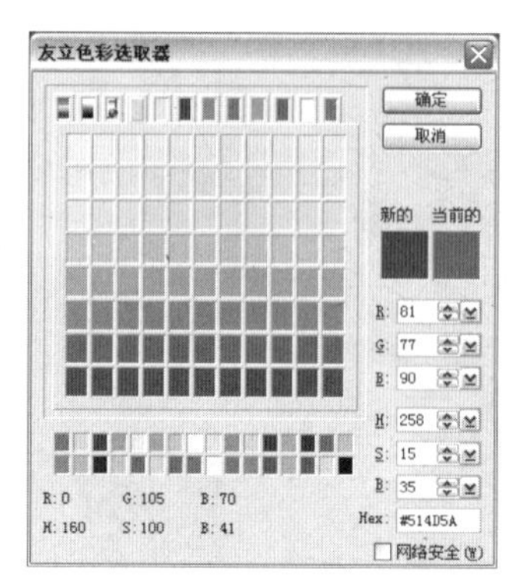

图14-95

图14-96

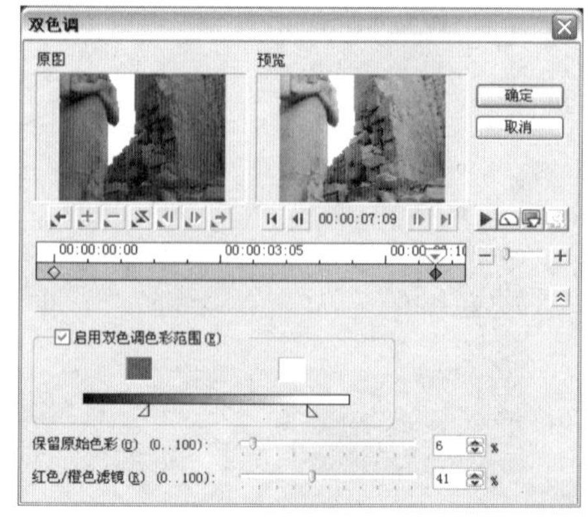

图14-97

12 单击素材库中的【画廊】按钮，在弹出的列表中选择【视频】选项。在素材库中选择“5埃及.mpg”，按住鼠标将其拖曳至覆叠轨上，释放鼠标，效果如图14-98所示。在预览窗口中拖曳素材到适当的位置并调整大小，效果如图14-99所示。在【属性】面板中分别单击【淡入动画效果】按钮和【淡出动画效果】按钮，在预览窗口中的效果如图14-100所示。

图14-98

图14-99

图14-100

13 单击素材库中的【画廊】按钮，在弹出的列表中选择【视频滤镜】选项。在素材库中选择【修剪】滤镜并将其添加到覆叠轨中的“5埃及.mpg”图像素材上，如图14-101所示，释放鼠标，视频滤镜被应用到素材上，效果如图14-102所示。

图14-101

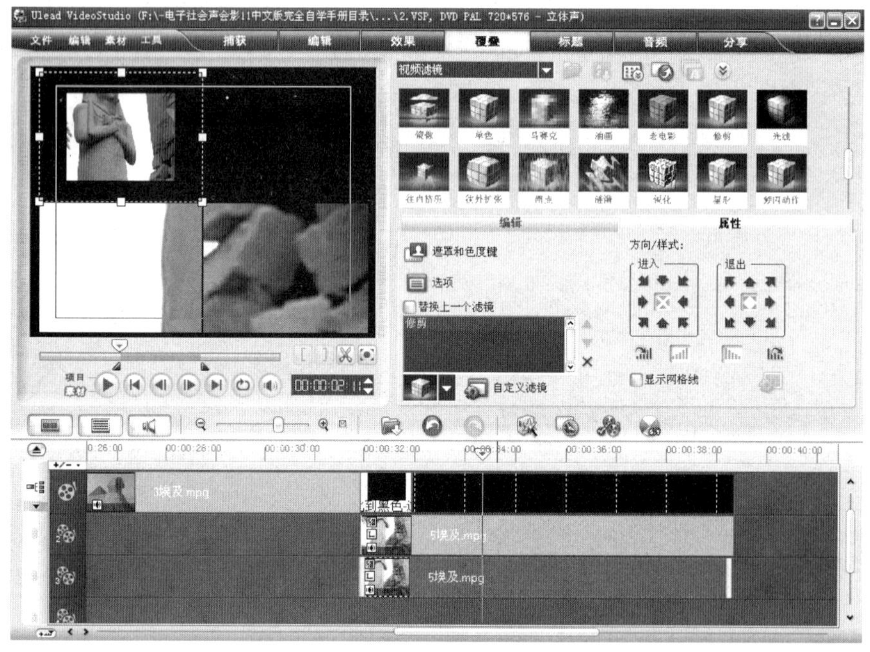

图14-102

14 在【属性】面板中单击【自定义滤镜】按钮，弹出【修剪】对话框，取消勾选【填充色】复选框，拖曳图像窗口中的十字标记，改变聚焦的中心点，其他选项的设置如图14-103所示。单击右侧的菱形标记，移动到下一个关键帧，在图像窗口中拖曳中间的十字标记，改变聚焦的中心点，其他选项的设置如图14-104所示，单击【确定】按钮。

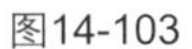

图14-103

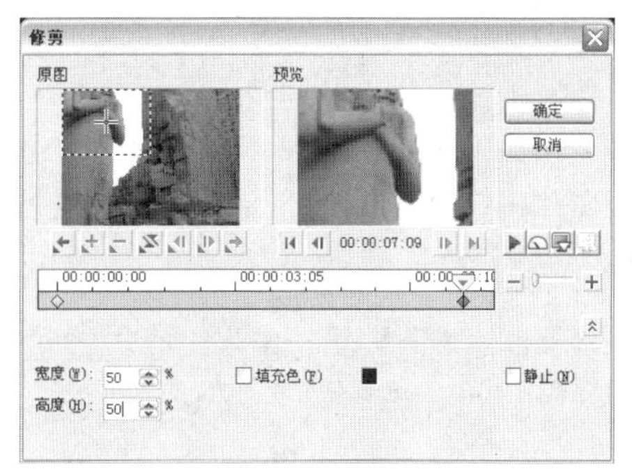

图14-104

15 在【视频滤镜】素材库中选择【双色调】滤镜并将其添加到覆叠轨中的“5埃及.mpg”视频素材上，如图14-105所示，释放鼠标，视频滤镜被应用到素材上，效果如图14-106所示。

图14-105

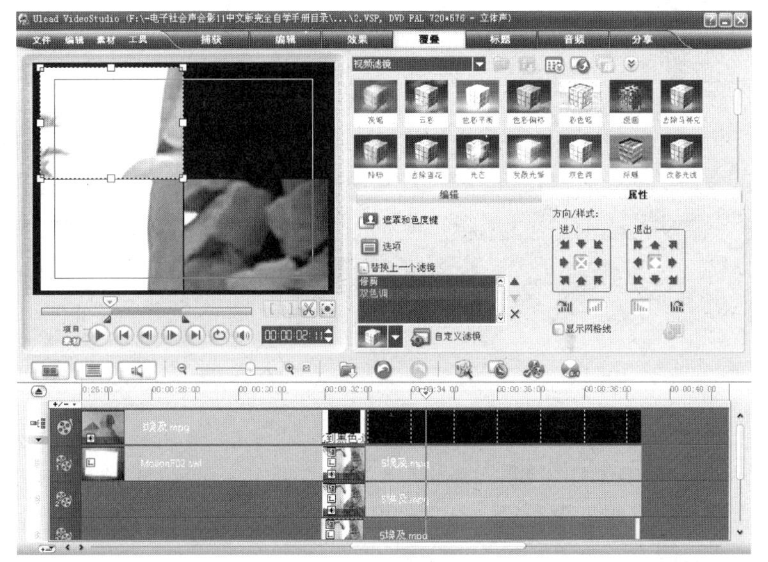

图14-106

16 在【属性】面板中单击【自定义滤镜】按钮，弹出【双色调】对话框，单击【启用双色调色彩范围】选项组下方的颜色块，其他选项的设置如图14-107所示。单击【确定】按钮，返回到【双色调】对话框中进行设置，如图14-108所示。单击右侧的菱形标记，移动到下一个关键帧，其他选项的设置如图14-109所示，单击【确定】按钮。

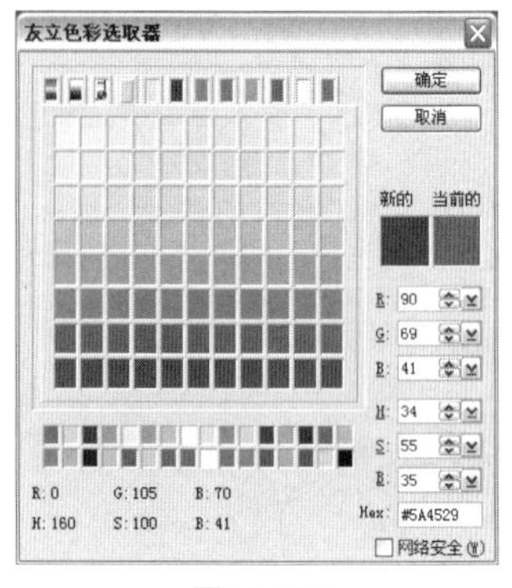

图14-107

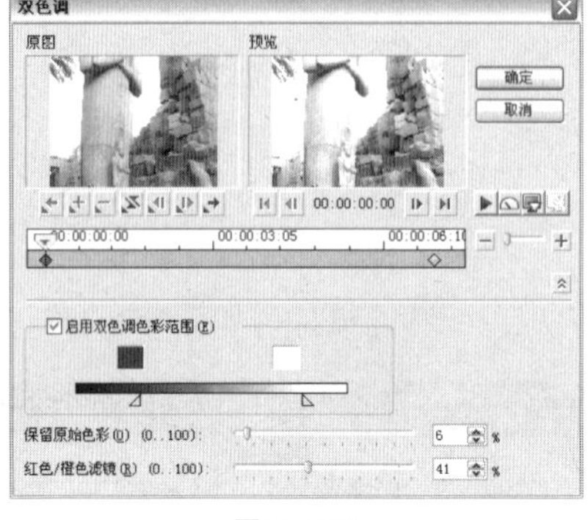

图14-108

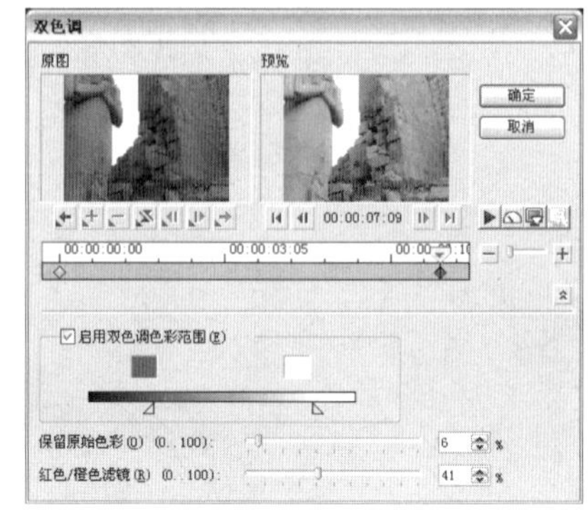

图14-109

17 单击素材库中的【画廊】按钮，在弹出的列表中选择【视频】选项。在素材库中选择“5埃及.mpg”，按住鼠标将其拖曳至覆叠轨上，释放鼠标，效果如图14-110所示。在预览窗口中拖曳素材到适当的位置并调整大小，效果如图14-111所示。在【属性】面板中分别单击【淡入动画效果】按钮和【淡出动画效果】按钮。

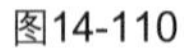
图14-110

图14-111

18 单击素材库中的【画廊】按钮，在弹出的列表中选择【视频滤镜】选项。在素材库中选择【修剪】滤镜并将其添加到覆叠轨中的“5埃及.mpg”图像素材上，如图14-112所示，释放鼠标，视频滤镜被应用到素材上，效果如图14-113所示。

图14-112

图14-113

19 在【属性】面板中单击【自定义滤镜】按钮，弹出【修剪】对话框，取消勾选【填充色】复选框，拖曳图像窗口中的十字标记，改变聚焦的中心点，其他选项的设置如图14-114所示。单击右侧的菱形标记，移动到下一个关键帧，在图像窗口中拖曳中间的十字标记，改变聚焦的中心点，其他选项的设置如图14-115所示，单击【确定】按钮。

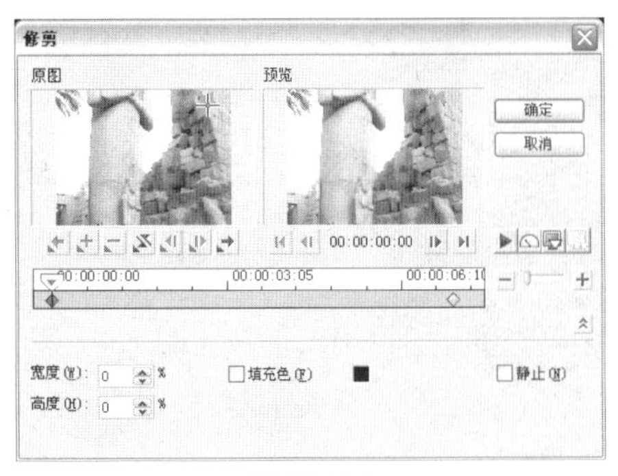
图14-114

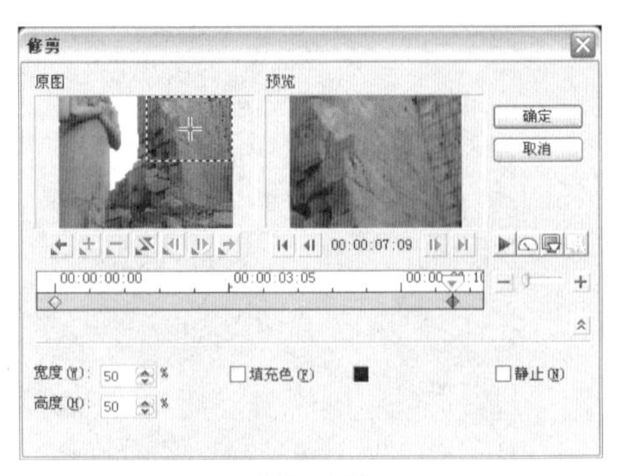
图14-115

20 在【视频滤镜】素材库中选择【双色调】滤镜并将其添加到覆叠轨中的“5埃及.mpg”视频素材上，如图14-116所示，释放鼠标，视频滤镜被应用到素材上，效果如图14-117所示。

图14-116

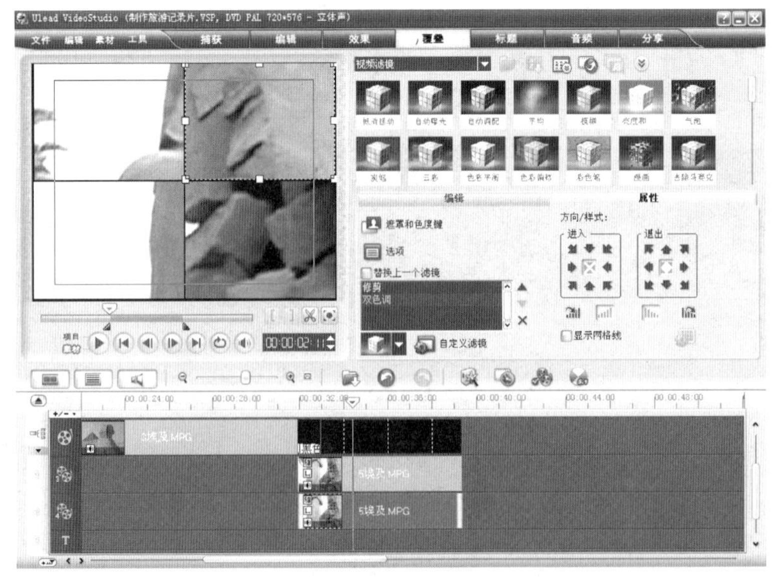
图14-117

21 在【属性】面板中单击【自定义滤镜】按钮，弹出【双色调】对话框，单击【启用双色调色彩范围】选项组下方的颜色块，在弹出的对话框中进行设置，如图14-118所示。单击【确定】按钮，返回到【双色调】对话框中进行设置，如图14-119所示。单击右侧的菱形标记，移动到下一个关键帧，其他选项的设置如图14-120所示，单击【确定】按钮。

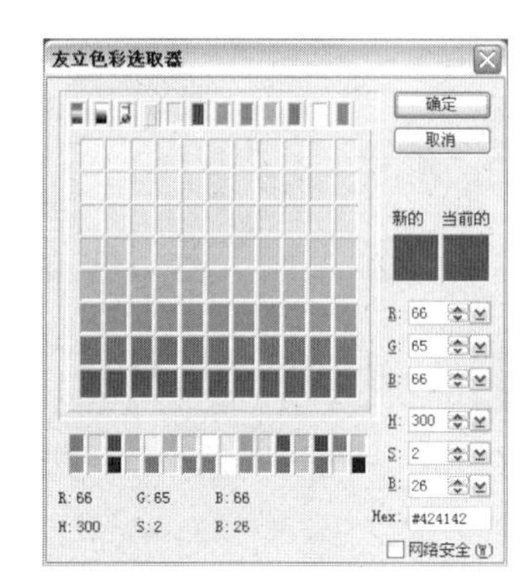

图14-118

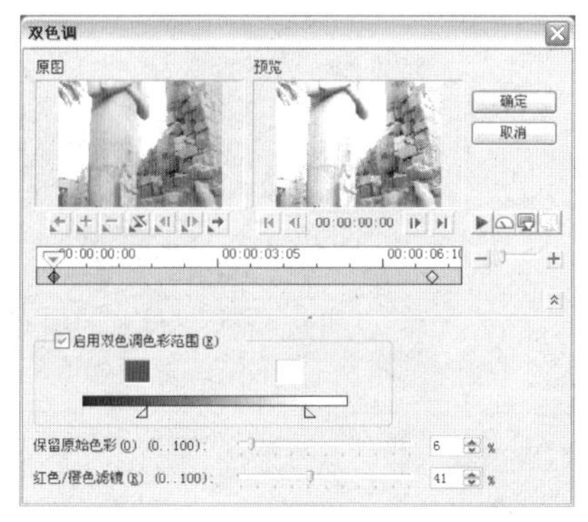

图14-119

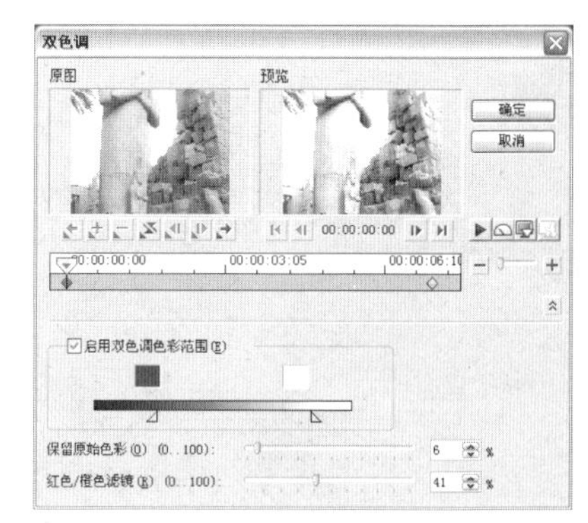

图14-120

22 单击素材库中的【画廊】按钮，在弹出的列表中选择【图像】选项。在素材库中选择“13.JPG”，按住鼠标将其拖曳至视频轨上，释放鼠标，效果如图14-121所示。在【图像】面板中将【区间】选项设为4秒4帧，时间轴效果如图14-122所示。在【图像】面板中选择【摇动和缩放】单选项。

图14-121

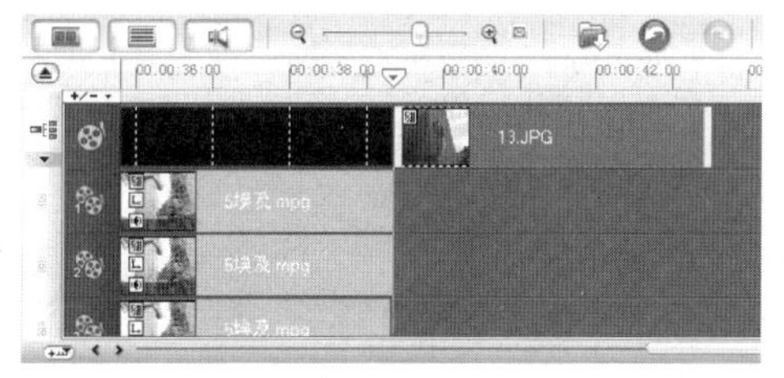

图14-122

23 单击素材库中的【画廊】按钮，在弹出的列表中选择【视频】选项。在素材库中选择“1埃及.mpg”，按住鼠标将其拖曳至视频轨】上，释放鼠标，效果如图14-123所示。单击素材库中的【画廊】按钮，在弹出的列表中选择【转场】→【遮罩】选项，在遮罩素材库中选择【遮罩A】过渡效果，并将其添加到视频轨上“13.JPG”和“1埃及.mpg”两个素材中间，如图14-124所示，释放鼠标，将过渡效果应用到当前项目的素材之间，效果如图14-125所示。

图14-123

图14-124

图14-125

24 单击素材库中的【画廊】按钮▾，在弹出的列表中选择【Flash动画】选项。在素材库中选择“MotionF05”，按住鼠标将其拖曳至覆叠轨上，如图14-126所示，释放鼠标，效果如图14-127所示。

图14-126

图14-127

14.5 添加素材遮罩效果

01 单击素材库中的【画廊】按钮，在弹出的列表中选择【视频】选项。在素材库中选择“1埃及.mpg”，按住鼠标将其拖曳至覆叠轨上，释放鼠标，效果如图14-128所示。在预览窗口中的素材上单击右键，在弹出的菜单中执行【停靠在顶部】→【居左】命令，效果如图14-129所示。

图14-128

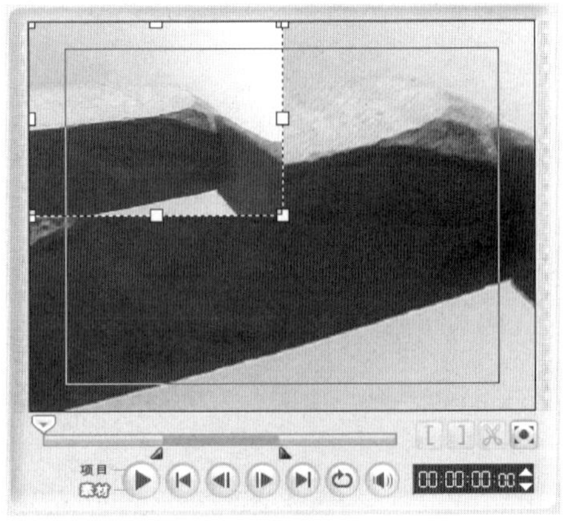

图14-129

02 在【属性】面板中分别单击【淡入动画效果】按钮和【淡出动画效果】按钮，在预览窗口中的效果如图14-130所示。在【编辑】面板中将【区间】选项设为10秒3帧，时间轴效果如图14-131所示。在【编辑】面板中勾选【反转视频】复选框，如图14-132所示。

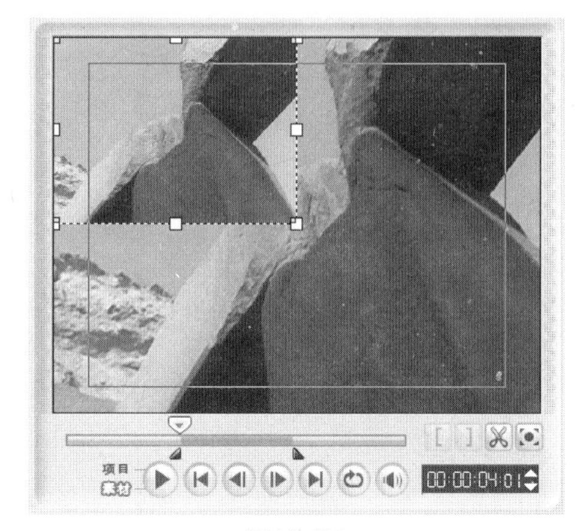

图14-130

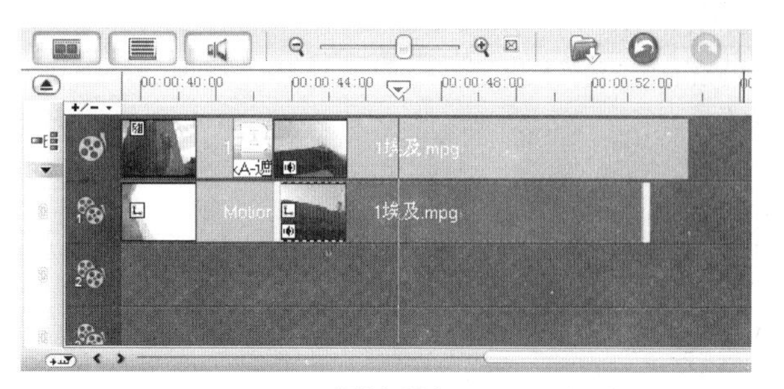

图14-131

图14-132

03 单击【属性】面板中的【遮罩和色度键】按钮，打开选项面板，勾选【应用覆盖选项】复选框，在【类型】选项下拉列表中选择【遮罩帧】，在右侧的面板中选择需要的样式，如图14-133所示。此时可以在预览窗口中观看视频素材应用遮罩后的效果，如图14-134所示。

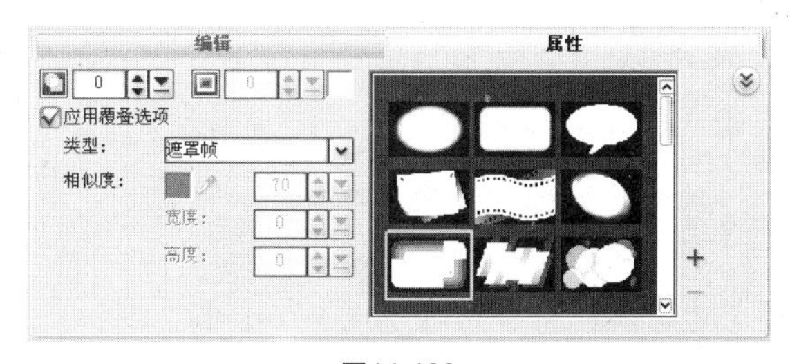

图14-133

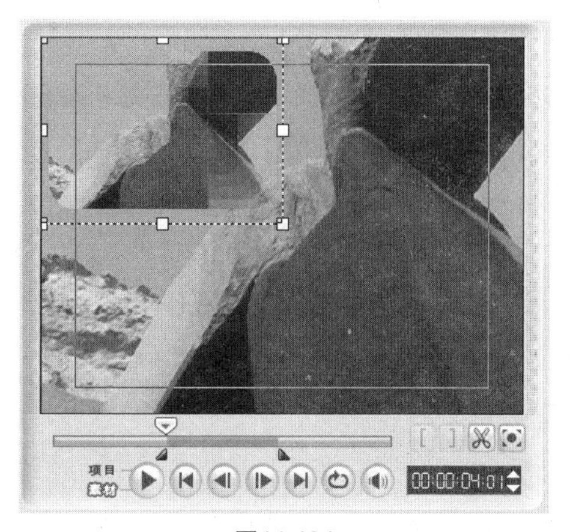

图14-134

04 单击素材库中的【画廊】按钮，在弹出的列表中选择【Flash动画】选项。在素材库中选择“MotionF16”，按住鼠标将其拖曳至覆叠轨上，效果如图14-135所示，释放鼠标，效果如图14-136所示。在【编辑】面板中单击【回放速度】按钮，在弹出的对话框中进行设置，如图14-137所示，单击【确定】按钮，时间轴效果如图14-138所示。

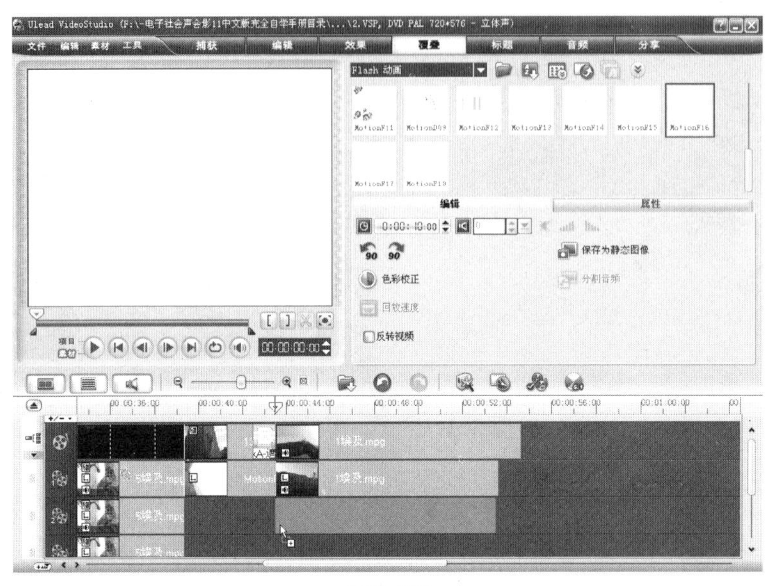

图14-135

图14-136

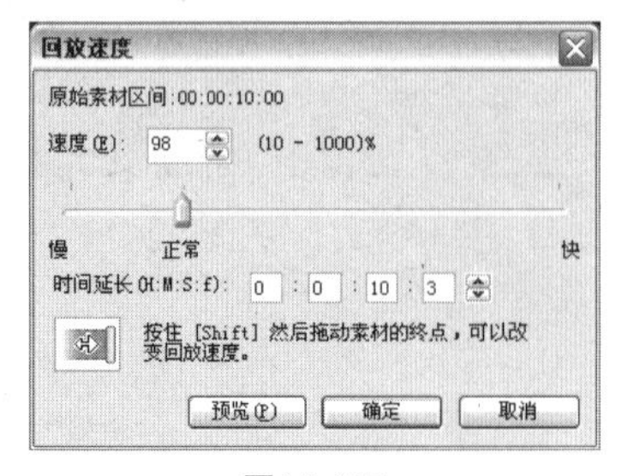

图14-137

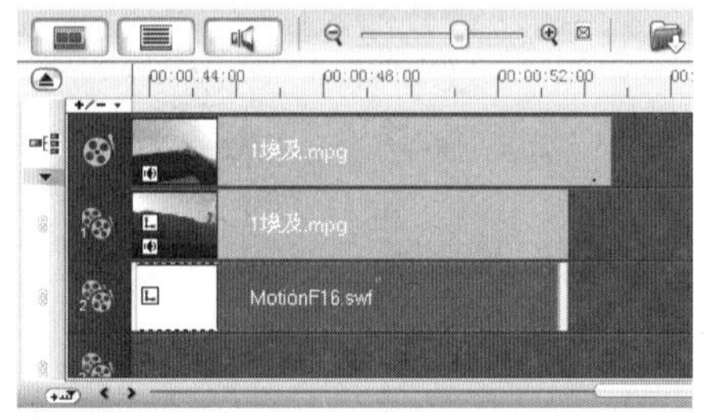

图14-138

05 单击素材库中的【画廊】按钮，在弹出的列表中选择【图像】选项。在素材库中选择“09.JPG”，按住鼠标将其拖曳至视频轨上，释放鼠标，效果如图14–139所示。在【图像】面板中将【区间】选项设为10秒，时间轴效果如图14–140所示。

图14-139

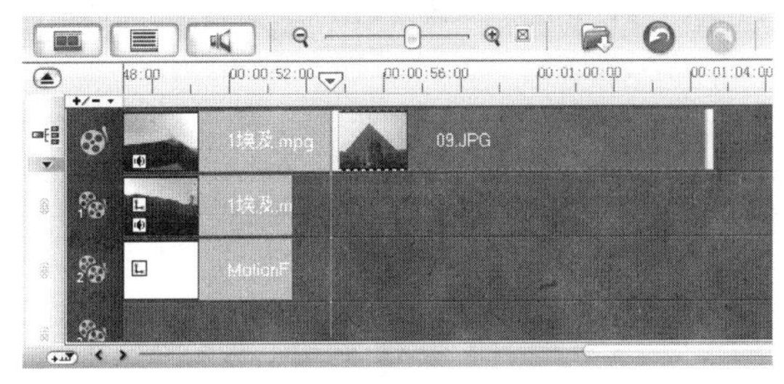

图14-140

06 在【图像】面板中选择【摇动和缩放】单选项，单击【自定义】按钮，弹出【摇动和缩放】对话框，拖曳图像窗口中的十字标记，改变聚焦的中心点，其他选项的设置如图14–141所示。单击【时间轴】选项右侧的菱形标记，移动到下一个关键帧，在图像窗口中拖曳中间的十字标记，改变聚焦的中心点，其他选项的设置如图14–142所示，单击【确定】按钮。

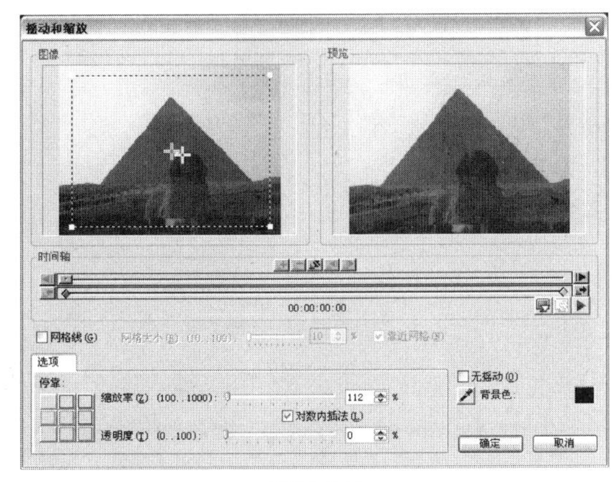

图14-141

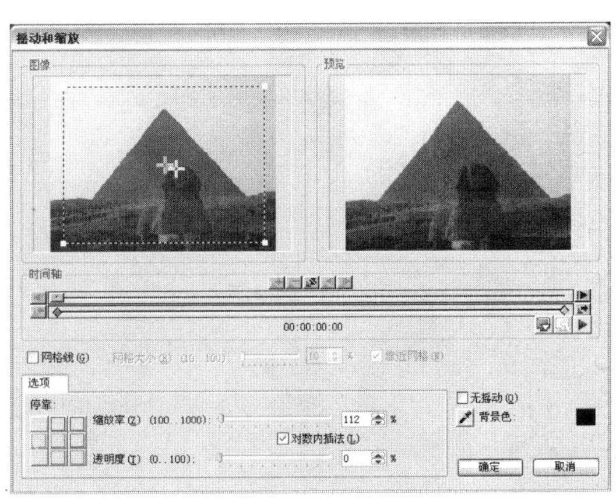

图14-142

07 单击素材库中的【画廊】按钮，在弹出的列表中选择【转场】→【过滤】选项，在过滤素材库中选择【遮罩】过渡效果，将其添加到视频轨上“1埃及.mpg”和“09.JPG”两个素材中间，如图14-143所示，释放鼠标，将过渡效果应用到当前项目的素材之间，效果如图14-144所示。

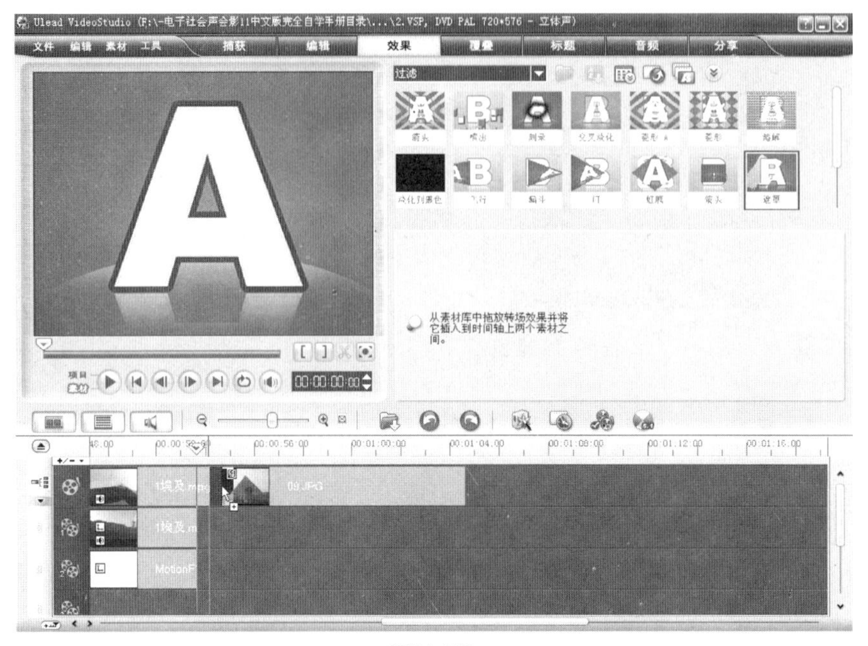

图14-143

图14-144

08 单击选项面板中的【打开遮罩】按钮，在弹出对话框中选择默认安装路径中的“C：/Program Files/ Ulead Systems/Ulead VideoStudio 11/Samples/Sample-Image/M07.bmp”文件，如图14-145所示。单击【打开】按钮，在【遮罩-过滤】面板中将【色彩】选项设为白色，其他选项的设置如图14-146所示。

图14-145

图14-146

09 单击素材库中的【画廊】按钮，在弹出的列表中选择【图像】选项。在素材库中选择“01.JPG”，按住鼠标将其拖曳至覆叠轨上，释放鼠标，效果如图14-147所示。在预览窗口中的素材上单击鼠标右键，在弹出的菜单中执行【调整到屏幕大小】命令，在预览窗口中效果如图14-148所示。在【属性】面板中分别单击【淡入动画效果】按钮和【淡出动画效果】按钮。

图14-147

图14-148

10 单击【属性】面板中的【遮罩和色度键】按钮，打开选项面板，勾选【应用覆叠选项】复选框，在【类型】选项下拉列表中选择【遮罩帧】，在右侧的面板中选择需要的样式，如图14-149所示。此时可以在预览窗口中观看图像素材应用遮罩后的效果，如图14-150所示。在【编辑】面板中勾选【应用摇动和缩放】复选框。

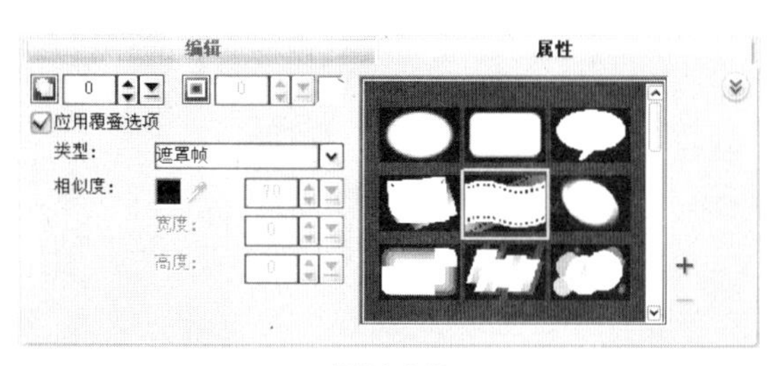

图14-149

图14-150

11 在素材库中选择“02.JPG”，按住鼠标将其拖曳至覆叠轨上，释放鼠标，效果如图14-151所示。在预览窗口中的素材上单击鼠标右键，在弹出的菜单中执行【调整到屏幕大小】命令，在预览窗口中的效果如图14-152所示。在【属性】面板中分别单击【淡入动画效果】按钮和【淡出动画效果】按钮。

图14-151

图14-152

12 单击【属性】面板中的【遮罩和色度键】按钮，打开选项面板，勾选【应用覆叠选项】复选框，在【类型】选项下拉列表中选择【遮罩帧】，在右侧的面板中选择需要的样式，如图14-153所示。此时可以在预览窗口中观看图像素材应用遮罩后的效果，如图14-154所示。在【编辑】面板中勾选【应用摇动和缩放】复选框。

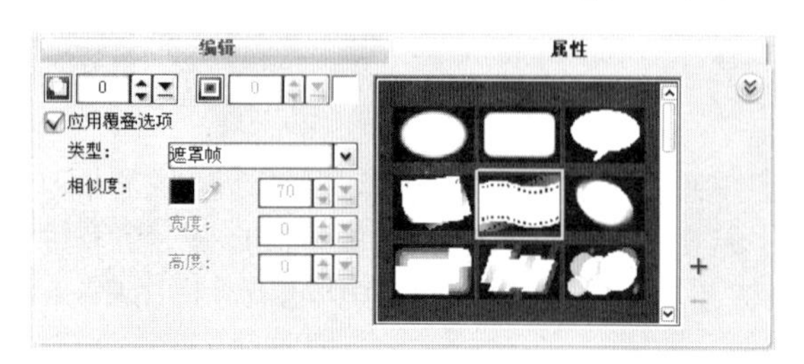

图14-153

图14-154

13 在素材库中选择“11.JPG”，按住鼠标将其拖曳至覆叠轨上，释放鼠标，效果如图14-155所示。在预览窗口中的素材上单击鼠标右键，在弹出的菜单中执行【调整到屏幕大小】命令，在预览窗口中的效果如图14-156所示。在【属性】面板中单击【淡入动画效果】按钮和【淡出动画效果】按钮。

图14-155

图14-156

14 单击【属性】面板中的【遮罩和色度键】按钮，打开选项面板，勾选【应用覆叠选项】复选框，在【类型】选项下拉列表中选择【遮罩帧】，在右侧的面板中选择需要的样式，如图14-157所示。此时可以在预览窗口中观看图像素材应用遮罩后的效果，如图14-158所示。在【编辑】面板中勾选【应用摇动和缩放】复选框。

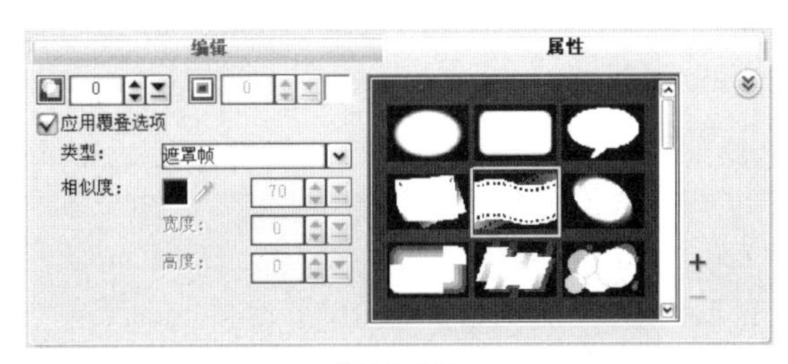

图14-157

图14-158

15 在素材库中选择“10.JPG”，按住鼠标将其拖曳至覆叠轨上，释放鼠标，效果如图14-159所示。在预览窗口中的素材上单击鼠标右键，在弹出的菜单中执行【调整到屏幕大小】命令，在预览窗口中的效果如图14-160所示。在【属性】面板中分别单击【淡入动画效果】按钮和【淡出动画效果】按钮。

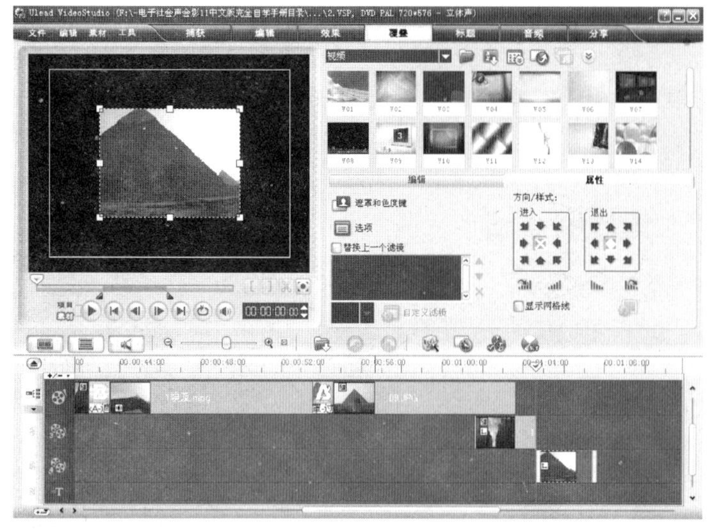

图14-159

图14-160

16 单击【属性】面板中的【遮罩和色度键】按钮，打开选项面板，勾选【应用覆叠选项】复选框，在【类型】选项下拉列表中选择【遮罩帧】，在右侧的面板中选择需要的样式，如图14-161所示。此时可以在预览窗口中观看图像素材应用遮罩后的效果，如图14-162所示。在【编辑】面板中勾选【应用摇动和缩放】复选框。

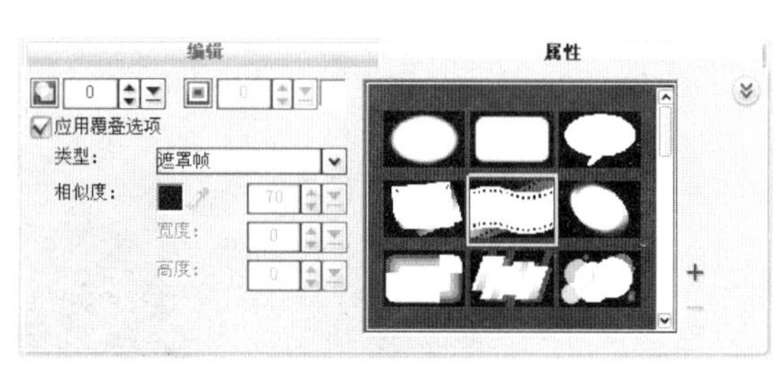

图14-161

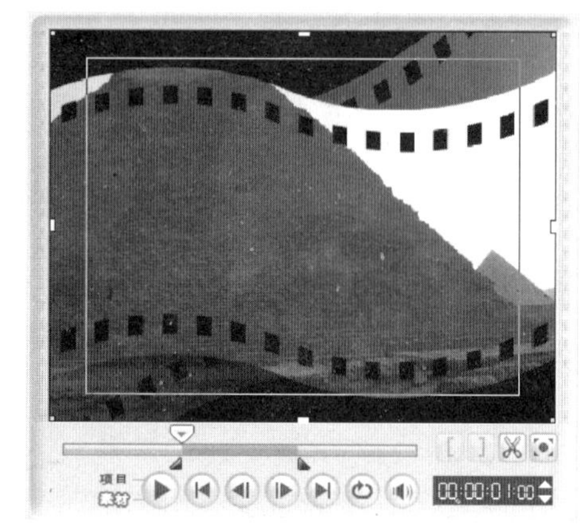

图14-162

14.6 添加并旋转素材

01 在素材库中选择“14.JPG”，按住鼠标将其拖曳至视频轨上，释放鼠标，效果如图14-163所示。在【图像】面板中单击【将图像顺时针旋转90度】按钮，在预览窗口中的效果如图14-164所示。

02 在【属性】面板中勾选【变形素材】复选框，如图14-165所示。在预览窗口中的素材周围出现黄色控制手柄，拖动手柄调整素材的大小，效果如图14-166所示。

图14-163

图14-164

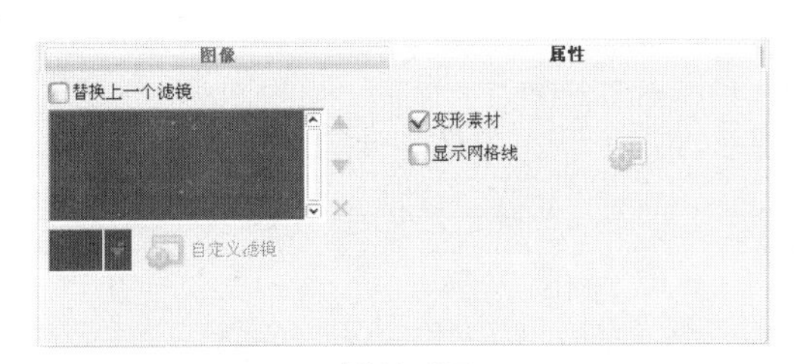

图14-165

图14-166

03 在【视频滤镜】素材库中选择【视频摇动和缩放】滤镜，并将其拖曳到“14.JPG”图像素材上，如图14-167所示，释放鼠标，视频滤镜被应用到素材上，效果如图14-168所示。

图14-167

图14-168

04 在【编辑】面板中单击【自定义滤镜】按钮，弹出【视频摇动和缩放】对话框，拖曳图像窗口中的十字标记，改变聚焦的中心点，其他选项的设置如图14-169所示。单击【时间轴】选项右侧的菱形标记，移动到下一个关键帧，在图像窗口中拖曳中间的十字标记，改变聚焦的中心点，其他选项的设置如图14-170所示，单击【确定】按钮。在【图像】面板中将【区间】选项设为10秒，时间轴效果如图14-171所示。

图14-169

图14-170

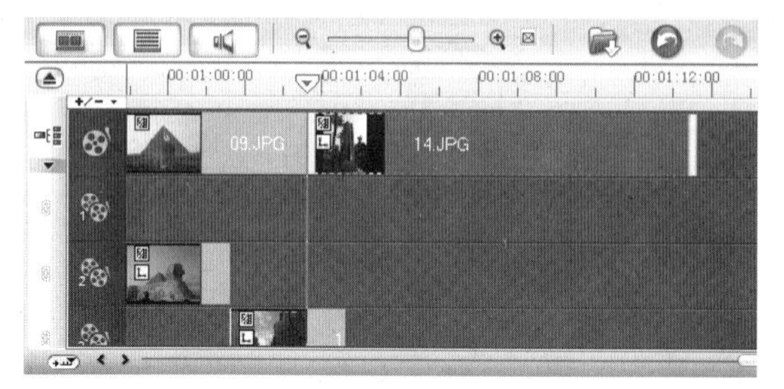

图14-171

05 单击素材库中的【画廊】按钮，在弹出的列表中选择【转场】→【过滤】选项，在过滤素材库中选择【遮罩E】过渡效果，并将其添加到视频轨上“09.JPG”和“14.JPG”两个素材中间，如图14-172所示，释放鼠标，将过渡效果应用到当前项目的素材之间，效果如图14-173所示。

图14-172

图14-173

14.7 添加色彩素材

01 单击素材库中的【画廊】按钮，在弹出的列表中选择【色彩】选项，拖曳时间轴标尺上的位置标记到1分8秒14帧处，如图14-174所示。在【色彩】素材库中选择需要的色彩，将其拖曳到覆叠轨上，释放鼠标，效果如图14-175所示。在预览窗口中拖曳素材到适当的位置并调整大小，效果如图14-176所示。

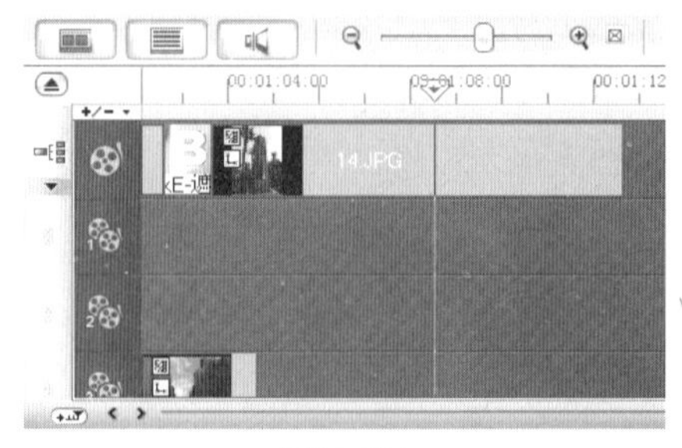

图14-174

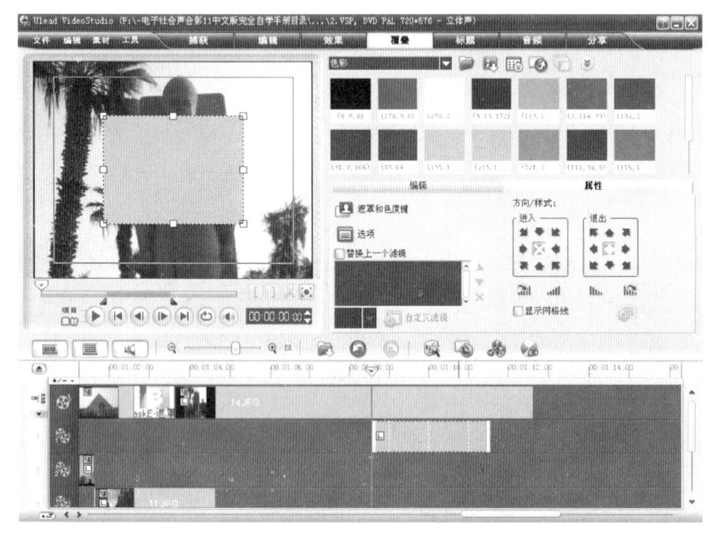

图14-175

图14-176

02 单击【属性】面板中的【遮罩和色度键】按钮，打开选项面板，将【透明度】选项设为50，如图14-177所示，在预览窗口中的效果如图14-178所示。在【编辑】面板中将【区间】选项设为9秒7帧，效果如图14-179所示。

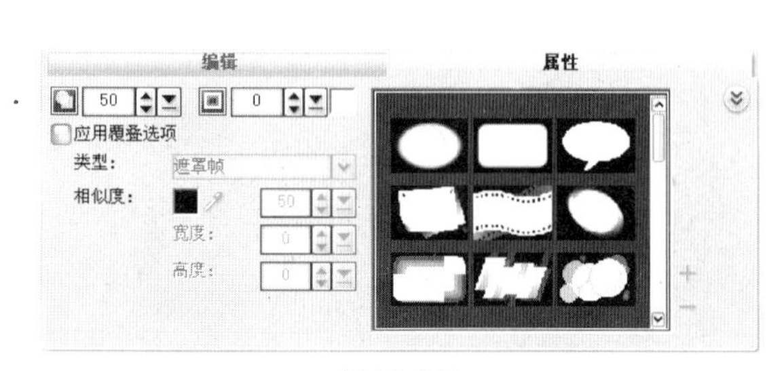

图14-177

图14-178

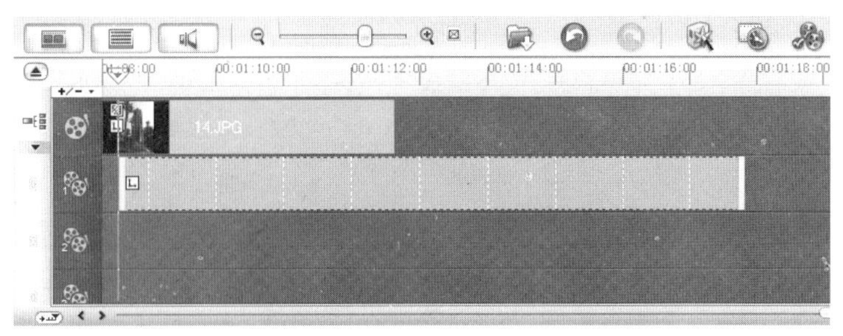

图14-179

14.8 制作素材图片淡出淡入效果

01 单击素材库中的【画廊】按钮，在弹出的列表中选择【图像】选项。在素材库中选择“03.JPG”，按住鼠标将其拖曳至覆叠轨上，释放鼠标，效果如图14-180所示。在预览窗口中拖曳素材到适当的位置并调整大小，效果如图14-181所示。在【属性】面板中分别单击【淡入动画效果】按钮和【淡出动画效果】按钮，如图14-182所示。

图14-180

图14-181

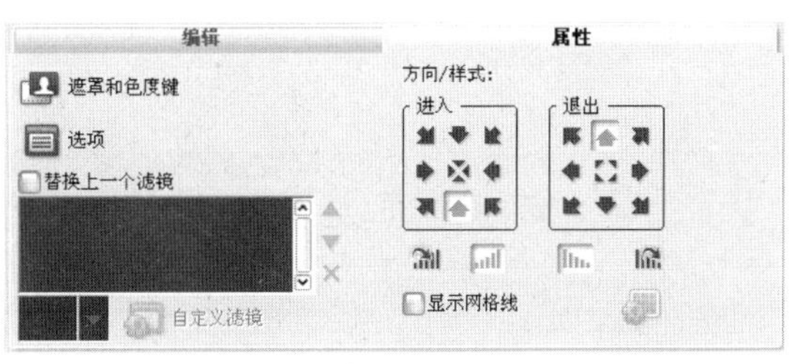

图14-182

02 将鼠标置于覆叠素材右侧的黄色边框上，当鼠标指针呈双向箭头⇔时，向右拖曳调整覆叠素材的长度，使其与视频轨上的素材对应，释放鼠标，效果如图14-183所示。在【属性】面板中将【边框】选项设为2，【边框色彩】选项设为白色，如图14-184所示。在预览窗口中的效果如图14-185所示。在【编辑】面板中勾选【应用摇动和缩放】复选框。

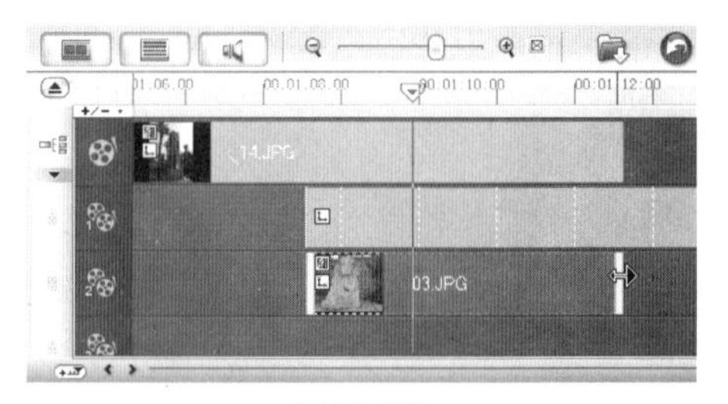
图14-183

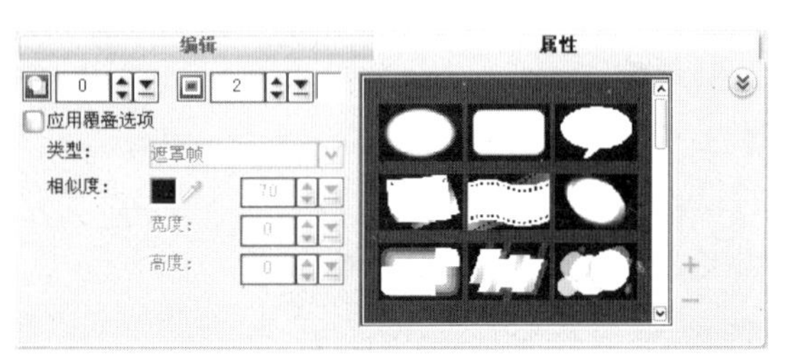
图14-184

图14-185

03 拖曳时间轴标尺上的位置标记▽到1分11秒9帧处，如图14-186所示。在素材库中选择"04.JPG"，按住鼠标将其拖曳至覆叠轨上，释放鼠标，效果如图14-187所示。在预览窗口中拖曳"04.JPG"素材到"03.JPG"素材重叠的位置并调整大小，效果如图14-188所示。

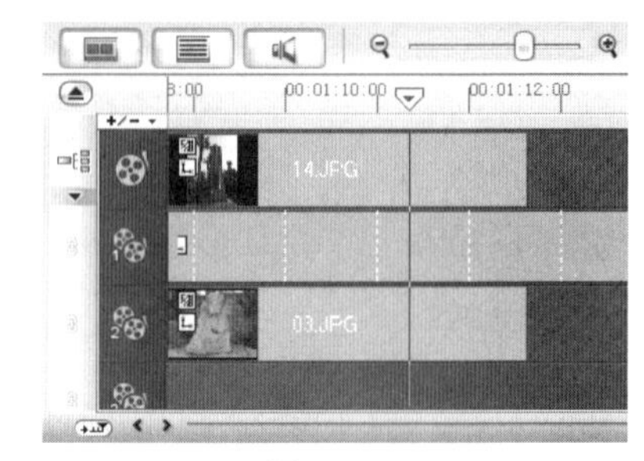
图14-186

图14-187

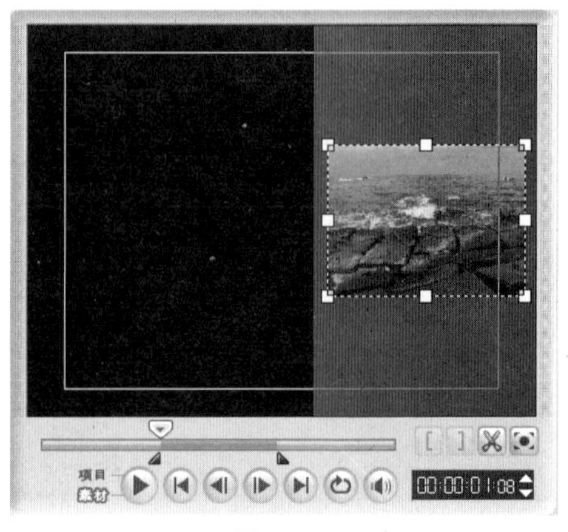
图14-188

04 在【属性】面板中设置【方向/样式】，分别单击【淡入动画效果】按钮和【淡出动画效果】按钮，如图14-189所示。再次单击【遮罩和色度键】按钮，打开选项面板，将【边框】选项设为2，【边框色彩】选项设为白色，如图14-190所示。在预览窗口中的效果如图14-191所示。

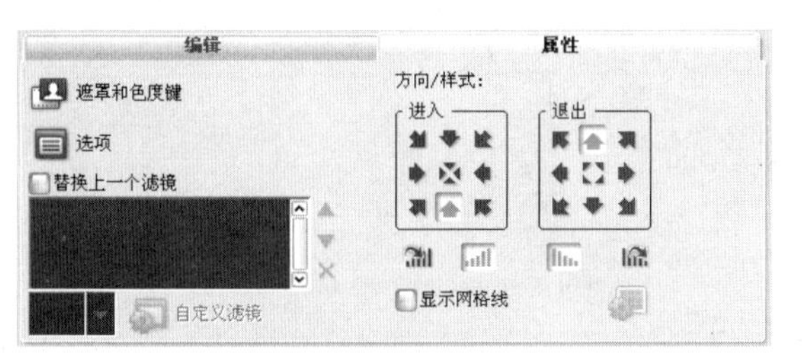

图14-189

图14-190

图14-191

05 在【编辑】面板中将【区间】选项设为3秒24帧，时间轴效果如图14-192所示。在【编辑】面板中勾选【应用摇动和缩放】复选框，如图14-193所示。

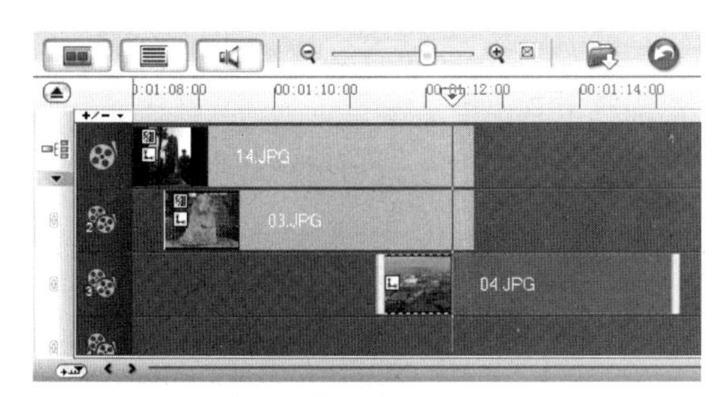

图14-192

图14-193

06 在【属性】面板中将【区间】选项设为1分13秒23帧，时间轴效果如图14-194所示。在素材库中选择“05.JPG”，按住鼠标将其拖曳至覆叠轨上，释放鼠标，效果如图14-195所示。在预览窗口中拖曳“05.JPG”素材到“04.JPG”素材重叠的位置并调整大小，效果如图14-196所示。

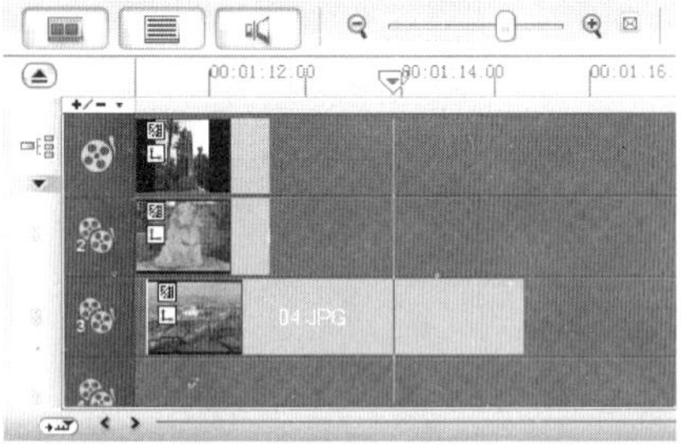

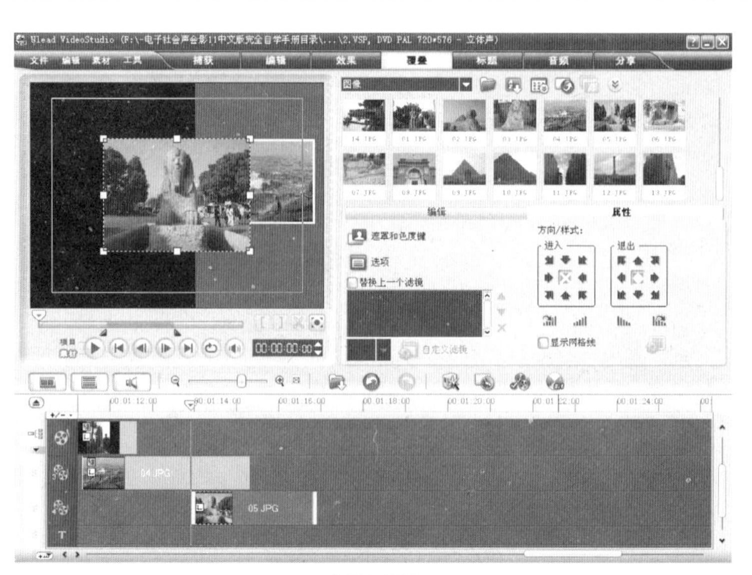

图14-194

图14-195

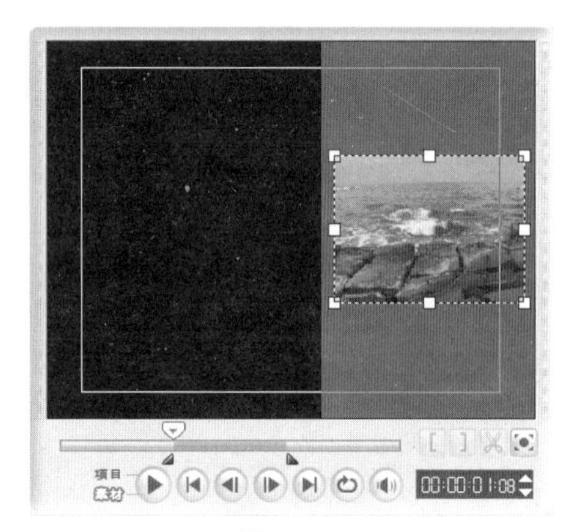

图14-196

07 在【属性】面板中设置【方向/样式】，分别单击【淡入动画效果】按钮和【淡出动画效果】按钮，如图14-197所示。再次单击【遮罩和色度键】按钮，打开选项面板，将【边框】选项设为2，【边框色彩】选项设为白色，如图14-198所示。在预览窗口中的效果如图14-199所示。

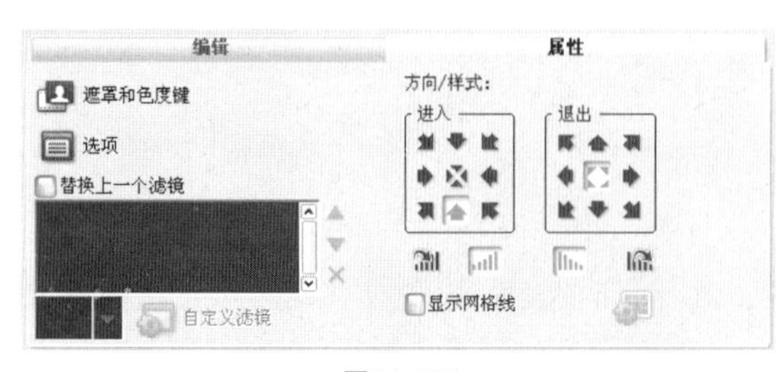

图14-197

图14-198

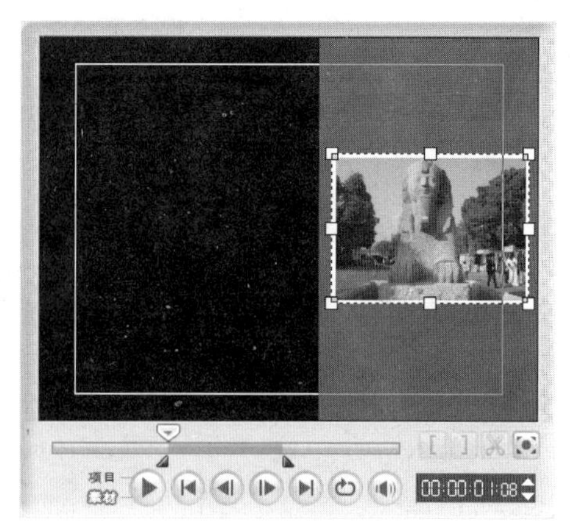

图14-199

08 在【编辑】面板中将【区间】选项设为3秒24帧，时间轴效果如图14-200所示。在【编辑】面板中勾选【应用摇动和缩放】复选框，如图14-201所示。

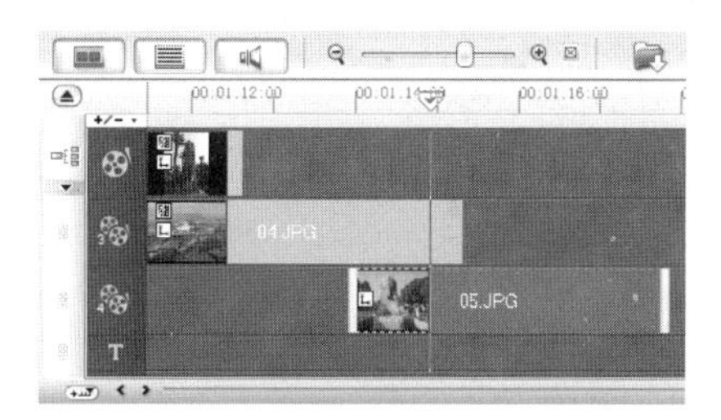

图14-200

图14-201

09 单击素材库中的【画廊】按钮▼，在弹出的列表中选择【视频】选项。在素材库中选择"6埃及.mpg"，按住鼠标将其拖曳至视频轨上，释放鼠标，效果如图14-202所示。单击素材库中的【画廊】按钮▼，在弹出的列表中选择【转场】→【过滤】选项，在过滤素材库中选择【遮罩】过渡效果，并将其添加到视频轨上"14.JPG"和"6埃及.mpg"两个素材中间，如图14-203所示。释放鼠标，将过渡效果应用到当前项目的素材之间，效果如图14-204所示。

图14-202

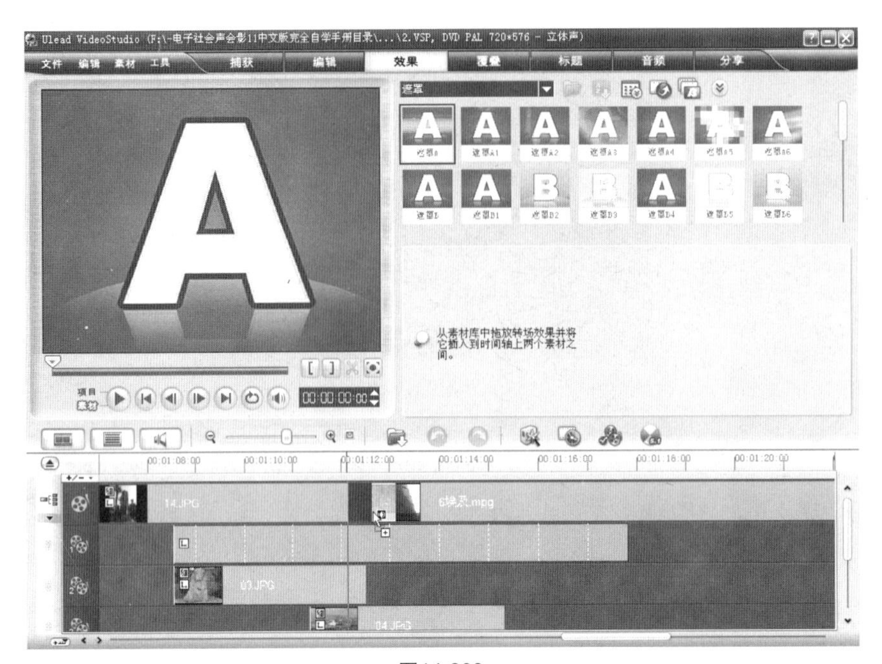

图14-203

图14-204

10 单击素材库中的【画廊】按钮，在弹出的列表中选择【色彩】选项。在【色彩】素材库中选择需要的色彩，并将其拖曳到覆叠轨上，如图14-205所示，释放鼠标，效果如图14-206所示。在弹出的菜单中执行【调整到屏幕大小】命令，在预览窗口中的效果如图14-207所示。将鼠标置于色彩素材右侧的黄色边框上，当鼠标指针呈双向箭头⇔时，向右拖曳调整色彩素材的长度，使其与视频轨上的素材对应，释放鼠标，效果如图14-208所示。

图14-205

图14-206

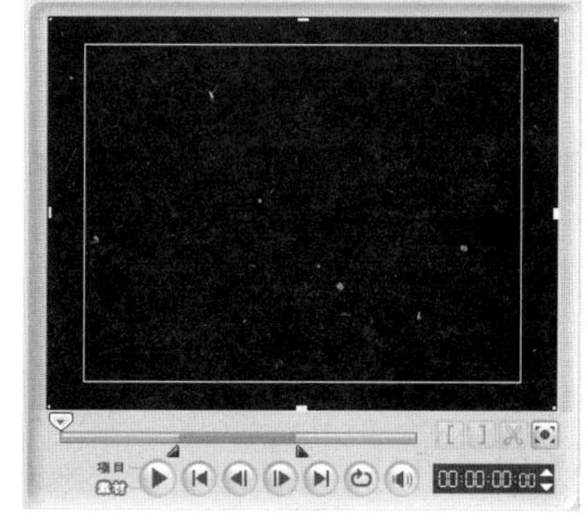

图14-207

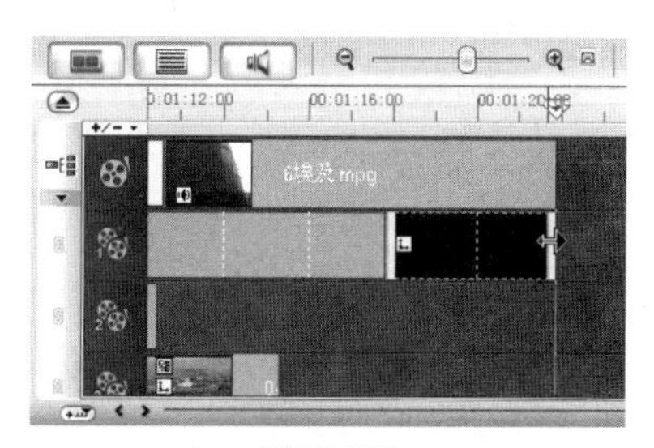

图14-208

14.9 添加并编辑文字

01 单击步骤选项卡中的【标题】按钮 标题 ，切换至标题面板。在【标题】素材库中选择需要的标题样式并拖曳到标题轨上，如图14-209所示，释放鼠标，效果如图14-210所示。

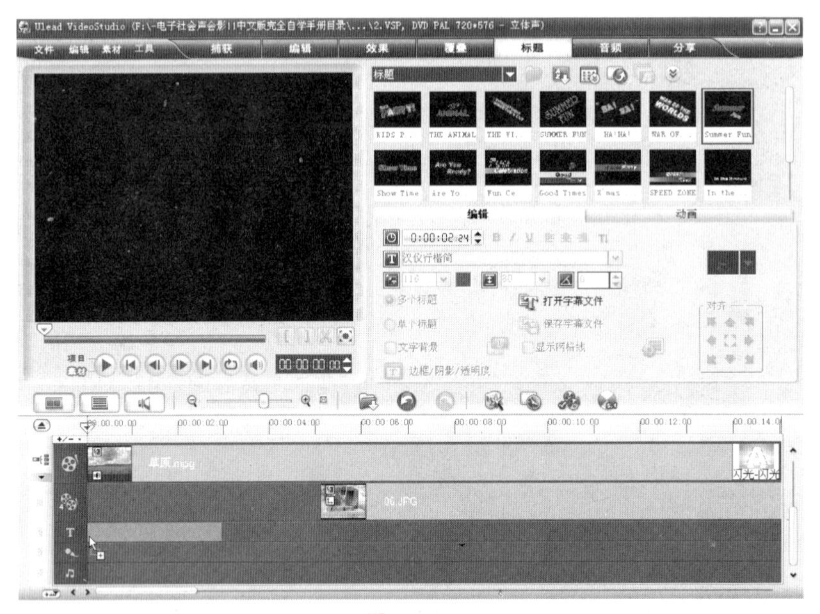

图14-209

图14-210

02 在预览窗口中双击鼠标，进入标题编辑状态。选取文字“Summer”将其改为“神秘之旅”并选取该文字，在【编辑】面板中各选项的设置如图14-211所示，在预览窗口中取消文字的选取状态，如图14-212所示。

图14-211

图14-212

03 选取文字“Fun”将其改为“埃及”并选取该文字，效果如图14-213所示。在【编辑】面板中各选项的设置如图14-214所示，在预览窗口中取消文字的选取状态，分别拖曳文字到适当的位置，效果如图14-215所示。在【编辑】面板中将【区间】选项设为4秒7帧，时间轴效果如图14-216所示。

图14-213

图14-214

图14-215

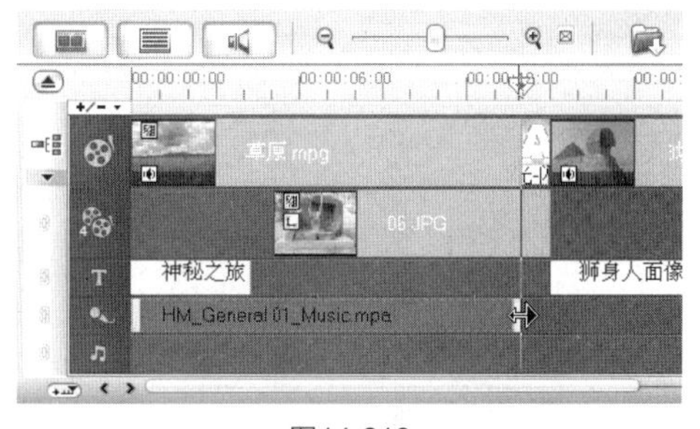

图14-216

04 拖曳时间轴标尺上的位置标记到15秒1帧处，时间轴效果如图14-217所示。单击步骤选项卡中的【标题】按钮，切换至标题面板，预览窗口中的效果如图14-218所示。在预览窗口中双击鼠标，进入标题编辑状态。在【编辑】面板中各选项的设置如图14-219所示，在预览窗口中输入需要的文字，效果如图14-220所示。

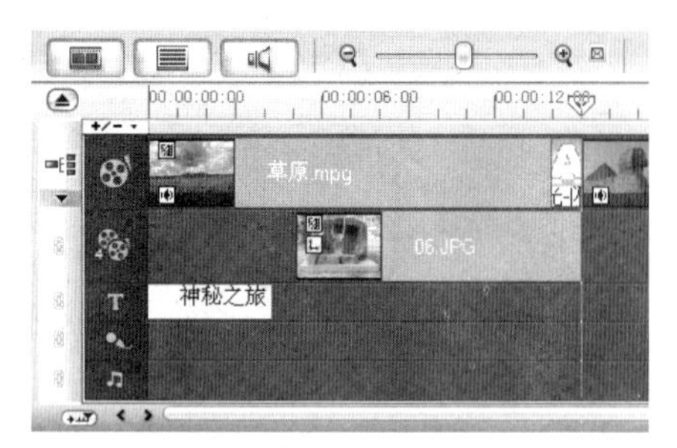

图14-217

图14-218

图14-219

图14-220

05 单击【边框/阴影/透明度】按钮，弹出【边框/阴影/透明度】对话框，在【边框】选项卡中，单击【线条色彩】选项的颜色块，在弹出的面板中选择【友立色彩选取器】选项，在弹出的对话框中进行设置，如图14-221所示。单击【确定】按钮，返回到【边框】选项卡中进行设置，如图14-222所示。

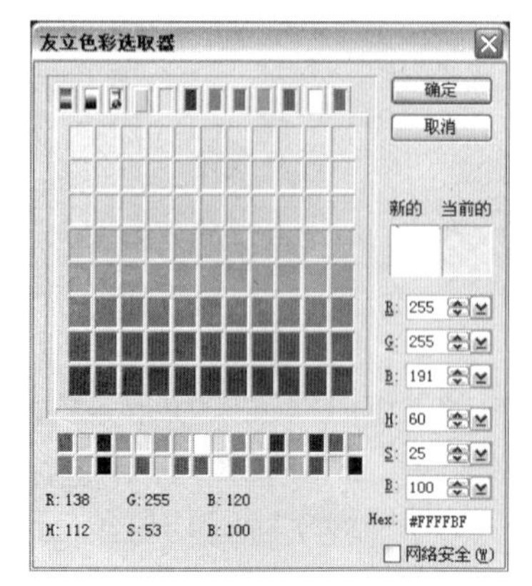

图14-221

图14-222

06 选择【阴影】选项卡，单击【光晕阴影】按钮A，单击【光晕阴影色彩】选项的颜色块，在弹出的色板中选择需要的颜色，如图14-223所示，返回到【阴影】选项卡中进行设置，如图14-224所示。单击【确定】按钮，在预览窗口中拖曳文字到适当的位置，效果如图14-225所示。

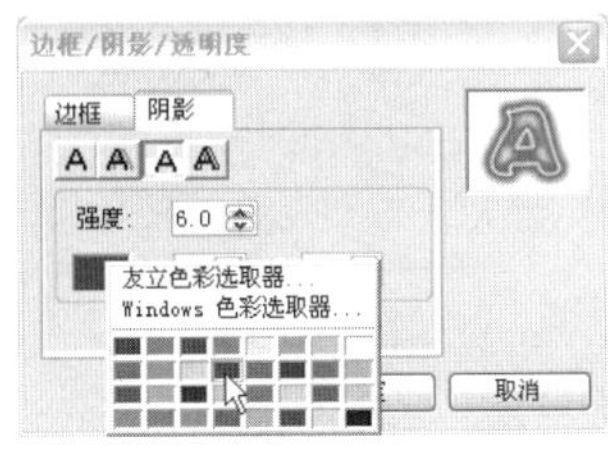

图14-223

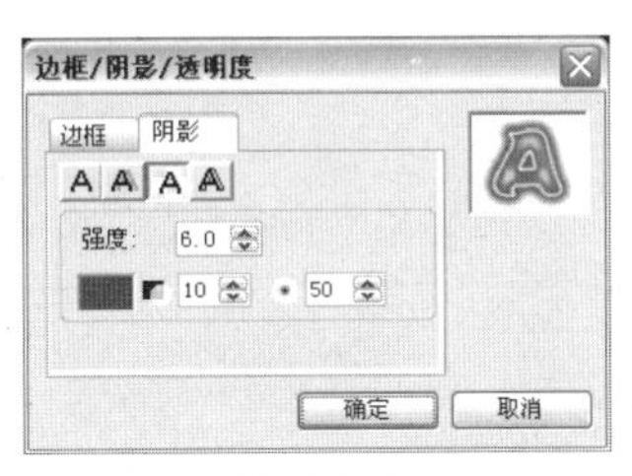

图14-224

图14-225

07 在【动画】面板中勾选【应用动画】复选框，单击【类型】选项右侧的下拉按钮，在弹出的下拉列表中选择【淡化】选项，在【淡化】动画库中选择需要的动画效果，如图14-226所示。在【属性】面板中将【区间】选项设为16秒，时间轴效果如图14-227所示。

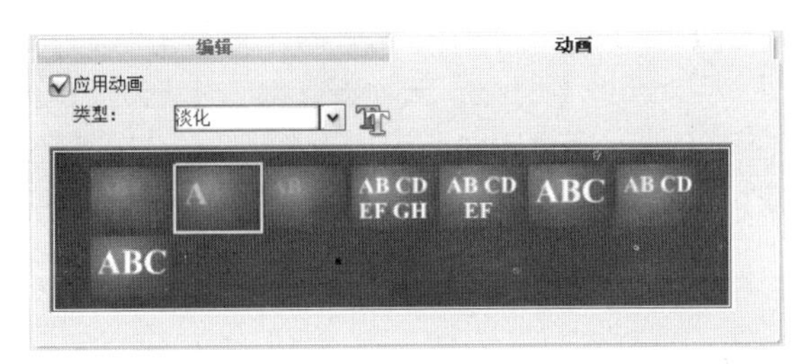

图14-226

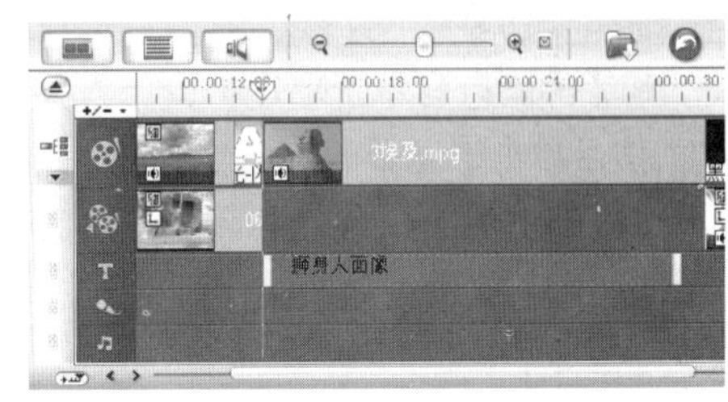

图14-227

08 拖曳时间轴标尺上的位置标记▽到1分17秒22帧处，时间轴效果如图14-228所示。在【标题】素材库中选择需要的标题样式，并将其拖曳到标题轨上，如图14-229所示，释放鼠标，效果如图14-230所示。

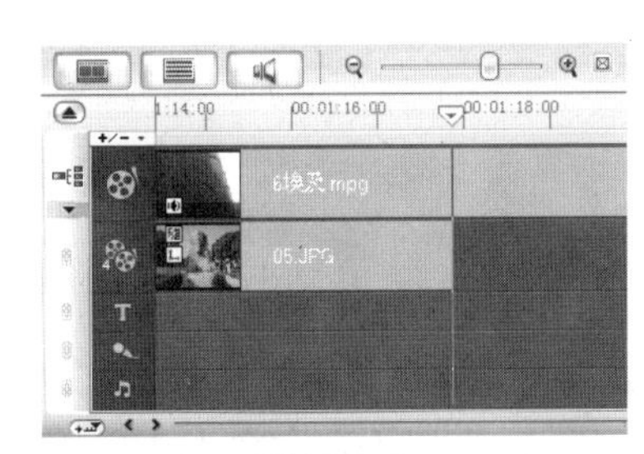

图14-228

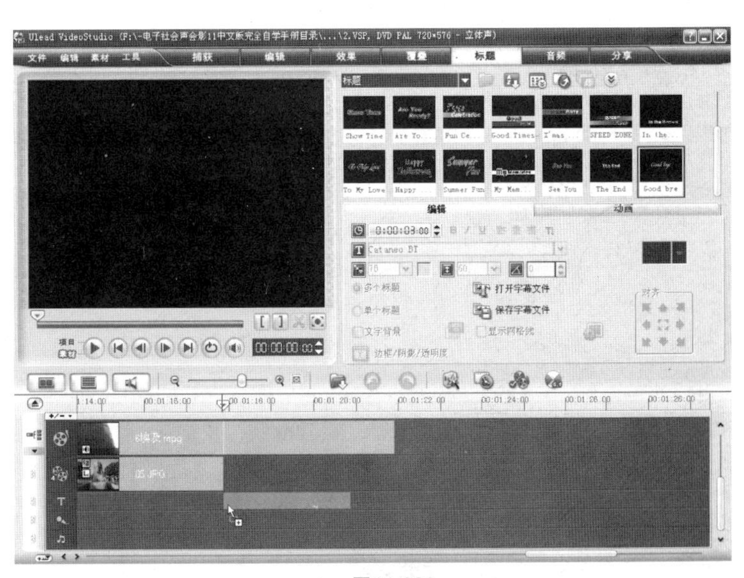

图14-229

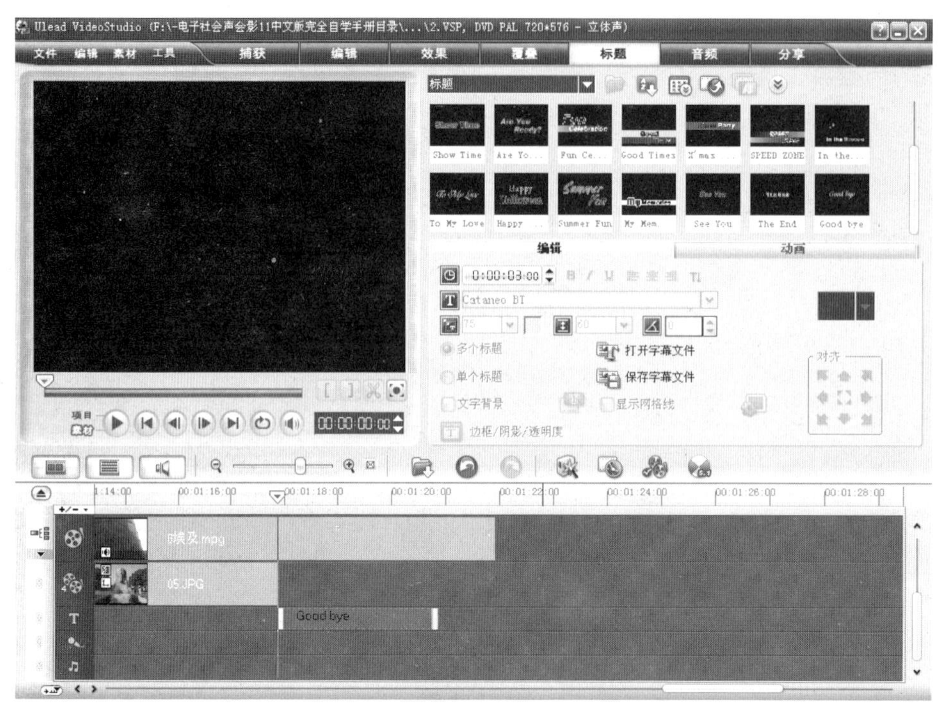

图14-230

09 单击【边框/阴影/透明度】按钮，弹出【边框/阴影/透明度】对话框，在【边框】选项卡中，将【线条色彩】选项设为白色，如图14-231所示。选择【阴影】选项卡，单击【光晕阴影】按钮，然后单击【光晕阴影色彩】选项的颜色块，在弹出的对话框中进行设置，如图14-232所示。单击【确定】按钮，返回到【阴影】选项卡中进行设置，如图14-233所示，单击【确定】按钮。

图14-231

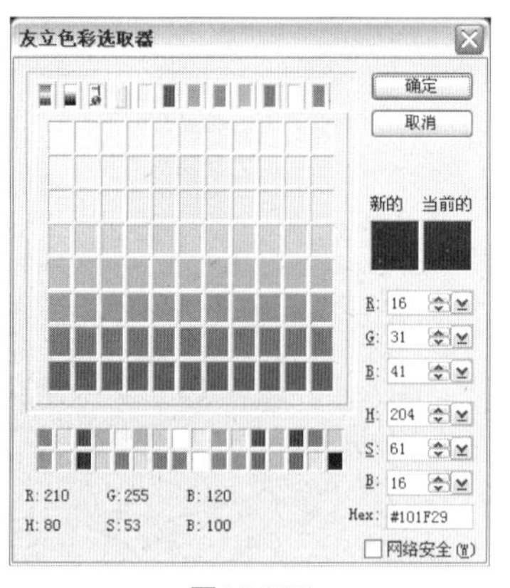

图14-232

图14-233

14.10 添加声音

01 单击素材库中的【画廊】按钮，在弹出的列表中选择【音频】选项。在【音频】素材库中选择【A03】音频，并将其拖曳到声音轨上，如图14-234所示，释放鼠标，效果如图14-235所示。将鼠标置于音频素材右侧的黄色边框上，当鼠标指针呈双向箭头⇔时，向左拖曳到适当的位置调整音频的长度，释放鼠标，效果如图14-236所示。

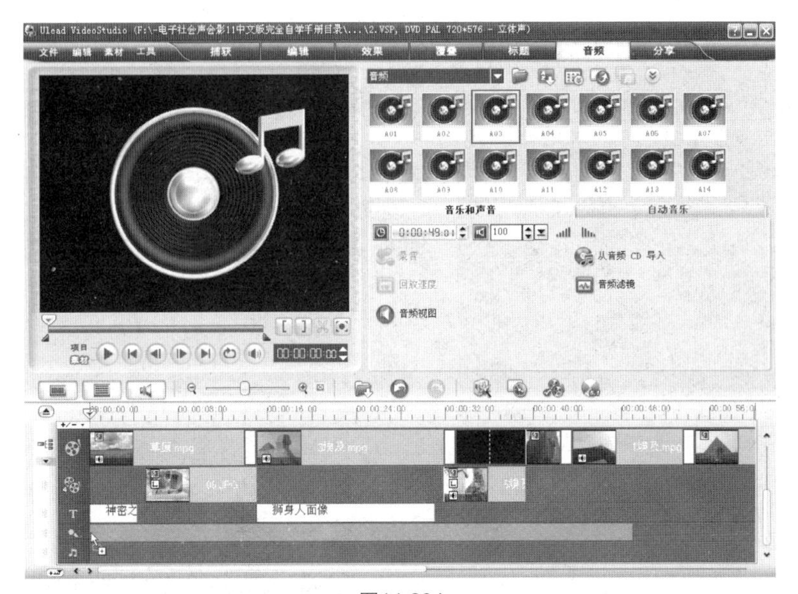

图14-234

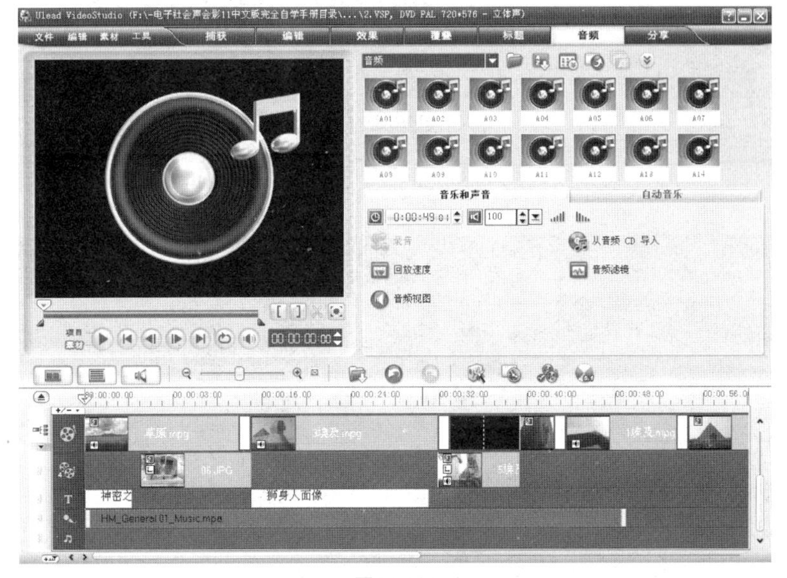

图14-235

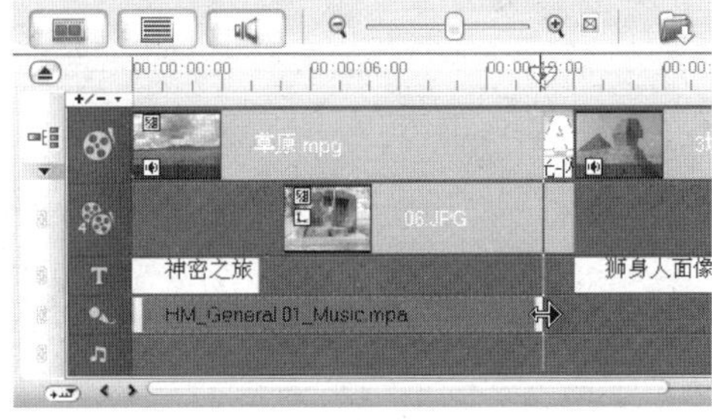

图14-236

02 在【音频】素材库中选择【A08】音频，并将其拖曳到声音轨上，如图14-237所示，释放鼠标，效果如图14-238所示。

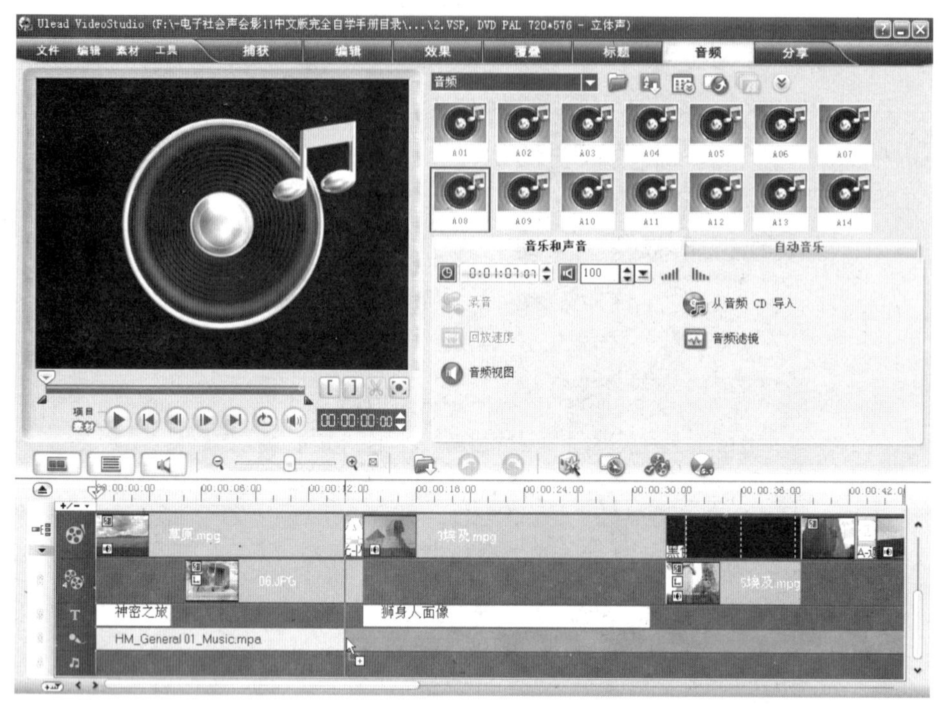

图14-237

图14-238

03 在【音乐和声音】面板中单击【淡出】按钮，如图14-239所示。在声音轨上选中【A08】音频，单击【时间轴】面板上的【音频视图】按钮，切换到音频视图，如图14-240所示。在声音轨上拖曳【A08】音频的关键帧到位置标记处，效果如图14-241所示。

图14-239

图14-240

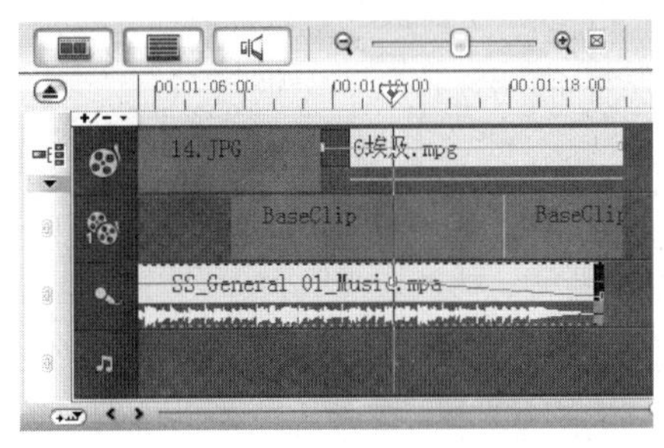

图14-241

Chapter 15

婚庆纪念片

知识要点：使用覆叠轨管理器按钮添加覆叠轨。使用调整到项目大小命令将素材调整到屏幕大小。使用遮罩和色度键按钮制作素材遮罩效果。使用遮罩选项添加素材过渡效果。使用边框/阴影/透明度按钮添加文字阴影效果。

15.1 添加覆叠轨

01 启动会声会影11，在启动面板中选择【会声会影编辑器】选项，如图15-1所示，进入会声会影程序主界面。

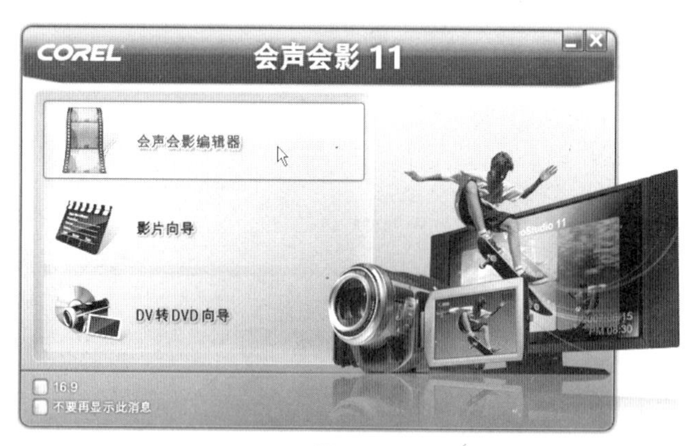

图15-1

02 单击素材库中的【画廊】按钮，在弹出的列表中选择【图像】选项，如图15-2所示。单击【图像】素材库中的【加载图像】按钮，在弹出的【打开图像文件】对话框中选择光盘目录下“Ch15/婚庆纪念片/婚车-1.JPG、婚车-2.JPG、婚车-3.JPG、婚房-1.JPG、婚房-2.JPG、静物-1.jpg、静物-2.jpg、静物-3.jpg、静物-4.jpg、酒店-1.jpg、酒店-2.jpg、酒店-3.jpg、酒店-4.jpg、酒店-5.jpg、图片-1.jpg、图片-2.jpg、图片-3.jpg、图片-4.png、图片-5.jpg、图片-6.jpg、喜字.JPG、仪式-1.jpg、仪式-2.jpg、仪式-3.jpg、仪式-4.jpg、仪式-5.jpg、仪式-6.jpg”文件，如图15-3所示，单击【打开】按钮，所有选中的图像素材被添加到素材库中，效果如图15-4所示。

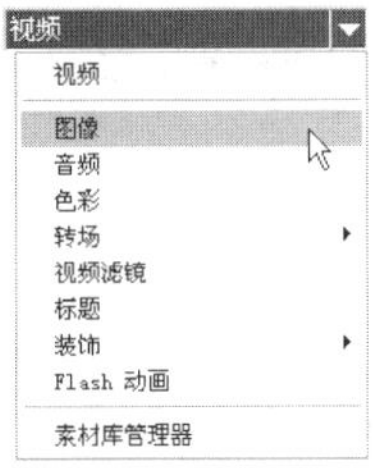

图15-2

图15-3

图15-4

03 单击【时间轴】面板中的【时间轴视图】按钮，切换到时间轴视图。在素材库中选择“图片-1.jpg”，按住鼠标将其拖曳至视频轨上，释放鼠标，效果如图15-5所示。在【图像】面板中将【区间】选项设为7秒，时间轴效果如图15-6所示。

图15-5

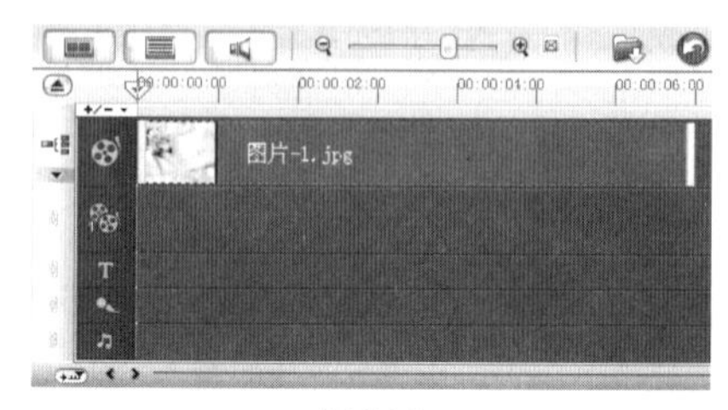

图15-6

04 单击【覆叠轨管理器】按钮，弹出【覆叠轨管理器】对话框，勾选【覆叠轨#2】、【覆叠轨#3】和【覆叠轨#4】复选框，如图15-7所示。单击【确定】按钮，在预设的【覆叠轨#1】下方添加新的覆叠轨，效果如图15-8所示。

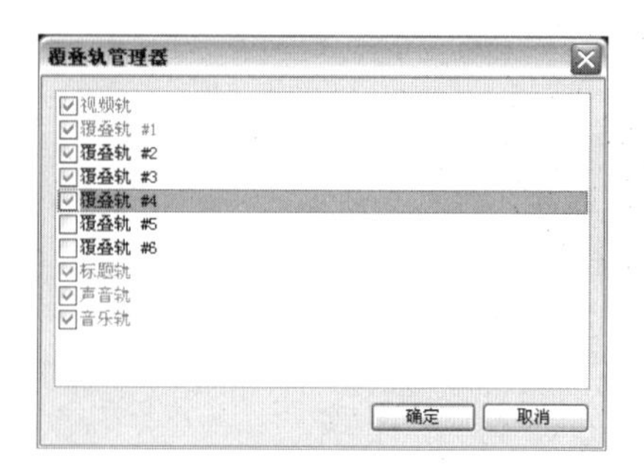

图15-7

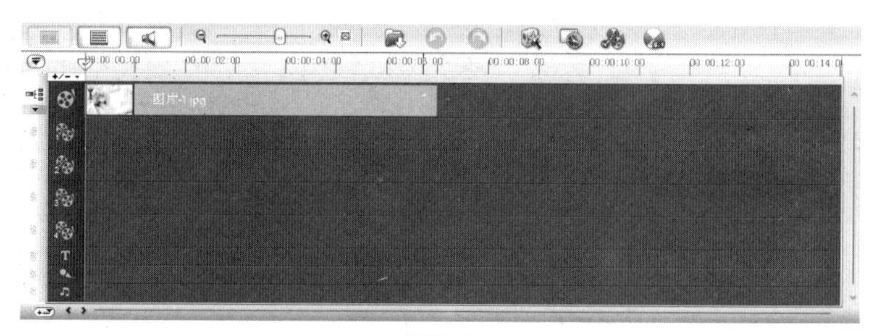

图15-8

05 选择视频轨中的图像素材，在【图像】面板中单击【重新采样选项】选项右侧的下拉按钮，在弹出的列表中选择【调到项目大小】选项，如图15-9所示，在预览窗口中效果如图15-10所示。

图15-9

图15-10

15.2 添加文字边框和阴影

01 单击步骤选项卡中的【标题】按钮 标题 ，切换至标题面板。在【标题】素材库中选择需要的标题样式，并将其拖曳到标题轨上，如图15-11所示，释放鼠标，效果如图15-12所示。

图15-11

图15-12

02 在预览窗口中双击鼠标，进入标题编辑状态。选取字母“SUMMERFUN”将其改为“我们的浪漫婚礼”并选取该文字，在【编辑】面板中单击【色彩】颜色块，在弹出的面板中选择【友立色彩选取器】选项，在弹出的【友立色彩选取器】对话框中进行设置，如图15-13所示，单击【确定】按钮，弹出提示对话框，再次单击【确定】按钮，在【编辑】面板中其他属性的设置如图15-14所示。

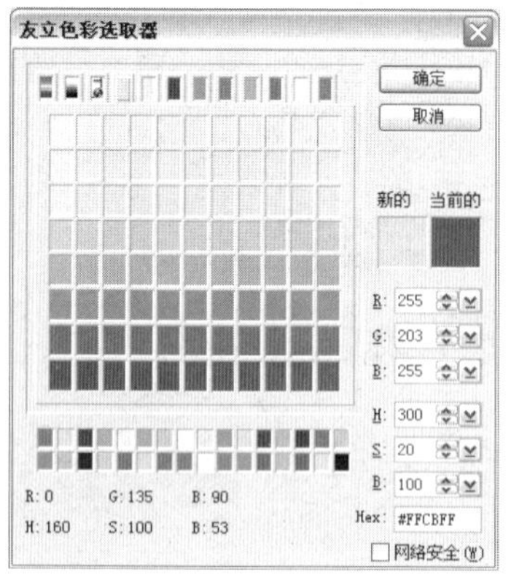

图15-13

图15-14

03 在预览窗口中选取文字“浪漫婚礼”，如图15-15所示。在【编辑】面板中选择【多个标题】单选项，设置标题字体、字体大小、字体行距等属性，如图15-16所示，在预览窗口中取消文字的选取状态，效果如图15-17所示。

图15-15

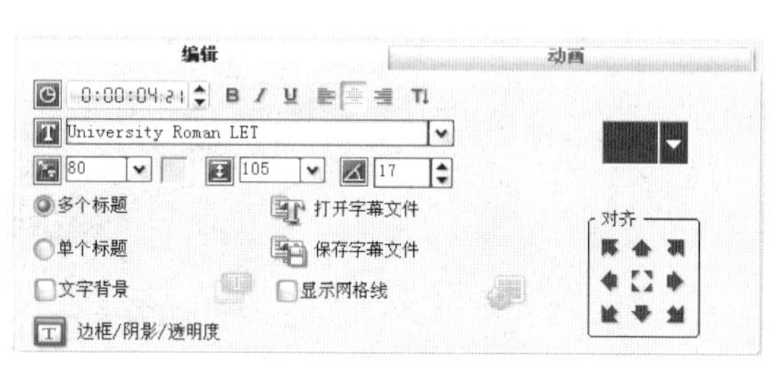

图15-16

图15-17

04 在预览窗口中选取文字“我们的浪漫婚礼”，如图15-18所示。在【编辑】面板中单击【边框/阴影/透明度】按钮，弹出【边框/阴影/透明度】对话框，在【边框】选项卡中，单击【线条色彩】选项颜色块，在弹出的面板中选择【友立色彩选取器】选项，然后在弹出的对话框中进行设置，如图15-19所示，单击【确定】按钮，返回到【边框】选项卡中进行设置，如图15-20所示。

图15-18

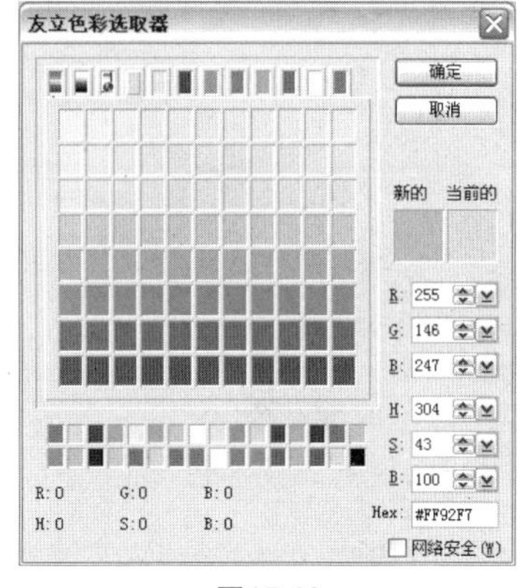

图15-19

图15-20

05 选择【阴影】选项卡，单击【光晕阴影】按钮，弹出相应的对话框，单击【光晕阴影色彩】选项的颜色块，在弹出的面板中选择【友立色彩选取器】选项，在弹出的对话框中进行设置，如图15-21所示。单击【确定】按钮，返回到【阴影】选项卡中进行设置，如图15-22所示。单击【确定】按钮，在预览窗口中拖曳文字到适当的位置，效果如图15-23所示。

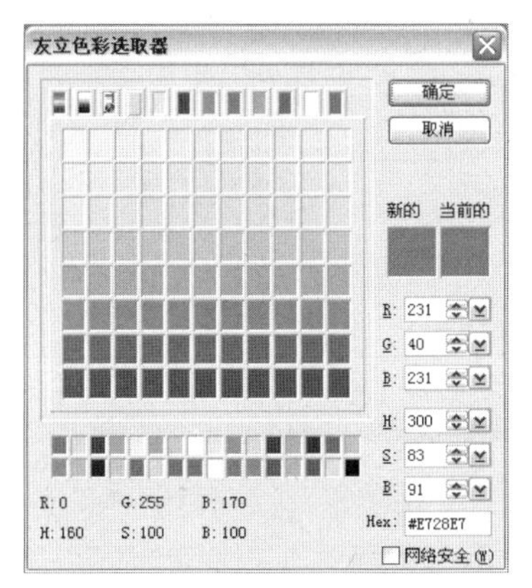

图15-21

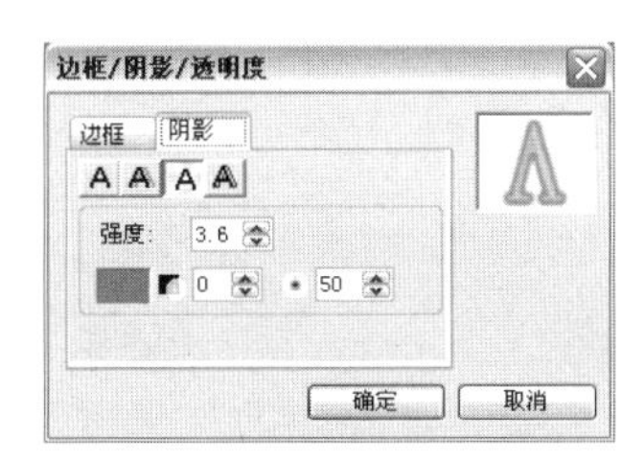

图15-22

图15-23

15.3 添加素材过渡效果

01 单击素材库中的【画廊】按钮，在弹出的列表中选择【图像】选项。在素材库中选择“I07”，按住鼠标将其拖曳至视频轨上，释放鼠标，效果如图15-24所示。在【图像】面板中将【区间】选项设为17秒19帧，单击【重新采样选项】右侧的下拉按钮，在弹出的列表中选择【调到项目大小】选项，如图15-25所示，在预览窗口中的效果如图15-26所示。

图15-24

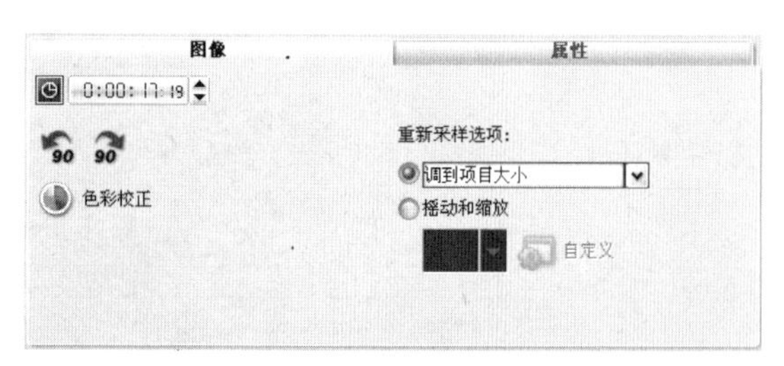

图15-25

图15-26

02 单击素材库中的【画廊】按钮，在弹出的列表中选择【转场】→【遮罩】选项。在遮罩素材库中选择【遮罩A3】过渡效果，并将其添加到视频轨上“图片-1.jpg”和“I07.jpg”两个图像素材中间，如图15-27所示。释放鼠标，将过渡效果应用到当前项目的素材之间，效果如图15-28所示。

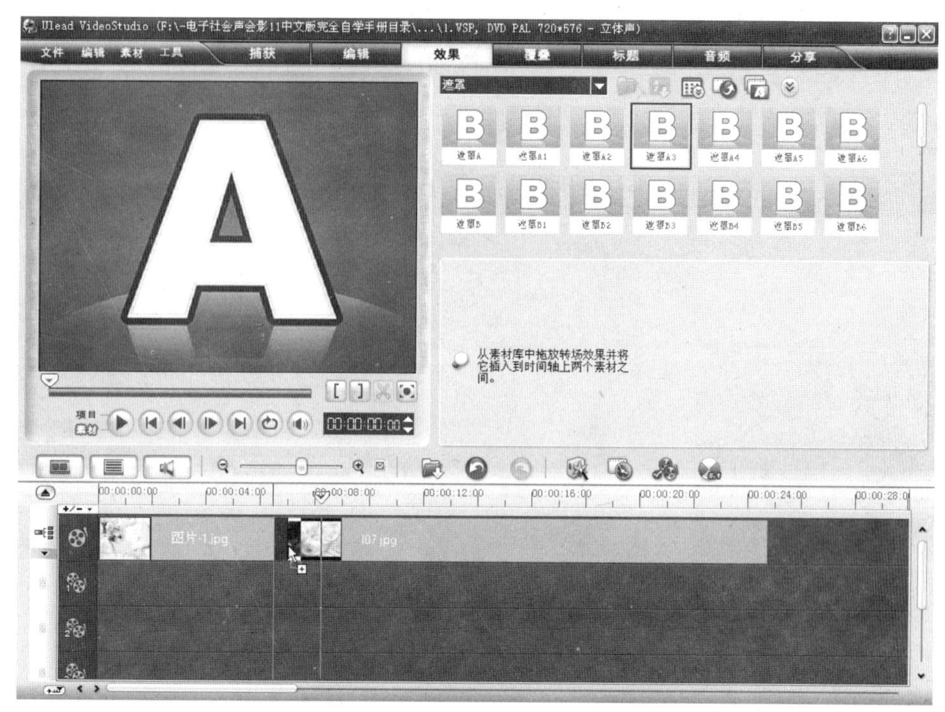

图15-27

图15-28

03 拖曳时间轴标尺上的位置标记▽到7秒处，如图15-29所示。在素材库中选择“喜字.JPG”，按住鼠标将其拖曳至覆叠轨上，释放鼠标，效果如图15-30所示。在预览窗口中的素材上单击鼠标右键，在弹出的菜单中执行【调整到屏幕大小】命令，在预览窗口中效果如图15-31所示。

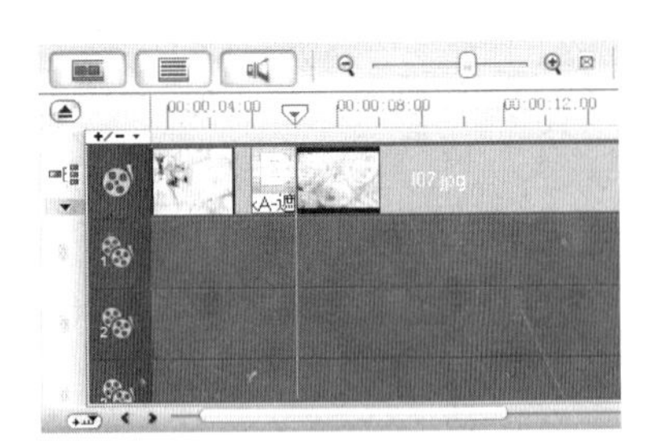

图15-29

图15-30

图15-31

04 在【属性】面板中分别单击【淡入动画效果】按钮和【淡出动画效果】按钮，如图15-32所示。再次单击【遮罩和色度键】按钮，打开选项面板，勾选【应用覆叠选项】复选框，在【类型】选项下拉列表中选择【遮罩帧】，在右侧的面板中选择需要的样式，如图15-33所示。此时可以在预览窗口中观看图像素材应用遮罩后的效果，如图15-34所示。在【编辑】面板中将【区间】选项设为3秒18帧，时间轴效果如图15-35所示。

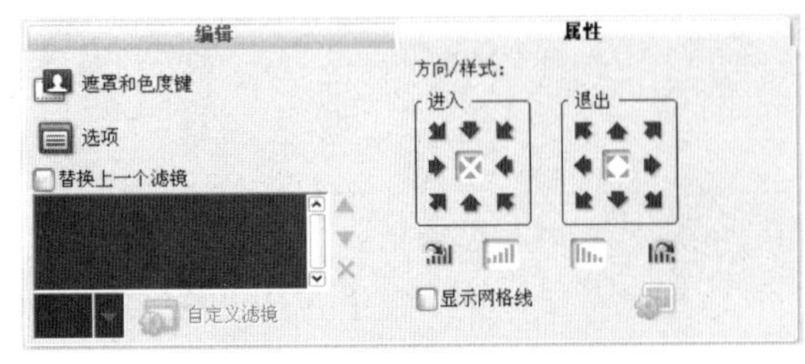

图15-32

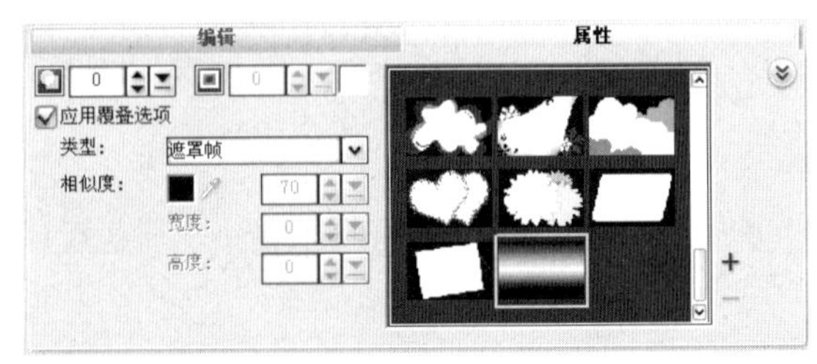

图15-33

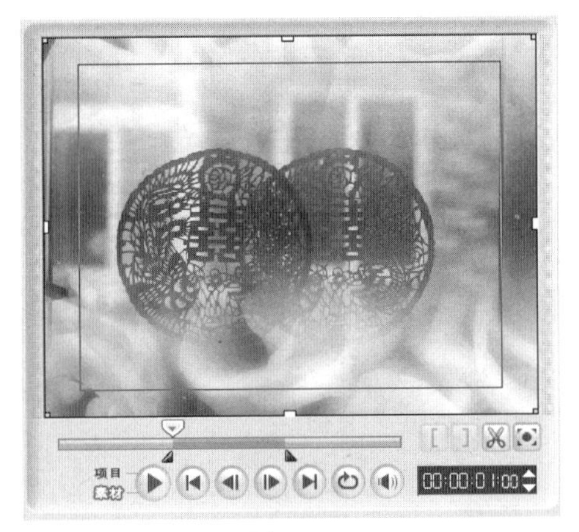

图15-34

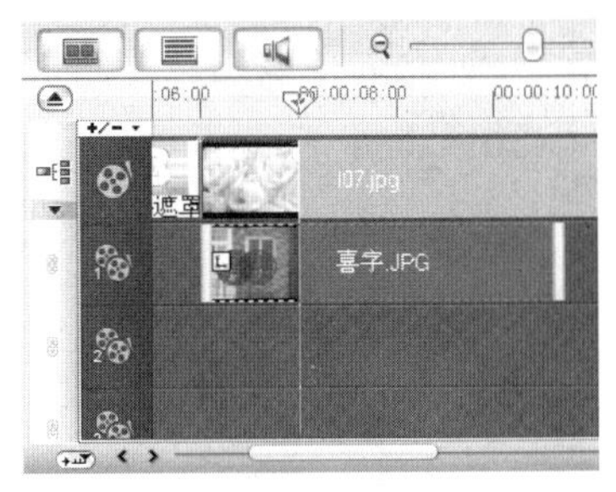

图15-35

15.4 添加素材遮罩效果

01 拖曳时间轴标尺上的位置标记到11秒21帧处，如图15-36所示。在素材库中选择“婚房-1.JPG”，按住鼠标将其拖曳至覆叠轨上，释放鼠标，效果如图15-37所示。在预览窗口中的素材周围出现黄色控制手柄，拖曳黄色控制点调整素材的大小并单击鼠标右键，在弹出的菜单中执行【停靠在中央】→【居中】命令，在预览窗口中的效果如图15-38所示。

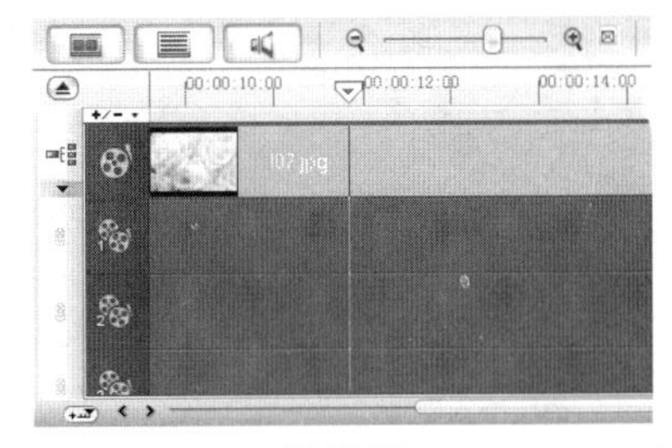

图15-36

图15-37

图15-38

02 在【属性】面板中分别单击【暂停区间前旋转】按钮、【淡入动画效果】按钮和【淡出动画效果】按钮，如图15-39所示。在【编辑】面板中将【区间】选项设为3秒8帧，时间轴效果如图15-40所示。

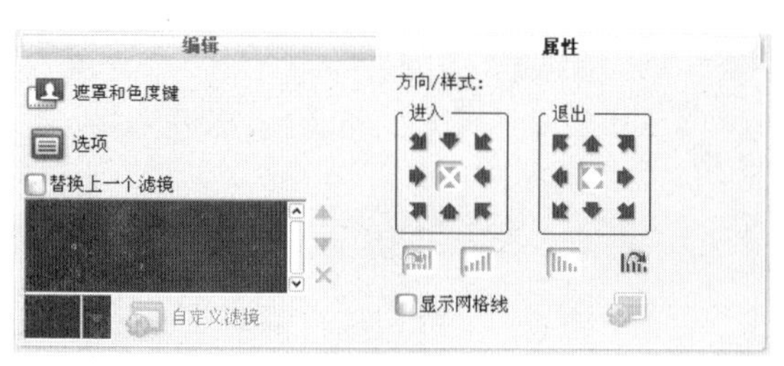

图15-39

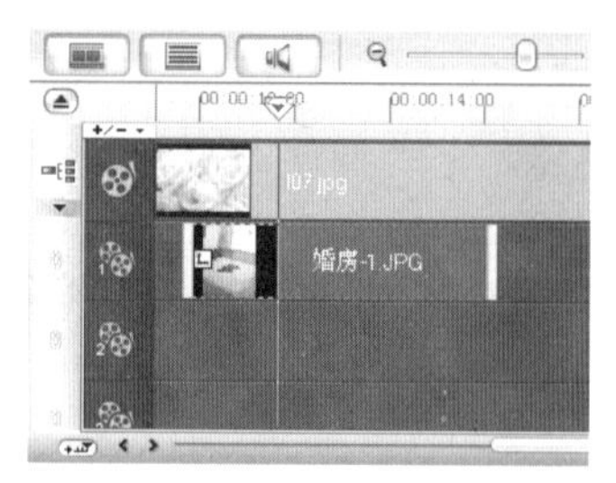

图15-40

03 拖曳时间轴标尺上的位置标记▽到17秒12帧处，在素材库中选择“婚车-2.JPG”，按住鼠标将其拖曳至覆叠轨上，释放鼠标，效果如图15-41所示。在预览窗口中的素材周围出现黄色控制手柄，拖曳黄色控制点调整素材的大小并单击鼠标右键，在弹出的菜单中执行【停靠在中央】→【居中】命令，在预览窗口中的效果如图15-42所示。

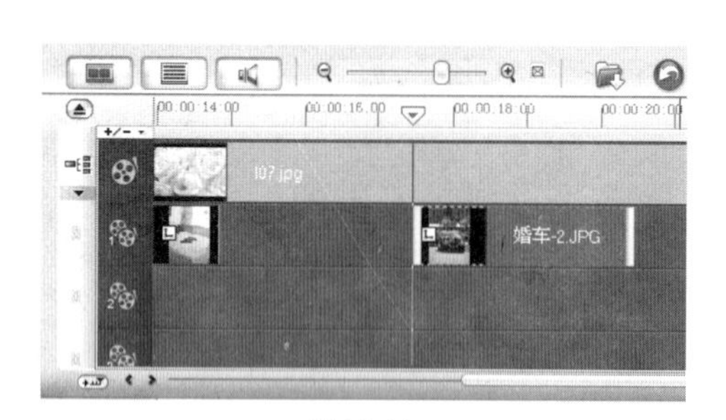

图15-41

图15-42

04 在【属性】面板中分别单击【淡入动画效果】按钮和【淡出动画效果】按钮，如图15-43所示。再次单击【遮罩和色度键】按钮，打开选项面板，勾选【应用覆叠选项】复选框，在【类型】选项下拉列表中选择【遮罩帧】选项，在右侧的面板中选择需要的样式，如图15-44所示。此时可以在预览窗口中观看图像素材应用遮罩后的效果，如图15-45所示。

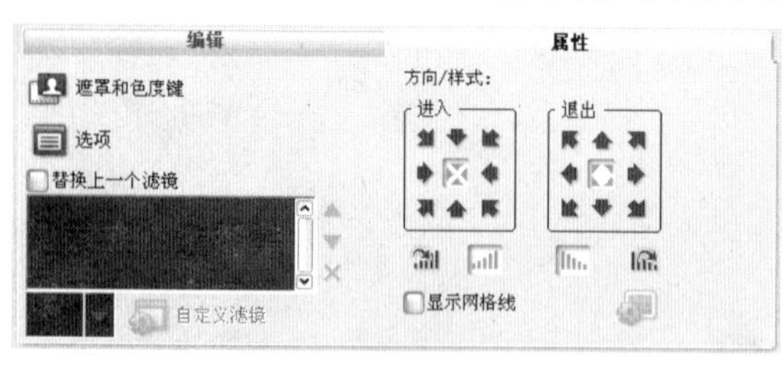

图15-43

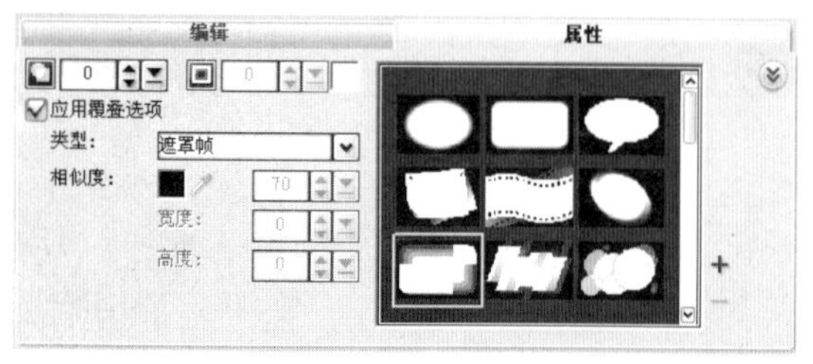

图15-44

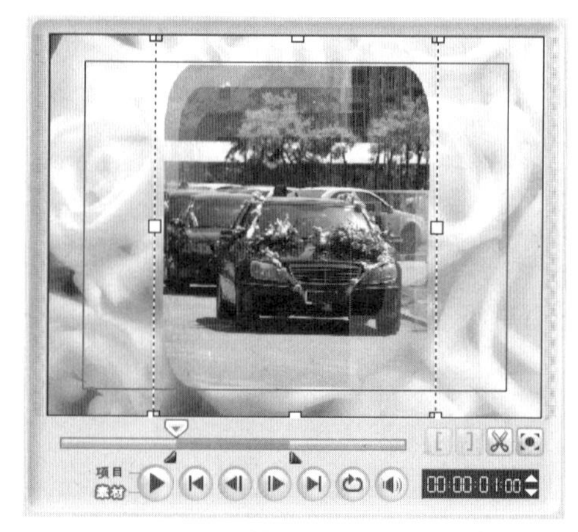

图15-45

05 拖曳时间轴标尺上的位置标记▽到9秒4帧处，如图15-46所示。在素材库中选择“婚房-2.JPG”，按住鼠标将其拖曳至覆叠轨上，释放鼠标，效果如图15-47所示。在预览窗口中的素材上单击鼠标右键，在弹出的菜单中执行【调整到屏幕大小】命令，在预览窗口中的效果如图15-48所示。

图15-46

图15-47

图15-48

06 在【属性】面板中分别单击【淡入动画效果】按钮和【淡出动画效果】按钮，如图15-49所示。再次单击【遮罩和色度键】按钮，打开选项面板，勾选【应用覆叠选项】复选框，在【类型】选项下拉列表中选择【遮罩帧】，在右侧的面板中选择需要的样式，如图15-50所示。此时可以在预览窗口中观看图像素材应用遮罩后的效果，如图15-51所示。在【编辑】面板中将【区间】选项设为3秒2帧，时间轴效果如图15-52所示。

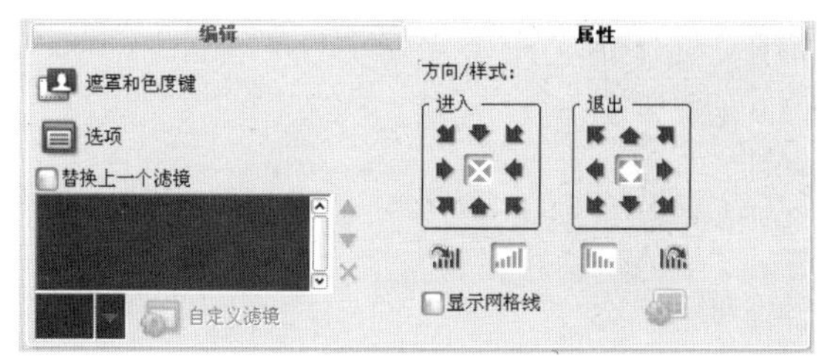

图15-49

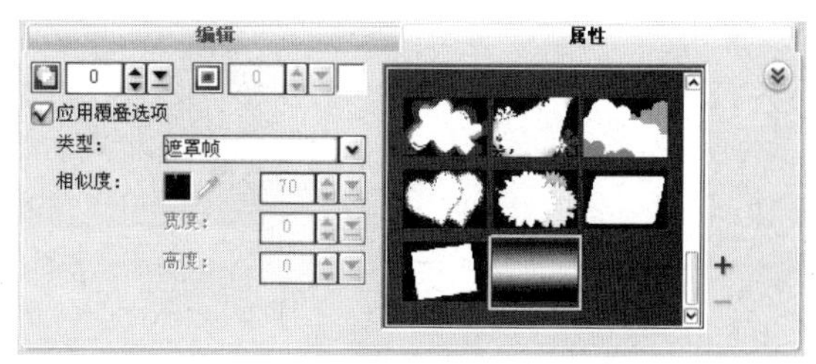

图15-50

图15-51

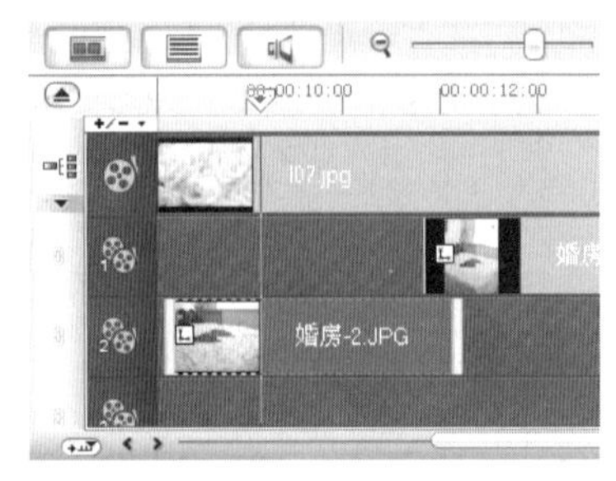

图15-52

07 拖曳时间轴标尺上的位置标记到14秒21帧处，如图15-53所示。在素材库中选择“婚车-1.JPG”，按住鼠标将其拖曳至覆叠轨上，释放鼠标，效果如图15-54所示。在预览窗口中的素材上单击鼠标右键，在弹出的菜单中执行【调整到屏幕大小】命令，在预览窗口中的效果如图15-55所示。

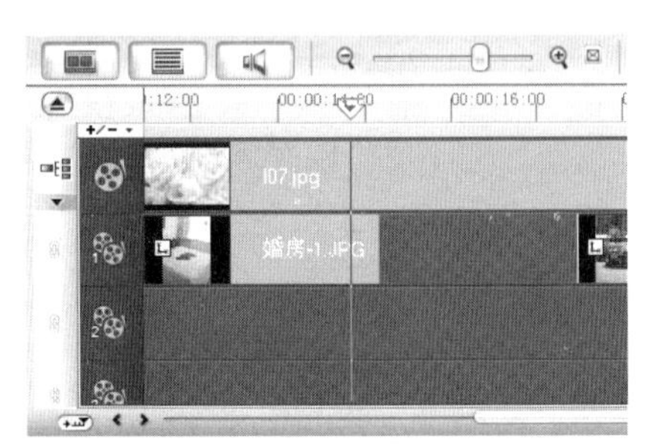

图15-53

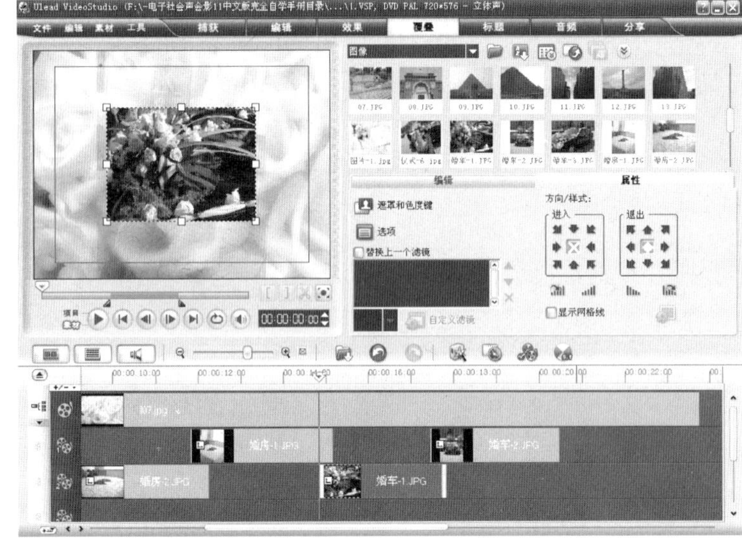

图15-54

图15-55

08 在【属性】面板中分别单击【淡入动画效果】按钮和【淡出动画效果】按钮。再次单击【遮罩和色度键】按钮，打开选项面板，勾选【应用覆叠选项】复选框，在【类型】选项下拉列表中选择【遮罩帧】，在右侧的面板中选择需要的样式，如图15-56所示，预览窗口中的效果如图15-57所示。

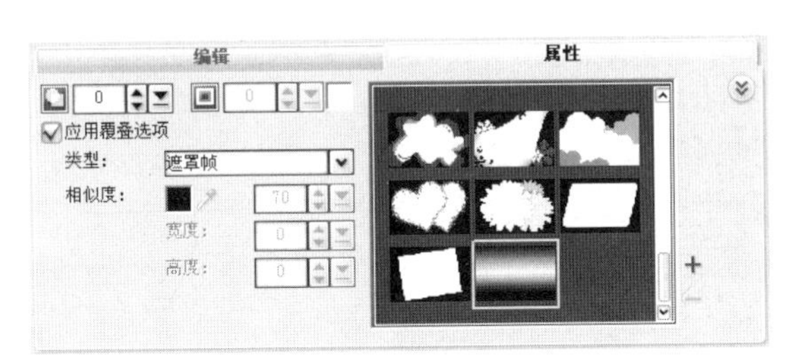

图15-56

图15-57

09 拖曳时间轴标尺上的位置标记到20秒2帧处，如图15-58所示。在素材库中选择“婚车-3.JPG”，按住鼠标将其拖曳至覆叠轨上，释放鼠标，效果如图15-59所示。在预览窗口中的素材上单击鼠标右键，在弹出的菜单中执行【调整到屏幕大小】命令，在预览窗口中的效果如图15-60所示。

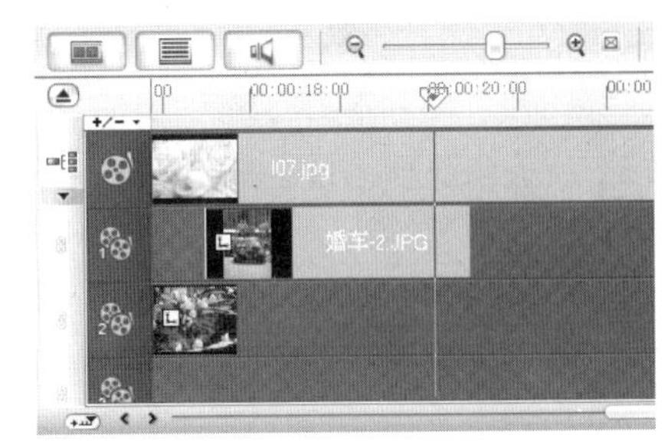

图15-58

图15-59

图15-60

10 在【属性】面板中单击【淡入动画效果】按钮。再次单击【遮罩和色度键】按钮，打开选项面板，勾选【应用覆叠选项】复选框，在【类型】选项下拉列表中选择【遮罩帧】，在右侧的面板中选择需要的样式，如图15-61所示，预览窗口中的效果如图15-62所示。

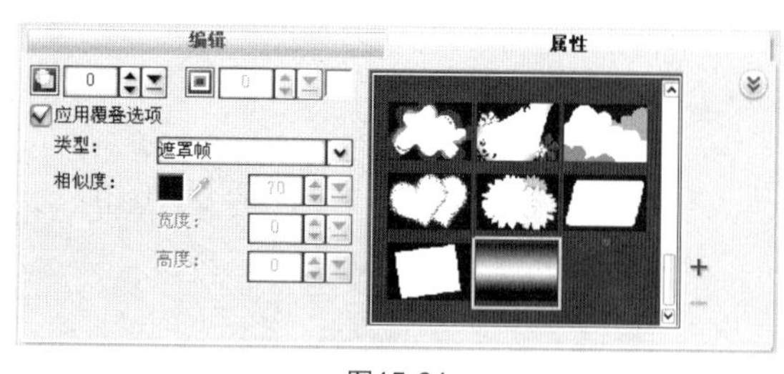

图15-61

图15-62

15.5 制作文字下降动画效果

01 拖曳时间轴标尺上的位置标记▽到11秒21帧处，如图15-63所示。单击步骤选项卡中的【标题】按钮 标题 ，切换至标题面板，在预览窗口中双击鼠标，进入标题编辑状态。在【编辑】面板中选择【多个标题】单选项，将【行间距】选项设为105，单击【色彩】颜色块，在弹出的面板中选择需要的颜色，如图15-64所示。在预览窗口中输入需要的文字，效果如图15-65所示。

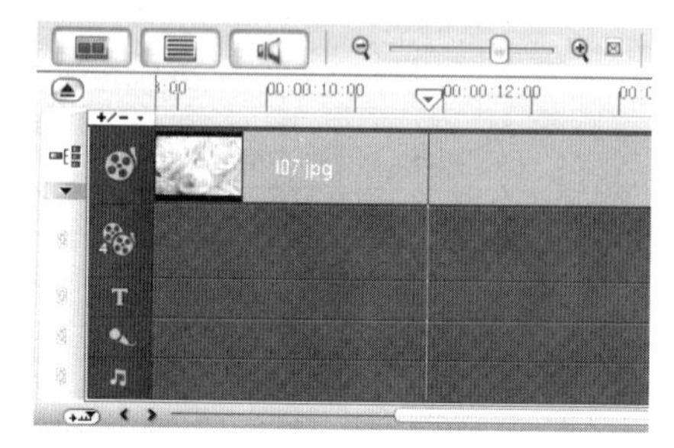

图15-63

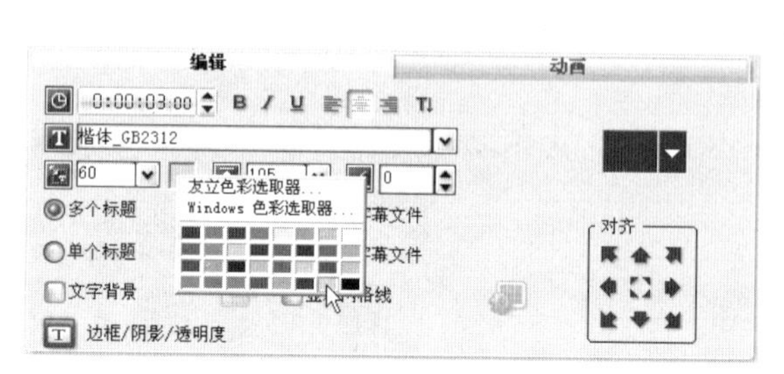

图15-64

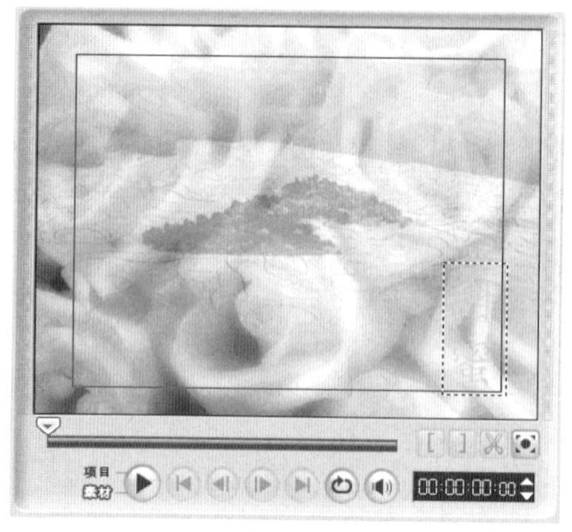

图15-65

02 在【编辑】面板中单击【边框/阴影/透明度】按钮，弹出【边框/阴影/透明度】对话框，在【边框】选项卡中，将【线条色彩】选项设为白色，其他选项的设置如图15-66所示。

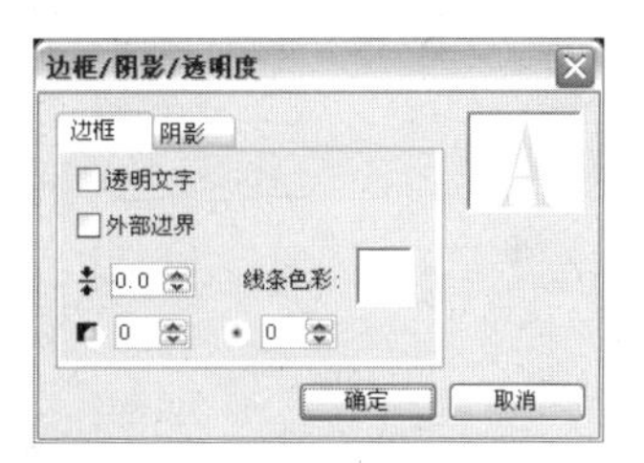

图15-66

03 选择【阴影】选项卡，单击【光晕阴影】按钮，单击【光晕阴影色彩】选项颜色块，在弹出的面板中选择【友立色彩选取器】选项，在弹出的对话框中进行设置，如图15-67所示。单击【确定】按钮，返回到【阴影】选项卡中进行设置，如图15-68所示。单击【确定】按钮，在预览窗口中拖曳文字到适当的位置，效果如图15-69所示。在【动画】面板中勾选【应用动画】复选框，单击【类型】选项右侧的下拉按钮，在弹出的下拉列表中选择【下降】选项，在【下降】动画库中选择需要的动画效果，如图15-70所示。

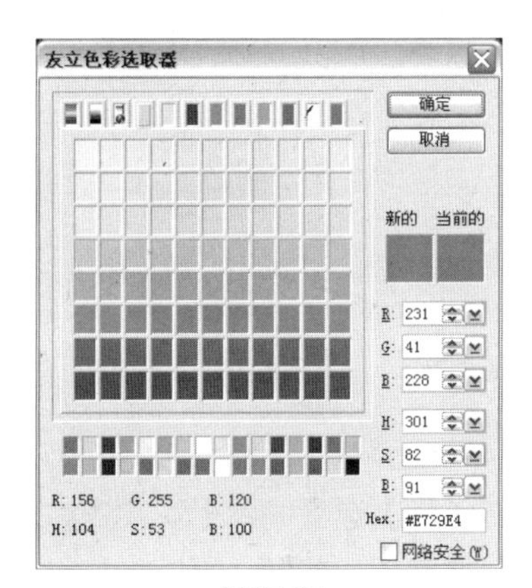

图15-67

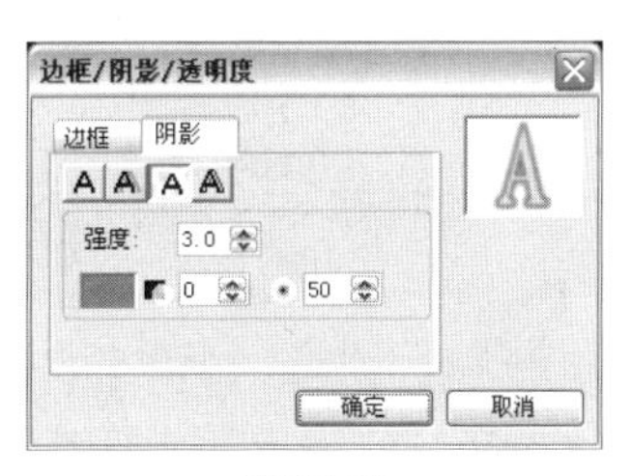

图15-68

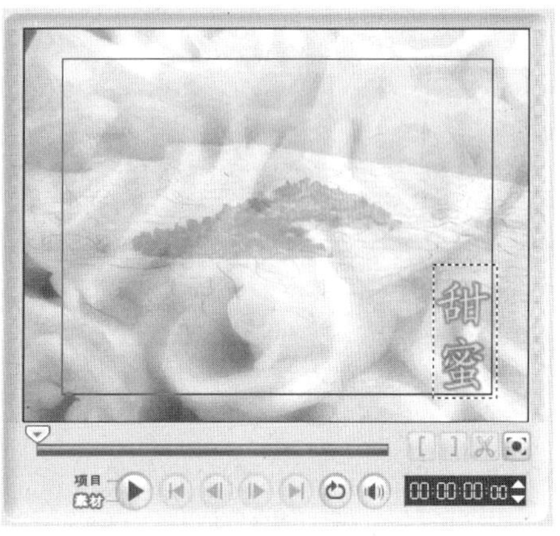

图15-69

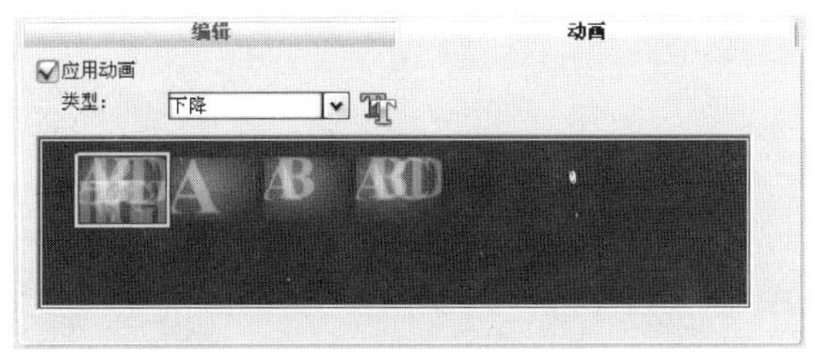

图15-70

04 拖曳时间轴标尺上的位置标记到17秒12帧处，如图15-71所示。单击步骤选项卡中的【标题】按钮，切换至标题面板，在预览窗口中双击鼠标，进入标题编辑状态。在【编辑】面板中选择【多个标题】单选项，将【行间距】选项设为105，单击【色彩】颜色块，在弹出的面板中选择需要的颜色，如图15-72所示。在预览窗口中输入需要的文字，效果如图15-73所示。

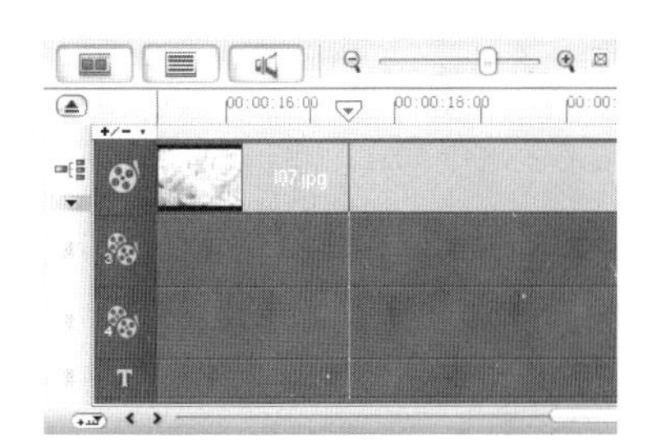
图15-71

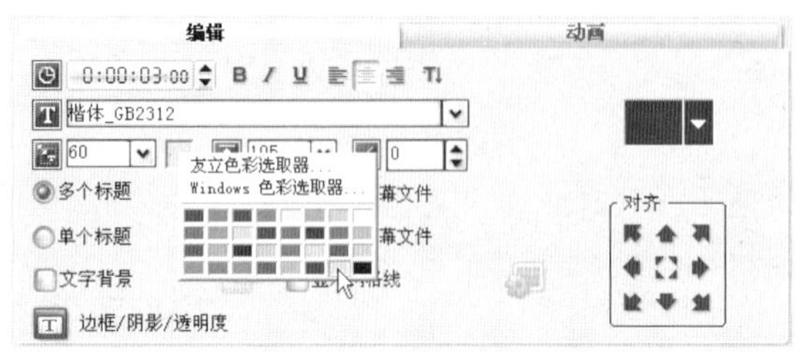
图15-72

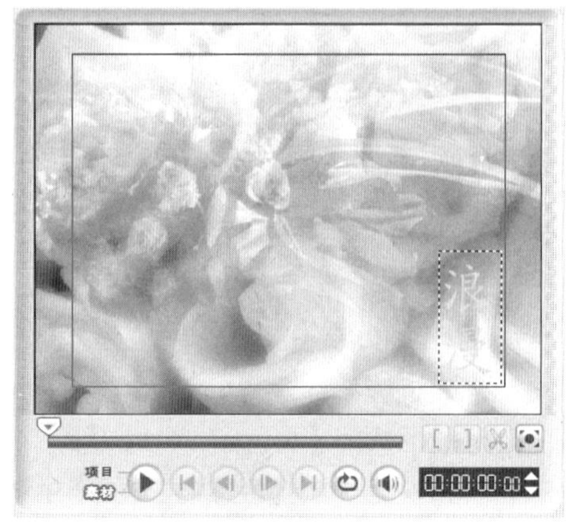
图15-73

05 在【编辑】面板中单击【边框/阴影/透明度】按钮，弹出【边框/阴影/透明度】对话框，在【边框】选项卡中，将【线条色彩】选项设为白色，其他选项的设置如图15-74所示。

图15-74

06 选择【阴影】选项卡，单击【光晕阴影】按钮，单击【光晕阴影色彩】选项的颜色块，在弹出的面板中选择【友立色彩选取器】选项，在弹出的对话框中进行设置，如图15-75所示。单击【确定】按钮，返回到【阴影】选项卡中进行设置，如图15-76所示。单击【确定】按钮，在预览窗口中拖曳文字到适当的位置，效果如图15-77所示。

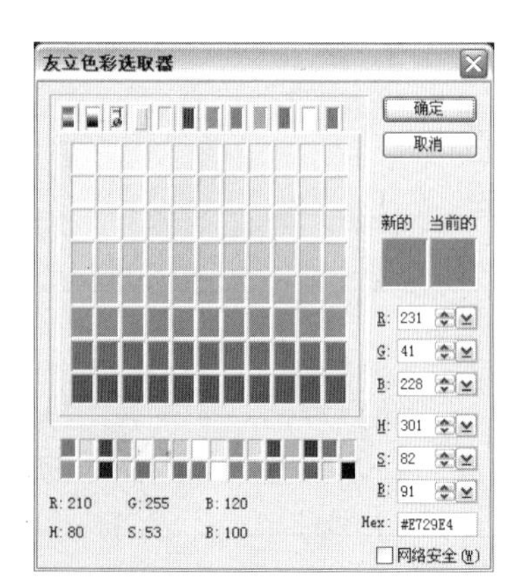
图15-75

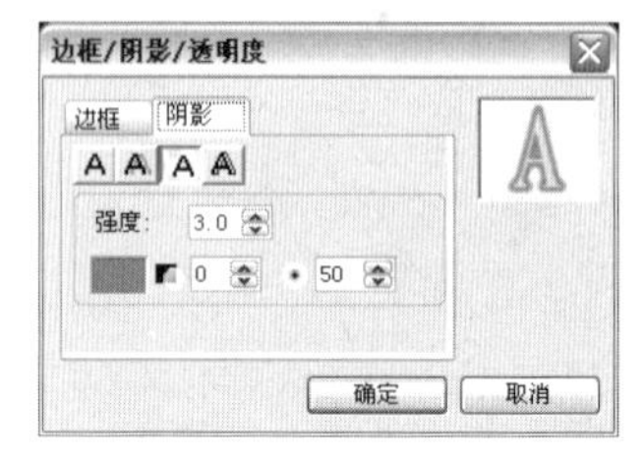
图15-76

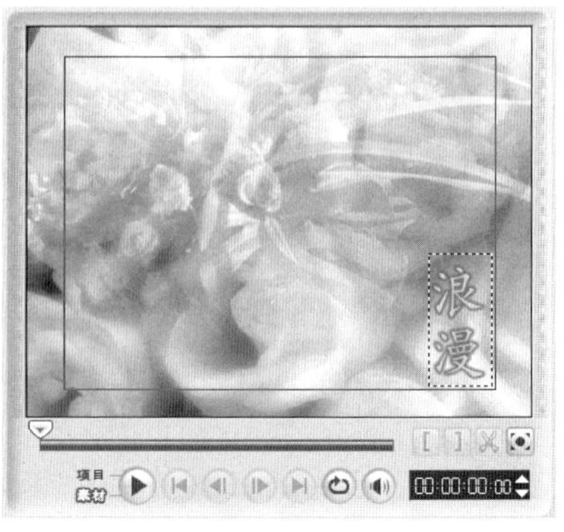
图15-77

07 在【动画】面板中勾选【应用动画】复选框，单击【类型】选项右侧的下拉按钮，在弹出的下拉列表中选择【下降】选项，在【下降】动画库中选择需要的动画效果，如图15-78所示。

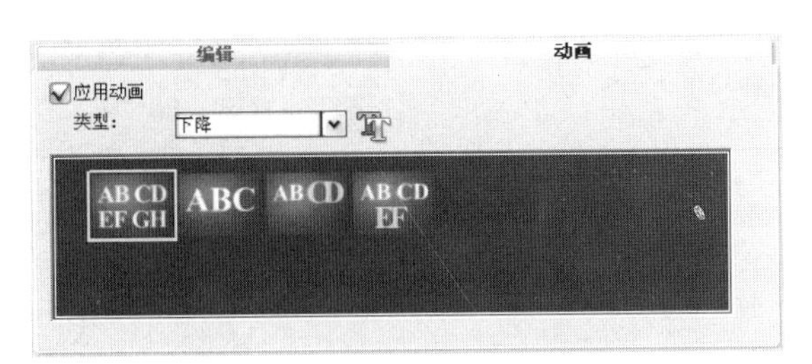

图15-78

08 在素材库中选择“图片-2.jpg”，按住鼠标将其拖曳至视频轨上，释放鼠标，效果如图15-79所示。在【图象】面板中将【区间】选项设为13秒13帧，单击【重新采样选项】右侧的下拉按钮，在弹出的列表中选择【调到项目大小】选项，如图15-80所示，在预览窗口中的效果如图15-81所示。

图15-79

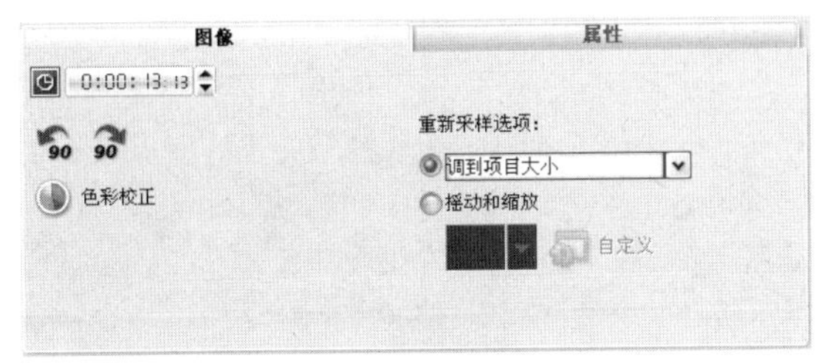

图15-80

图15-81

09 单击素材库中的【画廊】按钮，在弹出的列表中选择【转场】→【遮罩】选项。在遮罩素材库中选择【遮罩B4】过渡效果，将其添加到视频轨上“I07.jpg”和“图片-2.jpg”两个图像素材中间，如图15-82所示。释放鼠标，将过渡效果应用到当前项目的素材之间，效果如图15-83所示。

图15-82

图15-83

15.6 添加色彩素材

01 拖曳时间轴标尺上的位置标记▽到23秒19帧处，如图15-84所示。单击素材库中的【画廊】按钮▼，在弹出的列表中选择【色彩】选项。在素材库中选择需要的色彩，并将其拖曳至覆叠轨的位置标记处，如图15-85所示，释放鼠标，色彩素材被添加到覆叠轨上，效果如图15-86所示。

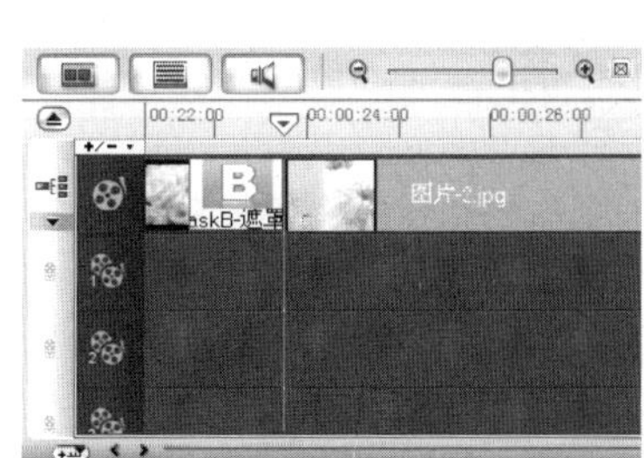

图15-84

图15-85

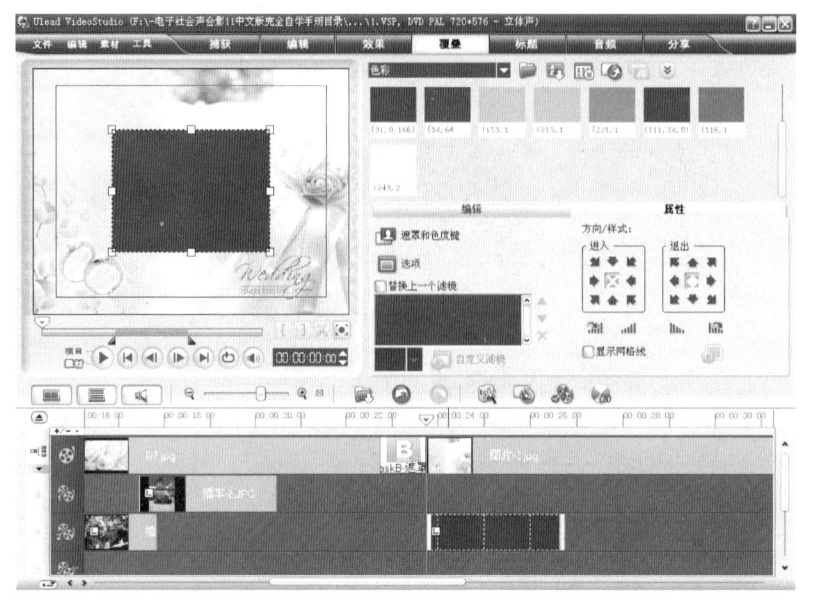

图15-86

02 在【属性】面板中单击【色彩选取器】颜色块，在弹出的面板中选择【友立色彩选取器】选项，如图15-87所示。在弹出的对话框中进行设置，如图15-88所示。单击【确定】按钮，返回到【编辑】选项面板中将【区间】选项设为12秒13帧，时间轴效果如图15-89所示。

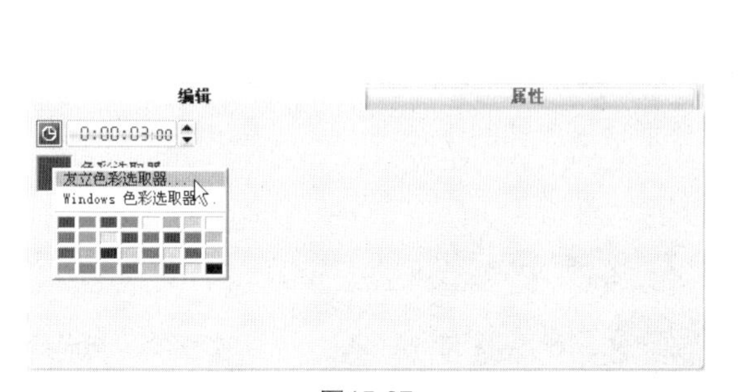

图15-87

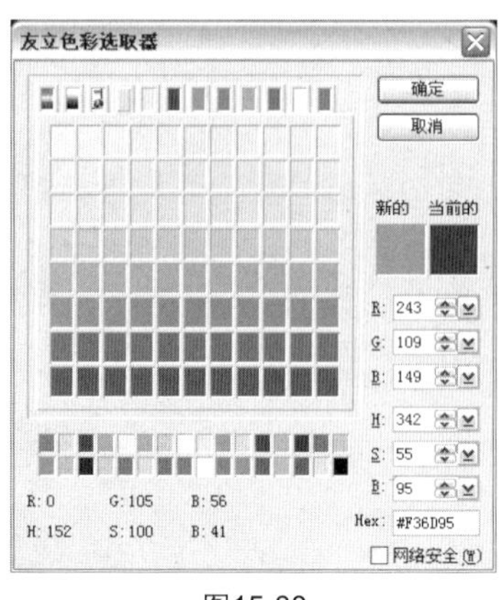

图15-88

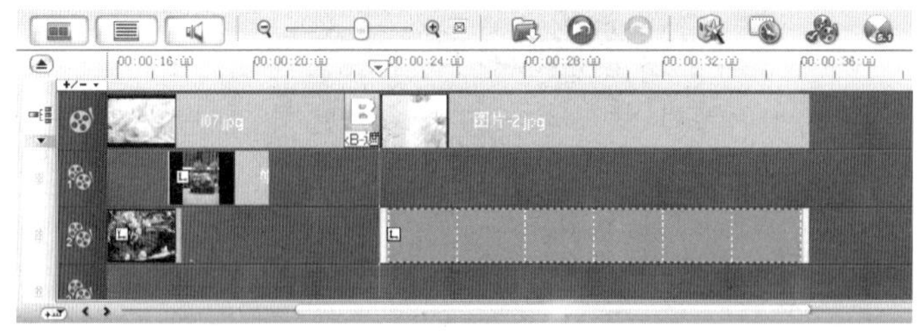

图15-89

03 在【属性】选项面板中单击【淡入动画效果】按钮和【淡出动画效果】按钮，如图15-90所示。在预览窗口中拖曳素材到适当的位置并调整大小，效果如图15-91所示。单击【属性】面板中的【遮罩和色度键】按钮，打开选项面板，将【透明度】选项设为70，如图15-92所示，在预览窗口中的效果如图15-93所示。

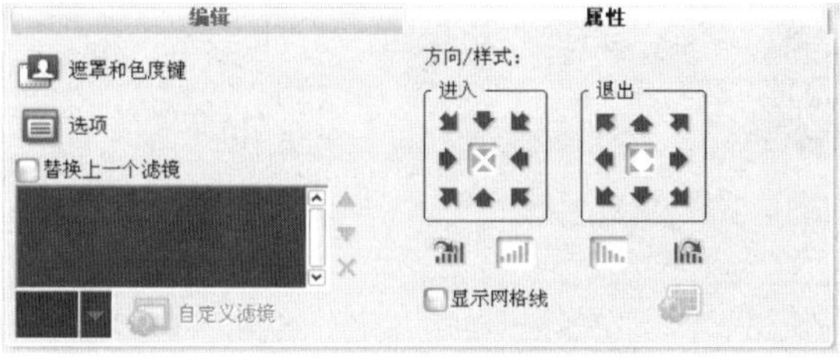

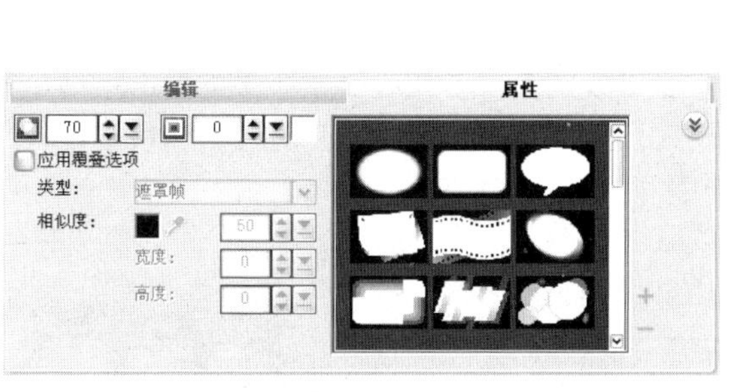

图15-90

图15-91

图15-92

图15-93

15.7 调整素材颜色效果

01 拖曳时间轴标尺上的位置标记▽到27秒处，如图15-94所示。单击素材库中的【画廊】按钮▼，在弹出的列表中选择【图像】选项。在素材库中选择“静物-1.jpg”，按住鼠标将其拖曳至覆叠轨上，释放鼠标，效果如图15-95所示。在预览窗口中拖曳素材到适当的位置并调整大小，效果如图15-96所示。

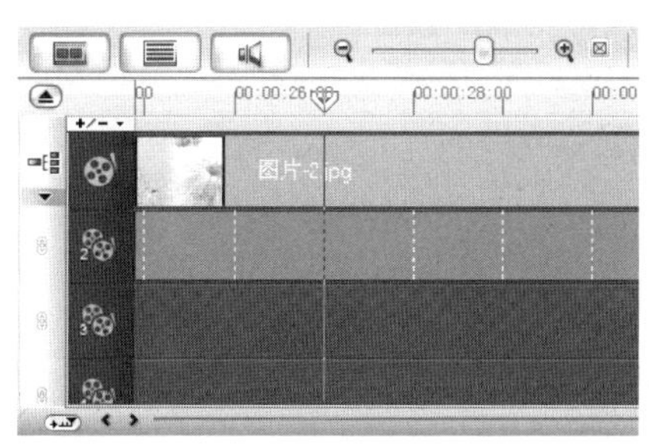

图15-94

图15-95

图15-96

02 在【属性】面板的【方向/样式】中进行设置，如图15-97所示。单击【属性】面板中的【遮罩和色度键】按钮，打开选项面板，勾选【应用覆叠选项】复选框，在【类型】选项下拉列表中选择【遮罩帧】，在右侧的面板中选择需要的样式，如图15-98所示。此时可以在预览窗口中观看图像素材应用遮罩后的效果，如图15-99所示。

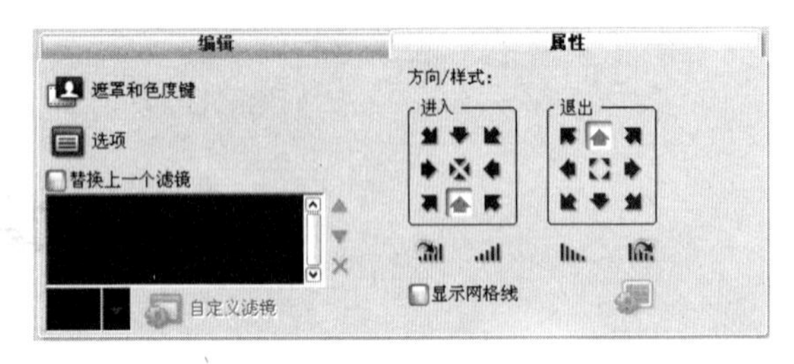

图15-97

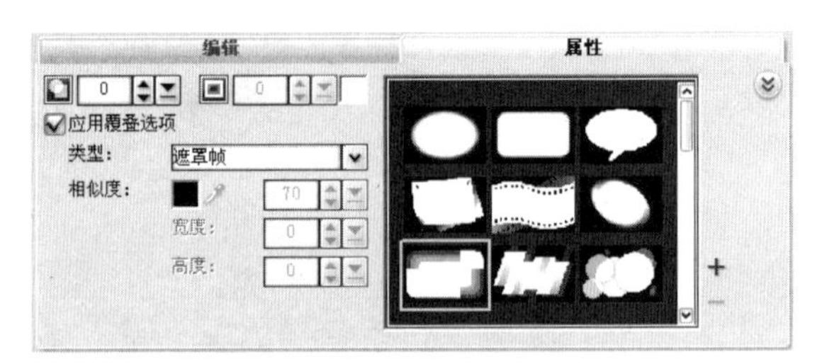

图15-98

图15-99

03 在【属性】面板中单击【色彩校正】按钮，在弹出的面板中进行设置，如图15-100所示。在预览窗口中的效果如图15-101所示。

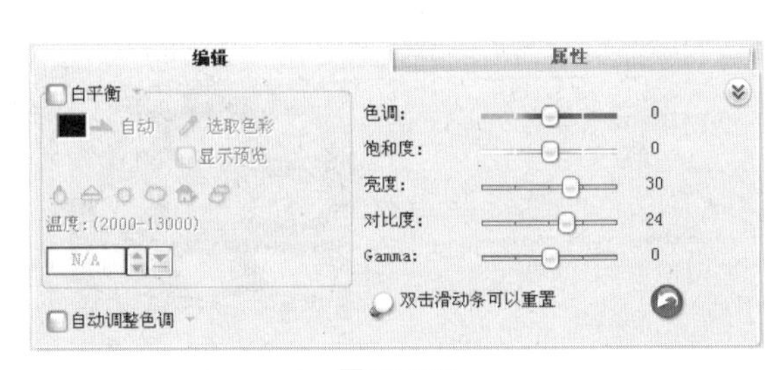

图15-100

图15-101

04 拖曳时间轴标尺上的位置标记▽到31秒1帧处，如图15-102所示。在素材库中选择“静物-3.jpg”，按住鼠标将其拖曳至覆叠轨上，释放鼠标，效果如图15-103所示。在预览窗口中拖曳素材到适当的位置并调整大小，效果如图15-104所示。

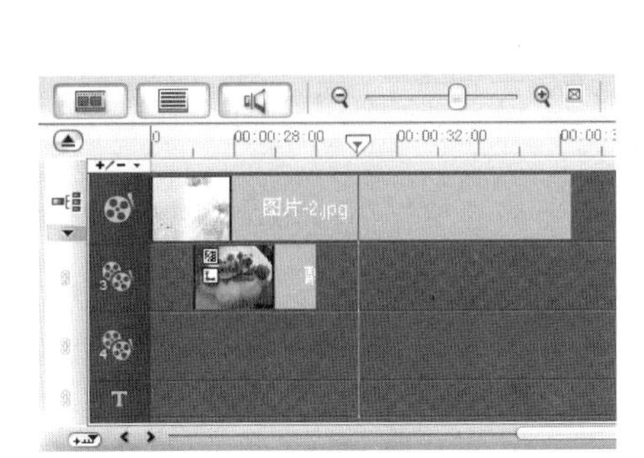

图15-102

图15-103

图15-104

05 在【属性】面板的【方向/样式】中进行设置，如图15-105所示。单击【遮罩和色度键】按钮，打开选项面板，勾选【应用覆盖选项】复选框，在【类型】选项下拉列表中选择【遮罩帧】，在右侧的面板中选择需要的样式，如图15-106所示。此时可以在预览窗口中观看图像素材应用遮罩后的效果，如图15-107所示。

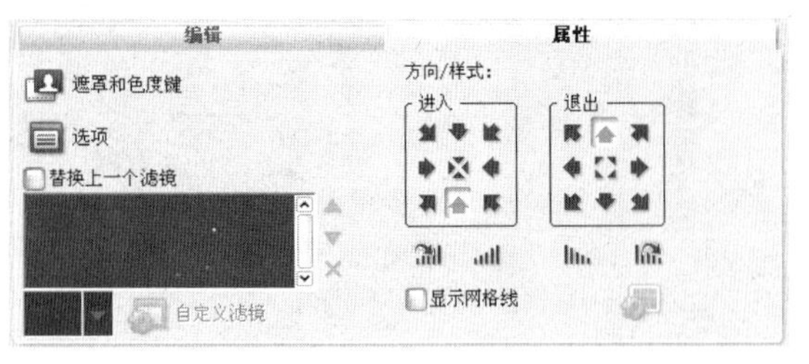

图15-105

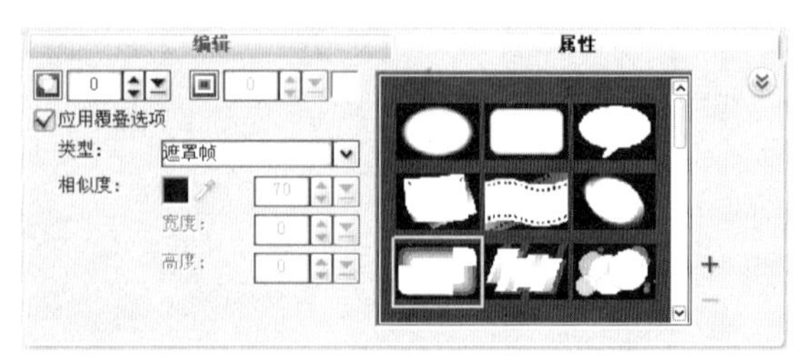

图15-106

图15-107

06 在【属性】面板中单击【色彩校正】按钮，在弹出的面板中进行设置，如图15-108所示。在预览窗口中的效果如图15-109所示。

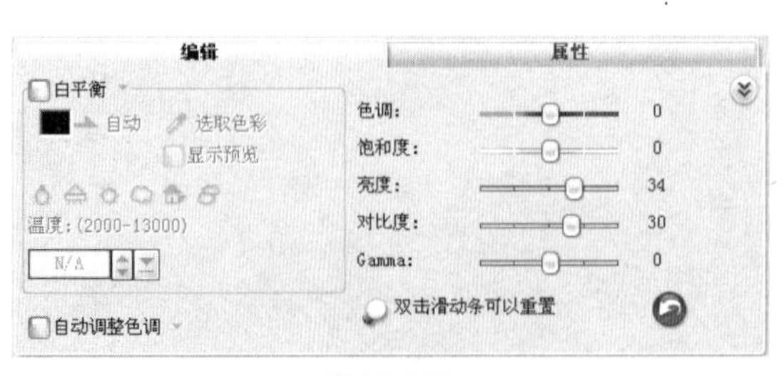

图15-108

图15-109

07 拖曳时间轴标尺上的位置标记到29秒处，如图15-110所示。在素材库中选择“静物-2.jpg”，按住鼠标将其拖曳至覆盖轨上，释放鼠标，效果如图15-111所示。在预览窗口中拖曳素材到适当的位置并调整大小，效果如图15-112所示。

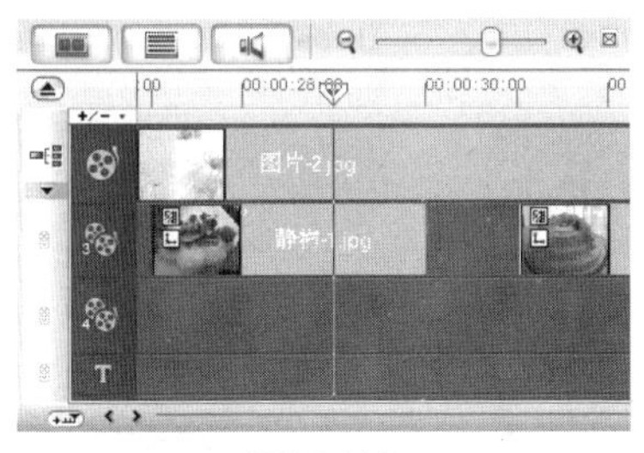

图15-110

图15-111

图15-112

08 在【属性】面板的【方向/样式】中进行设置，如图15-113所示。单击【遮罩和色度键】按钮，打开选项面板，勾选【应用覆叠选项】复选框，在【类型】选项下拉列表中选择【遮罩帧】，在右侧的面板中选择需要的样式，如图15-114所示。此时可以在预览窗口中观看图像素材应用遮罩后的效果，如图15-115所示。

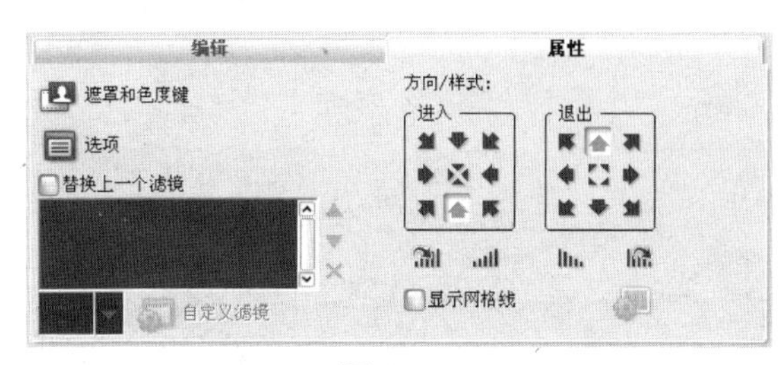

图15-113

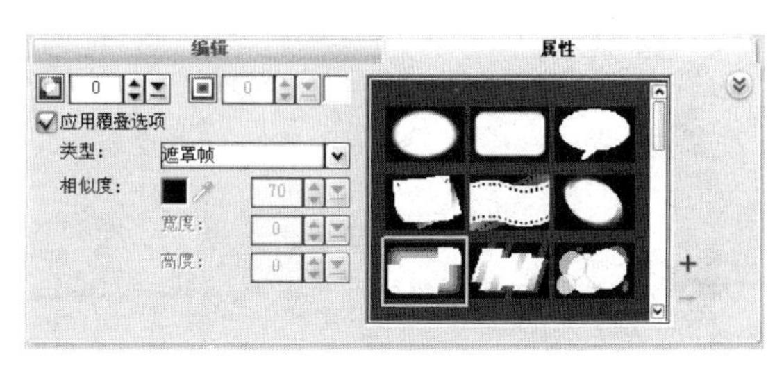

图15-114

图15-115

09 在【属性】面板中单击【色彩校正】按钮，在弹出的面板中进行设置，如图15-116所示。在预览窗口中的效果如图15-117所示。

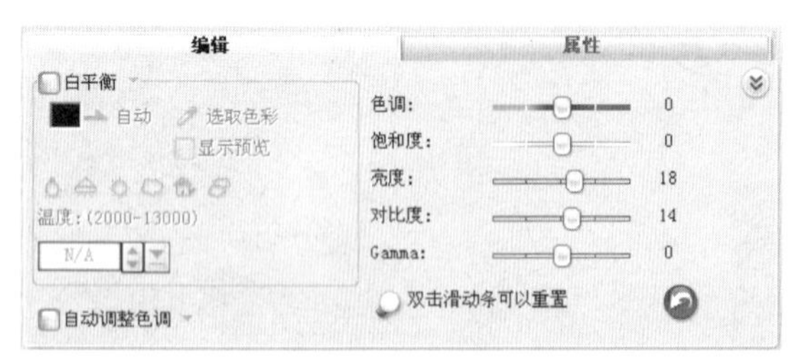

图15-116

图15-117

10 拖曳时间轴标尺上的位置标记到33秒1帧处，如图15-118所示。在素材库中选择“静物-4.jpg”，按住鼠标将其拖曳至覆叠轨上，释放鼠标，效果如图15-119所示。在预览窗口中拖曳素材到适当的位置并调整大小，效果如图15-120所示。

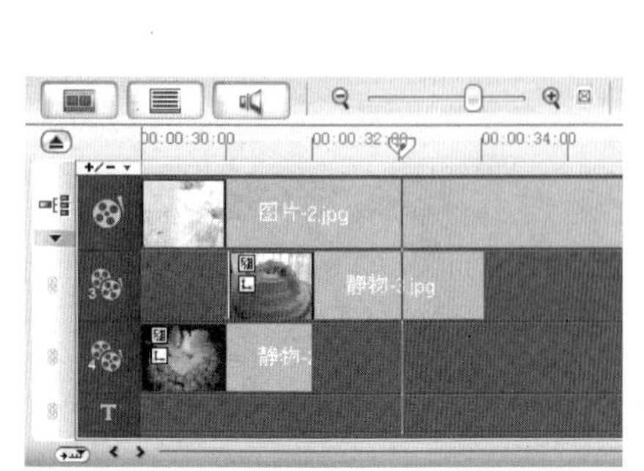

图15-118

图15-119

图15-120

11 在【属性】面板的【方向/样式】中进行设置，如图15-121所示。单击【遮罩和色度键】按钮，打开选项面板，勾选【应用覆叠选项】复选框，在【类型】选项下拉列表中选择【遮罩帧】，在右侧的面板中选择需要的样式，如图15-122所示。此时可以在预览窗口中观看图像素材应用遮罩后的效果，如图15-123所示。

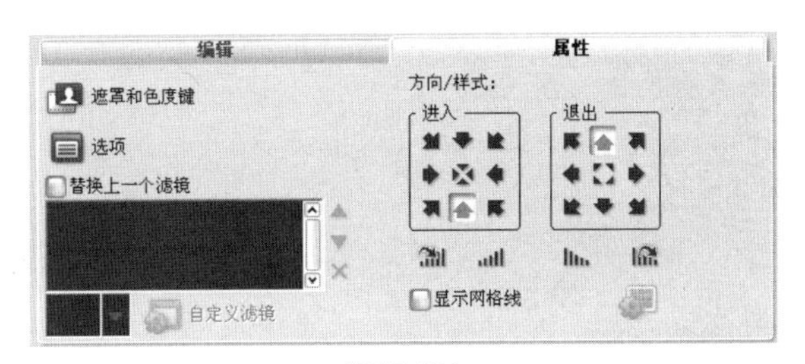

图15-121

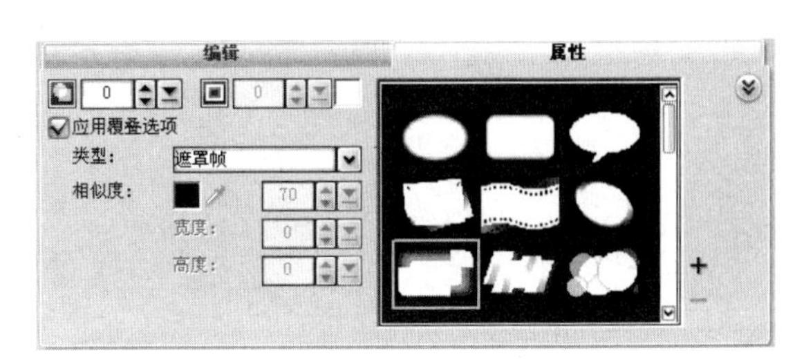

图15-122

图15-123

12 在【属性】面板中单击【色彩校正】按钮，在弹出的面板中进行设置，如图15-124所示。在预览窗口中的效果如图15-125所示。

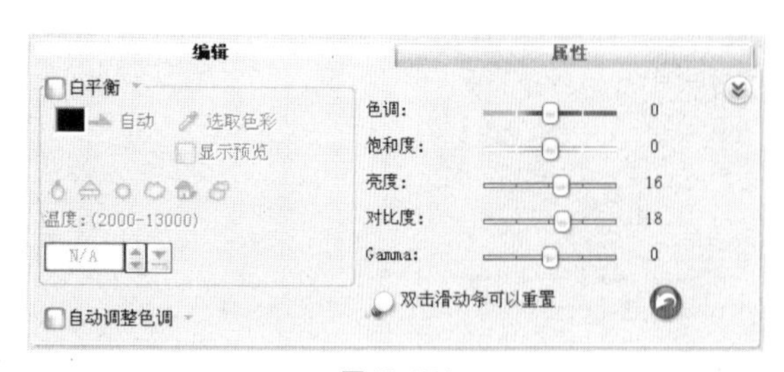

图15-124

图15-125

13 在素材库中选择“图片-3.jpg”，按住鼠标将其拖曳至视频轨上，释放鼠标，效果如图15-126所示。在【图像】面板中单击【重新采样选项】右侧的下拉按钮，在弹出的列表中选择【调到项目大小】选项，如图15-127所示，在预览窗口中的效果如图15-128所示。

图15-126

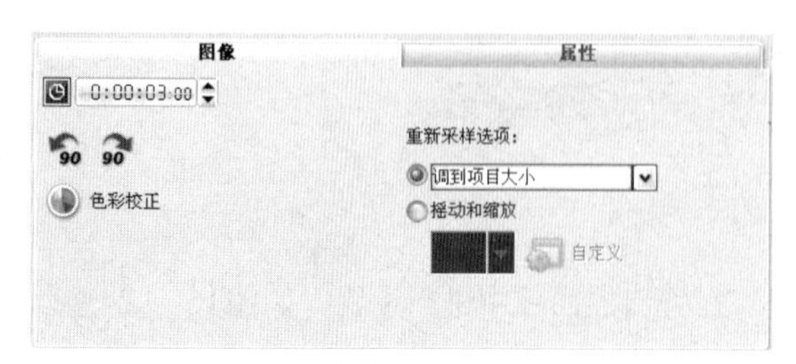

图15-127

图15-128

14 在【图像】选项面板中将【区间】选项设为10秒4帧，时间轴效果如图15-129所示。单击素材库中的【画廊】按钮▼，在弹出的列表中选择【转场】→【遮罩】选项。在遮罩素材库中选择【遮罩B2】过渡效果，将其添加到视频轨上“图片-2.jpg”和“图片-3.jpg”两个图像素材中间，如图15-130所示，释放鼠标，将过渡效果应用到当前项目的素材之间，效果如图15-131所示。

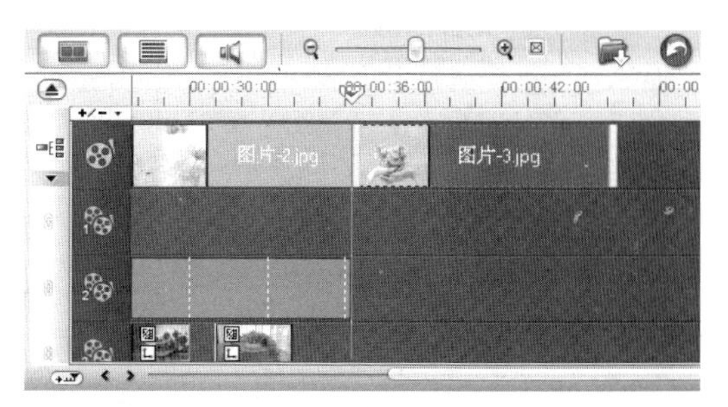

图15-129

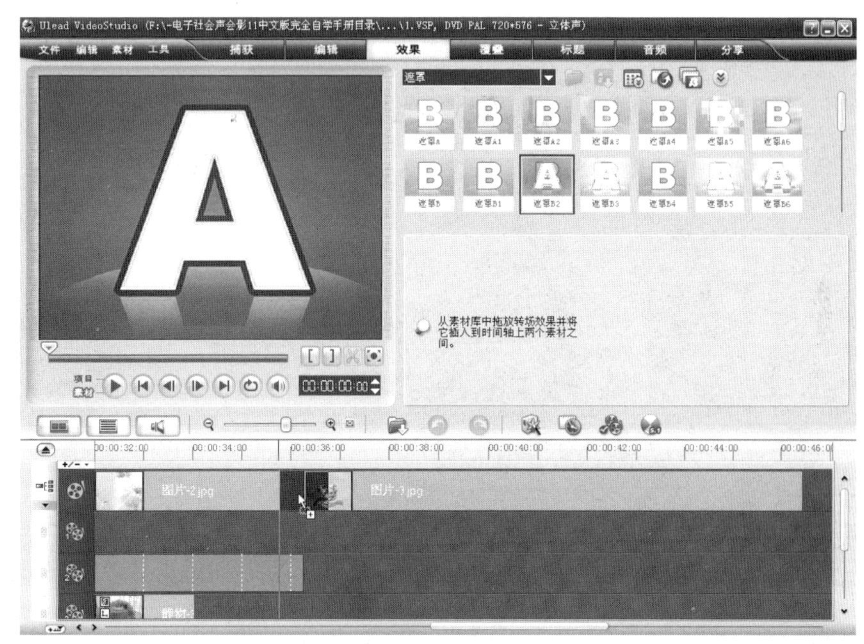

图15-130

图15-131

15 拖曳时间轴标尺上的位置标记▽到36秒8帧处，如图15-132所示。单击素材库中的【画廊】按钮▼，在弹出的列表中选择【图像】选项。在素材库中选择“图片-4.png”，按住鼠标将其拖曳至覆叠轨上，释放鼠标，效果如图15-133所示。在预览窗口中的素材上单击鼠标右键，在弹出的菜单中执行【调整到屏幕大小】命令，在预览窗口中的效果如图15-134所示。

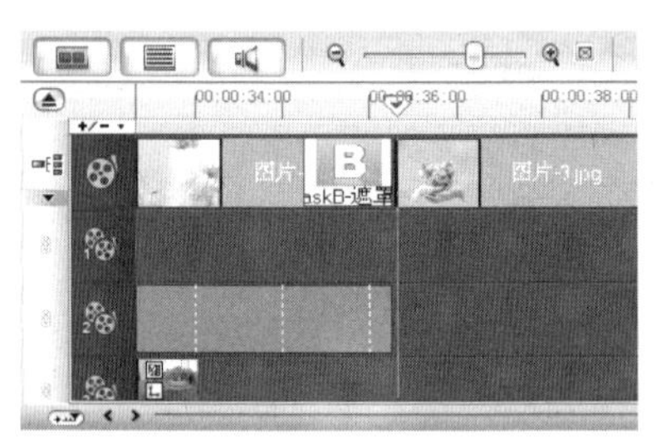

图15-132

图15-133

图15-134

16 在【属性】面板中分别单击【淡入动画效果】按钮和【淡出动画效果】按钮，如图15-135所示。在【编辑】选项面板中将【区间】选项设为9秒4帧，时间轴效果如图15-136所示。

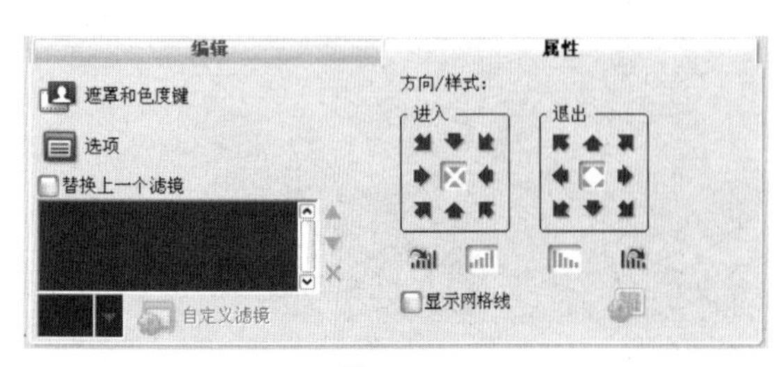

图15-135

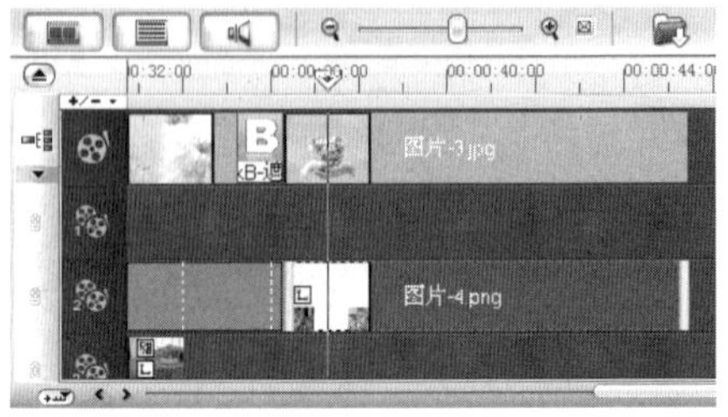

图15-136

15.8 添加文字白色阴影

01 拖曳时间轴标尺上的位置标记到36秒7帧处，如图15-137所示。单击步骤选项卡中的【标题】按钮，切换至标题面板，在预览窗口中双击鼠标，进入标题编辑状态。在【编辑】面板中选择【多个标题】单选项，单击【色彩】颜色块，在弹出的面板中选择【友立色彩选取器】选项，在弹出的对话框中进行设置，如图15-138所示。单击【确定】按钮，在【编辑】面板中其他属性的设置如图15-139所示。在预览窗口中输入需要的文字，效果如图15-140所示。

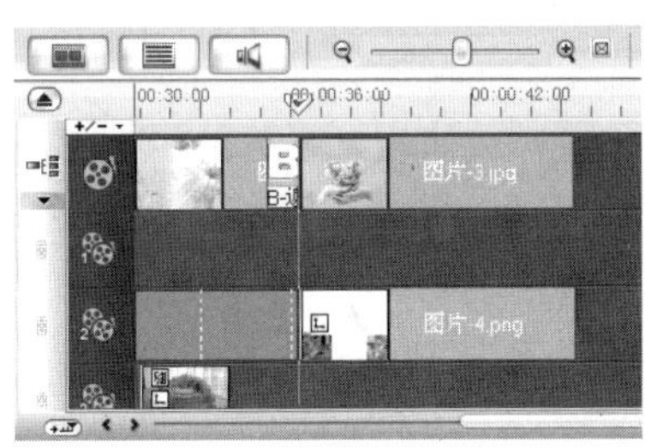

图15-137

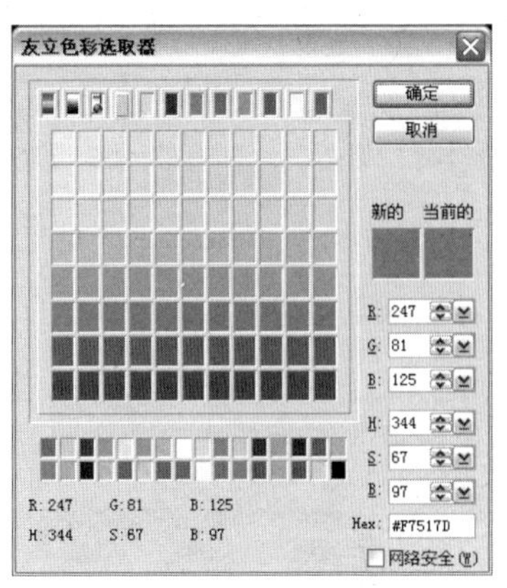

图15-138

图15-139

图15-140

02 单击【边框/阴影/透明度】按钮，弹出【边框/阴影/透明度】对话框，在【边框】选项卡中，将【线条色彩】选项设为白色，其他选项的设置如图15-141所示。选择【阴影】选项卡，单击【光晕阴影】按钮，将【光晕阴影色彩】选项设为白色，其他选项的设置如图15-142所示。单击【确定】按钮，预览窗口中的效果如图15-143所示。

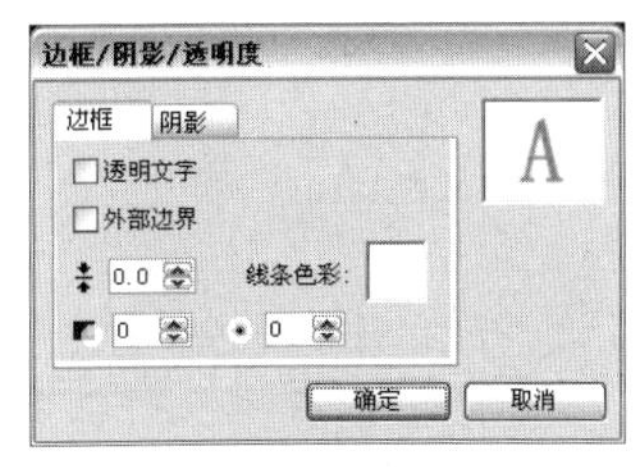

图15-141

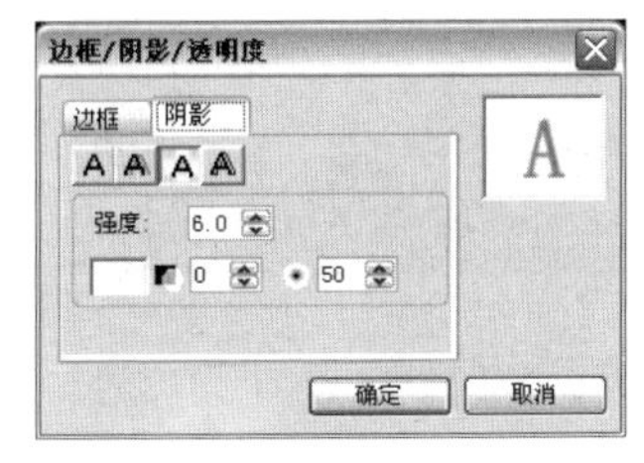

图15-142

图15-143

03 在【动画】面板中勾选【应用动画】复选框，单击【类型】选项右侧的下拉按钮，在弹出的下拉列表中选择【弹出】选项，在【弹出】动画库中选择需要的动画效果，并将其应用到当前字幕，如图15-144所示。在【编辑】选项面板中将【区间】选项设为8秒4帧，时间轴效果如图15-145所示。

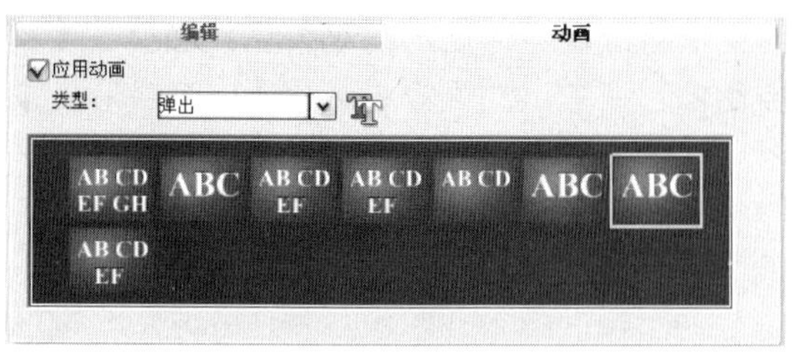

图15-144

图15-145

04 在素材库中选择“酒店-1.jpg”，按住鼠标将其拖曳至视频轨上，释放鼠标，效果如图15-146所示。在【图像】面板中单击【重新采样选项】右侧的下拉按钮，在弹出的列表中选择【调到项目大小】选项，在预览窗口中效果如图15-147所示。

图15-146

图15-147

05 在【视频滤镜】素材库中选择【镜头闪光】滤镜将其拖曳到“酒店-1.jpg”图像素材上，如图15-148所示，释放鼠标，视频滤镜被应用到素材上，效果如图15-149所示。在【图像】选项面板中将【区间】选项设为6秒14帧，时间轴效果如图15-150所示。

图15-148

图15-149

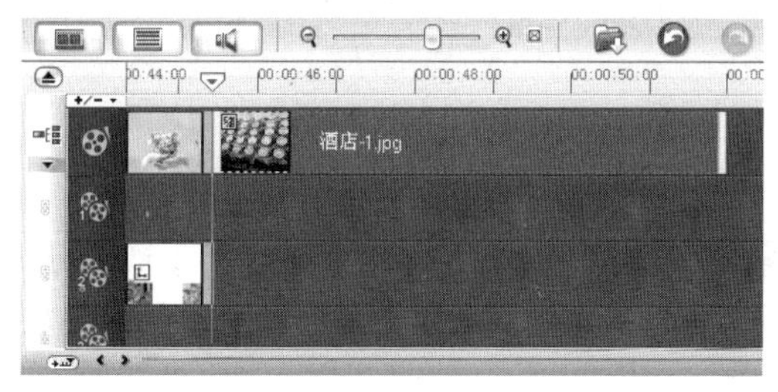

图15-150

06 单击素材库中的【画廊】按钮，在弹出的列表中选择【转场】→【遮罩】选项。在遮罩素材库中选择【遮罩A2】过渡效果，并将其添加到视频轨上“图片-3.jpg”和“酒店-1.jpg”两个图像素材中间，如图15-151所示。释放鼠标，将过渡效果应用到当前项目的素材之间，效果如图15-152所示。

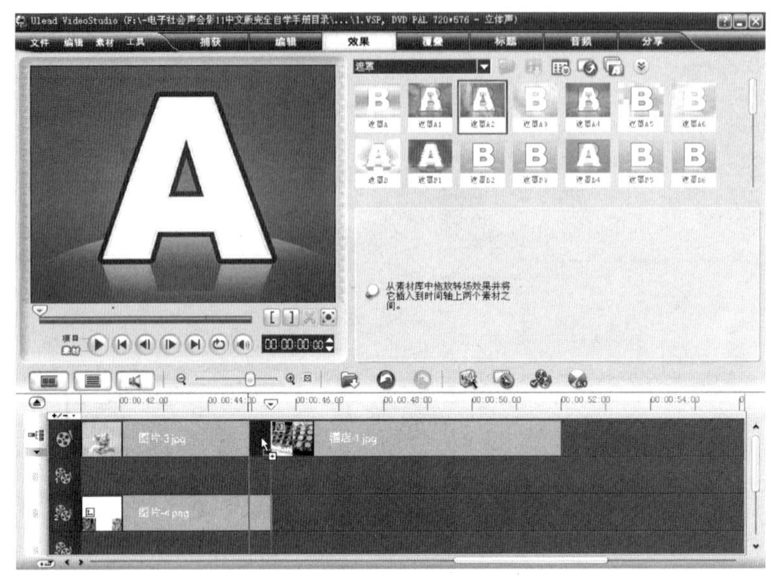

图15-151

图15-152

07 单击素材库中的【画廊】按钮，在弹出的列表中选择【图像】选项。在素材库中选择“酒店-2.jpg”，按住鼠标将其拖曳至视频轨上，释放鼠标，效果如图15-153所示。在【图像】面板中单击【重新采样选项】右侧的下拉按钮，在弹出的列表中选择【调到项目大小】选项，在预览窗口中效果如图15-154所示。

图15-153

图15-154

08 在【图像】面板中选择【摇动和缩放】单选项，单击【自定义】按钮，弹出【摇动和缩放】对话框，拖曳图像窗口中的十字标记，改变聚焦的中心点，其他选项的设置如图15-155所示。单击【时间轴】选项右侧的菱形标记，移动到下一个关键帧，在图像窗口中拖曳中间的十字标记，改变聚焦的中心点，如图15-156所示，单击【确定】按钮。在【编辑】选项面板中将【区间】选项设为4秒15帧，时间轴效果如图15-157所示。

图15-155

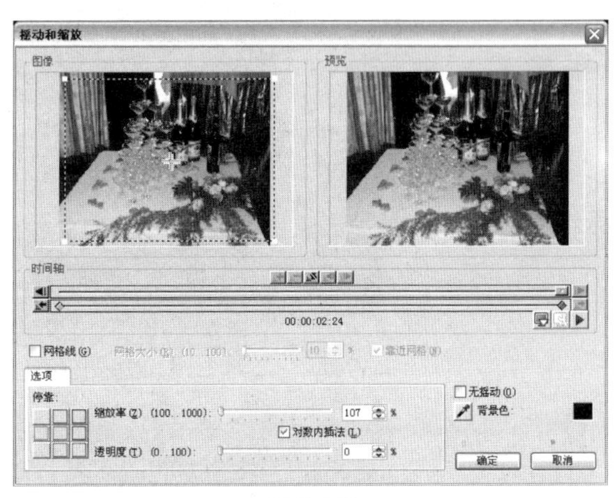

图15-156

图15-157

09 单击素材库中的【画廊】按钮▼，在弹出的列表中选择【转场】→【闪光】选项。在遮罩素材库中选择【闪光FB7】过渡效果，将其添加到视频轨上“酒店-1.jpg”和“酒店-2.jpg”两个图像素材中间，如图15-158所示。释放鼠标，将过渡效果应用到当前项目的素材之间，效果如图15-159所示。

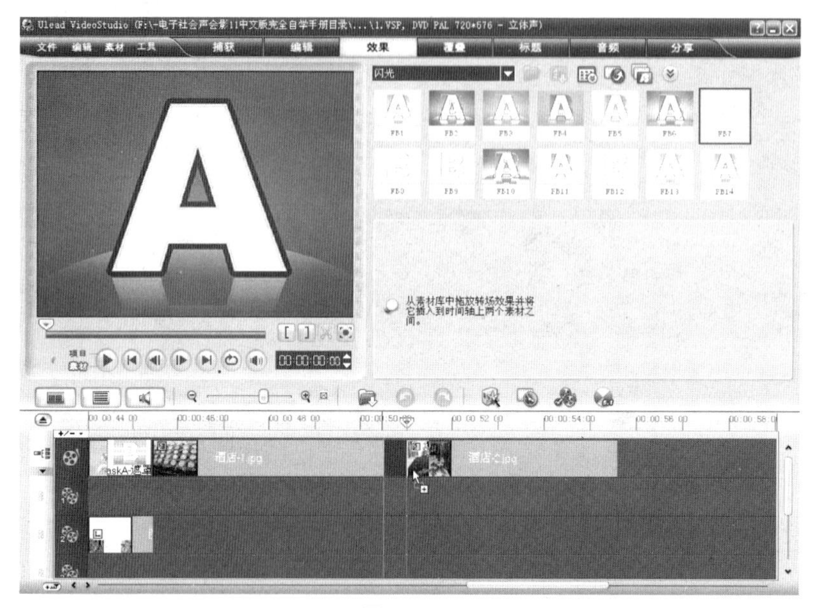

图15-158

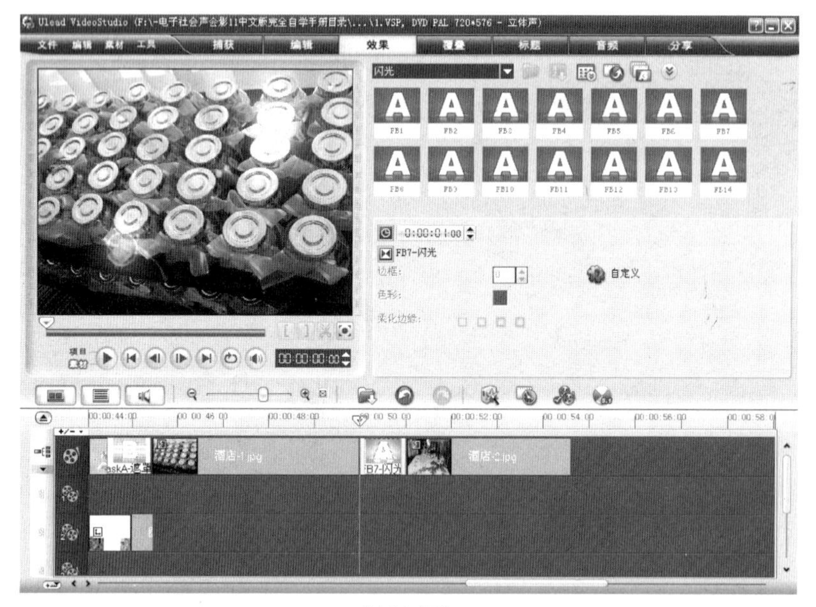

图15-159

10 单击素材库中的【画廊】按钮▼，在弹出的列表中选择【图像】选项。在素材库中选择“酒店-3.jpg”，按住鼠标将其拖曳至视频轨上，释放鼠标，效果如图15-160所示。在【图像】面板中单击【重新采样选项】右侧的下拉按钮，在弹出的列表中选择【调到项目大小】选项，在预览窗口中的效果如图15-161所示。在【图像】选项面板中将【区间】选项设为6秒4帧，时间轴效果如图15-162所示。

图15-160

图15-161

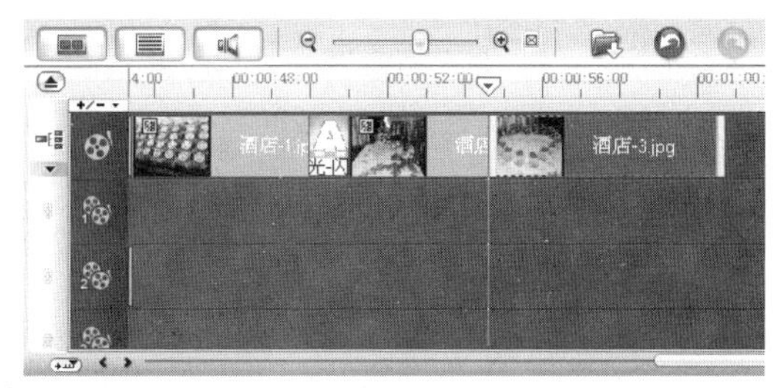

图15-162

11 单击素材库中的【画廊】按钮，在弹出的列表中选择【转场】→【闪光】选项。在遮罩素材库中选择【闪光FB14】过渡效果，并将其添加到视频轨上“酒店-2.jpg”和“酒店-3.jpg”两个图像素材中间，如图15-163所示。释放鼠标，将过渡效果应用到当前项目的素材之间，效果如图15-164所示。

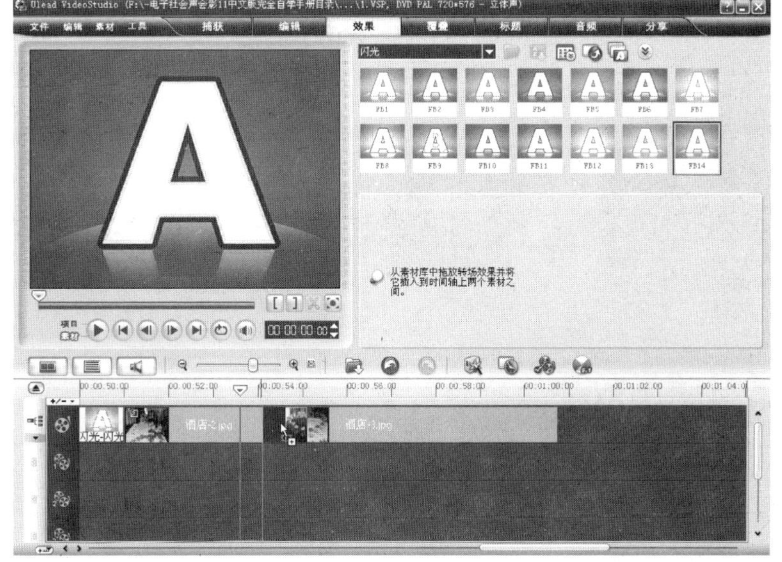

图15-163

图15-164

12 拖曳时间轴标尺上的位置标记▽到56秒21帧处，如图15-165所示。单击素材库中的【画廊】按钮▼，在弹出的列表中选择【图像】选项。在素材库中选择“酒店-4.jpg”，按住鼠标将其拖曳至覆叠轨上，释放鼠标，效果如图15-166所示。

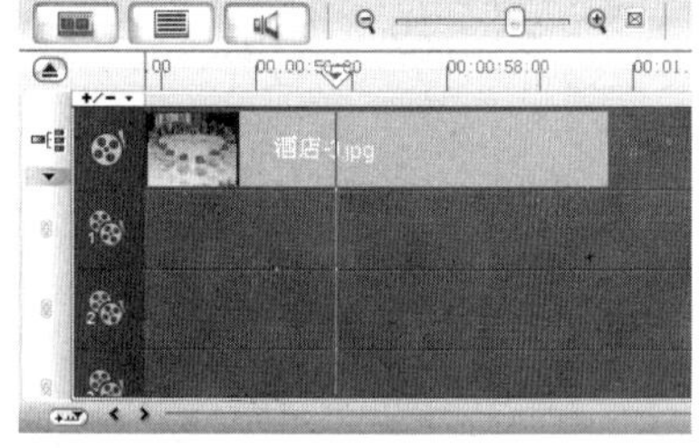

图15-165

图15-166

15.9 制作素材动画效果

01 在预览窗口中拖曳素材到适当的位置并调整大小，效果如图15-167所示。在【属性】面板的【方向/样式】中进行设置，如图15-168所示。在【编辑】选项面板中将【区间】选项设为4秒24帧，时间轴效果如图15-169所示。

图15-167

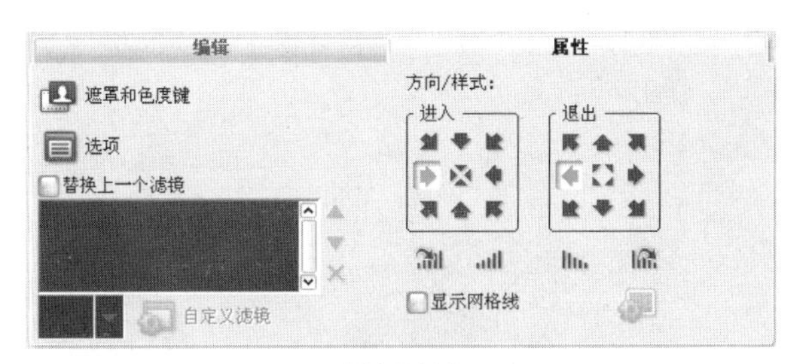

图15-168

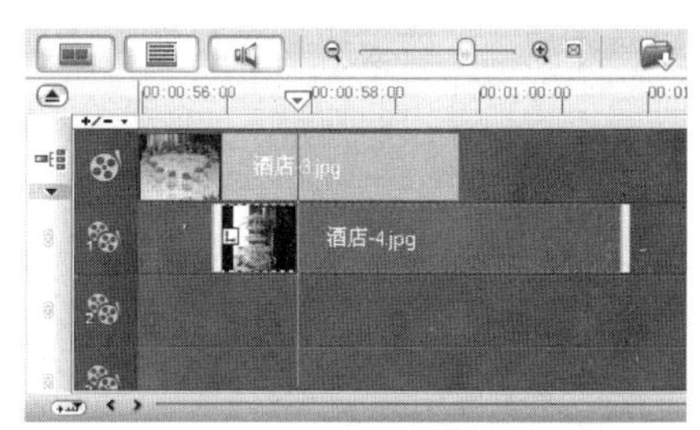

图15-169

02 拖曳时间轴标尺上的位置标记▽到56秒21帧处，如图15-170所示。在素材库中选择“酒店-5.jpg”，按住鼠标将其拖曳至覆叠轨上，释放鼠标，效果如图15-171所示。在预览窗口中拖曳素材到适当的位置并调整大小，效果如图15-172所示。

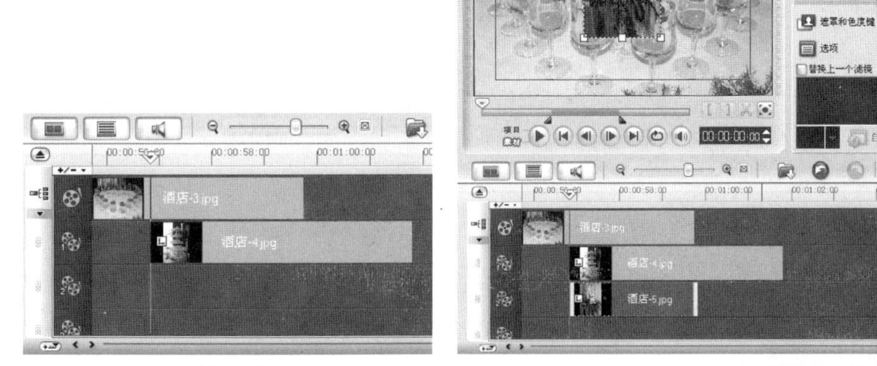

图15-170

图15-171

图15-172

03 在【属性】面板的【方向/样式】中进行设置，如图15-173所示。在【编辑】选项面板中将【区间】选项设为4秒24帧，时间轴效果如图15-174所示。

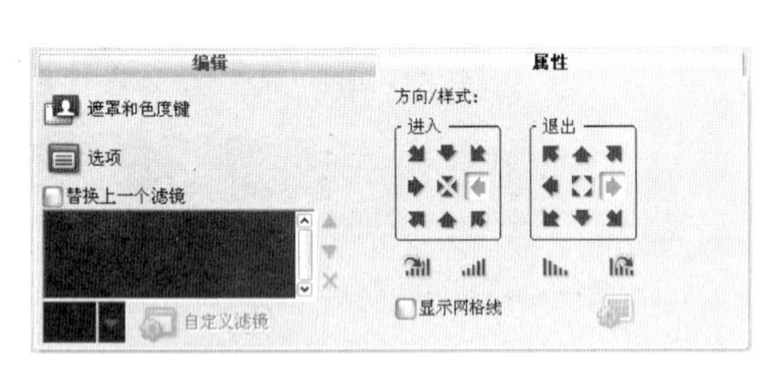

图15-173

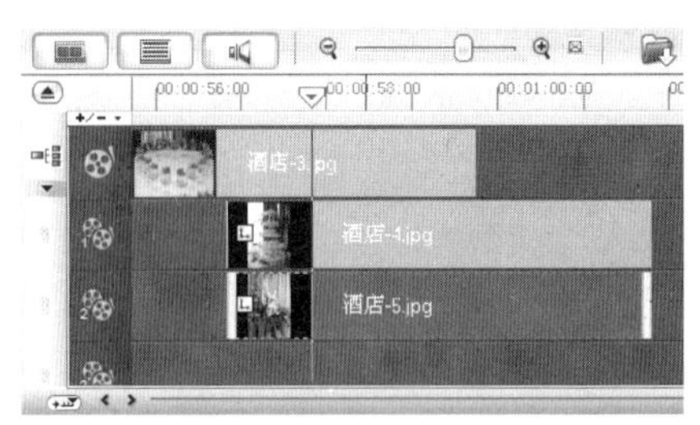

图15-174

04 在素材库中选择“图片-5.jpg”，按住鼠标将其拖曳至视频轨上，释放鼠标，效果如图15-175所示。在【图像】面板中单击【重新采样选项】右侧的下拉按钮，在弹出的列表中选择【调到项目大小】选项，将【区间】选项设为27秒14帧，如图15-176所示，在预览窗口中的效果如图15-177所示。

图15-175

图15-176

图15-177

05 拖曳时间轴标尺上的位置标记到1分1秒20帧处，如图15-178所示。单击步骤选项卡中的【标题】按钮，切换至标题面板，在预览窗口中双击鼠标，进入标题编辑状态。在【编辑】面板中单击【色彩】颜色块，在弹出的面板中选择【友立色彩选取器】选项，在弹出的对话框中进行设置，如图15-179所示。单击【确定】按钮，在【编辑】面板中其他属性的设置如图15-180所示。在预览窗口中输入需要的文字，效果如图15-181所示。

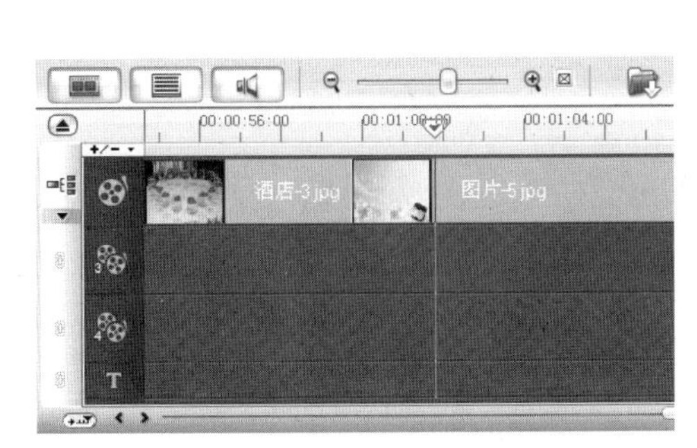

图15-178

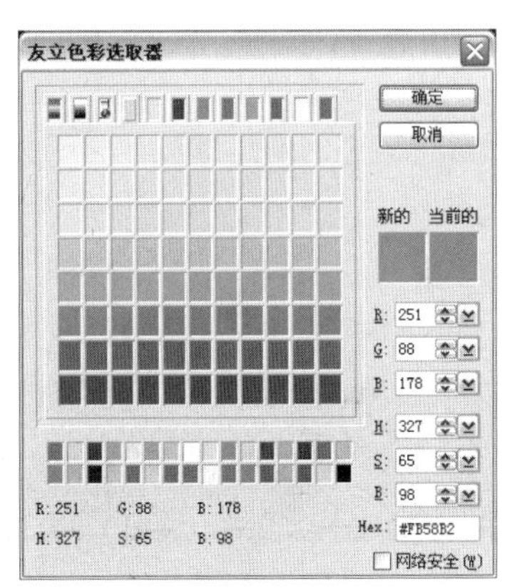

图15-179

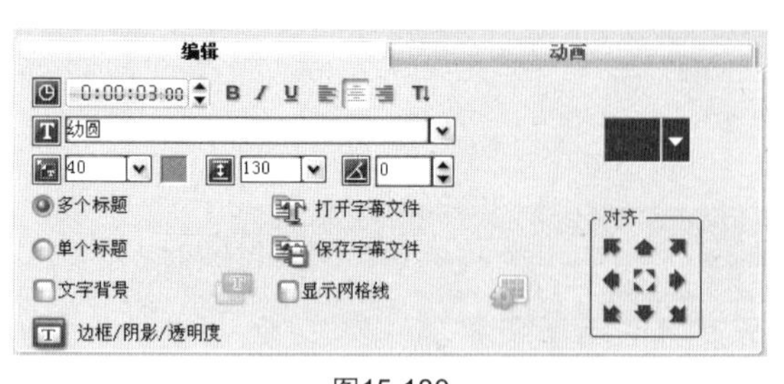

图15-180

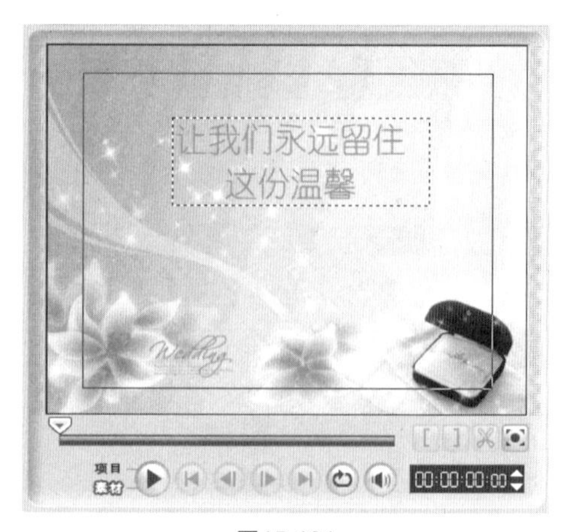

图15-181

06 单击【边框/阴影/透明度】按钮，弹出【边框/阴影/透明度】对话框，在【边框】选项卡中，将【线条色彩】选项设为白色，其他选项的设置如图15-182所示。选择【阴影】选项卡，单击【光晕阴影】按钮，将【光晕阴影色彩】选项设为白色，其他选项的设置如图15-183所示。单击【确定】按钮，预览窗口中效果如图15-184所示。

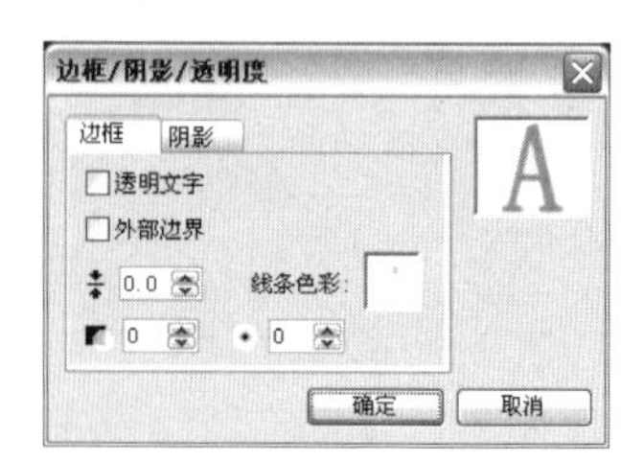

图15-182

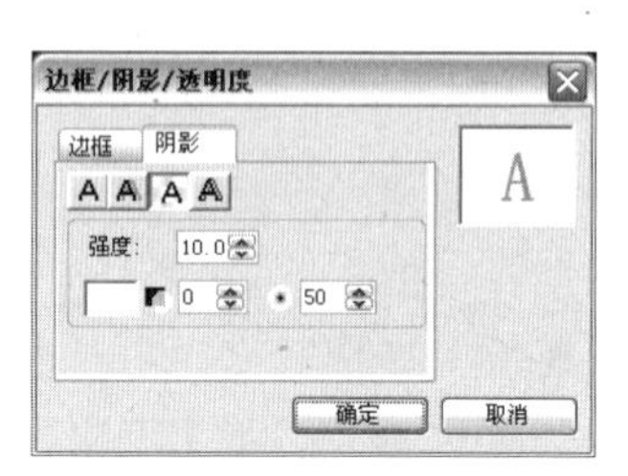

图15-183

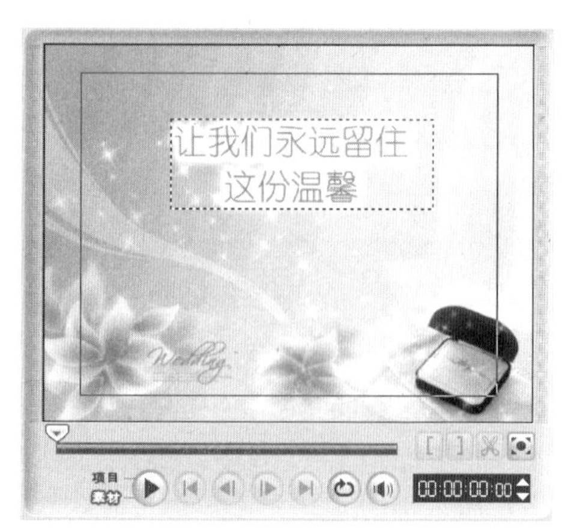

图15-184

07 在【动画】面板中勾选【应用动画】复选框，单击【类型】选项右侧的下拉按钮，在弹出的下拉列表中选择【弹出】选项，在【弹出】动画库中选择需要的动画效果，如图15-185所示。在【编辑】面板中将【区间】选项设为6秒23帧，时间轴效果如图15-186所示。

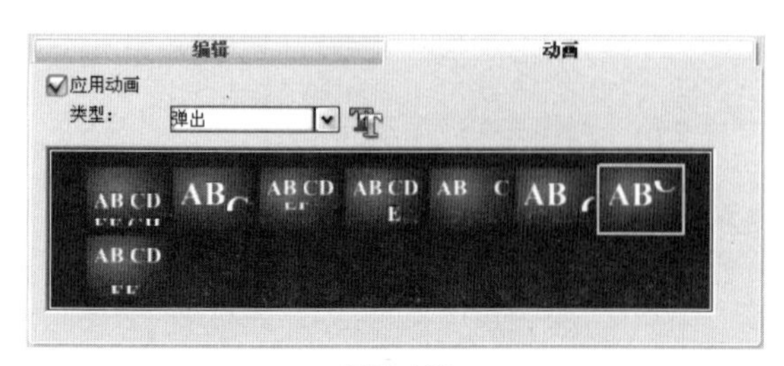

图15-185

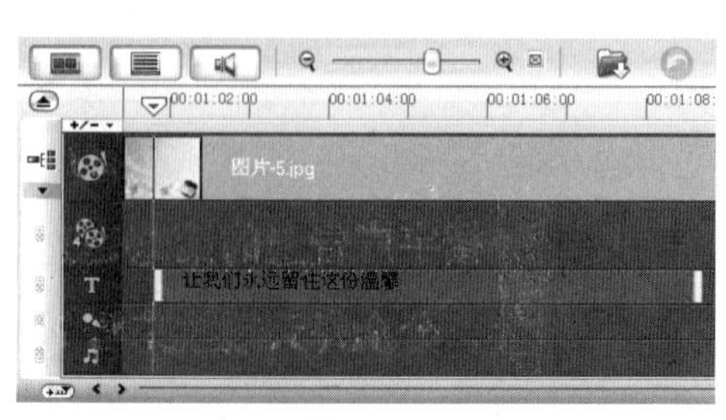

图15-186

08 拖曳时间轴标尺上的位置标记▽到1分8秒18帧处，如图15-187所示。单击素材库中的【画廊】按钮▼，在弹出的列表中选择【图像】选项。在素材库中选择“仪式-1.jpg”，按住鼠标将其拖曳至覆叠轨上，释放鼠标，效果如图15-188所示。在预览窗口中的素材上单击鼠标右键，在弹出的菜单中执行【调整到屏幕大小】命令，在预览窗口中效果如图15-189所示。

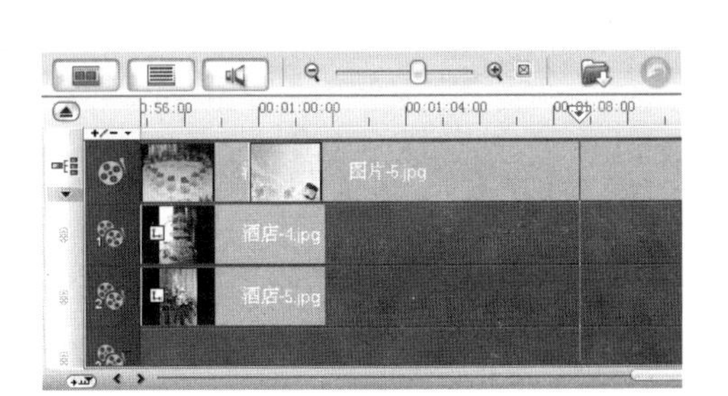

图15-187

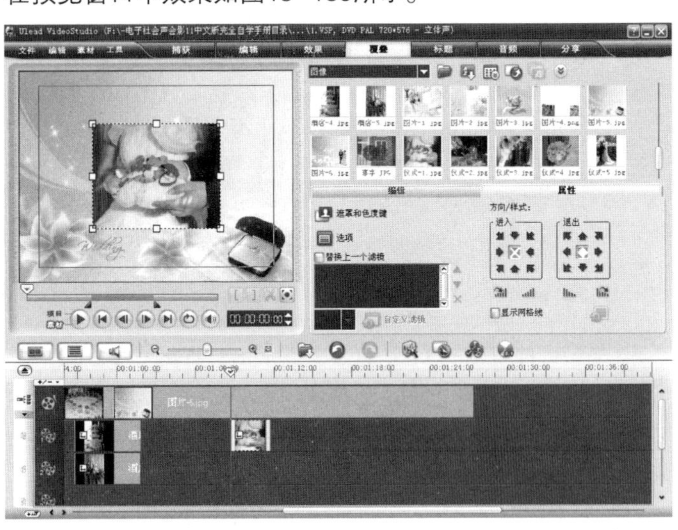
图15-188

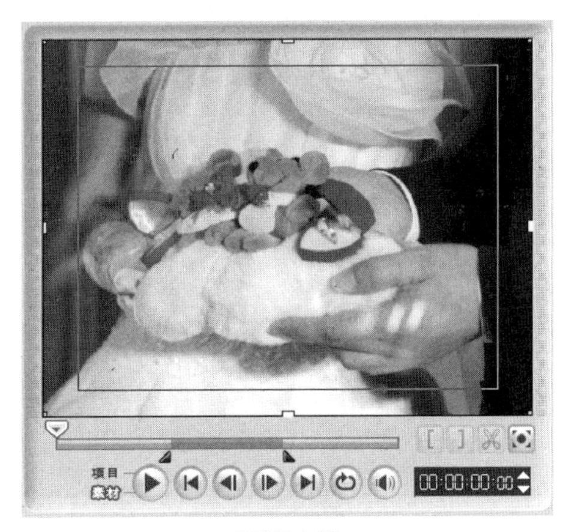

图15-189

09 在【属性】面板中分别单击【淡入动画效果】按钮和【淡出动画效果】按钮，如图15-190所示。再次单击【遮罩和色度键】按钮，打开选项面板，勾选【应用覆叠选项】复选框，在【类型】选项下拉列表中选择【遮罩帧】，在右侧的面板中选择需要的样式，如图15-191所示。此时可以在预览窗口中观看图像素材应用遮罩后的效果，如图15-192所示。在【编辑】面板中将【区间】选项设为5秒1帧，时间轴效果如图15-193所示。

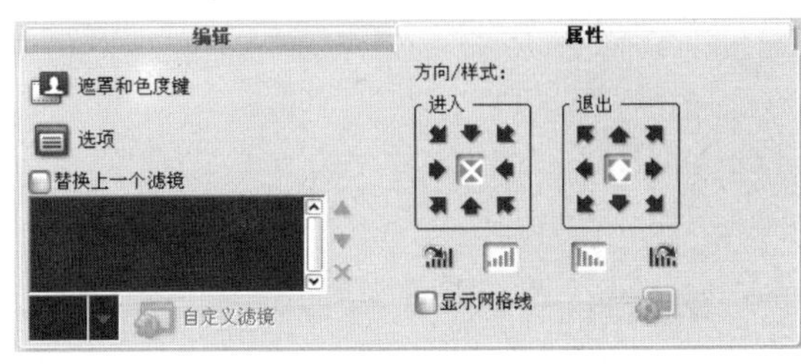

图15-190

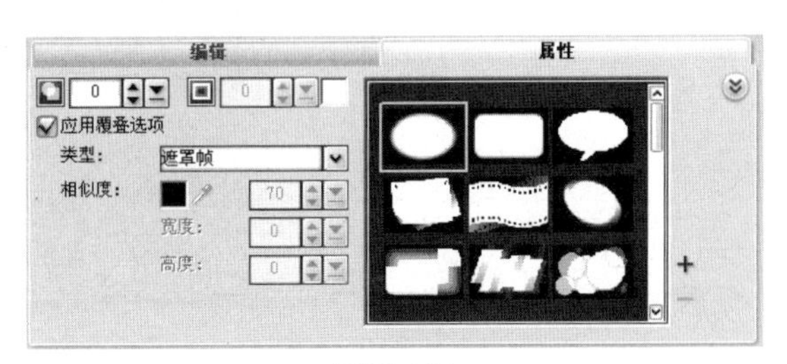

图15-191

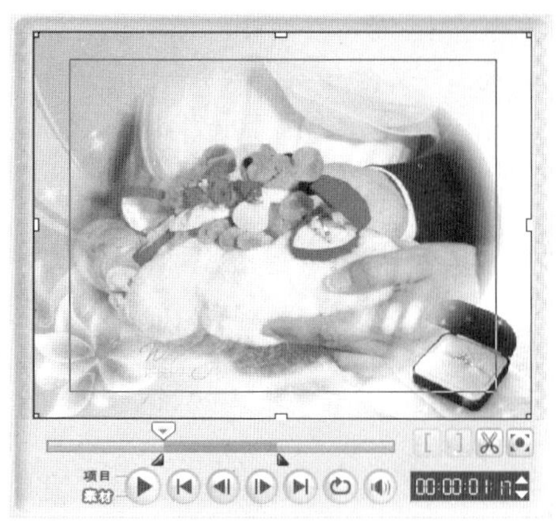

图15-192

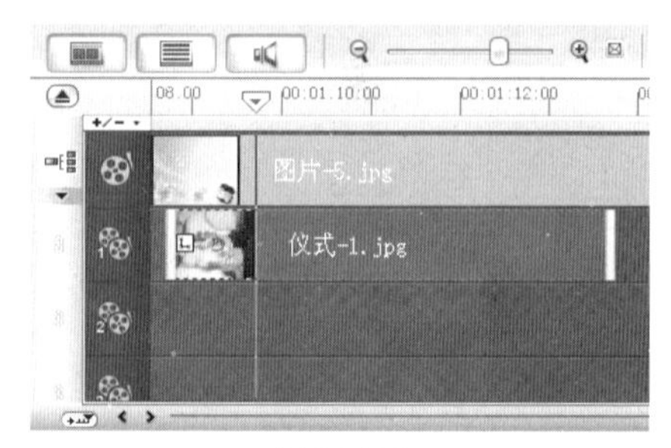

图15-193

10 拖曳时间轴标尺上的位置标记▽到1分13秒5帧处，如图15-194所示。在素材库中选择“仪式-2.jpg”，按住鼠标将其拖曳至覆叠轨上，释放鼠标，效果如图15-195所示。在预览窗口中的素材上单击鼠标右键，在弹出的菜单中执行【调整到屏幕大小】命令，在预览窗口中的效果如图15-196所示。

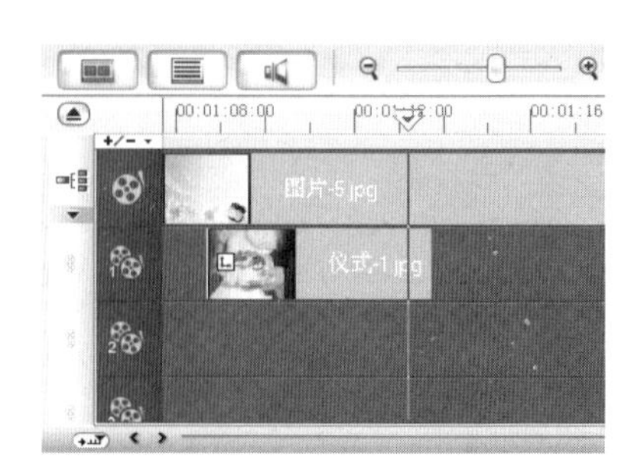

图15-194

图15-195

图15-196

11 在【属性】面板中分别单击【淡入动画效果】按钮和【淡出动画效果】按钮，如图15-197所示。再次单击【属性】面板中的【遮罩和色度键】按钮，打开选项面板，勾选【应用覆叠选项】复选框，在【类型】选项下拉列表中选择【遮罩帧】，在右侧的面板中选择需要的样式，如图15-198所示。此时可以在预览窗口中观看图像素材应用遮罩后的效果，如图15-199所示。在【编辑】面板中将【区间】选项设为5秒14帧，时间轴效果如图15-200所示。

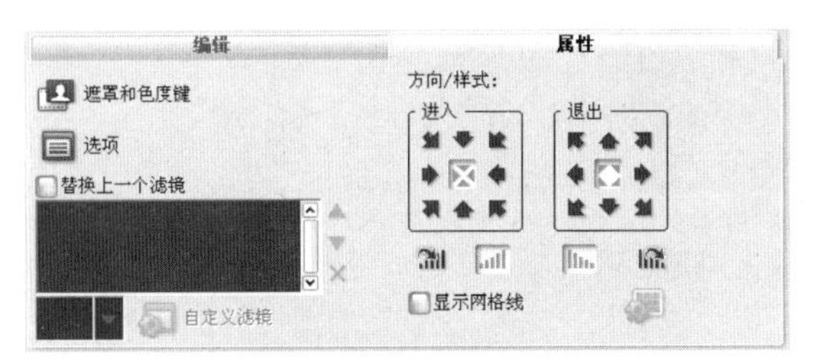

图15-197

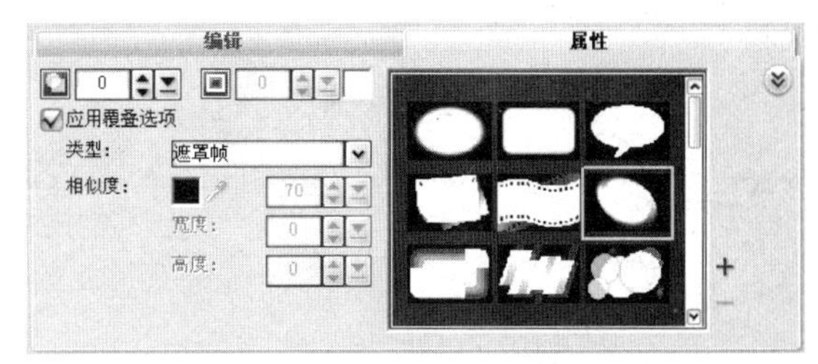

图15-198

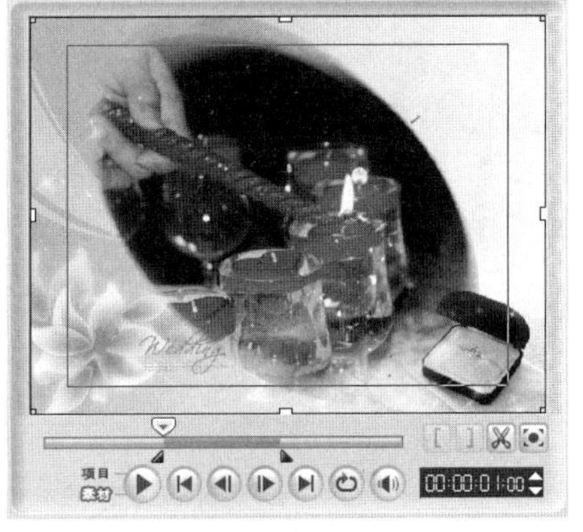
图15-199

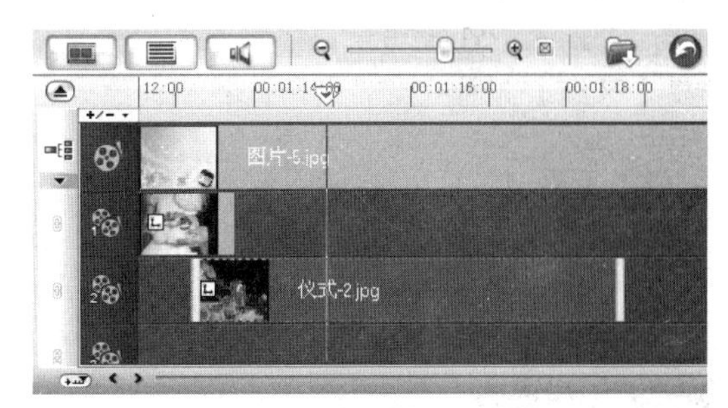

图15-200

12 拖曳时间轴标尺上的位置标记到1分17秒5帧处，如图15-201所示。在素材库中选择“仪式-3.jpg”，按住鼠标将其拖曳至覆叠轨上，释放鼠标，效果如图15-202所示。在预览窗口中的素材上单击鼠标右键，在弹出的菜单中执行【调整到屏幕大小】命令，在预览窗口中效果如图15-203所示。

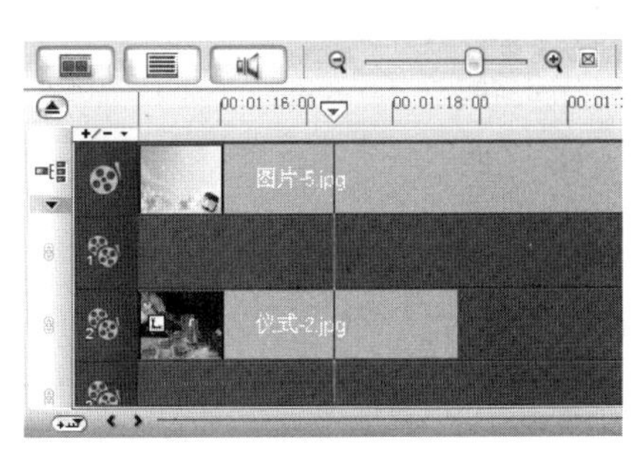

图15-201

图15-202

图15-203

13 在【属性】面板中分别单击【淡入动画效果】按钮和【淡出动画效果】按钮，如图15-204所示。再次单击【遮罩和色度键】按钮，打开选项面板，勾选【应用覆叠选项】复选框，在【类型】选项下拉列表中选择【遮罩帧】，在右侧的面板中选择需要的样式，如图15-205所示。此时可以在预览窗口中观看图像素材应用遮罩后的效果，如图15-206所示。在【编辑】面板中将【区间】选项设为5秒8帧，时间轴效果如图15-207所示。

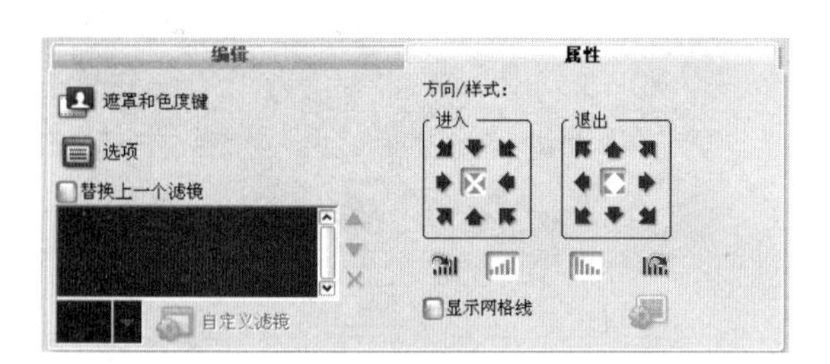

图15-204

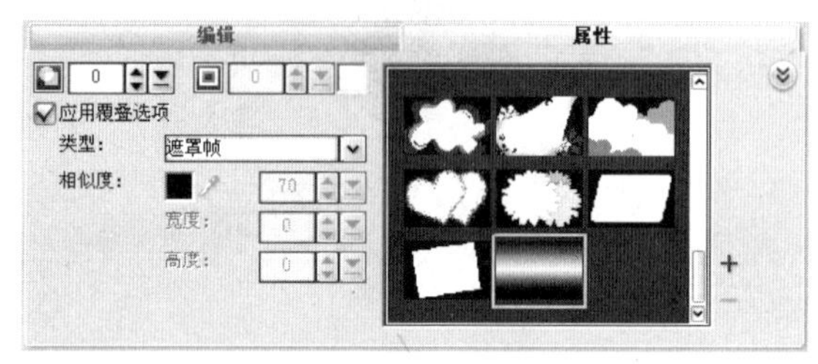

图15-205

图15-206

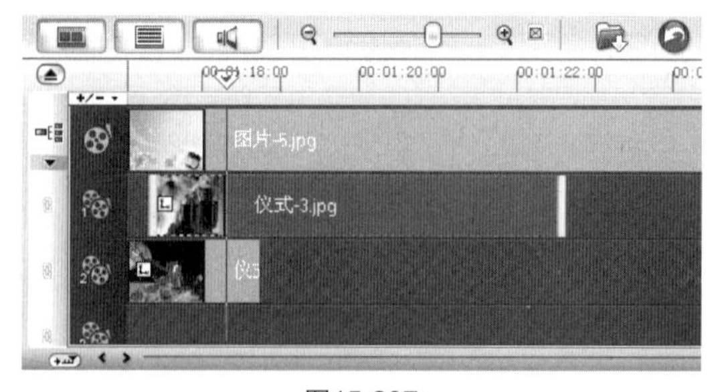

图15-207

14 拖曳时间轴标尺上的位置标记到1分22秒1帧处，如图15-208所示。在素材库中选择“仪式-4.jpg”，按住鼠标将其拖曳至覆叠轨上，释放鼠标，效果如图15-209所示。在预览窗口中的素材上单击鼠标右键，在弹出的菜单中执行【调整到屏幕大小】命令，在预览窗口中的效果如图15-210所示。

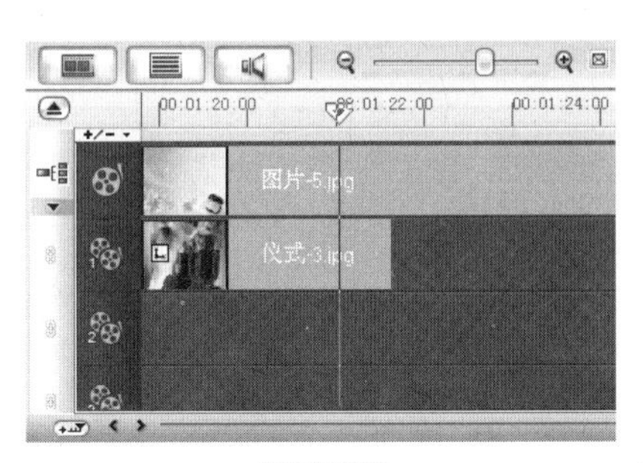

图15-208

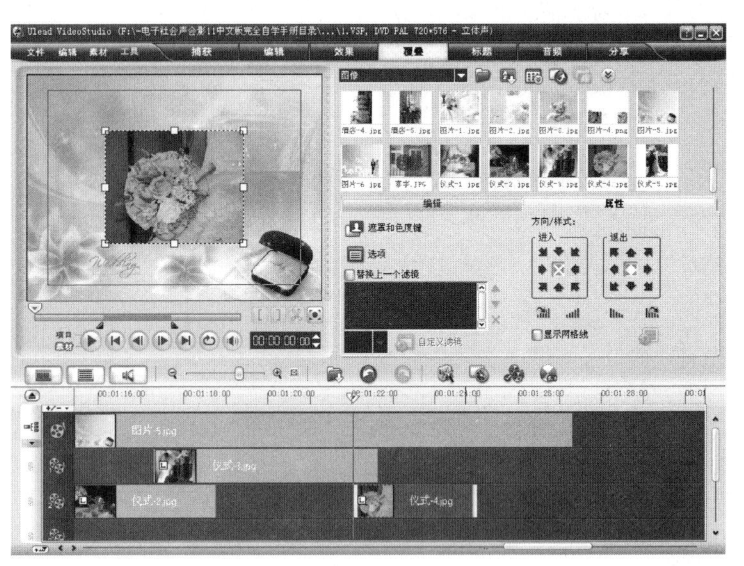

图15-209

图15-210

15 在【属性】面板中分别单击【淡入动画效果】按钮和【淡出动画效果】按钮，如图15-211所示。再次单击【遮罩和色度键】按钮，打开选项面板，勾选【应用覆叠选项】复选框，在【类型】选项下拉列表中选择【遮罩帧】，在右侧的面板中选择需要的样式，如图15-212所示。此时可以在预览窗口中观看图像素材应用遮罩后的效果，如图15-213所示。在【编辑】面板中将【区间】选项设为5秒18帧，时间轴效果如图15-214所示。

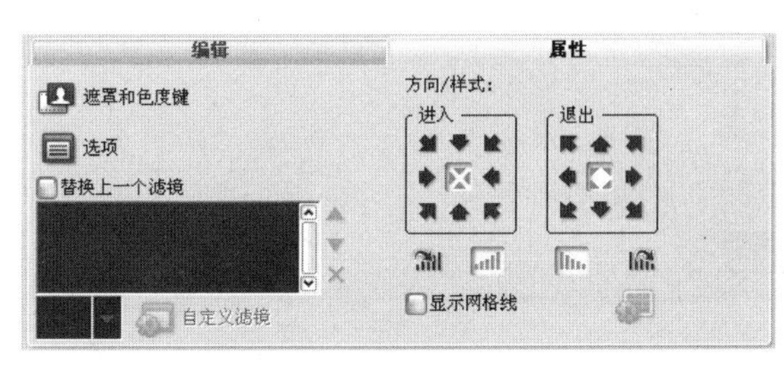

图15-211

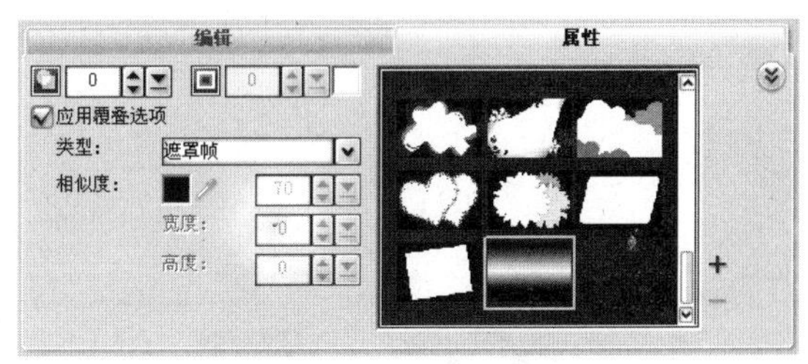

图15-212

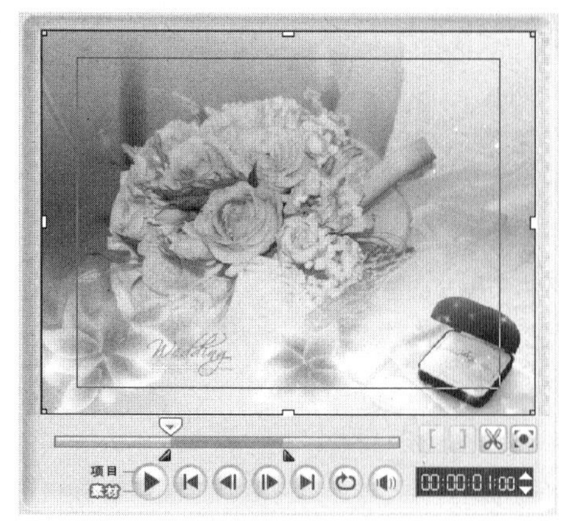

图15-213

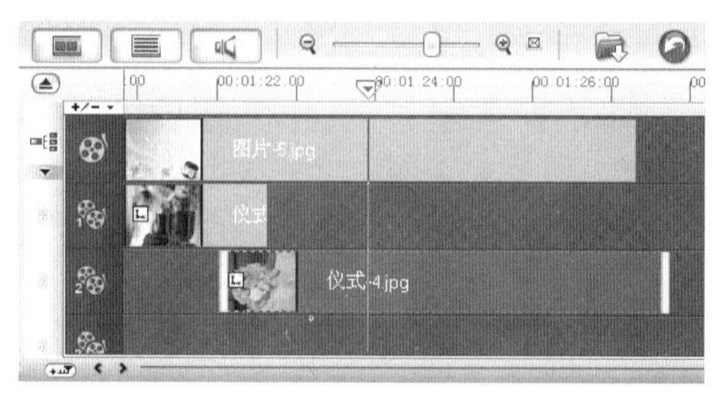
图15-214

16 在素材库中选择“图片-6.jpg”，按住鼠标将其拖曳至视频轨上，释放鼠标，效果如图15-215所示。在预览窗口中的素材上单击鼠标右键，在弹出的菜单中执行【调整到屏幕大小】命令。在【图象】面板中将【区间】选项设为15秒5帧，单击【重新采样选项】右侧的下拉按钮，在弹出的列表中选择【调到项目大小】选项，如图15-216所示，在预览窗口中的效果如图15-217所示。

图15-215

图15-216

图15-217

17 单击素材库中的【画廊】按钮，在弹出的列表中选择【转场】→【遮罩】选项。在遮罩素材库中选择【遮罩A6】过渡效果，将其添加到视频轨上“图片-5.jpg”和“图片-6.jpg”两个图像素材中间，如图15-218所示。释放鼠标，将过渡效果应用到当前项目的素材之间，效果如图15-219所示。

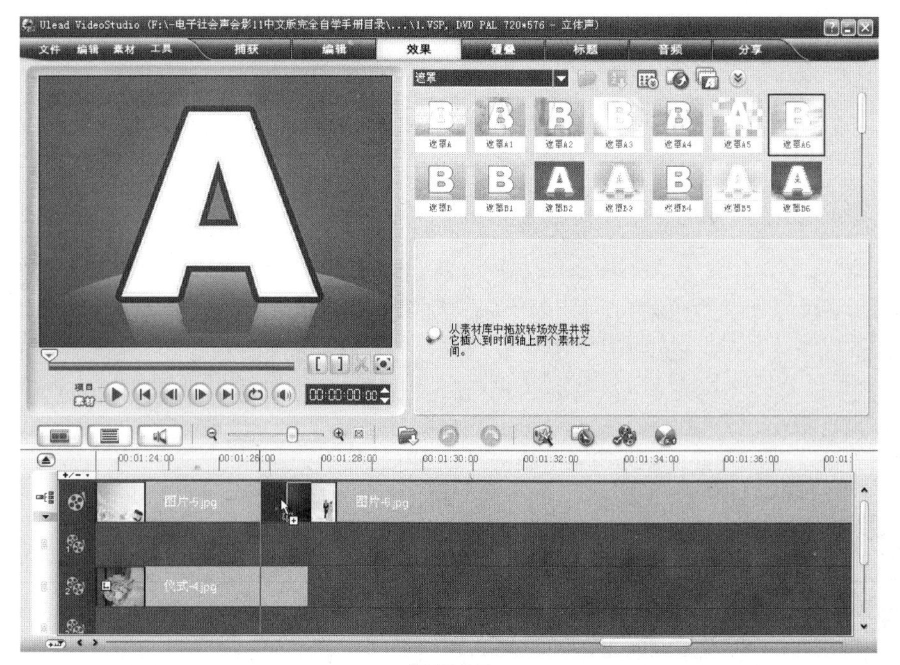

图15-218

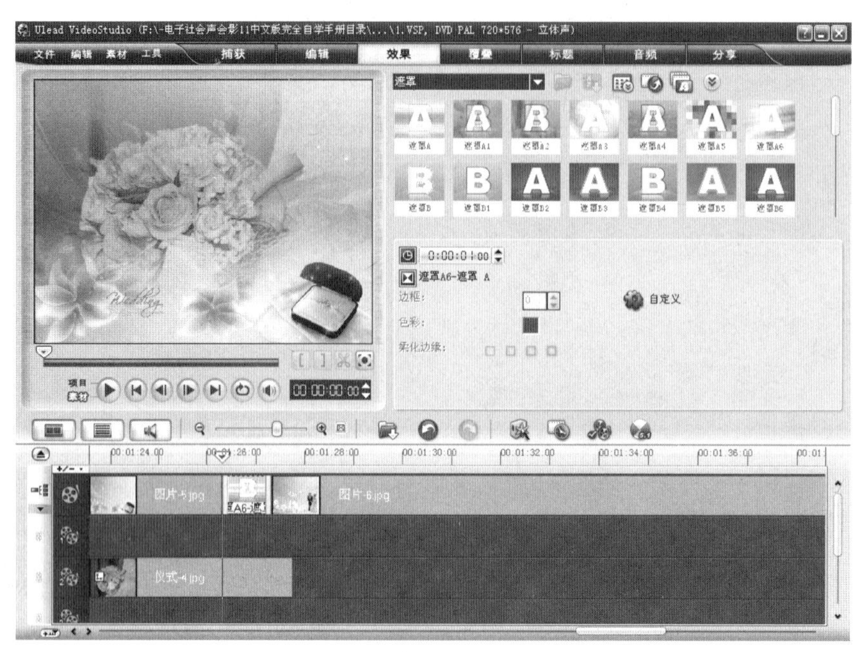

图15-219

15.10 添加人物素材遮罩效果

01 拖曳时间轴标尺上的位置标记▽到1分27秒19帧处，如图15-220所示。在素材库中选择“仪式-5.jpg”，按住鼠标将其拖曳至覆叠轨上，释放鼠标，效果如图15-221所示。在预览窗口中拖曳素材到适当的位置并调整大小，在预览窗口中的效果如图15-222所示。

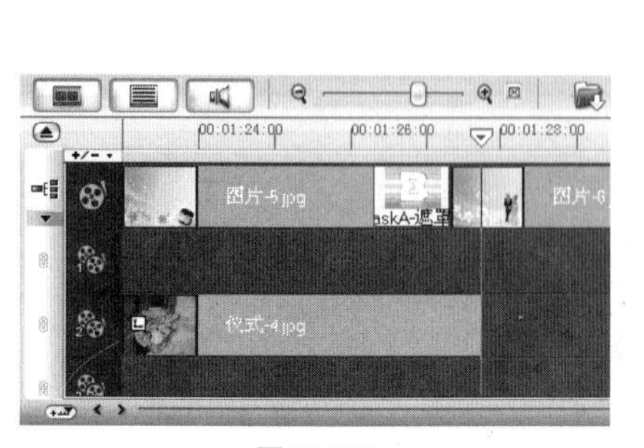

图15-220

图15-221

图15-222

02 在【属性】面板的【方向/样式】中进行设置，如图15-223所示。单击【属性】面板中的【遮罩和色度键】按钮，打开选项面板，勾选【应用覆叠选项】复选框，在【类型】选项下拉列表中选择【遮罩帧】，在右侧的面板中选择需要的样式，如图15-224所示。此时可以在预览窗口中观看图像素材应用遮罩后的效果，如图15-225所示。在【编辑】面板中将【区间】选项设为4秒22帧，时间轴效果如图15-226所示。

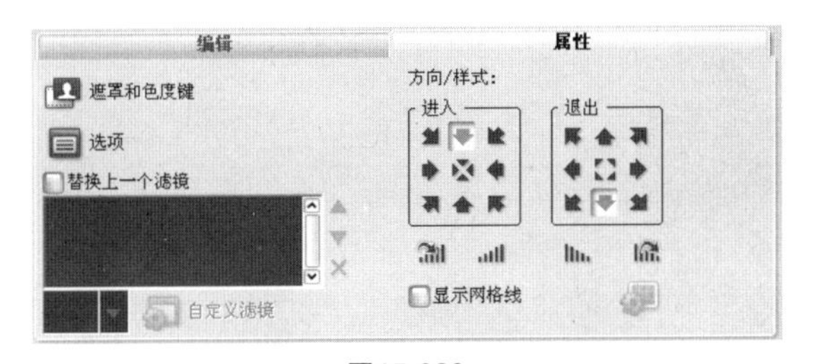

图15-223

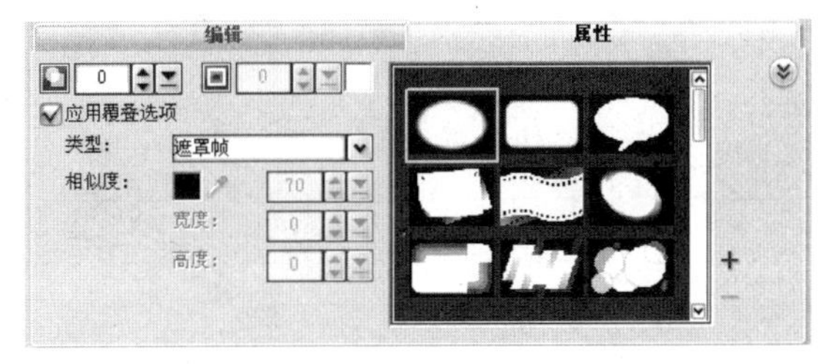

图15-224

图15-225

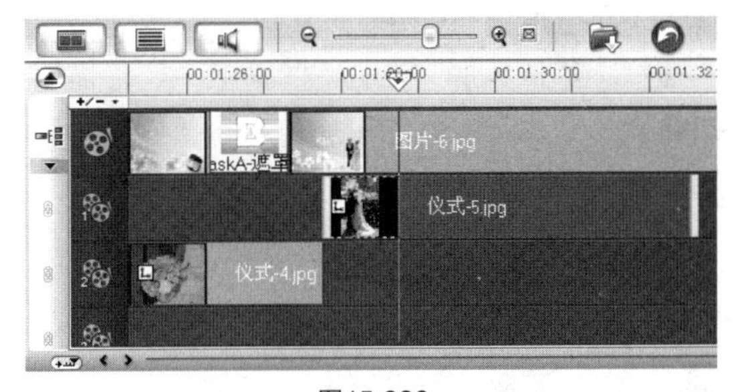

图15-226

03 拖曳时间轴标尺上的位置标记到1分32秒16帧处，如图15-227所示。在素材库中选择“仪式-6.jpg”，按住鼠标将其拖曳至覆叠轨上，释放鼠标，效果如图15-228所示。在预览窗口中拖曳素材到适当的位置并调整大小，在预览窗口中的效果如图15-229所示。

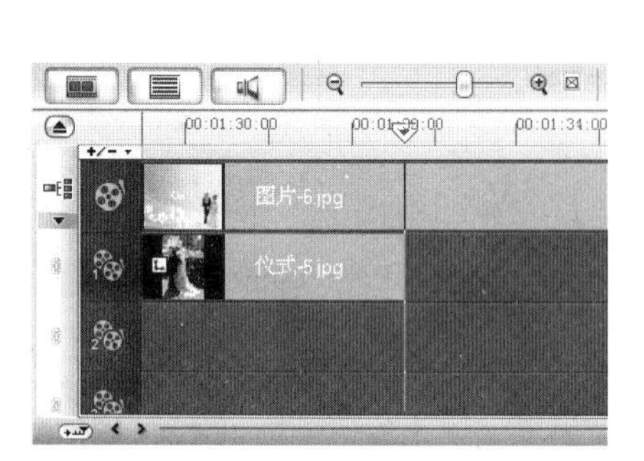

图15-227

图15-228

图15-229

04 在【属性】面板的【方向/样式】中进行设置，如图15-230所示。单击【属性】面板中的【遮罩和色度键】按钮，打开选项面板，勾选【应用覆叠选项】复选框，在【类型】选项下拉列表中选择【遮罩帧】，在右侧的面板中选择需要的样式，如图15-231所示。此时可以在预览窗口中观看图像素材应用遮罩后的效果，如图15-232所示。在【编辑】面板中将【区间】选项设为4秒8帧，时间轴效果如图15-233所示。

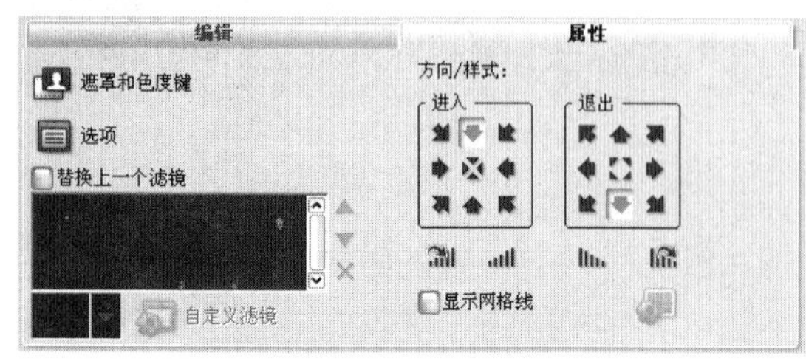

图15-230

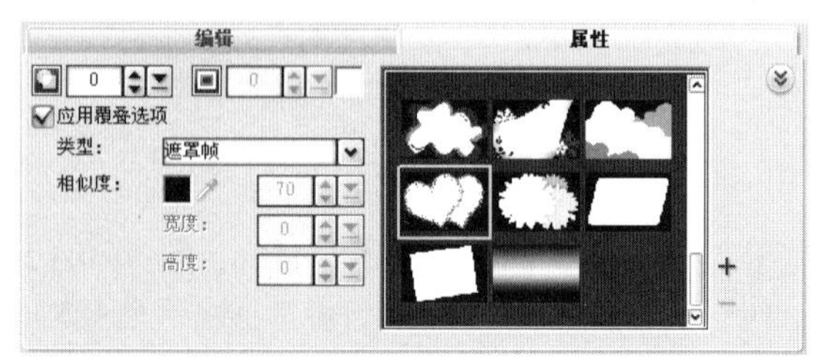

图15-231

图15-232

图15-233

15.11 添加文字和音乐

01 拖曳时间轴标尺上的位置标记▽到1分36秒14帧处，如图15-234所示。单击步骤选项卡中的【标题】按钮 标题 ，切换至标题面板，在预览窗口中双击鼠标，进入标题编辑状态。在【编辑】面板中单击【色彩】颜色块，在弹出的面板中选择【友立色彩选取器】选项，在弹出的对话框中进行设置，如图15-235所示。单击【确定】按钮，在【编辑】面板中其他属性的设置如图15-236所示。在预览窗口中输入需要的文字，效果如图15-237所示。

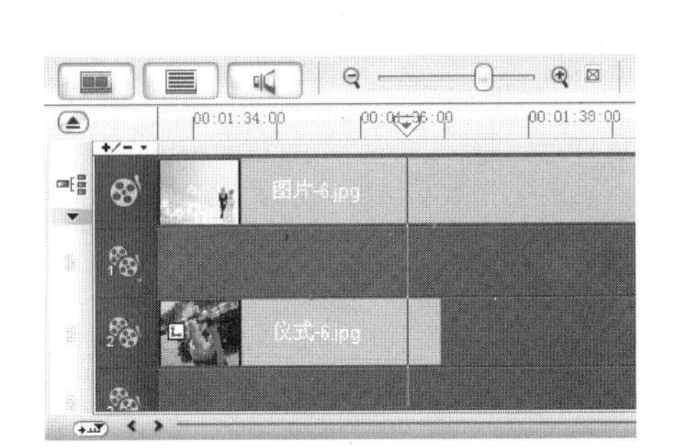

图15-234

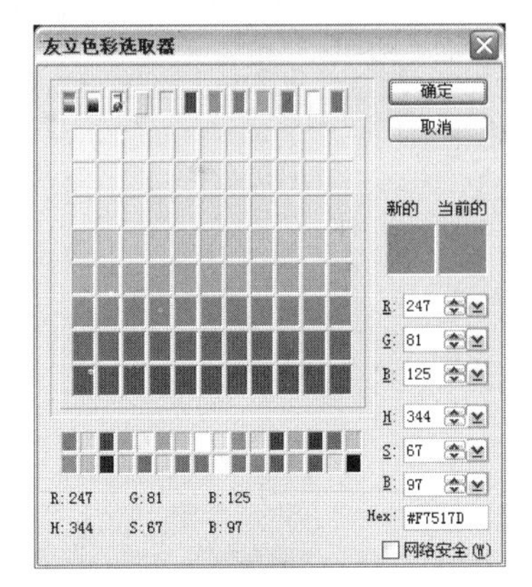

图15-235

图15-236

图15-237

02 单击【边框/阴影/透明度】按钮，弹出【边框/阴影/透明度】对话框，在【边框】选项卡中，将【线条色彩】选项设为白色，其他选项的设置如图15-238所示。选择【阴影】选项卡，单击【光晕阴影】按钮，将【光晕阴影色彩】选项设为白色，其他选项的设置如图15-239所示，单击【确定】按钮，预览窗口中的效果如图15-240所示。

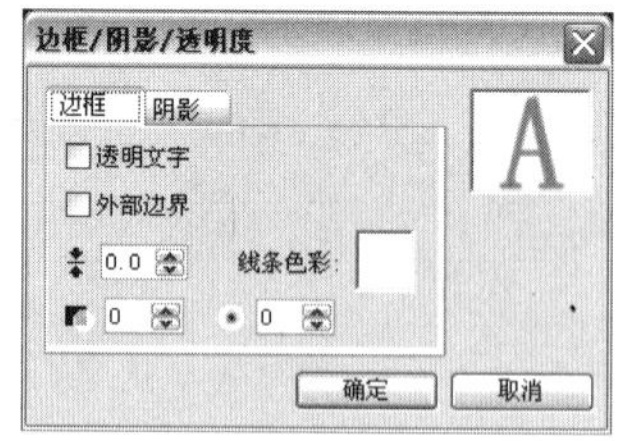

图15-238

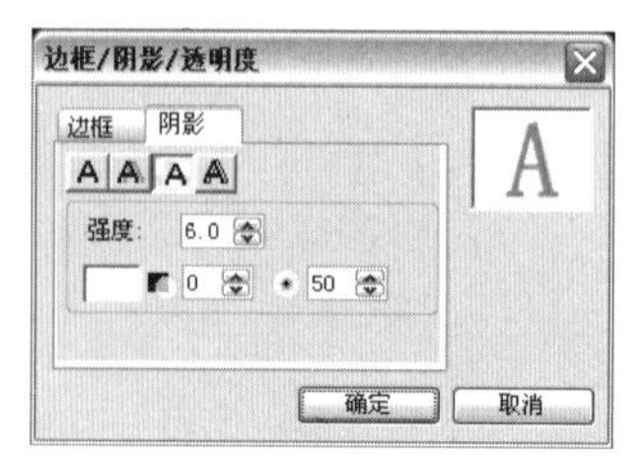

图15-239

图15-240

03 在【编辑】面板中将【区间】选项设为4秒24帧，时间轴效果如图15-241所示。在【动画】面板中勾选【应用动画】复选框，单击【类型】选项右侧的下拉按钮，在弹出的下拉列表中选择【淡化】选项，在【淡化】动画库中选择需要的动画效果，如图15-242所示。

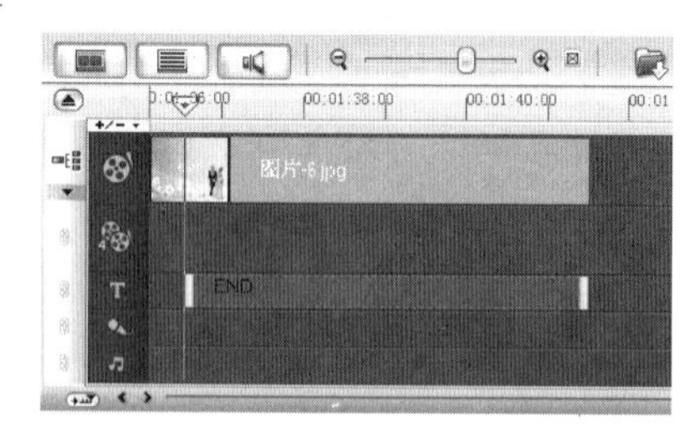

图15-241

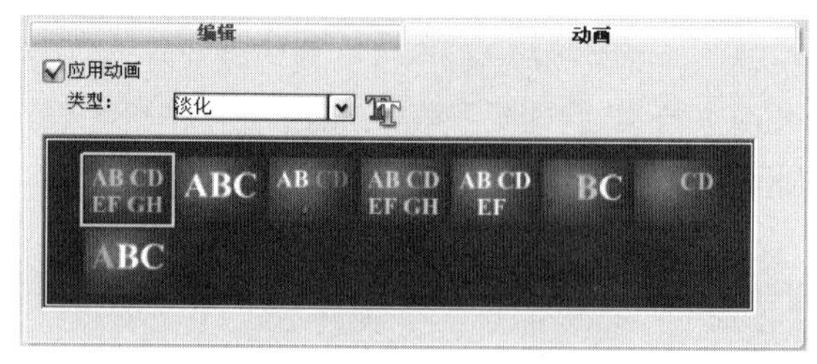

图15-242

04 单击素材库中的【画廊】按钮，在弹出的列表中选择【转场】→【音频】选项。在音频素材库中选择【A14】音乐，并将其拖曳到音乐轨上，如图15-243所示，释放鼠标，效果如图15-244所示。用相同的方法再拖曳5次【A14】音乐到音乐轨上，效果如图15-245所示。

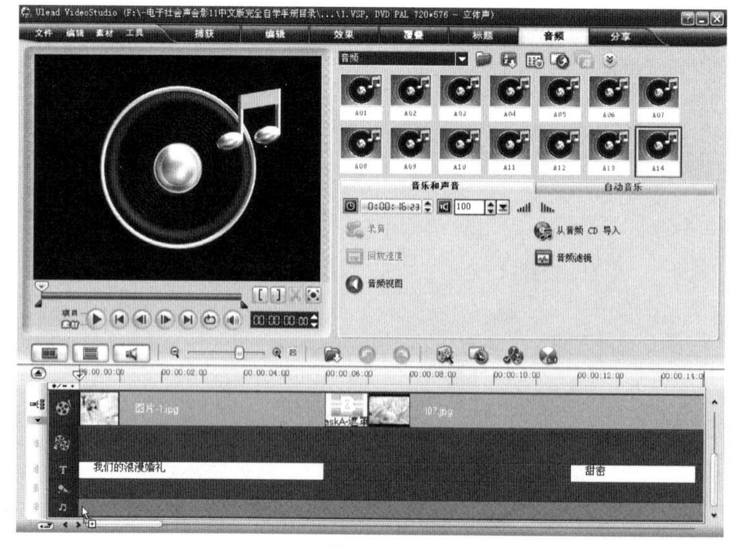

图15-243

图15-244

图15-245

Broadview®

博文视点资讯有限公司（BROADVIEW Information Co.,Ltd.）是信息产业部直属的中央一级科技与教育出版社——电子工业出版社（PHEI）与国内最大的IT技术网站CSDN.NET和最具专业水准的IT杂志社《程序员》合资成立的以IT图书出版为主业、开展相关信息和知识增值服务的资讯公司。

我们的理念是：创新专业出版体制；培养职业出版队伍；打造精品出版品牌；完善全面出版服务。

秉承博文视点的理念，博文视点的产品线为面向IT专业人员的出版物和相关服务。博文视点将重点做好以下工作：

（1）在技术领域开发专业作（译）者群体和高质量的原创图书

（2）在图书领域建立专业的选题策划和审读机制

（3）在市场领域开创有效的宣传手段和营销渠道

博文视点有效地综合了电子工业出版社、《程序员》杂志社和CSDN.NET的资源和人才，建立全新专业的立体出版机制，确立独特的出版特色和优势，将打造IT出版领域的著名品牌，并力争成为中国最具影响力的专业IT出版和服务提供商。

作为合资公司，博文视点的团队融合了各方面的精英力量：原电子工业出版社IT图书专业出版实力的代表部门——计算机图书事业部的团队；《程序员》杂志社和CSDN网站的主创人员；著名IT专业图书策划人周筠女士及其创作群。这是一个整合专业技术人员和专业出版人员的团队；这是一个充满创新意识和创作激情的团队；这是一个不断进取、追求卓越的团队。

电子工业出版社与《程序员》杂志和CSDN网站的合作以最有效率的方式形成了出版资源、媒体资源、网络资源的整合和互动，成为2003年IT出版界备受瞩目的事件。

“技术凝聚实力，专业创新出版”，BROADVIEW与您携手共迎信息时代的机遇与挑战！

博文视点

地址：北京市万寿路金家村288号华信大厦804室
邮　编：100036
总　机：010-51260888　　传　真：010-51260888-802
作者读者热线（国内作者写作图书）：010-88254362
国外作者写作、引进版图书：010-88254363
http://www.broadview.com.cn
投稿及读者反馈：editor@broadview.com.cn
武汉分部地址：武汉市洪山区吴家湾邮科院路特1号湖北信息产业科技大厦14楼1406　邮编：430074
电话 027-87690812　　E-mail：feedback@broadview.com.cn

《会声会影11中文版完全自学手册》读者调查表

亲爱的读者朋友，感谢您购买博文视点的图书，敬请您提出宝贵的意见，使我们的服务品质得到更高的提升，您的意见是我们创造精品的动力源泉！

姓名（网名亦可）：________ 性别：男□ 女□

职业：________ 常用邮箱：________ @________

电话：________ 博客：http://________

(1) 您购买设计类图书主要是因为：

□工作中需要 □学习需要 □培训需要 □业余爱好

(2) 您认为是什么吸引了您购买此书（可多选）：

□价格适中，内容又正好适合我 □网络上的广告 □书店中的海报

□作者知名度 □出版社知名度 □其它原因________

(3) 您喜欢去专业设计网站（如视觉中国、蓝色理想、5D多媒体）学习或者交流吗？

□去 □偶尔去 □不去，因为不知道 □不去，因为没时间

(4) 您能向我们推荐您喜欢的网络设计媒体、社区或设计人员博客吗（能写下大概名字即可）：

____

(5) 您平时主要在哪里购买图书：

□网上购买 □书店 □软件销售处 □商场 □其它________

(6) 您喜欢在以下哪家网上书店购买图书：

□当当网 □卓越网 □第二书店 □互动出版网 □华储网 □蔚蓝网 □其它________

(7) 如果根据书中的内容，举办一些设计比赛，您参加吗：

□愿意，如果我知道 □愿意，如果奖品丰富 □不愿意，因为肯定没戏 □不愿意，但是我会关注

(8) 您希望我们举办一些什么类型的活动？（可多选）：

□设计理论讲座 □实用技巧讲座 □设计比赛 □其它________

(9) 如果去书店买书，您会停下来关注书店里的招贴广告吗：

□会，如果广告设计精美 □会，如果是自己需要的书 □不会，很少注意店堂海报

(10) 您平时是如何学习设计类软件的（可多选）：

□看书 □看视频光碟 □上设计培训班 □上网学习

(11) 您能举出一本您最喜欢的设计类图书的名字吗：________

此表请寄：北京市朝阳区酒仙桥路14号兆维工业园B区3楼2门1层博文视点 鲁怡娜 收

邮 编：100016

反侵权盗版声明